U0174872

钢管混凝土轴压约束原理

丁发兴　著

科学出版社

北　京

内 容 简 介

本书对现有混凝土、再生混凝土和轻骨料混凝土单轴力学性能试验数据库进行了整合，对三轴强度参数进行确定，从而建立三轴强度参数确定性和单轴压拉本构关系参数唯一性的三类混凝土三轴塑性-损伤模型；开展了 335 个各类钢管混凝土轴压性能试验研究，结合弹塑性法和三维实体有限元法等全过程分析方法以及极限平衡和叠加理论，对各种截面形式、各种约束措施、不同钢管类型及混凝土类型的钢管混凝土轴压性能进行深入研究，建立了考虑钢管形状约束系数、拉筋对钢管约束作用提高系数和拉筋约束系数等组合作用系数的不同截面普通钢管混凝土轴压承载力公式，以及考虑钢管和混凝土类型对钢管形状约束系数影响的特种钢管混凝土轴压承载力公式，得到了国内外 1300 多个试验数据的验证；揭示了拉筋直接对混凝土约束并加强钢管对混凝土约束作用，钢管和拉筋对混凝土约束使混凝土承载力提高，而最终表现为增强发挥钢材性能的钢管混凝土轴压约束原理。

本书可供土木工程相关专业研究人员学习和参考。

图书在版编目（CIP）数据

钢管混凝土轴压约束原理 / 丁发兴著. —北京：科学出版社，2023.2

ISBN 978-7-03-069772-1

Ⅰ. ①钢… Ⅱ. ①丁… Ⅲ. ①钢管混凝土-轴压比-受力性能-研究 Ⅳ. ①TU370.2

中国版本图书馆 CIP 数据核字（2021）第 187534 号

责任编辑：任加林 / 责任校对：马英菊
责任印制：吕春珉 / 封面设计：耕者设计工作室

科学出版社出版
北京东黄城根北街 16 号
邮政编码：100717
http://www.sciencep.com
北京中科印刷有限公司印刷
科学出版社发行　各地新华书店经销
*
2023 年 2 月第　一　版　开本：787×1092　1/16
2023 年 2 月第一次印刷　印张：21
字数：478 000

定价：152.00 元

（如有印装质量问题，我社负责调换〈中科〉）
销售部电话 010-62136230　编辑部电话 010-62137026（BA08）

前　言

钢管混凝土柱是在钢筋混凝土柱、钢柱和型钢混凝土柱基础上发展起来的一种新型柱。与钢筋混凝土柱相比，钢管混凝土柱可减轻自重，减小地震作用，减小截面尺寸，增加有效使用面积，降低基础造价，节省支模工序和模板，缩短施工周期和提高装配率；与钢柱相比，钢管混凝土柱可减小用钢量，增大刚度，增加稳定性和耐火性；与型钢混凝土柱相比，钢管混凝土柱可提高抗弯刚度和承载力，节省支模工序和模板，降低混凝土施工难度，缩短施工周期和提高装配率。此外，与钢筋混凝土柱、钢柱和型钢混凝土柱相比，钢管混凝土柱避免了钢筋混凝土和型钢混凝土柱受压区压碎剥落与型钢柱受压翼缘屈曲失稳的问题，抗震性能更优越。钢管混凝土柱在实际工程中已经得到了广泛的应用，并显示具有广阔的应用前景。

钢管与混凝土轴压约束原理是认识钢管混凝土柱复杂受力性能的基础，但各种截面形式钢管与混凝土轴压约束原理尚未揭示清楚。众所周知，圆钢管混凝土柱约束效果好，但超大尺寸圆钢管混凝土柱及其他截面钢管混凝土柱都存在钢管对混凝土约束不足的问题，需要采取高效率的措施以增强对混凝土的约束作用。

本书作者及其课题组经过20年的探索和研究，将试验研究、理论分析和简化公式成果进行总结。本书内容共有12章。第1章介绍钢管混凝土轴压原理研究的背景及国内外研究现状，第2章介绍混凝土与钢材本构模型，第3章介绍圆钢管混凝土轴压约束原理，第4章介绍除圆形之外的不同截面类型钢管混凝土轴压约束原理，第5章介绍开槽圆形、方形和六边形钢管混凝土轴压约束原理，第6章介绍外包碳纤维布、内置型钢、钢管、加劲肋、栓钉和各种形式箍筋等约束方式下的圆、方钢管混凝土轴压约束原理，第7章介绍不同截面类型拉筋钢管混凝土轴压约束原理，第8章介绍空心圆钢管混凝土和拉筋中空夹层方钢管混凝土轴压约束原理，第9章介绍方形与圆形不锈钢、矩形冷弯钢和圆形铝合金管混凝土轴压约束原理，第10章介绍圆形和矩形钢管再生混凝土和圆形钢管轻骨料混凝土轴压约束原理，第11章介绍圆形和方形钢管混凝土局压约束原理，第12章介绍各截面普通和拉筋钢管混凝土轴压承载力可靠度分析。

本书的研究工作得到国家重点研发计划课题（编号：2017YFC0703404）、国家科技支撑计划课题（编号：2011BAJ09B02）、国家自然科学基金重点项目（编号：50438020）、国家自然科学基金面上项目（编号：50278097、50578162、51578548、51978664）、国家自然科学基金青年项目(编号:50808180、52008400、52008159)、湖南省杰出青年基金(编号:2019JJ20029)、湖南省自然科学青年基金项目（编号：07JJ4014）、教育部新世纪人才支持计划（编号：NCET-11-0508）、教育部博士点新教师基金项目（编号：200805331064），以及中南大学“升华育英计划”和创新驱动计划项目的联合资助，特此致谢。

本书大纲的制订和全书的统稿由丁发兴负责。课题组成员对本书所述内容做了重要贡献，包括博士后吕飞和刘劲，博士研究生贺飒飒、付磊、李喆、张涛、罗靓、尹奕翔、卢得仁、许云龙、王恩和王文君，硕士研究生林松、应小勇、周林超、李刚、李大稳、李巍、张华帅、陈明、胡莉娜、蒋国帅、彭立艳、兰兴华、倪鸣、方常靖、谭柳、孙熠、朱江、马青、傅强、刘怡岑、黄仕俭和熊姝宁等，在本书出版之际一并表示感谢！

感谢中南大学高速铁路建造技术国家工程实验室和湘潭大学力学与土木工程实验室等单位在试验中提供的支持和帮助。感谢中南大学蒋丽忠教授、王莉萍副教授、周期石教授、龚永智副教授、向平教授和余玉洁教授在研究工作中的合作。感谢澳大利亚莫纳什大学柏宇教授、墨尔本大学刘雪梅高级讲师和英国普利茅斯大学成闪闪博士的学术合作与交流。

钢管混凝土轴压约束原理内容丰富，本书仅为作者取得的阶段性研究成果总结，随着课题组研究工作的继续深入，作者期望能对本书内容进行进一步充实和完善。

由于作者的知识范围和水平有限，书中不当之处在所难免，敬请读者批评指正。

丁发兴

2020 年 12 月

目　录

第 1 章　绪　　论

1.1　概　　述

1.1.1　钢管混凝土受力特点

钢管混凝土（concrete filled steel tube，CFST）是在钢管中充填混凝土并承担受压和受弯荷载的构件，具有抗弯刚度大、承载力高、抗震性能好和施工简捷等优点，在（超）高层建筑、城市桥梁、大跨度桥梁与建筑等工程结构中得到广泛应用。

钢管混凝土同时具备钢管和混凝土两种材料的性质，充分发挥了各自材料的优点，其基本原理包括：①混凝土受外围钢管约束作用而处于三向受压状态，减少甚至避免了混凝土浇筑过程中初始缺陷的影响，具有更高的抗压强度和变形能力；②钢管受内填核心混凝土的支撑作用，增强了钢管壁的几何稳定性，减小了残余应力的影响程度；③钢管对混凝土横向约束作用使得极限状态时钢管纵向应力水平降低。

钢管混凝土的特征与优势有以下几点。

（1）抗弯刚度大

钢管混凝土柱的截面特征为钢管位于外侧，充分发挥抗弯刚度大的优点，而型钢混凝土柱中型钢位于截面中心位置，型钢对抗弯刚度的贡献较小。

（2）承载力高

由于钢管和核心混凝土的约束作用，钢管混凝土抗压和抗弯承载力大于钢管和混凝土单独承载力之和，可减小框架柱截面尺寸而有利于扩大建筑物的使用面积，减轻自重而有利于减轻地基荷载降低基础造价。

（3）抗震性能好

钢管混凝土具有刚度大、承载力高和变形能力强的优点，即使高轴压比条件下受压区仍发展塑性变形成“压铰”，避免了钢筋混凝土和型钢混凝土柱受压区压碎剥落与型钢柱受压翼缘屈曲失稳的问题。钢管混凝土抗震能力强于钢筋混凝土、型钢混凝土和型钢柱。

（4）经济效益好

与钢筋混凝土柱相比，钢管混凝土可节约混凝土 60%～70%，与型钢柱相比，可节约钢材 50%。深圳赛格广场大厦采用的钢管混凝土柱最大截面为ϕ1600mm×28mm，若采用钢筋混凝土柱则矩形截面尺寸为 2400mm×2200mm，柱截面面积减少 63%，大厦增加使用面积 8000 多平方米。

（5）施工方便

钢管混凝土柱中钢管壁薄便于选材、制造与现场焊接，施工比钢柱简便。目前不少超高层钢结构项目使用厚钢板（60～130mm），给材质检验和焊接带来困难，而钢管混凝土柱的钢管厚度一般不超过 40mm。

钢管混凝土柱的混凝土施工比型钢混凝土柱的方便。型钢混凝土柱中型钢、主筋、箍筋及拉筋密集，主筋与型钢之间的间隙很小，再加上箍筋安放受到型钢柱间距较密的栓钉影响，钢筋绑扎和混凝土浇筑难度大，而钢管混凝土柱不存在混凝土浇筑难的问题。

（6）耐火性能较好

遭受火灾时钢管混凝土柱内混凝土吸收热能，提高了结构耐火时间，其耐火性优于钢柱，有利于降低防火保护层厚度。

1.1.2 钢管混凝土分类

钢管混凝土可以按以下六种类型分类。

1）按受力状态：①钢管混凝土，即钢管和混凝土在受荷初期即共同受力；②钢管套箍混凝土，即荷载仅作用在核心混凝土，钢管仅起套箍作用。

2）按截面形式：①圆形钢管混凝土；②方形钢管混凝土；③矩形钢管混凝土；④多边形钢管混凝土；⑤圆端形钢管混凝土；⑥椭圆形钢管混凝土；⑦异形钢管混凝土；⑧多腔体钢管混凝土。

3）按钢管混凝土是否受其他约束：①钢管混凝土；②复合材料约束钢管混凝土；③型钢-钢管混凝土；④复式钢管混凝土；⑤钢管配筋混凝土；⑥拉筋钢管混凝土。

4）按截面是否空心：①钢管混凝土；②空心钢管混凝土；③中空夹层钢管混凝土。

5）按混凝土类型：①钢管普通混凝土；②钢管再生混凝土；③钢管轻骨料混凝土；④钢管纤维混凝土；⑤钢管聚合物混凝土。

6）按钢材类型：①普通钢管混凝土；②冷弯钢管混凝土；③不锈钢管混凝土；④铝合金管混凝土。

1.1.3 钢管混凝土应用

19 世纪 80 年代，钢管混凝土最早用作桥墩，以后又用于建筑物支柱，其作用是防锈并承受压力，此时还未考虑钢管与混凝土的约束作用。20 世纪 50 年代始，苏联、美国、日本和欧洲部分国家对钢管混凝土进行试验研究，并在房屋建筑和桥梁工程中应用。

我国钢管混凝土起步于 20 世纪 50 年代苏联的援建项目，首例应用为 1966 年的北京地铁工程。首先，在北京站和前门站的站台柱中采用钢管混凝土，之后环线地铁工程的站台柱全部采用钢管混凝土；70 年代以后钢管混凝土逐渐应用于单层和多层工业厂房、高炉和锅炉构架、送变电构架及各种支架结构。

20 世纪 80 年代初，日本率先采取泵送混凝土施工方法，解决了钢管柱中混凝土浇灌的复杂工艺问题，钢管混凝土进入发展新阶段。此后，日本、澳大利亚和美国等相继建成一些采用钢管混凝土柱的（超）高层建筑。

20 世纪 80 年代末至 90 年代，我国的钢管混凝土工程应用进入成熟阶段，以采用高强混凝土技术、泵送混凝土技术和自密实混凝土技术为特征的钢管混凝土在我国高层建筑工程和大跨度桥梁工程应用卓有成效。目前，我国已建成的钢管混凝土柱超高层建筑有广州周大福金融中心（建筑高度 530m，多腔体钢管混凝土巨型柱）、北京中国尊（建筑高度 527.7m，多腔体钢管混凝土巨型柱）、台北 101 大厦（建筑高度 508m，矩形钢管混凝土柱截面 2.4m×3m）、长沙世茂环球金融中心（建筑高度 343m，结构高度 328m，圆钢管混凝土柱截面ϕ2500mm×37mm）、深圳赛格广场（建筑高度 292m，结构高度 292m，圆钢管混凝土柱截面ϕ1600mm×28mm）、长沙湘江财富金融中心（建筑高度 328m，结构高度 321m，圆钢管混凝土柱截面ϕ2000mm×40mm），如图 1-1 所示。

(a)广州周大福金融中心　(b)北京中国尊　(c)台北101大厦

(d)长沙世茂环球金融中心　(e)深圳赛格广场　(f)长沙湘江财富金融中心

图 1-1　中国目前已建成的钢管混凝土柱超高层建筑

目前我国在建或通车的大跨径钢管混凝土拱桥有广西平南三桥主桥（跨径 575m）、泸州合江长江一桥主桥（跨径 530m）、巫山长江大桥主桥（跨径 492m）、大小井特大桥主桥（跨径 450m），如图 1-2 所示。

1.1.4　钢管混凝土轴压性能研究必要性

1）钢管混凝土轴压约束作用的分析是研究钢管混凝土柱复杂受力性能的基础，揭示钢管混凝土轴压约束规律可为其复杂受力分析创造条件。

图 1-2　中国目前在建或通车的大跨径钢管混凝土拱桥

2）除圆形截面外，其他截面都存在钢管对混凝土约束不足的问题，此外因钢管壁厚问题，超大圆形截面也会存在钢管对混凝土约束不足的问题，需开展不同约束构造对钢管混凝土约束效率的比较分析，提出最有效约束方式以掘钢管混凝土的受力潜能。

3）针对试验与理论分析过程中揭示的钢管混凝土轴压受力规律以及各约束措施对复杂受力规律的影响，需进行总结与提升，提出考虑约束系数的各类钢管混凝土柱轴压承载力公式，明确各系数的物理意义。

1.2　钢管混凝土轴压原理研究现状

1.2.1　试验研究

1. 圆钢管混凝土

为揭示圆钢管混凝土短柱轴压约束原理，研究者们[1-11]对不同加载历史下钢管混凝土轴压力学性能进行了试验研究，以探讨轴压约束变化规律。钢管混凝土按荷载历史可分为：钢管和混凝土同时受荷（简称钢管混凝土，concrete-filled steel tube）、受初荷载后的钢管和混凝土再同时受荷（简称初应力钢管混凝土[4]，concrete-filled steel tube with pre-stress）、仅核心混凝土受荷（简称钢管套箍混凝土[1, 5]，steel tube confined concrete，简写 STCC），有的试验在灌注混凝土前将钢管内部涂上润滑油以消除摩擦力的影响[6]、先混凝土受荷后再同时受荷[5]（类似钢管套箍混凝土）、先钢管受荷后再同时受荷[1, 5]

（类似初应力钢管混凝土）等情况。

为考察各种加载历史对钢管混凝土轴压刚度和承载力的影响，所开展的各种加载方式试验研究包括：①同时受荷；②先混凝土受压后共同受压；③先钢管受压后共同受压；④钢管内部润滑且混凝土受压；⑤混凝土受压。试验结果表明[4-10]：加载方式①只有在钢管屈服后才出现明显的横向拉应力，方式②、④和⑤的钢管中都有纵向压应力存在，方式④轴压承载力最大但刚度最低，方式⑤、②、①和③的承载力依次降低但差别不甚明显，方式①和③对轴压刚度无明显差别。

针对共同受荷的钢管混凝土短柱轴压性能，学者们进行大量的试验研究，钢管直径范围为48～1020mm，径厚比D/t范围为10～220，钢材屈服强度范围为Q190～Q1100，混凝土强度等级范围为C10～C160，研究涉及范围相当广泛。众多试验研究表明[1-39]：

1）在$20<D/t<100$的情况下，在不同钢管直径、钢材强度和混凝土强度等级等情况下，钢管混凝土短柱轴压破坏形态基本一致，即典型的斜截面剪切滑移破坏。

2）强度等级C120以下的混凝土，普通钢管与其约束作用和承载力提高明显，而强度等级C120以上的混凝土，普通和高强（≥800MPa）钢管与其约束作用和承载力提高不甚明显[11-12]。

3）对于由屈服强度800MPa以上钢材与强度等级80MPa以下混凝土组成的钢管混凝土，其约束作用和承载力提高效果不甚明显[13-14]。

2. 其他截面钢管混凝土

矩形钢管混凝土抗弯刚度大、承载力高以及节点施工方便，八边形和六边形钢管混凝土作为圆形钢管混凝土的过渡截面形式，在实际工程中也受欢迎。此外，圆端形钢管混凝土在高烈度地震区被用来取代圆端形钢筋混凝土桥墩，椭圆形截面具有优美的弧线外形且新颖多变，可以发挥和拓展工程师的想象空间和设计灵感。基于上述原因，学者们对矩形、圆端形、椭圆形、八边形和六边形钢管混凝土短柱轴压性能开展了较为丰富的试验研究[40-64]。

3. 开槽钢管混凝土

钢管混凝土柱局部表面处于腐蚀环境下而使得钢管侵蚀剥落、梁钢筋穿过钢管混凝土柱或因柱防火需要而对钢管表面开孔等原因形成钢管表面开槽，简称开槽钢管混凝土。开槽钢管混凝土同时受荷，包括在钢管中部表面开横槽、竖槽和斜槽[65-66]，以及钢管中部不同宽度的横向全槽[15]的情况。

4. 其他各类钢管混凝土

为克服方形钢管混凝土与薄壁圆钢管混凝土约束效果的不足，纤维材料约束钢管混凝土、型钢-钢管混凝土、复式钢管混凝土及钢管内部布置加劲肋、栓钉或圆环箍筋等内约束钢管混凝土的轴压性能进行了试验研究[67-78]。

为满足跨谷高桥墩、海洋平台结构的支架柱与输变电杆塔的应用需求，学者们对空心圆钢管混凝土和中空夹层方钢管混凝土的轴压性能进行了试验研究[79-86]。

随着材料技术的发展，除普通热轧钢管混凝土之外，耐候钢、冷弯钢、不锈钢、铝合金管混凝土[87-96]，以及在普通热轧钢管填充再生混凝土或轻骨料混凝土形成的钢管再生混凝土[97-114]和钢管轻骨料混凝土[115-117]的轴压性能也得到了试验研究，这些金属管混凝土或钢管其他类型混凝土主要采用圆形和矩形截面。

1.2.2　理论分析

钢管混凝土轴压性能理论分析可分为极限分析法和全过程分析法。

（1）极限分析法

极限分析法可归纳为两类：

1）极限平衡理论：不考虑加载历史和变形过程，根据极限状态时钢管混凝土的平衡条件求出最大荷载值[18-20]。

2）叠加理论[118]：根据极限状态时屈服后的钢管纵向压应力和混凝土极限强度叠加求得。

（2）全过程分析法

全过程分析法根据钢材和混凝土的应力-应变本构模型，并基于某些假设求得钢管混凝土轴压荷载-应变全曲线，钢材采用经典弹塑性本构模型，混凝土本构模型包括非线性弹性本构模型[118]、边界元模型[119]、塑性-断裂模型[120]、内时模型[121]以及各大型有限元商业软件中给定的混凝土本构模型等。全过程分析法所采用的理论分析可分为纤维模型法和有限元法。

1）纤维模型法：基于平截面假设，根据钢管和核心混凝土的等效纵向压应力-应变关系，根据叠加原理得到钢管混凝土轴压荷载-应变全曲线[30，118，122-123]。

2）有限元法：钢材采用 von Mises 弹塑性模型的实体元或壳单元，混凝土采用三维实体元，混凝土本构模型包括自行程序开发中采用的边界元模型[119]、塑性-断裂模型[120]和内时模型[121]等，以及 ABAQUS 和 DIANA 等有限元通用程序[5，30，124-125]中采用特定的混凝土本构模型并给定相应的三轴强度参数设置与单轴拉压应力-应变曲线。当前 ABAQUS 软件及其所含混凝土塑性-损伤模型在钢管混凝土各受力分析中得到广泛应用，分析中不必基于平截面假设。

1.2.3　承载力计算方法

当前国际上有关钢管混凝土轴压承载力计算方法可分为三种方法。

（1）叠加法

叠加法分为简单叠加法和组合系数叠加法，如美国规范 ACI[126]与澳大利亚规范 AS[127]不考虑钢管与混凝土的组合作用，其承载力为钢管和混凝土力的简单叠加，日本规范 AIJ[128]和 Eurocode 4[129]对于圆形截面采用组合作用后的钢管和混凝土力的叠加，蔡绍怀[1]等采用的极限平衡法承载力公式为混凝土和考虑组合系数后钢管力的叠加。

（2）等效法

美国规范 AISC 先按简单叠加法得出名义承载力，然后将钢管混凝土等效为钢管并按钢结构理论考虑局部屈曲影响的承载力[130]。

（3）平均法

平均法也称组合应力法[2-3]，我国《钢管混凝土结构技术规范》（GB 50936—2014）[131]把钢管和混凝土视为一种组合材料并定义其强度和轴压承载力。

1.3　本书的目的和内容

1.3.1　目的

当前钢管混凝土轴压性能研究中存在如下三个问题。

1）各类钢管混凝土短柱轴压的极限分析和全过程分析等理论分析方法中采用的混凝土三轴本构模型的参数选择缺乏统一性，且实际上大多数三轴本构模型本质为等效单轴本构模型，难以精确反映钢管与混凝土的约束作用规律。

2）当前国际上有关钢管混凝土轴压承载力公式众多，各公式所反映的参数也不少，且大多未能反映钢管混凝土轴压受力原理。

3）超大尺寸圆钢管混凝土柱以及其他截面钢管混凝土柱都存在钢管对混凝土约束不足的问题，需要采取高效率的措施增强对混凝土的约束作用。

针对上述问题，本书作者对现有混凝土单轴力学性能试验数据库进行整合，对三轴强度参数进行分析确定，建立三轴强度参数确定性和单轴拉压本构关系唯一性的混凝土三轴塑性-损伤模型，以满足各种截面形式、各种约束措施、不同金属管类型以及不同混凝土类型的金属管混凝土轴压全过程分析需求，并通过对核心混凝土处于极限状态时的应力云图进行合理简化，基于静力平衡建立考虑钢管形状约束系数和拉筋约束系数等组合系数的钢管混凝土轴压承载力计算公式，提出有效的约束措施并简化钢管混凝土轴压约束作用的认识。

1.3.2　内容

本书主要论述作者20年来在钢管混凝土轴压约束方面取得的研究成果，具体内容包括以下几个方面。

1）绪论部分介绍钢管混凝土轴压约束研究的必要性及国内外研究现状。

2）混凝土与钢材本构模型，介绍不同强度等级混凝土、再生混凝土和轻骨料混凝土的单轴力学性能与应力-应变关系曲线，提出可用于圆钢管混凝土轴压分析的混凝土轴对称三轴受压应力-应变曲线模型，建立不同强度等级热轧钢弹塑性应力-应变模型参数表达式并建议冷弯钢、不锈钢和铝合金弹塑性应力-应变模型。

3）圆钢管混凝土轴压约束原理，介绍圆钢管混凝土轴压试验，以及弹塑性和有限元分析模型，揭示不同加载路径下钢管混凝土轴压约束原理，确定有限元模型中混凝土膨胀角参数的合理取值，提出考虑钢管约束系数的圆钢管混凝土轴压承载力公式。

4）不同截面类型钢管混凝土轴压约束原理，介绍八边形、六边形、圆端形、矩形和椭圆钢管混凝土轴压试验研究并建立有限元分析模型，揭示不同截面类型对钢管混凝土轴压约束原理，通过对核心混凝土处于极限状态时的应力云图进行合理简化，基于静力平衡提出考虑钢管形状约束系数的不同截面类型钢管混凝土轴压承载力公式。

5）开槽钢管混凝土轴压约束原理，介绍开槽圆形、方形和六边形钢管混凝土轴压试验研究并建立有限元分析模型，揭示钢管表面开槽对钢管混凝土轴压约束的影响规律，提出考虑开槽对钢管形状约束系数影响的钢管混凝土轴压承载力公式。

6）各类约束钢管混凝土轴压约束原理，介绍外包碳纤维布、内置型钢、钢管、加劲肋、栓钉和各种形式箍筋等约束方式对圆、方钢管混凝土短柱轴压性能影响的试验研究并建立弹塑性和有限元分析模型，揭示各约束方式对钢管混凝土约束作用的影响规律，指出最优约束方式；根据极限平衡法和静力平衡法，建立考虑碳纤维布以及置型钢和圆钢管等约束系数及外钢管形状约束系数影响的钢管混凝土轴压承载力计算公式。

7）拉筋钢管混凝土轴压约束原理，介绍拉筋矩形、圆端形和椭圆形钢管混凝土短柱轴压试验研究并建立有限元模型，揭示拉筋约束方式对不同截面钢管混凝土约束作用的影响规律，通过对核心混凝土处于极限状态时的应力云图进行合理简化，基于静力平衡建立考虑拉筋对钢管形状约束系数提升的钢管混凝土轴压承载力实用计算公式。

8）空心钢管混凝土轴压约束原理，介绍空心圆钢管混凝土和拉筋中空夹层方钢管混凝土短柱轴压试验研究并建立有限元模型，揭示空心圆钢管混凝土约束作用的变化规律及配箍率和空心率对中空夹层方钢管混凝土约束作用的影响规律；根据极限平衡法和静力平衡法，建立考虑钢管形状约束系数和拉筋对钢管约束作用提高系数的空心和中空夹层钢管混凝土轴压承载力计算公式。

9）不同类型金属管混凝土轴压约束原理，介绍建立方形与圆形不锈钢、矩形冷弯钢和圆形铝合金管混凝土短柱轴压有限元模型并进行试验验证，探讨冷弯钢、不锈钢和铝合金管对混凝土约束效应的变化规律与差异，建立考虑形状约束系数的不锈钢、冷弯钢和铝合金管混凝土轴压承载力计算公式。

10）钢管不同类型混凝土轴压约束原理，介绍建立矩形钢管再生混凝土和圆形钢管轻骨料混凝土短柱轴压有限元模型并进行试验验证，探讨钢管对再生混凝土和轻骨料混凝土约束效应的变化规律与差异，建立考虑形状约束系数的钢管再生混凝土和钢管轻骨料混凝土轴压承载力计算公式。

11）钢管混凝土局压约束原理，介绍开展圆形和方形钢管混凝土短柱局压试验研究并建立有限元模型，探讨局压面积对钢管混凝土约束效应的影响规律，建立考虑形状约束系数和局压影响系数的圆形和方形钢管混凝土轴压承载力计算公式。

12）钢管混凝土轴压承载力可靠度分析，采用蒙特卡罗法和简化四阶矩法对各截面类型普通钢管混凝土和拉筋钢管混凝土轴压承载力公式开展可靠度分析，分析结果表明轴压承载力公式的可靠度在 3.7 以上，且拉筋钢管混凝土轴压承载力公式的可靠度有所提高。

参 考 文 献

[1] 蔡绍怀．现代钢管混凝土结构［M］．修订版．北京：人民交通出版社，2007.

[2] 钟善桐．钢管混凝土结构［M］．3 版．北京：清华大学出版社，2003.

[3] 韩林海．钢管混凝土结构：理论与实践［M］．2 版．北京：科学出版社，2007.

[4] 黄世娟，钟善桐，闫善章，等．初应力对钢管混凝土轴压构件承载力影响的实验研究［J］．哈尔滨建筑大学学报，1995，29（6）：44-50.

[5] JOHANSSON M, GYLLTOFT K. Mechanical behavior of circular steel-concrete composite stub columns [J]. Journal of Engineering Mechanics, 2002, 128 (8): 1073-1081.
[6] SAKINA K, TOMII M, WATANABE K. Experimental study on the properties of concrete confined by circular steel tubes [C] // Proceedings of the International Conference on Concrete Filled Steel Tubular Structures, Harbin, 1985: 112-118.
[7] O'SHEA M D, BRIDGE R Q. Design of circular thin-walled concrete filled steel tubes [J]. Journal of Structural Engineering, 2000, 126 (11): 1295-1303.
[8] PRION H G L, BOEHME J. Beam-column behavior of steel tubes filled with high strength concrete [J]. Canadian Journal of Civil Engineering, 1994, 21 (2): 207-218.
[9] BERGMANN R. Load introduction in composite columns filled with high strength concrete [C] //Tubular Structures VI. Wong Balkem Rotterdam, 1994: 373-380.
[10] KAVOOSSI H R, SCHMIDT L C. The mechanical behavior of higher strength concrete confined in circular hollow sections [C] //13th Australasian Conference on the Mechanics of Structures and Materials. University of Wollonggong, 1993: 453-460.
[11] 蒲心诚,蒲怀京,王勇威,等. 千米承压材料的试制与性能研究 [J]. 混凝土,2003,161 (3): 3-9.
[12] 王勇威. 千米承压材料的制取与力学性态研究 [D]. 重庆: 重庆大学,2004.
[13] 最相元雄,安部貴之,中矢浩二. 超高強度コンタリート充填鋼管柱の終局曲げ耐力にす関ゐ研究 [J]. 日本建築学会構造系論文集,1999,523 (9): 133-140.
[14] SAKINA K, NAKAHARA H, MORINO S, et al. Behavior of centrally loaded concrete-filled steel-tube short columns [J]. Journal of Structural Engineering, 2004, 130 (2): 180-188.
[15] 陈肇元,罗家谦,潘雪雯,等. 钢管混凝土短柱作为防护结构构件的性能 [M] //清华大学抗震抗爆工程研究室. 钢筋混凝土结构在冲击荷载下的性能 (科学报告集第4集). 北京: 清华大学出版社,1986: 45-52.
[16] SAKINO K, HAYASHI H. Behavior of concrete filled steel tubular stub columns under concentric loading [C] //Proceedings of the Third International Specialty Conference on Steel-Concrete Composite Structure. ASCCS-3 Secretariat, Fukuoka, 1991: 25-30.
[17] LUKSHA L K, NESTEROVICH A P. Strength test of large-diameter concrete on steel- concrete composite structure [C] // Proceedings of the Third International Specialty Conference on Steel-Concrete Composite Structure. ASCCS-3 Secretariat, Fukuoka, 1991: 67-70.
[18] GOODE C D. 钢管混凝土组合柱的研究进展 [J]. 韩林海,译. 工业建筑,1996,26 (3): 23-27.
[19] 蔡绍怀,焦占拴. 钢管混凝土短柱的基本性能和强度计算 [J]. 建筑结构学报,1984,5 (6): 13-29.
[20] 汤关祚,招炳泉,竺惠仙,等. 钢管混凝土短柱的基本力学性能的研究 [J]. 建筑结构学报,1982,3 (1): 13-31.
[21] 钟善桐,何若全. 钢管混凝土轴心受压长柱承载力的研究 [J]. 哈尔滨建筑工程学院学报,1983 (1): 1-13.
[22] 李继读. 钢管混凝土轴压承载力的研究 [J]. 工业建筑,1985,15 (2): 25-31.
[23] 顾维平,蔡绍怀,冯文林. 钢管高强混凝土的性能与极限强度 [J]. 建筑科学,1991 (1): 23-27.
[24] 韩林海. 钢管高强混凝土轴压力学性能的理论分析与试验研究 [J]. 工业建筑,1997,27 (11): 39-44.
[25] 蒋继武. 周期反复荷载作用下钢管高强混凝土压弯构件抗震性能的试验研究 [D]. 北京: 清华大学,1997.
[26] 谭克锋. 钢管与超高强混凝土复合材料的力学性能及承载能力研究 [D]. 重庆: 重庆建筑大学,1998.
[27] 贺锋,周绪红,唐昌辉. 钢管高强混凝土轴压短柱承载力性能的试验研究 [J]. 工程力学,2000,17 (4): 61-66.
[28] 王力尚,钱稼茹. 钢管高强混凝土柱轴向受压承载力试验研究 [J]. 建筑结构,2003,33 (7): 46-49.

[29] 赵均海，顾强，马淑芳．基于双剪统一强度理论的轴心受压钢管混凝土承载力的研究［J］．工程力学，2002，19（2）：32-35．

[30] 王玉银．圆钢管高强混凝土轴压短柱基本性能研究［D］．哈尔滨：哈尔滨工业大学，2003．

[31] 尧国皇，韩林海．钢管自密实高性能混凝土压弯构件力学性能研究［J］．建筑结构学报，2004，25（4）：34-42．

[32] 李云飞．钢管混凝土轴心受压构件受力性能的试验研究［D］．西安：西安建筑科技大学，2003．

[33] GIAKOUMELIS G，LAM D．Axial capacity of circular concrete-filled tube columns［J］．Journal of Constructional Steel Research，2004，60（7）：1049-1068．

[34] HUANG C S，YEG Y K，LIU G Y，et al．Axial load behavior of stiffened concrete- filled steel columns［J］．Journal of Structural Engineering，2002，128（9）：1222- 1230．

[35] 王秋萍．薄壁钢管混凝土轴压短柱力学性能的试验研究［D］．哈尔滨：哈尔滨工业大学，2002．

[36] 马丽盟，李书文，祝磊，等．高强圆钢管混凝土短柱轴心受压试验研究［J］．工业建筑，2016，46（7）：16-21．

[37] WEI J G，LUO X，LAI Z C，et al．Experimental behavior and design of high-strength circular concrete-filled Steel tube short columns［J］．Journal of Structural Engineering，2020，146（1）：04019184．

[38] ASLANI F，UY B，TAO Z，et al．Behaviour and design of composite columns incorporating compact high-strength steel plates［J］．Journal of Constructional Steel Research，2015，107：94-110．

[39] XIONG M X，XIONG D X，LIEW J Y R．Axial performance of short concrete filled steel tubes with high- and ultra-high-strength materials［J］．Engineering Structures，2017，136：494-510．

[40] HAN L H，YAO G H，ZHAO X L．Tests and calculations for hollow structural steel（HSS）stub columns filled with self-consolidating concrete（SCC）［J］．Journal of Constructional Steel Research，2005，61（9）：1241-1269．

[41] TOMII M，YOSHIMURA K，MORISHITA Y．Experimental studies on concrete-filled steel tubular stub columns under concentric loading［C］//International colloquium on stability of structures under static and dynamic loads．Washington D C，1977：718-741．

[42] 张耀春，王秋萍，毛小勇，等，薄壁钢管混凝土短柱轴压力学性能试验研究［J］．建筑结构，2005，35（1）：22-27．

[43] SHAKIR-KHALIL H，ZEGHICHE J．Experimental behavior of concrete filled rolled rectangular hollow-section columns［J］．Structural Engineer，1989，67（19）：346-353．

[44] SHAKIR-KHALIL H，MOULI M．Further tests on concrete-filled rectangular hollow-section columns［J］．Structural Engineer，1990，68（20）：405-413．

[45] SCHNEIDER S P．Axially loaded concrete-filled steel tubes［J］．Journal of Structural Engineering，1999，124（10）：1125-1138．

[46] HAN L H．Tests on stub columns of concrete-filled RHS sections［J］．Journal of Constructional Steel Research，2002，58（3）：353-372．

[47] HAN L H，YANG Y F．Influence of concrete compaction on the behavior of concrete filled steel tubes with rectangular sections［J］．Advances in Structural Engineering，2001，4（2）：93-100．

[48] LIU D L，GHO W M，YUAN J．Ultimate capacity of high-strength rectangular concrete-filled steel hollow section stub columns［J］．Journal of Constructional Steel Research，2003，59（12）：1499-1515．

[49] LIU D L，GHO W M．Axial load behaviour of high-strength rectangular concrete-filled steel tubular stub columns［J］．Thin-Walled Structures，2005，43（8）：1131-1142．

[50] LIANG Q Q，UY B．Strength of concrete-filled steel box columns with local buckling effects［C］// The Australian Structural Engineering Conference，2005：1-10．

[51] UY B. Strength of short concrete filled high strength steel box columns [J]. Journal of Constructional Steel Research，2001，57（2）：113-134.

[52] 李帼昌，闫海龙，陈博文. 高强方钢管高强混凝土轴压短柱力学性能的有限元分析 [J]. 沈阳建筑大学学报（自然科学版），2015（5）：847-855.

[53] 陈博文，李帼昌，杨志坚，等. 高强方钢管高强混凝土短柱轴压性能 [J]. 工业建筑，2017，47（3）：151-156.

[54] ASLANI F，UY B，TAO Z，et al. Behaviour and design of composite columns incorporating compact high-strength steel plates [J]. Journal of Constructional Steel Research，2015，107：94-110.

[55] KHAN M，UY B，TAO Z，et al. Behaviour and design of short high-strength steel welded box and concrete-filled tube（CFT）sections [J]. Engineering Structures，2017，147：458-472.

[56] DU Y S，CHEN Z H，YU Y J. Behavior of rectangular concrete-filled high-strength steel tubular columns with different aspect ratio [J]. Thin-Walled Structures，2016，109：304-318.

[57] DU Y S，CHEN Z H，WANG Y B，et al. Ultimate resistance behavior of rectangular concrete-filled tubular beam-columns made of high-strength steel [J]. Journal of Constructional Steel Research，2017，133：418-433.

[58] 杜颜胜. 高强钢矩形钢管混凝土柱理论分析及试验研究 [D]. 天津：天津大学，2017.

[59] ZHU J Y，CHAN T M. Experimental investigation on octagonal concrete filled steel stub columns under uniaxial compression [J]. Journal of Constructional Steel Research，2018，147：457-467.

[60] YANG H，LAM D，GARDNER L. Testing and analysis of concrete-filled elliptical hollow sections [J]. Engineering Structures，2008，30（12）：3771-3781.

[61] ZHAO X L，PACKER J A. Tests and design of concrete-filled elliptical hollow section stub columns [J]. Thin-Walled Structures，2009，47（6/7）：617-628.

[62] JAMALUDDIN N，LAM D，DAI X H，et al. An experimental study on elliptical concrete filled columns under axial compression [J]. Journal of Constructional Steel Research，2013，87：6-16.

[63] 郭晓松. 椭圆形钢管混凝土短柱轴压及偏压力学性能研究 [D]. 哈尔滨：哈尔滨工业大学，2015.

[64] 刘习超，查晓雄. 椭圆形钢管混凝土构件性能的研究 I：轴压短柱和长柱 [J]. 建筑钢结构进展，2011，13（1）：8-14.

[65] 朱筱俊. 高层钢管混凝土结构体系的试验研究 [D]. 南京：东南大学，2000.

[66] XU C，FU L，ZHAO H B，et al. Behaviors of axially loaded circular concrete-filled steel tube（CFT）stub columns with notch in steel tubes [J]. Thin-Walled Structures，2013，73：273-280.

[67] XIAO Y，HE W H，CHOI K K. Confined concrete-filled tubular columns [J]. Journal of Structural Engineering，2005，131（3）：488-497.

[68] WANG Z B，TAO Z，UY B，et al. Analysis of FRP-Strengthened concrete-filled steel tubular columns under axial compression [C] //Proceedings of the First International Postgraduate Conference on Infrastructure and Environment. Hong Kong：The Hong Kong Polytechnic University，2009：485-492.

[69] TAO Z，HAN L H，ZHUANG J P. Axial loading behavior of CFRP strengthened concrete-filled steel tubular stub columns [J]. Advances in Structural Engineering，2007，10（1）：37-46.

[70] PARK J W，HONG Y K，HONG G S，et al. Design formulas of concrete filled circular steel tubes reinforced by carbon fiber reinforced plastic sheets [J]. Procedia Engineering，2011，14（3）：2916-2922.

[71] WANG Q X，ZHAO D Z，GUAN P. Experimental study on the strength and ductility of steel tubular columns filled with steel-reinforced concrete [J]. Engineering Structures，2004，26（7）：907-915.

[72] ZHU M C，LIU J X，WANG Q X，et al. Experimental research on square steel tubular columns filled with steel-reinforced self-consolidating high-strength concrete under axial load [J]. Engineering Structures，2010，32（8）：2278-2286.

[73] 张春梅，阴毅，周云. 双钢管高强混凝土柱轴压承载力的试验研究 [J]. 广州大学学报（自然科学版），2004，3（1）：61-65.

[74] 李国祥，程文瀼. 双层钢管混凝土短柱轴心受压承载力的试验研究 [J]. 工程力学，2006（Ⅱ）：49-53.

[75] 谭克锋，蒲心诚. 复式钢管高强混凝土轴压短柱力学性能研究 [J]. 西南科技大学学报，2011，26（3）：9-13.

[76] 马淑芳，赵均海，郭红香，等. 复式钢管混凝土轴心受压柱试验研究 [C] // 中国钢结构协会钢-混凝土组合结构分会. 中国钢协钢-混凝土组合结构分会第十一次年会论文集. 长沙，2007：55-58.

[77] 钱稼茹，张扬，纪晓东，等. 复合钢管高强混凝土短柱轴心受压性能试验与分析 [J]. 建筑结构学报，2011，32（12）：162-169.

[78] WANG Z B，TAO Z，YU Q. Axial compressive behaviour of concrete-filled double-tube stub columns with stiffeners [J]. Thin-Walled Structures，2017，120：91-104.

[79] 卢方伟，周鼎，董永. 离心钢管混凝土柱力学性能研究 [J]. 混凝土，2010（5）：43-45.

[80] 蔡绍怀，顾维平. 钢管混凝土空心短柱的基本性能和强度计算 [J]. 建筑科学，1986（4）：23-31.

[81] 钟善桐. 钢管混凝土统一理论研究与应用 [M]. 北京：清华大学出版社，2006.

[82] KURANOVAS A，KVEDARAS A K . Behaviour of hollow concrete-filled steel tubular composite elements [J]. Journal of Civil Engineering and Management，2007，13（2）：131-141.

[83] 胡清花，徐国林，王宏伟. 各种截面空心钢管混凝土轴心受压强度计算 [C] // 中国钢结构协会钢-混凝土组合结构分会第十次年会论文集，2005：149-152.

[84] 王宏伟，徐国林，钟善桐. 空心率对空心钢管混凝土轴压短柱工作性能及承载力影响的研究 [J]. 工程力学，2007，37（10）：112-118.

[85] 黄宏，查宝军，陈梦成，等. 方中空夹层钢管混凝土轴压短柱力学性能对比试验研究 [J]. 铁道建筑，2015（10）：85-89.

[86] ZHAO X L，GRZEBIETA R . Strength and ductility of concrete-filled double skin（SHA inner and SHA outer）tubes [J]. Thin-Walled Structures，2002，40（2）：199-213.

[87] 陶忠，王志滨，韩林海. 矩形冷弯型钢钢管混凝土柱的力学性能研究 [J]. 工程力学，2006，23（3）：147-155.

[88] 李迪. 高强冷弯钢管混凝土短柱轴压力学性能研究 [D]. 荆州：长江大学，2017.

[89] 张达. 方形冷弯中厚壁钢管混凝土短柱承载力研究 [D]. 武汉：华中科技大学，2012.

[90] ZHU Z A，ZHANG X W，ZHU H P，et al. Experimental study of concrete filled cold-formed steel tubular stub columns [J]. Journal of Constructional Steel Research，2017，134：17-27.

[91] FERHOUNE N. Experimental behaviour of cold-formed steel welded tube filled with concrete made of crushed crystallized slag subjected to eccentric load [J]. Thin-Walled Structures，2014，80：159-166.

[92] QU X S，CHEN Z H，SUN G J. Axial behaviour of rectangular concrete-filled cold-formed steel tubular columns with different loading methods [J]. Steel and Composite Structures，2015，18（1）：71-90.

[93] UY B，TAO Z，HAN L H. Behaviour of short and slender concrete-filled stainless steel tubular columns [J]. Journal of Constructional Steel Research，2011，67（3）：360-378.

[94] LAM D，GARDNER L. Structural design of stainless steel concrete filled columns [J]. Journal of Constructional Steel Research，2008，64（11）：1275-1282.

[95] ZHOU F，YOUNG B. Concrete-filled aluminum circular hollow section column tests [J]. Thin-Walled Structures，2009，47（11）：1272-1280.

[96] 宫永丽. 常用金属管混凝土柱力学性能的试验和理论研究 [D]. 哈尔滨：哈尔滨工业大学，2011.

[97] 何振军，田亮亮，张晓洁，等. 钢管再生混凝土柱轴压及其核心混凝土多轴力学性能研究 [J]. 建筑结构，2018，48（S2）：560-566.

[98] 马骥. 圆钢管再生混凝土柱静力性能研究 [D]. 哈尔滨：哈尔滨工业大学，2013.

[99] 黄宏，郭晓宇，陈梦成. 圆钢管再生混凝土轴压短柱对比试验研究 [J]. 建筑结构，2016，46（4）：34-39.

[100] NIU H C，CAO W L. Full-scale testing of high-strength RACFST columns subjected to axial compression [J]. Magazine of Concrete Research，2015，67（5-6）：257-270.

[101] 陈娟，曾磊. 钢管再生混凝土短柱轴压力学性能试验 [J]. 兰州理工大学学报，2013，39（3）：112-116.

[102] CHEN Z P，XU J J，XUE J Y，et al. Performance and calculations of recycled aggregate concrete-filled steel tubular（RACFST）short columns under axial compression [J]. International Journal of Steel Structures，2014，14（1）：31-42.

[103] 陈杰. 钢管再生混凝土短柱轴压力学性能研究 [D]. 哈尔滨：哈尔滨工业大学，2011.

[104] DONG J F，WANG Q Y，GUAN Z W. Material and structural response of steel tube confined recycled earthquake waste concrete subjected to axial compression [J]. Magazine of Concrete Research，2016，68（6）：1-12.

[105] YANG Y F，HOU C，LIU M. Tests and numerical simulation of rectangular RACFST stub columns under concentric compression [J]. Structures，2020，27：396-410.

[106] SHI X S，WANG Q Y，ZHAO X L，et al. Incorporating Sustainable Practice in Mechanics and Structures of Materials [M]. Boca Raton ：CRC Press，2010.

[107] XIANG X Y，CAI C S，ZHAO R D，et al. Numerical analysis of recycled aggregate concrete-filled steel tube stub columns [J]. Advances in Structural Engineering，2016，19（5）：717-729.

[108] 柯晓军，陈宗平，薛建阳，等. 方钢管再生混凝土短柱轴压承载性能试验研究 [J]. 工程力学，2013，30（8）：35-41.

[109] 陈晓旋，杜喜凯，潘奇，等. 方钢管再生混凝土压弯短柱受力性能试验研究 [J]. 河北农业大学学报，2014（6）：124-129.

[110] 黄宏，孙微，陈梦成，等. 方钢管再生混凝土轴压短柱力学性能试试验研究 [J]. 建筑结构学报，2015，36（S1）：215-221.

[111] WU K，CHEN F，ZHANG H，et al. Experimental study on the behavior of recycled concrete-filled thin-wall steel tube columns under axial compression [J]. Arabian Journal for Science and Engineering，2018，43（10）：5225-5242.

[112] 陈梦成，刘京剑，黄宏. 方钢管再生混凝土轴压短柱研究 [J]. 广西大学学报（自然科学版），2014，39（4）：693-700.

[113] 张继承，申兴月，王静峰，等. 方钢管再生混凝土短柱的轴压力学性能试验 [J]. 广西大学学报（自然科学版），2016，41（4）：1008-1015.

[114] YANG Y F，HOU R. Experimental behaviour of RACFST stub columns after exposed to high temperatures [J]. Thin-Walled Structures，2012，59：1-10.

[115] 杨明. 钢管约束下核心轻集料混凝土基本力学性能研究 [D]. 南京：河海大学，2006.

[116] 朱振. 薄壁圆钢管轻骨料混凝土柱受压性能研究 [D]. 南宁：广西大学，2019.

[117] FU Z Q，JI B H，ZHOU Y，et al. An experimental behavior of lightweight aggregate concrete filled steel tubular stub under axial compression [C] // Geohunan International Conference，American Society of Givil Engineers，2011：24-32.

[118] 韩林海，钟善桐. 钢管混凝土力学 [M]. 大连：大连理工大学出版社，1996.

[119] 屠永清．钢管混凝土压弯构件恢复力特性的研究 [D]．哈尔滨：哈尔滨建筑大学，1994．

[120] 陈洪寿．各种截面钢管混凝土轴压短柱基本性能连续性的理论研究 [D]．哈尔滨：哈尔滨工业大学，2001．

[121] 韩林海，钟善桐．利用内时理论描述钢管混凝土在复杂受力状态下核心混凝土本构模型 [J]．哈尔滨建筑工程学院学报，1993，26（2）：48-54．

[122] 张文福．单层钢管混凝土框架恢复力特性研究 [D]．哈尔滨：哈尔滨工业大学，2000．

[123] SUSANTHA K A S，GE H B，USAMI T．Uniaxial stress-strain relationship of concrete confined by various shipped steel tubes [J]．Engineering Structure，2001，23（10）：1331-1347．

[124] SHAMS M，SAADEGHVAZIRI M A．Nonlinear response of concrete-filled steel tubular columns under axial loading [J]．ACI Structural Journal，1999，96（6）：1009-1017．

[125] SCHNEIDER S P．Axially loaded concrete-filled steel tubes [J]．Journal of Structural Engineering，1998，124（10）：1125-1138．

[126] COMMITTEE AC I，WIGHT J K，BARTH F G，et al．Building code requirements for structural concrete and commentary（ACI 318R-05）[S]．Farmington Hills：American Concrete Institute，2005．

[127] Committee BD-002，Concrete Structure．Australian standards：concrete structures：AS 3600-2001 [S]．Sydney：Standards Association of Australia，2001．

[128] AIJ．Recommendations for design and construction of concrete filled steel tubular structures [S]．Tokoy：Architectural Institute of Japan，1997．

[129] Technical Committee CEN/TC 250 "structural Eurocodes"．Eurocode 4：Design of Composite steel and concrete structures．Part 1-1：General rules and rules for building：EN 1994-1-1：2004 [S]．Brussels（Belgium）：European Committee for Standardization，2004．

[130] AISC．Load and resistance factor design specification for structural steel buildings [S]．Chicago（IL）：American Institute of Steel Construction，1999．

[131] 中华人民共和国住房和城乡建设部．钢管混凝土结构技术规范：GB 50936—2014 [S]．北京：中国建筑工业出版社，2014．

第 2 章　混凝土与钢材本构模型

2.1　概　　述

迄今为止，国内外学者对混凝土、再生混凝土和轻骨料混凝土的力学性能指标和单轴受力应力-应变曲线进行了大量的试验研究，形成了丰富的数据库。然而在研究各类混凝土时通常将其区分为普通强度、高强度和超高强度混凝土，并对各类混凝土的基本力学性能指标分区建立不同的计算公式，导致混凝土的基本力学性能指标在分区边界处的计算结果误差较大，给各类混凝土结构分析带来麻烦。此外，国内外学者采用的各类混凝土单轴受压、受拉应力-应变全曲线方程中的上升段普遍存在弹性模量衰减过快的缺陷，该缺陷被引入到混凝土结构非线性分析中导致结构变形偏大，不利于充分利用材料性能。

圆钢管混凝土受轴压时，核心混凝土的受力模型为轴对称三轴受压，以弹性力学为基础的非线性弹性本构模型受经典塑性理论的制约，认为受力过程中其泊松比不大于0.5，导致计算过程中难以准确反映钢管与混凝土的约束作用，因此需要建立合理的混凝土轴对称三轴受压本构关系。

为此，本书作者在对国内外大量的混凝土、再生混凝土和轻骨料混凝土基本力学性能试验研究及数据库分析的基础上，做了以下工作：

1）提出适用于各种强度等级混凝土的尺寸换算系数、轴心抗压强度、轴心抗拉强度、劈拉强度、弹性模量、受压峰值应变和受拉峰值应变等力学性能指标的统一计算公式。

2）建立反映弹性阶段弹性模量不衰减的各类混凝土单轴受压、受拉应力-应变关系曲线。

3）建立混凝土轴对称三轴受压应力-应变曲线，建立不同强度等级热轧钢弹塑性应力-应变模型参数表达式以及建议冷弯钢、不锈钢和铝合金的弹塑性应力-应变模型，以便于圆钢管混凝土轴压弹塑性和各类钢（铝合金）管混凝土轴压有限元分析。

2.2　混凝土力学指标

2.2.1　换算系数

1．混凝土

我国《混凝土结构设计规范（2015 年版）》（GB 50010—2010）[1] 采用龄期 28d、边长 150mm 的立方体试块测定混凝土强度等级，而实验室经常采用边长为 100mm，甚至70.7mm 的立方体试块进行测定。由于混凝土的非匀质脆性特点以及实验机刚度不够，导致试块存在尺寸效应，即边长较小的立方体试块其强度要高于边长较大的立方体试块。

国内学者对混凝土立方体抗压强度尺寸换算系数的报道，一般不直接给出试验数据，而是给出其平均值。本书作者通过对国内诸多学者研究数据[2-5]的分析，建议尺寸换算系数表达式［图 2-1（a）］为

$$f_{cu}=1.17f_{cu,10}^{0.95}-0.7 \tag{2-1}$$

式中：f_{cu} 为边长 150mm 的立方体抗压强度；$f_{cu,10}$ 为边长 100mm 的立方体抗压强度。

对于 C100 以上的混凝土，目前国内不少实验室采用边长 70.7mm 的立方体试件进行测试，文献［6］根据试验数据提出尺寸换算系数表达式为

$$f_{cu,10}=0.953f_{cu,7.07} \tag{2-2}$$

式中：$f_{cu,7.07}$ 为边长 70.7mm 的立方体抗压强度。

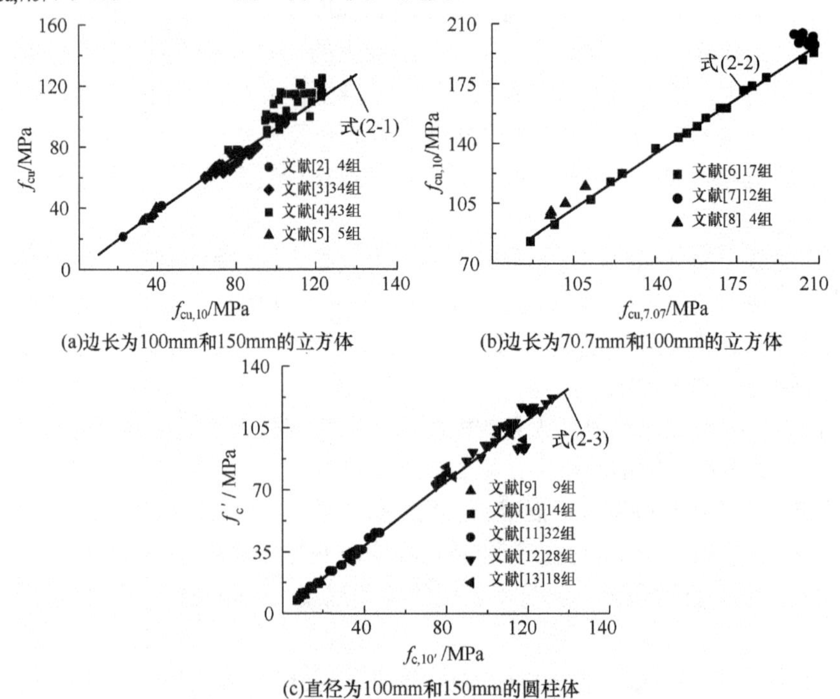

图 2-1　混凝土尺寸换算关系曲线与试验结果的比较

在美国、欧洲、日本的规范中规定以高 h 为 300mm、直径 D 为 150mm 的圆柱体为标准试件，测定的强度称为圆柱体抗压强度，以 f_c' 表示；但测试时经常采用高 h 为 200mm、直径 D 为 100mm 的圆柱体试件。本书作者通过对国外相关试验数据[9-13]的分析，建议圆柱体试件抗压强度换算系数从ϕ100mm×200mm 换算到ϕ150mm×300mm 的，采用与式（2-1）一致的形式［图 2-1（c）］，即

$$f_c'=1.17(f_{c,10}')^{0.95}-0.7 \tag{2-3}$$

式中：$f_{c,10}'$ 为直径 100mm 的圆柱体抗压强度。

对于圆柱体抗压强度 f_c' 和立方体抗压强度 f_{cu} 的换算关系，本书作者建议采用陈肇元等[14]的建议值，并给出表达式

$$f_c' = \begin{cases} 0.8f_{cu} & f_{cu} \leqslant 50\text{MPa} \\ f_{cu} - 10 & f_{cu} > 50\text{MPa} \end{cases} \tag{2-4}$$

2. 再生混凝土

图 2-2 为国内不同强度等级再生混凝土在不同再生骨料取代率 η_r 下的立方体抗压强度 $f_{cu,r}$ 与相同配合比下无再生骨料时的普通混凝土立方体抗压强度 f_{cu} 比的试验结果[15-20]变化规律，可以看出再生骨料取代率对再生混凝土的抗压强度影响的离散性较大，但大体上再生混凝土与普通混凝土立方体抗压强度的比随着再生骨料取代率的增大而减小。通过对图 2-2 中的国内 124 组研究资料的分析，再生混凝土立方体抗压强度 $f_{cu,r}$ 与普通混凝土立方体抗压强度 f_{cu} 的换算关系为

$$f_{cu,r}=(1-0.1\eta_r)f_{cu} \tag{2-5}$$

3. 轻骨料混凝土

图 2-3 为轻骨料混凝土立方体尺寸换算试验结果[21-23]的变化规律，作者通过对国内研究资料的分析，建议尺寸换算系数的统一计算式为

$$f_{cu} = 1.15f_{cu,10}^{0.94} - 0.5 \tag{2-6}$$

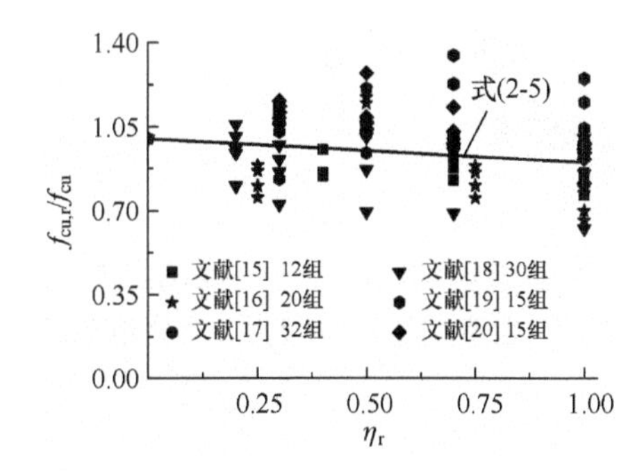

图 2-2　再生混凝土立方体抗压强度与取代率的关系

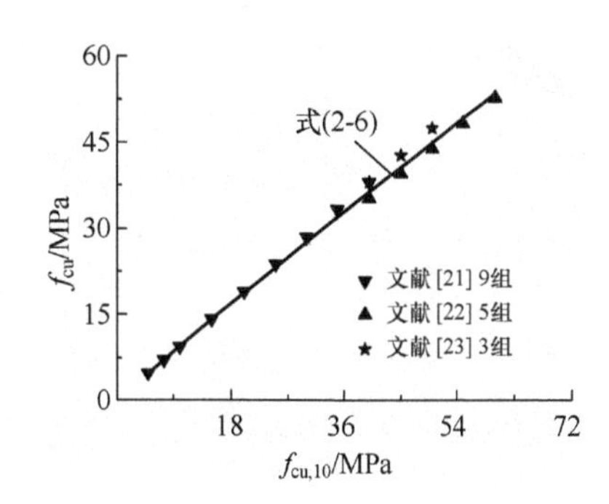

图 2-3　轻骨料混凝土的立方体尺寸换算关系

2.2.2　轴心抗压强度

1. 混凝土

图 2-4 为国内 343 组混凝土轴心抗压强度的试验结果[2, 4, 24-27]。由图 2-4 可见混凝土轴心抗压强度几乎与其立方体抗压强度成比例增大。通过对图 2-4 国内试验数据库的分析，可得到混凝土轴心抗压强度统一计算式

$$f_c = 0.4f_{cu}^{7/6} \tag{2-7}$$

2. 再生混凝土

图 2-5 为国内不同强度等级再生混凝土在不同再生骨料取代率 η_r 下的轴心抗压强度 $f_{c,r}$ 与相同配合比下无再生骨料时的普通混凝土轴心抗压强度 f_c 比的试验结果[17-20, 28]变化规律，通过对图 2-5 的国内 87 组研究资料的分析得到

$$f_{c,r}=(1-0.1\eta_r)f_c \tag{2-8}$$

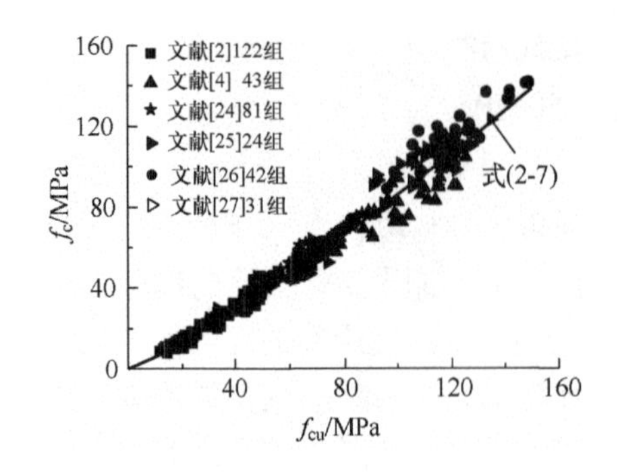

图 2-4　混凝土 f_c-f_{cu} 关系曲线

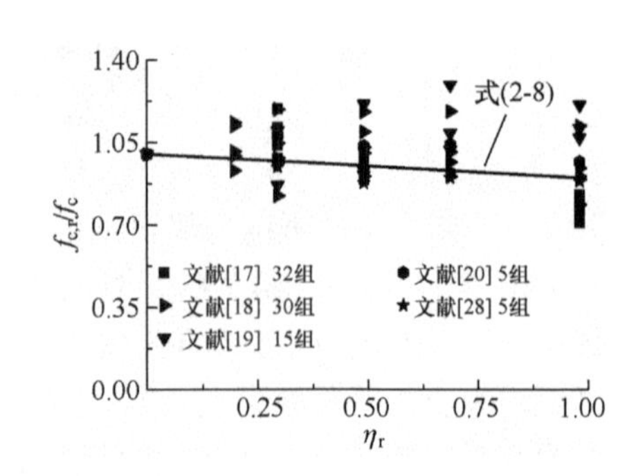

图 2-5　再生混凝土 $f_{c,r}/f_c$ 比值与取代率的关系

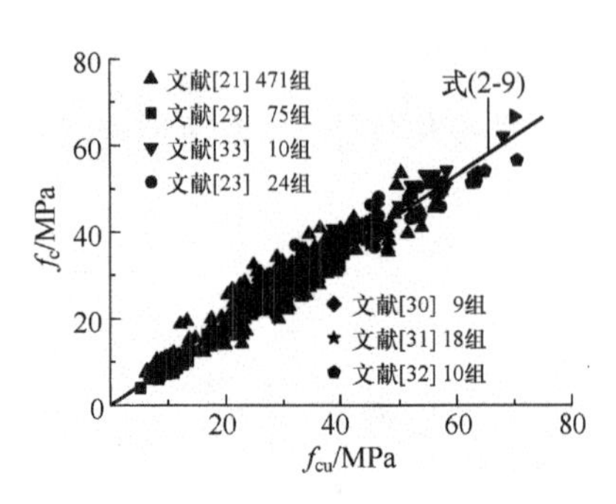

图 2-6　轻骨料混凝土 f_c-f_{cu} 关系曲线

3．轻骨料混凝土

图 2-6 为国内轻骨料混凝土轴心抗压强度的试验结果[21, 29-33]，可见轻骨料混凝土轴心抗压强度几乎与其立方体抗压强度成比例增大，通过对该试验资料的分析，得到轻骨料混凝土轴心抗压强度统一计算式

$$f_c=0.88f_{cu} \tag{2-9}$$

2.2.3　轴心抗拉强度

1．混凝土

图 2-7 为国内 271 组混凝土轴心抗拉强度试验结果[2, 24, 34-38]，可见混凝土轴心抗拉强度随立方体抗压强度的提高而增大，且离散性较大，作者建议混凝土轴心抗拉强度的统一计算式为

$$f_t=0.24f_{cu}^{2/3} \tag{2-10}$$

2．再生混凝土

图 2-8 为国内不同强度等级再生混凝土在不同再生骨料取代率 η_r 下的轴心抗拉强度 $f_{t,r}$ 与相同配合比下无再生骨料时的普通混凝土轴心抗拉强度 f_t 比值的试验结果[20, 39-40]变化规律，通过对图 2-8 所示的 15 组研究资料的分析得

$$f_{t,r}=(1-0.1\eta_r)f_t \tag{2-11}$$

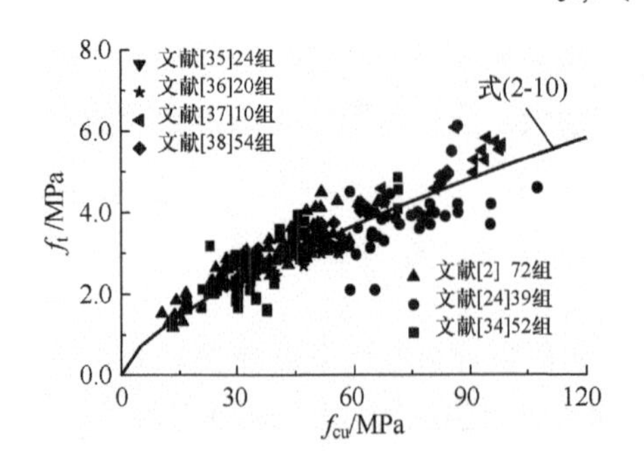

图 2-7　混凝土 f_t-f_{cu} 关系曲线

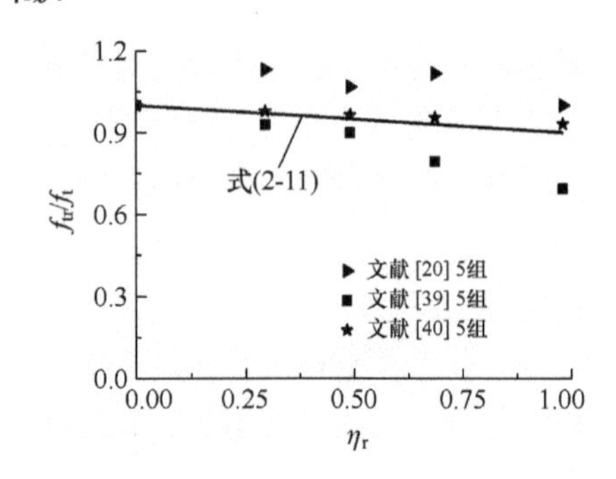

图 2-8　再生混凝土 $f_{t,r}/f_t$ 比值与取代率的关系

3．轻骨料混凝土

图 2-9 为国内轻骨料混凝土轴心抗拉强度试验结果[21, 41]随立方体抗压强度的变化规律，可见试验结果离散较大，本书作者建议轻骨料混凝土轴心抗拉强度的统一计算式为

$$f_t=f_{cu}/15 \tag{2-12}$$

2.2.4　劈拉强度

1．混凝土

图 2-10 为不同强度混凝土劈裂抗拉强度试验结果随立方体抗压强度的变化规律，可见试验结果离散较大，作者根据这些国内的实测数据[24-25, 42]，建议混凝土劈裂抗拉强度 f_{ts} 的统一计算式为

$$f_{ts}=0.16f_{cu}^{4/5} \tag{2-13}$$

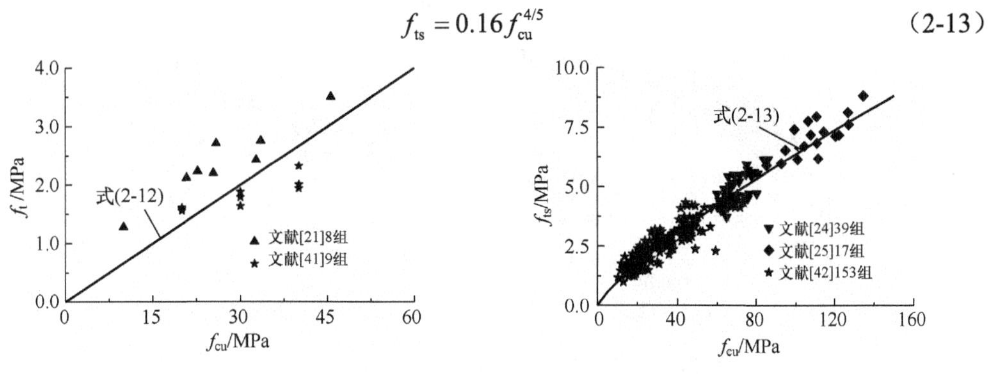

图 2-9　轻骨料混凝土 f_t-f_{cu} 关系曲线　　　图 2-10　混凝土 f_{ts}-f_{cu} 关系曲线

2．再生混凝土

图2-11为不同强度等级再生骨料级混凝土在不同再生骨料取代率 η_r 下的劈裂抗拉强度 $f_{ts,r}$ 与相同配合比下无再生骨料时的普通混凝土劈裂抗拉强度 f_{ts} 比的试验结果[15, 43-47]变化规律，通过对国内 71 组研究资料的分析得到

$$f_{ts,r}=(1-0.1\eta_r)f_{ts} \tag{2-14}$$

3．轻骨料混凝土

本书作者对图 2-12 中所列的 243 组试验结果进行统计分析，提出轻骨料混凝土劈裂抗拉强度的统一计算式为

$$f_{ts}=f_{cu}/14 \tag{2-15}$$

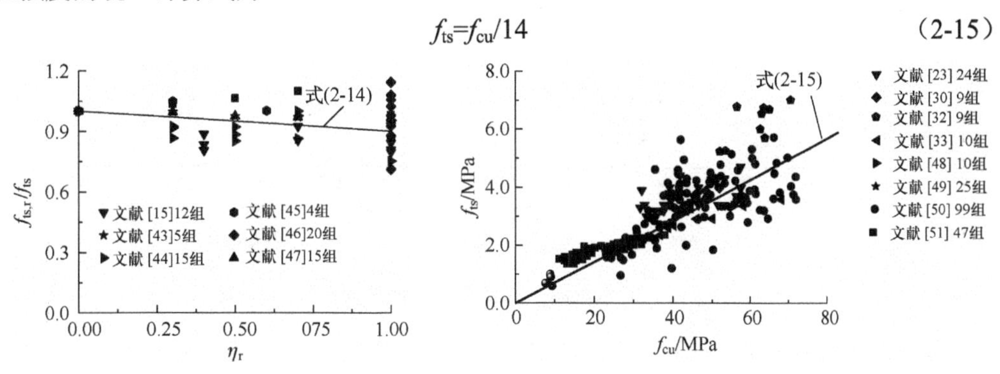

图 2-11　再生混凝土 $f_{ts,r}/f_{ts}$ 比值与取代率的关系　　　图 2-12　轻骨料混凝土 $f_{t,s}$-f_{cu} 关系曲线

2.2.5 弹性模量

1. 混凝土

基于混凝土棱柱体试件轴心受压试验结果可得到弹性模量，图 2-13（a）所示为 638 组混凝土弹性模量随立方体抗压强度的提高而增加的试验规律[4, 24-27, 42, 52-55]，离散性较大。本书作者根据这些国内学者的实测数据库，提出弹性模量的统一计算式

$$E_c=9500f_{cu}^{1/3} \tag{2-16}$$

单轴受拉情况下混凝土的弹性模量随立方体抗压强度的变化规律[34-36, 56-57]如图 2-13（b）所示。

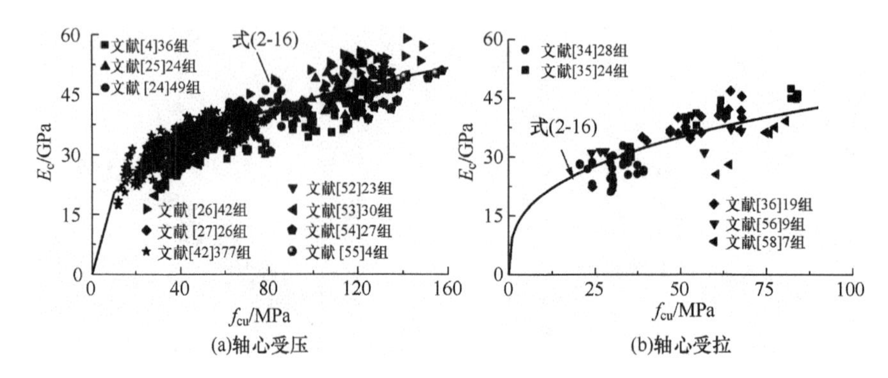

图 2-13 混凝土弹性模量与立方体抗压强度的关系

2. 再生混凝土

图 2-14 为不同强度等级再生混凝土在不同再生骨料取代率 η_r 下的弹性模量 $E_{c,r}$ 与相同配合比下无再生骨料时的普通混凝土弹性模量 E_c 比的试验结果变化规律，通过对国内 111 组受压弹性模量[18, 40, 46, 58-64]和 10 组受拉弹性模量[15, 39]试验资料的分析得到

$$E_{c,r}=(1-0.3\eta_r)E_c \tag{2-17}$$

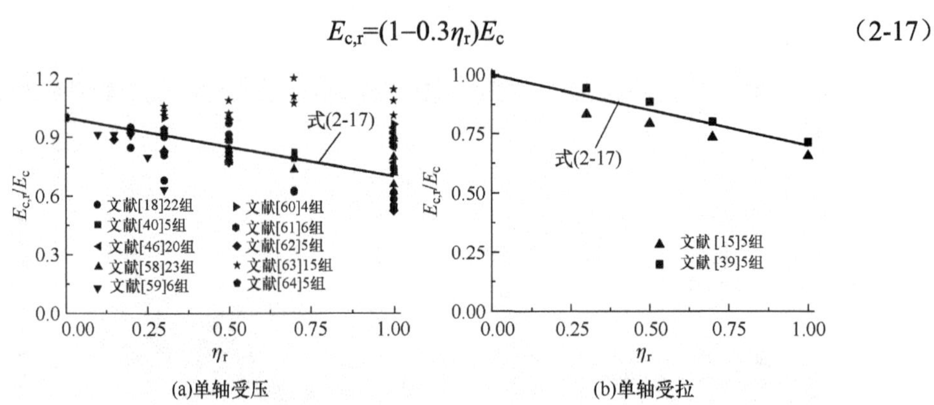

图 2-14 再生混凝土弹性模量比值随取代率的关系

3. 轻骨料混凝土

轻骨料混凝土的弹性模量随立方体抗压强度的提高而增加，对于普通轻骨料混凝土，

《轻骨料混凝土技术规程》（JGJ 51—2002）建议的经验计算公式为

$$E_c=2.02\rho_c f_{cu}^{0.5} \tag{2-18}$$

本书作者通过整理分析发现，大多的研究者只给出弹性模量和抗压强度的关系，只有少数的研究者给出弹性模量和抗压强度及表观密度ρ_c的关系式，但由于给出数据较少，故轻骨料混凝土的弹性模量计算式采用《轻骨料混凝土技术规程》（JGJ 51—2002）建议的计算式（2-18）。一般而言，轻骨料混凝土的弹性模量约为普通混凝土的 0.5～0.8 倍。

2.2.6　受压峰值应变

1．混凝土

试验结果表明，混凝土单轴受压峰值应变随棱柱体轴心抗压强度的提高而增加，2003 年本书作者根据国内实测数据库[4, 25-27, 34, 65-67]，建议混凝土单轴受压峰值应变的统一计算式为

$$\varepsilon_c = 520 f_c^{1/3} \times 10^{-6} \tag{2-19a}$$

考虑到立方体抗压强度超过 60MPa 的混凝土脆性较大，而此时测试的峰值应变可能偏低，本书作者结合钢管超高强混凝土轴压性能分析，对式（2-19a）修正如下：

$$\varepsilon_c = 420 f_c^{2/5} \times 10^{-6} \tag{2-19b}$$

此外，根据式（2-7）可将式（2-19b）转换为受压峰值应变与混凝土立方体抗压强度的关系，并与实测数据比较，如图 2-15 所示。

$$\varepsilon_c = 291 f_{cu}^{7/15} \times 10^{-6} \tag{2-20}$$

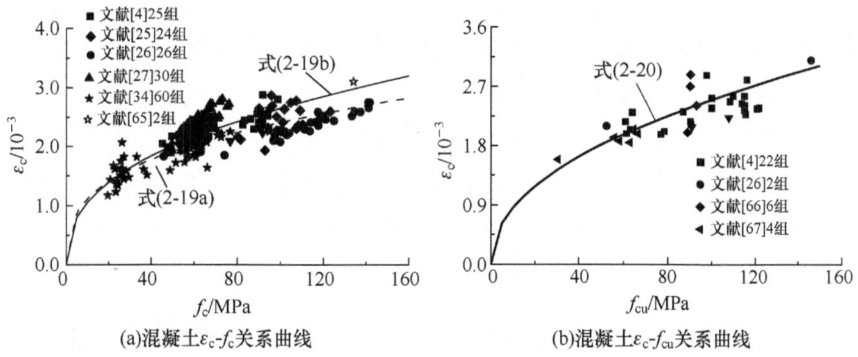

图 2-15　混凝土受压峰值应变随轴心抗压强度和立方体抗压强度的变化规律

2．再生混凝土

图 2-16 为不同强度等级再生混凝土在不同再生骨料取代率 η_r 下的受压峰值应变 $\varepsilon_{c,r}$ 与相同配合比下无再生骨料时的普通混凝土受压峰值应变 ε_c 比的试验结果变化规律。通过对图 2-16 所示 53 组研究资料[20-21, 46, 59, 61, 63-64, 68-70]的分析可得

$$\varepsilon_{c,r}=(1+0.2\eta_r)\varepsilon_c \tag{2-21}$$

3．轻骨料混凝土

轴心受压试验结果表明[21, 71-75]，轻骨料混凝土单轴受压峰值应变随棱柱体轴心抗

压强度的提高而增大，如图 2-17 所示。试验结果表明，强度等级相同时轻骨料混凝土的 ε_c 比普通混凝土的大。本书作者根据国内文献的实测数据，提出混凝土单轴受压峰值应变的统一计算式

$$\varepsilon_c=760 f_{cu}^{1/3} \times 10^{-6} \tag{2-22}$$

根据式（2-9）将式（2-22）转换为受压峰值应变与轻骨料混凝土立方体抗压强度之间的关系，即

$$\varepsilon_c=730 f_{cu}^{1/3} \times 10^{-6} \tag{2-23}$$

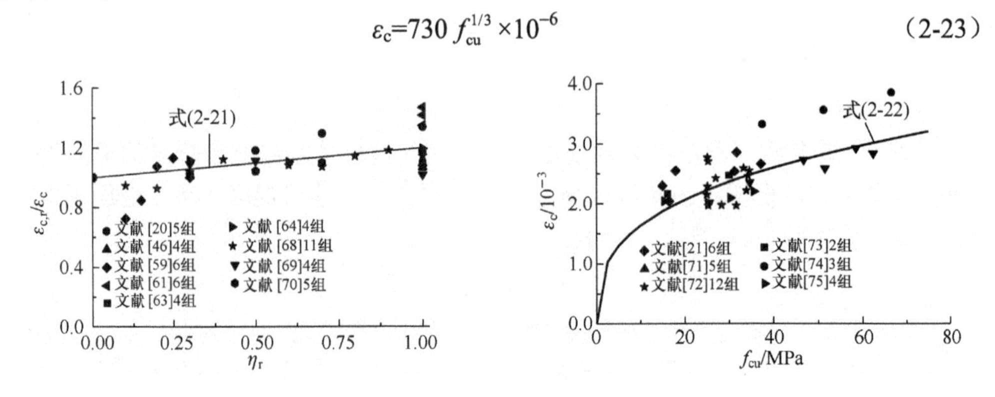

图 2-16　再生混凝土受压峰值应变比值随取代率的关系　　图 2-17　轻骨料混凝土 ε_c-f_c 关系曲线

2.2.7　受拉峰值应变

1．混凝土

如图 2-18 所示的试验结果表明，混凝土单轴受拉峰值应变随轴心抗拉强度和立方体抗压强度的提高而增大，本书作者基于文献[34-36，56-57]试验数据的分析，建议混凝土受拉峰值应变与轴心抗拉强度的计算式为

$$\varepsilon_t = 67 f_t^{1/2} \times 10^{-6} \tag{2-24}$$

将式（2-10）代入式（2-24），可得到混凝土受拉峰值应变与立方体抗压强度之间的关系

$$\varepsilon_t = 33 f_{cu}^{1/3} \times 10^{-6} \tag{2-25}$$

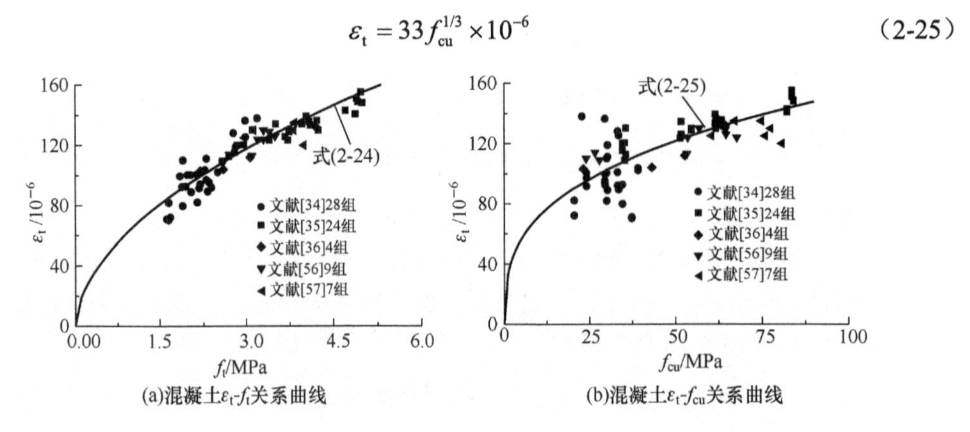

(a)混凝土 ε_t-f_t 关系曲线　　(b)混凝土 ε_t-f_{cu} 关系曲线

图 2-18　混凝土受拉峰值应变随轴心抗拉强度和立方体抗压强度的变化规律

2．再生混凝土

不同强度等级再生混凝土在不同再生骨料取代率 η_r 下的受拉峰值应变 $\varepsilon_{t,r}$ 与相同配合比下无再生骨料时的普通混凝土受拉峰值应变 ε_t 比的试验结果[16]变化规律，根据图 2-19 所示的 5 组研究资料的分析得到

$$\varepsilon_{t,r}=(1+0.1\eta_r)\varepsilon_t \tag{2-26}$$

3．轻骨料混凝土

试验结果表明轻骨料混凝土单轴受拉峰值应变随抗拉强度的提高而增加。图 2-20 所示为本书作者基于试验数据[41]进行分析而建议的轻骨料混凝土受拉峰值应变计算式为

$$\varepsilon_t=125 f_t^{1/3} \times 10^{-6} \tag{2-27}$$

将式（2-12）代入式（2-27）可得到轻骨料混凝土受拉峰值应变与其立方体抗压强度之间的关系为

$$\varepsilon_t=50 f_{cu}^{1/3} \times 10^{-6} \tag{2-28}$$

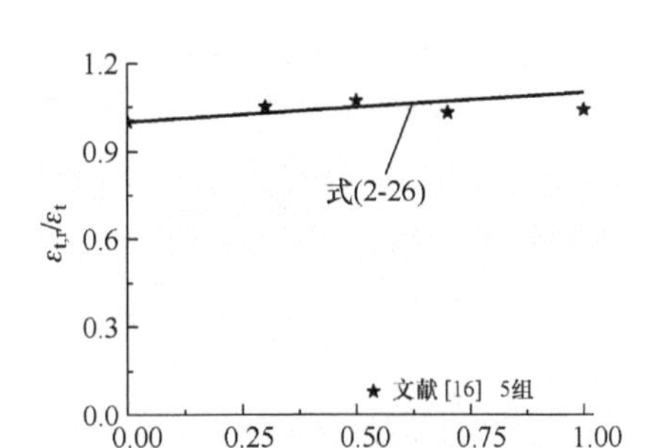

图 2-19　再生混凝土受拉峰值应变比随取代率的关系

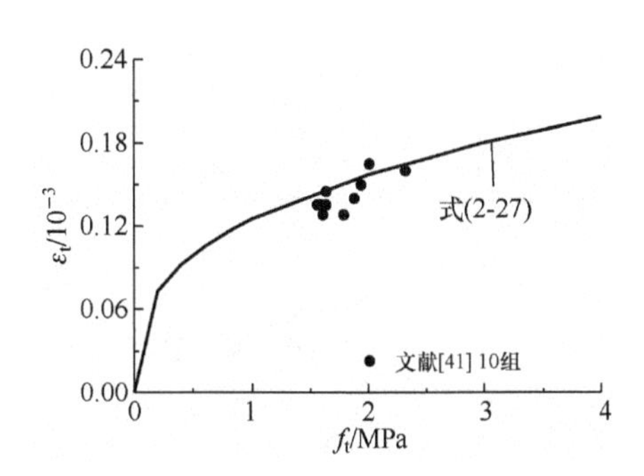

图 2-20　轻骨料混凝土 ε_t-f_t 关系曲线

2.3　混凝土单轴受力应力-应变曲线

2.3.1　曲线方程

根据混凝土单轴应力-应变曲线的试验特点，混凝土受压、拉曲线上升段和下降段采用相同的表达式，无量纲形式的混凝土应力-应变全曲线方程如下：

$$y=\begin{cases}\dfrac{A_i x+(B_i-1)x^2}{1+(A_i-2)x+B_i x^2} & x\leqslant 1\\[2ex] \dfrac{x}{\alpha_i(x-1)^2+x} & x>1\end{cases} \tag{2-29}$$

式中：A_i 为混凝土弹性模量与峰值割线模量比值；B_i 为混凝土上升段曲线弹性模量衰减程度控制参数，B_i 对上升段曲线的影响如图 2-21 所示。

(a)普通强度混凝土(C60) (b)高强度混凝土(C120)

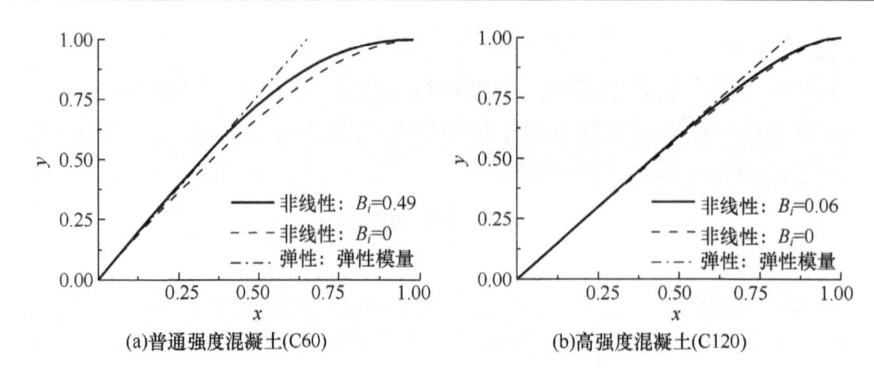

图 2-21 参数 B_i 对上升段曲线的影响规律

2.3.2 上升段参数

1．单轴受压

当混凝土单轴受压时，式（2-29）中 $y=\sigma/f_c$、$x=\varepsilon/\varepsilon_c$，此时 i=1，按照上升段参数 A_1 的定义，由式（2-7）、式（2-16）和式（2-20）可得到

$$A_1 = 6.9 f_{cu}^{-11/30} \tag{2-30a}$$

图 2-22 参数 A_1 随 f_{cu} 的变化关系

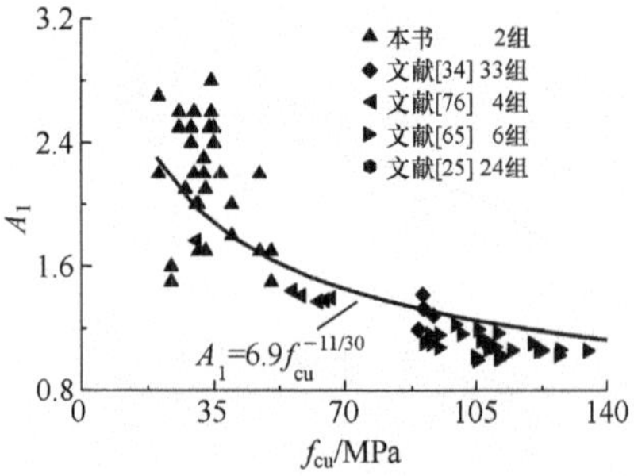

图 2-22 为式（2-30a）计算结果与实测结果的比较，可见规律基本一致。参数 B_1 在 y=0.4 之前，曲线上升段基本上为一直线，可求得参数 B_1 的表达式

$$B_1 = 1.67(A_1 - 1)^2 \tag{2-30b}$$

再生混凝土的强度一般不超过 60MPa，按照上升段参数 A_1 的定义，由式（2-7）、式（2-8）、式（2-16）、式（2-17）、式（2-20）和式（2-21）可得到

$$\begin{cases} A_{1,r} = 6.9 f_{cu}^{-11/30} \dfrac{(1-0.3\eta_r)(1+0.2\eta_r)}{(1-0.1\eta_r)} \\ B_{1,r} = 1.67(A_{1,r} - 1)^2 \end{cases} \tag{2-31}$$

轻骨料混凝土的强度一般也不超过 60MPa，按照上升段参数 A_1 的定义，由式（2-9）、式（2-18）和式（2-22）可得到

$$\begin{cases} A_1 = 1.68 \times 10^{-3} \rho_c f_{cu}^{-1/6} \\ B_1 = 1.67(A_1 - 1)^2 \end{cases} \tag{2-32}$$

2．单轴受拉

当混凝土单轴受拉时，式（2-29）中 $y=\sigma/f_t$、$x=\varepsilon/\varepsilon_t$，此时 i=2，采用与受压曲线上升段参数相同的处理方法，由本书作者建议的式（2-10）、式（2-16）、式（2-25）和式（2-30b）计算得到上升段参数为常数，即

$$\begin{cases} A_2 = 1.3 \\ B_2 = 0.15 \end{cases} \tag{2-33}$$

图 2-23 为式（2-33）中上升段参数 A_2 与实测数据的比较，两者规律基本一致。

再生混凝土的强度一般也不超过 60MPa，其上升段参数可表达为

$$\begin{cases} A_{2,\mathrm{r}} = 1.3\dfrac{(1-0.3\eta_{\mathrm{r}})\times(1+0.1\eta_{\mathrm{r}})}{(1-0.1\eta_{\mathrm{r}})} \\ B_{2,\mathrm{r}} = 1.67(A_{2,\mathrm{r}}-1)^2 \end{cases} \tag{2-34}$$

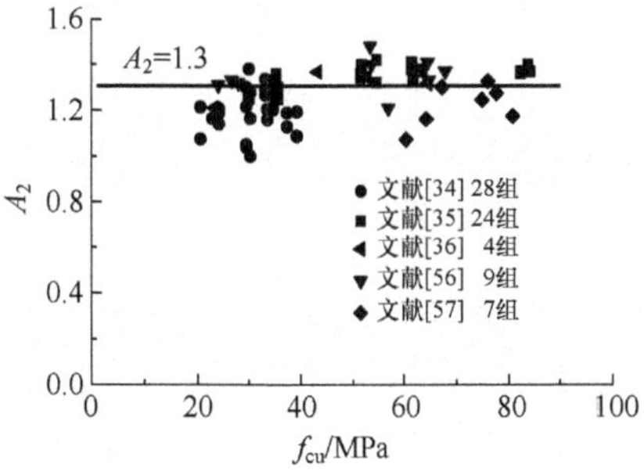

图 2-23　参数 A_2 与 f_{cu} 关系曲线

由式（2-12）、式（2-18）和式（2-28），再结合式（2-30b），得到轻骨料混凝土的上升段参数表达式

$$\begin{cases} A_2 = 1.5\times10^{-3}\rho_{\mathrm{c}} f_{\mathrm{cu}}^{-1/6} \\ B_2 = 1.67(A_2-1)^2 \end{cases} \tag{2-35}$$

2.3.3　下降段参数

1．单轴受压

图 2-24 为混凝土受压下降段参数的试验数据（36 组）分布规律，本书作者 2003 年曾建议

$$\alpha_1 = 2.5\times10^{-5} f_{\mathrm{cu}}^3 \tag{2-36a}$$

考虑立方体抗压强度超过 60MPa 的混凝土脆性较大，而此时测试的下降段参数偏低，本书作者对式（2-36a）修正如下：

$$\alpha_1 = 4\times10^{-3} f_{\mathrm{cu}}^{1.5} \tag{2-36b}$$

考虑混凝土梁、板和柱中横向箍筋或钢管的约束作用，当混凝土配箍率 ρ_{sv} 或含钢率 ρ_{s} 为 2%及以上时，取

$$\alpha_1=0.15 \tag{2-36c}$$

当横向配箍率或含钢率为 0%～2%时，α_1 取值在 $4\times10^{-3}\leqslant f_{\mathrm{cu}}^{1.5}\leqslant0.15$ 线性内插。再生混凝土和轻骨料混凝土的受压曲线下降段参数 α_1 取值方法同混凝土。

2．单轴受拉

图 2-25 为混凝土受拉曲线下降段参数的试验数据（62 组）分布规律，本书建议

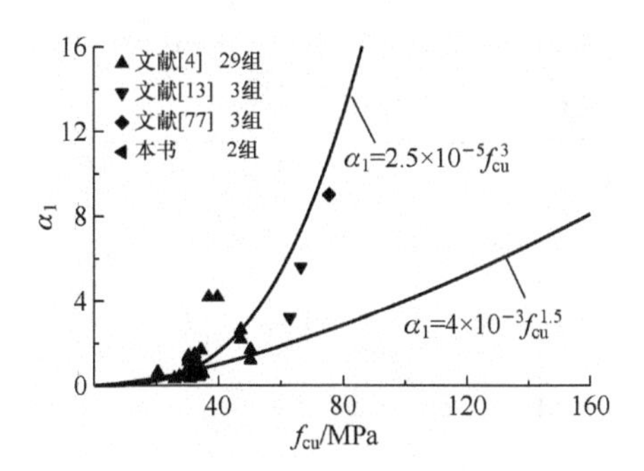

图 2-24　参数 α_1 随 f_{cu} 的变化关系

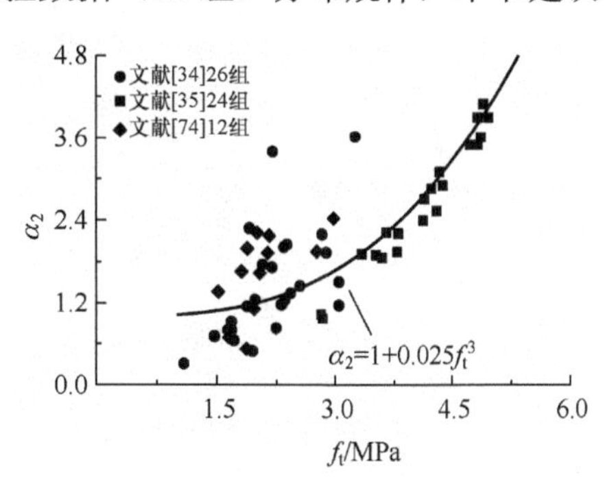

图 2-25　参数 α_2 与 f_{t} 关系曲线

$$\alpha_2 = 1 + 0.025 f_t^3 \tag{2-37a}$$

将式（2-10）代入式（2-37a），可得下降段参数 α_2 与混凝土立方体强度 f_{cu} 关系的计算表达式

$$\alpha_2 = 1 + 3.4 f_{cu}^2 \times 10^{-4} \tag{2-37b}$$

需要指出，由于实际工程中混凝土通常与钢筋或钢管共同工作，此时混凝土开裂后的力学性能与素混凝土有较大差别。在混凝土结构有限元分析中，可通过拉伸硬化考虑钢筋或钢管与混凝土之间的作用，同时为了保证有限元计算的收敛性，本书建议

$$\alpha_2 = 0.8 \tag{2-37c}$$

再生混凝土和轻骨料混凝土的受拉曲线下降段参数 α_2 取值方法参考混凝土的受拉曲线下降段参数。

2.3.4　曲线比较

2.3.2 节和 2.3.3 节的分析表明，混凝土、再生混凝土和轻骨料混凝土单轴受压、受拉应力-应变上升段曲线基本与立方体抗压强度有关，而下降段曲线基本与立方体抗压强度和含钢率（或配箍率）有关，因此该三类混凝土的单轴受压、受拉应力-应变曲线具有参数唯一性。

1．混凝土

根据应力-应变曲线式（2-29）结合式（2-7）、式（2-20）、式（2-30a）、式（2-30b）和式（2-36b）计算得到一组不同强度等级的混凝土单轴受压应力-应变计算曲线与试验曲线的比较，如图 2-26 所示。图 2-26（a）为国内学者采用棱柱体试块测试的受压应力-应变曲线，可见公式计算的受压应力-应变曲线下降段偏缓，图 2-26（b）为美国学者采用圆柱体试块测试的受压应力-应变曲线，本书作者采用本章建议的方法对其进行尺寸和形状换算之后而计算得到单轴受压应力-应变曲线，换算之后公式计算的峰值抗压强度有所降低，且峰值应变也偏小，但受压应力-应变下降段的规律比较接近。

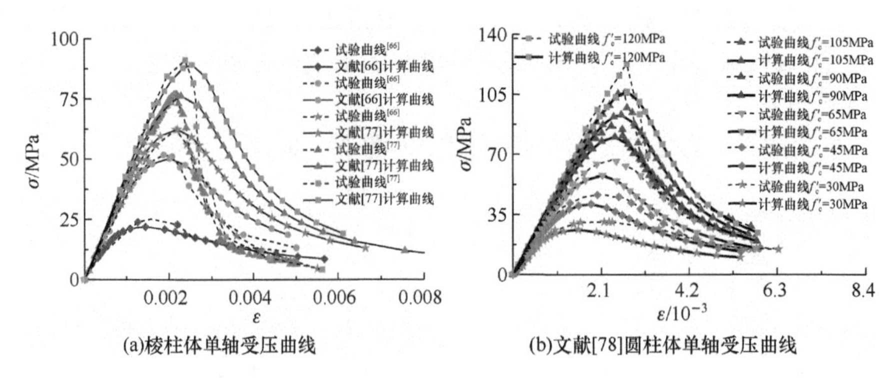

图 2-26　混凝土单轴受压应力-应变计算曲线与试验曲线比较

图 2-27 为根据应力-应变曲线式（2-29）结合式（2-10）、式（2-25）、式（2-33）、式（2-37b）计算得到一组不同强度等级混凝土单轴受拉应力-应变计算曲线与试验曲线的比较，可见计算曲线与试验曲线规律一致。图 2-28 为由上述公式所得不同强度等级素

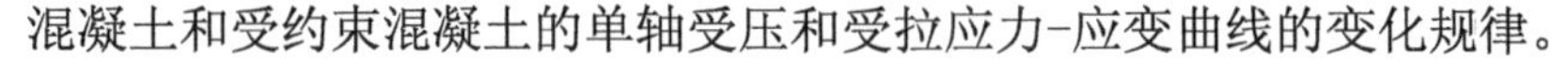
混凝土和受约束混凝土的单轴受压和受拉应力-应变曲线的变化规律。

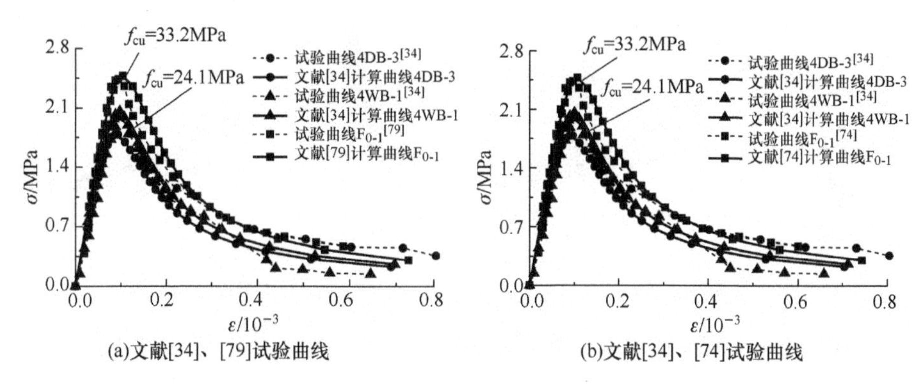

(a)文献[34]、[79]试验曲线　　(b)文献[34]、[74]试验曲线

图 2-27　混凝土单轴受拉应力-应变计算曲线与试验曲线比较

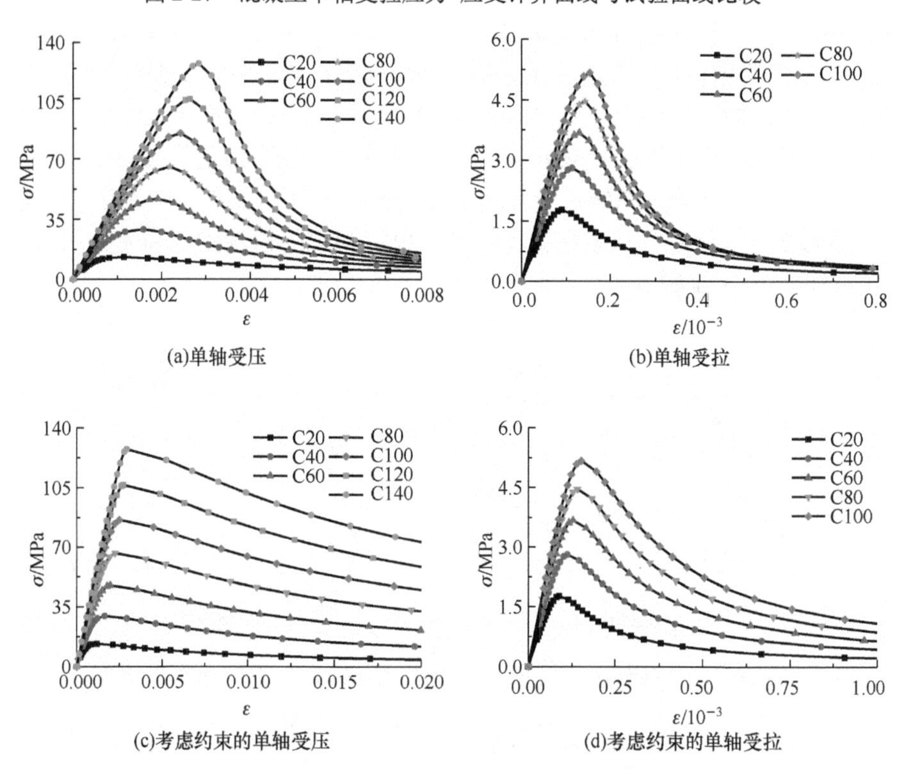

(a)单轴受压　　(b)单轴受拉

(c)考虑约束的单轴受压　　(d)考虑约束的单轴受拉

图 2-28　不同强度等级混凝土单轴受力应力-应变计算曲线比较

2．再生混凝土

图 2-29 为再生骨料取代率 η_r 分别为 0.0、0.5 和 1.0 时，根据应力-应变曲线式(2-29)结合式（2-5)、式（2-7)、式（2-8)、式（2-20)、式（2-21)、式（2-31）和式（2-36b）计算得到的不同强度等级再生混凝土单轴受压应力-应变关系曲线比较，以及结合式（2-5)、式（2-10)、式（2-11)、式（2-25)、式（2-26)、式（2-34）和式（2-37b）计算得到的不同强度等级再生混凝土单轴受拉应力-应变关系曲线比较，图中 RC 表示再生混凝土强度等级。

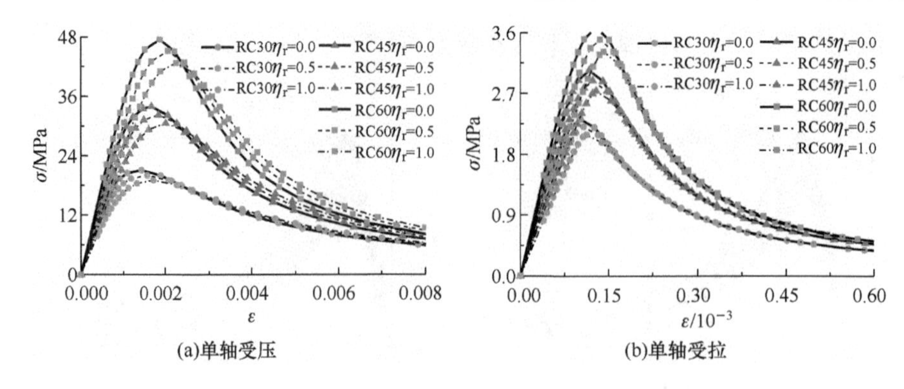

图 2-29　不同再生骨料取代率下各等级再生混凝土应力-应变计算曲线比较

3．轻骨料混凝土

图 2-30 为根据应力-应变曲线式（2-29）结合式（2-9）、式（2-23）、式（2-32）和式（2-36b）计算得到轻骨料混凝土单轴受压应力-应变计算曲线与试验曲线的比较，以及根据应力-应变曲线式（2-29）结合式（2-12）、式（2-28）、式（2-35）、式（2-37b）计算得到轻骨料混凝土单轴受拉应力-应变计算曲线与试验曲线的比较。计算曲线与试验曲线规律基本一致，下降段曲线符合程度相对较差，此时不影响结构分析的精度。上述公式所得不同强度等级轻骨料素混凝土和受约束混凝土的单轴受压和受拉应力-应变曲线的变化规律如图 2-31 所示。

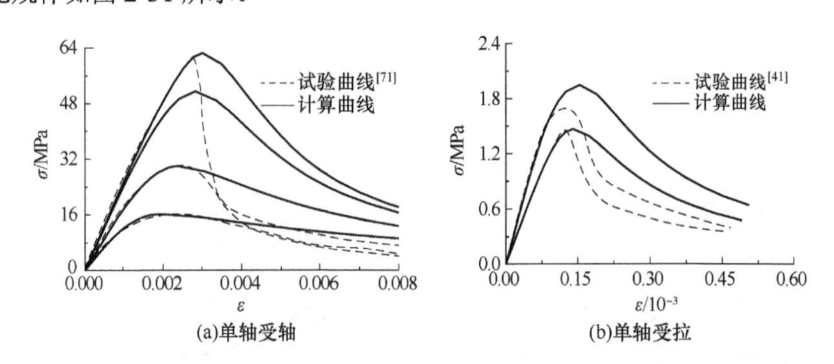

图 2-30　轻骨料混凝土单轴受力应力-应变计算曲线与试验曲线的比较

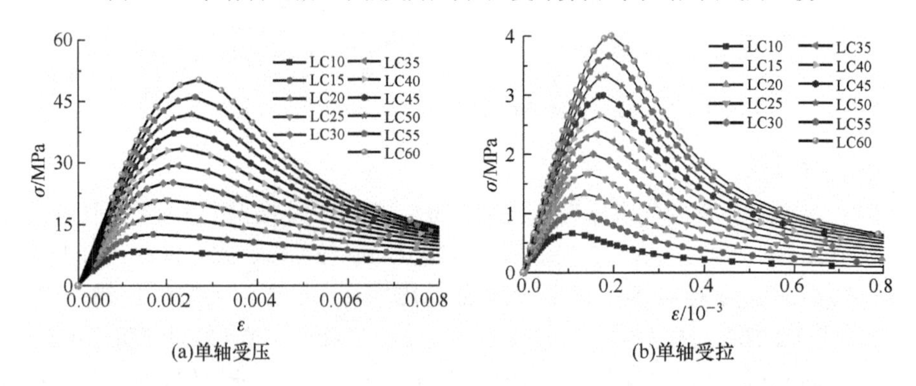

图 2-31　不同强度等级轻骨料混凝土单轴受力应力-应变曲线的变化规律

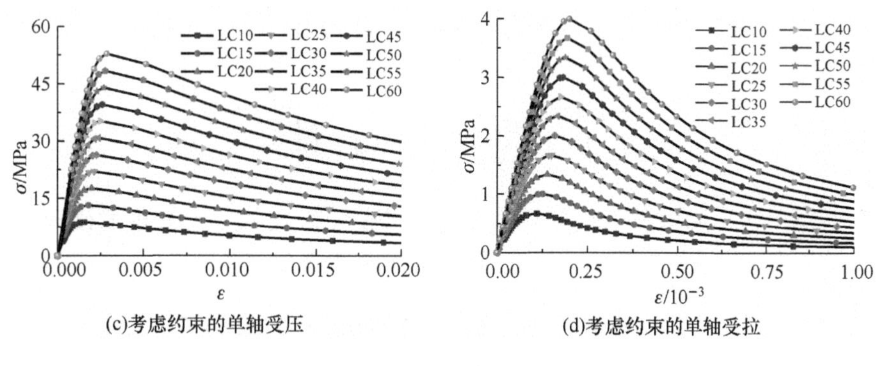

(c)考虑约束的单轴受压　(d)考虑约束的单轴受拉

图 2-31（续）

2.4　混凝土轴对称三轴受压应力-应变曲线

2.4.1　轴对称三轴受压强度准则

结合围压下混凝土圆柱体三轴受压试验成果，本书建议围压下混凝土的强度准则为

$$f_{L,\mathrm{c}}=f_\mathrm{c}+3.4\sigma_{r,\mathrm{c}} \tag{2-38}$$

式中：$f_{L,\mathrm{c}}$ 为围压下混凝土的纵向峰值应力；$\sigma_{r,\mathrm{c}}$ 为围压应力。

式（2-38）计算结果与围压相等的混凝土圆柱体（L/D=2）三轴受压（混凝土强度等级为 C20～C130）试验结果（163 组）[80-86]的比较，如图 2-32 所示。

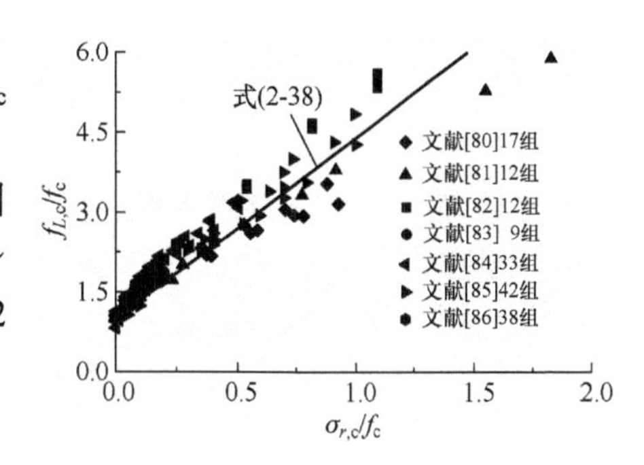

图 2-32　混凝土三轴强度变化规律

2.4.2　纵向峰值应变准则

随着侧向压应力 $\sigma_{r,\mathrm{c}}$ 的增大，混凝土纵向峰值应变也在逐渐增加，Ottosen[87]提出三轴受压破坏时的峰值割线模量 E_f 计算式为

$$E_\mathrm{f}=\frac{E_0}{1+4(A_1-1)x} \tag{2-39}$$

式中：$x=(\sqrt{J_2}/f_\mathrm{c})_\mathrm{f}-1/\sqrt{3}$，$J_2$ 为应力偏张量第二不变量。

针对混凝土轴对称三轴受压受力情况，E_f 可简化为

$$E_\mathrm{f}=\frac{E_0}{1+5.54(A_1-1)\sigma_{r,\mathrm{c}}/f_\mathrm{c}} \tag{2-40}$$

试验发现当侧向压应力（围压应力）较小时，式（2-40）计算的峰值割线模量偏大，反之亦然。因此对式（2-40）进行如下修正：

$$E_\mathrm{f}=\frac{E_0}{1+4.8(A_1-1)(\sigma_{r,\mathrm{c}}/f_\mathrm{c})^{0.5}} \tag{2-41}$$

由峰值割线模量的定义并结合式（2-41），得到围压下纵向受压峰值应力对应的峰值应变为

$$\varepsilon_{\mathrm{f}}=\varepsilon_{\mathrm{c}}\left(1+3.4\frac{\sigma_{r,\mathrm{c}}}{f_{\mathrm{c}}}\right)\left[1+4.8(A_1-1)\left(\frac{\sigma_{r,\mathrm{c}}}{f_{\mathrm{c}}}\right)^{0.5}\right] \tag{2-42}$$

同种混凝土在不同围压下轴向峰值应变实测值与式（2-42）计算值的比较（图 2-33）结果表明两者符合较好。

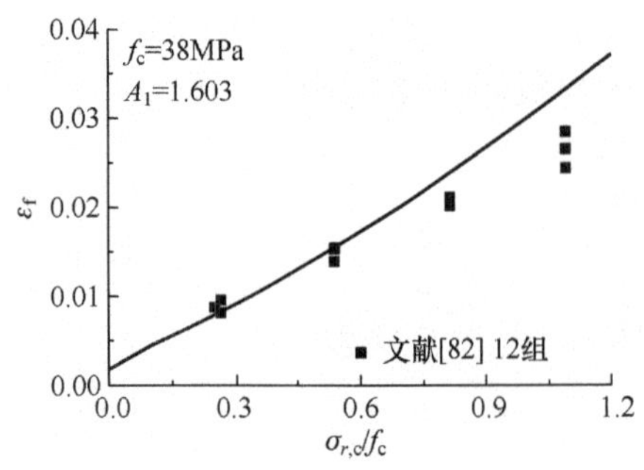

图 2-33 混凝土纵向峰值应变变化规律

2.4.3 纵向压应力-应变关系曲线

围压下混凝土纵向压应力-应变曲线建议采用如下形式：

$$y=\begin{cases}\dfrac{A_3x+(B_3-1)x^2}{1+(A_3-2)x+B_3x^2} & x\leqslant 1\\[2ex] \dfrac{x}{\alpha_3(x-1)^2+x} & x>1\end{cases} \tag{2-43}$$

式中：$y=\sigma_{L,\mathrm{c}}/f_{L,\mathrm{c}}$，$x=\varepsilon_{L,\mathrm{c}}/\varepsilon_{\mathrm{f}}$，上升段参数 A_3 表达式为

$$A_3=\frac{E_{\mathrm{c}}}{E_{\mathrm{f}}}=A_1\left[1+4.8(A_1-1)\left(\frac{\sigma_{r,\mathrm{c}}}{f_{\mathrm{c}}}\right)^{0.5}\right] \tag{2-44a}$$

参数 B_3 为围压下混凝土纵向控制上升段曲线弹性模量衰减程度控制参数，根据混凝土弹性模量定义，上升段曲线在 $\sigma_{L,\mathrm{c}}=0.4f_{\mathrm{c}}$ 之前为直线，即当 $x_1=(0.4f_{\mathrm{c}}/f_{L,\mathrm{c}})/A_3$，$y_1=0.4f_{\mathrm{c}}/f_{L,\mathrm{c}}$ 时，可求得参数 B_3 的表达式

$$B_3=\frac{y_1+(A_3-2)x_1y_1-(A_3-x_1)x_1}{(1-y_1)x_1^2} \tag{2-44b}$$

式中：α_3 为围压下混凝土纵向受压下降段曲线控制参数，取 $\alpha_3=\alpha_1=0.15$。

式（2-43）中当 $\sigma_{r,\mathrm{c}}$ 为定值时，即为等围压下混凝土纵向压应力-应变曲线，当 $\sigma_{r,\mathrm{c}}$ 为变值时，即为钢管约束下核心混凝土纵向压应力-应变曲线。图 2-34 为式（2-43）结合式（2-44）计算所得混凝土轴对称三轴受压应力-应变曲线与 Richart[88] 等进行的围压下混凝土圆柱体三轴受压试验结果的比较，两者符合较好。

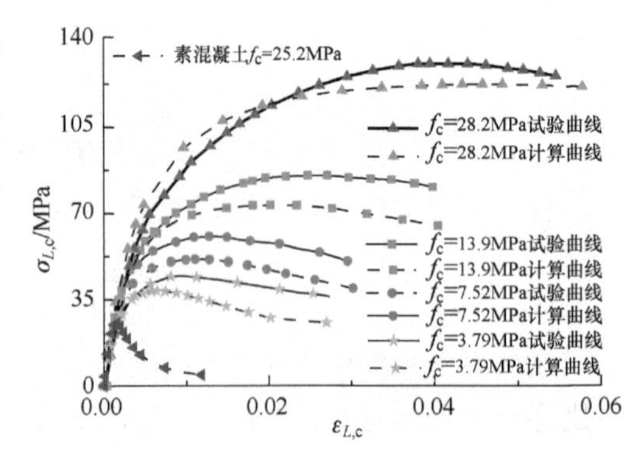

图 2-34 混凝土三轴受压应力-应变曲线比较

2.4.4 割线泊松比

混凝土临近破坏之前，体积由压缩转为膨胀，由于混凝土泊松比随应力比变化的复杂性，尤其是混凝土进入下降段后，测

定混凝土的泊松比是非常困难的，本节采用 Ottosen[87] 的假定，取泊松比的割线值表达式为

$$\nu_c=\begin{cases}\nu_0 & x\leqslant 1, y\leqslant y_a\\ \nu_f-(\nu_f-\nu_0)\sqrt{1-\left(\dfrac{y-y_a}{1-y_a}\right)^2} & x\leqslant 1,\ y_a<y\leqslant 1\\ \nu_f & x>1, y<1\end{cases} \tag{2-45}$$

式中：ν_0、ν_f 分别为初始泊松比值和纵向峰值应力点的泊松比割线值；y_a 为混凝土比例极限点的应力比；取 ν_0=0.2，而 ν_f、y_a 取值随混凝土强度等级变化而改变，取 ν_f=1−0.0025（f_{cu}−20），y_a=0.3+0.002（f_{cu}−20）。

混凝土的割线泊松比随应力比的变化规律如图 2-35 所示，与以往其他学者建议的泊松比割线值不同，本书建议破坏时混凝土泊松比割线值恒大于 0.5，可在钢管混凝土受力性能数值分析中体现钢管对混凝土的约束作用，且可以反映混凝土强度等级越高，破坏时的泊松比割线值越小，钢管对其约束作用越弱。

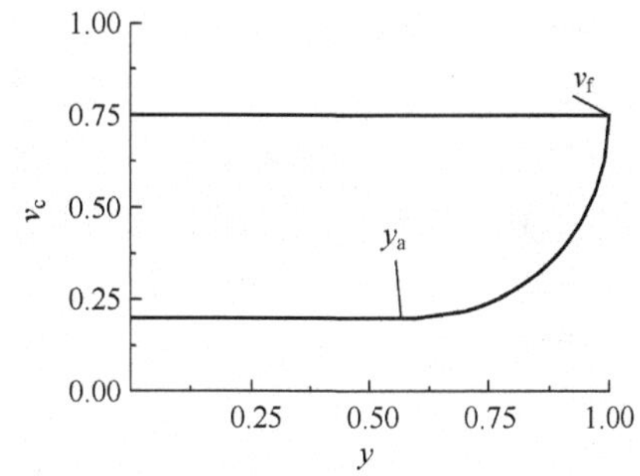

图 2-35　混凝土割线泊松比随应力比的变化规律

2.5　钢材本构关系

2.5.1　热轧钢

图 2-36 所示为热轧钢单向拉伸应力-应变关系曲线，强度较低时有明显的屈服平台而强度较高时不明显，有明显屈服平台的热轧低碳钢单向拉伸应力-应变关系如下：

$$\sigma=\begin{cases}E_s\varepsilon & \varepsilon\leqslant\varepsilon_y\\ f_s & \varepsilon_y<\varepsilon\leqslant\varepsilon_{st}\\ f_s+E_{st}(\varepsilon-\varepsilon_{st}) & \varepsilon_{st}<\varepsilon\leqslant\varepsilon_u\\ f_u & \varepsilon>\varepsilon_u\end{cases} \tag{2-46a}$$

无明显屈服平台的热轧低碳钢单向拉伸应力-应变关系如下：

$$\sigma=\begin{cases}E_s\varepsilon & \varepsilon\leqslant\varepsilon_y\\ f_s+E_{st}(\varepsilon-\varepsilon_y) & \varepsilon_y<\varepsilon\leqslant\varepsilon_u\\ f_u & \varepsilon>\varepsilon_u\end{cases} \tag{2-46b}$$

式中：σ 为应力；E_s 为弹性模量，取 E_s=200GPa；f_u 为极限强度；ε_y 为屈服应变；ε_{st} 为强化时应变；ε_u 为极限强度时应变；E_{st} 为钢材强化模量，E_{st}=（f_u−f_y）/（ε_u−ε_{st}）或 E_{st}=（f_u−f_y）/（ε_u−ε_y）；f_y 为屈服强度。

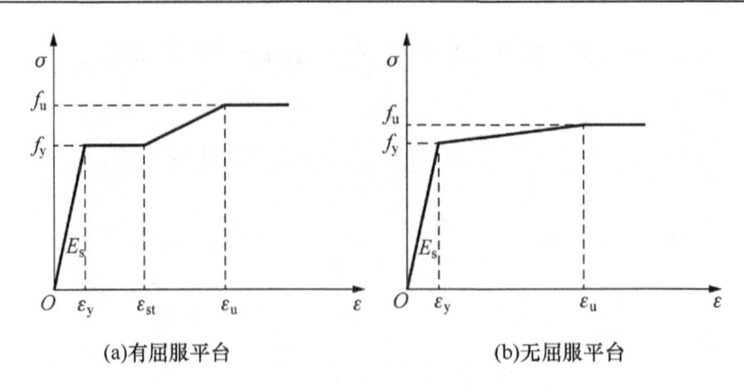

(a)有屈服平台　　(b)无屈服平台

图 2-36　热轧低碳钢单向拉伸应力-应变曲线

《钢结构设计标准》（GB 50017—2017）[89]、《高强钢结构设计标准》（JGJ/T 483—2020）[90]、班慧勇等[91]以及陶忠等[92]都建议了各参数取值。钢材本场模型的参数取值与比较见表 2-1。考虑到极限强度参数取值相对敏感，而强化应变与极限应变等参数取值不太敏感，为简化各文献建议参数取值导致线性插值带来的不便，本书建议有明显屈服平台的热轧钢强化应变统一取 ε_{st}=0.02，无明显屈服平台的取 ε_{st}=ε_y，而不同强度等级热轧钢极限强度 f_u 和极限应变 ε_u 采用表达式：

$$\frac{f_u}{235}=0.86\frac{f_y}{235}+0.72 \tag{2-47}$$

$$\frac{\varepsilon_u}{\varepsilon_{u,235}}=\frac{1}{1+0.15(f_y/235-1)^{1.85}} \tag{2-48}$$

式（2-47）和式（2-48）计算结果与各文献推荐结果的比较见表 2-1 和图 2-37，本书推荐参数下的各同强度等级热轧钢拉伸应力-应变曲线计算结果与各文献试验曲线的比较如图 2-38 所示，可见两者符合较好。

表 2-1　钢材本构模型的参数取值与比较

强度等级	ε_{st}			f_u/MPa			ε_u		
	文献［90］	陶忠[92]	本书	文献［89］、［90］与班慧勇等[91]	陶忠[92]	本书	文献［90］与班慧勇等[91]	陶忠[92]	本书
Q235		0.017	0.02	370 [89]	360	371		0.114	0.120
Q345		0.024	0.02	457 [89]	452	466		0.156	0.116
Q390		0.025	0.02	490 [89]	476	505		0.164	0.112
Q420		0.026	0.02	520 [89]	501	530		0.167	0.109
Q460	0.02	0.027	0.02	550 [90]	542	550	0.120 [90]	0.170	0.105
Q500		0.028		610 [90]	581	599	0.100 [90]	0.170	0.101
Q550		0.028		670 [90]	629	642	0.085 [90]	0.167	0.095
Q620		0.028		710 [90]	693	702	0.075 [90]	0.157	0.087
Q690		0.027		770 [90]	753	763	0.065 [90]	0.139	0.080
Q800		0.023		840 [91]	840	857	0.070 [91]	0.097	0.068
Q890				940 [91]		935	0.060 [91]		0.060
Q960				980 [91]		995	0.055 [91]		0.054

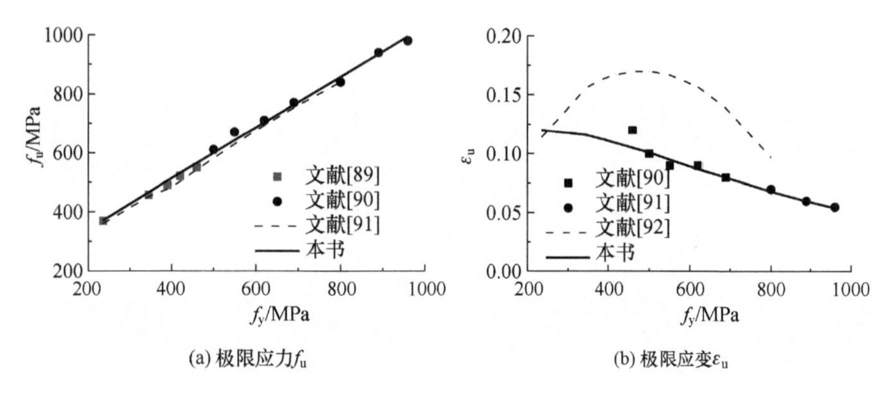

图 2-37　不同强度等级钢材f_u、ε_u随f_y的变化规律

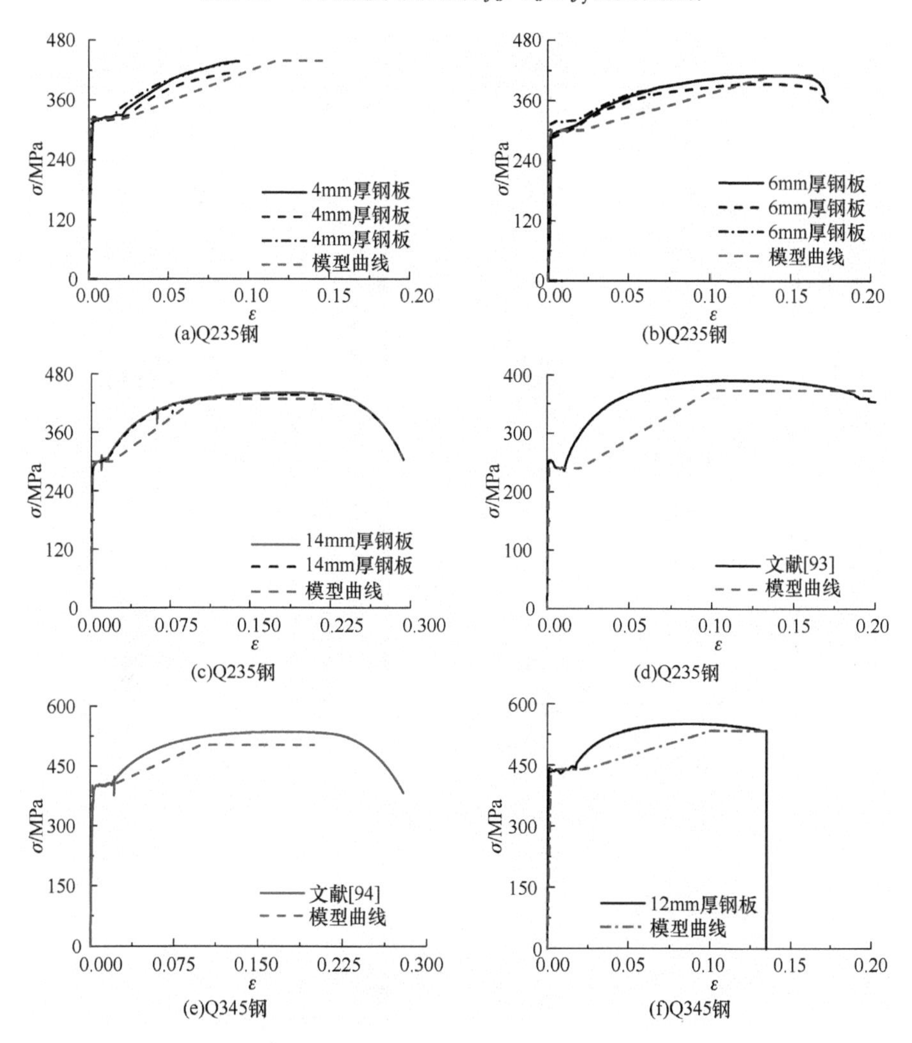

图 2-38　不同强度等级热轧钢拉伸应力-应变模型曲线与试验曲线的比较

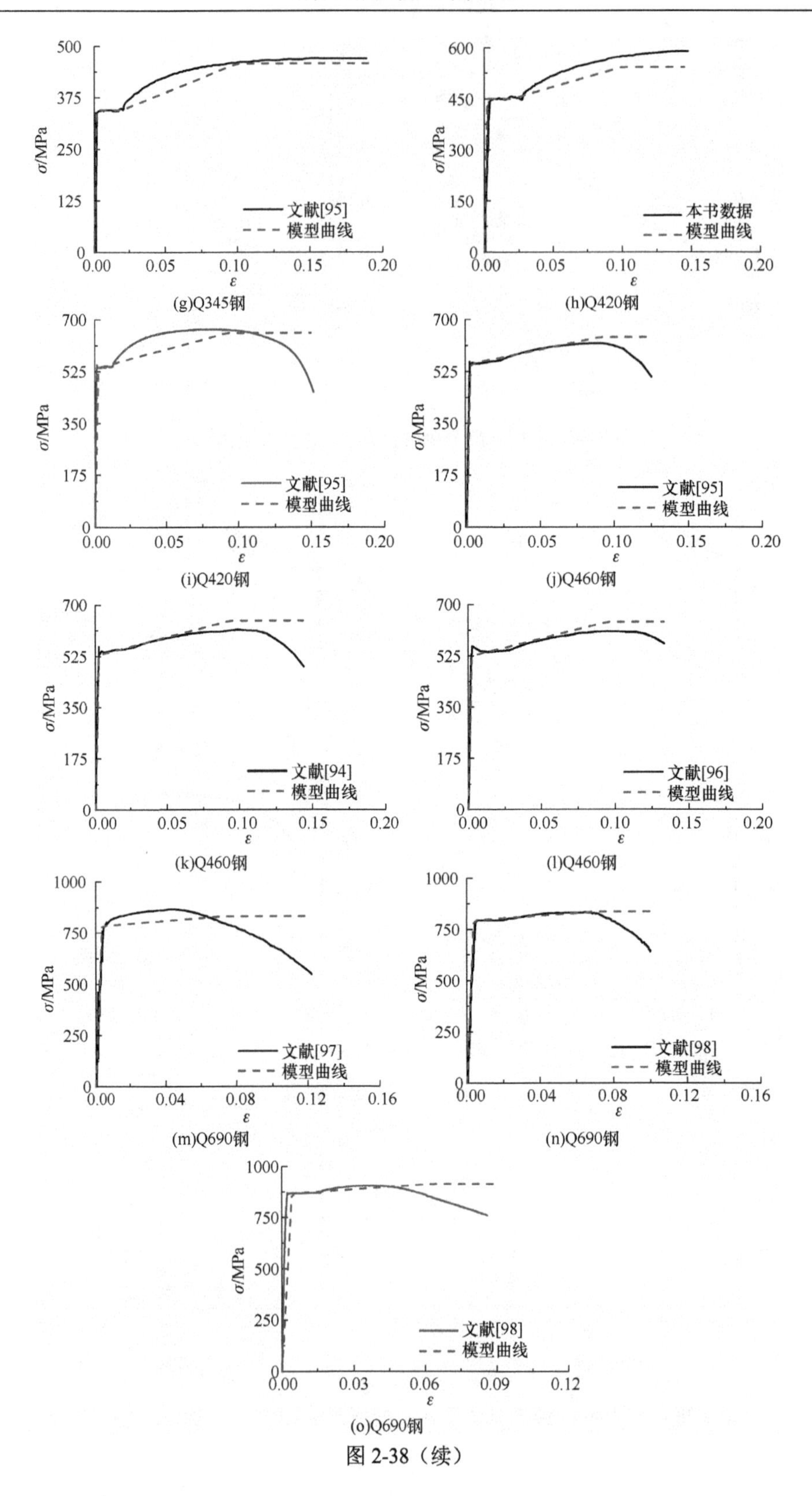
文献[95]
模型曲线
(g)Q345钢
本书数据
模型曲线
(h)Q420钢
文献[95]
模型曲线
(i)Q420钢
文献[95]
模型曲线
(j)Q460钢
文献[94]
模型曲线
(k)Q460钢
文献[96]
模型曲线
(l)Q460钢
文献[97]
模型曲线
(m)Q690钢
文献[98]
模型曲线
(n)Q690钢
文献[98]
模型曲线
(o)Q690钢

图 2-38（续）

当钢材处于复杂受力状态，其等效应力 σ_i 与等效应变 ε_i 表达如下：

$$\begin{cases}\sigma_i=\sqrt{\dfrac{1}{2}[(\sigma_1-\sigma_2)^2+(\sigma_1-\sigma_3)^2+(\sigma_2-\sigma_3)^2]}\\ \varepsilon_i=\sqrt{\dfrac{1}{2(1+\nu_s)^2}[(\varepsilon_1-\varepsilon_2)^2+(\varepsilon_1-\varepsilon_3)^2+(\varepsilon_2-\varepsilon_3)^2]}\end{cases}\tag{2-49}$$

式中：σ_i 为钢材的等效应力；ε_i 为钢材的等效应变。

钢管混凝土中热轧钢管的泊松比假定为

$$\nu_s=\begin{cases}0.285 & \varepsilon_i\leqslant 0.8\varepsilon_y\\ 1.075(\sigma_i/f_y-0.8)+0.285 & 0.8\varepsilon_y<\varepsilon_i\leqslant\varepsilon_y\\ 0.5 & \varepsilon_i>\varepsilon_y\end{cases}\tag{2-50}$$

2.5.2　冷弯钢

冷弯钢经过冷弯处理后存在应变强化效应，有学者[99]提出平板处冷弯钢的四折线本构关系

$$\sigma=\begin{cases}E_s\varepsilon & \varepsilon\leqslant\varepsilon_e\\ f_p+E_{s1}(\varepsilon-\varepsilon_e) & \varepsilon_e<\varepsilon\leqslant\varepsilon_{e1}\\ f_{sm}+E_{s2}(\varepsilon-\varepsilon_{e1}) & \varepsilon_{e1}<\varepsilon\leqslant\varepsilon_{e2}\\ f_y+E_{s3}(\varepsilon-\varepsilon_{e2}) & \varepsilon>\varepsilon_{e2}\end{cases}\tag{2-51}$$

式中：E_{s1}、E_{s2} 和 E_{s3} 分别为简化的应力-应变关系各段直线斜率，$E_{s1}=0.5E_s$，$E_{s2}=0.1E_s$，$E_{s3}=0.005E_s$，$f_p=0.75f_y$，$f_{sm}=0.875f_y$，$\varepsilon_e=0.75f_y/E_s$，$\varepsilon_{e1}=\varepsilon_e+0.125f_s/E_{s1}$，$\varepsilon_{e2}=\varepsilon_{e1}+0.125f_s/E_{s2}$。

弯角处的冷弯钢材本构关系[100]将弯角处冷弯钢屈服强度 f_{sy} 换成 f_y，即 $f_{sy}=[0.6p/(r/t)^q+0.4]f_y$，参数 $p=3.69(f_u/f_y)-0.819(f_u/f_y)^2-1.79$，$q=0.192(f_u/f_y)-0.068$。极限强度 f_u 参考《钢结构设计标准》（GB 50017—2017）[89]，忽略冷弯残余应力的影响，取低值 $f_y/f_u=0.85$。

2.5.3　不锈钢

不锈钢有明显的应变强化效应，采用考虑 von Mises 屈服准则和各向同性应变硬化的不锈钢材弹塑性模型，应力-应变曲线表达为[100]：

$$\varepsilon=\begin{cases}\dfrac{\sigma}{E_s}+0.002\left(\dfrac{\sigma}{f_{0.2}}\right)^{\xi} & \sigma\leqslant f_{0.2}\\ \dfrac{\sigma-f_{0.2}}{E_{0.2}}+\left(1-\dfrac{f_{0.2}}{f_u}\right)\left(\dfrac{\sigma-f_{0.2}}{f_u-f_{0.2}}\right)^{\varsigma}+\varepsilon_{0.2} & f_{0.2}<\sigma\leqslant f_u\end{cases}\tag{2-52}$$

式中：$f_{0.2}$ 为不锈钢残余应变为 0.2%时对应的应力；ξ 为应变强化系数；$\varepsilon_{0.2}$ 为应力达到 $f_{0.2}$ 时对应的应变；$E_{0.2}$ 为 $f_{0.2}$ 应力时的切线模量，其他参数表达式如下：

$$E_{0.2}=\frac{E_s}{1+0.002\xi E_s/f_{0.2}}\qquad \varsigma=1+3.5\frac{0.2+185f_{0.2}/E_s}{1-0.0375(\xi-5)}\qquad f_u=\frac{1-0.0375(\xi-5)f_{0.2}}{0.2+185f_{0.2}/E_s}$$

2.5.4　铝合金

参照 Ramberg-Osgood 模型[101]、Gardner 和 Ashraf[102]等研究成果，铝合金应力-应变曲线表达式为

$$
\begin{cases}
\varepsilon = \dfrac{\sigma}{E_{\rm s}} + 0.002\left(\dfrac{\sigma}{f_{0.2}}\right)^{\xi} & \sigma \leqslant f_{0.2} \\[2ex]
\varepsilon = \dfrac{\sigma - f_{0.2}}{E_{0.2}} + \left(0.008 - \dfrac{f_{1.0} - f_{0.2}}{E_{0.2}}\right)\left(\dfrac{\sigma - f_{0.2}}{f_{1.0} - f_{0.2}}\right)^{4.5} + \varepsilon_{0.2} & \sigma > f_{0.2}
\end{cases}
\tag{2-53}
$$

式中：$E_{\rm s}$ 为铝合金弹性模量，按欧洲规范 9[103]，$E_{\rm s}$=70GPa；$f_{0.2}$ 和 $f_{1.0}$ 分别为铝合金残余应变为 0.2%和 1.0%时对应的应力；对于 6000 系列 T4 级别的铝合金 $f_{1.0}/f_{0.2}$=1.08，对于 6000 系列 T6、T7 级别的铝合金，$f_{1.0}/f_{0.2}$=1.04。

热轧钢、冷弯钢、普通钢、不锈钢和铝合金的应力-应变曲线比较如图 2-39 所示，由图 2-39 可知：①以钢材屈服强度 $f_{\rm y}$（$f_{0.2}$）=345MPa 为例，冷弯钢与不锈钢都不存在明显的屈服平台，两者曲线均高于普通钢，冷弯钢平板处的应力-应变曲线介于普通钢与不锈钢之间，而冷弯钢管弯角处应力-应变曲线与不锈钢较接近；②屈服强度同为 240MPa 的铝合金与热轧钢应力-应变曲线可见，铝合金弹性模量小于普通钢的，也没有明显的屈服平台。

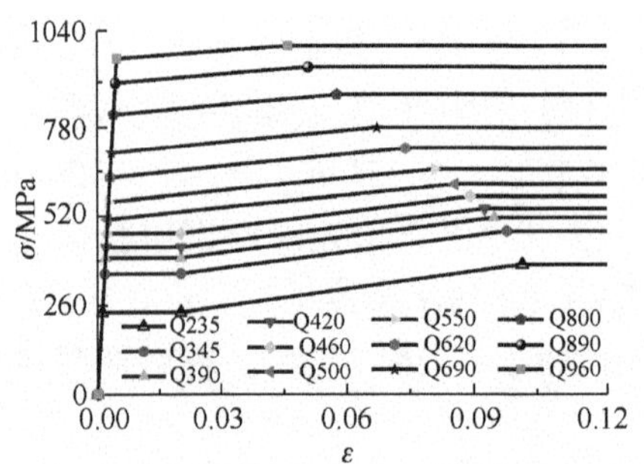

(a)不同强度等级热轧钢应力-应变模型曲线比较

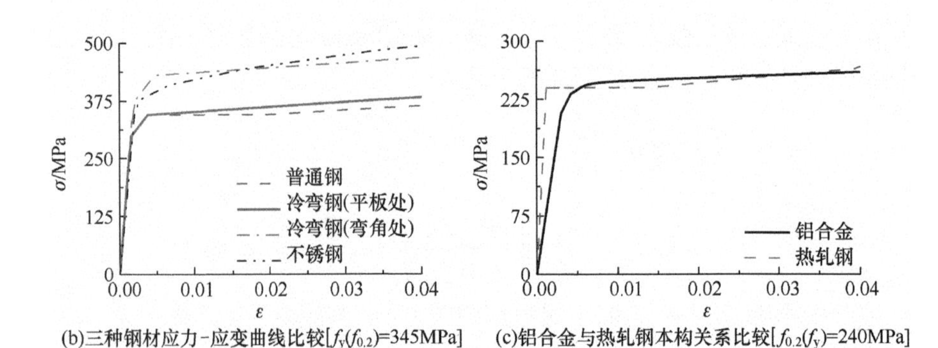

(b)三种钢材应力-应变曲线比较[$f_{\rm y}$($f_{0.2}$)=345MPa]　　(c)铝合金与热轧钢本构关系比较[$f_{0.2}$($f_{\rm y}$)=240MPa]

图 2-39　热轧钢、冷弯钢、普通钢、不锈钢和铝合金的应力-应变模型曲线比较

本 章 小 结

1）本章对国内大量混凝土、再生混凝土和轻骨料混凝土单轴力学试验数据库进行分析，提出三类混凝土单轴力学性能统一计算方法和单轴受压、拉应力-应变曲线统一表达式，且曲线上升段仅与立方体抗压强度有关，曲线下降段与立方体抗压强度和含钢量（或配箍率）有关。

2）本章建立混凝土轴对称三轴受压应力-应变模型表达式，建立不同强度热轧钢弹塑性应力-应变模型参数表达式，并建议了冷弯钢、不锈钢和铝合金的弹塑性应力-应变模型。

参 考 文 献

[1] 中华人民共和国住房和城乡建设部．混凝土结构设计规范（2015 年版）：GB 50010—2010［S］．北京：中国建筑工业出版社，2015.

[2] 中国建筑科学研究院．钢筋混凝土结构研究报告选集①（混凝土的几个基本力学指标）［M］．北京：中国建筑工业出版社，1977：21-36.

[3] 吴佩刚，朱金铨，韩淑兰．高强混凝土的物理力学性能［M］//中国建筑科学研究院．混凝土结构研究报告选集（3）．北京：中国建筑工业出版社，1994.

[4] 李惠，周文松，王震宇，等．约束及无约束泵送高性能与超高性能混凝土力学性能试验研究［J］．建筑结构学报，2003，24（5）：58-71.

[5] 李化建，黄法礼，谭盐宾，等．自密实混凝土力学性能研究［J］．硅酸盐通报，2016，35（5）：1343-1348.

[6] 吴炎海，林震宇，孙士平．活性粉末混凝土基本力学性能试验研究［J］．山东建筑工程学院学报，2004，19（3）：7-11.

[7] 罗晨熙．超高性能混凝土基本力学性能的尺寸效应研究［D］．长沙：湖南大学，2018.

[8] 王岩．高强混凝土立方强度尺寸效应的分析计算［J］．数学的实践与认识，2006，36（8）：144-147.

[9] HOWARD N L，LEATHAM D M．The production and delivery of high-strength concrete［J］．Concrete International，1989，11（4）：26-30.

[10] CARRASQUILLO P M，CARRASQUILLO R L．Evaluation of the use of current concrete practice in the production of high-strength concrete［J］．ACI Materials Journal，1988，85（1）：49-54.

[11] YAZC E，SEZER G I．The effect of cylindrical specimen size on the compressive strength of concrete［J］．Building and Environment，2007，42（6）：2417-2420.

[12] LESSARD M，CHAALLAL O，ATCIN P C．Test high-strength concrete compressive strength［J］．ACI Materials Journal，1993，90（4）：303-307.

[13] ATCIN P C，MIAO B，COOK W D，et al．Effects of size and curing on cylinder compressive strength of normal and high-strength concretes［J］．ACI Materials Journal，1994，91（4）：349-354.

[14] 陈肇元，朱金铨，吴佩刚．高强混凝土及其应用［M］．北京：清华大学出版社，1992.

[15] 孙晓雪，赵吉坤，张晓敏．再生混凝土力学性能试验研究［J］．低温建筑技术，2012，34（2）：11-13.

[16] 施养杭，吴泽进，彭冲，等．再生粗骨料混凝土立方体抗压强度试验研究［J］．建筑科学，2011，27（7）：25-27.

[17] 马静，王振波，王健．再生砼抗压强度的试验研究 [J]．淮阴工学院学报，2010，19 (3)：54-58.

[18] 肖祥．再生混凝土基本力学性能试验研究 [D]．青岛：山东科技大学，2008.

[19] 吴淑海，李晓文，肖慧，等．C30 再生混凝土变形性能及应力-应变曲线试验研究 [J]．混凝土，2009 (12)：21-25.

[20] 林俊．再生混凝土抗压和梁受弯性能研究 [D]．南宁：广西大学，2007.

[21] 龚洛书，柳春圃．轻集料混凝土 [M]．北京：中国铁道出版社，1996.

[22] 胡曙光，王发洲．轻集料混凝土 [M]．北京：化工工业出版社，2006

[23] 王菊芬，马桂兰．高强轻骨料混凝土的物理力学性能研究 [J]．硅酸盐通报，1990 (6)：12-16.

[24] 李家康，王巍．高强混凝土的几个基本力学指标 [J]．工业建筑，1997，27 (8)：50-54.

[25] 蒲心诚，王志军，王冲，等．超高强高性能混凝土力学性能研究 [J]．建筑结构学报，2002，23 (6)：49-55.

[26] 王勇威．千米承压材料的制取与力学性态研究 [D]．重庆：重庆大学，2004.

[27] 李益进．铁路预应力桥梁超细粉煤灰高性能混凝土的研究与应用 [D]．长沙：中南大学，2005.

[28] 肖建庄，李佳彬．再生混凝土强度指标之间换算关系的研究 [J]．建筑材料学报，2005，8 (2)：197-200.

[29] 刁延礼．煤矸石及煤矸石混凝土的材料性能和结构性能 [J]．工业建筑，1983，13 (3)：30-40.

[30] 陈岩．高强轻骨料混凝土的配合比设计及性能研究 [D]．长春：吉林大学，2007.

[31] 黄小平．陶粒混凝土受压力学性能试验研究 [D]．南宁：广西大学，2003.

[32] 高建明，董祥，朱亚菲，等．活性矿物掺合料对高性能轻集料混凝土物理力学性能的影响 [C] //第七届全国轻骨料及轻骨料混凝土学术讨论会论文集，南京，2004：279-283.

[33] 李平江，刘巽伯．高强页岩陶粒混凝土的基本力学性能 [J]．建筑材料学报，2004，7 (1)：113-116.

[34] 过镇海．混凝土的强度和变形：试验基础和本构关系 [M]．北京：清华大学出版社，1997.

[35] 许凌云．高性能混凝土和密筋高性能混凝土受拉应力-应变全曲线试验研究 [D]．武汉：武汉水利电力大学，1998.

[36] 周士琼，李霞，沈志林，等．普通混凝土受拉性能的试验研究 [J]．中国公路学报，1994，7 (2)：15-19.

[37] 尹建，周士琼，谢友均．高强高性能混凝土极限拉应变性能研究 [J]．工业建筑，2000，30 (7)：47-49.

[38] 张云莲，李家康，周宏凯．混凝土均匀受拉强度的试验研究 [J]．混凝土，2006 (2)：39-41.

[39] 肖建庄，兰阳．再生混凝土单轴受拉性能试验研究 [J]．建筑材料学报，2006，9 (2)：154-158.

[40] 邢振贤，周曰农．再生混凝土的基本性能研究 [J]．华北水利水电学院学报，1998，19 (2)：30-32.

[41] 陈云霞，曹祖同，姚石良．普通混凝土及陶粒混凝土的受拉断裂特性 [J]．建筑结构学报，1993，14 (2)：12-20.

[42] 混凝土基本力学性能研究组．混凝土的几个基本力学指标 [M] //国家建委建筑科学研究院．钢筋混凝土结构研究报告选集．北京：中国建筑工业出版社，1977：21-36.

[43] 何东林．再生骨料及再生混凝土试验研究 [D]．大连：大连理工大学，2006.

[44] 张波志，王社良，张博，等．再生混凝土基本力学性能试验研究 [J]．混凝土，2011 (7)：4-6.

[45] 鲁雪冬．再生粗骨料高强混凝土力学性能研究 [D]．成都：西南交通大学，2006.

[46] 张李黎．再生混凝土材料性能试验研究 [D]．合肥：合肥工业大学，2009.

[47] 丁政．再生骨料及再生混凝土试验研究 [D]．北京：北京工业大学，2008.

[48] 程智清，刘宝举，杨元霞，等．高强轻集料混凝土力学性能试验研究 [J]．粉煤灰，2006，18 (4)：7-9.

[49] 曹刚．高强轻骨料混凝土试验研究 [D]．西安：西北工业大学，2004.

[50] 陈增林，皮心喜，张传镁．结构用轻集料混凝土 [M]．长沙：湖南科学技术出版社，1981：40-45.

[51] 刘德清，王建成，李玉坤．煤矸石混凝土劈裂抗拉强度的试验研究 [J]．房材与应用，1997，(1)：38-39.

[52] 郭晓宇，亢景付，朱劲松．超高性能混凝土单轴受压本构关系 [J]．东南大学学报（自然科学版），2017，47 (2)：

369-376.

[53] 李俊，王震宇．超高强混凝土单轴受压应力-应变关系的试验研究 [J]．混凝土，2008（10）：11-14.

[54] 沈涛．活性粉末混凝土单轴受压本构关系及结构设计参数研究 [D]．哈尔滨：哈尔滨工业大学，2014.

[55] 吴有明．活性粉末混凝土（RPC）受压应力-应变全曲线研究 [D]．广州：广州大学，2012.

[56] 杨迅．高强混凝土的抗拉应力-应变全曲线 [J]．上海铁道学院学报，1995，16（4）：1-6.

[57] 蔡绍怀，左怀茜．高强混凝土的抗裂强度 [J]．土木工程学报，1992，25（2）：23-31.

[58] 李旭平．再生混凝土基本力学性能研究（I）-单轴受压性能 [J]．建筑材料学报，2007，10（5）：598-603.

[59] 骆行文，管昌生．再生混凝土力学特性试验研究 [J]．岩土力学，2007，28（11）：2440-2444.

[60] 李宏，肖建庄．基于弹性模量的再生混凝土疲劳强度分析 [J]．建筑材料学报，2012，15（2）：260-263.

[61] 胡琼，宋灿，邹超英．再生混凝土力学性能试验 [J]．哈尔滨工业大学学报，2009，41（4）：33-36.

[62] 邢峰，冯乃谦，丁建彤．再生粗骨料混凝土 [J]．混凝土与水泥制品，1999（2）：10-13.

[63] 夏琴，柳炳康，曹勇．再生混凝土单轴受压变形性能的试验研究 [J]．安徽建筑工业学院学报（自然科学版），2009，17（1）：11-14.

[64] 刘数华，阎培渝．再生骨料混凝土的力学性能 [J]．武汉大学学报（工学版），2010，43（1）：85-88.

[65] WEI J G，LUO X，LAI Z C，et al. Experimental behavior and design of high-strength circular concrete-filled steel tube short columns [J]. Journal of Structural Engineering，2020，146（1）：04019184.

[66] 胡海涛，叶知满．掺F矿粉或粉煤灰高强混凝土应力-应变全曲线试验研究 [J]．青岛建筑工程学院学报，1996，17（1）：1-9.

[67] 中国建筑科学研究院．钢筋混凝土结构研究报告选集③（套箍高强混凝土的强度和变形）[M]．北京：中国建筑工业出版社，1994：424-432.

[68] 陈宗平，薛建阳，余兴国，等．再生混凝土轴心抗压强度试验研究 [J]．混凝土，2011（9）：4-7.

[69] 王雪婷，杨德健．再生混凝土单轴受压应力-应变全曲线试验 [J]．天津城市建设学院学报，2010，16（3）：175-178.

[70] 肖建庄．再生混凝土单轴受压应力-应变全曲线试验研究 [J]．同济大学学报（自然科学版），2007，35（11）：1445-1449.

[71] 王振宇，丁建彤，郭玉顺．结构轻骨料混凝土的应力-应变全曲线 [J]．混凝土，2005（3）：39-42.

[72] 朱聘儒．浮石混凝土受压破坏过程及其应力-应变曲线 [J]．哈尔滨建筑工程学院学报，1985（2）：44-57.

[73] 过镇海．钢筋混凝土原理 [M]．北京：清华大学出版社，2003.

[74] 叶家军．高强轻集料混凝土构件优化设计与性能研究 [D]．武汉：武汉理工大学，2005.

[75] 王玉起，王春瑞，陈云霞，等．混凝土轴心受压时的应力应变关系 [J]．天津大学学报，1983（2）：29-40.

[76] 套箍混凝土专题组．套箍高强混凝土的强度和变形 [M] //钢筋混凝土结构研究报告选集．北京：中国建筑工业出版社，1994：424-432.

[77] 许锦峰．高强混凝土应力应变全曲线实验研究 [D]．北京：清华大学，1986.

[78] MANSUR M A，CHIN M S，WEE T H. Stress-strain relationship of high-strength concrete in compression [J]. Journal of Materials in Civil Engineering，1999，11（1）：21-29.

[79] 高丹盈，张煜钦．混凝土拉伸应力应变关系 [J]．工业建筑，1992（12）：21-25.

[80] ANSARI F，LI Q B. High-strength concrete subjected to triaxial compression [J]. ACI Material Journal，1998，95（6）：747-755.

[81] SFER D，CAROL I，GETTU R，et al. Study of the behavior of concrete under triaxial compression [J]. Journal of Engineering Mechanics，2002，128（2）：156-163.

[82] 谢和平，董毓利，李世平．不同围压下混凝土受压弹塑性损伤本构模型的研究［J］．煤炭学报，1996，21（3）：265-270.

[83] CANDAPPA D P，SETUNGE S，SANJAYAN J G. Stress versus strain relationship of high strength concrete under high lateral confinement［J］. Cement and Concrete Research，1999，29（12）：1977-1982.

[84] XIE J，ELWI A E，MACGREGOR J G. Mechanical properties of three high-strength concrete containing silica fume［J］. ACI Material Journal，1995，92（2）：135-145.

[85] IMRAN I，PANTAZOPOULOU S J. Experimental study of plain concrete under triaxial stress［J］. ACI Material Journal，1996，93（6）：589-601.

[86] ATTARD M M，SETUNGE S. Stress-strain relationship of confined and unconfined concrete［J］. ACI Material Journal，1996，93（5）：432-442.

[87] OTTOSEN N S. Constitutive model for short-time loading of concrete［J］. Journal of the Engineering Mechanics Division，1979，105（1）：127-141.

[88] RICHART F E，BRANDTZAEG A，BROWN R L. Bulletin No.185：A study of the failure of concrete under combined compressive stresses［R/OL］.［2020-12-30］. https：//core.ac.uk/reader/4814670，Urbaba：Unviersity of Illinois，1928.

[89] 中华人民共和国住房和城乡建设部．钢结构设计标准：GB 50017—2017［S］．北京：中国建筑工业出版社，2017.

[90] 中华人民共和国住房和城乡建设部．高强钢结构设计标准：JGJ/T 483—2020［S］．北京：中国建筑工业出版社，2020.

[91] 班慧勇，施刚，石永久．不同等级高强钢焊接工形轴压柱整体稳定性能及设计方法研究［J］．土木工程学报，2014（11）：19-28.

[92] TAO Z，WANG X Q，UY B . Stress-strain curves of structural and reinforcing steels after exposure to elevated temperatures［J］. Journal of Materials in Civil Engineering，2013，25（9）：1306-1316.

[93] WANG W Y，QIN S Q. Experimental investigation of residual stresses in thin-walled welded H-sections after fire exposure［J］. Thin-Walled Structures，2016，101：109-119.

[94] LIU H B，LIAO X W，CHEN Z H，et al. Post-fire residual mechanical properties of steel butt weld — Experimental study［J］. Journal of Constructional Steel Research，2017，129：156-162.

[95] LU J，LIU H B，CHEN Z H，et al. Experimental investigation into the post-fire mechanical properties of hot-rolled and cold-formed steels［J］. Journal of Constructional Steel Research，2016，121：291-310.

[96] WANG W W，LIU T Z，LIU J P. Experimental study on post-fire mechanical properties of high strength Q460 steel［J］. Journal of Constructional Steel Research，2015，114：100-109.

[97] KANG L，SUZUKI M，GE H，et al. Experiment of ductile fracture performances of HSSS Q690 after a fire［J］. Journal of Constructional Steel Research，2018，146：109-121.

[98] LI G Q，LYU H，ZHANG C. Post-fire mechanical properties of high strength Q690 structural steel［J］. Journal of Constructional Steel Research，2017，132：108-116.

[99] ABDEL-RAHMAN N，SIVAKUMARAN K S . Material properties models for analysis of cold-formed steel members［J］. Journal of Structural Engineering，1997，123（9）：1135-1143.

[100] RASMUSSEN K J R. Full-range stress–strain curves for stainless steel alloys［J］. Journal of Constructional Steel Research，2003，59（1）：47-61.

[101] RAMBERG W，OSGOOD W R. Description of stress-strain curves by three parameters［J］. Technical Notes National Advisory Committee for Aeronautics，1943：902.

[102] GARDNER L，ASHRAF M. Structural design for non-linear metallic materials [J]. Engineering Structures，2006，28（6）：926-934.

[103] DANISH STANDARDS FOUNDATION. Eurocode 9：Design of aluminium structures-Part 1-1：General structural rules：DS/EN 1999-1-1 DK NA：2013 [S]. London：British Standards Institution，2007.

第3章　圆钢管混凝土轴压约束原理

3.1　概　　述

钢管和混凝土同时受荷的钢管混凝土一般称为钢管混凝土。在实际工程中，一般先安装空钢管柱，安装完若干楼层结构后再向管内浇灌混凝土，于是在钢管和混凝土共同受荷之前，空钢管由于已经承受自重、施工荷载等部分纵向荷载而产生纵向初始应力和初始应变。钢管套箍混凝土仅核心混凝土受轴压荷载，钢管只起横向约束作用，从受力开始钢管即对混凝土起约束作用。上述类型的钢管混凝土可以归为加载方式对钢管混凝土约束作用的影响。

已有研究结果表明，圆形截面钢管混凝土对混凝土的约束效果最明显，圆钢管混凝土轴压承载力和延性最好。本章对圆钢管混凝土短柱的轴压性能进行研究。

1）开展 37 根圆钢管混凝土短柱轴压试验研究，探讨混凝土强度等级、含钢率和加载方式对承载力、延性和破坏形式的影响规律，提出钢管混凝土轴压变形的精确测试方法。

2）开展弹塑性法和有限元法分析，确定混凝土的膨胀角取值，揭示轴压荷载下钢管混凝土约束作用的变化规律及加载方式对约束作用的影响规律。

3）根据极限平衡法和力叠加法，建立考虑钢管形状约束系数的圆钢管混凝土轴压承载力计算公式。

3.2　试 验 研 究

3.2.1　试验概况

1．钢管高性能混凝土

制作钢管高性能混凝土短柱试件时，将成型的钢管下端焊上 1mm 厚的钢板作底模。混凝土采用强制式 25L 搅拌机拌和，制作时将钢管直立，混凝土自上口灌入，用实验室平板振动台振实，端部混凝土抹平，标准养护 7d，此后自然养护；同时制作混凝土标准立方体试块，养护条件同前。试验前在所有试件上端用水泥砂浆找平，以厚钢板作承压垫板。高性能混凝土配合比见表 3-1，第一批钢管高性能混凝土短柱轴压试件的详细情况见表 3-2。表 3-2 中试件编号的含义：G2、G4 分别表示钢管直径 160mm 以下和钢管直径 165mm，“-”之后的数字表示构件的钢管壁厚，英文字母表示构件的序号；L 表示钢管混凝土长度，D 表示圆钢管混凝土外直径，t 表示钢管壁厚，Φ_s 表示力比，即钢管与混凝土承载力的比，$\Phi_s=f_yA_s/(f_cA_c)$，$N_{u,e}$ 为钢管混凝土轴压承载力实测值。

表 3-1　高性能混凝土配合比

实验批次	强度等级	525#硅酸盐水泥/（kg/m³）	超细粉 UPFA/（kg/m³）	硅粉/（kg/m³）	中粗河砂/（kg/m³）	碎石（粒径 0.5～2cm）/（kg/m³）	水/（kg/m³）	膨胀剂 UEA/（kg/m³）	复合高效减水剂 SP/（kg/m³）
第一批	HPC85	356.5	186.0	46.5	530.0	1120.0	145.0	31	8.04
	HPC80	356.5	155.0	46	530.0	1120.0	145.0	62	7.44
第二批	SCC60	396.4	201.4		867.0	858.0	165.0		3.88
	SCC40	360.8	199.3		852.0	805.6	201.6		3.64
	SCC30	300.0	208.5		814.6	882.5	203.4		3.30
	NC40	430.0			510.0	1300.0	170.0		

表 3-2　第一批钢管高性能混凝土短柱轴压试件一览表

序号	试件编号	钢管 $D \times t \times L$*	测试示意图	f_y/MPa	f_{cu}/MPa	Φ_s	D/t	$N_{u,e}$/kN
1	G4-1a	165×1×500	图 3-1（a）	338	84.4	0.121	165	1774
2	G4-1b							1431
3	G4-1c							1372
4	G4-1d							2038
5	G2-2a	151×2×500		405	80.1	0.340	75.5	2132
6	G2-2b							1933
7	G4-2a	165×2×500		338	84.4	0.246	82.5	2244
8	G4-2b							2381
9	G4-2c							2078
10	G4-2d							1931
11	G4-2e							1921
12	G2-3a	149×3×500		438	80.1	0.573	49.7	2337
13	G2-3b							2394
14	G2-3c							2361
15	G4-3a	165×3×500		338	84.4	0.376	55	2568
16	G4-3b							2715
17	G4-3c							2734
18	G2-4.5a	151×4.5×500		438	80.1	0.872	33.6	2743
19	G2-4.5b							2572
20	G2-4.5c							2728
21	G4-4a	165×4×500		338	84.4	0.510	41.2	2705
22	G4-4b							2773
23	G4-4c							2832
24	G2-6a	159×6×500		405	80.1	1.048	26.5	2958
25	G2-6b							3099
26	G2-8a	159×8×500		438	80.1	1.576	19.9	3174
27	G2-8b							3267
28	G2-8c							3330

* 此列数值单位均为 mm。

2. 钢管自密实混凝土

制作钢管自密实混凝土短柱试件时，将成型的钢管下端焊上 5mm 厚的钢板作底模，盖板和空钢管几何中心对中。将钢管直立，混凝土自上口灌入，自密实混凝土无须振捣，普通混凝土在平板振动台上振实，并用塑料薄膜将钢管上端部密封，此后自然养护并定期浇水。30d 后拆除塑料薄膜，将钢管上端用水泥砂浆找平，再次用塑料薄膜密封。90d 后拆除塑料薄膜，上表面用打磨机磨平。

对于同时轴心受荷的钢管混凝土短柱，焊上 5mm 厚的钢板，保证钢管自密实混凝土短柱在受荷初期即共同受力，当钢管中部表面需要开小孔时，用打磨机磨出一个约 20mm×10mm 的小孔。为了考察不同加载方式对钢管混凝土短柱的影响，可将钢管下端板切割掉，将钢管混凝土端面磨平并按设计要求加上钢垫板。本次加工制作的钢管自密实混凝土短柱构件密实性良好，满足自密实混凝土施工和使用要求。钢管混凝土浇筑同期制作相应的混凝土立方体试块，用塑料薄膜密封养护并定期浇水，第二批试验的混凝土配合比见表 3-1。第二批钢管自密实混凝土短柱轴压试件的详细情况见表 3-3。表 3-3 中试件编号的含义：“SZ”表示短柱，第 3 个字“3”或“5”表示个钢管名义壁厚，第 4 个字“S”表示 SCC，“C”表示 NC，即普通混凝土，第 5 个字“3”“4”和“6”表示 C30、C40 和 C60 混凝土，第 6 个字“A”“B”“C”和“D”表示加载方式，第 8 个字“a”和“b”表示试件序号。

表 3-3　第二批钢管自密实混凝土短柱轴压试件

序号	试件编号	示意图	$D\times t\times L^*$	f_y/MPa	f_{cu}/MPa	Φ_s	$N_{u,e}$/kN	备注
1	SZ5S4A1a	图 3-1（f）	219×4.78×650	350	50.5	0.842	3400	
2	SZ5S4A1b	图 3-1（f）	219×4.72×650			0.830	3350	
3	SZ5S3A1	图 3-1（f）	219×4.75×650		42.6	1.019	3150	
4	SZ3S6A1	图 3-1（b）	165×2.73×510		77.2	0.382	2080	
5	SZ3S6B	图 3-1（c）	165×2.81×500			0.394	2160	混凝土先受荷
6	SZ3S6C	图 3-1（d）	165×2.81×500			0.394	2095	钢管先受荷
7	SZ3S6D	图 3-1（e）	165×2.76×500			0.387	2250	仅混凝土受荷
8	SZ3S4A1	图 3-1（b）	165×2.72×510		57.0	0.543	1750	
9	SZ3C4A	图 3-1（b）	165×2.75×510		46.3	0.700	1560	普通混凝土

* 此列数值单位均为 mm。

3.2.2　试验方法

试验前，先按标准试验方法测试边长为 150mm 的立方体试块的混凝土抗压强度和钢材的力学性能；短柱试件试验在 5000kN 液压实验机上进行，荷载由 4000kN 压力传感器测量。短柱试件轴压加载装置示意及测点布置如图 3-1 所示。钢管混凝土轴压试验典型照片如图 3-2 所示。对于第一批短柱轴压试件，荷载-变形曲线和荷载-应变曲线由 IMP 数据采集系统采集；对于第二批短柱轴压试件，荷载-变形曲线和荷载-应变曲线由 DH3818 静态应变测量系统采集。

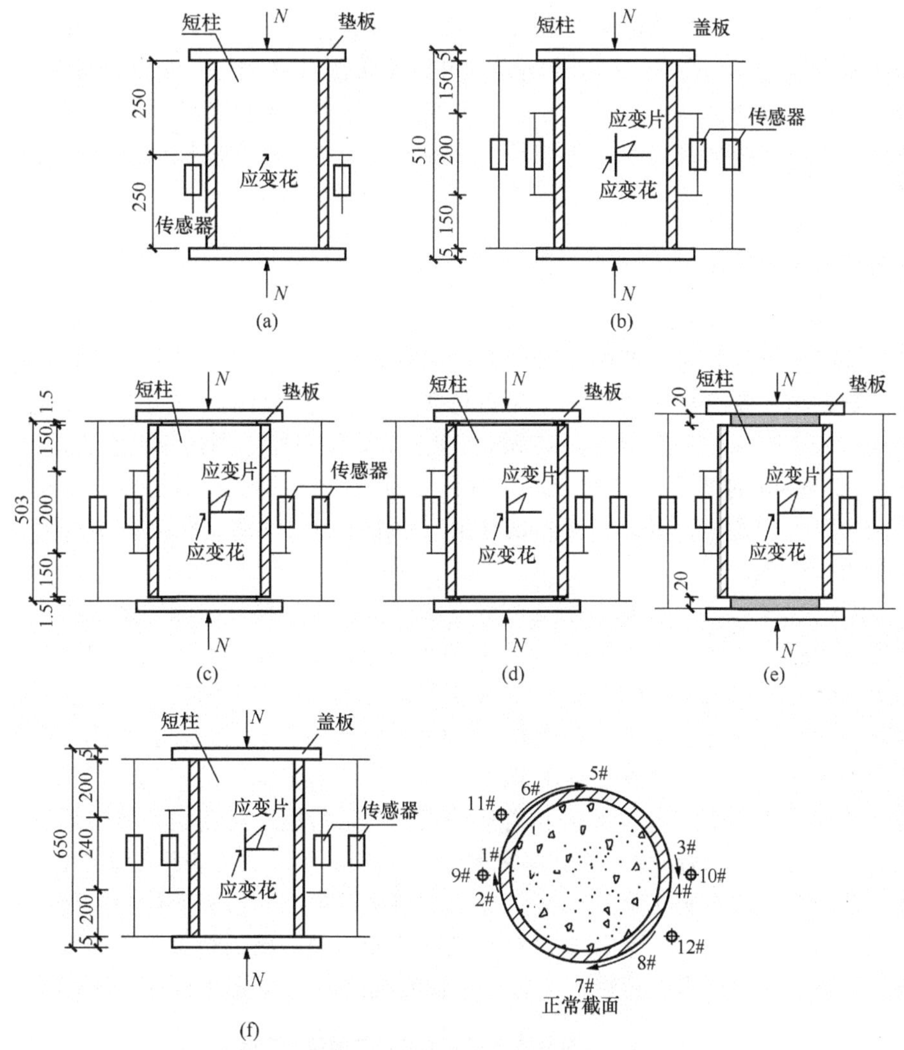

1#、3#——3×2mm纵向应变片；2#、4#——3×2mm纵向应变片；5#、7#——100×3mm横向应变片；
6#、8#——100×3mm横向应变片；9#、10#——中部范围纵向位移计；11#、12#——全范围纵向位移计。

图 3-1　短柱试件轴压加载装置示意及测点布置（尺寸单位：mm）

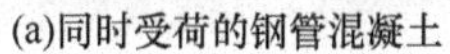

(a)同时受荷的钢管混凝土　(b) 仅混凝土受荷的钢管混凝土

图 3-2　钢管混凝土轴压试验典型照片

试验的加载制度：在试件达到最大承载力前分级加载，构件在弹性阶段每级荷载相当于极限荷载的 1/10 左右，构件在弹塑性阶段每级荷载相当于极限荷载的 1/20 左右；每级荷载间隔时间 3～5min，近似于慢速连续加载，数据分级采集；试件接近极限荷载时，慢速连续加载直至试件破坏，数据连续采集。每个试件试验时间持续时间约 1.5h。

3.2.3 试验结果及分析

1. 不同测试方法比较

对于端部平整且同时受荷的钢管混凝土短柱轴压试件，采用以下四种方法进行变形测试对比研究：应变测试方法 1、应变测试方法 2、应变测试方法 3 和应变测试方法 4 分别代表 3×2mm 应变片、100×3mm 应变片、试件中部范围内轴向标距为 240mm（对直径为 219mm 的试件）或 200mm（对直径为 165mm 的试件）位移计以及试件全范围纵向位移计等测试，所有应变测试结果取平均值，位移测试结果取平均值后除以标距换算为应变值。

应变测试方法 1、应变测试方法 2 和应变测试方法 3 三种方法测试结果所得轴压组合弹性模量（E_{sc}）的比较见表 3-4，对于试件 SZ5S4A1a、SZ5S4A1b 和 SZ5S3A1 三者差别不大。可见，采用应变测试方法 1、应变测试方法 2 和应变测试方法 3 对钢管表面在弹性阶段的纵向应变基本上没有影响，三种测试方法都具有足够的精度。图 3-3 所示为四种变形测试方法对混凝土轴压荷载（N）-应变（ε）曲线的影响，可见：①应变测试方法 3 的变形测试结果更反映钢管屈曲后的变形特性，可较完整体现轴压加载全过程纵向变形的特性，该测试方法被加拿大学者 Karimi 等[1]认为是最精确的测试技术；②加载后期应变测试方法 1 和应变测试方法 2 将由钢管屈曲后应变片剥离而失真，而应变测试方法 4 由于记录了轴压试件端部效应的变形使得测试结果明显偏大，不能有效反映钢管混凝土轴压刚度特性，不宜在钢管混凝土短柱轴压变形测试中采用。

表 3-4 不同测试方法对组合弹性模量的影响

测试方法	E_{sc}/MPa		
	SZ5S4A1a	SZ5S4A1b	SZ5S3A1
应变测试方法 1	4.34×10^4	4.69×10^4	4.20×10^4
应变测试方法 2	4.57×10^4	4.51×10^4	3.99×10^4
应变测试方法 3	4.65×10^4	5.04×10^4	4.29×10^4

2. 混凝土强度等级的影响

图 3-4 为不同混凝土强度等级的短柱试件实测荷载（N）-纵向应变（ε_L）关系曲线，可见随着混凝土强度等级的提高，试件弹性极限和极限荷载也在提高，而试件破坏后剩余承载力基本保持不变。图 3-5 为不同强度等级混凝土对钢管混凝土短柱破坏形态的影响。钢管自密实混凝土和钢管普通混凝土的破坏特征没有明显的差异，试验破坏形态为典型的斜截面剪切破坏。

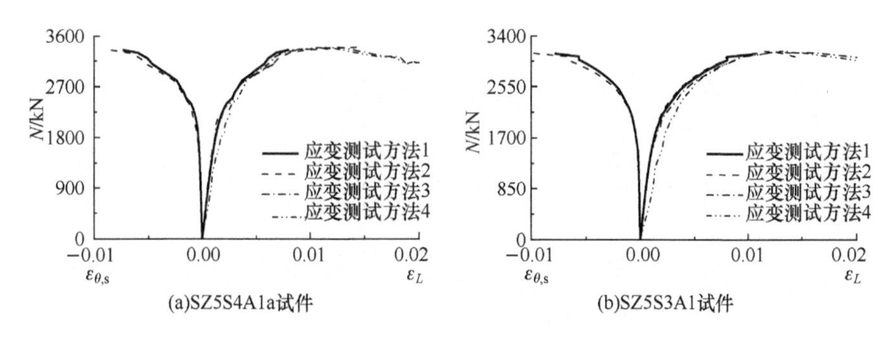

(a)SZ5S4A1a试件　(b)SZ5S3A1试件

图3-3　四种应变测试方法对钢管混凝土轴压荷载-应变曲线的影响

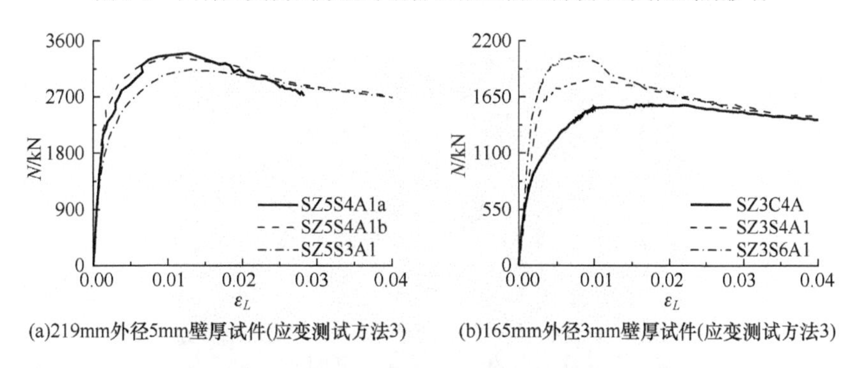

(a)219mm外径5mm壁厚试件(应变测试方法3)　(b)165mm外径3mm壁厚试件(应变测试方法3)

图3-4　不同混凝土强度等级的短柱试件实测的荷载-纵向应变关系曲线

(a)SZ3C4A　(b)SZ3S4A1　(c)SZ3S6A1

图3-5　不同强度等级混凝土对钢管混凝土短柱破坏形态的影响

3. 径厚比的影响

相同钢管外径时的钢管高性能混凝土短柱轴压试件径厚比力学性能的影响如图3-6所示，随着钢管径厚比的增大，试件承载力逐渐降低、延性逐渐变差。本次试验的高性能混凝土强度较高，当径厚比较大时，极限状态时钢管混凝土膨胀变形不甚明显，钢管焊缝处易开裂而提前失效，随着钢管径厚比的减小，短柱轴压斜截面剪切破坏形态逐渐变得明显，如图3-7所示。

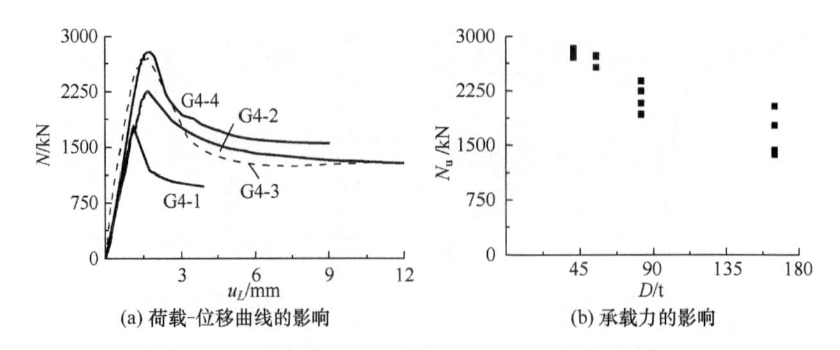

(a) 荷载-位移曲线的影响　　(b) 承载力的影响

图 3-6　径厚比对钢管高性能混凝土短柱轴压试件力学性能的影响

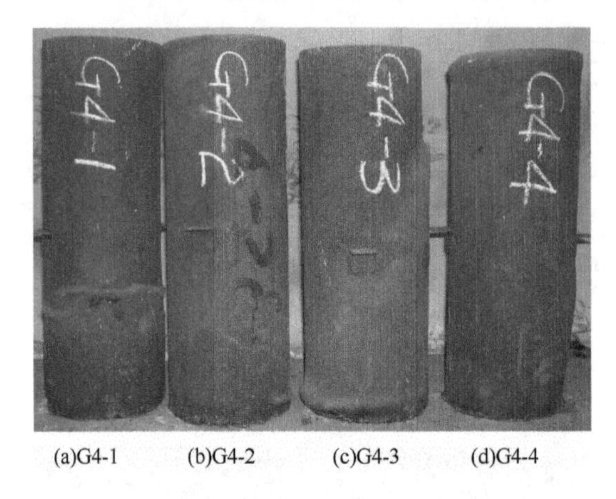

(a)G4-1　(b)G4-2　(c)G4-3　(d)G4-4

图 3-7　径厚比对钢管混凝土短柱破坏形态的影响

4. 不同加载方式的影响

钢管混凝土轴压加载方式有：①钢管混凝土同时受荷（SZ3S6A 试件）；②混凝土先受荷，然后再同时受荷（SZ3S6B 试件）；③钢管先受荷，然后再同时受荷（SZ3S6C 试件）；④混凝土单独受荷，而钢管不受荷（SZ3S6D 试件）。横向变形系数（ν_{sc}）定义为试件中部钢管测点的环向应变与轴向应变比值的绝对值，它体现钢管对核心混凝土的约束作用效果，横向变形系数越大，约束作用越大。

图 3-8 为不同加载方式对钢管混凝土轴压性能的影响。图 3-8（a）为不同加载方式对荷载-纵向应变曲线的影响，可见：①与加载方式①（SZ3S6A）比较，②（SZ3S6B）和④（SZ3S6D）的荷载-钢管纵向应变曲线基本一致，两者承载力较高，由于外荷载下钢管承担的纵向压应力小，钢管更多地参与环向受拉；②相同荷载下加载方式③（SZ3S6C）的钢管纵向应变大，其承担的纵向压应力也大，但承载力基本不变；③四种加载方式对试件剩余承载力基本无影响。图 3-8（b）为各种加载方式下荷载-横向变形系数曲线的影响，可见：①加载初期，加载方式②（SZ3S6B）和④（SZ3S6D）的横向变形系数较加载方式①（SZ3S6A）大，表明此时钢管更多地参与横向受拉作用，但由于钢管与混凝土之间存在摩擦力，钢管仍以纵向受压为主，使得横向变形系数小于 1；大约加载至极限荷载的 90%时，加载方式②（SZ3S6B）和④（SZ3S6D）的横向变形系数增长速度加快，临界点对应的荷载大于方式①（SZ3S6A），表明钢管较少参与纵向受压，

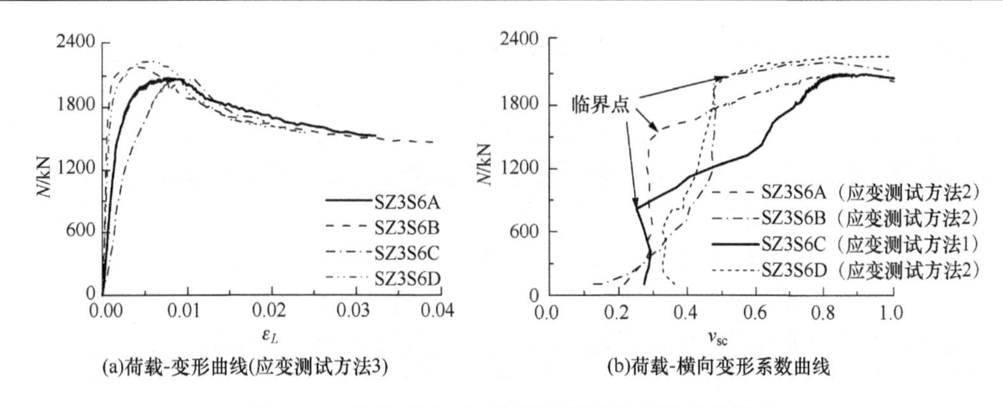

(a)荷载-变形曲线(应变测试方法3)　　(b)荷载-横向变形系数曲线

图 3-8　不同加载方式对钢管混凝土轴压性能的影响

屈服和约束作用产生较晚。②加载初期加载方式③（SZ3S6C）的横向变形系数与方式①（SZ3S6A）基本不变，其临界点对应的荷载小于加载方式①（SZ3S6A），表明钢管更多地参与纵向受压工作，屈服和约束作用产生较早。

图 3-9 为不同加载方式对钢管自密实混凝土短柱轴压破坏形态的比较，可见不同加载方式对短柱破坏形态没有明显的影响，但相比而言加载方式由②（SZ3S6B）、④（SZ3S6D）、①（SZ3S6A）到③（SZ3S6C）排列时，大体上试件钢管表面屈曲越明显。

(a)SZ3S6D　(b)SZ3S6C　(c)SZ3S6B　(d)SZ3S6A

图 3-9　不同加载方式对钢管自密实混凝土短柱轴压的破坏形态的比较

3.3　理论模型

3.3.1　弹塑性法

1. 基本假定

1）采用第 2 章提供的核心混凝土轴对称三轴受压本构关系式（2-43）并结合式（2-38）、式（2-42）和式（2-44），以及混凝土泊松比表达式（2-45）。

2）采用第 2 章提供的钢材强度准则和本构模型式（2-46）并结合式（2-47）～式（2-50）。

3）变形协调假定：钢管与混凝土之间共同工作性能良好，变形协调，界面连续。

4）对于钢管存在纵向初应力的钢管混凝土，纵向初应力（σ_0）沿钢管横截面均匀分布，对钢管套箍混凝土，不考虑钢管和混凝土纵向滑移所致摩擦力的影响。

2. 弹性阶段应力分析

对于图 3-10 中三种轴心受压加载方式的钢管混凝土短柱，可建立钢管和混凝土两种材料同心圆柱体轴压计算模型。同时轴压受荷钢管混凝土的力学模型是初应力钢管混凝土的特例，而钢管套箍混凝土的力学模型与初应力钢管混凝土相似，作者以（初应力）钢管混凝土为基础建立轴压力学模型，并辅助阐释钢管套箍混凝土轴压力学模型。

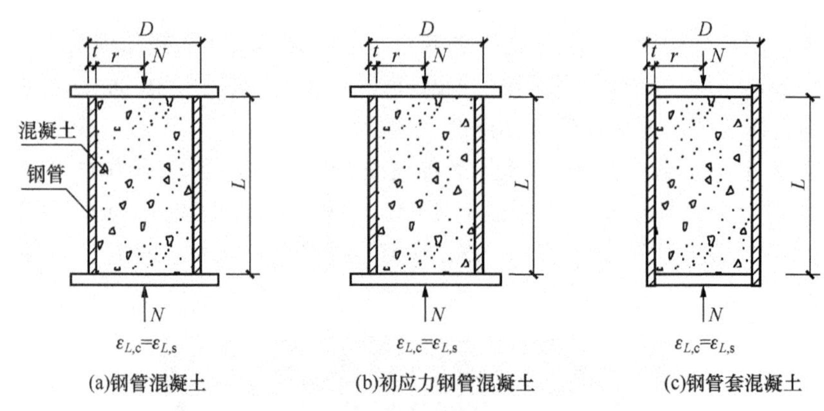

图 3-10　各受力模式下钢管混凝土短柱力学模型

在小变形条件下，假设钢管在初应力 σ_0 作用下产生的初应变为 ε_s，之后钢管和混凝土同时受压，可建立不用加载模式下钢管混凝土同心圆柱体计算模型，即 $\varepsilon_{L,c}=\varepsilon_{L,s}-\varepsilon_s=\varepsilon_L$，$\varepsilon_L$ 定义为单位长度钢管混凝土短柱轴压时的纵向应变，该计算模型为弹性力学轴对称广义平面应变问题。引入 Airy 应力函数 $\Gamma=C_1\ln r+C_2r^2\ln r+C_3r^2+C_4$，可求得弹性解的通式。

1）混凝土区［$0<r\leqslant(D/2-t)$］：

应力分量为

$$\sigma_{r,c}=\sigma_{\theta,c}=2C_3 \tag{3-1}$$

$$\sigma_{L,c}=E_c\varepsilon_L+4\nu_cC_3 \tag{3-2}$$

应变分量为

$$\varepsilon_{r,c}=\varepsilon_{\theta,c}=2C_3(1-\nu_c-2\nu_c^2)/E_c-(\nu_c\varepsilon_L+\nu_s\varepsilon_s) \tag{3-3}$$

位移分量为

$$u_{r,c}=r[2C_3(1-\nu_c-2\nu_c^2)/E_c-(\nu_c\varepsilon_L+\nu_s\varepsilon_s)] \tag{3-4}$$

$$u_{L,c}=L\varepsilon_L \tag{3-5}$$

2）钢管区［$(D/2-t)\leqslant r\leqslant D/2$］：

应力分量为

$$\sigma_{r,s}=C_1'/r^2+2C_3' \tag{3-6}$$

$$\sigma_{\theta,s}=-C_1'/r^2+2C_3' \tag{3-7}$$

$$\sigma_{L,s}=E_s(\varepsilon_L+\varepsilon_s)+4\nu_s C_3' \tag{3-8}$$

应变分量为

$$\begin{cases}\varepsilon_{r,s}=\dfrac{1+\nu_s}{E_s}\dfrac{C_1'}{r^2}+\dfrac{2C_3'(1-\nu_s-\nu_s^2)}{E_s}-\nu_s(\varepsilon_L+\varepsilon_s)\\ \varepsilon_{\theta,s}=-\dfrac{1+\nu_s}{E_s}\dfrac{C_1'}{r^2}+\dfrac{2C_3'(1-\nu_s-\nu_s^2)}{E_s}-\nu_s(\varepsilon_L+\varepsilon_s)\end{cases} \tag{3-9}$$

位移分量为

$$\begin{cases}u_{r,s}=r\left[\dfrac{2C_3'(1-\nu_s-\nu_s{}^2)}{E_s}-\nu_s(\varepsilon_L+\varepsilon_s)\right]-\dfrac{1+\nu_s}{E_s}\dfrac{C_1'}{r}\\ u_{L,s}=L\varepsilon_{L,s}=L(\varepsilon_L+\varepsilon_s)\end{cases} \tag{3-10}$$

式中：$\sigma_{L,c}$、$\sigma_{L,s}$分别为混凝土和钢材的纵向应力；$\sigma_{r,s}$、$\sigma_{\theta,s}$分别为钢材径向和横向应力；$\sigma_{r,c}$、$\sigma_{\theta,c}$分别为混凝土径向和横向应力；$\varepsilon_{L,c}$、$\varepsilon_{L,s}$分别为混凝土和钢材的纵向应变；$\varepsilon_{r,c}$、$\varepsilon_{\theta,c}$分别为混凝土径向和横向应变；$\varepsilon_{r,s}$、$\varepsilon_{\theta,s}$分别为钢材径向和横向拉应变；$u_{L,c}$、$u_{L,s}$分别为混凝土和钢材的纵向位移；$u_{r,c}$、$u_{r,s}$分别为混凝土和钢材的径向位移；C_1'、C_3'和C_3为待定常数。

式（3-1）～式（3-10）中，当 ε_s=0 时，即为钢管混凝土力学模型；当 ε_s=0，$\sigma_{L,s}=E_s\varepsilon_{L,s}+4\nu_s C_3'=0$ 时，即为钢管套箍混凝土力学模型。

在（初应力）钢管混凝土短柱轴压中部，内外力平衡，则

$$N=\sigma_{L,c}A_c+\sigma_{L,s}A_s \tag{3-11}$$

式中：A_c、A_s分别为混凝土和钢管的面积；N为外加轴压荷载。

令（初应力）钢管混凝土截面组合应力

$$\sigma_{sc}=N/A_{sc} \tag{3-12}$$

式中：$A_{sc}=A_c+A_s$；$A_c=\pi(D/2-t)^2$；$A_s=\pi(D/2)^2-\pi(D/2-t)^2$。

将式（3-11）代入式（3-12），整理得

$$\sigma_{sc}=(1-\rho_s)\sigma_{L,c}+\rho_s\sigma_{L,s} \tag{3-13}$$

式中：含钢率$\rho_s=A_s/A_{sc}$。式（3-13）中当$\sigma_{L,s}$=0 时，即为钢管套箍混凝土的条件。

基于连续介质力学基本理论，对于钢管和混凝土组成的同心圆柱体受组合纵向应力σ_{sc}作用所构成的静力学边值问题，应力边界条件及应力与位移界面协调条件分别为

应力边界条件

$$\sigma_r|_{r=D/2}=0 \tag{3-14}$$

应力与位移界面协调条件

$$\sigma_r|^-_{r=(D/2-t)}=\sigma_r|^+_{r=(D/2-t)} \tag{3-15}$$

$$u_r|^-_{r=(D/2-t)}=u_r|^+_{r=(D/2-t)} \tag{3-16}$$

结合式（3-1）～式（3-10）及式（3-14）～式（3-16），对于（初应力）钢管混凝土短柱轴压，可确定待定常数C_1'、C_3'、C_3如下：

$$\begin{cases} C_1' = \dfrac{D^2}{4}(\nu_c - \nu_s)(1-\rho_s)Q \cdot E_s\varepsilon_L \\ C_3' = -\dfrac{1}{2}(\nu_c - \nu_s)(1-\rho_s)Q \cdot E_s\varepsilon_L \\ C_3 = \dfrac{1}{2}(\nu_c - \nu_s)\rho_s Q \cdot E_s\varepsilon_L \end{cases} \tag{3-17a}$$

式中：$Q = [(1-\nu_c - 2\nu_c^2)n\rho_s + (2-\nu_s^2 - \rho_s + \rho_s\nu_s + \rho_s\nu_s^2)]^{-1}, n = E_s/E_c$；对于钢管套箍混凝土，可确定待定常数 C_1'、C_3'、C_3 如下：

$$\begin{cases} C_1' = \dfrac{D^2}{4}\nu_c(1-\rho_s)Q' \cdot E_s\varepsilon_{L,c} \\ C_3' = -\dfrac{1}{2}\nu_c(1-\rho_s)Q' \cdot E_s\varepsilon_{L,c} \\ C_3 = \dfrac{1}{2}\nu_c\rho_s Q' \cdot E_s\varepsilon_{L,c} \end{cases} \tag{3-17b}$$

式中

$$Q' = [(1-\nu_c - 2\nu_c^2)n\rho_s + (2+\nu_s^2 - \rho_s + \rho_s\nu_s - \rho_s\nu_s^2)]^{-1}$$

将式（3-17）代入式（3-1）～式（3-3）、式（3-6）～式（3-9）中，得到：

1）混凝土区［$0 < r \leqslant (D/2-t)$］：

（初应力）钢管混凝土，应力分量为

$$\sigma_{r,c} = \sigma_{\theta,c} = \rho_s(\nu_c - \nu_s)Q \cdot E_s\varepsilon_L \tag{3-18a}$$

$$\sigma_{L,c} = [E_c + 2\rho_s\nu_c(\nu_c - \nu_s)QE_s]\varepsilon_L \tag{3-19a}$$

钢管套箍混凝土的应力分量为

$$\sigma_{r,c} = \sigma_{\theta,c} = \rho_s\nu_c Q' \cdot E_s\varepsilon_{L,c} \tag{3-18b}$$

$$\sigma_{L,c} = E_c\varepsilon_{L,c} + 2\rho_s\nu_c^2 Q' E_s\varepsilon_{L,c} \tag{3-19b}$$

（初应力）钢管混凝土，应变分量为

$$\varepsilon_{r,c} = \varepsilon_{\theta,c} = [\rho_s(1-\nu_c - 2\nu_c^2)(\nu_c - \nu_s)Qn - \nu_c] \cdot \varepsilon_L \tag{3-20a}$$

钢管套箍混凝土的应变分量为

$$\varepsilon_{r,c} = \varepsilon_{\theta,c} = \rho_s\nu_c(1-\nu_c - 2\nu_c^2)Q' n\varepsilon_{L,c} - \nu_c\varepsilon_{L,s} \tag{3-20b}$$

2）钢管区［$(D/2-t) \leqslant r \leqslant D/2$］：

（初应力）钢管混凝土，应力分量为

$$\begin{cases} \sigma_{r,s} = [(D/2r)^2 - 1](\nu_c - \nu_s)(1-\rho_s)Q \cdot E_s\varepsilon_L \\ \sigma_{\theta,s} = -[(D/2r)^2 + 1](\nu_c - \nu_s)(1-\rho_s)Q \cdot E_s\varepsilon_L \\ \sigma_{L,s} = E_s(\varepsilon_L + \varepsilon_s) - 2\nu_s(\nu_c - \nu_s)(1-\rho_s)QE_s\varepsilon_L \end{cases} \tag{3-21a}$$

钢管套箍混凝土的应力分量为

$$\begin{cases}\sigma_{r,s}=[(D/2r)^2-1](1-\rho_s)v_cQ'\cdot E_s\varepsilon_{L,c}\\ \sigma_{\theta,s}=-[(D/2r)^2+1](1-\rho_s)v_cQ'\cdot E_s\varepsilon_{L,c}\\ \sigma_{L,s}=0\end{cases}\tag{3-21b}$$

对于（初应力）钢管混凝土，应变分量为

$$\begin{cases}\varepsilon_{r,s}=[(D/2r)^2(1+v_s)-(1-v_s-v_s^2)]\cdot(1-\rho_s)(v_c-v_s)Q\varepsilon_L-v_s(\varepsilon_L+\varepsilon_s)\\ \varepsilon_{\theta,s}=-[(D/2r)^2(1+v_s)+(1-v_s-v_s^2)]\cdot(1-\rho_s)(v_c-v_s)Q\varepsilon_L-v_s(\varepsilon_L+\varepsilon_s)\end{cases}\tag{3-22a}$$

钢管套箍混凝土的应变分量为

$$\begin{cases}\varepsilon_{r,s}=[(D/2r)^2(1+v_s)-(1-v_s-v_s^2)+2v_s^2](1-\rho_s)v_cQ'\varepsilon_{L,c}\\ \varepsilon_{\theta,s}=-[(D/2r)^2(1+v_s)+(1-v_s-v_s^2)-2v_s^2](1-\rho_s)v_cQ'\varepsilon_{L,c}\\ \varepsilon_{L,s}=2(1-\rho_s)v_sv_cQ'\varepsilon_{L,c}\end{cases}\tag{3-22b}$$

再将得到的 $\sigma_{L,c}$、$\sigma_{L,s}$ 代入式（3-13），整理得到钢管混凝土弹性阶段组合应力-应变关系

$$\sigma_{sc}=E_{sc}\varepsilon_L\tag{3-23}$$

式中：E_{sc} 为组合弹性模量，对于（初应力）钢管混凝土有

$$E_{sc}=(1-\rho_s)E_c+\rho_sE_s+2(v_c-v_s)^2(1-\rho_s)\rho_sQE_s\tag{3-24a}$$

对于钢管套箍混凝土有

$$E_{sc}=(1-\rho_s)E_c+2(1-\rho_s)\rho_sv_c^2Q'E_s\tag{3-24b}$$

3. 弹塑性阶段应力分析

随着外荷载的增加，核心混凝土泊松比也逐渐增大，在钢管和核心混凝土之间作用的应力由拉应力逐渐转变为压应力，与核心混凝土接触的钢管内壁面（$r=D/2-t$）首先发生屈服，并逐渐向外扩展，形成一个环状塑性区。由于钢管壁薄，钢管内外壁面几乎同时屈服，对钢管应力分析时，不考虑径向应力（加到环向应力中），运用 von Mises 屈服准则，即

$$\sigma_{L,s}^2-\sigma_{L,s}\sigma_{\theta,s}+\sigma_{\theta,s}^2=f_s^2\tag{3-25}$$

对于（初应力）钢管混凝土，屈服后钢管的应力为

$$\begin{cases}\sigma_{\theta,s}=-2(v_c-v_s)(1-\rho_s)Q_t\cdot E_s^t\varepsilon_L\\ \sigma_{L,s}=[(\varepsilon_L+\varepsilon_s)-2v_s(v_c-v_s)(1-\rho_s)Q_t\varepsilon_L]\cdot E_s^t\end{cases}\tag{3-26a}$$

式中

$$Q_t=[(1-v_c-2v_c^2)n_t\rho_s+(2-v_s^2-\rho_s+\rho_sv_s+\rho_sv_s^2)]^{-1}$$

$$n_t=E_s^t/E_c^t$$

$$E_c^t=E_t-2\rho_sv_c(v_c-v_s)Q_tE_s^t$$

E_t 为按式（2-43）求得的围压下混凝土纵向割线模量。屈服后钢管的应变（取钢管中面）为

$$\begin{cases}\varepsilon_{r,s}=[(1+v_s)/(1-\rho_s/4)-(1-v_s-v_s^2)]\cdot(1-\rho_s)(v_c-v_s)Q_t\varepsilon_L-v_s(\varepsilon_L+\varepsilon_s)\\ \varepsilon_{\theta,s}=-[(1+v_s)/(1-\rho_s/4)+(1-v_s-v_s^2)]\cdot(1-\rho_s)(v_c-v_s)Q_t\varepsilon_L-v_s(\varepsilon_L+\varepsilon_s)\end{cases}\tag{3-27a}$$

对于钢管套箍混凝土，屈服后钢管的应力为

$$\begin{cases}\sigma_{\theta,s}=-2\nu_c(1-\rho_s)Q_t'\cdot E_s^t\varepsilon_{L,c}\\ \sigma_{L,s}=0\end{cases} \tag{3-26b}$$

式中

$$Q_t'=[(1-\nu_c-2\nu_c^2)n_t\rho_s+(2+\nu_s^2-\rho_s+\rho_s\nu_s-\rho_s\nu_s^2)]^{-1}$$

$$E_c^t=E_t-2\rho_s\nu_c^2Q_t'E_s^t$$

屈服后钢管的应变（取钢管中面）为

$$\begin{cases}\varepsilon_{r,s}=[(1+\nu_s)/(1-\rho/4)-(1-\nu_s-\nu_s^2)+2\nu_s^2](1-\rho)\nu_cQ_t'\varepsilon_{L,c}\\ \varepsilon_{\theta,s}=-[(1+\nu_s)/(1-\rho/4)+(1-\nu_s-\nu_s^2)-2\nu_s^2](1-\rho)\nu_cQ_t'\varepsilon_{L,c}\\ \varepsilon_{L,s}=2(1-\rho)\nu_s\nu_cQ_t'\varepsilon_{L,c}\end{cases} \tag{3-27b}$$

屈服后钢管的表面应变仍按式（3-22）计算。

核心混凝土的各内力和应变的表达式在形式上与弹性阶段的表达式一致，仅将其中的物理量 E_c、E_s、Q 以 E_c^t、E_s^t、Q_t 来代替即可。

将式（3-26）中的 $\sigma_{L,s}$ 和式（3-19）中的 $\sigma_{L,c}$ 代入式（3-13），整理得到各种加载模式下钢管混凝土短柱轴压弹塑性阶段的组合应力-应变关系，即

$$\sigma_{sc}=E_{sc}^t\varepsilon_L \tag{3-28}$$

式中：对于（初应力）钢管混凝土

$$E_{sc}^t=(1-\rho_s)E_c^t+\rho_sE_s^t+2(\nu_c-\nu_s)^2(1-\rho_s)\rho_sQ_tE_s^t \tag{3-29a}$$

对于钢管套箍混凝土

$$E_{sc}^t=(1-\rho_s)E_c^t+2(1-\rho_s)\rho_s\nu_c^2Q_t'E_s^t \tag{3-29b}$$

综合三种模式下钢管混凝土短柱轴压弹塑性分析，其组合应力-应变曲线为

$$\sigma_{sc}=\begin{cases}E_{sc}\varepsilon_L & \varepsilon_L\leqslant\varepsilon_{L,p}\\ E_{sc}^t\varepsilon_L & \varepsilon_L>\varepsilon_{L,p}\end{cases} \tag{3-30}$$

式中：$\varepsilon_{L,p}$ 为钢管混凝土轴压弹性极限纵向应变。

4. 程序框图

基于以上理论分析，可编制相应的计算程序。图 3-11 为共同受荷钢管混凝土轴压弹塑性法程序框图。其他两种加载方式下钢管混凝土轴压弹塑性法程序框图类似。

3.3.2　有限元法

钢管的应力-应变关系模型采用式（2-46）～式（2-50），混凝土的本构模型采用塑性-损伤模型，混凝土单轴受压应力-应变关系采用式（2-29）结合式（2-7）、式（2-20）、式（2-30）、式（2-31）和式（2-42c），泊松比取 0.2，三轴参数中流动势偏心率为 0.1，拉、压子午线上第二应力不变量的比值为 2/3，黏性系数取为 0.0005；而双轴等压时混凝土强度 f_{cc} 与单轴强度 f_c 比值，Kuper 等[2]建议比值取为 1.16，过镇海[3]建议取值为 1.28，本书作者基于最小耗能原理，构思并提出混凝土多轴损伤比强度准则后建议取值为

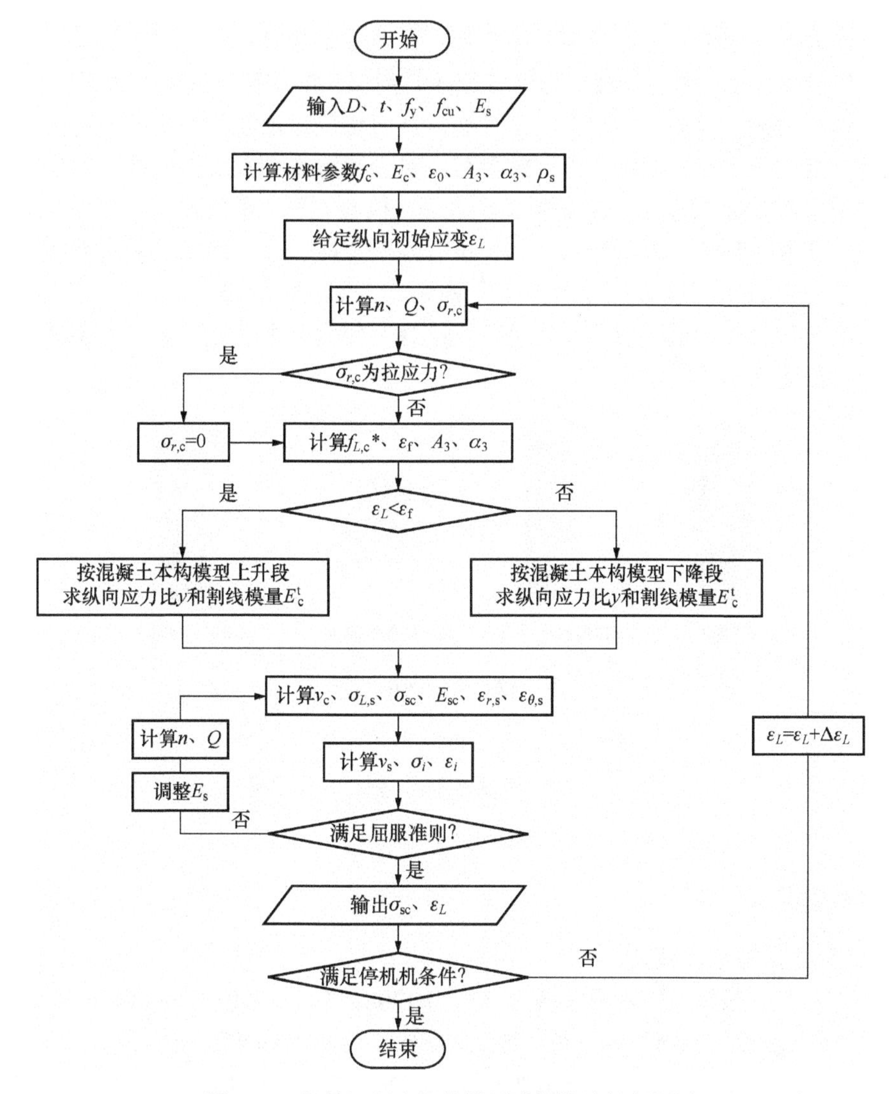

图 3-11　钢管混凝土短柱轴压弹塑性法程序框图

1.225 [4]；膨胀角的取值，韩林海等 [5-6] 建议取值为 30°，Wosatko 等 [7] 认为取值不大于 35°，聂建国等 [8] 建议取值为 37°～42°，为此本书作者建议两个参数取值由试验测试结果和弹塑性法计算结果进行确定。

钢管采用 4 节点减缩积分格式的壳单元（S4R），沿壳单元的厚度方向采用 9 个节点的 Simpson 积分，以满足计算精度的要求。核心混凝土和钢管混凝土试件的加载板都采用 8 节点减缩积分格式的三维实体单元（C3D8R），其中加载板应采用刚性面。网格划分采用结构化网格划分技术。

有限元模型中钢管和核心混凝土的相互作用类型为表面与表面接触，钢管的内表面为主表面，核心混凝土的外表面为从表面，滑移公式为有限滑移，离散化方法为表面-表面，从结点/表面调整为只为调整到删除过盈。接触作用属性采用法向行为和切向行为来模拟钢管和核心混凝土之间的黏结滑移作用，其中法向行为为“硬”接触，允许接触后分离；切向行为中摩擦公式采用罚函数列式，摩擦系数取 0.5。

对于钢管混凝土短柱，加载板与钢管和核心混凝土的约束形式是“绑定”，加载板是主表面，钢管和核心混凝土的端面为从表面，从而使位移加载从加载板传到钢管和核心混凝土上，且钢管与核心混凝土能同时受荷；对于钢管套箍混凝土短柱，加载板与核心混凝土的约束形式是“绑定”，加载板是主表面，核心混凝土的端面为从表面，从而使位移加载从加载板传到核心混凝土上，且仅核心混凝土能受荷。加载板采用刚性面模拟，加载板定义为 100mm，弹性模量为 1×10^{11}MPa，泊松比为 1×10^{-7}。

以 ABAQUS/Standard6.14 [9] 为计算工具，建立钢管混凝土短柱轴压有限元模型。模型网格划分如图 3-12 所示。

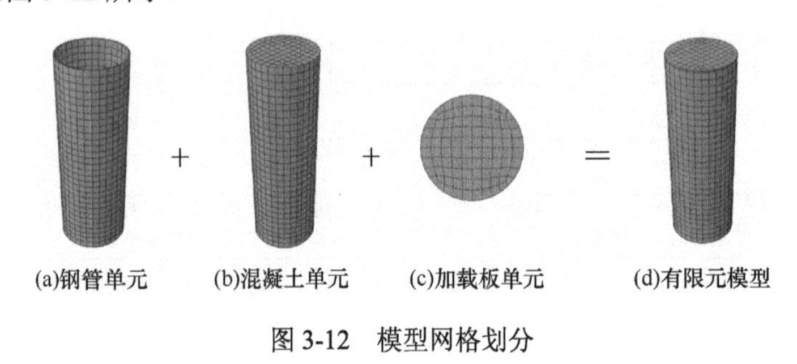

图 3-12 模型网格划分

3.4 模型验证与约束原理

3.4.1 钢管混凝土

1. 模型验证与参数确定

图 3-13 为王玉银 [10] 试验（编号 M-C-l-120h，$D\times t\times l$=140.3mm×3.62mm×418mm，f_y=325.5MPa，f_{cu}=57.77MPa）所得钢管混凝土荷载（N）-纵向应变（ε_L）曲线，并采用剥离法分离出来的钢管和混凝土各应力-应变曲线，与弹塑性法以及不同参数设置下有限元法计算曲线的比较，可见：①剥离法计算曲线与弹塑性法和有限元法计算曲线整体上符合良好，且弹塑性法计算结果一般小于有限元法；②随着混凝土双轴等压强度（f_{cc}）与单轴抗压强度（f_c）比值的增大，有限元计算曲线略有提升，因 Kuper [2] 推荐的 f_{cc}/f_c 为 1.16，其所进行的试验为早期技术混凝土试验，混凝土强度等级偏低，而过镇海 [3] 推荐的 f_{cc}/f_c 为 1.28，该参数取值基于近期混凝土试验结果，覆盖的混凝土强度等级较广泛，因此本书推荐 f_{cc}/f_c 取值为 1.225～1.280；③随着膨胀角的增大，有限元法所得钢管与混凝土之间的约束作用增大，当膨胀角取值为 30°～35°时，有限元法所得钢管纵向应力偏大而横向拉应力偏小，表现为钢管与混凝土的约束作用较小，混凝土的纵向应力偏低；而当膨胀角取值为 38°～42°时，有限元法所得钢管纵向应力与横向拉应力变化规律较合理，表现为钢管与混凝土的约束作用较强，混凝土的纵向应力变化规律一致，因此作者推荐膨胀角取值为 40°。

图 3-14 所示为王玉银 [10] 试验所得的轴力（N）-纵向应变（ε_L）曲线并采用剥离法分离出来的钢管轴力（N_s）-纵向应变和混凝土轴力（N_c）-纵向应变关系曲线，与弹塑

性法以及当 f_{cc}/f_c=1.225 和膨胀角为 40° 时的有限元法计算曲线的对比，试验剥离法、有限元法和弹塑性法等 3 种方法符合较好，都可以解释因钢管对核心混凝土的约束作用使混凝土纵向抗压强度提高，而钢管纵向应力降低，导致钢管混凝土纵向内力由钢管向核心混凝土转移。

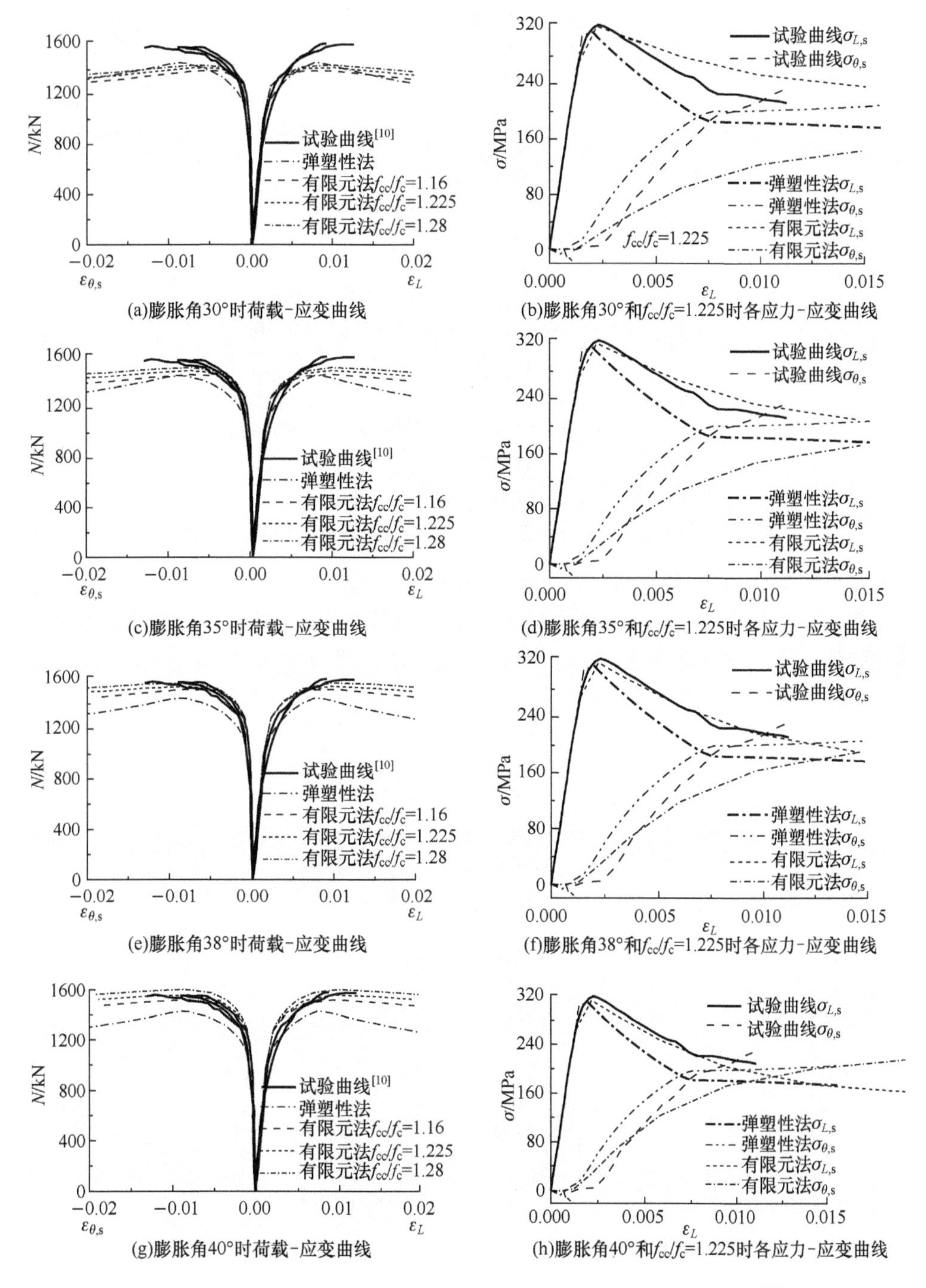

图 3-13　不同参数取值时钢管混凝土短柱轴压性能计算曲线与试验曲线[10]的比较

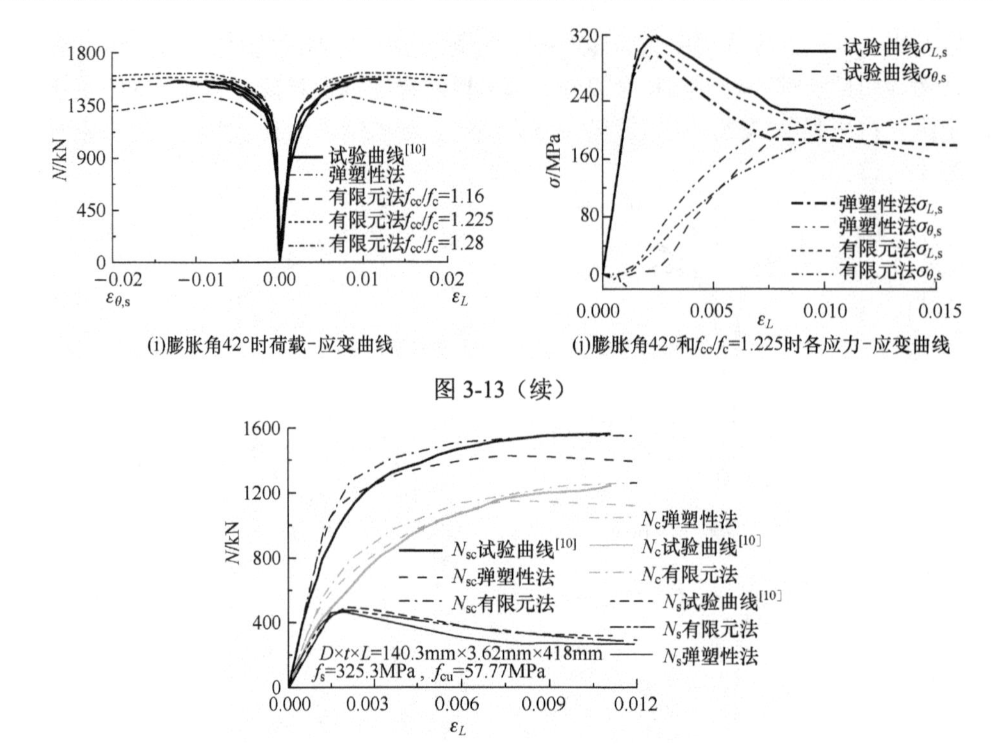

(i)膨胀角42°时荷载-应变曲线

(j)膨胀角42°和f_{cc}/f_c=1.225时各应力-应变曲线

图 3-13（续）

图 3-14　钢管与混凝土之间轴力分配规律的比较（M-C-1-120h）

图 3-15 和图 3-16 为钢管混凝土短柱轴压荷载（N）-纵向应变（ε_L）、荷载（N）-横向应变（$\varepsilon_{\theta,s}$）和荷载（N）-横向变形系数（ν_{sc}）试验曲线与弹塑性法计算曲线的对比，及参数取值f_{cc}/f_c=1.225 和膨胀角为 40° 时有限元法计算曲线的对比，三者符合较好。

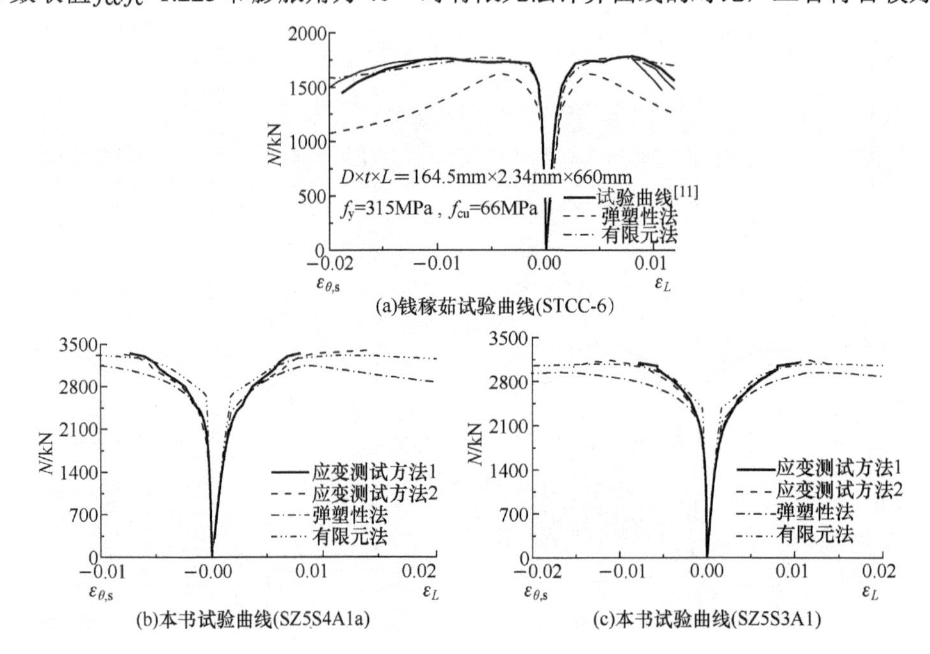

(a)钱稼茹试验曲线(STCC-6)

(b)本书试验曲线(SZ5S4A1a)

(c)本书试验曲线(SZ5S3A1)

图 3-15　钢管混凝土荷载-变形计算曲线与试验曲线的比较

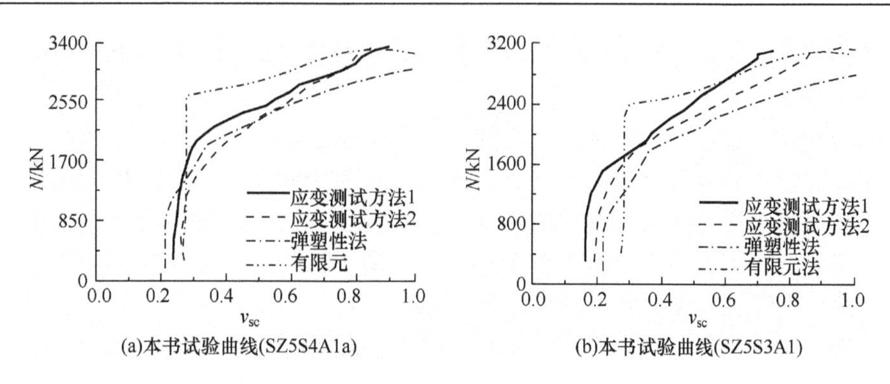

(a)本书试验曲线(SZ5S4A1a) (b)本书试验曲线(SZ5S3A1)

图 3-16 钢管混凝土荷载-横向变形系数计算曲线与本书试验曲线的比较

2. 约束作用分析

图 3-17 为由弹塑性法整体分析得到的部分典型钢管混凝土短柱轴压组合应力-应变曲线，图 3-18～图 3-20 为由弹塑性法内力分析计算得到各内应力随纵向应变关系全曲线。从图 3-18～图 3-20 中可以看出，短柱算例的轴压受力描述可分为三个工作阶段。

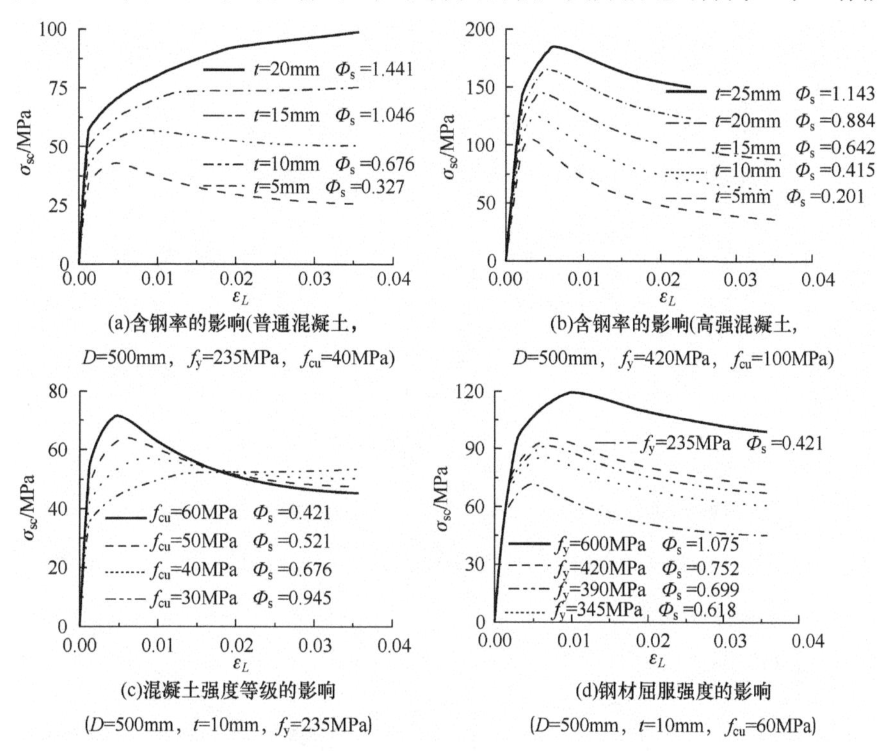

(a)含钢率的影响(普通混凝土，D=500mm，f_y=235MPa，f_{cu}=40MPa)
(b)含钢率的影响(高强混凝土，D=500mm，f_y=420MPa，f_{cu}=100MPa)
(c)混凝土强度等级的影响(D=500mm，t=10mm，f_y=235MPa)
(d)钢材屈服强度的影响(D=500mm，t=10mm，f_{cu}=60MPa)

图 3-17 各参数对短柱算例组合应力-应变曲线的影响

（1）第一阶段：弹性工作阶段

整体受力分析结果表明，钢管混凝土短柱在加载初期基本上处于弹性工作阶段，组合应力（荷载）-应变曲线基本呈线性变化。随着混凝土强度等级提高，比例极限荷载与极限荷载的比值增大，该规律与不同强度素混凝土弹性阶段受力性能一致。当核心混凝土为普通混凝土（如 C40）时，比例极限荷载为极限荷载的 50%～60%［（图 3-17（a）］；

当核心混凝土为高强混凝土（如 C100）时，比例极限荷载为极限荷载的 70%～90%［图 3-17（b）］。

内力分析结果表明，在弹性工作阶段，钢管和核心混凝土主要承受纵向压应力。在一般情况下，随着外荷载的增大，核心混凝土泊松比逐渐增大，核心混凝土由环向和径向受拉应力逐渐向受压应力过渡［图 3-18（b）、图 3-19（b）、图 3-20（b）］，钢管环向由受压应力逐渐向受拉应力过渡［图 3-18（d）、图 3-19（d）、图 3-20（d）］，但绝对值都较小，此时钢管处于环向受拉、轴向受压的异号双向应力场，钢管纵向峰值应力（$f_{L,s}$）低于其屈服应力；但当混凝土强度较高而钢材屈服强度较低时，即 f_y/f_c 较小时，钢管中核心混凝土还未进入弹塑性阶段钢管即屈服，此时钢管处于环向受压、轴向受压的同号双向应力场，钢管纵向峰值应力要高于其屈服应力。

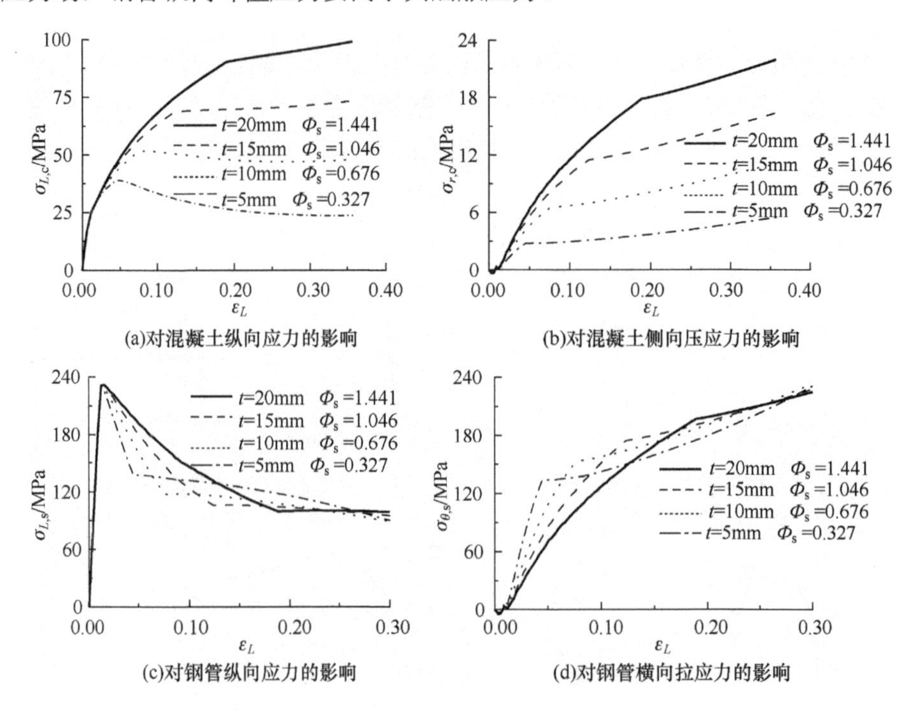

图 3-18　含钢率对钢管混凝土内应力的影响（D=500mm，f_y=235MPa，f_{cu}=40MPa）

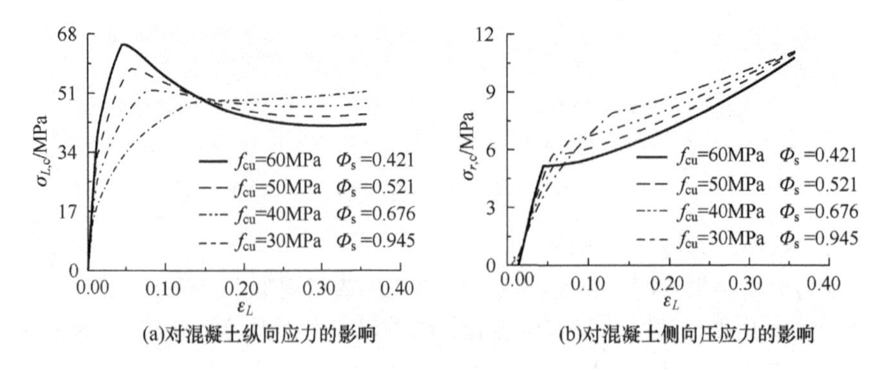

图 3-19　混凝土强度对钢管混凝土内应力的影响（D=500mm，t=10mm，f_y=235MPa）

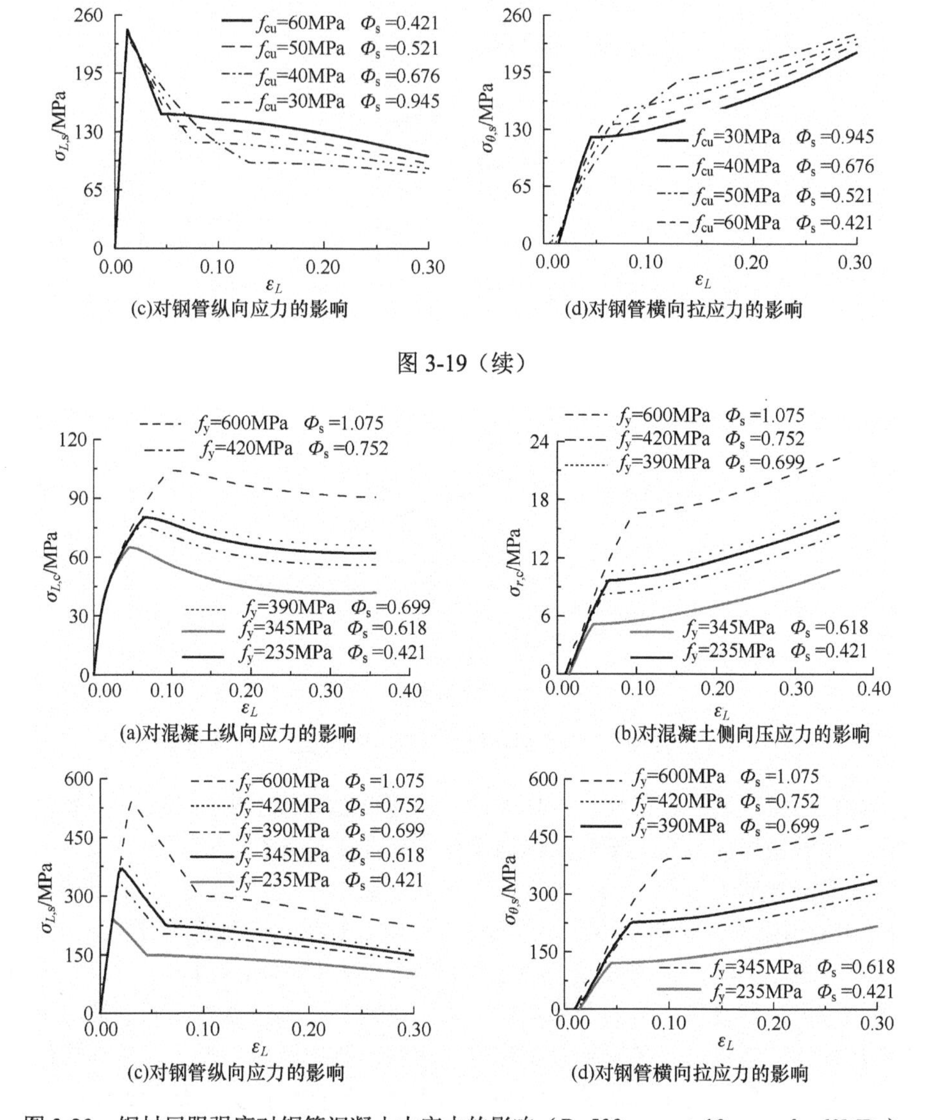

(c)对钢管纵向应力的影响　(d)对钢管横向拉应力的影响

图 3-19（续）

(a)对混凝土纵向应力的影响　(b)对混凝土侧向压应力的影响

(c)对钢管纵向应力的影响　(d)对钢管横向拉应力的影响

图 3-20　钢材屈服强度对钢管混凝土内应力的影响（D=500mm，t=10mm，f_{cu}=60MPa）

图 3-21 为含钢率、混凝土强度和钢材屈服强度对钢管纵向峰值应力（$f_{L,s}$）与屈服强度比值的影响。可见在其他条件相同的情况下，该比值随含钢率增加而略降低，随着混凝土强度提高而略增加，随着钢材屈服强度提高而略降低。

（2）第二阶段：弹塑性工作阶段

整体受力分析结果表明，随着荷载的增加，核心混凝土中横向应变增加速率加快，钢管受压屈服，试件的轴向刚度不断减小，组合应力（荷载）-应变曲线呈明显的非线性。在其他条件相同的情况下，随着核心混凝土强度提高，同素混凝土类似，钢管混凝土弹塑性工作性能减弱［图 3-17（c）］；随着含钢率的增加和钢材屈服强度的提高，钢管混凝土弹塑性工作性能增强，如图 3-17（b）、（d）所示。

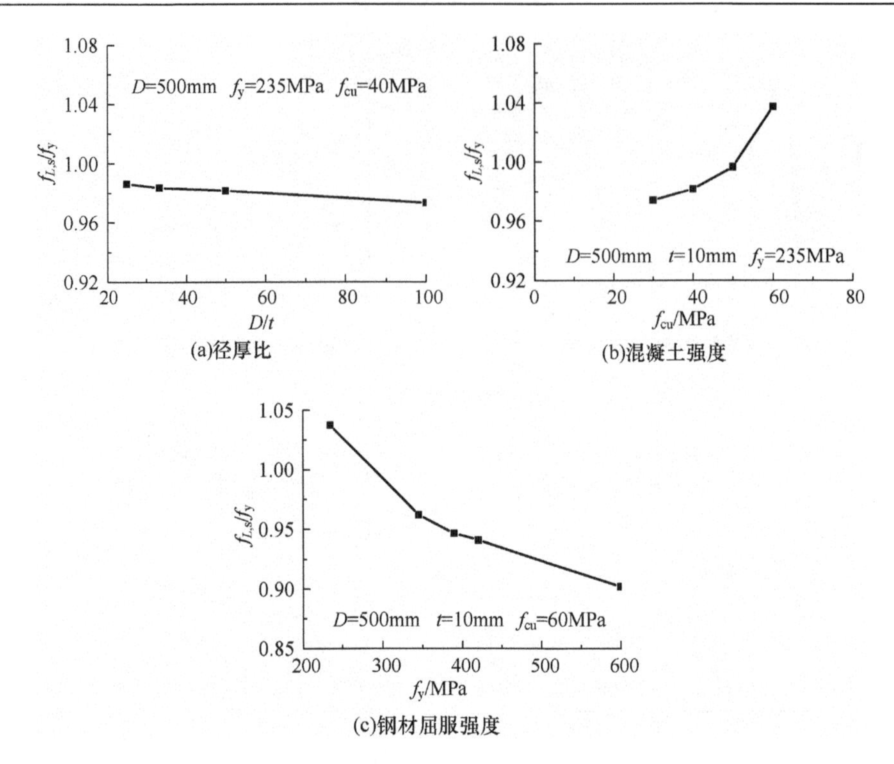

图 3-21　各参数对钢管纵向峰值应力与屈服强度比值的影响

内力分析结果表明，在弹塑性工作阶段，随着核心混凝土横向应变的不断增大，钢管屈服后，钢管由纵向承压逐渐转为纵向承压和环向受拉并存，钢管纵向应力近似呈线性减小，而横向拉应力近似呈线性增大，并有大于纵向压应力的趋势；由于钢管对核心混凝土的约束作用，使得核心混凝土的纵向抗压强度提高，延性逐渐增强。

图 3-18～图 3-20 为（各参数含钢率、混凝土强度和钢材屈服强度）对混凝土纵向应力和侧向压应力、钢管纵向应力和横向拉应力的影响：在其他条件相同的情况下，随着含钢率的增加，核心混凝土的弹塑性工作性能增强，侧向压应力增大，纵向峰值抗压强度提高，钢管纵向压应力下降的速率减小，相应钢管横向拉应力增加的速率减缓，钢管对混凝土的约束效率降低；随着混凝土强度的增加，核心混凝土的弹塑性工作性能减弱、侧向压应力增加的速率加快，钢管纵向压应力下降的速率增加以及相应钢管横向拉应力增加的速率加快，钢管对混凝土的约束效率增加；随着钢材屈服强度的增加，核心混凝土的弹塑性工作性能增强，侧向压应力增加的速率基本不变，钢管纵向压应力下降的速率和相应钢管横向拉应力增加的速率基本不变。

（3）第三阶段：破坏阶段

整体受力分析结果表明，当试件达到极限荷载后，变形继续增加，承载力下降。此阶段试件的工作状态与混凝土强度 f_{cu}、试件的含钢率 ρ_s 和钢材屈服强度 f_y 密切相关。当混凝土强度较低而含钢率 ρ_s 较小（如 f_{cu}=40MPa、ρ_s=0.04）时，钢管对核心混凝土的约束作用仍较强，如含钢率 ρ_s 增大到一定程度（如 ρ_s=0.12），则几乎不出现下降段，如图 3-26（a）所示；当混凝土强度较高而含钢率 ρ_s 较小（如 f_{cu}=100MPa，ρ_s=0.04）时，则钢管对核心混凝土的约束作用几乎失效，试件达到其极限荷载后承载力急剧下降，且其剩余承载力较小；当含钢率 ρ_s 较大（如 ρ_s=0.08，0.12 和 0.16）时，由于钢管对核心混凝土具有一定的约束作用，试件达到承载力后，其荷载下降速率随含钢率的增大而减小，破坏时的剩余承载力（或称平台强度）也随着含钢率的增大而增大；当含钢率 ρ_s 很大（如 ρ_s=0.20）时，由于钢管对核心混凝土具有较强的约束作用，破坏时其承载力下降缓慢，具有足够大的延性，且剩余承载力达相应的承载力的 80%以上，如图 3-17（c）所示。

内力分析结果表明，在破坏阶段当钢管纵向应力下降到某一阶段以后，纵向应力降低速率非常缓慢而几乎保持不变；与此同时当钢管环向应力增加到某一阶段以后，横向拉应力增加速率非常缓慢而几乎保持不变，在数值上要大于纵向压应力。核心混凝土达到极限强度后，当混凝土变形继续增加时，此时钢管对核心混凝土的约束作用已不能继续保持核心混凝土抗压强度的增大，三轴压应力下的核心混凝土发生强度破坏，纵向应力逐渐下降，最后趋向于某一常值。由图 3-18～图 3-20 可知，随着含钢率的增加，核心混凝土受到的侧向压应力增大、破坏后的剩余承载力提高（也有可能没有明显的破坏现象，继续强化），钢管保持的纵向应力越小，相应钢管保持的横向拉应力越大，约束效率降低；随着混凝土强度的增加，核心混凝土受到的侧向压应力越小、破坏后的剩余强度越小、脆性越明显，钢管保持的纵向应力越大，相应钢管保持的横向拉应力越小；随着钢材屈服强度的增加，核心混凝土侧向压应力越大、破坏后的剩余强度越高，钢管保持的纵向应力越高，相应钢管保持的横向拉应力越大。

综上所述，钢管混凝土轴压受荷过程中，钢管屈服后为混凝土提供径向约束，钢管纵向应力大幅降低，核心混凝土向峰值应力提高，延性改善；当其他条件相同时含钢率和钢材屈服强度越高，钢管与混凝土约束作用越强，承载力越高，延性越好，但含钢率增加后钢管对混凝土的约束效率降低；而混凝土强度越高，钢管与混凝土约束作用增强，承载力越高，但延性降低。

3.4.2 钢管套箍混凝土

钢管套箍混凝土短柱轴压荷载（N）-混凝土纵向平均应变（$\varepsilon_{L,c}$）、荷载（N）-钢管纵向平均应变（$\varepsilon_{L,s}$）弹塑性法和有限元法试验曲线的对比如图 3-22 所示。两种方法都能较好地反映钢管套箍混凝土的受力性能。由于不能有效测试核心混凝土的纵向真实应变，暂按应变测试方法“应变测试方法 4”代替，其结果是测试的刚度偏低。

由整体分析得到的部分典型圆钢管套箍混凝土（STCC）和圆钢管混凝土（CFST）短柱轴压组合应力-纵向应变曲线的比较，如图 3-23 所示。图 3-24 为由 STCC 和 CFST 内力分析得到各内力随应变关系全曲线的比较，可以看出整个试件的受力机理描述可分为三个工作阶段。

1. 第一阶段：弹性工作阶段

核心混凝土处于弹性工作阶段时，钢管对混凝土的约束作用很小，由于钢管不参与轴向受压，圆钢管套箍混凝土轴压组合弹性模量小于圆钢管混凝土的。内力分析表明，弹性工作阶段钢管处于环向受拉状态，对核心混凝土起约束作用，核心混凝土处于三向受压状态，此时结束作用很小，其轴向刚度与混凝土本身的刚度一致。与圆钢管混凝土相比，圆钢管套箍混凝土弹性工作阶段较长。

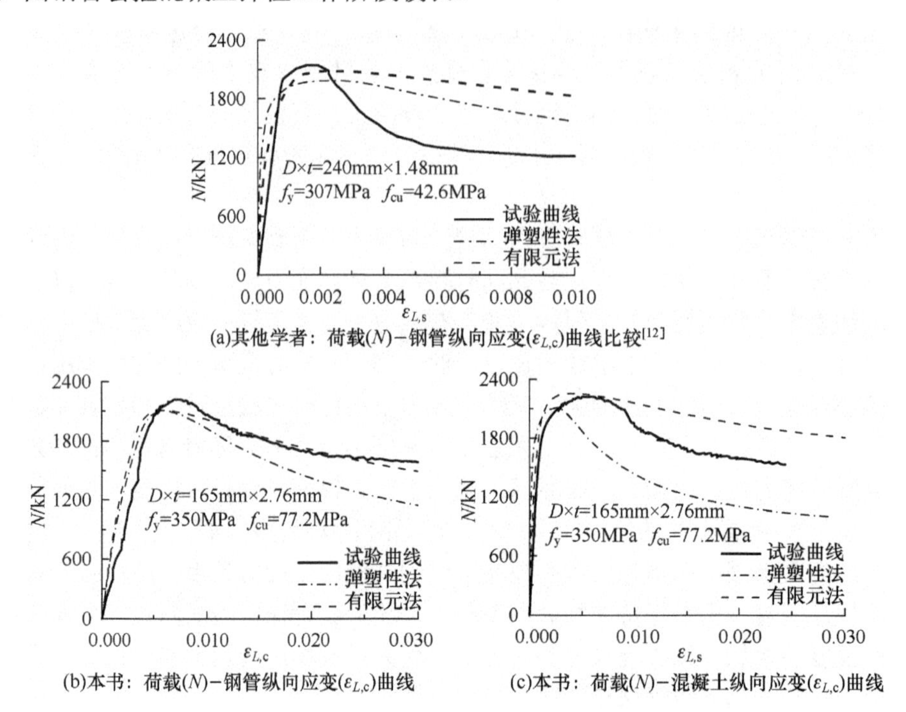

(a)其他学者：荷载(N)－钢管纵向应变($\varepsilon_{L,c}$)曲线比较[12]

(b)本书：荷载(N)－钢管纵向应变($\varepsilon_{L,c}$)曲线

(c)本书：荷载(N)－混凝土纵向应变($\varepsilon_{L,c}$)曲线

图 3-22　钢管套箍混凝土短柱轴压荷载-纵向应变曲线的比较

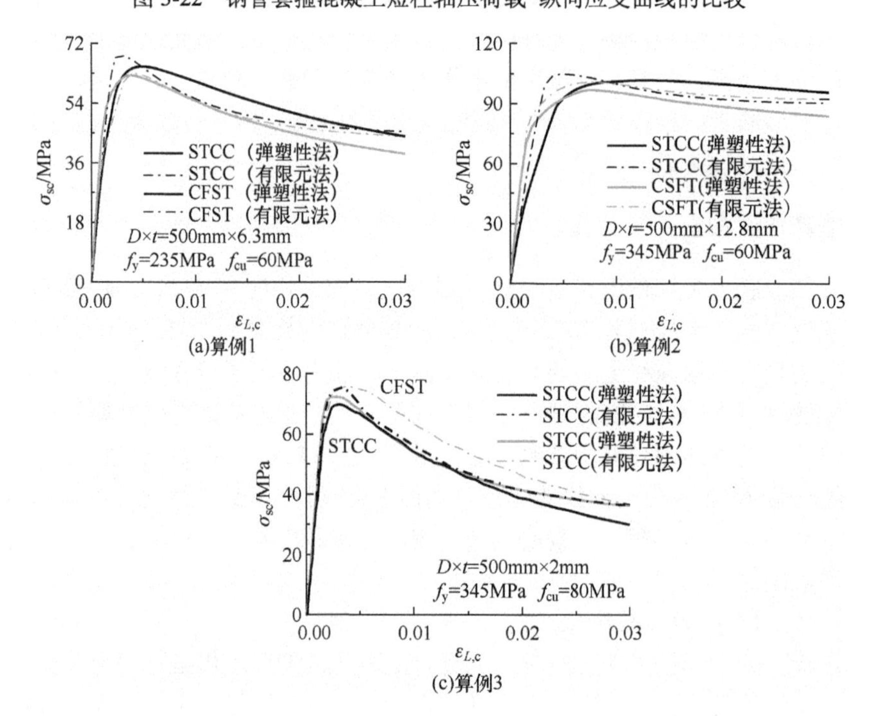

(a)算例1

(b)算例2

(c)算例3

图 3-23　圆钢管套箍混凝土和圆钢管混凝土短柱轴压组合应力-纵向应变曲线的比较

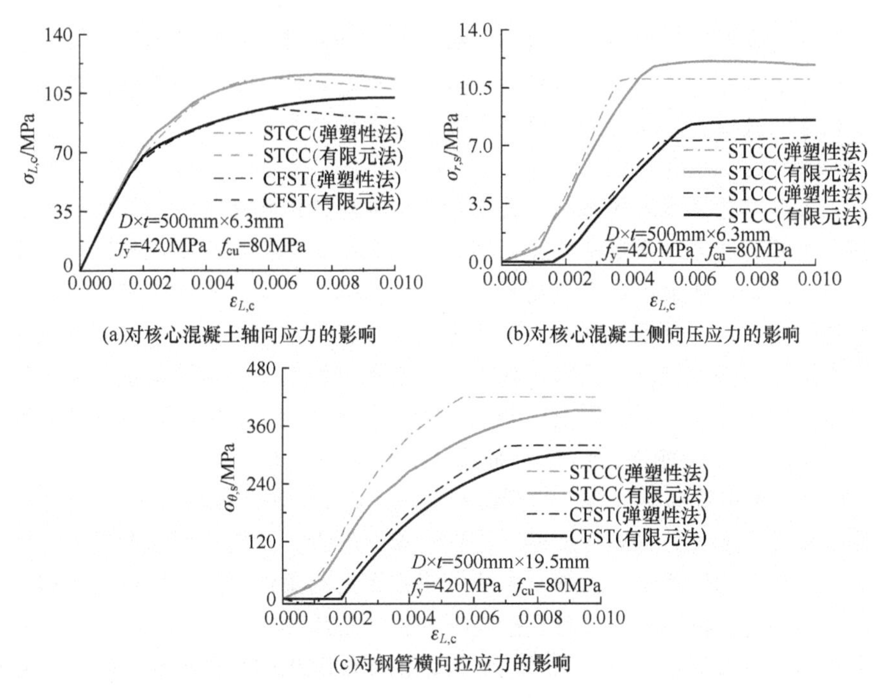

(a)对核心混凝土轴向应力的影响　(b)对核心混凝土侧向压应力的影响

(c)对钢管横向拉应力的影响

图 3-24　轴压荷载下圆钢管套箍混凝土和圆钢管混凝土短柱各内力的比较

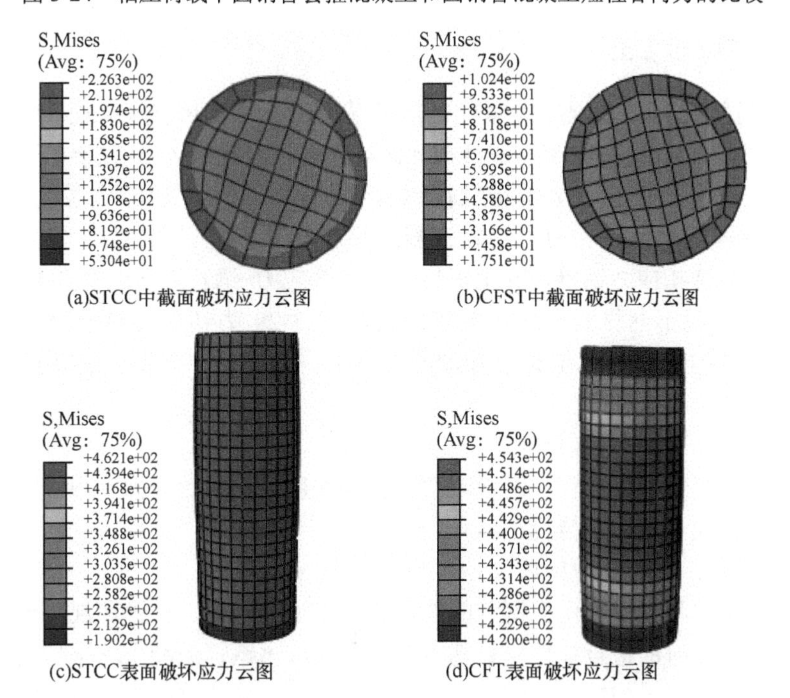

(a)STCC中截面破坏应力云图　(b)CFST中截面破坏应力云图

(c)STCC表面破坏应力云图　(d)CFT表面破坏应力云图

图 3-25　圆钢管套箍混凝土和钢管混凝土短柱轴压破坏时应力云图的比较

2. 第二阶段：弹塑性工作阶段

此阶段核心混凝土的横向变形系数和钢管的横向拉应力逐渐增大，两者约束作用不断增强；钢管屈服后，钢管套箍混凝土进入弹塑性工作阶段，与圆钢管混凝土相比，圆钢管套箍混凝土弹塑性阶段较短。内力分析表明，弹塑性工作阶段钢管屈服后横向拉应力基本保持不变，此时约束作用达到最大效果，钢管套箍混凝土中的钢管对混凝土约束作用大于相应的圆钢管混凝土的，核心混凝土纵向压应力更大。

3. 第三阶段：破坏阶段

当核心混凝土达到极限状态时，圆钢管套箍混凝土达到承载力，其承载力要略大于圆钢管混凝土的承载力。弹塑性法计算结果显示圆钢管套箍混凝土在破坏阶段比圆钢管混凝土工作性能好，剩余承载力更高，而有限元法计算结果显示两者在破坏阶段的剩余承载力差别不大。内力分析表明，在破坏阶段，钢管横向拉应力处于屈服或强化阶段，核心混凝土的轴向强度较高。圆钢管套箍混凝土和钢管混凝土短柱轴压破坏时应力云图的比较如图 3-25 所示，从图中可见，与圆钢管混凝土相比，破坏时圆钢管套箍混凝土的中截面混凝土压应力和钢管 von Mises 屈服应力更大更均匀。

综上所述，圆钢管套箍混凝土与圆钢管混凝土相比，轴压刚度降低，弹性阶段缩短，弹塑性阶段延长，承载力提高，后期工作性能得到改善；圆钢管套箍混凝土中钢管对核心混凝土约束作用比钢管混凝土强，本质上将钢管的约束作用发挥至最大。与圆钢管混凝土相比，圆钢管套箍混凝土没有直接发挥钢管的抗压和抗弯刚度作用，对结构的正常使用不利，当圆钢管套箍混凝土的含钢率接近钢筋混凝土的配箍率时，圆钢管套箍混凝土的承载力比钢筋混凝土的更高，延性更好，而轴压刚度两者相当。

3.4.3 初应力钢管混凝土

图 3-26 为初应力钢管混凝土短柱轴压荷载（N）-纵向应变（ε_L）弹塑性法计算曲线与试验曲线[13]（$D\times t\times l$=133mm×4.5mm×466mm，f_y=325MPa，f_{cu}=42.2MPa）的比较，图中外荷载轴力包括了先前施加在钢管纵向的初应力，初应力系数 $\eta_s=\sigma_0/f_y$，可见弹塑性法能较好地反映初应力钢管混凝土短柱轴压性能。图 3-27 为由整体分析计算得到的部分典型初应力钢管混凝土短柱轴压组合应力-钢管纵向应变全曲线，图 3-28 为由组合应力对应不同纵向应变的关系曲线，图 3-29 为初应力对钢管混凝土短柱内力的影响。外轴力荷载都包括先前施加的初应力。整个试件的受力机理描述可分为四个阶段。

1. 第一阶段：空钢管工作阶段

此时混凝土尚未参与工作，钢管因部分荷载作用产生初始应力 σ_0 和初始应变 ε_s 时，其“组合”弹性模量比正常情况小。

2. 第二阶段：弹性工作阶段

核心混凝土参与工作，由于钢管的泊松比大于混凝土的，钢管和混凝土基本上处于弹性工作阶段，此时的组合弹性模量基本上与无初应力钢管混凝土轴压相同，而由于钢管存在初应力，相当于缩短了钢管弹性工作阶段，钢管到达比例极限点时的荷载随钢管初应力的增大而减小，如图 3-28（c）所示。

弹塑性法内力分析表明，弹性工作阶段随着钢管初应力的增大，核心混凝土径向由受拉逐渐向受压过渡和钢管环向由受压逐渐向受拉过渡推迟，钢管纵向峰值应力随钢管初应力的增大而略有增加。

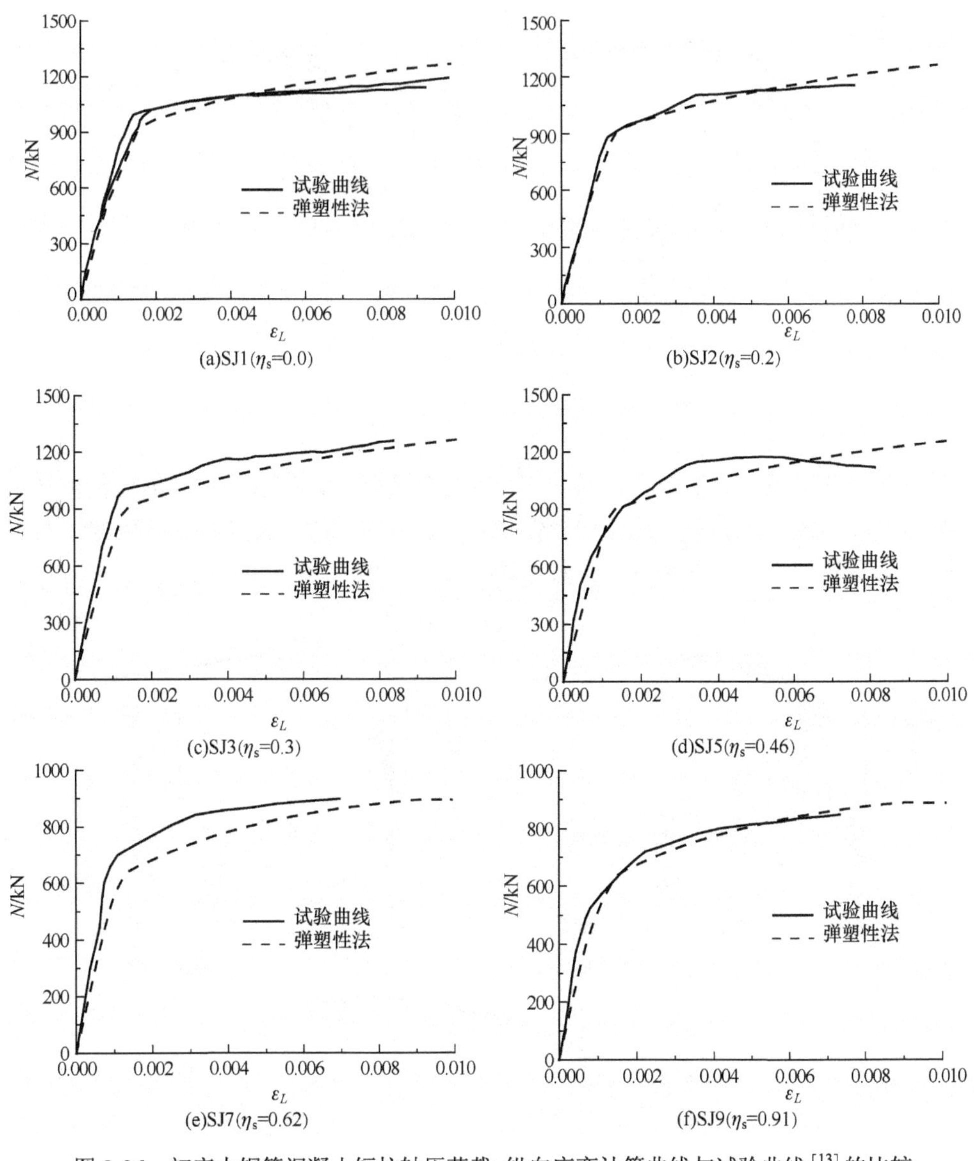

图 3-26　初应力钢管混凝土短柱轴压荷载-纵向应变计算曲线与试验曲线[13]的比较

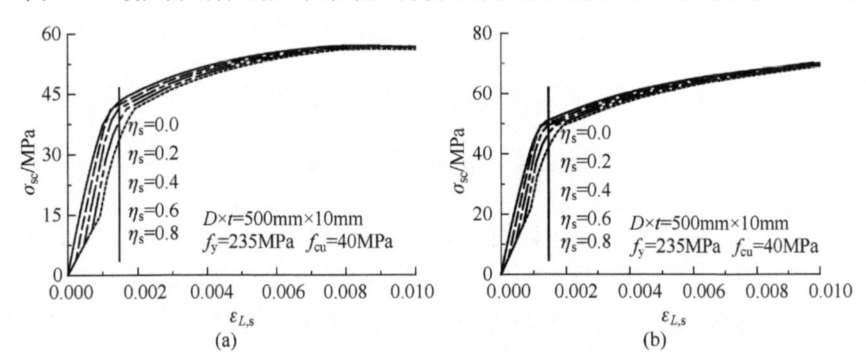

图 3-27　典型初应力钢管混凝土短柱轴压组合应力-应变全曲线

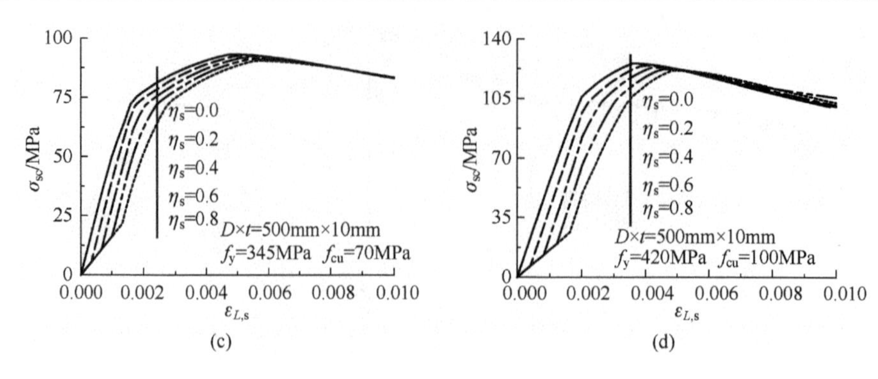

图 3-27（续）

3. 第三阶段：弹塑性工作阶段

纵向压力作用下核心混凝土的横向变形系数加速增大，超过钢材的泊松比而产生约束作用。初应力缩短了钢管混凝土的弹性工作阶段，提前进入弹塑性工作阶段，且钢管初应力有延长钢管混凝土弹塑性工作阶段的趋势，如图 3-28（c）所示。

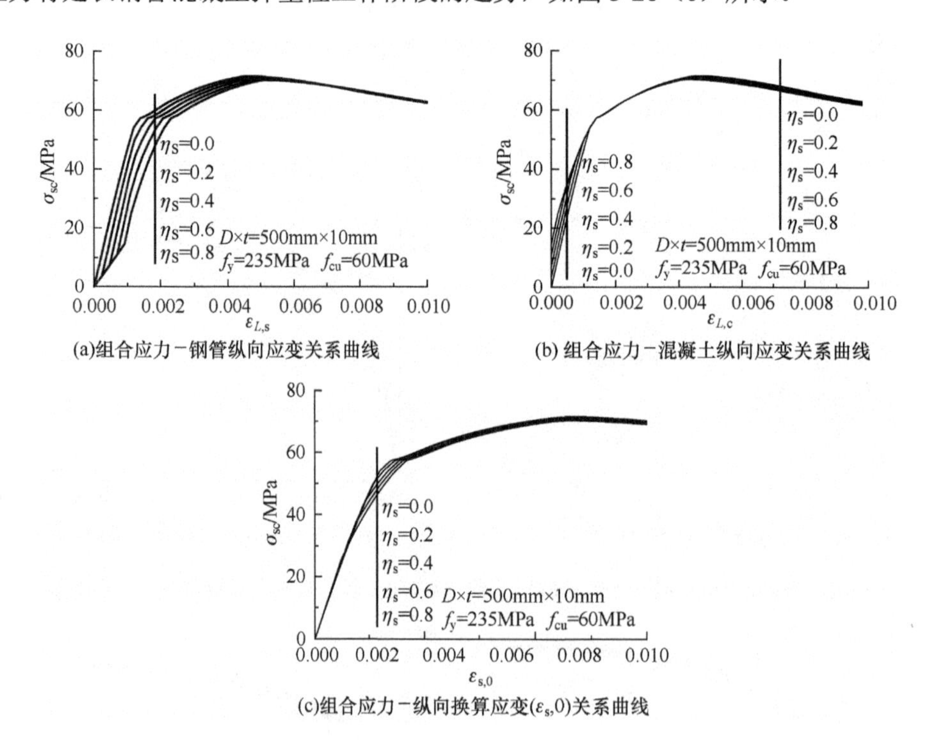

图 3-28　组合应力-不同纵向应变关系曲线比较

内力分析表明，弹塑性工作阶段时，相同纵向压应变（ε_L）时，随着钢管初应力的增大，核心混凝土的纵向刚度有所减小［图 3-29（a）］，核心混凝土侧向压应力和钢管横向拉应力也有所减小［图 3-29（b）、（d）］，而相应的钢管纵向压应力有所增大［图 3-29（c）］，钢管的约束作用逐渐减弱。

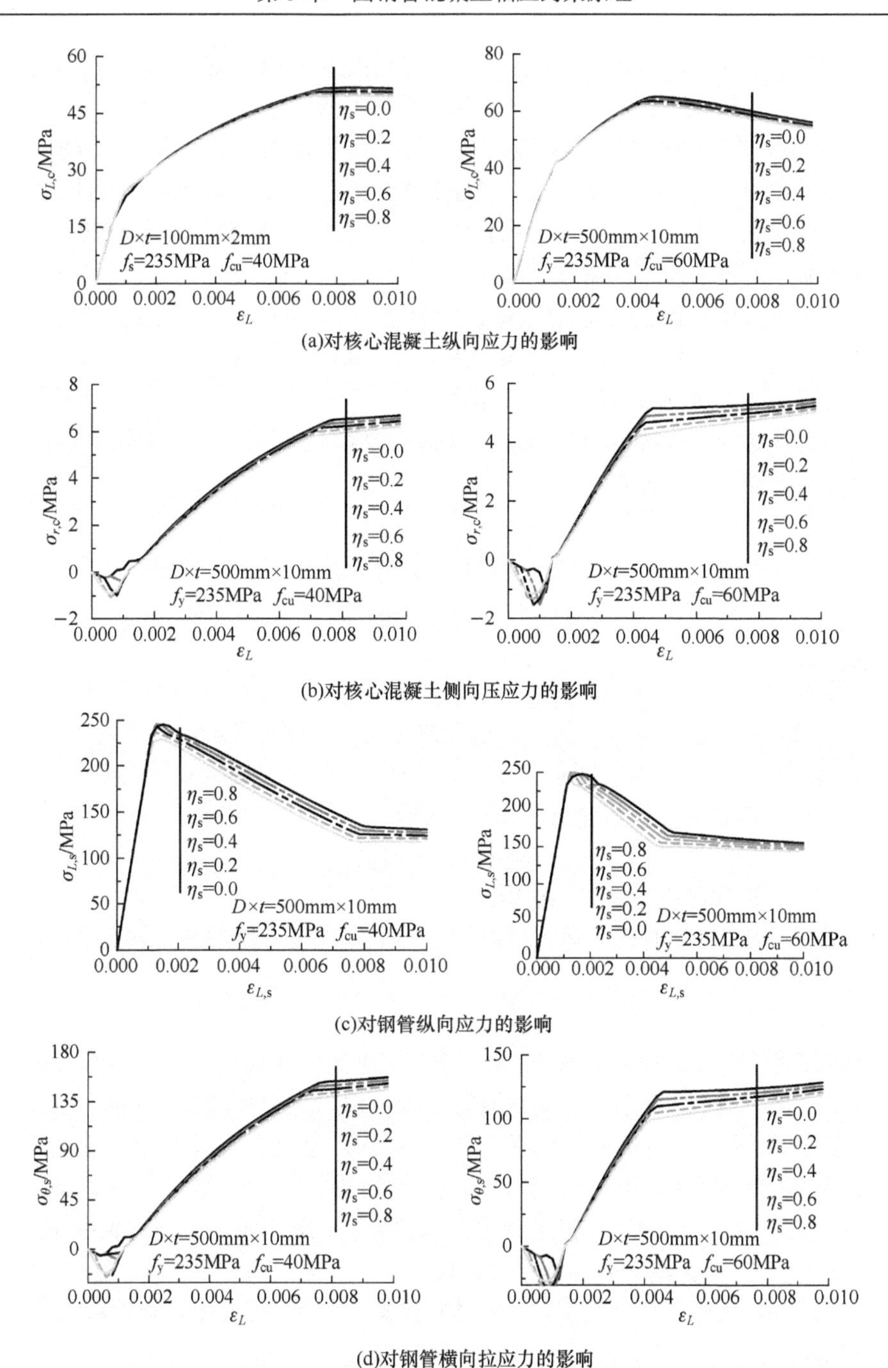

(a)对核心混凝土纵向应力的影响

(b)对核心混凝土侧向压应力的影响

(c)对钢管纵向应力的影响

(d)对钢管横向拉应力的影响

图 3-29　初应力对钢管混凝土短柱内力的影响

4. 第四阶段：破坏阶段

当核心混凝土达到极限状态时，钢管混凝土达到承载力，随着钢管初应力的增大，钢管混凝土承载力有减小的趋势，当混凝土强度等级较低时，钢管混凝土承载力减小并不明显，随着混凝土强度等级的提高，钢管混凝土承载力减小趋势越明显。

初应力钢管混凝土进入破坏阶段后，对应于钢管纵向应变时，其荷载变形曲线基本上与无初应力时一致（图 3-36），对应于混凝土纵向应变（$\varepsilon_{L,c}$）和纵向换算应变（$\varepsilon_{s,0}$，$\varepsilon_{s,0}=\varepsilon_{L,s}-\rho_s\sigma_0/E_{sc}$）时，其荷载变形曲线随着钢管初应力的增加而降低［图 3-28（b）（c）］。

内力分析表明，在破坏工作阶段，随着钢管初应力的增大，核心混凝土的极限强度有所降低，核心混凝土径向压应力和钢管横向拉应力也有所降低，而相应的钢管纵向压应力有所增加，钢管的约束作用逐渐减弱。

从以上初应力钢管混凝土短柱轴压受力性能分析中可以看出：①钢管初应力缩短了钢管混凝土短柱的轴压弹性阶段，使构件提前进入弹塑性阶段，并有延长弹塑性阶段的趋势；②钢管初应力对钢管混凝土轴压刚度无影响，但降低了承载力；③钢管初应力本质上降低了钢管对混凝土的约束作用，钢管初应力对钢管混凝土构件受力性能不利，实际工程中需限制钢管初应力水平。

3.5 实用计算公式

3.5.1 弹性模量

由式（3-24a），初应力对钢管混凝土组合弹性模量 E_{sc} 没有影响，当不考虑（v_c-v_s）^{2} 项（在弹性阶段为无穷小量）时，即得到 1989 年《钢管混凝土结构设计与施工规程》（JCJ 01—89）[14] 建议的组合弹性模量 E_{sc} 计算公式即

$$E_{sc}=(1-\rho_s)E_c+\rho_sE_s \tag{3-31}$$

式中：$\rho_s=4t/D$，其数值略大于 $\rho_s=A_s/A_{sc}$。

当不忽略（t/D）^{2} 项时，即得到《钢筋混凝土结构技术规程》（CECS 28—2012）[15] 建议的 E_{sc} 计算公式：

$$E_{sc}=(A_cE_c+A_sE_s)/A_{sc} \tag{3-32}$$

由此可见，JCJ 01—89 和 CECS 28—2012 采用的钢管混凝土组合弹性模量 E_{sc} 计算公式在本质上是一致的，均不考虑钢管混凝土组合作用对弹性模量的贡献，而式（3-24a）显示由于钢管和混凝土的泊松比的差异，即 $v_s>v_c$ 导致在受荷初期，钢管和混凝土的界面处产生使两者趋于分离的拉应力作用的效果，即可使组合弹性模量 E_{sc} 增大，式（3-24a）、式（3-31）、式（3-32）计算值与试验值的比较见表 3-5，表中 $E_{sc,e}$ 为组合弹性模量实测值 $E_{sc,Eq}$ 为组合弹性模量公式计算值，可见三者差别不大，因此式（3-24a）中的（v_c-v_s）^{2} 项可忽略不计，采用式（3-31）和式（3-32）计算组合弹性模量 E_{sc} 均具有足够的计算精度。

表 3-5 组合弹性模量试验值与计算值的比较

文献	试件编号	$E_{sc,e}$/GPa	$E_{sc,Eq}$/GPa			$E_{sc,e}/E_{sc,Eq}$		
			式（3-24a）	式（3-31）	式（3-32）	式（3-24a）	式（3-31）	式（3-32）
［16］	GA-1	46.3	46.2	46.2	46.1	1.002	1.002	1.004
	GA-2	42.9	46.2	46.2	46.1	0.929	0.929	0.931
	GA-3	45.1	46.2	46.2	46.1	0.976	0.976	0.978

续表

文献	试件编号	$E_{sc,e}$/GPa	$E_{sc,Eq}$/GPa			$E_{sc,e}/E_{sc,Eq}$		
			式（3-24a）	式（3-31）	式（3-32）	式（3-24a）	式（3-31）	式（3-32）
[16]	GC3-1	45.6	46.2	46.2	46.1	0.987	0.987	0.989
	GC3-2	46.2	46.2	46.2	46.1	1.000	1.000	1.002
	GC3-3	43.6	46.2	46.2	46.1	0.944	0.944	0.946
本书试验	G2-3a	57.6	53.0	53.1	52.9	1.087	1.085	1.089
	G2-3b	55.7	53.0	53.1	52.9	1.051	1.049	1.053
	G2-3c	53.9	53.0	53.1	52.9	1.017	1.015	1.019
	G2-4.5a	59.1	58.2	58.6	58.1	1.015	1.009	1.017
	G2-4.5c	63.6	58.2	58.6	58.1	1.093	1.085	1.095
	G2-6a	63.8	62.5	63.1	62.3	1.021	1.011	1.024
	G2-8a	82.2	69.0	70.3	68.9	1.191	1.169	1.193
	G2-8c	73.0	69.0	70.3	68.9	1.058	1.038	1.060
	SZ5S4A1a	45.2	49.8	50.0	49.7	0.908	0.904	0.909
	SZ5S4A1b	47.5	49.6	49.8	49.5	0.958	0.954	0.960
	SZ5S3A1	41.6	48.0	48.2	47.8	0.867	0.863	0.870

3.5.2　承载力

1. 极限平衡法

钢管混凝土短柱轴压承载力定义为应力-应变曲线上的极限荷载（$dN/d\varepsilon_L=0$），弹塑性法分析表明，在核心混凝土达到峰值应力时取得承载力，此时钢管保持理想塑性状态或进入应变强化阶段，对核心混凝土起约束作用并承受纵向压应力。

由式（3-18a）和式（3-26a）中的第一式，核心混凝土侧向压应力与钢管横向拉应力关系（以下各物理量不考虑符号，都为正值）为

$$\sigma_{r,c}=\frac{\rho_s}{2(1-\rho_s)}\sigma_{\theta,s} \tag{3-33}$$

极限平衡法假定钢管为理想塑性材料，由 von Mises 屈服准则可得

$$\sigma_{L,s}^2+\sigma_{L,s}\sigma_{\theta,s}+\sigma_{\theta,s}^2=f_y^2 \tag{3-34}$$

由式（3-33）和式（3-34），此时钢管纵向压应力为

$$\sigma_{L,s}=\sqrt{f_y^2-3\left(\frac{1-\rho_s}{\rho_s}\sigma_{r,c}\right)^2}-\frac{1-\rho_s}{\rho_s}\sigma_{r,c}=\left[\sqrt{1-\frac{3}{\varPhi_s^2}\left(\frac{\sigma_{r,c}}{f_c}\right)^2}-\frac{1}{\varPhi_s}\frac{\sigma_{r,c}}{f_c}\right]f_y \tag{3-35}$$

即

$$\frac{\sigma_{L,s}}{f_y}=\sqrt{1-\frac{3}{\varPhi_s^2}\left(\frac{\sigma_{r,c}}{f_c}\right)^2}-\frac{1}{\varPhi_s}\frac{\sigma_{r,c}}{f_c} \tag{3-36}$$

式中：$\varPhi_s$ 为力比，定义为钢管与混凝土的轴压力比值，即

$$\Phi_{\rm s}=\frac{f_{\rm y}A_{\rm s}}{f_{\rm c}A_{\rm c}} \tag{3-37}$$

将式（3-36）代入式（3-34），可得钢管横向拉应力

$$\frac{\sigma_{\theta,\rm s}}{f_{\rm y}}=\sqrt{1-\frac{3}{4}\left(\frac{\sigma_{L,\rm s}}{f_{\rm c}}\right)^2}-\frac{1}{2}\frac{\sigma_{L,\rm s}}{f_{\rm c}} \tag{3-38}$$

则由式（3-38）和式（3-36）代入式（3-11），钢管混凝土轴压承载力表达式为

$$N=A_{\rm c}f_{\rm c}\left[1+\sqrt{\Phi_{\rm s}^2-3\left(\frac{\sigma_{r,\rm c}}{f_{\rm c}}\right)^2}+2.4\frac{\sigma_{r,\rm c}}{f_{\rm c}}\right] \tag{3-39}$$

极限平衡时

$$\frac{{\rm d}N_{\rm u}}{{\rm d}\sigma_{r,\rm c}}=0\Rightarrow\frac{\sigma_{r,\rm c}}{f_{\rm c}}=0.468\Phi_{\rm s} \tag{3-40}$$

将式（3-40）代入式（3-39），则圆钢管混凝土短柱轴压承载力为

$$N_{\rm u}=f_{\rm c}A_{\rm c}+k_1f_{\rm y}A_{\rm s} \tag{3-41}$$

式中：k_1为钢管形状约束系数，k_1=1.71。当只有核心混凝土承受纵向压应力而钢管对核心混凝土仅起约束作用时，钢管套箍混凝土承载力也可用式（3-41）表示，此时钢管形状约束系数k_1=1.70。极限平衡法下的钢管混凝土和钢管套箍混凝土短柱轴压承载力公式和钢管形状约束系数都一致。

2. *力叠加法*

利用ABAQUS有限元软件，模型中圆钢管直径D取500mm，算例高度L为1500mm，钢管壁厚t分别取7mm、12mm和17mm，屈服强度$f_{\rm y}$分别取230MPa、350MPa和530MPa，立方体抗压强度$f_{\rm cu}$分别取38MPa、60MPa、80MPa和100MPa。230MPa钢管分别匹配38MPa和60MPa混凝土；350MPa钢管分别匹配60MPa和80MPa混凝土；530MPa钢管分别匹配80MPa和100MPa混凝土，共计18个模型。圆钢管混凝土轴压承载力参数分析结果显示，当算例到达极限强度时得到算例中部截面的钢管纵向压应力（$\sigma_{L,\rm s}$）和横向拉应力（$\sigma_{\theta,\rm s}$）与屈服强度（$f_{\rm y}$）的比值随算例极限强度（$f_{\rm sc}=N_{\rm u}/A_{\rm sc}$，$A_{\rm sc}=A_{\rm c}+A_{\rm s}$为截面总面积）的变化关系，如图3-30所示。

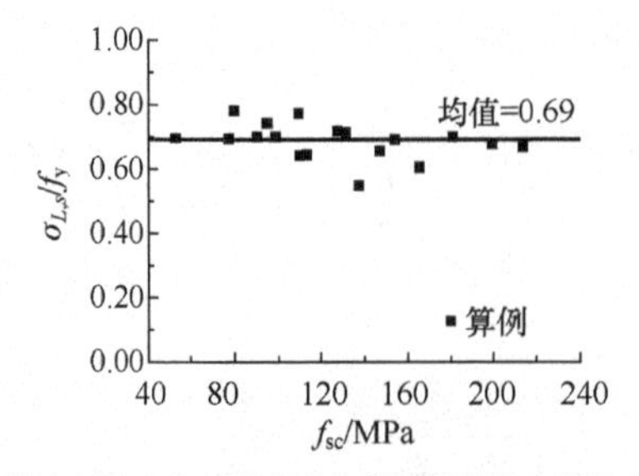

(a)纵向压应力与屈服强度比值随极限强度的关系

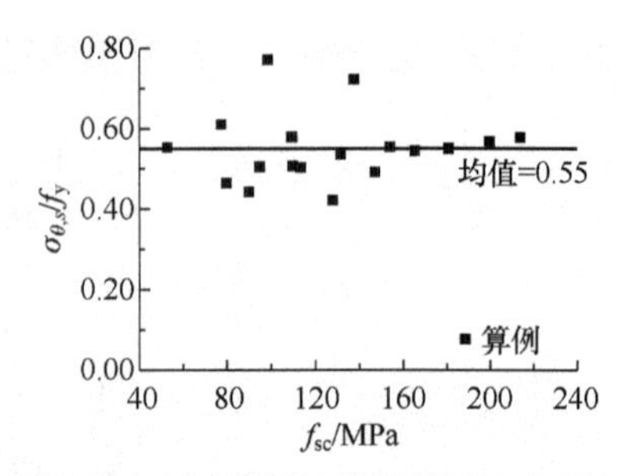

(b)横向拉应力与屈服强度比值随极限强度的关系

图3-30 钢管纵向压应力、横向拉应力与屈服强度比值随算例极限强度的变化关系

根据图 3-31 所示的核心混凝土处于承载状态时的应力云图及受力简化计算模型，核心混凝土侧向压应力与钢管横向拉应力的关系见式（3-33）。由图 3-31 可知当圆钢管混凝土短柱达到轴压承载力时，纵向压应力和横向拉应力分别与屈服强度比值的均值关系如下：

$$\sigma_{L,\mathrm{s}}=0.69f_{\mathrm{y}} \tag{3-42a}$$

$$\sigma_{\theta,\mathrm{s}}=0.55f_{\mathrm{y}} \tag{3-42b}$$

式（3-42）显示轴压荷载作用下的圆钢管混凝土，约有 0.55 倍的屈服强度起约束混凝土作用，0.69 倍的屈服强度起纵向承压作用。由轴对称三轴受压下混凝土的强度准则（2-45），结合静力平衡条件式（3-11），仍可得到圆钢管混凝土轴压承载力表达式（3-41），此时钢管形状约束系数 k_1=1.62。

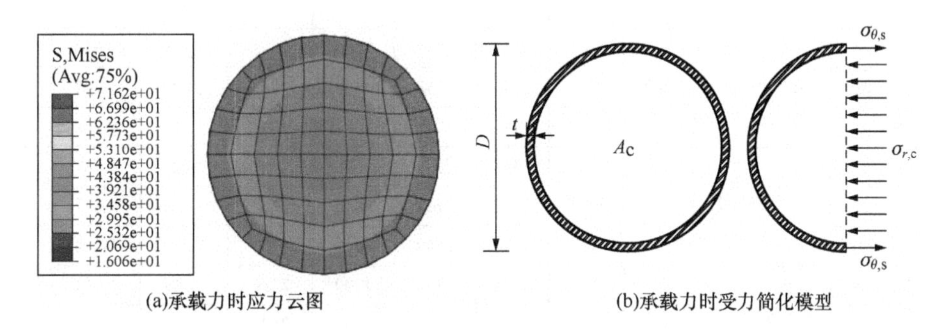

(a)承载力时应力云图　　(b)承载力时受力简化模型

图 3-31　轴压承载力时圆钢管混凝土应力云图及受力简化模型

有限元分析与极限状态力叠加法得到圆钢管混凝土的钢管形状约束系数为 1.62，而极限平衡法所得钢管形状约束系数为 1.7，可见有限元法所得钢管形状约束系数略低。由于有限元中钢材的本构模型比实测拉伸曲线低，试验中钢管屈服后对混凝土的约束作用通常强于有限元模型的，结合极限平衡法和有限元法，本书将圆钢管混凝土的钢管形状约束系数 k_1 统一取 1.7。

3. 结果比较

弹塑性法、有限元法及承载力公式（3-41）计算结果与作者进行的圆钢管混凝土短柱轴压承载力试验结果的比较见表 3-6，表中 $N_{\mathrm{u,e}}$ 为轴压承载力实测值，$N_{\mathrm{u,EP}}$ 为弹塑性法计算值，$N_{\mathrm{u,FE}}$ 为有限元法计算值，$N_{\mathrm{u,Eq}}$ 为式（3-41）计算值，弹塑性法与试验结果的比值均值为 1.092，离散系数为 0.135，有限元法与试验结果的比值均值为 0.986，离散系数为 0.080，式（3-41）计算结果与试验结果的比值均值为 1.033，离散系数为 0.115，可见由于弹塑性法中混凝土的侧压系数取值为 3.4 导致计算结果偏低，由于有限元法中混凝土本构模型中的三轴受压强度参数取值对应的侧压系数大于 3.4 导致计算结果偏高，而钢管形状约束系数 k_1 为 1.7 时式（3-41）计算结果与试验结果符合最好。

表 3-6　钢管混凝土短柱轴压承载力计算值与试验值的比较

序号	编号	$D\times t\times L^*$	f_{y}/MPa	f_{cu}/MPa	$N_{\mathrm{u,e}}$/kN	$N_{\mathrm{u,EP}}$/kN	$N_{\mathrm{u,FE}}$/kN	$N_{\mathrm{u,Eq}}$/kN	$N_{\mathrm{u,e}}/N_{\mathrm{u,EP}}$	$N_{\mathrm{u,e}}/N_{\mathrm{u,FE}}$	$N_{\mathrm{u,e}}/N_{\mathrm{u,Eq}}$
1	G4-1a	165×1×500	338	84.4	1774	1719	1903	1772	1.032	0.932	1.001
2	G4-1b				1431	1719	1903	1772	0.832	0.752	0.808

续表

序号	编号	$D\times t\times L^*$	f_y/MPa	f_{cu}/MPa	$N_{u,e}$/kN	$N_{u,EP}$/kN	$N_{u,FE}$/kN	$N_{u,Eq}$/kN	$N_{u,e}/N_{u,EP}$	$N_{u,e}/N_{u,FE}$	$N_{u,e}/N_{u,Eq}$
3	G4-1c	165×1×500	338	84.4	1372	1719	1903	1772	0.798	0.721	0.774
4	G4-1d				2038	1719	1903	1772	1.186	1.071	1.151
5	G2-2a	151×2×500	405	80.1	2132	1673	1975	1774	1.275	1.080	1.202
6	G2-2b				1933	1673	1975	1774	1.156	0.979	1.090
7	G4-2a	165×2×500	338	84.4	2244	1931	2061	2028	1.162	1.089	1.107
8	G4-2b				2381	1931	2061	2028	1.233	1.155	1.174
9	G4-2c				2078	1931	2061	2028	1.076	1.008	1.024
10	G4-2d				1931	1931	2061	2028	1.000	0.937	0.952
11	G4-2e				1921	1931	2061	2028	0.995	0.932	0.947
12	G2-3a	149×3×500	438	80.1	2337	1948	2389	2093	1.199	0.978	1.117
13	G2-3b				2394	1948	2389	2093	1.229	1.002	1.144
14	G2-3c				2361	1948	2389	2093	1.212	0.988	1.128
15	G4-3a	165×3×500	338	84.4	2568	2140	2618	2281	1.200	0.981	1.126
16	G4-3b				2715	2140	2618	2281	1.269	1.037	1.190
17	G4-3c				2734	2140	2618	2281	1.278	1.044	1.199
18	G2-4.5a	151×4.5×500	438	80.1	2743	2392	2709	2596	1.147	1.013	1.057
19	G2-4.5b				2572	2392	2709	2596	1.075	0.950	0.991
20	G2-4.5c				2728	2392	2709	2596	1.140	1.007	1.051
21	G4-4a	165×4×500	338	84.4	2705	2345	2789	2531	1.153	0.970	1.069
22	G4-4b				2773	2345	2789	2531	1.183	0.994	1.096
23	G4-4c				2832	2345	2789	2531	1.208	1.015	1.119
24	G2-6a	159×6×500	405	80.1	2958	2773	3103	3115	1.067	0.953	0.950
25	G2-6b				3099	2773	3103	3115	1.118	0.999	0.995
26	G2-8a	159×8×500	438	80.1	3174	3408	3468	3894	0.931	0.915	0.815
27	G2-8b				3267	3408	3468	3894	0.959	0.942	0.839
28	G2-8c				3330	3408	3468	3894	0.977	0.960	0.855
29	SZ5S4A1a	219×4.78×650	350	50.5	3400	3034	3316	3252	1.121	1.025	1.046
30	SZ5S4A1b	219×4.72×650			3350	3546	3287	3252	0.945	1.019	1.030
31	SZ5S3A1	219×4.75×650		42.6	3150	3393	3079	3000	0.928	1.023	1.050
32	SZ3S6A1	165×2.73×510		77.2	2080	1973	2102	2102	1.054	0.989	0.990
33	SZ3S4A1	165×2.72×510		57.0	1750	1631	1768	1720	0.798	0.990	1.018
34	SZ3C4A	165×2.75×510		46.3	1560	1612	1611	1535	1.186	0.968	1.016

* 此列数值单位均为 mm。

此外表 3-7 列出了式（3-41）计算结果与收集到的国内外 280 个钢管混凝土短柱轴压承载力试验结果比较的统计特征值，其中参数特征 $20\leqslant D/t\leqslant 220$、$2\leqslant L/D\leqslant 4$、25MPa$\leqslant f_{cu}<$120MPa、180MPa$<f_s<$650MPa，试验采用两端平铰，钢管和混凝土同时受荷加载，可见结果表明计算值与试验值符合良好。

表 3-7　钢管混凝土短柱轴压承载力公式计算结果统计特征值

序号	文献编号	试件组数	均值	离散系数	序号	文献编号	试件组数	均值	离散系数
1	[17]	18	1.072	0.055	10	[25]	9	1.037	0.044
2	[18]	10	1.083	0.114	11	[26]	4	0.984	0.061
3	[19]	22	1.010	0.082	12	[27]	8	1.149	0.078
4	[20]	5	0.999	0.046	13	[28]	8	0.953	0.132
5	[21]	18	0.946	0.024	14	[29]	35	0.956	0.091
6	[22]	8	0.955	0.073	15	[30]	12	0.993	0.027
7	[23]	21	0.973	0.090	16	[31]	15	1.032	0.069
8	[10]	36	0.987	0.051	17	[32]	26	1.001	0.034
9	[24]	32	1.057	0.095	总和		280	1.006	0.085

本章小结

1）试验结果表明：混凝土强度越大，圆钢管混凝土短柱轴压承载力越大，但剩余承载力基本不变；不同加载方式改变了约束作用产生次序：当钢管先受荷，约束作用提前产生，作用效果减弱，承载力基本不变；当钢管后受荷或不受荷，约束作用延后产生，作用效果增强，承载力有所增大；不同加载方式对短柱轴压剩余承载力基本没有影响。

2）根据钢管混凝土同心圆柱体力学模型，建立考虑钢管与混凝土约束作用的弹塑性法计算模型；根据试验结果和弹塑性法计算结果对 ABAQUS 软件的混凝土损伤-塑性本构模型中的膨胀角进行确定，结果表明膨胀角取值 40° 较合理。

3）钢管混凝土轴压弹塑性和有限元分析结果表明，受荷过程中核心混凝土受到钢管的约束其轴心抗压强度得到提高，延性得到显著改善，钢管为混凝土提供径向约束导致环向应力增高的同时纵向应力大幅降低，内力由钢管转向核心混凝土承担，承载力之后钢管的环向应力在数值上大于其纵向应力曲线而出现交点；在其他条件相同的情况下，含钢率和钢材屈服强度越高，钢管混凝土约束作用越强，承载力越高，延性越好，而含钢率增加后钢管对混凝土的约束效率降低；混凝土强度越大，约束作用增强，承载力越大，但延性越差。

4）三种加载方式下的钢管混凝土轴压受力分析结果表明：纵向初应力作用下的钢管将降低钢管对混凝土约束作用，而钢管套箍混凝土将约束作用发挥至最大，但弹性阶段轴压刚度较小。

5）根据极限平衡理论，结合弹塑性法和有限元法分析结果，提出考虑钢管形状约束系数的圆钢管混凝土轴压承载力计算公式，公式计算结果与本章 37 个短柱轴压试验结果以及其他学者试验结果吻合较好。

参考文献

[1] KARIMI K，TAIT M J，EL-DAKHAKHNI W W . Testing and modeling of a novel FRP-encased steel - concrete composite

column [J]. Composite Structures, 2011, 93 (5): 1463-1473.

[2] KUPFER H, HILSDORF H K, RUSCH H, Behavior of concrete under biaxial stresses [J]. Journal of the Engineering Mechanics Division, 1969, 66 (8): 655–666.

[3] 过镇海. 混凝土的强度和变形：试验基础和本构关系 [M]. 北京：清华大学出版社，1997.

[4] 丁发兴，余志武. 基于损伤泊松比的混凝土多轴强度准则 [J]. 固体力学学报，2007，28 (1)：13-19.

[5] 韩林海. 钢管混凝土结构：理论与实践 [M]. 2 版. 北京：科学出版社，2007.

[6] LI W, HAN L H, CHAN T M. Numerical investigation on the performance of concrete-filled double-skin steel tubular members under tension [J]. Thin-Walled Structures, 2014, 79: 108-118.

[7] WOSATKO A, WINNICKI A, POLAK M A, et al. Role of dilatancy angle in plasticity-based models of concrete [J]. Archives of Civiland Mechanical Engineering, 2019, 19 (4): 1268-1283.

[8] 聂建国，王宇航. ABAQUS 中混凝土本构模型用于模拟结构静力行为的比较研究 [J]. 工程力学，2013，30 (4)：59-67.

[9] Dassault Systemes SIMULIA Corp. ABAQUS analysis user's manual version 6.14. [M]. Providence, RI: Dassault Systèmes Corp., 2014.

[10] 王玉银. 圆钢管高强混凝土短柱轴压基本性能研究 [D]. 哈尔滨：哈尔滨工业大学，2003.

[11] 王力尚，钱稼茹. 钢管高强混凝土柱轴向受压承载力试验研究 [J]. 建筑结构，2003，33 (7)：46-49.

[12] HAN L H, YAO G H, CHEN Z P, et al. Experimental behaviour of steel tube confined concrete (STCC) columns [J]. Steel and Composite Structures, 2005, 5 (6): 459-484.

[13] 黄世娟，钟善桐，闫善章，等. 初应力对钢管混凝土轴压构件承载力影响的实验研究 [J]. 哈尔滨建筑大学学报，1996，29 (6)：44-50.

[14] 国家建材工业局苏州混凝土水泥制品研究院，中国船舶总公司第九设计研究院. 钢管混凝土结构设计与施工规程：JCJ 01—89 [S]. 上海：同济大学出版社，1990.

[15] 中国工程建设标准化委员会. 钢管混凝土结构技术规程 CECS 28—2012 [S]. 北京：中国计划出版社，2012.

[16] 李固华，叶跃忠. 钢管混凝土的复合弹性模量及承载力试验研究 [J]. 混凝土与水泥制品，1998 (5)：40-43.

[17] 蒋继武. 周期反复荷载作用下钢管高强混凝土压弯构件抗震性能的试验研究 [D]. 北京：清华大学，1997.

[18] 顾维平，蔡绍怀，冯文林. 钢管高强混凝土的性能与极限强度 [J]. 建筑科学，1991 (1)：23-27.

[19] 谭克锋. 钢管与超高强混凝土复合材料的力学性能及承载能力研究 [D]. 重庆：重庆建筑大学，1998.

[20] 蔡绍怀. 现代钢管混凝土结构 [M]. 修订版. 北京：人民交通出版社，2007.

[21] 最相元雄，安部貴之，中矢浩二. 超高強度コンクリート充填鋼管柱の終局曲げ耐力にす関ゐ研究 [J]. 日本建築学会構造系論文集，1999，523 (9)：133-140.

[22] GIAKOUMELIS G, LAM D. Axial capacity of circular concrete-filled tube columns [J]. Journal of Constructional Steel Research, 2004, 60 (7): 1049-1068.

[23] 贺锋，周绪红，唐昌辉. 钢管高强混凝土轴压短柱承载力性能的试验研究 [J]. 工程力学，2000，17 (4)：61-66.

[24] 蔡绍怀，焦占拴. 钢管混凝土短柱的基本性能和强度计算 [J]. 建筑结构学报，1984，5 (6)：13-29.

[25] 赵均海，顾强，马淑芳. 基于双剪统一强度理论的轴心受压钢管混凝土承载力的研究 [J]. 工程力学，2002，19 (2)：32-35.

[26] 尧国皇，韩林海. 钢管自密实高性能混凝土压弯构件力学性能研究 [J]. 建筑结构学报，2004，25 (4)：34-42.

[27] 陈肇元，罗家谦，潘雪雯，等. 钢管混凝土短柱作为防护结构构件的性能 [M] //清华大学抗震抗爆工程研究室. 钢筋混凝土结构在冲击荷载下的性能（科学报告集第 4 集）. 北京：清华大学出版社，1986：45-52.

[28] 汤关祚，招炳泉，竺惠仙，等. 钢管混凝土短柱的基本力学性能的研究［J］. 建筑结构学报，1982（1）：13-31.

[29] GOODE C D，韩林海. 钢管混凝土组合柱的研究进展［J］. 工业建筑，1996，26（3）：23-27.

[30] 李云飞. 钢管混凝土轴心受压构件受力性能的试验研究［D］. 西安：西安建筑科技大学，2003.

[31] O'SHEA M D，BRIDGE R Q. Design of circular thin-walled concrete filled steel tubes［J］. Journal of Structural Engineering，2000，126（11）：1295-1303.

[32] HAN L H，YAO G H，ZHAO X L. Tests and calculations for hollow structural steel（HSS）stub columns filled with self-consolidating concrete（SCC）［J］. Journal of Constructional Steel Research，2005，61（9）：1241-1269.

第 4 章　不同截面类型钢管混凝土轴压约束原理

4.1 概　述

与圆钢管混凝土柱相比，矩形钢管混凝土柱中钢管对混凝土的约束作用、承载力、延性较低，但其节点施工方便，截面惯性矩大，稳定性好且易采取抗震防火措施。八边形和六边形钢管混凝土作为圆形和矩形钢管混凝土的过渡截面形式，截面造型具有特殊性；椭圆形钢管混凝土因其造型美观，比方形、矩形钢管混凝土有更强的灵活性；圆端形钢管混凝土适合在抗风和抗震要求高的桥墩和桥塔中应用。本书对以上几种截面类型的钢管混凝土轴压性能展开研究，主要工作如下：

1）开展 70 个八边形、六边形、矩形、圆端形和椭圆形钢管混凝土短柱轴压试验研究，探讨含钢率和混凝土强度对试件受力性能的影响规律。

2）采用第 2 章所述混凝土单轴受压应力-应变曲线和钢材弹塑性本构模型，结合第 3 章确定的混凝土三轴塑性-损伤模型参数取值，基于 ABAQUS 有限元软件建立不同截面类型钢管混凝土短柱轴压有限元模型并进行试验验证与参数分析。

3）通过对混凝土约束和非约束区的合理简化，根据极限状态力的叠加原理，建立考虑钢管形状约束系数的各截面钢管混凝土短柱轴压承载力计算公式。

4.2 试 验 研 究

4.2.1　试验概况

八边形、六边形、矩形、圆端形和椭圆形钢管混凝土截面特征如图 4-1 所示，其中 *B* 为截面长边，*D* 为截面厚度，*t* 为钢管厚度。试验共设计和制作了 8 个八边形（OST）、8 个六边形（HST）6 个方形、14 个矩形（SCFT、RST）、26 个圆端形（CFRT 和 WST）和 8 个椭圆形（OVST）钢管混凝土轴压短柱试件，试件编号、实际尺寸和材料属性见表 4-1 和表 4-2。

试件由 Q235 钢板分别弯折成各种相应形状，对焊两个半截面成型。钢管加工制作过程中，尽量保证钢管尺寸形状质量满足试验设计要求，钢管两端截面保持平整，对接焊缝满足《钢结构设计标准》（GB 50017—2017）[1] 的设计要求。

为方便观察试件受力破坏后的变形，在加工好的空钢管试件外表面喷上油漆，并用白色油漆笔画好 50mm×50mm 的网格。浇灌混凝土前，先将钢管底端盖板焊好，并将钢管竖立。从试件顶部灌入混凝土，用振捣棒振捣直到密实，最后将混凝土表面与钢管截面抹平，同时制作混凝土标准立方体试块，自然养护试件并定期浇水。混凝土养护一个月后，用混凝土打磨机将混凝土表面磨平。

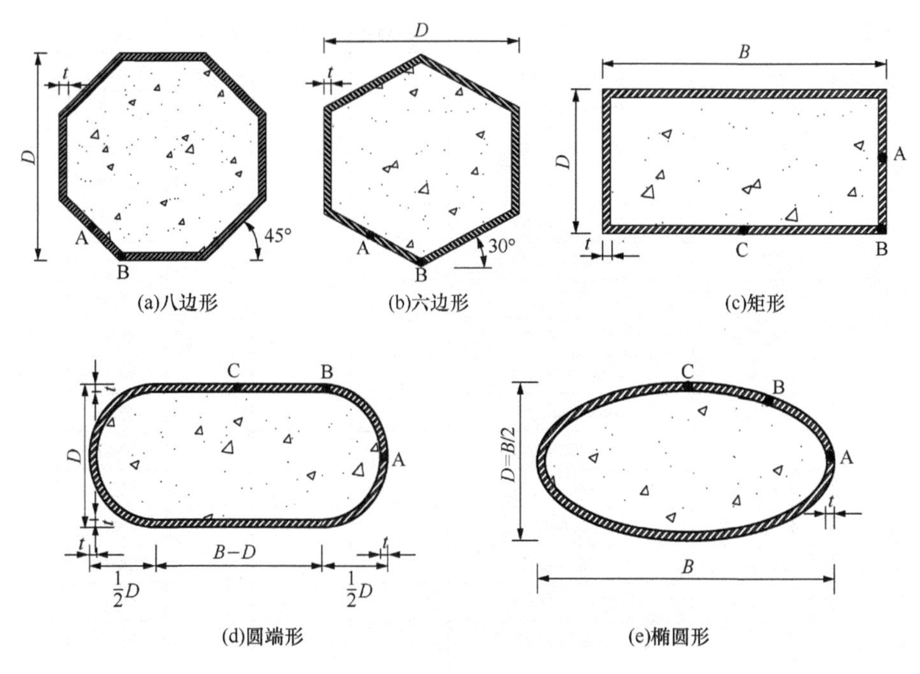

(a)八边形　(b)六边形　(c)矩形

(d)圆端形　(e)椭圆形

图 4-1　不同截面类型钢管混凝土截面特征

表 4-1　八边形、六边形钢管混凝土短柱试件一览表

截面类型	试件编号	$D\times t^*$	L/mm	f_{cu}/MPa	f_y/MPa	含钢率 ρ_s	$N_{u,e}$/kN	延性系数 μ_s
八边形	OST1-A	485×3.85	1500	39.3	311	0.032	9297	6.81
	OST 1-B	480×3.98				0.033	9311	3.05
	OST 2-A	483×6.02			321	0.049	10502	7.99
	OST 2-B	476×5.89				0.049	10713	7.73
	OST 3-A	483×3.92		57.4	311	0.032	12362	3.98
	OST 3-B	480×4.02				0.033	12357	4.03
	OST 4-A	476×5.88			321	0.049	12992	8.05
	OST 4-B	478×5.98				0.049	13263	5.31
六边形	HST1-A	339×3.73	1200	39.3	311	0.044	4947	3.78
	HST 1-B	343×3.71				0.043	4618	3.29
	HST 2-A	339×5.78			321	0.067	6001	7.17
	HST 2-B	343×5.96				0.068	6041	7.57
	HST 3-A	341×3.72		57.4	311	0.043	6827	3.24
	HST 3-B	343×3.76				0.043	6803	3.29
	HST 4-A	345×5.89			321	0.067	7079	5.82
	HST 4-B	339×5.81				0.067	7289	6.39

* 此列数值单位均为 mm。

表 4-2　矩形、圆端形和椭圆钢管混凝土短柱试件一览表

截面形式	试件编号	$B\times D\times t^{*}$	L/mm	f_{cu}/MPa	f_{y}/MPa	$N_{u,e}$/kN	延性系数 μ_{s}
方形	SCFT-1	400×400×2.30	1000	43.2	310	7246	2.64
	SCFT- 2	400×400×3.35				8007	4.86
	SCFT- 3	400×400×3.98				8503	6.13
	SCFT-4	400×400×5.75				9057	6.31
	RST1-A	200×200×3.69	600	35.5	311	2160	2.89
	RST1-B	201×201×3.74				2090	2.81
矩形	RST2-A	300×201×3.75	700			2890	1.56
	RST2-B	297×203×3.72				2910	1.42
	RST3-A	401×200×3.68	800			3470	1.33
	RST3-B	400×198×3.68				3750	1.39
	RST4-A	599×200×3.68	1200	39.3		5500	1.21
	RST4-B	598×201×3.76				5578	1.27
	RST5-A	200×200×3.75	600	54.5		2500	3.33
	RST5-B	200×200×3.74				2610	3.38
	RST6-A	301×201×3.69	700			4020	1.98
	RST6-B	300×201×3.65				3170	2.08
	RST7-A	399×198×3.69	800	57.4		4942	1.42
	RST7-B	402×200×3.69				4810	1.27
	RST8-A	599×199×3.71	1200			6425	1.22
	RST8-B	599×198×3.80				7091	1.72
圆形	CFT1-A	251.9×251.9×3.70	750	40.4	327.7	3023	5.96
	CFT1-B	250.2×250.2×3.69				3265	5.81
	CFT2-A	251.2×251.2×5.51			299.5	3556	6.53
	CFT2-B	252.1×252.1×5.74				3661	5.79
圆端形	WST1-A	299.8×252.6×3.75			327.7	3429	5.46
	WST1-B	302.6×249.0×3.75				3338	5.44
	WST2-A	299.3×255.0×5.84			299.5	4162	5.64
	WST2-B	300.8×251.0×5.80				4168	5.58
	WST3-A	350.0×255.1×3.72	900		327.7	3929	5.28
	WST3-B	351.5×252.3×3.76				4158	5.32
	WST4-A	352.1×251.4×5.90		40.4	299.5	4492	5.39
	WST4-B	349.1×251.0×5.92		50.4		5530	5.29
	WST5-A	394.1×260.0×3.79	1000	50.4	327.7	5620	5.21
	WST5-B	396.0×264.0×3.80				5500	5.18
	CFRT1-A	405×197×3.75	800	39.3	311	3240	4.95
	CFRT1-B	402×196×3.72				2993	4.86
	CFRT2-A	608×186×3.75	1200			4826	2.67
	CFRT2-B	605×194×3.77				4944	2.76
	CFRT3-A	805×190×3.74	1600			6521	2.61
	CFRT3-B	806×191×3.67				6493	2.36

续表

截面形式	试件编号	$B\times D\times t^*$	L/mm	f_{cu}/MPa	f_y/MPa	$N_{u,e}$/kN	延性系数 μ_s
圆端形	CFRT4-A	405×198×3.75	800	57.4	311	4203	3.21
	CFRT4-B	405×198×3.70				4180	3.29
	CFRT5-A	610×196×3.80	1200			7201	2.32
	CFRT5-B	606×189×3.77				6905	2.21
	CFRT6-A	805×190×3.68	1600			9065	1.56
	CFRT6-B	805×194×3.80				8799	1.78
椭圆形	OVST1-A	408×191×3.78	800	35.5	311	3100	4.55
	OVST1-B	409×190×3.70				2860	5.36
	OVST2-A	404×195×5.81			321	3690	3.63
	OVST2-B	407×196×5.84				3810	4.85
	OVST3-A	406×189×3.71		54.4	311	3900	4.29
	OVST3-B	405×194×3.77				3900	3.10
	OVST4-A	405×195×5.80			321	4390	4.55
	OVST4-B	402×198×5.89				4110	5.66

* 此列数值单位均为 mm。

4.2.2 试验方法

试验前，参考标准试验方法，分别测试混凝土立方体试块和钢材拉伸试件的力学性能。混凝土立方体试块强度 f_{cu} 由相同条件养护的边长为 150mm 立方体试块参考《混凝土物理力学性能试验方法标准》（GB/T 50081—2019）[2] 测得，各类型钢板做成三个标准试件，参考《金属材料　拉伸试验　第 1 部分：室温试验方法》（GB/T 228.1—2010）[3] 规定的试验方法对试件进行拉伸，混凝土和钢板材料性能见表 4-1 和表 4-2。

本试验短柱试件在中南大学土木工程安全科学实验室20000kN轴压静力试验系统和500t 三轴应力实验机进行。为准确地测量试件的轴向位移和应变，在每个试件钢板高度 1/2 处布置四个应变花和两个电测位移计。短柱试件加载、应变花和位移计布置示意图如图 4-2～图 4-4 所示。荷载-应变曲线由 DH3818 静态应变测量系统采集，荷载-位移曲线由电子位移计和综合数据采集仪采集。

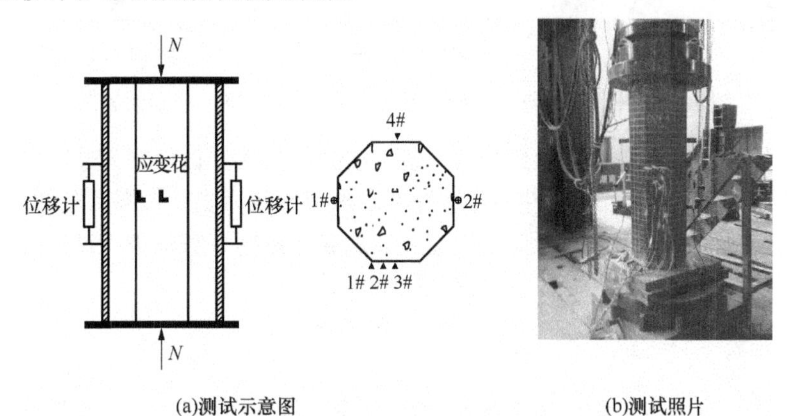

(a)测试示意图　　(b)测试照片

图 4-2　八边形钢管混凝土短柱轴压试验装置图

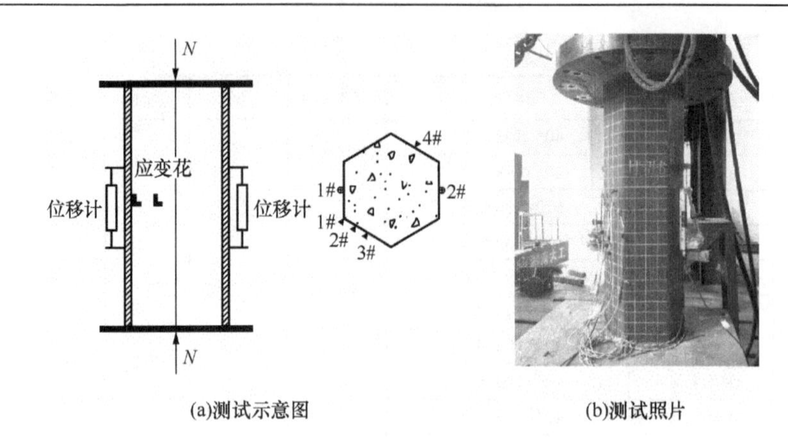

(a)测试示意图　　(b)测试照片

图 4-3　六边形钢管混凝土短柱轴压试验装置图

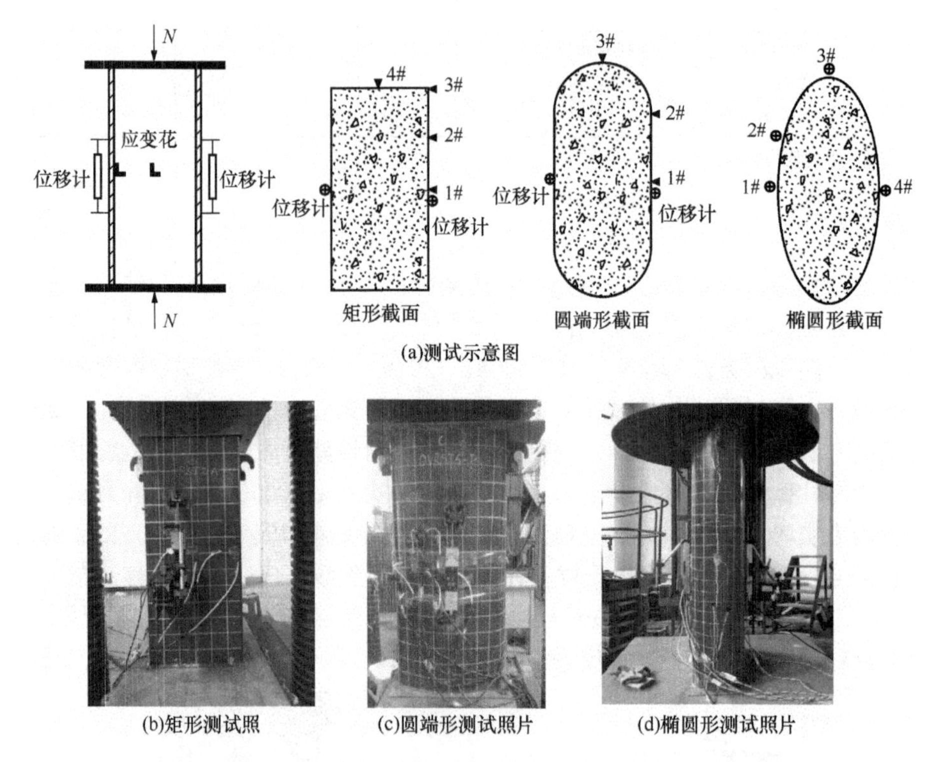

(a)测试示意图

(b)矩形测试照　　(c)圆端形测试照片　　(d)椭圆形测试照片

图 4-4　矩形、圆端形、椭圆形钢管混凝土短柱轴压试验装置图

试件的加载方案：在试件达到最大承载力前分级加载，试件在弹性阶段每级荷载相当于极限荷载的 1/10 左右，试件在弹塑性阶段每级荷载相当于极限荷载的 1/20 左右；每级荷载间隔时间 3～5min，近似于慢速连续加载，数据分级采集；试件接近极限荷载时，慢速连续加载直至试件破坏，数据连续采集。

4.2.3　试验现象

典型钢管混凝土短柱轴压试件荷载-轴向应变曲线如图 4-5 所示，可见钢管混凝土轴压短柱试件受压全过程大致可分为三个阶段。

弹性阶段：试件初始受压时，试件处于弹性阶段，荷载-轴向应变曲线与荷载-钢管应变曲线基本呈线性变化，各个试件的刚度较大且相差不多，试件的弹性位移、钢管的轴向应变、环向应变很小。

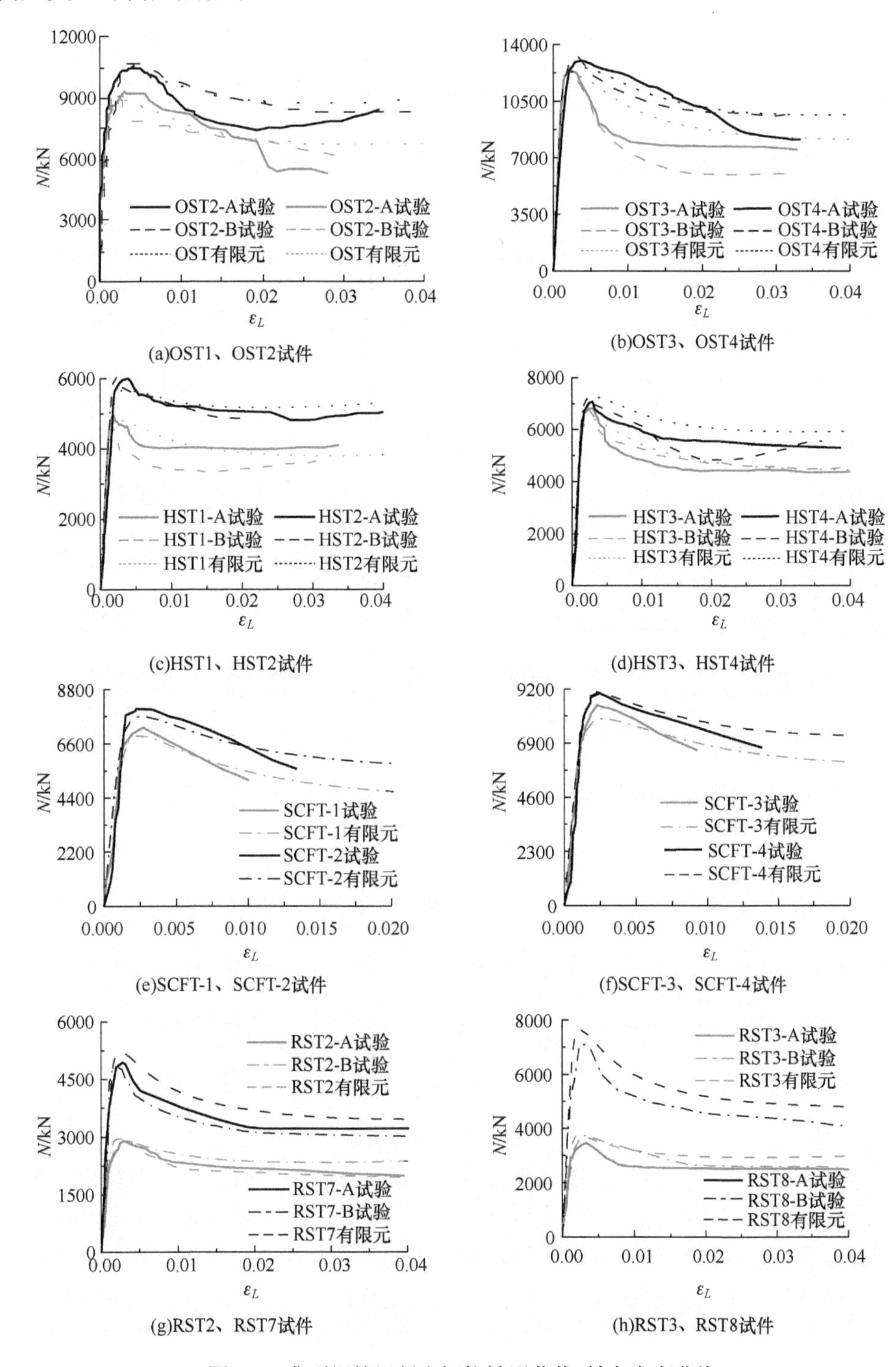

图 4-5　典型钢管混凝土短柱轴压荷载-轴向应变曲线

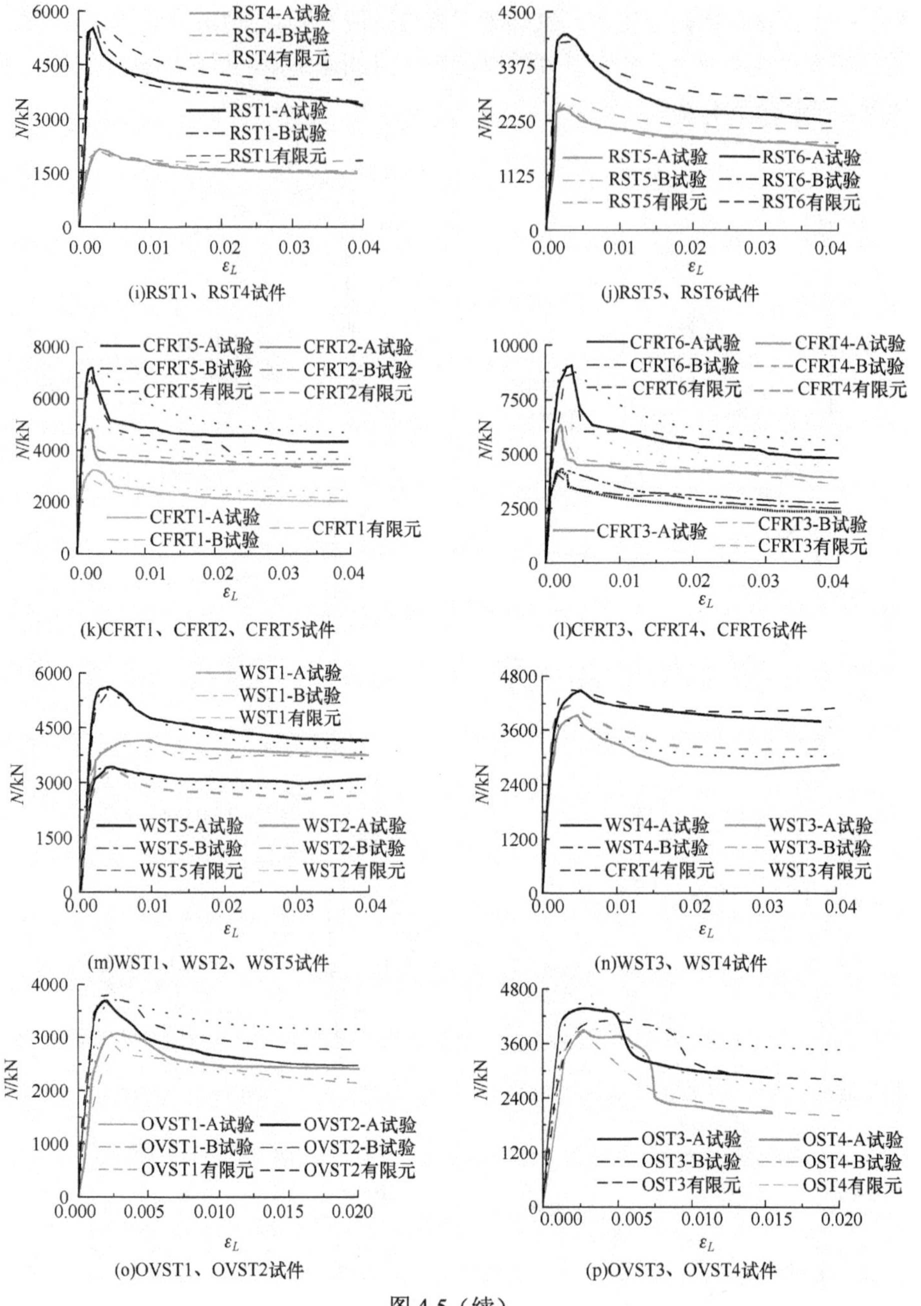

(i)RST1、RST4试件 (j)RST5、RST6试件

(k)CFRT1、CFRT2、CFRT5试件 (l)CFRT3、CFRT4、CFRT6试件

(m)WST1、WST2、WST5试件 (n)WST3、WST4试件

(o)OVST1、OVST2试件 (p)OVST3、OVST4试件

图 4-5（续）

弹塑性阶段：当外加荷载达到试件极限荷载的 60%～70%时，试件开始进入弹塑性阶段，荷载-应变（位移）曲线出现非线性变化，钢管外表面开始出现屈曲鼓起现象且随着荷载的增大，屈曲越明显。由于端部效应的影响，一般屈曲先发生在试件的两端，而后试件中部开始屈曲且发展较快，当试件达到极限承载力时试件外钢管屈曲较明显。

破坏阶段：当试件达到极限承载力时，核心混凝土中的微裂缝急剧发展，钢管呈屈曲破坏，核心混凝土被压碎。圆端形系列轴压试件的破坏形态如图 4-6～图 4-10 所示。

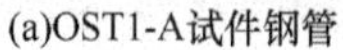

(a)OST1-A试件钢管　(b)OST1-A试件混凝土

图 4-6　八边形试件典型破坏形态图

(a)HST3-B试件钢管　(b)HST3-B试件混凝土

图 4-7　六边形试件典型破坏形态图

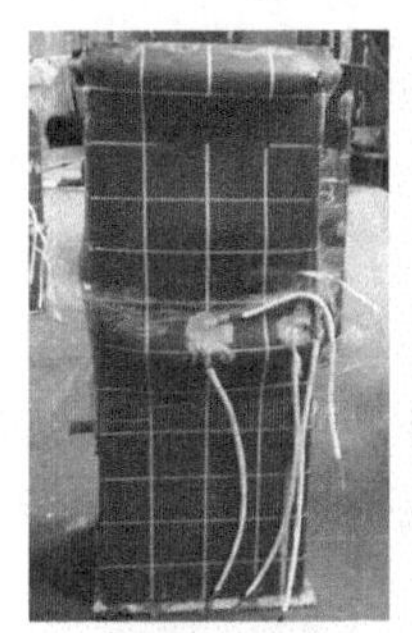

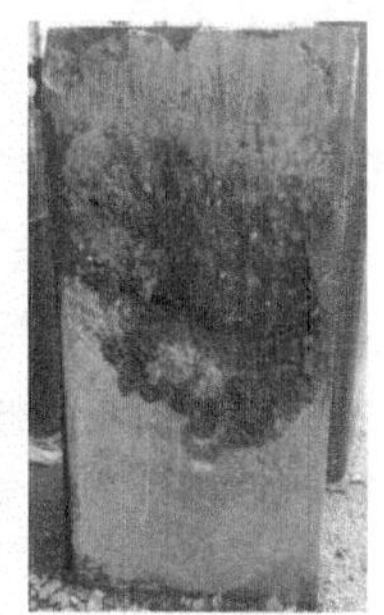

(a)RST2-A钢管　(b)RST2-A混凝土

图 4-8　矩形试件典型破坏形态图

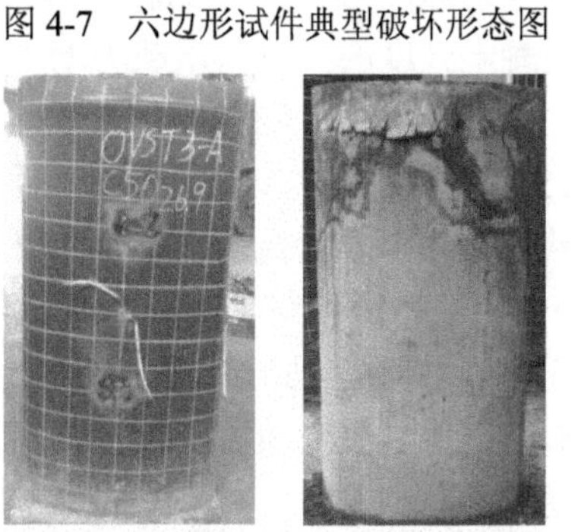

(a)OVST3-A钢管　(b)OVST3-A混凝土

图 4-9　椭圆形试件典型破坏形态图

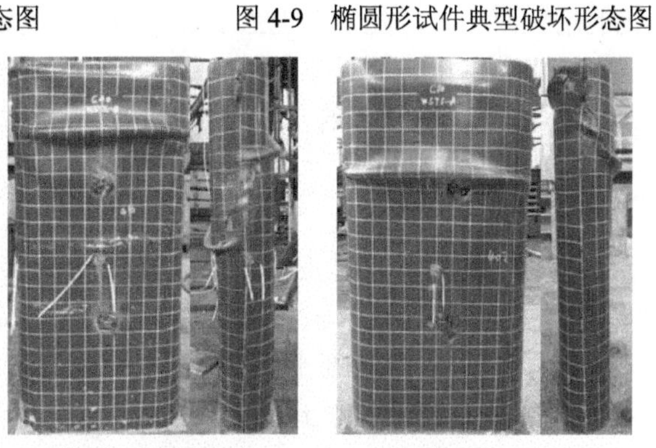

(a)B/D=2(CFRT1-A)　(b)B/D=3(CFRT2-B)　(c)B/D=4(CFRT6-A)

(d)WST1-B和WST1-A　(e)WST2-A和WST2-B

图 4-10　圆端形系列轴压试件的破坏形态

4.2.4 试验结果分析

1. 承载力

从图 4-5 各试件实测承载力的比较，可得以下结论。

1)比较 OST2 系列试件与 OST1 系列试件、HST2 系列试件与 HST1 系列试件、OVST2 系列试件与 OVST1 系列试件，含钢率 ρ_s 平均提高大约 55%时，承载力分别平均提高 14.0%、25.9%和 33.2%; 比较 OST4 系列试件与 OST3 系列试件、HST4 系列试件与 HST3 系列试件，OVST4 系列试件与 OVST3 系列试件，试件含钢率 ρ_s 平均提高大约 55%时，承载力分别提高 6.2%、5.5%和 5.4%。因此试件承载力随试件含钢量的增大而增大，但随着混凝土强度的提高，承载力增大幅度逐渐减小。

2）对比 OST3 系列试件与 OST1 系列试件、HST3 系列试件与 HST1 系列试件、OVST3 系列试件与 OVST1 系列试件，混凝土强度分别平均提高 46.1%、46.1%和 53.2%，极限承载力分别平均提高 32.8%、42.5%和 36.4%。对比 OST4 系列试件与 OST3 系列试件、HST4 系列试件与 HST3 系列试件、OVST4 系列试件与 OVST2 系列试件，混凝土强度分别平均提高 46.1%、46.1%和 53.2%，承载力分别提高 23.8%、19.4%和 19.0%。由此可知，试件承载力随着混凝土强度的增大而增大，随着试件含钢率的提高，承载力增大幅度逐渐减小。

3）分别对比 SST 系列试件与 CFRT 系列试件可见，试件承载力和刚度随着试件截面长厚比的增大而增大，随混凝土强度等级的提高而增大。

2. 延性系数

根据文献［4］延性系数的定义，钢管混凝土短柱轴压试件延性系数 μ_s 为

$$\mu_s = \frac{\varepsilon_{0.85}}{\varepsilon_b} \tag{4-1}$$

式中：$\varepsilon_{0.85}$ 为试件荷载-轴向应变曲线下降段荷载降为荷载最大值的 85%时对应的应变；$\varepsilon_b=\varepsilon_{0.75}/0.75$，$\varepsilon_{0.75}$ 为试件荷载-轴向应变曲线上升段当荷载达到荷载最大值的 75%时对应的应变。由式（4-1）求得试验各试件的延性系数见表 4-1 和表 4-2。

图 4-11 为各截面钢管混凝土短柱轴压试件延性系数对比图，可得以下结论。

1）OST3 系列试件与 OST1 系列试件相比，μ_s 平均减小 18.7%；OST4 系列试件与 OST2 系列试件相比，μ_s 平均减小 15.0%；HST3 系列试件与 HST1 系列试件相比，μ_s 平均减小 7.6%；HST4 系列试件与 HST2 系列试件相比，μ_s 平均减小 17.2%。OVST3 系列试件与 OVST1 系列试件相比，μ_s 平均减小 25%，表明延性随着混凝土强度的增大而减小。

2）OST2 系列试件与 OST1 系列试件相比，μ_s 平均增大 59.5%，OST4 系列试件与 OST3 系列试件相比，μ_s 平均增大 66.7%；HST2 系列试件与 HST1 系列试件相比，μ_s 平均增大 109%，HST4 系列试件与 HST3 系列试件相比，μ_s 平均增大 86.7%；OVST4 系列试件与 OVST3 系列试件相比，μ_s 平均增大 38.1%。试件 SCFT-4、SCFT-3、SCFT-2 与试件 SCFT-1 相比，μ_s 分别提高了 43.6%、40.0%和 20.8%，表明试件延性随着含钢率的增大而增大。

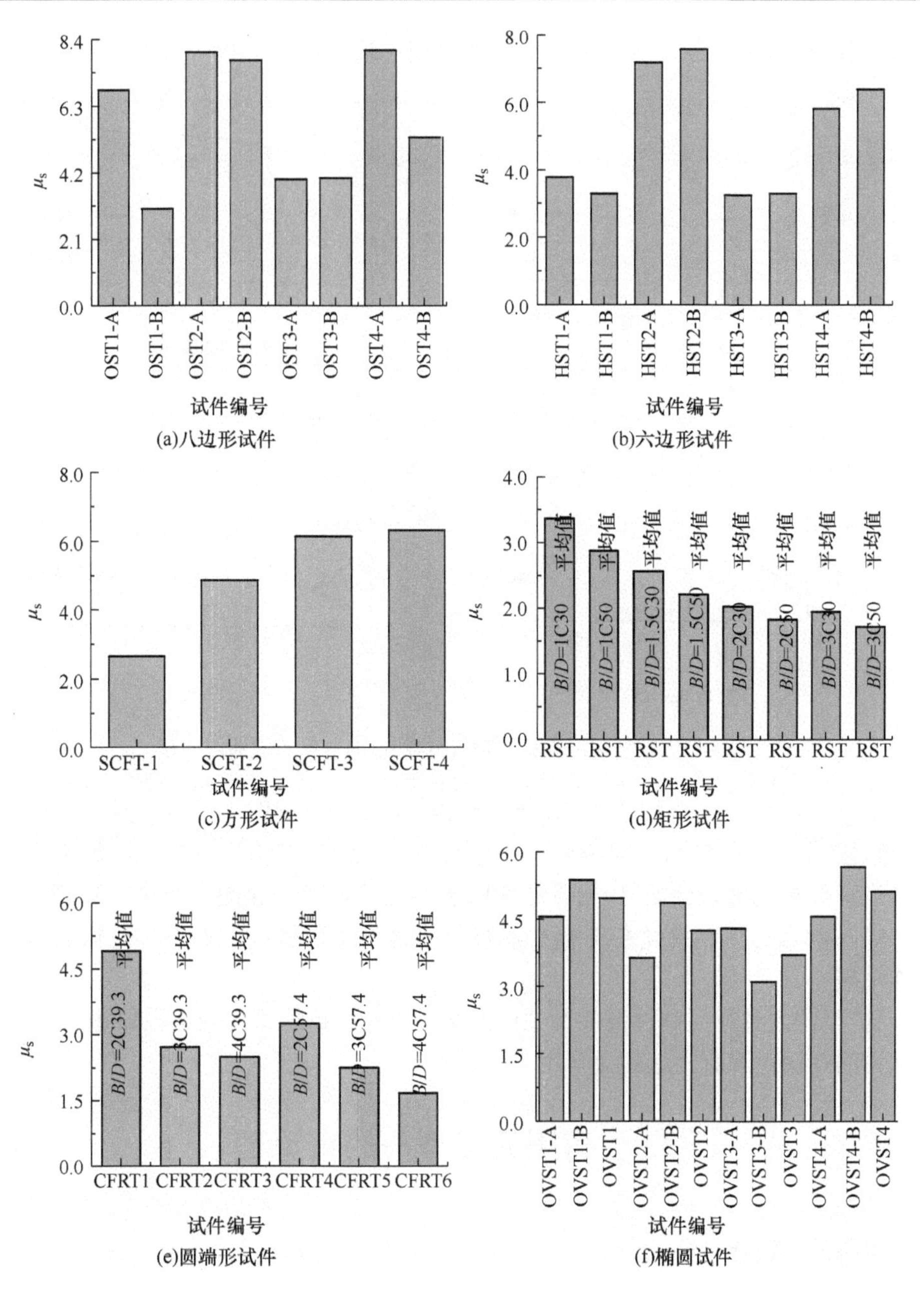

图 4-11　各截面钢管混凝土短柱轴压试件延性系数比较

3）RST 试件和 CFRT 试件延性系数 μ_s 总体上随着截面长厚比（B/D）的增大而减小，随着混凝土强度等级的增大而减小。

3. 横向变形系数

图 4-12 为试件轴压荷载-横向变形系数曲线比较，可知：

1）八边形和六边形钢管混凝土在加载初期，横向变形系数增长较缓慢且与钢材的泊松比相差不多，此时钢管对混凝土基本无约束作用；但荷载达到极限荷载的 50%左右时，

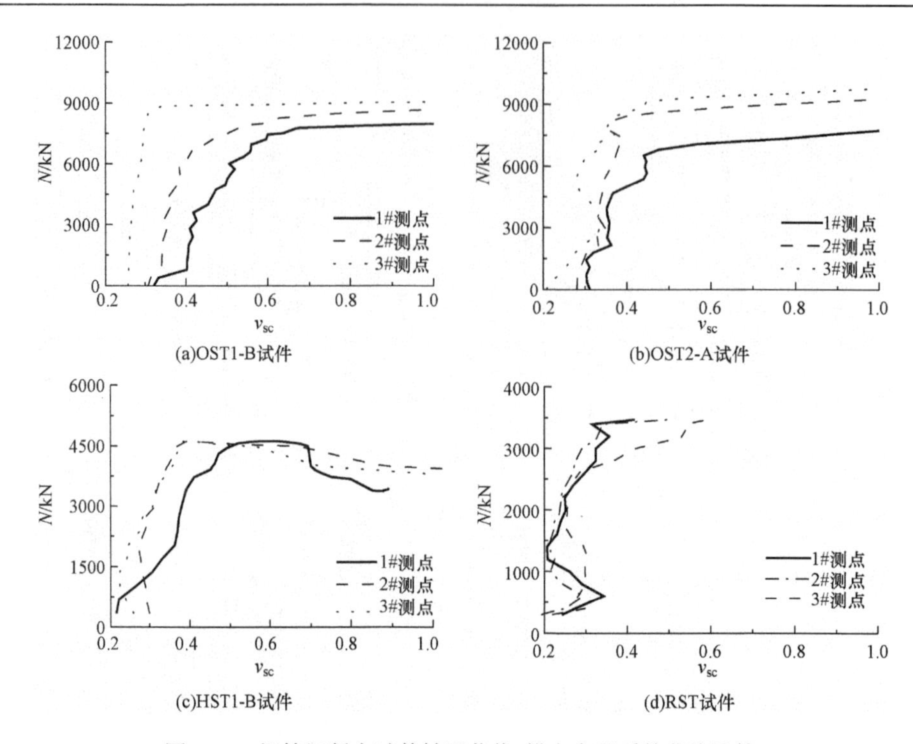

图 4-12　钢管混凝土试件轴压荷载-横向变形系数曲线比较

横向变形系数已超过钢材的泊松比，钢管对混凝土的约束作用已较明显，当试件进入弹塑性阶段后，横向变形系数增长速度开始加快，钢管对核心混凝土的约束作用不断增强；当荷载相同时，钢管 1#测点的横向变形系数最大，2#测点次之，3#测点最小，表明八边形和六边形钢管角部对核心混凝土的约束作用较大，而中部对核心混凝土的约束作用较小。

2）极限荷载时矩形钢管混凝土试件钢管表面各测点的横向变形系数超过 0.5，表明矩形试件的钢管对混凝土起约束作用。

4.3　有限元模型与约束原理

4.3.1　有限元模型与验证

钢材的应力-应变关系模型采用式（2-46）～式（2-48），混凝土的本构模型采用塑性-损伤模型，混凝土单轴受压应力-应变关系采用式（2-29）结合式（2-7）、式（2-20）、式（2-30）、式（2-31）和式（2-42c），混凝土三轴塑性-损伤模型参数取值为：泊松比取 0.2，流动势偏心率为 0.1，拉、压子午线上第二应力不变量的比值为 2/3，黏性系数取为 0.0005，双轴等压时混凝土强度 f_{cc} 与单轴强度 f_c 比值取 1.225，膨胀角取 40°。三维有限元模型建立过程描述详见第 3 章 3.3.2 节，网格划分采用结构化网格划分技术，各截面钢管混凝土短柱轴压三维有限元模型见表 4-3。ABAQUS 有限元法计算得到的钢管混凝土短柱轴压荷载-轴向应变曲线与试验结果对比吻合较好（图 4-5）。

表 4-3　各截面形式钢管混凝土短柱有限元模型网格划分

截面类型	1/2 整体有限元模型	加载板单元	钢管单元	混凝土单元
八边形	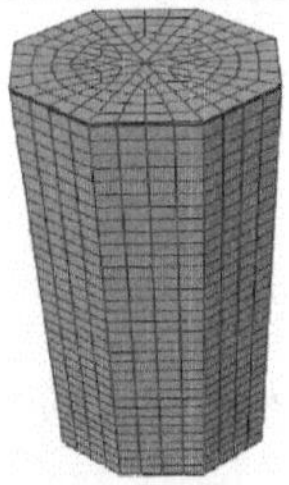	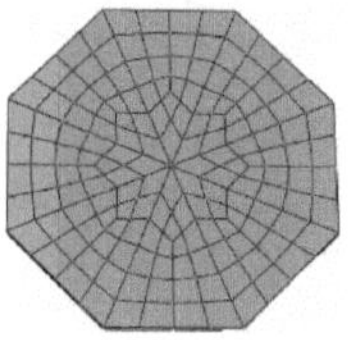	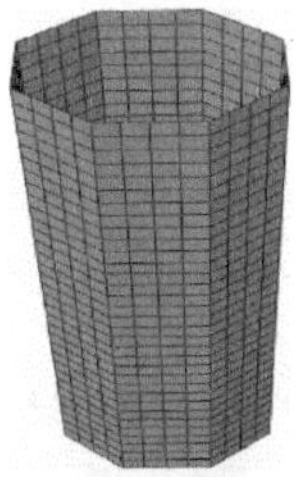	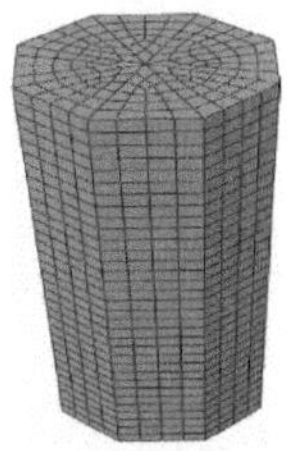
六边形	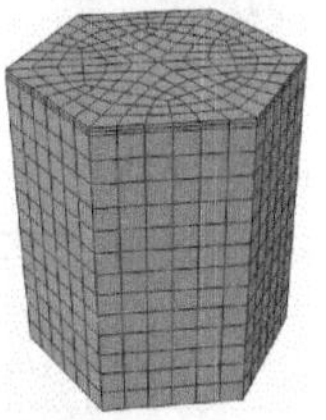	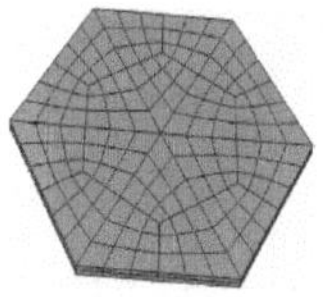	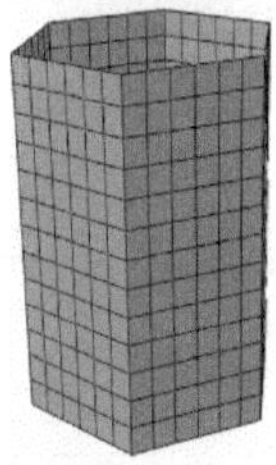	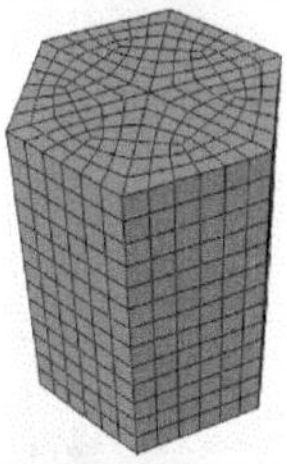
矩形	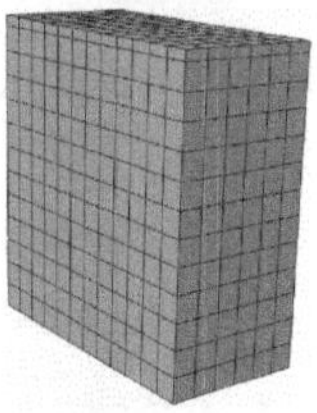	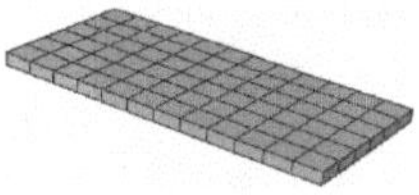	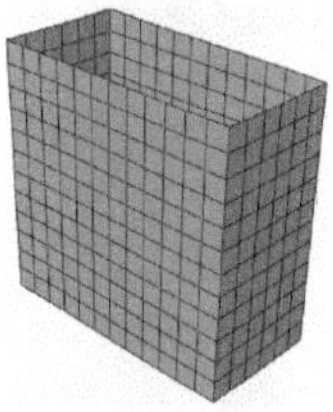	
圆端形	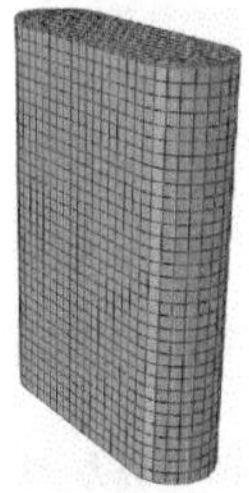	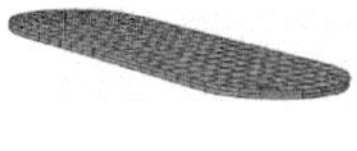	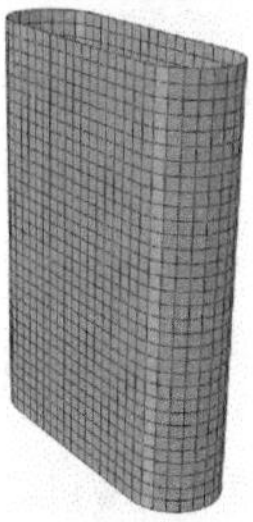	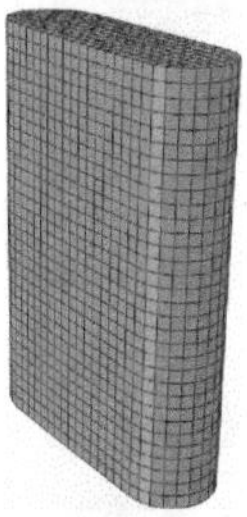
椭圆形	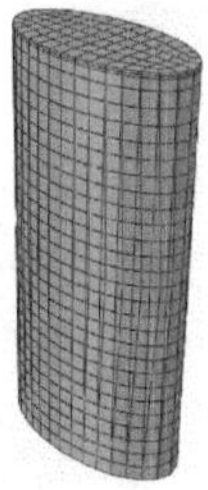		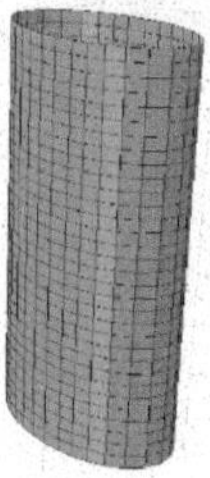	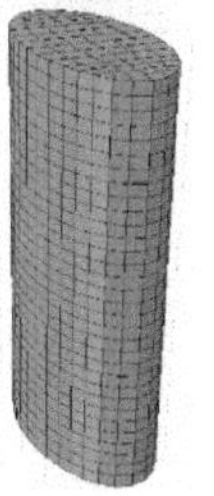

4.3.2　约束作用分析

图 4-13～图 4-16 为 ABAQUS 有限元法所得各模型中截面钢管纵向应力（$\sigma_{L,s}$）、钢管横向拉应力（$\sigma_{\theta,s}$）和混凝土纵向压应力（$\sigma_{L,c}$）与纵向压应变（ε_L）关系曲线，有限元

模型所得典型试件破坏时变形云图如图 4-17～图 4-21 所示。

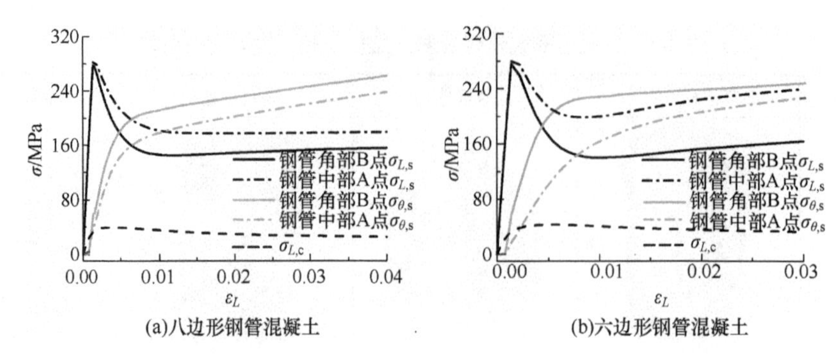

(a)八边形钢管混凝土　(b)六边形钢管混凝土

图 4-13　八边形、六边形钢管混凝土中各应力与纵向应变关系

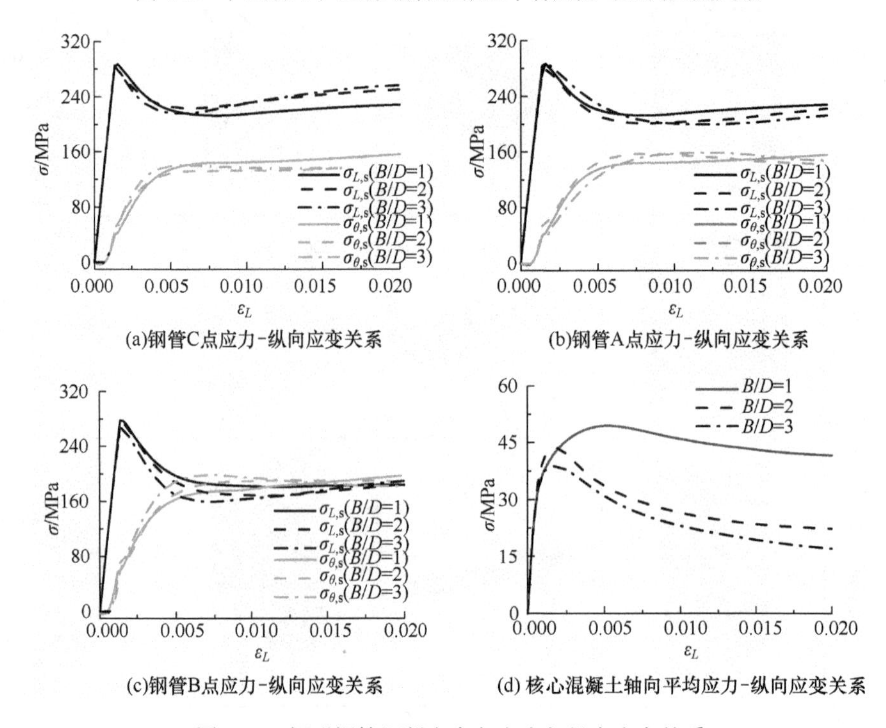

(a)钢管C点应力-纵向应变关系　(b)钢管A点应力-纵向应变关系

(c)钢管B点应力-纵向应变关系　(d) 核心混凝土轴向平均应力-纵向应变关系

图 4-14　矩形钢管混凝土中各应力与纵向应变关系

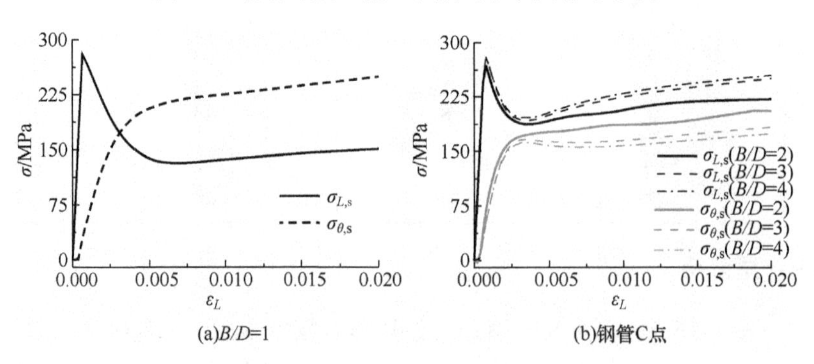

(a)B/D=1　(b)钢管C点

图 4-15　圆端形钢管混凝土中各应力与纵向应变关系

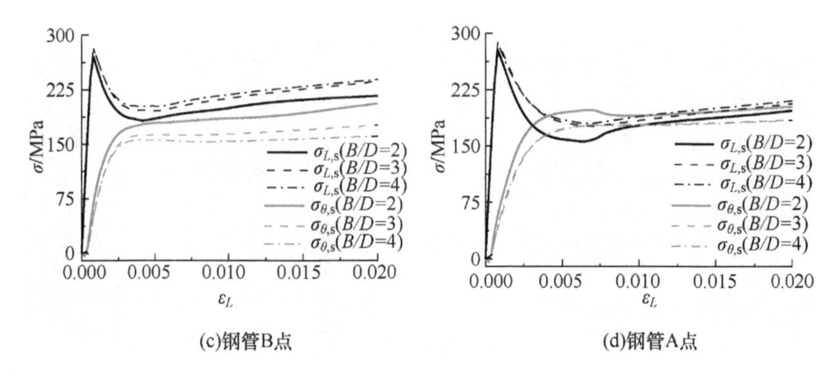

图 4-15（续）

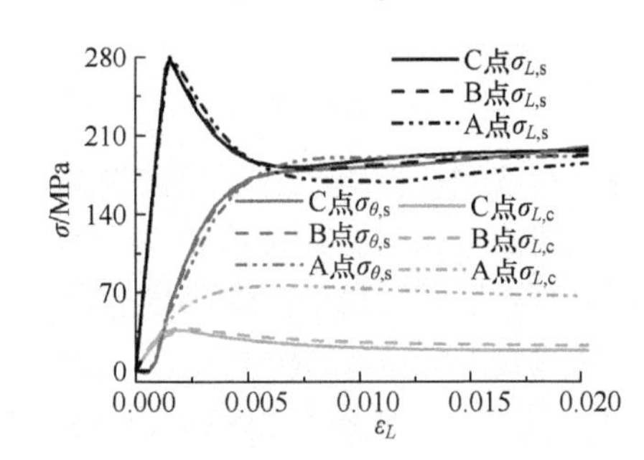

图 4-16　椭圆形钢管混凝土中各应力与纵向应变关系

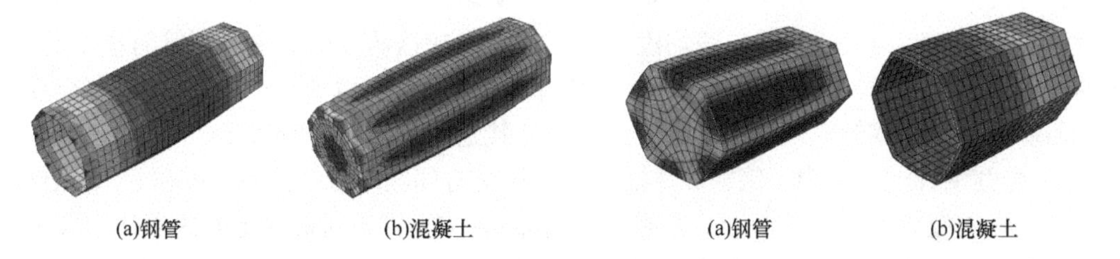

图 4-17　八边形试件有限元模型破坏时变形云图　图 4-18　六边形试件有限元模型破坏时变形云图

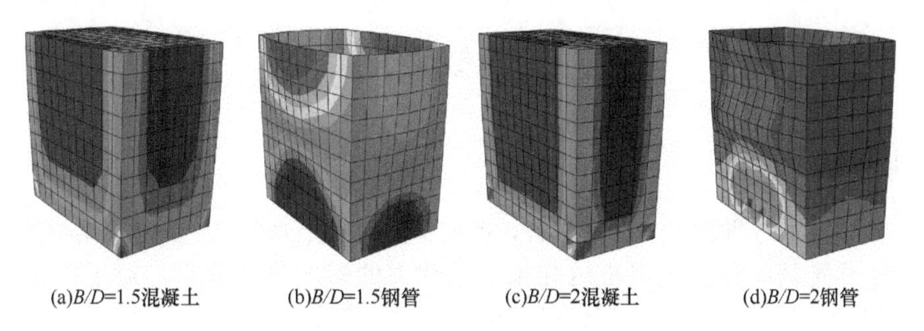

图 4-19　矩形试件有限元模型破坏时变形云图

1）由于钢管对核心混凝土的约束作用，混凝土纵向压应力的最大值要大于其立方体抗压强度，混凝土纵向压应力提高，钢管屈服后纵向压应力降低而横向拉应力增加；同时八边形钢混凝土中钢管角部的纵向压/横向拉应力-应变曲线先于钢管中部的曲线相交，六边形、矩形钢管混凝土中钢管角部的纵向压/横向拉应力-应变曲线相交而中部不

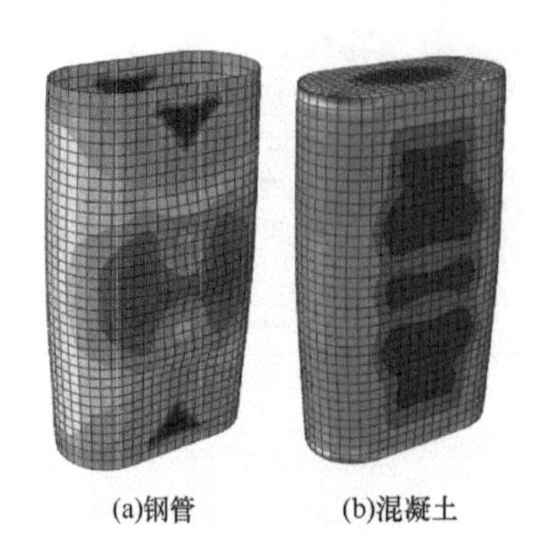

图 4-20 圆端形试件有限元模型破坏时变形云图

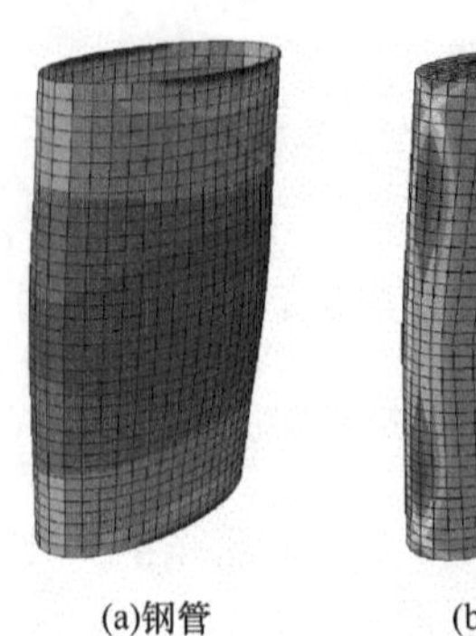
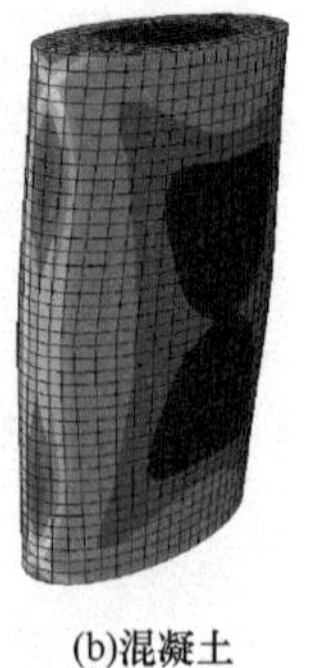

图 4-21 椭圆形试件有限元模型破坏时变形云图

相交，表明八边形、六边形和矩形钢管混凝土的角部钢管对混凝土的约束作用都大于中部钢管，且八边形钢管混凝土的约束作用比六边形和矩形钢管混凝土的强。

2）矩形钢管混凝土中，随着截面长厚比 B/D 的增加，钢管的约束效应逐渐减弱，核心混凝土纵向应力随长厚比 B/D 的增大而减小。

3）圆端形钢管混凝土中，图中 A、B 和 C 三点的位置如图 4-1 所示，当长厚比 B/D 为 1，即为圆形钢管混凝土时，钢管屈服后纵向和环向应力-应变关系曲线相交，表明圆形钢管对混凝土的约束作用强；而不同长厚比下圆端形钢管混凝土中 B、C 两点位置处钢管纵向/环向应力-应变关系曲线均没有交点，表明在该两点处圆端形钢管对核心混凝土的约束较差；而三种长厚比下 A 点位置的钢管纵向/环向应力-应变关系曲线均有交点，表明两端半圆处的钢管对混凝土约束作用最强，接近于圆形钢管混凝土。

4）椭圆钢管混凝土中，钢管纵、横向应力相交时间顺序依次为 A、B 和 C，A 点处的混凝土纵向应力明显大于 C 点，表明长轴端部（A 点）钢管对混凝土的约束作用最强，短轴端部（C 点）钢管对混凝土的约束作用最弱。

4.4 承载力公式

4.4.1 模型简化

利用 ABAQUS 非线性有限元软件，考虑不同混凝土强度、含钢率和钢材屈服强度等参数对不同截面钢管混凝土短柱轴压承载力的影响进行分析。对于钢材强度为 Q235～Q420、混凝土强度为 C30～C120 以及含钢率为 0.04～0.20 的不同截面钢管混凝土轴压短柱，每组参数设置见表 4-4 和表 4-5。当试件到达极限强度时，钢管纵向应力（$\sigma_{L,s}$）与屈服强度（f_y）比值随试件极限强度（$f_{sc}=N_u/A_{sc}$，$A_{sc}=A_c+A_s$ 为截面总面积）变化的关系如图 4-22 所示。由图 4-22 所示方法可得各截面钢管混凝土钢管的纵向应力 $\sigma_{L,s1}$ 和 $\sigma_{L,s2}$，并由 von Mises 屈服准则可得其横向应力 $\sigma_{\theta,s1}$ 和 $\sigma_{\theta,s2}$，各应力与屈服强度的比值见表 4-6。

表 4-4　八边形、六边形钢管混凝土短柱参数设置

截面形式	$D\times t^{*}$	L/mm	f_{cu}/MPa	f_y/MPa
八边形	483×6（11、16）	1500	40，70	235
			70，90	345
			90，120	420
六边形	346×6（11、16）	1500	40，70	235
			70，90	345
			90，120	420

*　此列数值单位均为 mm。

表 4-5　矩形、圆端形和椭圆钢管混凝土短柱参数设置

截面形式	$B\times D\times t^{*}$	L/mm	f_{cu}/MPa	f_y/MPa
矩形	300×200×2.89（5.58、8.09）	600	30，50	235
			50，70	345
			70，90	420
	300×150×2.41（4.64、6.72）	600	30，50	235
			50，70	345
			70，90	420
圆端形	1000×500×8（16）	2000	40，60	235
			60，80	345
			80，100	420
	1500×500×9（18）	3000	40，60	235
			60，80	345
			80，100	420
	2000×500×9（19）	4000	40，60	235
			60，80	345
			80，100	420
椭圆形	1000×500×4（7、9）	2000	30，60	235
			60，90	345
			90	420

*　此列数值单位均为 mm。

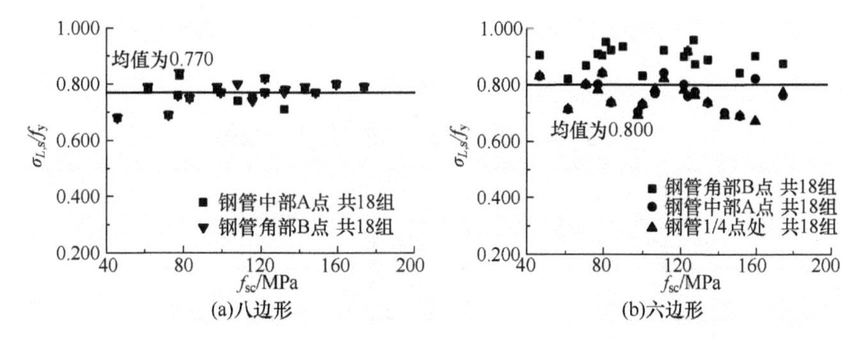

图 4-22　各截面类型钢管纵向应力与屈服强度比值和模型极限强度的关系

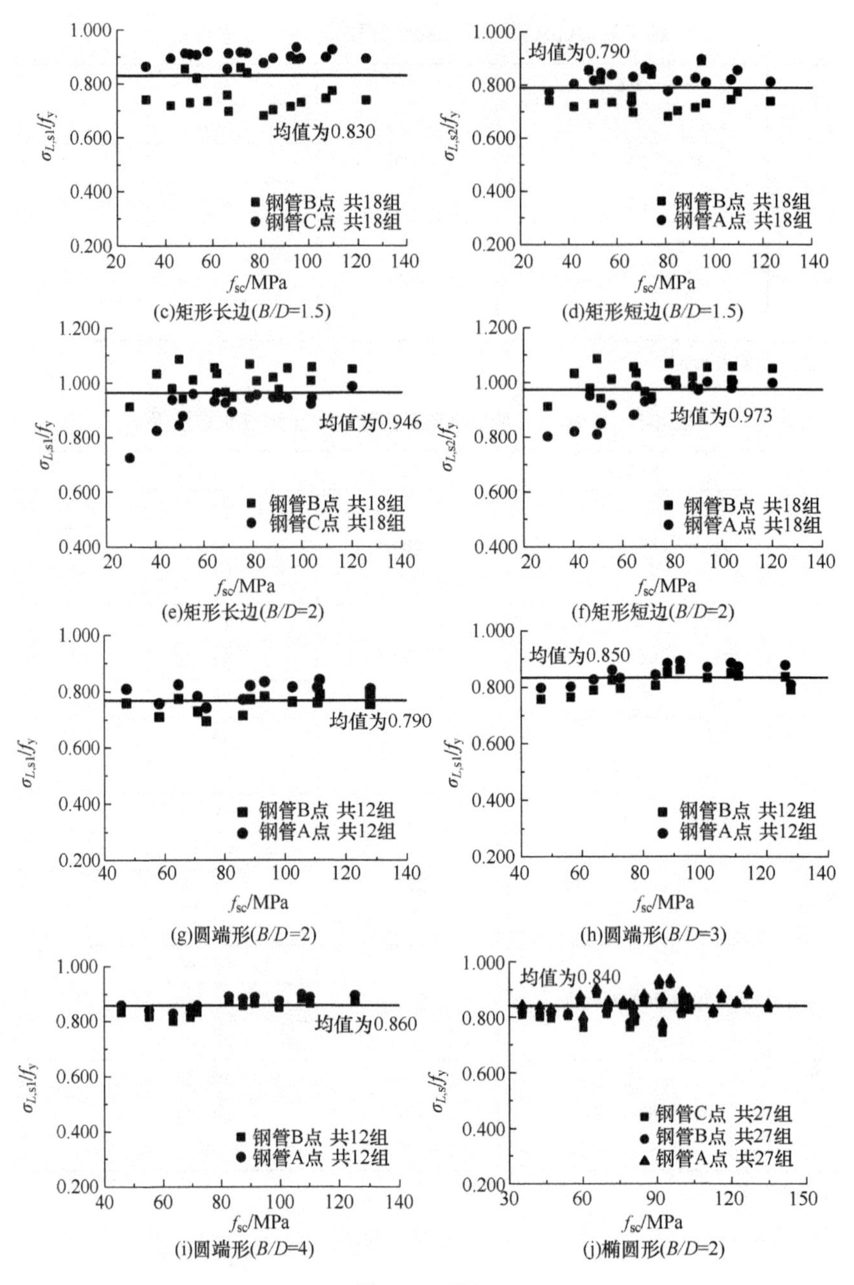

图 4-22（续）

表 4-6　不同截面类型钢管混凝土各参数值

截面类型	B/D	$\sigma_{L,s1}/f_y$	$\sigma_{L,s2}/f_y$	$\sigma_{\theta,s1}/f_y$	$\sigma_{\theta,s2}/f_y$	A_{c1}/A_c	A_{c2}/A_c	约束系数 k_1
八边形		0.770		0.360		0.30	0.70	1.50
六边形		0.800		0.320		0.33	0.67	1.30
椭圆形	2.0	0.840		0.290		0.33	0.67	1.10

续表

截面类型	B/D	$\sigma_{L,s1}/f_y$	$\sigma_{L,s2}/f_y$	$\sigma_{\theta,s1}/f_y$	$\sigma_{\theta,s2}/f_y$	A_{c1}/A_c	A_{c2}/A_c	约束系数 k_1
圆端形	2.0	0.790	1.000	0.360	0.000	0.40	0.60	1.25
	3.0	0.850	1.000	0.280	0.000	0.57	0.43	1.14
	4.0	0.860	1.000	0.250	0.000	0.66	0.34	1.09
矩形	1.0	0.780		0.330		0.25	0.75	1.20
	1.5	0.830	0.790	0.270	0.330	0.54	0.46	1.08
	2.0	0.946	0.973	0.068	0.052	0.64	0.36	1.03
	3.0	1.000	1.000	0.000	0.000	1.00	0.00	1.00

根据图 4-23～图 4-27 所示各截面钢管混凝土的核心混凝土处于极限状态时的应力云图，假设加强区核心混凝土受钢管均匀约束，当侧向压应力不一致时取其平均值作为相同侧压力，而非加强区核心混凝土不受钢管的约束，其最大应力为轴心抗压强度，非加强区核心混凝土面积 A_{c1} 与加强区核心混凝土面积 A_{c2} 所占核心混凝土整体面积的比例平均值见表 4-6。

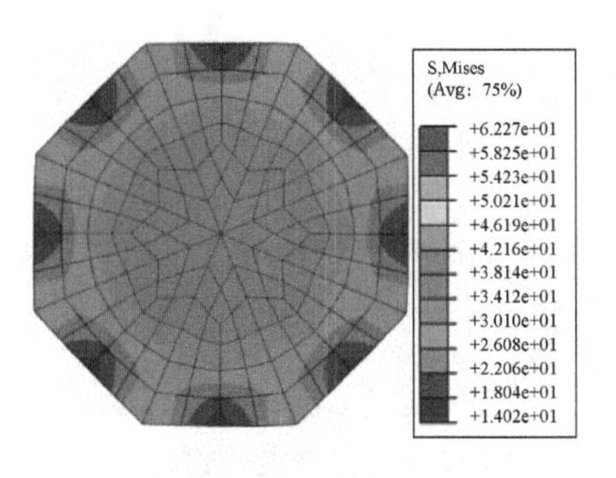

(a) 有限元应力云图

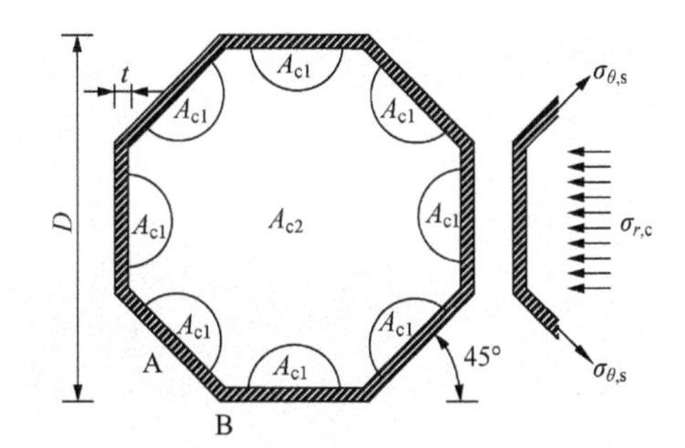

(b) 简化计算简图

图 4-23　八边形钢管混凝土截面应力区域划分

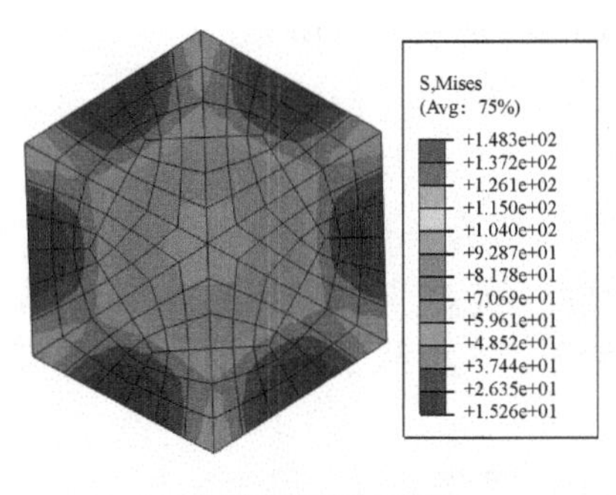

(a)有限元应力云图

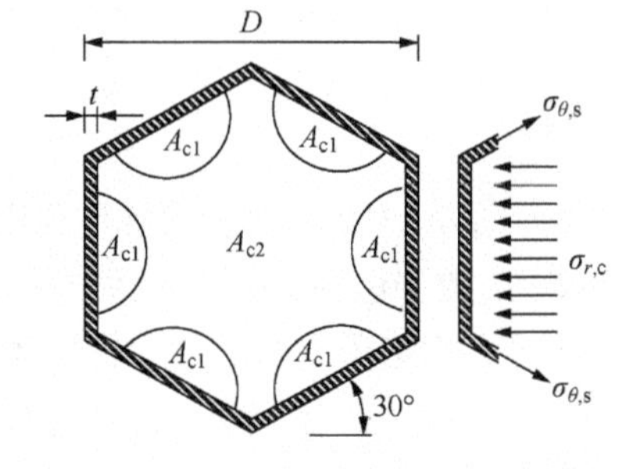

(b)简化计算简图

图 4-24　六边形钢管混凝土截面应力区域划分

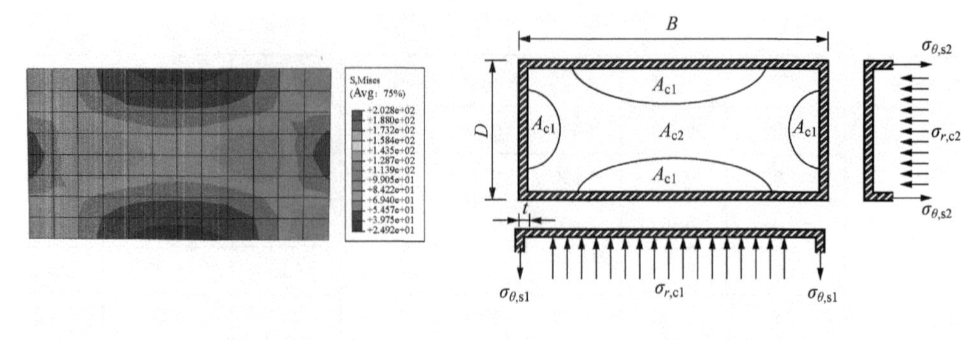

(a) 有限元应力云图　　(b) 简化计算简图

图 4-25　矩形钢管混凝土截面应力区域划分

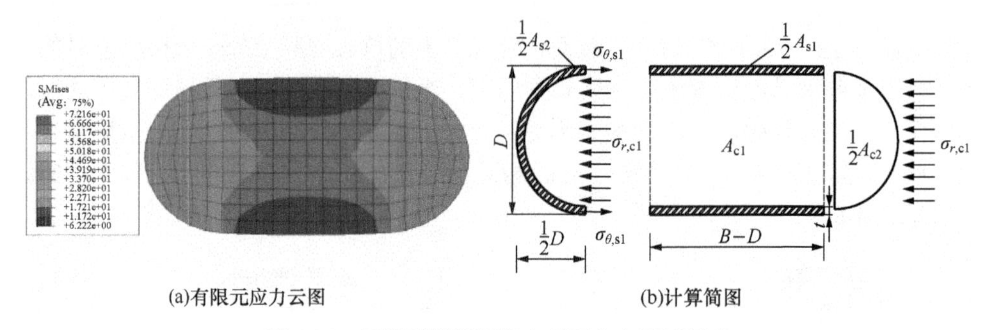

(a)有限元应力云图　　(b)计算简图

图 4-26　圆端形钢管混凝土截面应力区域划分

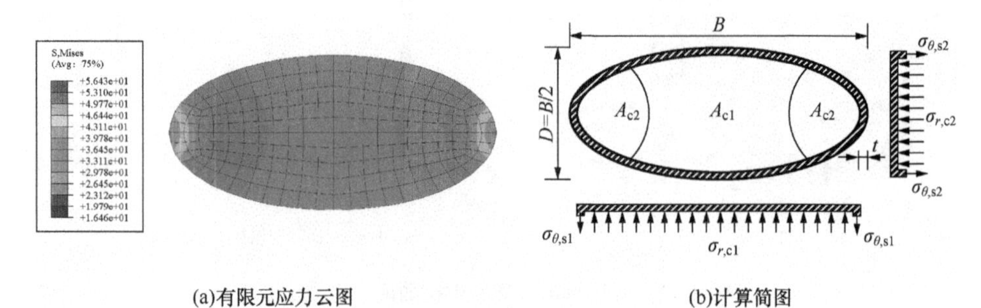

(a)有限元应力云图　　(b)计算简图

图 4-27　椭圆形钢管混凝土截面应力区域划分

4.4.2　公式建立

图 4-23～图 4-27 所示的加强区混凝土侧向压应力（$\sigma_{r,c}$）与钢管横向拉应力（$\sigma_{\theta,s}$）关系见表 4-7，加强区核心混凝土纵向抗压强度（$f_{L,c}$）与侧向压应力（$\sigma_{r,c}$）的关系见式（2-38）。对于六边形、八边形、椭圆钢管混凝土，由截面的静力平衡条件可得

$$N_u=f_{L,c}A_{c2}+f_cA_{c1}+\sigma_{L,s}A_s \tag{4-2}$$

对于矩形和圆端形钢管混凝土，由截面的静力平衡条件可得

$$N_u=f_{L,c}A_{c2}+f_cA_{c1}+\sigma_{L,s1}A_{s1}+\sigma_{L,s2}A_{s2} \tag{4-3}$$

将表 4-7 中各式分别结合式（2-38）代入式（4-2）和式（4-3）中，得到不同截面类型钢管混凝土轴压承载力公式的统一表达式，即

$$N_u=f_cA_c+k_1f_sA_s \tag{4-4}$$

式中：钢管截面形状约束系数 k_1 取值见表 4-6，表 4-6 中矩形和圆端形钢管混凝土的钢管截面形状约束系数也可表示为

$$k_{1,R}=1.04-0.06\ln(B/D-0.9) \tag{4-5}$$

$$k_{1,RE}=0.8+0.9D/B \tag{4-6}$$

其中：$k_{1,R}$ 和 $k_{1,RE}$ 分别为矩形和圆端形钢管截面形状约束系数。

表 4-7　各截面加强区核心混凝土侧向压应力与钢管横向拉应力关系

截面类型	关系式	截面类型	关系式
八边形	$\sigma_{r,c}=\dfrac{(\sqrt{2}+2t)t}{D-(2+\sqrt{2})t}\sigma_{\theta,s}$	矩形	$\begin{cases}\sigma_{r,c1}=\dfrac{2\sigma_{\theta,s1}}{B/t-2}\\ \sigma_{r,c2}=\dfrac{2\sigma_{\theta,s2}}{D/t-2}\end{cases}$
六边形	$\sigma_{r,c}=\dfrac{3t}{D-6t}\sigma_{\theta,s}$	椭圆	$\begin{cases}\sigma_{r,c1}=\dfrac{2\sigma_{\theta,s1}}{B/t-2}\\ \sigma_{r,c2}=\dfrac{2\sigma_{\theta,s2}}{D/t-2}\end{cases}$
圆端形	$\sigma_{r,c}=\dfrac{\rho_{s,e}}{2(1-\rho_{s,e})}\sigma_{\theta,s}$		

注：$\rho_{s,e}$ 为圆端部钢管混凝土的含钢率，$\rho_{s,e}=A_{s2}/(A_{c2}+A_{s2})$。

图 4-28 为不同长厚比 B/D 矩形和圆端形钢管混凝土的钢管截面形状约束系数拟合曲线与散点比较，两者符合较好。表 4-8 为简写后不同截面类型钢管混凝土轴压承载力计算公式，图 4-29 为本章所有算例的有限元值 $N_{u,FE}$ 和表 4-8 中公式计算值 $N_{u,Eq}$ 进行对比，可见两者吻合较好，误差都在 10%以内。

表 4-9 列出表 4-8 中各类截面钢管混凝土短柱轴压承载力实测值（$N_{u,e}$）与计算值（$N_{u,Eq}$）之比的统计特征值，其中椭圆长厚比为 2。由表 4-9 可知，作者所提各截面钢管混凝土轴压承载力公式与试验结果吻合良好，精度较高且偏于安全。

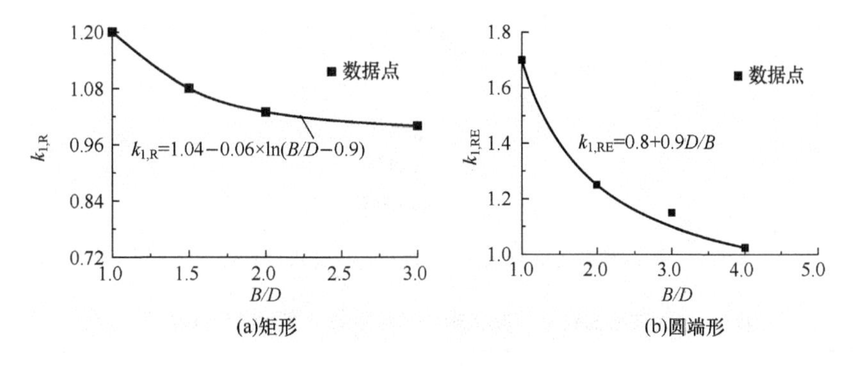

图 4-28　不同长厚比矩形和圆端形钢管混凝土的钢管截面形状约束系数拟合曲线与散点比较

表 4-8　不同截面类型钢管混凝土轴压承载力计算公式

截面类型	公式	k_1
八边形	$N_u=f_cA_c+k_1f_yA_s$	1.5
六边形		1.3
矩形		1.04–0.06ln（B/D–0.9）
圆端形		0.8+0.9D/B
椭圆形		1.1

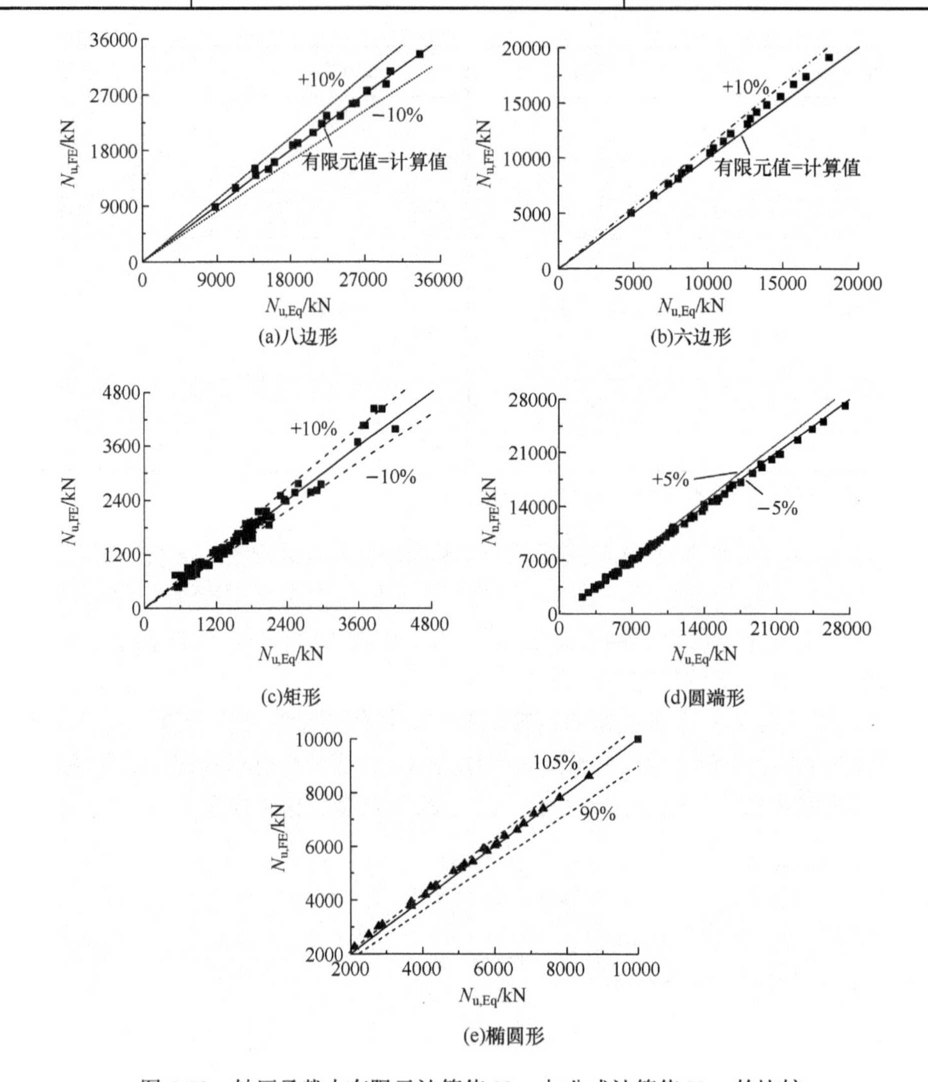

图 4-29　轴压承载力有限元计算值 $N_{u,FE}$ 与公式计算值 $N_{u,Eq}$ 的比较

表 4-9　各类截面钢管混凝土短柱轴压承载力实测值与计算值之比

截面类型	样本数［文献］	f_{cu}/MPa	D/t	B/D	f_y/MPa	$N_{u,e}/N_{u,Eq}$	
						均值	离散系数
八边形	3［5］	38.06	75		294～341	0.970	0.030

续表

截面类型	样本数［文献］	f_{cu}/MPa	D/t	B/D	f_y/MPa	$N_{u,e}/N_{u,Eq}$	
						均值	离散系数
八边形	6［6］	54～73	182～249		231	1.000	0.020
	8［本书］	39～57	81～123		311～321	1.080	0.020
六边形	8［本书］	39～54	58～92		311～321	1.062	0.049
矩形	7［7］	38～43	16	1.5	343～386	0.932	0.037
	13［8］	39～45	16～20	1.5	340～363	0.968	0.051
	6［9］	30～37	14～26	1.5～2	324～430	1.008	0.070
	24［10］	59	16～47	1～1.75	194～228	1.102	0.058
	12［11］	44～59	31～41	1～1.33	228～294	0.888	0.088
	21［12］	71～82	19～43	1～2	550	1.031	0.054
	26［13］	65～116	17～35	1～2	300～495	0.959	0.053
	9［14］	45.1～50.5	16～20	1.5	340～362	0.943	0.047
	20［本书］	35.5～57.4	40～174	1～3	310～327	1.052	0.073
圆端形	26［本书］	39～57	50～69	1～4	300～328	1.020	0.034
椭圆形	8［15］	30～100	11～18	2	376～400	0.953	0.049
	15［16］	48～69	12～20	2	358～421	1.009	0.049
	6［17］	20～100	8.9～9.8	2	376～417	1.017	0.089
	3［18］	22	24～20	2	321	1.075	0.036
	8［本书］	36～54	51～54	2	311～321	1.052	0.058

本 章 小 结

1）不同截面形式钢管混凝土短柱轴压性能试验结果表明：混凝土强度可有效提高试件的极限承载力，但混凝土强度越高，试件的延性越差；由于含钢率整体较低，因此含钢率提高试件承载力的作用并不明显，而含钢率越大，试件的延性越好；矩形钢管混凝土试件随截面长厚比的增大，承载力增大而延性降低。

2）应用 ABAQUS 有限元软件对各种截面形式钢管混凝土短柱轴压性能进行有限元分析，计算结果与试验结果符合较好。

3）基于 ABAQUS 参数分析，通过对混凝土约束区和非约束区的合理简化，根据极限状态力的叠加方法，建立了考虑钢管形状约束系数的各截面类型钢管混凝土轴压承载力计算公式，公式计算结果与本章 70 个各截面类型钢管混凝土轴压短柱轴压试验结果以及 159 个其他学者试验结果吻合较好，该公式形式简洁、系数物理意义明确。

参 考 文 献

[1] 中华人民共和国住房和城乡建设部．钢结构设计标准：GB 50017—2017［S］．北京：中国建筑工业出版社，2017.

[2] 中华人民共和国住房和城乡建设部．混凝土物理力学性能试验方法标准：GB/T 50081—2019［S］．北京：中国建筑工业出版社，2019.

[3] 全国钢标准化技术委员会．金属材料　拉伸试验　第 1 部分：室温试验方法：GB/T 228.1—2019［S］．北京：中国标准出版社，2011.

[4] HAN L H，YAO G H，ZHAO X L．Tests and calculations for hollow structural steel（HSS）stub columns filled with self-consolidating concrete（SCC）［J］．Journal of Constructional Steel Research，2005，61（9）：1241–1269.

[5] TOMII M，YOSHIMURA K，MORISHITA Y．Experimental studies on concrete-filled steel tubular stub columns under concentric loading［C］//International colloquium on stability of structures under static and dynamic loads．Washington D C，1977：718-741.

[6] 张耀春，王秋萍，毛小勇，等，薄壁钢管混凝土短柱轴压力学性能试验研究［J］．建筑结构，2005，35（1）：22-27.

[7] SHAKIR-KHALIL H，ZEGHICHE J．Experimental behavior of concrete filled rolled rectangular hollow-section columns［J］．Structural Engineer，1989，67（19）：346-353.

[8] SHAKIR-KHALIL H，MOULI M．Further tests on concrete- filled rectangular hollow- section columns［J］．Structural Engineer，1990，68（20）：405-413.

[9] SRINIVASAN C N，SCHNEIDER S P ．Axially loaded concrete-filled steel tubes［J］．Journal of Structural Engineering，1998，125（10）：1125-1138.

[10] HAN L H．Tests on stub columns of concrete-filled RHS sections［J］．Journal of Constructional Steel Research，2002，58（3）：353-372.

[11] HAN L H，YANG Y F．Influence of concrete compaction on the behavior of concrete filled steel tubes with rectangular sections［J］．Advances in Structural Engineering，2001，4（2）：93-100.

[12] LIU D L，GHO W M，YUAN J．Ultimate capacity of high-strength rectangular concrete-filled steel hollow section stub columns［J］．Journal of Constructional Steel Research，2003，59（12）：1499-1515.

[13] LIU D L，GHO W M．Axial load behaviour of high-strength rectangular concrete-filled steel tubular stub columns［J］．Thin-Walled Structures，2005，43（8）：1131- 1142.

[14] LIANG Q Q，UY B，RICHARD LIEW J Y．Strength of concrete-filled steel box columns with local buckling effects［J］//Australian Structural Engineering Conference，2005，9：11-14.

[15] YANG H，LAM D，GARDNER L．Testing and analysis of concrete-filled elliptical hollow sections［J］．Engineering Structures，2008，30（12）：3771-3781.

[16] ZHAO X L，PACKER J A．Tests and design of concrete-filled elliptical hollow section stub columns［J］．Thin-Walled Structures，2009，47（6/7）：617-28.

[17] JAMALUDDIN N，LAM D，DAI X H，et al．An experimental study on elliptical concrete filled columns under axial compression［J］．Journal of Constructional Steel Research，2013，87：6-16.

[18] CAI J，HE Z Q．Axial load behavior of square CFT stub column with binding bars［J］．Journal of Constructional Steel Research，2006，62（5）：472-483.

第 5 章　开槽钢管混凝土轴压约束原理

5.1　概　　述

实际工程中因钢管混凝土柱局部表面处于腐蚀环境而使得钢管侵蚀剥落、梁钢筋穿过钢管混凝土柱或因柱防火需要而对钢管表面开孔等原因形成钢管表面开槽。目前国内外学者对开槽钢管混凝土短柱轴压性能缺乏深入的研究，为探讨钢管开槽情况对钢管混凝土轴压约束性能的影响，本章主要工作如下。

1）开展 39 个开槽圆形、方形和六边形钢管混凝土短柱轴压试验研究，探讨钢管开槽形式对承载力、延性和破坏形式的影响规律。

2）利用 ABAQUS 有限元软件建立开槽圆形、方形和六边形钢管混凝土短柱轴压三维有限元模型，在试验结果验证的基础上分析开槽后钢管混凝土轴压性能的变化规律，探讨开槽长径比等参数对各截面钢管混凝土短柱轴压性能的影响。

3）开展轴压承载力参数分析，提出考虑开槽对钢管约束系数影响的开槽钢管混凝土轴压承载力计算公式。

5.2　试 验 研 究

5.2.1　试验概况

本章试验共设计 14 组开槽圆钢管混凝土短柱轴压试件。对于同时受荷的钢管混凝土短柱，焊上 5mm 厚的钢板，保证钢管自密实混凝土短柱在受荷初期即共同受力，当钢管中部表面需要开小孔时，用打磨机磨出一个约 20mm×10mm 的小孔，对于钢管中部表面开槽的试件，焊接上端板，切割并敲掉钢管中部四小块钢壳。本次加工制作的钢管自密实混凝土短柱构件密实性良好，满足自密实混凝土施工和使用要求。混凝土配合比见表 3-1，开槽圆钢管自密实混凝土短柱轴压试件参数见表 5-1，表中 b_0 为钢管开槽宽度，l_0 为钢管开槽长度。表 5-1 中试件编号的含义为：“SZ”表示短柱，第 3 个字“3”或“5”表示个钢管名义壁厚，第 4 个字“S”表示 SCC，“C”表示 NC，即普通混凝土，第 5 个字“3”、“4”和“6”分别表示 C30、C40 和 C60 混凝土，第 6 个字“A”、“B”、“C”、“D”和“E”表示加载方式，A 后面的第 7 个字“1”和“2”表示不开孔和开小孔，第 8 个字“a”和“b”表示试件序号。不同开槽方式圆钢管混凝土短柱轴压试验典型照片如图 5-2 所示。

开槽方钢管混凝土短柱轴压试验以开槽方向、开槽长度和开槽位置 3 个变化参数共设计 11 组试件。钢管段的端部采用机械切割加工至所需长度，浇铸混凝土之前，用干布擦拭钢管内壁上的灰尘和油污。对于每个试样，两端用环氧树脂密封，防止固化过程中

表 5-1　开槽圆钢管自密实混凝土短柱轴压试件参数

试件编号	示意图	$D\times t\times L^{*}$	f_y/MPa	f_{cu}/MPa	Φ_s	$N_{u,e}$/kN	备注**
SZ5S4A1a	图 5-1（a）	219×4.78×650	350	50.5	0.842	3400	
SZ5S4A1b		219×4.72×650	350	50.5	0.830	3350	
SZ5S3A1		219×4.75×650	350	42.6	1.019	3150	
SZ5S4A2	图 5-1（b）	219×4.74×650	350	50.5	0.834	3160	钢管中部小孔 $l_0\times b_0$=20mm×10mm
SZ5S3A2		219×4.73×650	350	42.6	1.015	3150	
SZ5S4E1	图 5-1（c）	219×4.72×650	350	50.5	0.830	3380	全槽 b_0=10mm
SZ5S4E2		219×4.73×650	350	50.5	0.832	3600	全槽 b_0=50mm
SZ5S4E3		219×4.73×650	350	50.5	0.832	2900	全槽 b_0=100mm
SZ5S4E4		219×4.74×650	350	50.5	0.834	1680	全槽 b_0=200mm
SZ3S6A1	图 5-1（d）	165×2.73×510	350	77.2	0.382	2080	
SZ3S4A1		165×2.72×510	350	57.0	0.543	1750	
SZ3S6A2	图 5-1（e）	165×2.76×510	350	77.2	0.387	2060	钢管中部小孔 $l_0\times b_0$=20mm×10mm
SZ3S4A2		165×2.74×510	350	57.0	0.547	1785	
SZ3C4A1	图 5-1（f）	165×2.75×510	350	46.3	0.547	1560	

* 此列数值单位均为 mm。

** 正常截面、开小孔截面和开横槽截面分别如图 5-1（f）～（h）所示。

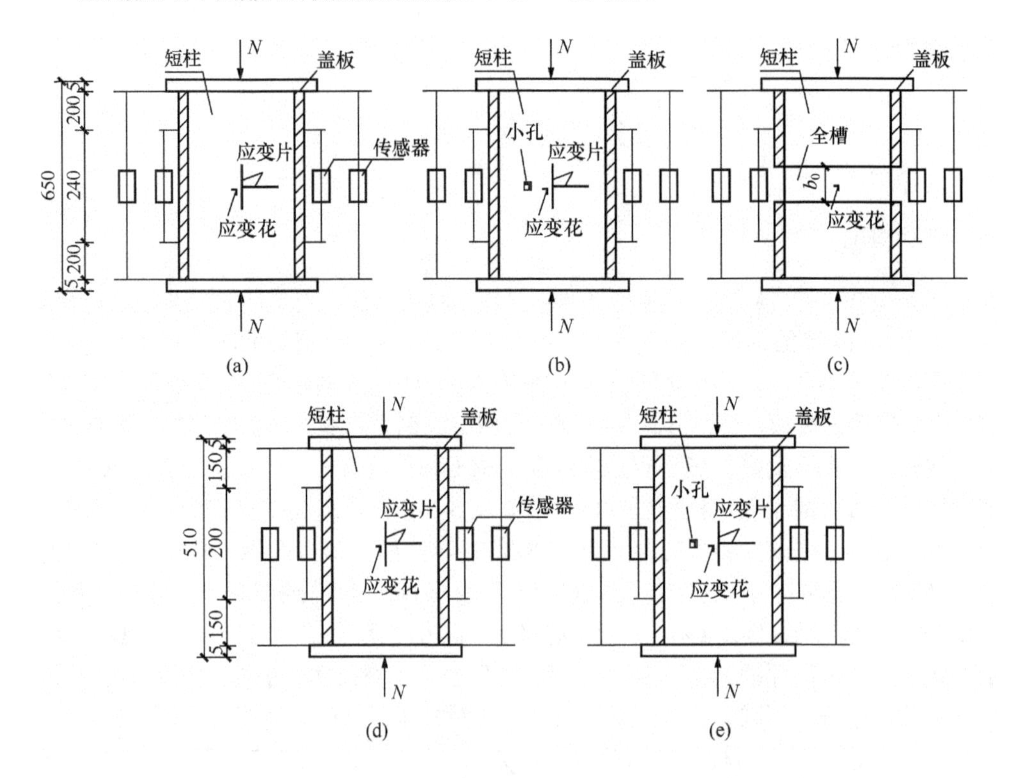

图 5-1　不同开槽方式圆钢管混凝土短柱轴压加载及截面示意图

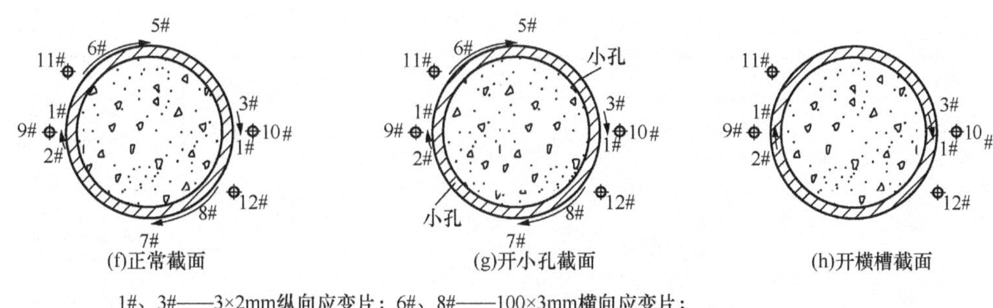

(f)正常截面　　(g)开小孔截面　　(h)开横槽截面

1#、3#——3×2mm纵向应变片；6#、8#——100×3mm横向应变片；
2#、4#——3×2mm横向应变片；9#、10#——中部范围轴向位移计；
5#、7#——100×3mm纵向应变片；11#、12#——全范围轴向位移计。

图 5-1（续）

(a)同时受荷的钢管混凝土　　(b)开横向环槽钢管混凝土　　(c)开小孔钢管混凝土

图 5-2　不同开槽方式圆钢管混凝土短柱轴压试验典型照片

水分流失。为了更好地观察试件的变形，在钢管的外表面喷涂了红色涂料，并在涂料表面绘制 50mm×50mm 的网格。为保证钢管自密实混凝土短柱在受荷初期即共同受力，柱端焊上 5mm 厚的钢板。开槽方钢管混凝土短柱轴压试件参数见表 5-2，表中试件编号的含义为：“S”表示截面形状为方形，“C”表示开槽方向为横向，“L”表示开槽方向为纵向，“N”表示钢管开槽，“FT”表示钢管正常，数字“1～11”为试件序号。不同开槽方式方钢管混凝土短柱轴压典型照片如图 5-4 所示。

表 5-2　开槽方钢管混凝土短柱轴压试件参数

试件编号	示意图	$B \times t \times L^*$	f_y/MPa	f_{cu}/MPa	Φ_s	$N_{u,e}$/kN	备注
SCN-1	图 5-3（a）	200×4×600	311	25.74	（1.028）	2049	中部横向开槽 $l_0 \times b_0$=100mm×10mm
SCN-2		200×4×600	311	25.74	（1.028）	1850	中部横向开槽 $l_0 \times b_0$=200mm×10mm
SCN-3	图 5-3（c）	200×4×600	311	25.74	（1.028）	2040	角部横向开槽 $l_0 \times b_0$=100mm×10mm
SCN-4		201×4×600	311	25.74	（1.022）	1970	角部横向开槽 $l_0 \times b_0$=200mm×10mm
SLN-5	图 5-3（b）	201×4×600	311	25.74	（1.022）	2075	中部纵向开槽 $l_0 \times b_0$=30mm×10mm

续表

试件编号	示意图	$B\times t\times L^*$	f_y/MPa	f_{cu}/MPa	Φ_s	$N_{u,e}$/kN	备注
SLN-6	图 5-3（b）	200×4×600	311	25.74	（1.028）	2016	中部纵向开槽 $l_0\times b_0$=60mm×10mm
SLN-7		200×4×600	311	25.74	（1.028）	1942	中部纵向开槽 $l_0\times b_0$=120mm×10mm
SLN-8	图 5-3（d）	200×4×600	311	25.74	（1.028）	2064	角部纵向开槽 $l_0\times b_0$=30mm×10mm
SLN-9		201×4×600	311	25.74	（1.022）	1980	角部纵向开槽 $l_0\times b_0$=60mm×10mm
SLN-10		201×4×600	311	25.74	（1.022）	1930	角部纵向开槽 $l_0\times b_0$=120mm×10mm
SFT-11		200×4×600	311	25.74	1.028	2060	正常

* 此列数值单位均为 mm。

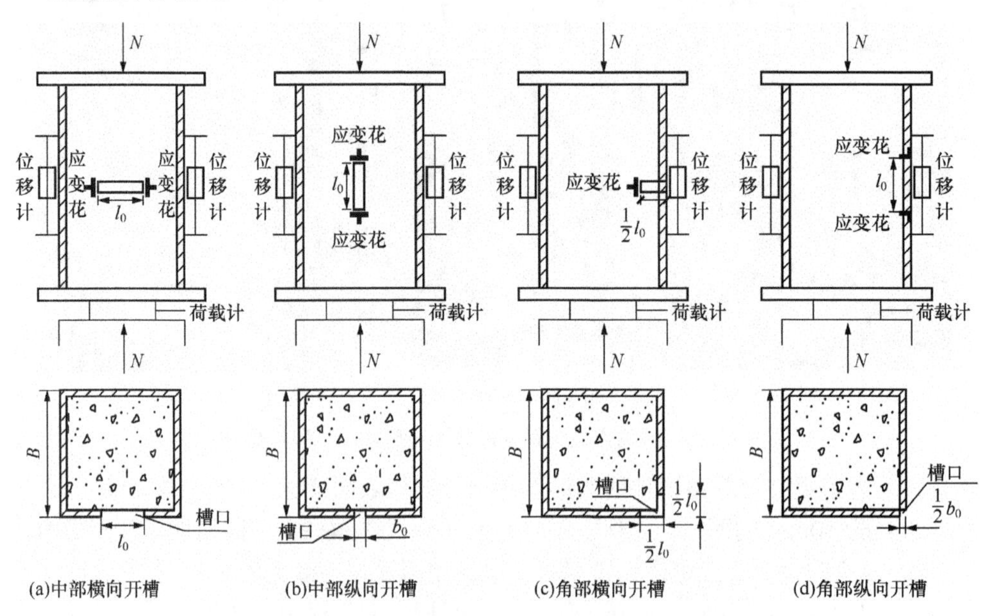

图 5-3　不同开槽方式方钢管混凝土短柱轴压加载及截面示意图

图 5-4　不同开槽方式方钢管混凝土短柱轴压典型照片

开槽六边形钢管混凝土短柱轴压试验以开槽方向、开槽长度、开槽位置 3 个变化参数共设计了 12 组开槽损伤六边形钢管混凝土柱和 2 组正常对比试件，所有试件的截面尺寸均相同。开槽六边形钢管混凝土短柱轴压试件参数见表 5-3，表中 D 为六边形边长，表中试件编号的含义为：“L” 表示截面形状为六边形，“CFT” 表示钢管混凝土，数字 “1～14” 为试件序号。钢管段的端部采用机械切割加工至所需长度，浇铸混凝土之前，用干布擦拭钢管内壁上的灰尘和油污。对于每个试样，两端用环氧树脂密封，防止固化过程中水分流失。为了更好地观察试件的变形，在钢管的外表面喷涂了红色涂料，并在涂料表面绘制 100mm×100mm 的网格。不同开槽方式六边形钢管混凝土短柱轴压典型照片如图 5-6 所示。

表 5-3　开槽六边形钢管混凝土短柱轴压试件参数

试件编号	测试示意图	$D \times t \times L^{*}$	f_y/MPa	f_{cu}/MPa	Φ_s	$N_{u,e}$/kN	备注
HCFT1	图 5-5（a）	173×4×600	270	37.5	0.714	1483	中部横向开槽 $l_0 \times b_0$=100mm×10mm
HCFT2		173×4×600	270	37.5	0.714	1529	中部横向开槽 $l_0 \times b_0$=60mm×10mm
HCFT3		173×4×600	270	37.5	0.714	1557	中部横向开槽 $l_0 \times b_0$=30mm×10mm
HCFT4	图 5-5（c）	173×4×600	270	37.5	0.714	1456	角部横向开槽 $l_0 \times b_0$=100mm×10mm
HCFT5		173×4×600	270	37.5	0.714	1502	角部横向开槽 $l_0 \times b_0$=60mm×10mm
HCFT6		173×4×600	270	37.5	0.714	1538	角部横向开槽 $l_0 \times b_0$=30mm×10mm
HCFT7	图 5-5（b）	173×4×600	270	37.5	0.714	1530	中部纵向开槽 $l_0 \times b_0$=100mm×10mm
HCFT8		173×4×600	270	37.5	0.714	1558	中部纵向开槽 $l_0 \times b_0$=60mm×10mm
HCFT9		173×4×600	270	37.5	0.714	1574	中部纵向开槽 $l_0 \times b_0$=30mm×10mm
HCFT10	图 5-5（d）	173×4×600	270	37.5	0.714	1468	角部纵向开槽 $l_0 \times b_0$=100mm×10mm
HCFT11		173×4×600	270	37.5	0.714	1516	角部纵向开槽 $l_0 \times b_0$=60mm×10mm
HCFT12		173×4×600	270	37.5	0.714	1569	角部纵向开槽 $l_0 \times b_0$=30mm×10mm
HCFT13		173×4×600	270	37.5	0.714	1554	未开槽
HCFT14		173×4×600	270	37.5	0.714	1555	未开槽

* 此列数值单位均为 mm。

圆钢管采用无缝焊管成品，方钢管和六边形钢管由 Q235 普通钢板分别弯折成各种相应形状，对焊两个半截面焊接成型。钢管加工制作过程中，尽量保证钢管尺寸、形状、质量满足试验设计要求，钢管两端截面保持平整，对接焊缝满足《钢结构设计标准》（GB 50017—2017）[1] 的设计要求。

5.2.2　试验方法

试验前，分别测试混凝土立方体试块和钢材拉伸试件的力学性能。混凝土立方体试

块强度 f_{cu} 由相同条件养护的边长为 150mm 立方体试块参考《混凝土物理力学性能试验方法标准》(GB/T 50081—2019)[2] 进行测试，钢板做成三个标准试件，并参考《金属材料　拉伸试验　第 1 部分：室温试验方法》(GB/T 228.1—2010)[3] 规定的试验方法进行拉伸。混凝土和钢材材性结果见表 5-1～表 5-3。

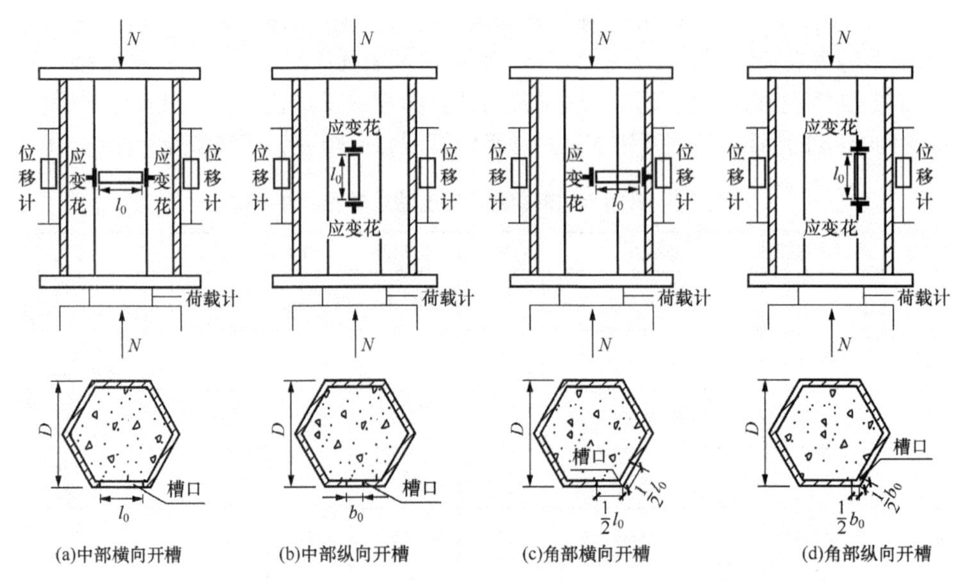

图 5-5　不同开槽方式六边形钢管混凝土短柱轴压加载及截面示意图

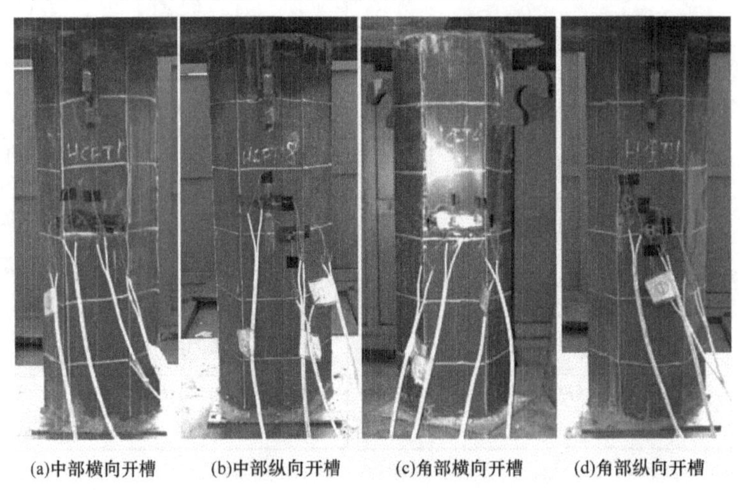

图 5-6　不同开槽方式六边形钢管混凝土短柱轴压典型照片

开槽钢管混凝土短柱轴压试件试验在 5000kN 和 2000kN 液压实验机上进行，荷载由压力传感器测量，短柱试件轴压加载及截面示意图和典型实物照片如图 5-1～图 5-6 所示。短柱试件荷载-变形曲线和荷载-应变曲线由 DH3818 静态应变测量系统采集。

试验的加载制度为：在试件达到承载力前分级加载，在弹性阶段每级荷载相当于极限荷载的 1/10 左右，在弹塑性阶段每级荷载相当于极限荷载的 1/20 左右；每级荷载间隔时间 3～5min，近似于慢速连续加载，数据分级采集；试件接近极限荷载时，慢速连续加载直至试件破坏，数据连续采集。每个试件试验时间持续时间约 1.5h。

5.2.3　试验结果及分析

1. 圆钢管混凝土

当梁较小时，框架节点处钢筋穿过钢管混凝土柱时可采用钢管表面开小孔来模拟，图 5-7 给出了开孔和正常钢管混凝土轴压荷载-纵向应变曲线的影响。应变值由试件中部范围内轴向标距为 240mm（对直径为 219mm 的试件）或 200mm（对直径为 165mm 的试件）的位移计测试再除以标距换算所得，不同测试方法对开槽圆钢管混凝土组合弹性模量的影响见表 5-4。开孔后钢管混凝土的承载力和剩余承载力变化不大；但组合弹性模量有所降低，弹性极限荷载降低了较多，弹塑性阶段提前到来并在此阶段纵向变形加速增加，极限荷载对应的应变也略有增长。开孔后钢管混凝土试件局部屈曲现象提前，到达极限荷载时开孔处核心混凝土压碎、小孔压扁，但其屈曲形态与正常试件差别不大，如图 5-8 所示。

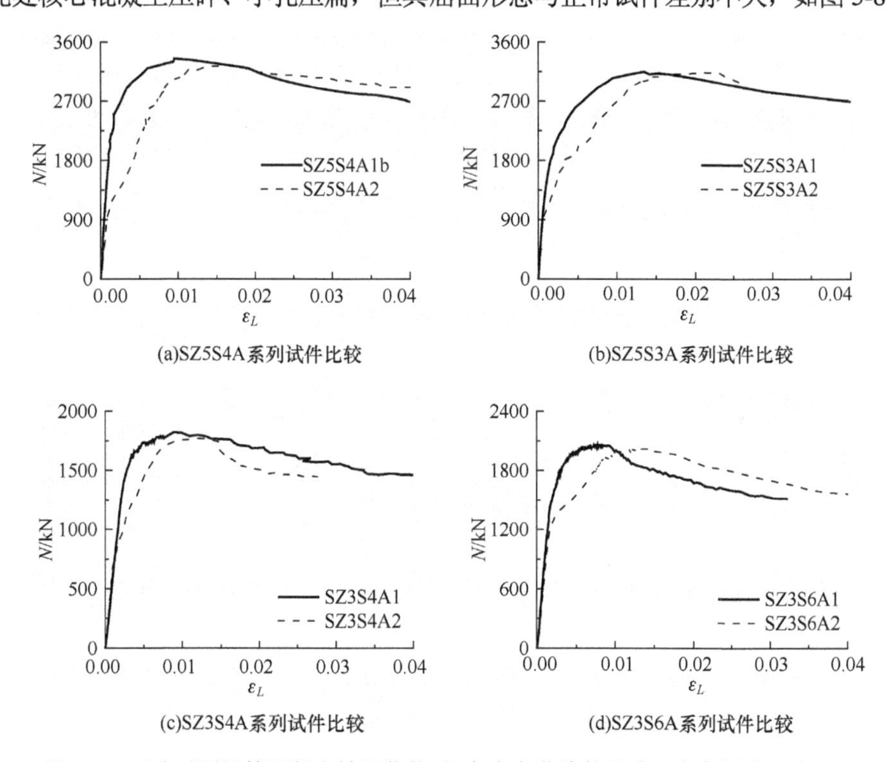

图 5-7　开孔对圆钢管混凝土轴压荷载-纵向应变曲线的影响（应变测试方法 3）

表 5-4　不同测试方法对开槽圆钢管混凝土组合弹性模量的影响

试件编号	b_0/D	E_{sc}/GPa	
		3mm×2mm 纵向应变测试	中部 240mm 范围轴向位移计
SZ5S4E1	0.046	34.0	23.3
SZ5S4E2	0.228	36.4	18.1
SZ5S4E3	0.457	37.2	16.3
SZ5S4E4	0.913	34.2	15.0

(a)SZ3S4A2、SZ3S4A1、SZ3S6A1、SZ3S6A2系列试件　　(b)SZ5S3A2、SZ5S3A1、SZ5S4A1、SZ5S4A2系列试件

图 5-8　开孔对钢管自密实混凝土短柱轴压破坏形态的影响

图 5-9 为开孔与正常钢管混凝土荷载-横向变形系数（ν_{sc}）关系曲线的比较，对于开孔钢管混凝土，其荷载-横向变形系数（ν_{sc}）关系曲线有显著的不同，在加载初期，横向变形系数增长速度一般要大于无开孔时的钢管混凝土；当外荷载增加到比例极限荷载时，横向变形系数迅速增长，并很快增加到 0.5～0.7，随后当外荷载增加到一定范围内，横向变形系数基本保持不变；此后当外荷载继续增加，横向变形系数再次快速增长，赶上甚至超过无开孔钢管混凝土的横向变形系数。可见钢管中部表面开孔后钢管混凝土的应力路径发生变化，即纵向压缩变形增大，钢管纵向承压能力减弱而参与环向约束更多。

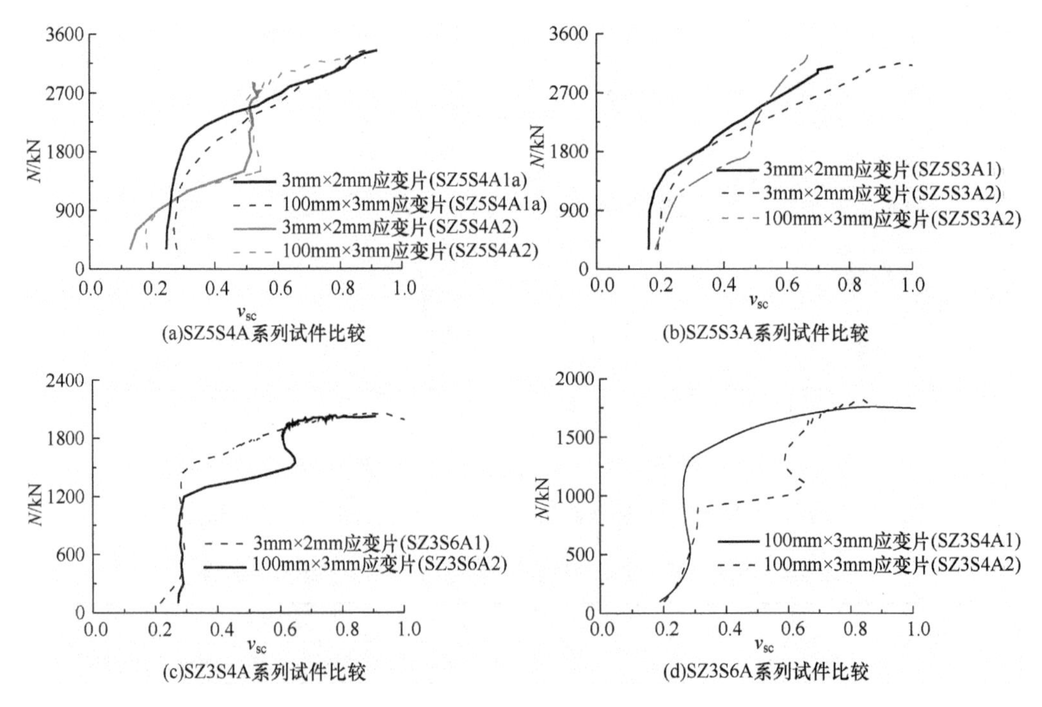

(a)SZ5S4A系列试件比较　　(b)SZ5S3A系列试件比较

(c)SZ3S4A系列试件比较　　(d)SZ3S6A系列试件比较

图 5-9　开孔对圆钢管混凝土短柱轴压荷载-横向变形系数曲线的影响

当梁较大时，框架节点处有众多钢筋穿过钢管混凝土柱，此时可采用钢管中部开不

同宽度（b_0）的横槽来模拟。开横槽钢管混凝土短柱轴压荷载-纵向位移曲线的变化规律和槽宽径比 $\eta_w=b_0/D$ 对承载力（N_u）的影响如图 5-10 和图 5-11 所示，可见当开槽宽度很小（b_0=10～50mm）时，定义槽宽径比，当 η_w=0.046～0.228，其承载力几乎没有影响；但随着槽宽径比 η_b 的增加，其承载力逐渐降低，见当 η_w=0.457（b_0=100mm）时，其承载力约为正常钢管混凝土承载力的 86%，当 η_w=0.913（b_0=200mm）时，其承载力约为正常钢管混凝土承载力的 50%。

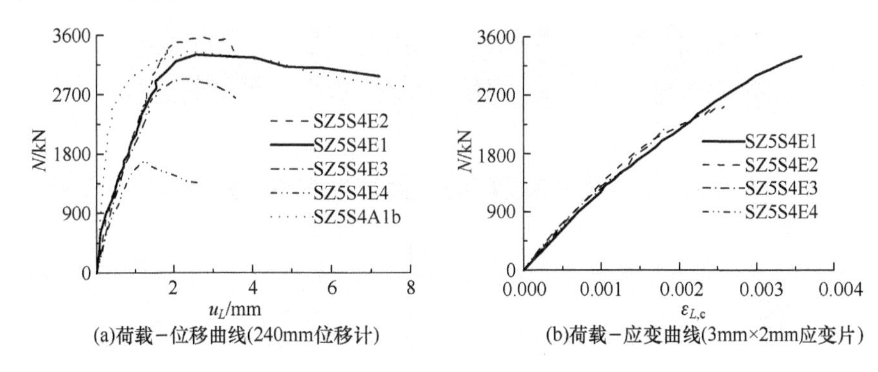

(a)荷载－位移曲线(240mm位移计)　(b)荷载－应变曲线(3mm×2mm应变片)

图 5-10　开横槽宽度对圆钢管混凝土轴压荷载-变形曲线的影响

从表 5-4 可以看出，随着槽宽径比 η_w 的增大，由应变测试方法 3 测试的开槽钢管混凝土组合弹性模量逐渐降低，而由应变测试方法 1 测试的弹性模量几乎不变，显然开槽后钢管与混凝土表面存在滑移现象，且随着开槽宽度增大而增大。

开孔和开槽（b_0=10mm）对钢管混凝土试件荷载-纵向位移曲线影响如图 5-12 所示，可见试件 SZ5S4E1（开槽）和 SZ5S4A2（开小孔）的变形性能较接近，但刚度都比正常试件低。钢管开槽后其破坏形态有所改变，对于试件 SZ5S4E1，极限荷载时开槽处核心混凝土压碎、钢管呈腰鼓形屈曲；对于试件 SZ5S4E2、SZ5S4E3 和 SZ5S4E4，破坏时核心混凝土劈裂，钢管没有发生局部屈曲现象，如图 5-13 所示。

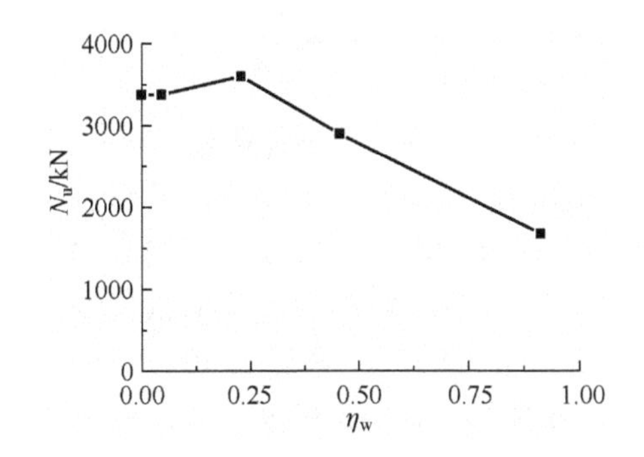

图 5-11　环向全槽宽度对承载力的影响

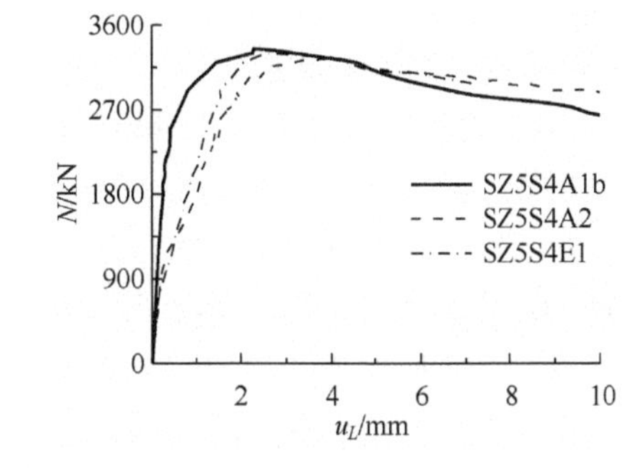

图 5-12　开槽和开孔对钢筋混凝土试件荷载-纵向位移曲线的影响（中部范围 240mm 标距位移计）

2．*方钢管混凝土*

图 5-14 为开槽和正常钢管混凝土短柱轴压试件荷载（N）-纵向应变（ε_L）曲线对比。由图 5-14 可见：①荷载达到 60%～70%的极限荷载之前，两者都处于弹性阶段，钢管局

(a)SZ5S4E1　(b)SZ5S4E2　(c)SZ5S4E3　(d)SZ5S4E4

图 5-13　环向全槽宽度对钢管混凝土短柱破坏形态的影响

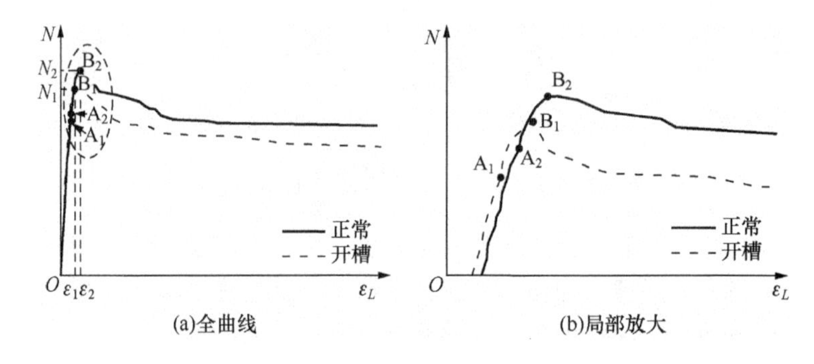

(a)全曲线　(b)局部放大

图 5-14　正常与开槽方钢管混凝土短柱轴压试件典型 N-ε_L 曲线对比

部屈曲之前试件刚度未明显下降；②在开槽钢管失效前，两者刚度没有明显差异，当横向槽口开始闭合或纵向槽口开启局部屈曲时即达到 A_1 点时，N-ε_L 曲线出现明显非线性；③由于槽口导致钢管局部提前失效，开槽试件的弹塑性阶段（从 A_1 点到 B_1 点）比正常试件（从 A_2 点到 B_2 点）缩短，且开槽试件峰值荷载（N_1）和相应的应变（ε_1）比正常试件峰值荷载（N_2）和相应的应变（ε_2）降低。

图 5-15 为不同开槽方式下开槽长度对方钢管混凝土短柱轴压试件典型 N-ε_L 曲线的影响，可见：①图 5-14（a）为两组中部横向开槽试件 SCN-1 和 SCN-2，开槽长度由 100mm 增长至 200mm，承载力由 2049kN 降至 1850kN，降低了 9.7%，而相应的峰值应变由 0.0067 降至 0.0032，降低 52.2%；②图 5-14（b）为两组角部横向开槽试件 SCN-3 和 SCN-4，开槽长度由 100mm 增至 200mm，承载力由 2040kN 降至 1970kN，降低了 3.4%；③图 5-14（c）为三组中部纵向开槽试件 SLN-5、SLN-6 和 SLN-7，开槽长度由 30mm 增长至 60mm 和 120mm，承载力分别降低了 2.8%和 6.4%；④ 图 5-14（d）为三组角部纵向开槽试件 SLN-8、SLN-9 和 SLN-10，开槽长度由 30mm 增长至 60mm 和 120mm，承载力分别降低了 4.1%和 6.5%，对应的峰值应变分别降低了 35.0%和 52.5%。上述分析表明在四种开槽方式下，开槽方向、开槽位置、几何和材料参数均相同的试件，其承载力随着开槽长度的增加而降低，且峰值应变的变化更显著。

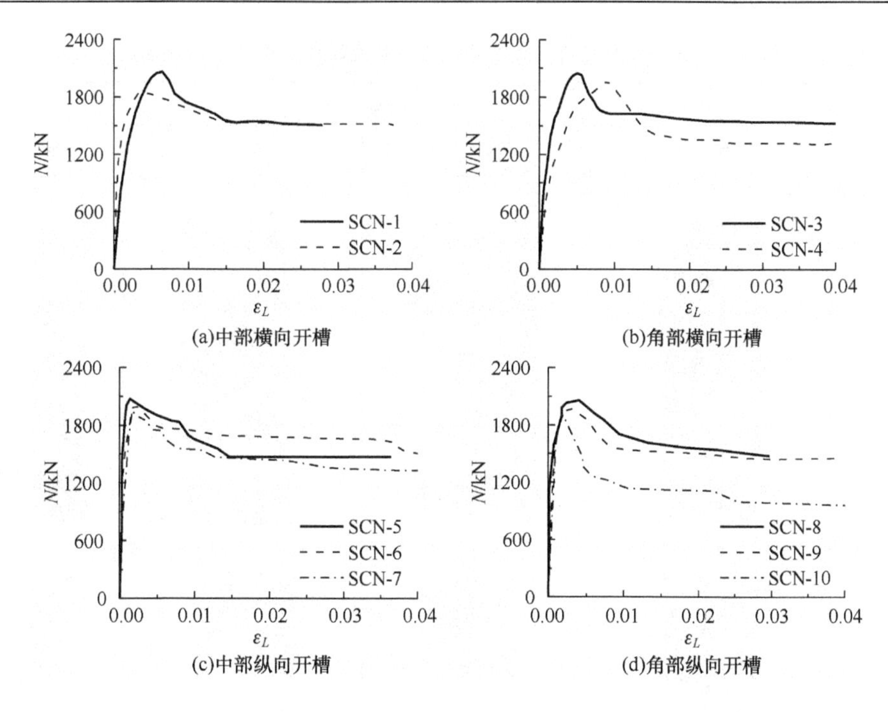

图 5-15　开槽长度对方钢管混凝土短柱轴压试件 N-ε_L 曲线的影响

图 5-16 为开槽位置对方钢管混凝土短柱轴压试件典型 N-ε_L 曲线的影响，开槽长度为 100mm，开槽位置分为中部和角部，其他参数保持不变，可见：①开槽位置对开槽钢管混凝土轴压承载力影响较小，两者差别不大；②由于钢管混凝土角部约束作用比中部强，角部开槽显著削弱钢管对核心混凝土的约束作用，承载力之后曲线下降更明显。

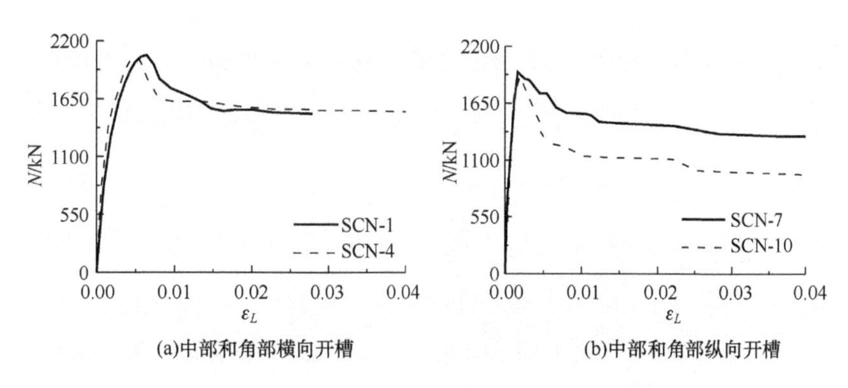

图 5-16　开槽位置对方钢管混凝土短柱轴压试件 N-ε_L 曲线的影响

表 5-5 列出了四组不同开槽方式的开槽钢管混凝土轴压试件典型破坏照片，可见：①由于核心混凝土的填充，钢管没有发生明显的向内屈曲，而表现为横向开槽闭合和纵向槽口中部向外屈曲两种典型的破坏模式；②所有开槽槽口附近核心混凝土都压碎。

表 5-5　不同开槽方式的开槽方钢管混凝土轴压试件典型破坏照片

试件构成	开槽方式（试件编号）			
	中部横向开槽（SCN-2）	角部横向开槽（SCN-4）	中部纵向开槽（SLN-7）	角部纵向开槽（SLN-10）
钢管	开槽	开槽	开槽	开槽
混凝土	混凝土破碎	混凝土破碎	混凝土破碎	混凝土破碎

图 5-17 为开槽方钢管混凝土短柱轴压试件实测延性系数 μ_s 的比较，可见：①相比正常试件，开槽可导致试件延性变差，角部开槽比中部开槽延性差；②延性下降幅度随开槽长度的增加而增加：横向开槽长度由 100mm 增长至 200mm 时，中部和角部开槽试件延性系数 μ_s 分别降低 29.0%和 28.7%；纵向开槽长度由 30mm 增长至 60mm、120mm 时，中部开槽试件延性系数降低 10.5%和 19.0%，角部开槽试件延性系数 μ_s 降低 24.0%和 44.0%。

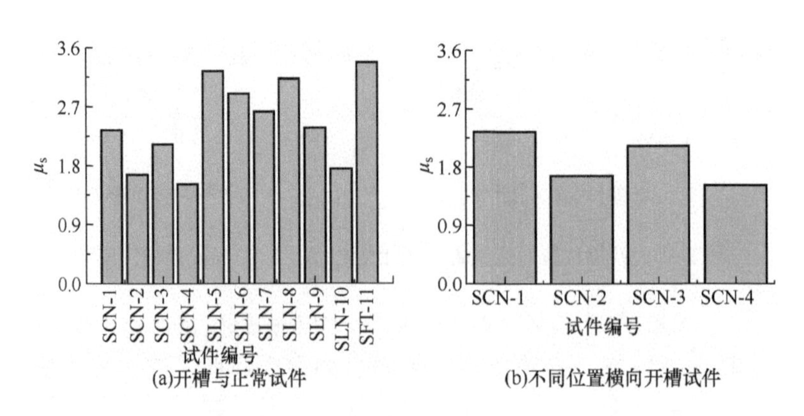

图 5-17　开槽方钢管混凝土轴压试件实测延性系数的比较

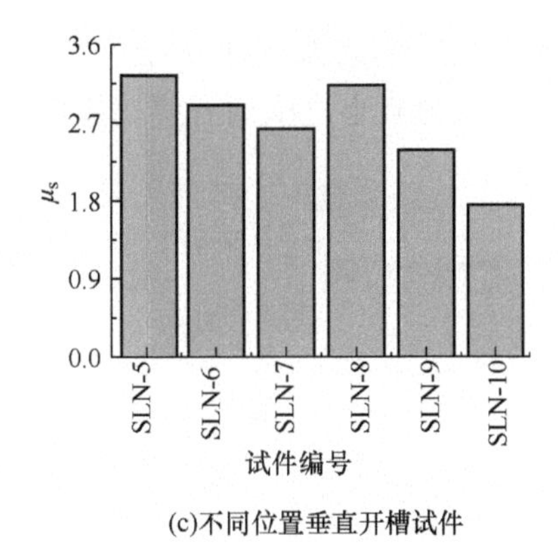

(c)不同位置垂直开槽试件

图 5-17（续）

3. 六边形钢管混凝土

图 5-18 为开槽六边形钢管混凝土短柱轴压试件的荷载–位移曲线的比较，试验过程可分为弹性阶段、弹塑性阶段和破坏阶段。①弹性阶段：加载初期到承载力的 70% 之前，试件外观没有明显变化，开槽试件与正常试件的刚度无明显差异。②弹塑性阶段：超过屈服荷载之后，试件的荷载–位移曲线出现非线性增长，但外观仍无明显变化。③破坏阶段：到达极限荷载之后，随着纵向变形的增加，试件开槽处变形加剧而承载力下降。

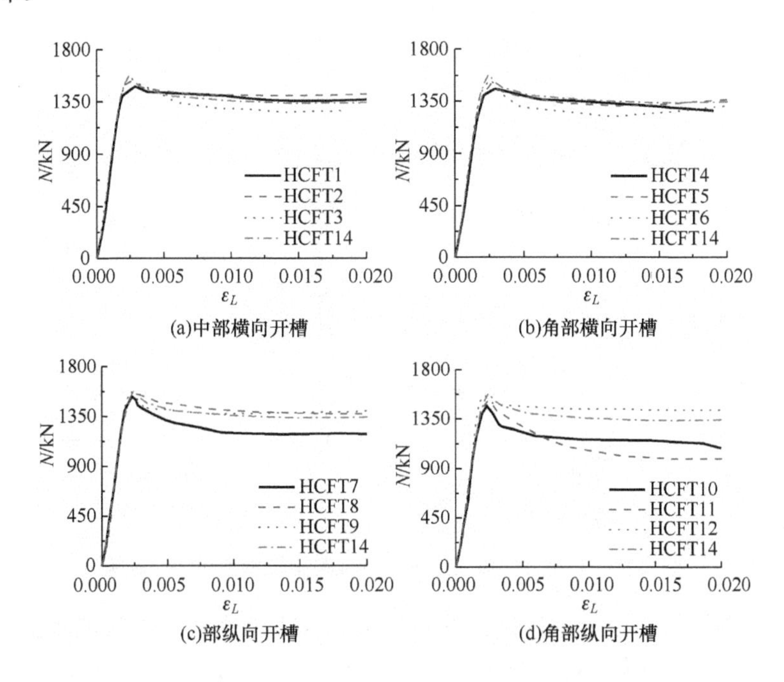

图 5-18　开槽六边形钢管混凝土轴压试件荷载–位移曲线的比较

图 5-19～图 5-21 分别为开槽长度、开槽位置和开槽方向对六边形钢管混凝土轴压承载力的影响。开槽长度分为 30mm、60mm 和 100mm，开槽方向分为横向开槽和纵

向开槽，开槽位置分为试件的中部和角部，可见各类开槽对试件承载力的降低都在 5%以内，角部开槽比中部开槽承载力略小，横向开槽比纵向开槽承载力略小，但影响都不大。

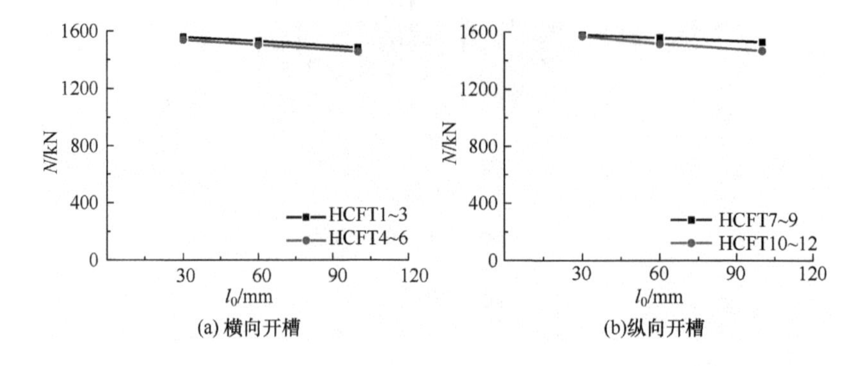

图 5-19　开槽长度对六边形钢管混凝土轴压承载力的影响

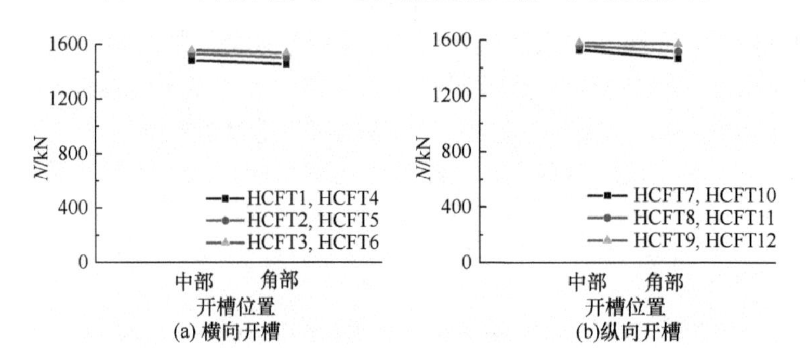

图 5-20　开槽位置对六边形钢管混凝土轴压承载力的影响

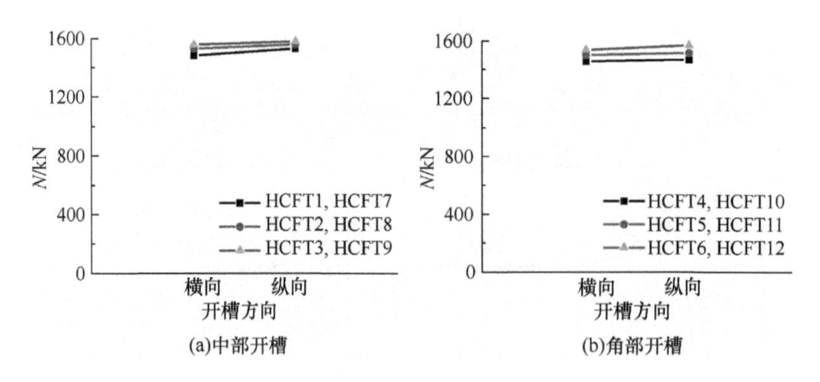

图 5-21　开槽方向对六边形钢管混凝土轴压承载力的影响

开槽六边形钢管混凝土轴压试件的破坏形态与正常六边形钢管混凝土试件基本一致，试件的中部和顶部都出现较明显的鼓曲现象，表 5-6 为典型试件破坏形态，差别为：①横向开槽试件的槽口呈现闭合状态，开槽处位置混凝土有破碎痕迹；②纵向开槽试件的槽口处呈现向外屈曲、撕裂的形态，开槽处混凝土破碎相对较为严重；③角部开槽试件的破坏现象比中部开槽更加明显。

表 5-6 典型开槽六边形钢管混凝土轴压试件破坏照片

材料	中部横向开槽 HCFT1	角部横向开槽 HCFT4	中部纵向开槽 HCFT7	角部纵向开槽 HCFT10
钢管	 开槽	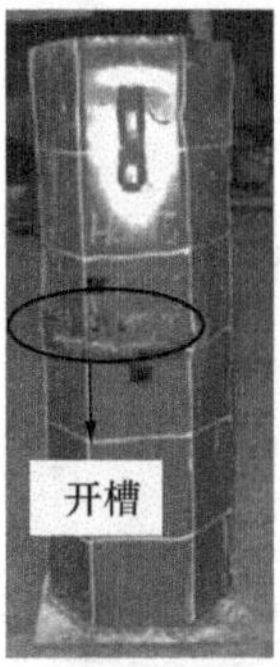 开槽	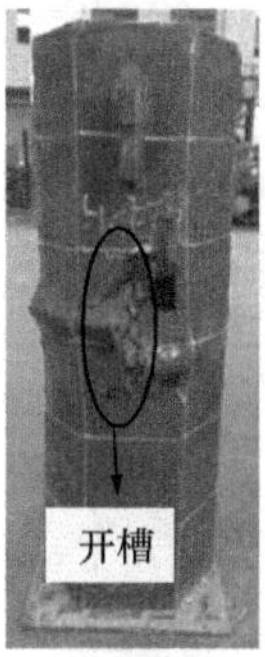 开槽	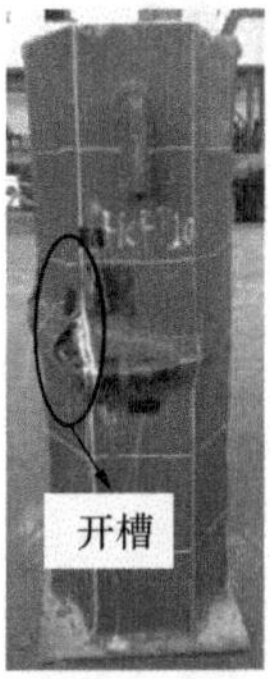 开槽
混凝土	 混凝土破碎	 混凝土破碎	 混凝土破碎	 混凝土破碎

5.3 有限元模型与约束原理

5.3.1 有限元模型与验证

除作者进行的开槽钢管混凝土短柱轴压性能试验研究之外，Chang 等[4]、郭兰慧等[5]也分别进行了纵向、环向和斜向开槽的圆钢管混凝土、方钢管混凝土短柱轴压性能试验研究示意图，如图 5-22 和图 5-23 所示，其中开槽长度为 l_0，短宽为 b_0，斜槽与试件纵向夹角为 θ，定义开槽长径比 $\eta_l=l_0/D$（或 $\eta_l=l_0/B$）。钢管混凝土短柱轴压三维有限元模型建立过程与材料本构关系描述详见第 4 章 4.3 节，开槽钢管混凝土轴压短柱的加载板与钢管和核心混凝土的约束形式是“绑定”，加载板是主表面，钢管和核心混凝土的端面为从表面，从而使位移加载从加载板传到钢管和核心混凝土上，且钢管与核心混凝土能同时受荷。以 ABAQUS/Standard6.14 为计算工具，建立不同截面形式开槽钢管混凝土短柱轴压有限元模型见表 5-7。

ABAQUS 有限元法计算得到的圆形、方形和六边形开槽钢管混凝土轴压短柱试验曲线与有限元法曲线对比如图 5-24～图 5-26 所示。开槽圆形钢管混凝土短柱轴压试件试验值（$N_{u,e}$）与有限元值（$N_{u,FE}$）的比 $N_{u,e}/N_{u,FE}$ 的均值为 0.992，离散系数为 0.032；开槽方形钢管混凝土短柱轴压试件 $N_{u,e}/N_{u,FE}$ 的均值为 1.007，离散系数为 0.009；开槽六边形钢管混凝土短柱轴压试件 $N_{u,e}/N_{u,FE}$ 的均值为 1.000，离散系数为 0.059，可见有限元值与试验值吻合较好。

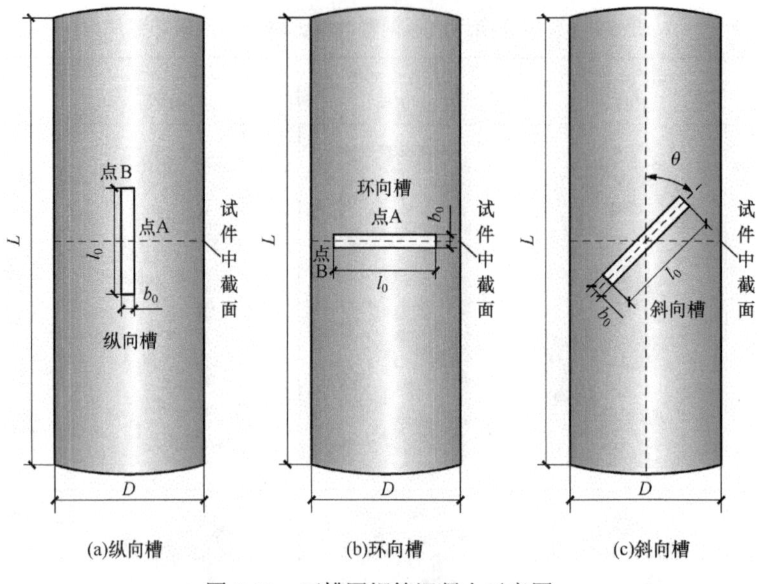

(a)纵向槽　　(b)环向槽　　(c)斜向槽

图 5-22　开槽圆钢管混凝土示意图

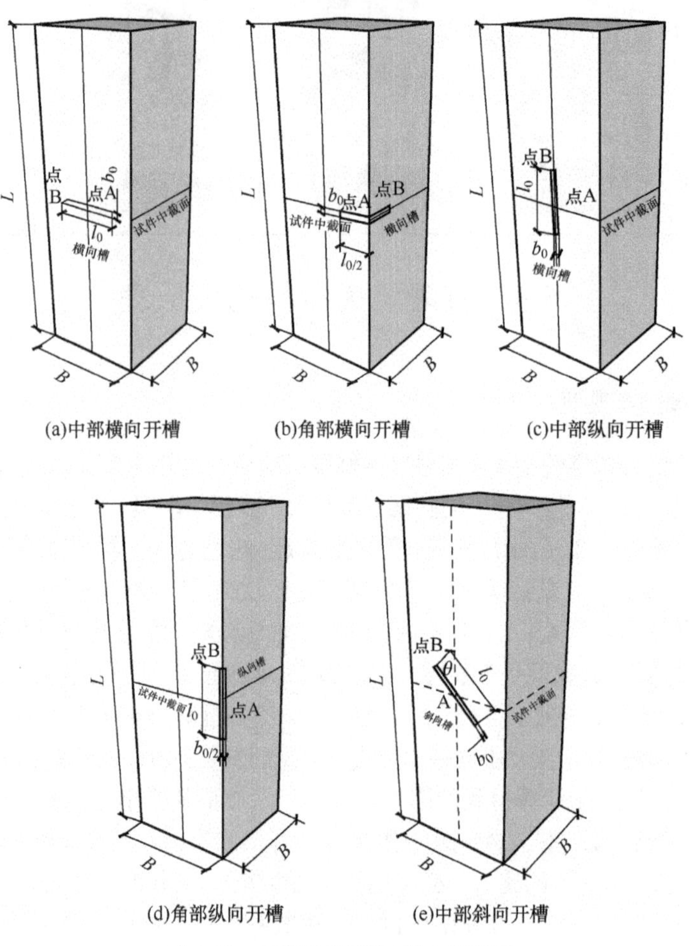

(a)中部横向开槽　　(b)角部横向开槽　　(c)中部纵向开槽

(d)角部纵向开槽　　(e)中部斜向开槽

图 5-23　开槽方钢管混凝土示意图

表 5-7　不同截面形式开槽钢管混凝土短柱有限元模型

截面形式	整体有限元模型	加载板单元	钢管单元	混凝土单元
圆形	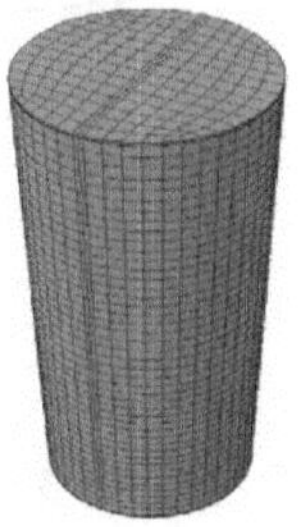		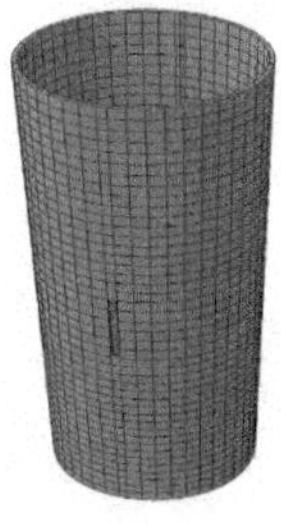	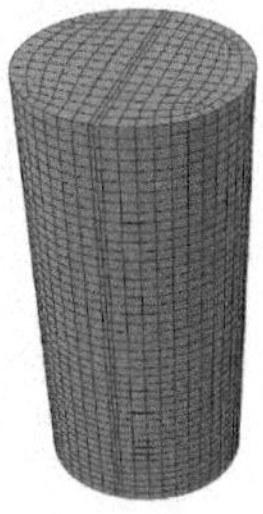
方形	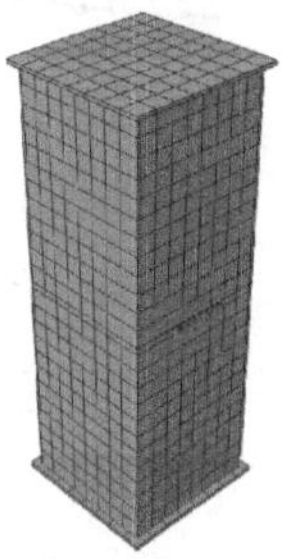		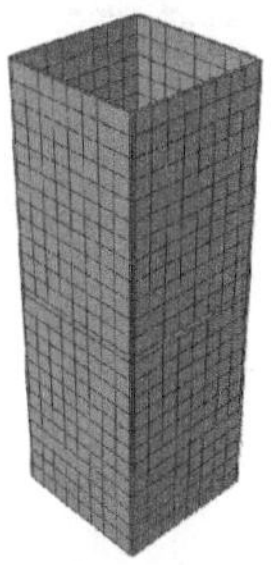	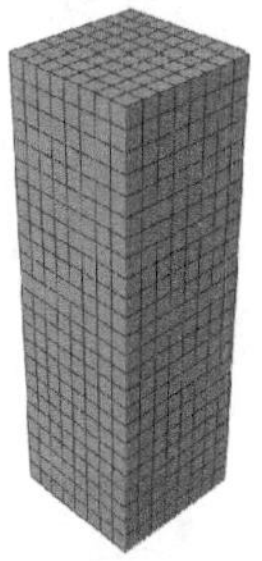
六边形	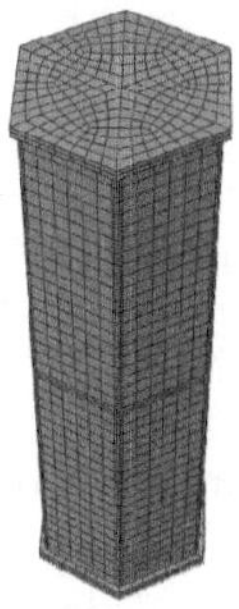	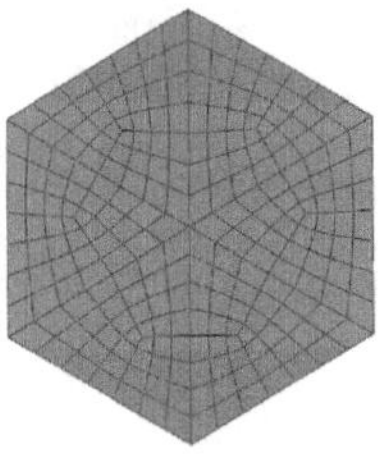	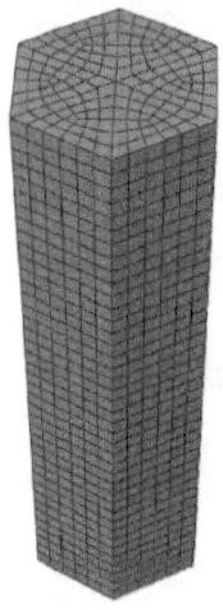	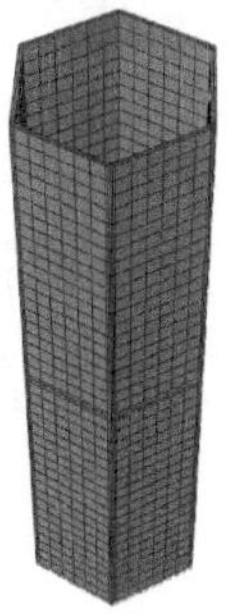

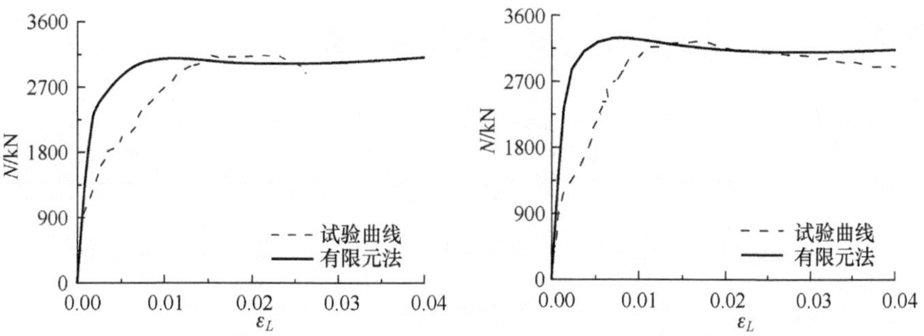

(a)小孔SZ5S3A2(η_1=0.091)

(b)小孔SZ5S4A2(η_1=0.091)

图 5-24　开槽圆形钢管混凝土柱轴压试件试验曲线与有限元曲线对比

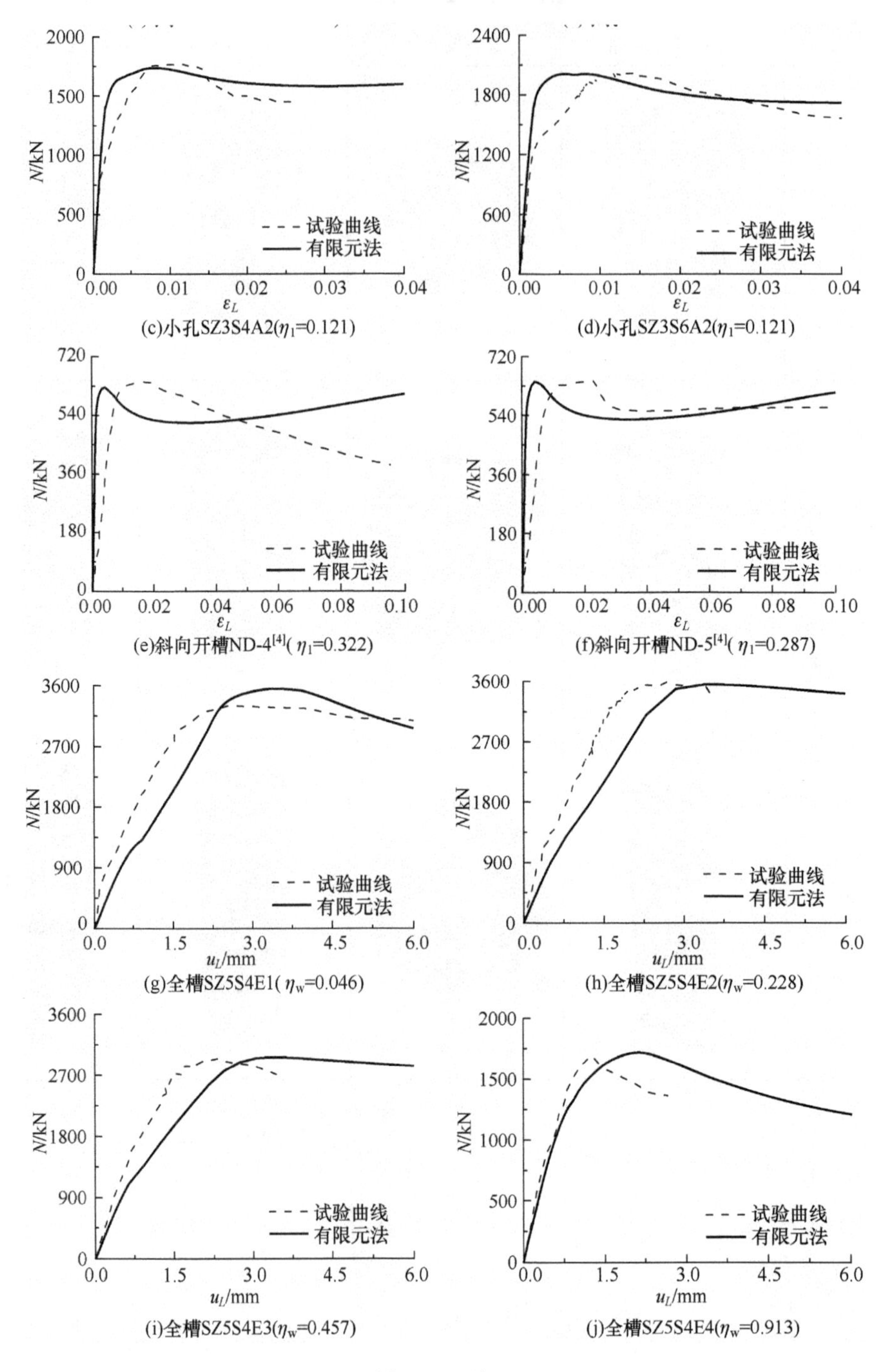

2000
1500
1000
500
0
N/kN
0.00 0.01 0.02 0.03 0.04
εL
试验曲线
有限元法
(c)小孔SZ3S4A2(η1=0.121)
2400
1800
1200
600
(d)小孔SZ3S6A2(η1=0.121)
720
540
360
180
0.00 0.02 0.04 0.06 0.08 0.10
(e)斜向开槽ND-4[4](η1=0.322)
(f)斜向开槽ND-5[4](η1=0.287)
3600
2700
900
0.0 1.5 3.0 4.5 6.0
uL/mm
(g)全槽SZ5S4E1(ηw=0.046)
(h)全槽SZ5S4E2(ηw=0.228)
(i)全槽SZ5S4E3(ηw=0.457)
(j)全槽SZ5S4E4(ηw=0.913)

图 5-24（续）

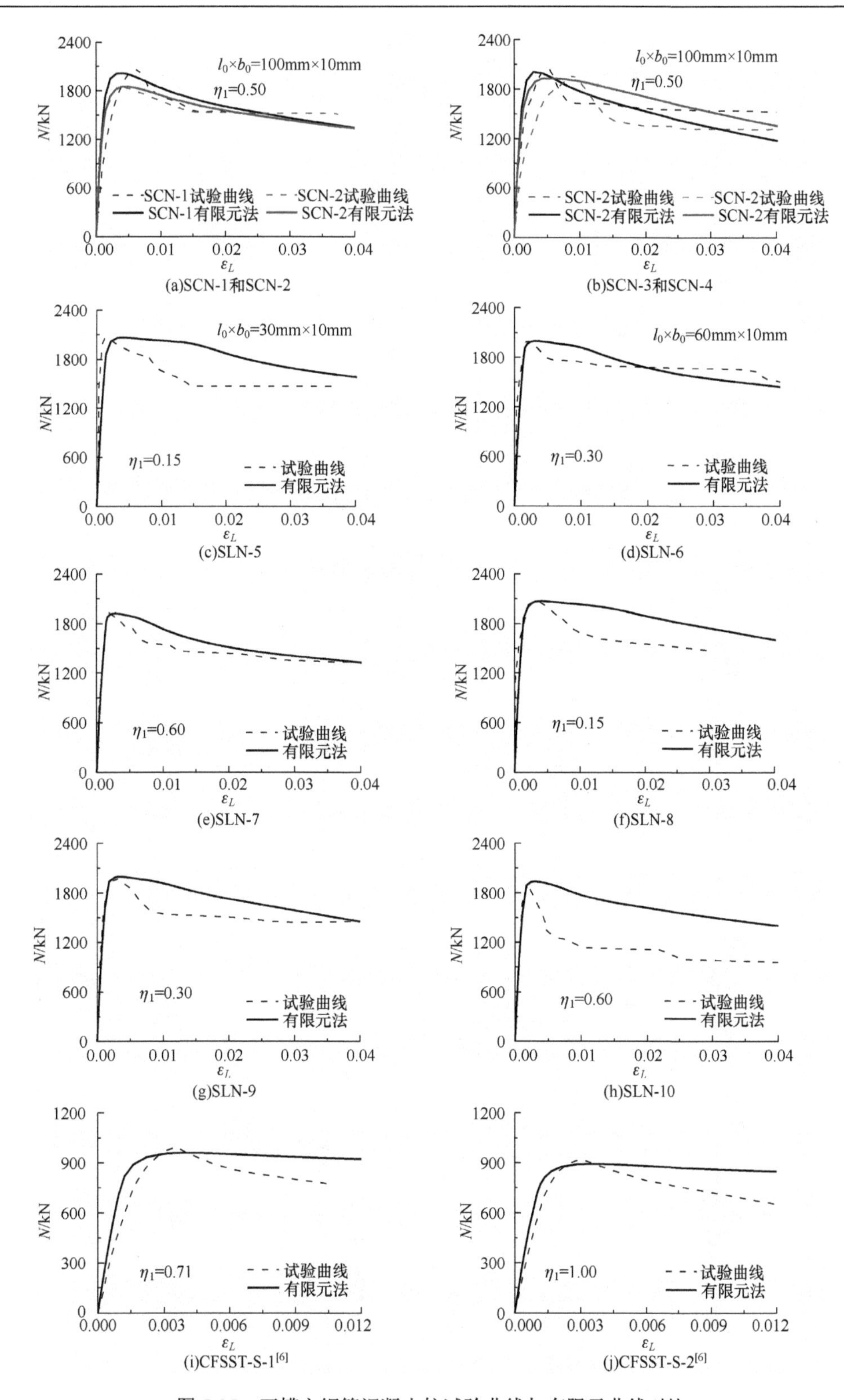

图 5-25　开槽方钢管混凝土柱试验曲线与有限元曲线对比

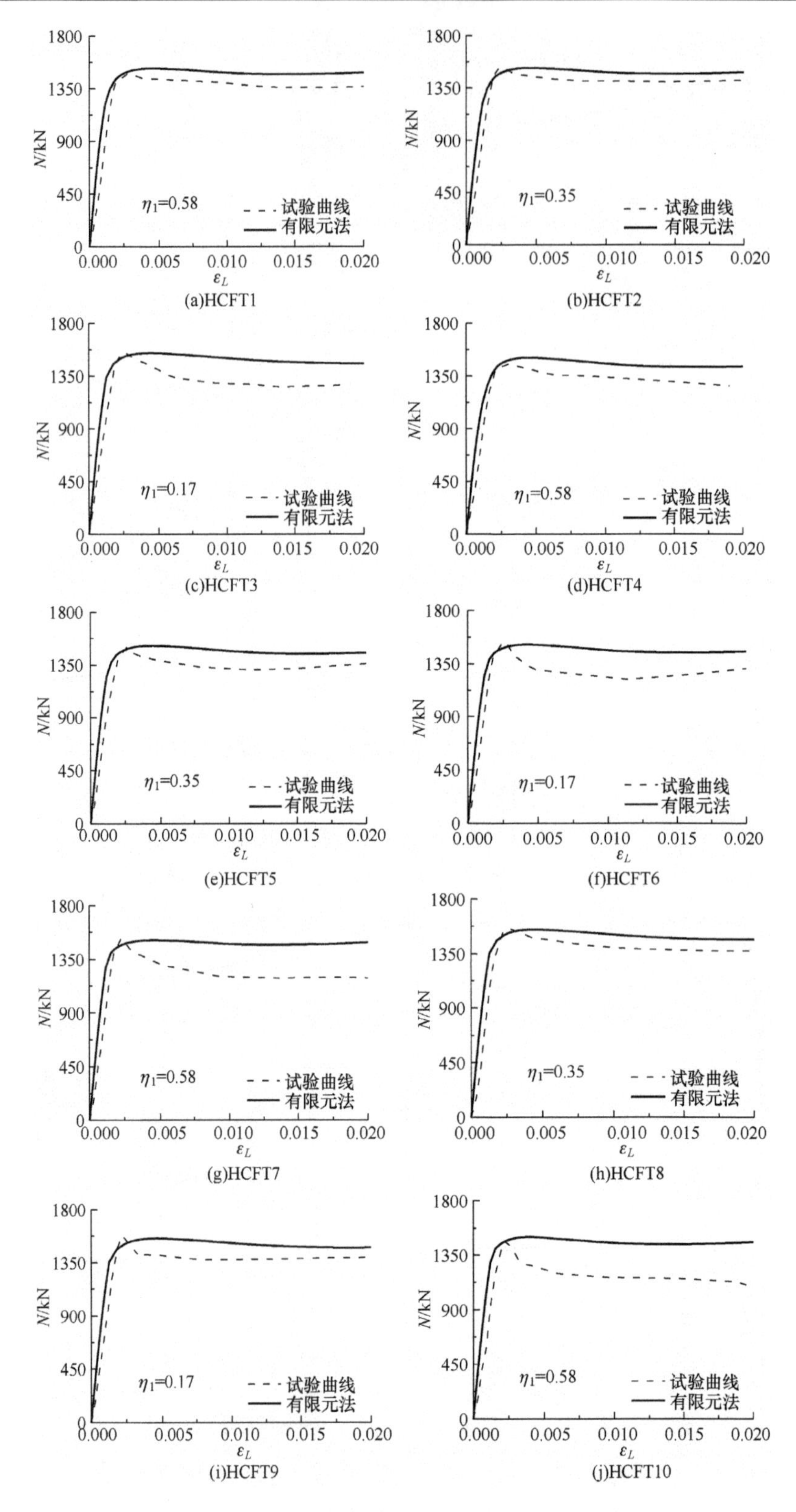

图 5-26　开槽六边形钢管混凝土柱试验曲线与有限元曲线对比

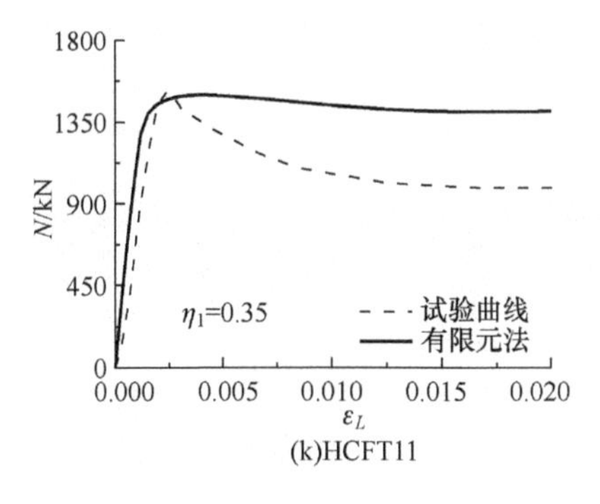

(k)HCFT11

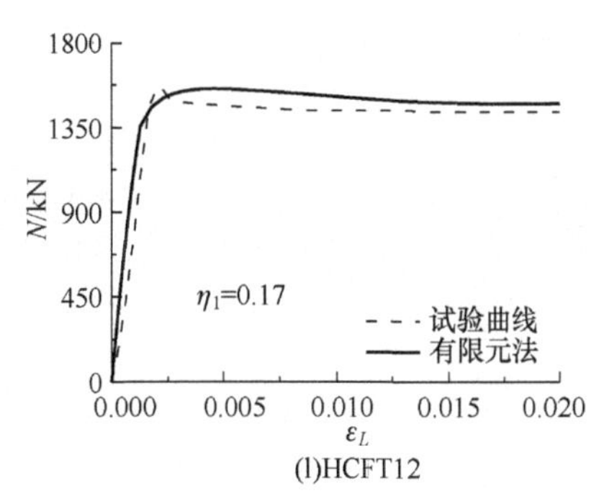

(l)HCFT12

图 5-26（续）

郭兰慧等[5]开展了不同受荷方式下方钢管混凝土短柱轴压承载力影响的试验研究，本书作者也对共同加载和仅核心混凝土加载两种受荷方式下的方钢管混凝土短柱轴压性能试验进行模拟，相应的荷载–位移试验曲线与有限元曲线比较如图 5-27 所示，两种加载模式下短柱轴压承载力的有限元结果与试验结果吻合较好，而由于变形测试原因轴压刚度偏低。此外，在共同加载方式下方钢管混凝土轴压承载力比仅核心混凝土加载的承载力高约 30%，由于方钢管对混凝土约束效果较弱，仅混凝土受荷不能发挥方钢管混凝土的优点，该规律与圆钢管混凝土的规律相反，仅混凝土受荷下圆钢管混凝土轴压承载力高于共同加载方式。

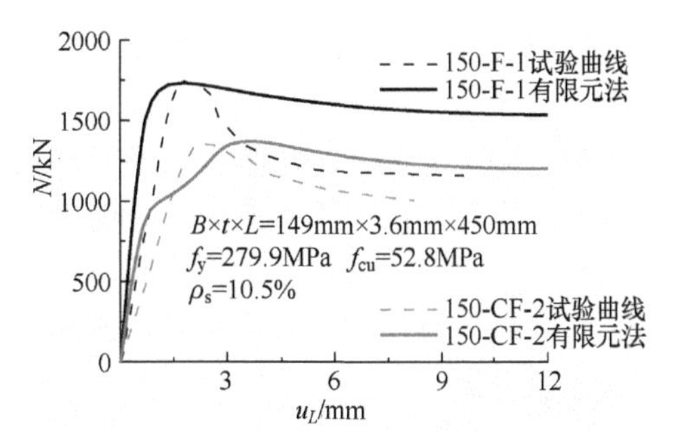

图 5-27　不同受荷方式下方钢管混凝土短柱轴压荷载–位移试验曲线与有限元曲线比较

5.3.2　约束作用分析

1．圆钢管混凝土

典型开槽圆钢管混凝土短柱轴压足尺试件的几何材料参数为：钢管外径 D=500mm，试件长度 L=1500mm，钢管厚度 t=10mm，混凝土强度 f_{cu}=60MPa，钢材强度 f_y=345MPa；中部位置钢管表面开矩形槽，开槽宽度 b_0=20mm，纵向开槽长度 l_0 分别取为 75mm、150mm、225mm、300mm、375mm 和 450mm（槽长径比 η_1 分别为 0、0.15、0.30、0.45、0.60、0.75 和 0.90），环向开槽长度为开槽处钢管的弧长，长度分别为 0、0.1D、πD/4、πD/2、3πD/4 和 πD（槽长径比 η_1 分别为 0、0.1、π/4、π/2、3π/4 和 π），夹角 θ 分别为 0°、30°、45°、60° 和 90°（0° 和 90° 分别为轴向和环向开槽）。

图 5-28 为开槽长径比对模型试件荷载（N）–纵向应变（ε_L）曲线的影响，可见：①纵向开槽试件在弹性阶段的组合弹性模量基本相同，随着开槽长径比的增加，试件的承载力和剩余承载力不断减小；②环向开槽试件在弹性阶段的组合弹性模量略微减小，而试件的承载力和剩余承载力却有所增加，表明环向开槽时对刚度有所损伤，而对承载力却略有提高，当试件环向全长开槽时承载力最大，此时类似钢管套箍混凝土。

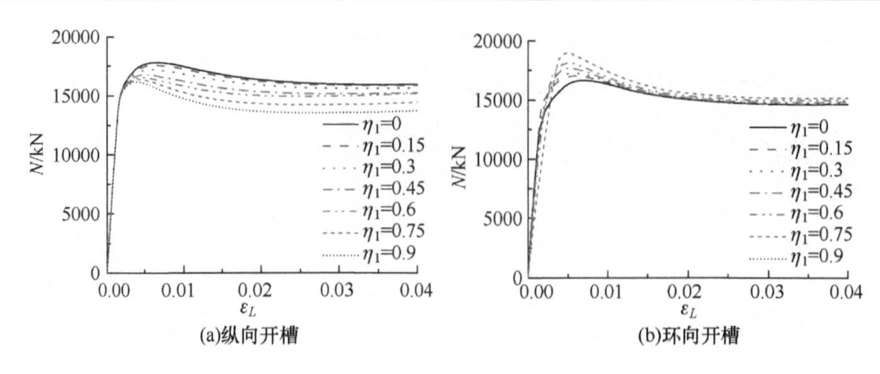

图 5-28　开槽长径比对模型试件荷载-纵向应变曲线的影响

图 5-29 为不同纵向开槽长径比圆形钢管算例中部混凝土极限状态和钢管破坏应力云图，可见：①达承载力时，混凝土应力由截面中部向四周递减，开槽后混凝土最大应力的中心向开槽处发生偏移，且开槽长度越大，偏移越明显，随着开槽长度的增加，中截面混凝土整体应力不断减小；②随着开槽长度的增加，试件破坏时中部截面处钢管屈曲得越明显，开槽处钢管的应力越不均匀，在槽短边及四角出现应力集中，且槽越长，应力集中越明显，当孔长度达到 300mm 时，试件破坏时钢管屈曲变形较大，基本上和混凝土已分离。

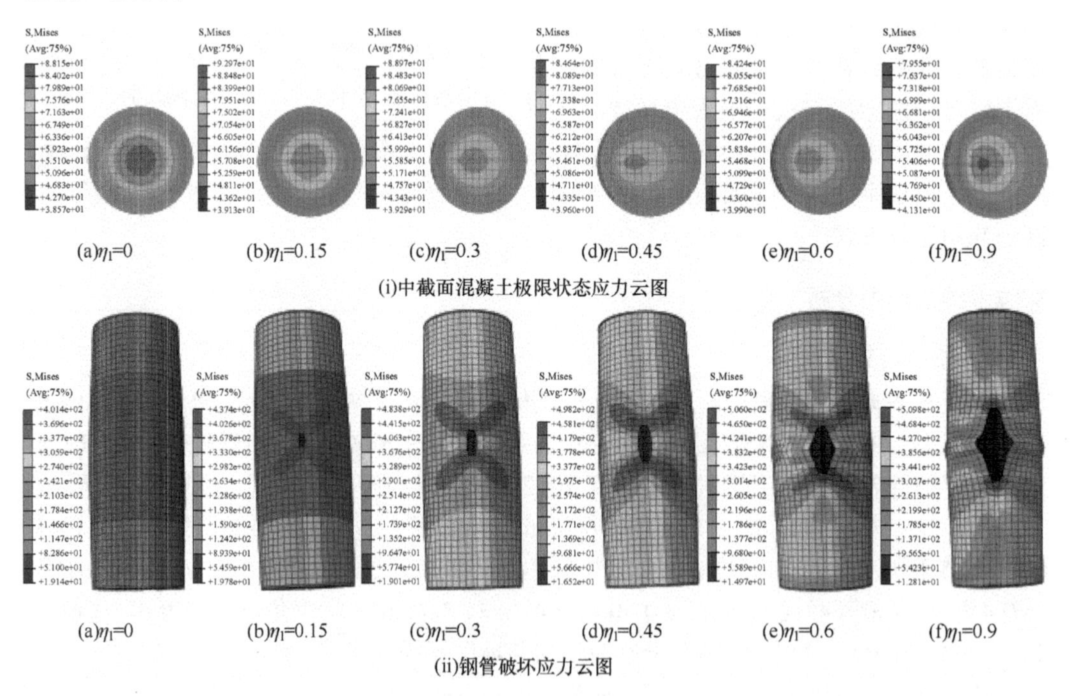

图 5-29　不同纵向开槽长径比圆形钢管算例中部混凝土极限状态和钢管破坏应力云图

图 5-30 为不同环向开槽长径比时圆形钢管模型中部混凝土极限状态和钢管破坏应力云图，可见：①达承载力时，中截面混凝土应力的最大值由中部向开槽处转移，开槽处混凝土应力大于截面其他部分，且随着开槽长度的增加，截面混凝土整体应力略有增

加；②环向开槽情况下钢管未出现明显的应力集中现象。

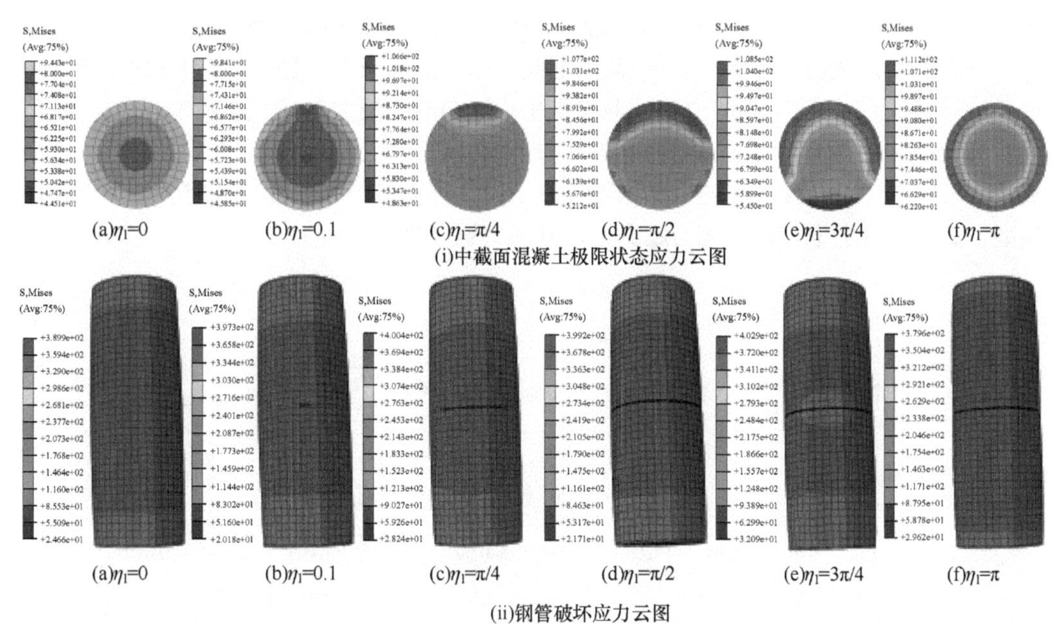

图 5-30　不同环向开槽长径比时圆形钢管算例中部混凝土极限状态和钢管破坏应力云图

纵向开槽长度 225mm、环向开槽长度 $\pi D/4$ 模型试件槽长边中点 A 和短边中点 B 的钢管应力-纵向应变曲线如图 5-31 所示，可得以下结论。

1）纵向开槽算例槽长边中部钢管的纵向应力与钢材单轴受压时应力变化规律相同，而钢管环向应力很小，该应力状态与正常算例相应部位的应力状态差别很大，表明开槽后钢管的应力路径发生了变化，槽长边处钢管主要起纵向受压的作用，而对核心混凝土的约束作用很小；槽短边中部钢管的纵向应力由受压变为受拉，钢管的环向拉应力增长很快，最后远大于其屈服强度，钢管后期处于双向受拉状态，表明开槽短边处钢管主要起约束混凝土的作用，后期基本不起纵向受压作用。

2）环向开槽模型槽长边钢管环向应力增长很快，整个应力过程与单轴受拉应力变化规律相似，而钢管纵向压应力很小，钢管只起约束混凝土的作用；加载开始时槽短边钢

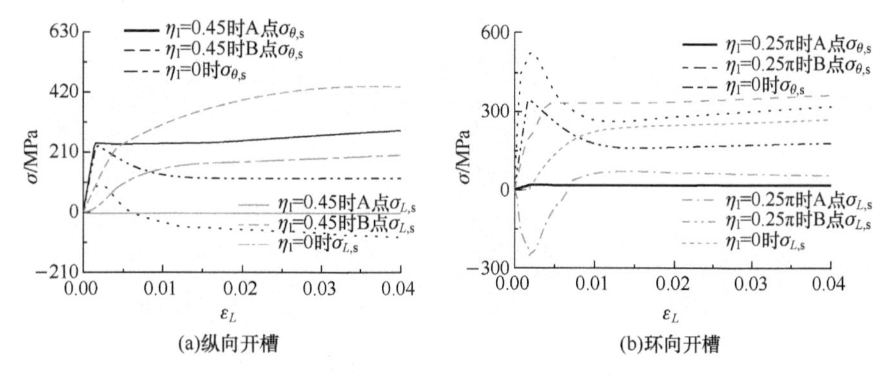

图 5-31　不同开槽模型槽长边中点 A 和槽短边中点 B 的钢管应力-纵向应变曲线

管处于双向受压状态，而后纵向压应力逐渐减小最后趋于常值，而横向拉应力逐渐减小最后趋于 0，钢管处于纵向单轴受压状态，表明后期钢管对混凝土基本无约束作用。

图 5-32 为开槽长径比对模型中截面混凝土平均纵向应力-纵向应变曲线的影响，可见：①不同开槽长径比下模型中截面混凝土平均纵向应力最大值都大于其轴心抗压强度，表明钢管仍对混凝土起约束作用；此外随着开槽长径比增加，混凝土平均纵向应力不断减小，表明钢管对混凝土的约束作用不断减小；②环向开槽试件随着开槽长度的增加，模型中截面混凝土平均纵向应力越大，后期应力也越大。

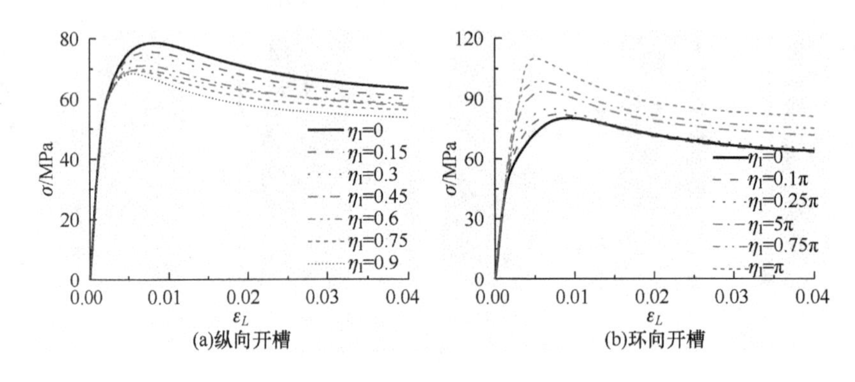

图 5-32　开槽长径比对模型中截面混凝土平均纵向压应力-纵向应变曲线的影响

图 5-33 为开槽角度对模型荷载（N）-纵向应变（ε_L）曲线和中截面混凝土平均纵向应力-纵向应变曲线的影响，可知：①开槽角度对开槽圆钢管混凝土试件组合刚度影响不大，而对承载力有较大影响。当开槽角度 θ 较小时，斜向开槽与纵向开槽的承载力相差不大，随着夹角 θ 的增大，承载力不断增大；当 θ 为 90° 时即为环向开槽，此时承载力最大且较正常试件略有提高，表明钢管纵向开槽是钢管混凝土轴压承载力的下限而环向开槽是上限。②随着夹角 θ 的增大，中截面混凝土平均纵向应力不断增大，其中纵向开槽最小，环向开槽最大并较正常算例略有提高，表明纵向开槽钢管对混凝土约束最小，环向开槽对混凝土约束最大，斜向开槽介于两者之间且随着开槽角度 θ 的增大对混凝土约束递增。

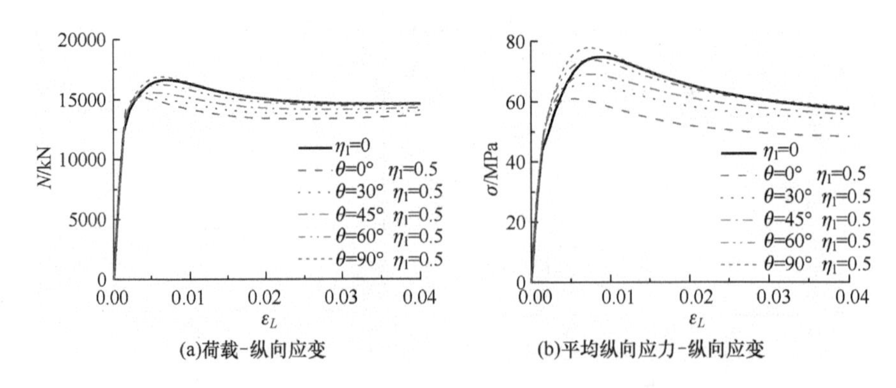

图 5-33　开槽角度对圆钢管混凝土模型荷载-纵向应变曲线和中截面混凝土平均纵向应力-纵向应变曲线的影响

图 5-34 为不同开槽角度圆钢管混凝土模型试件破坏应力云图比较，可知纵向开槽试件破坏时开槽处钢管屈曲变形最大，钢管应力集中较明显，而环向开槽钢管屈曲变形最小，钢管应力较均匀，斜向开槽介于两者之间。

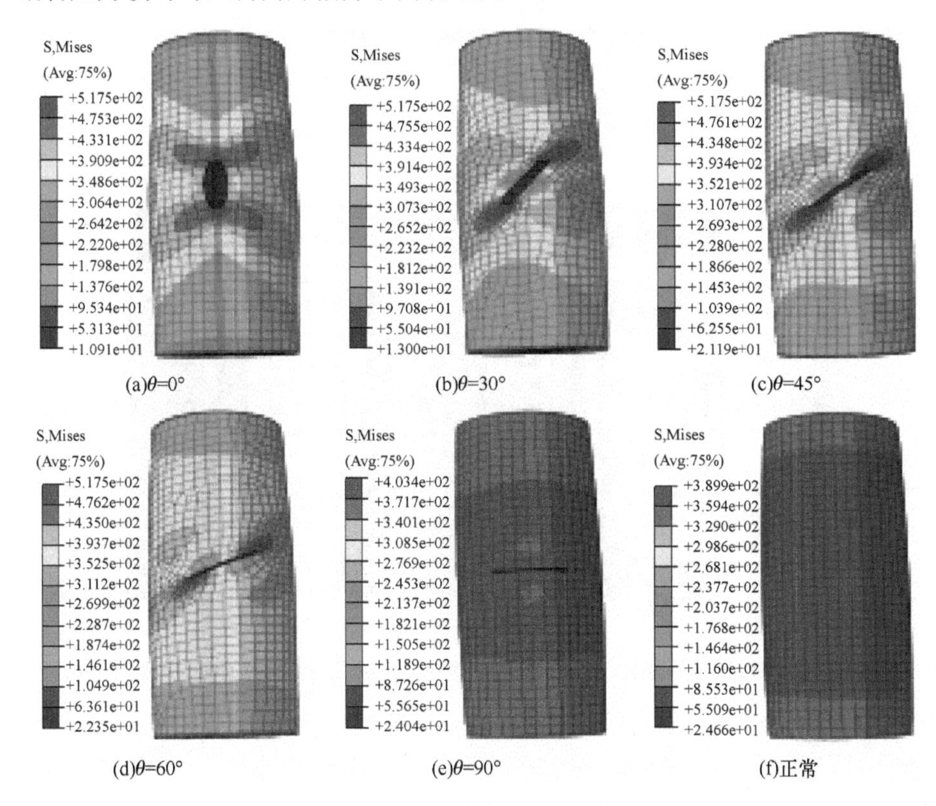

图 5-34　不同开槽角度圆钢管混凝土算例试件钢管破坏应力云图比较

工程中也存在钢管表面多个纵向开槽以方便梁纵筋穿过钢管，为此作者选取纵向开槽长径比 η_l=0.6，整体开槽长径比为各个槽长径比叠加，整体开槽长度为 300mm，而开槽数量 n 分别为 1、2、3 和 5 时，相应单个纵槽长度分别为 300mm、150mm、100mm 和 60mm。图 5-35 为纵向开槽数量 n 与位置对圆钢管混凝土模型荷载-纵向应变曲线和破坏应力云图的影响。纵向多槽可以叠加成等效纵向单槽：①当整体开槽长径比相同时，不同开槽数量与位置对刚度无影响，对承载力略有影响，其中钢管中部开单槽承载力最小，其他开槽数量与位置的承载力相差不大且介于钢管中部开单槽和正常算之间；②随着开槽数量的增加，试件破坏时的应力分布较均匀，应力集中减弱。

2．方钢管混凝土

典型开槽方钢管混凝土短柱轴压足尺模型的几何材料参数为：B=500mm，L=1500mm，t=10mm，f_{cu}=60MPa，f_y=345MPa；在模型中部、角部位置的钢管表面分别设置横向、纵向开槽，槽宽度 b_0=20mm，槽长度 l_0 分别为 50mm、100mm、250mm、400mm 和 500mm（槽长径比 η_l 分别为 0.1、0.2、0.5、0.8 和 1.0），同时建立正常模型作为对比。

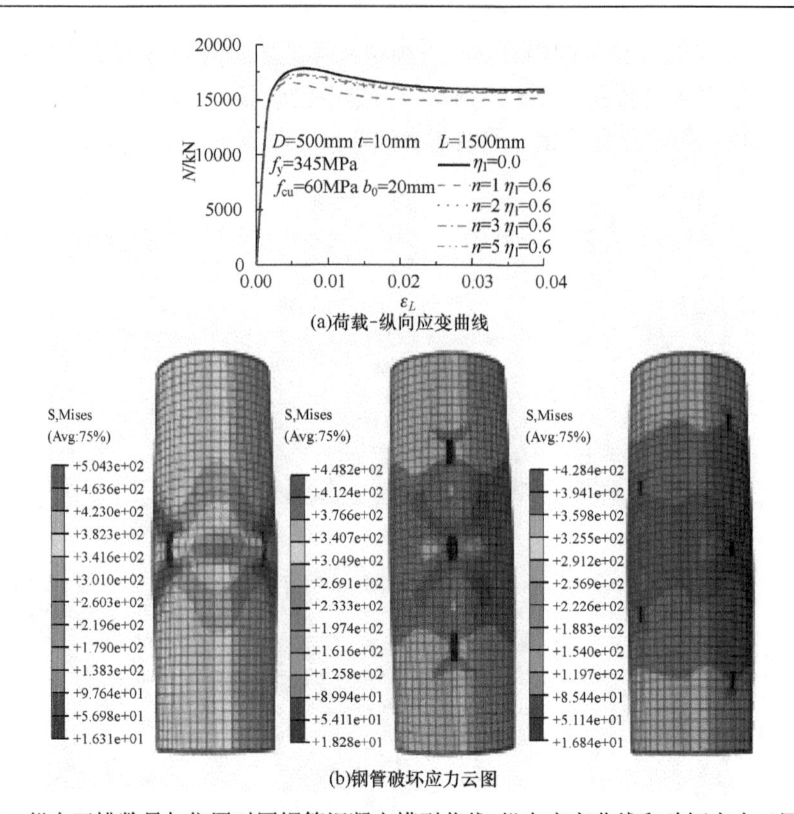

(a)荷载-纵向应变曲线

(b)钢管破坏应力云图

图 5-35　纵向开槽数量与位置对圆钢管混凝土模型荷载-纵向应变曲线和破坏应力云图的影响

图 5-36 为开槽长径比对方钢管混凝土短柱轴压典型足尺模型的荷载-纵向应变曲线的影响。

1）与正常模型相比，随着开槽长径比的增大，中部横向开槽算例组合弹性模量逐渐减小，模型越早进入弹塑性阶段，承载力也越小，当开槽长径比 η_1=1 时，承载力比正常模型降低约 8%；不同开槽长径比对模型的剩余承载力没有影响。

2）角部横向开槽模型的组合弹性模量和剩余承载力相差不大，但承载力有所降低，当开槽长径比 η_1=1 时，与正常模型相比，角部横向开槽模型承载力降低约 5%。

3）中部和角部纵向开槽模型的组合弹性模量和承载力相差不大，但剩余承载力有所降低。

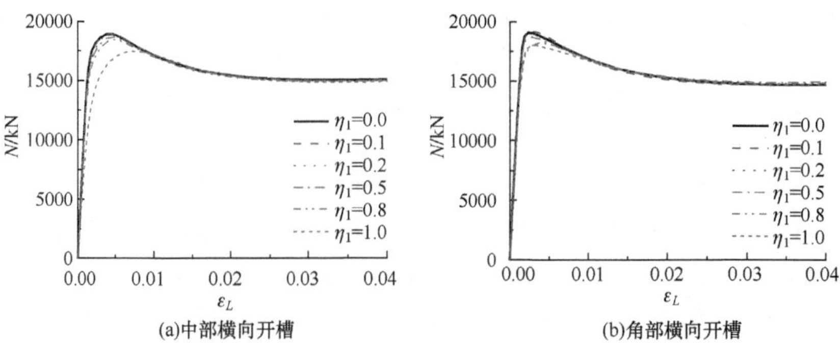

(a)中部横向开槽　　(b)角部横向开槽

图 5-36　开槽长径比、方向对方钢管混凝土短柱轴压典型足尺模型的荷载-纵向应变曲线的影响

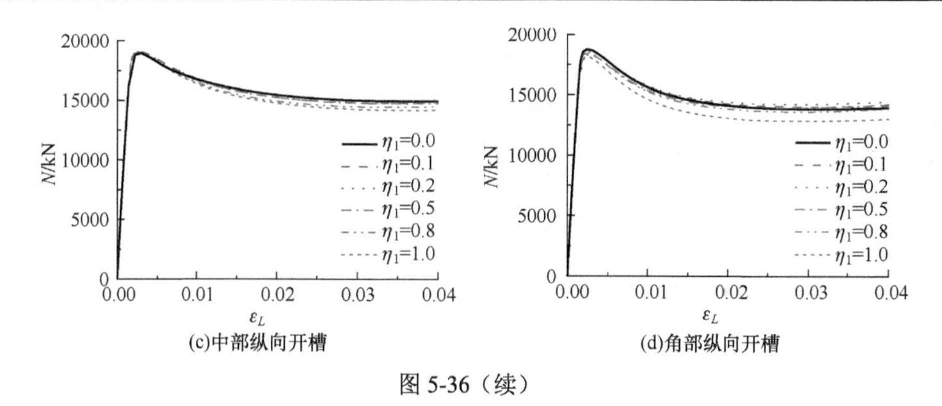

(c)中部纵向开槽　　(d)角部纵向开槽

图 5-36（续）

图 5-37 和图 5-38 为不同长径比下中部和角部横向开槽方钢管混凝土短柱轴压算模型的中部混凝土极限状态和钢管破坏应力云图。由图 5-37 和图 5-38 可知：①随着横向开槽长度的增大，模型中部截面处钢管屈曲越明显，当开槽长度 $l_0 \geqslant 250$mm 时，模型钢管槽口闭合；②随着开槽长度的增大，开槽处钢管应力集中越明显。

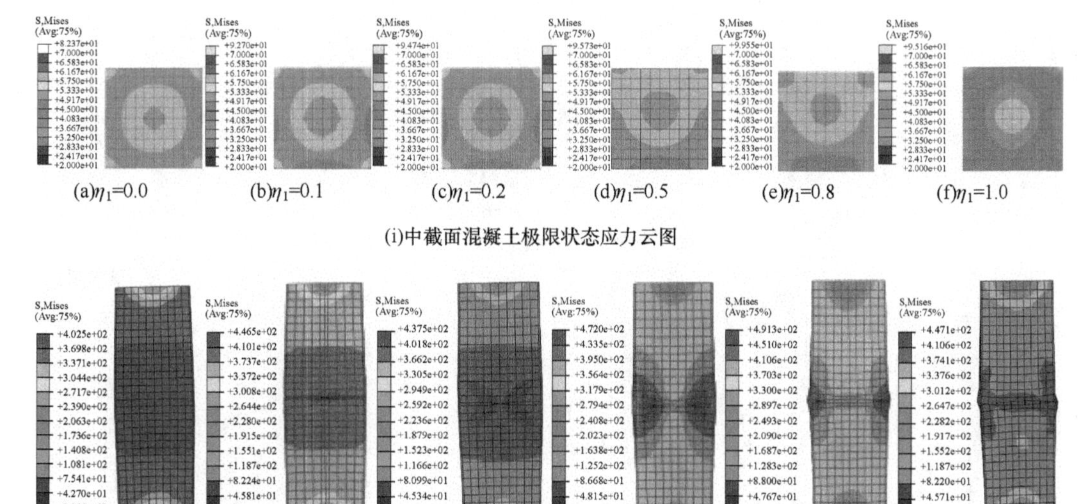

图 5-37　不同槽长径比下中部横向开槽方钢管混凝土短柱轴压模型的中部混凝土极限状态和钢管破坏应力云图

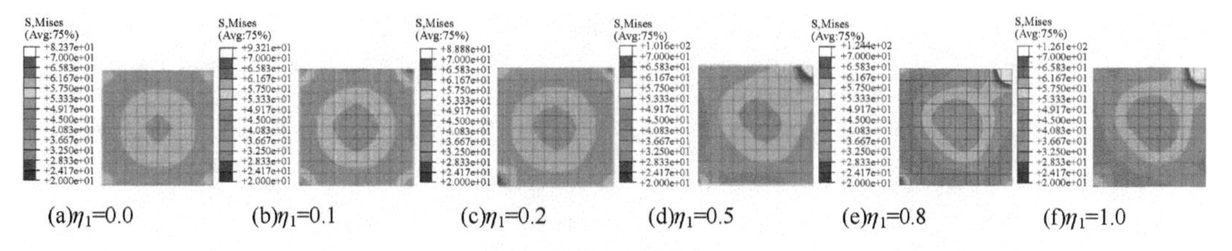

图 5-38　不同槽长径比下角部横向开槽方钢管混凝土短柱轴压模型的中部混凝土极限状态和钢管破坏应力云图

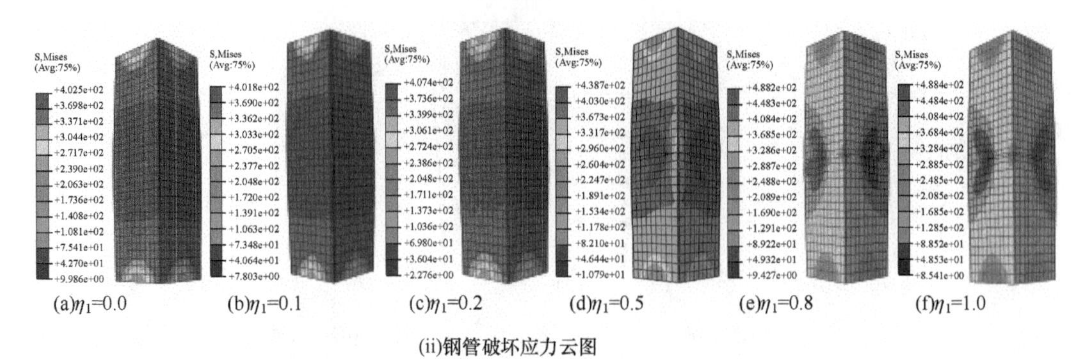

(a)η_1=0.0　(b)η_1=0.1　(c)η_1=0.2　(d)η_1=0.5　(e)η_1=0.8　(f)η_1=1.0

(ii)钢管破坏应力云图

图 5-38（续）

图 5-39 和图 5-40 为不同长径比下中部和角部纵向开槽方钢管混凝土短柱轴压模型的中部混凝土极限状态和钢管破坏应力云图，可以看出：①极限状态时中部混凝土受力基本维持为轴心受压；②随着纵向开槽长度的增加，算例破坏时中部钢管向外屈曲越明显；③随着开槽长度的增加，开槽处钢管应力集中越明显。

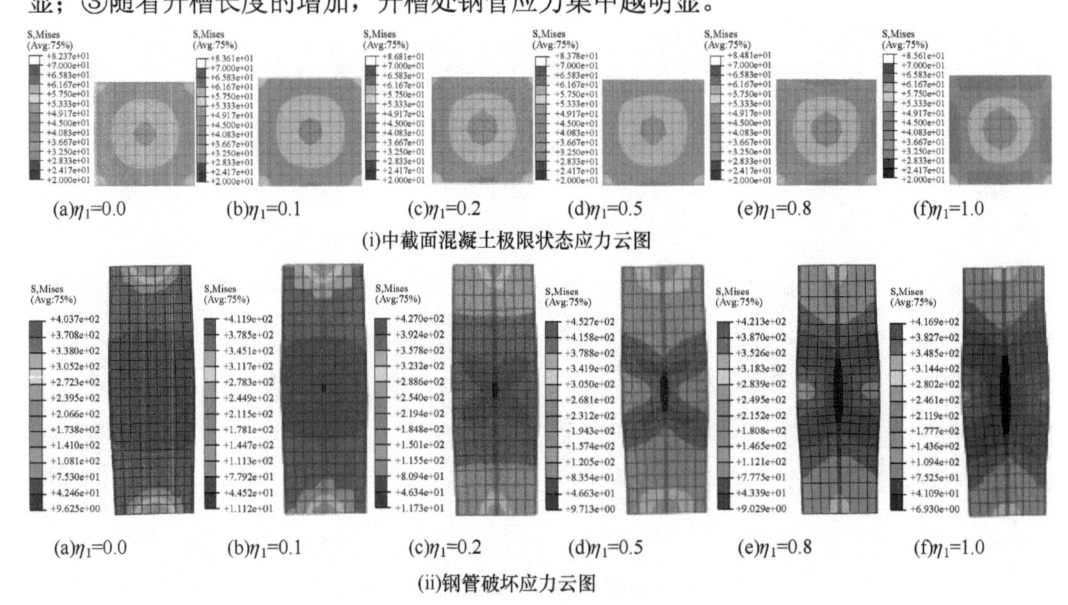

(a)η_1=0.0　(b)η_1=0.1　(c)η_1=0.2　(d)η_1=0.5　(e)η_1=0.8　(f)η_1=1.0

(i)中截面混凝土极限状态应力云图

(a)η_1=0.0　(b)η_1=0.1　(c)η_1=0.2　(d)η_1=0.5　(e)η_1=0.8　(f)η_1=1.0

(ii)钢管破坏应力云图

图 5-39　不同槽长径比中部纵向开槽方钢管混凝土短柱轴压模型的中部混凝土极限状态和钢管破坏应力云图

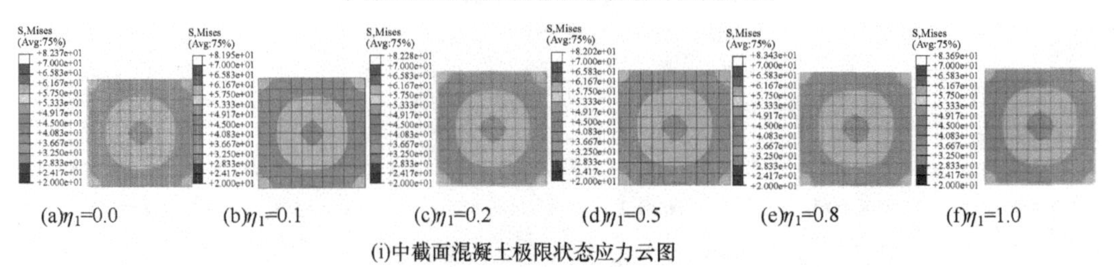

(a)η_1=0.0　(b)η_1=0.1　(c)η_1=0.2　(d)η_1=0.5　(e)η_1=0.8　(f)η_1=1.0

(i)中截面混凝土极限状态应力云图

图 5-40　不同槽长径比角部纵向方钢管混凝土短柱轴压模型的中部混凝土极限状态和钢管破坏应力云图

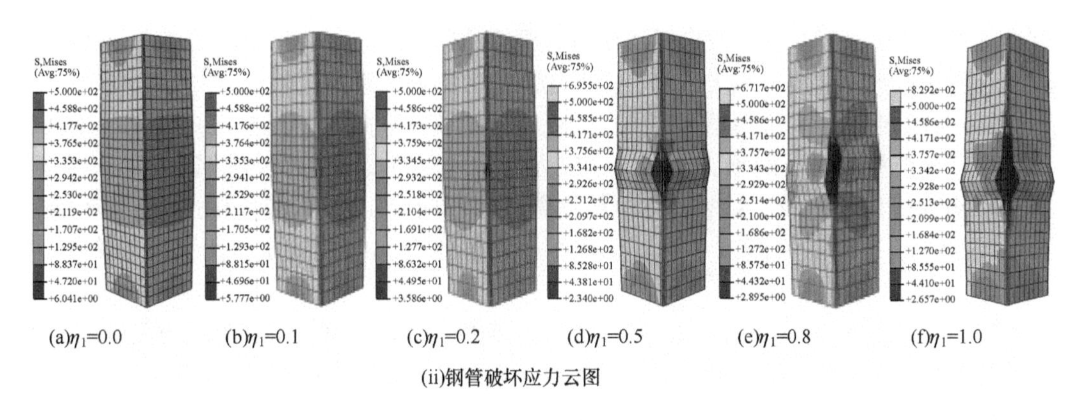

(a)η_1=0.0　(b)η_1=0.1　(c)η_1=0.2　(d)η_1=0.5　(e)η_1=0.8　(f)η_1=1.0

(ii)钢管破坏应力云图

图 5-40（续）

上述图 5-36～图 5-41 分析结果表明，横向开槽算例中部核心混凝土截面从轴心受压转变为偏心受压，横向开槽算例承载力下降较明显，而纵向开槽算例中部核心混凝土截面仍处于轴压状态，承载力基本不降低。

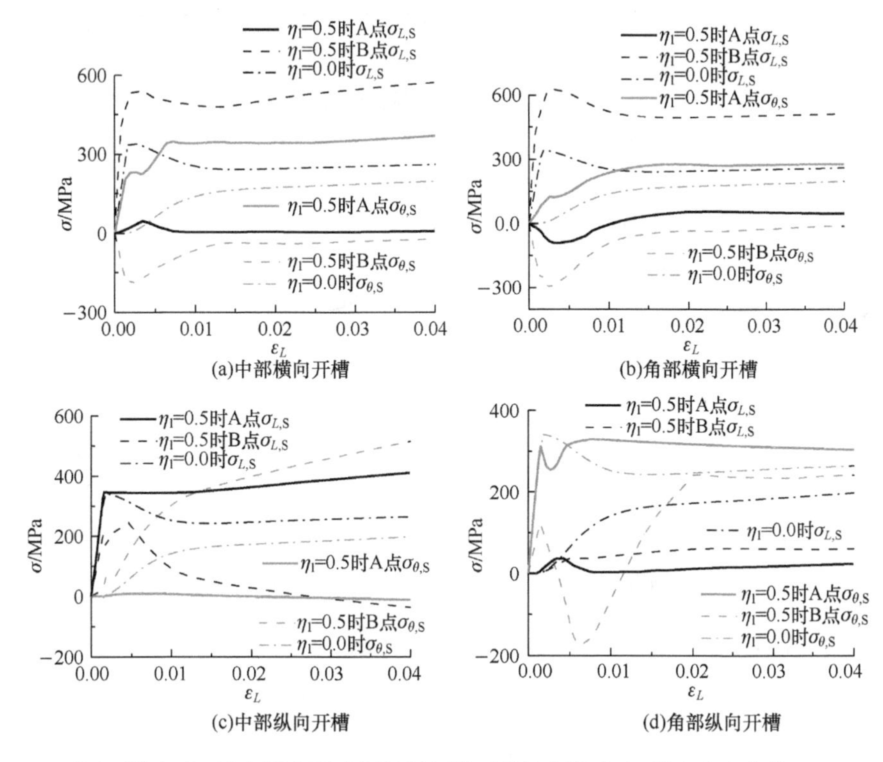

(a)中部横向开槽　(b)角部横向开槽

(c)中部纵向开槽　(d)角部纵向开槽

图 5-41　不同开槽方式下方钢管混凝土短柱轴压模型槽边钢管应力-纵向应变曲线（l_0=250mm）

图 5-41为不同开槽方式下方钢管混凝土短柱轴压模型槽边钢管应力-纵向应变曲线，其中钢管应力纵向以压为正，横向以拉为正，可以看出以下几点。

1）中部横向开槽模型槽长边中部钢管的横向应力近似单轴受拉，而钢管纵向应力很小，钢管主要约束混凝土；槽短边中部钢管的纵向压应力增长较快，最后远大于其屈服强度，槽短边中部钢管处于双向受压状态，钢管的横向压应力刚开始增加较快，而后逐渐较小到较低水平，应力水平得到提高并出现应力集中现象。

2）角部横向开槽模型槽长边中部钢管的横向与纵向应力在加载初期都为拉应力，而后横向拉应力逐渐增大，纵向拉应力变为压应力，表明槽长边钢管主要约束混凝土而纵向受压作用较小；槽短边中部钢管处于双向受压状态，钢管的横向压应力刚开始增加较快，而后逐渐减小到较低水平，钢管主要起纵向受压作用而对混凝土约束小。

3）中部纵向开槽模型槽长边中部钢管的横向应力很小，钢管主要为纵向受压；加载开始时槽短边中部钢管横向受拉而纵向受压，而后纵向压应力逐渐减小，而横向拉应力不断增长，后期主要约束混凝土。

4）角部纵向开槽算例槽长边中部钢管横向应力很小，钢管主要为纵向受压；槽短边中部钢管由于槽口钢管向外屈曲，其应力状态在拉、压之间转换。

图 5-42 为不同开槽方式下方钢管混凝土模型中截面混凝土平均应力-纵向应变曲线变化规律模型，可以看出：①中部横向开槽模型的混凝土平均纵向峰值应力和后期应力都比正常算例略大，且随开槽长径比的增加而增大；长径比 η_1=1.0 时模型提前进入弹塑性阶段；②角部横向开槽的混凝土平均纵向应力在弹性阶段基本不变，而纵向峰值应力和后期应力都有所增长，表明角部横向开槽后钢管约束混凝土略增强；③不同纵向开槽长度下中部纵向开槽模型的混凝土平均纵向应力差别不明显；④不同纵向开槽长径比下角部纵向开槽模型的混凝土平均纵向应力影响规律不明显，其中开槽长度 l_0 为 250mm 时最大，而 l_0 为 500mm 时最小。

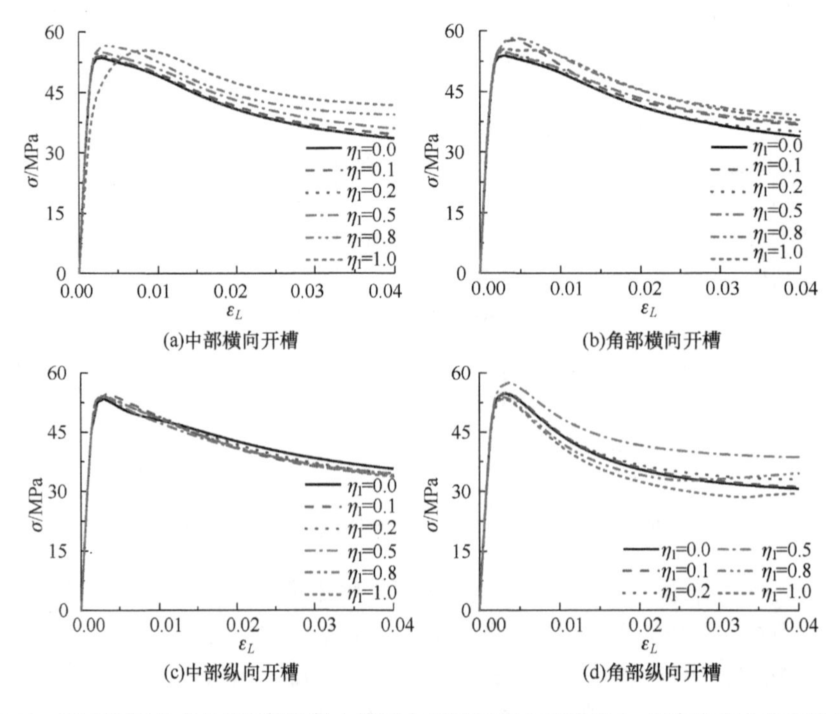

图 5-42　不同开槽方式下方钢管混凝土模型中截面混凝土平均应力-纵向应变曲线变化规律

图 5-43 为斜向开槽角度对算例荷载（N）-纵向应变（ε_L）曲线和中截面混凝土平均纵向应力-纵向应变曲线的影响（$B\times t\times L$=500mm×10mm×1500mm，f_y=345MPa，f_{cu}=60MPa，b_0=20mm），可知：①随着开槽角度的增加，算例的承载力略微降低，θ=90°时最小，比 θ=0° 时小 2.3%，而在破坏阶段的剩余承载力几乎不变；②随着夹角 θ 的增大，试件中截面混凝土的平均轴向应力略微增加，即纵向开槽试件最小，横向开槽试件最大，表明纵向开槽试件钢管对混凝土的约束作用最小，横向开槽试件对混凝土的约束作用最大，斜向开槽试件介于两者之间且随着开槽方向夹角 θ 的增加而递增。

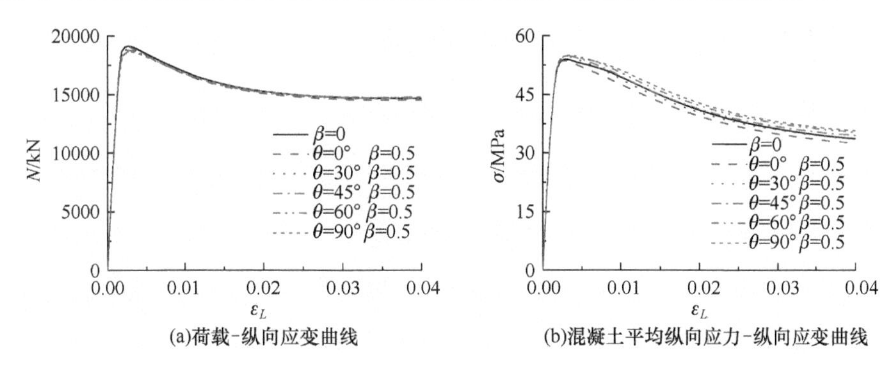

(a)荷载-纵向应变曲线　(b)混凝土平均纵向应力-纵向应变曲线

图 5-43　开槽角度对方钢管混凝土算例荷载和混凝土平均纵向应力-纵向应变曲线的影响

图 5-44 为中部斜向开槽不同开槽方向下方钢管混凝土模型中部混凝土极限状态和钢管破坏应力云图，可以看出：①极限状态时中截面混凝土受力由轴心受压转变为偏心受压；②当 θ<45°，算例破坏现象与纵向开槽算例相似，槽口钢管屈曲外扩，当 $\theta\geq$45°时，算例破坏时开槽处钢管屈曲闭合；③两种破坏方式下算例槽口短边均产生明显的应力集中。

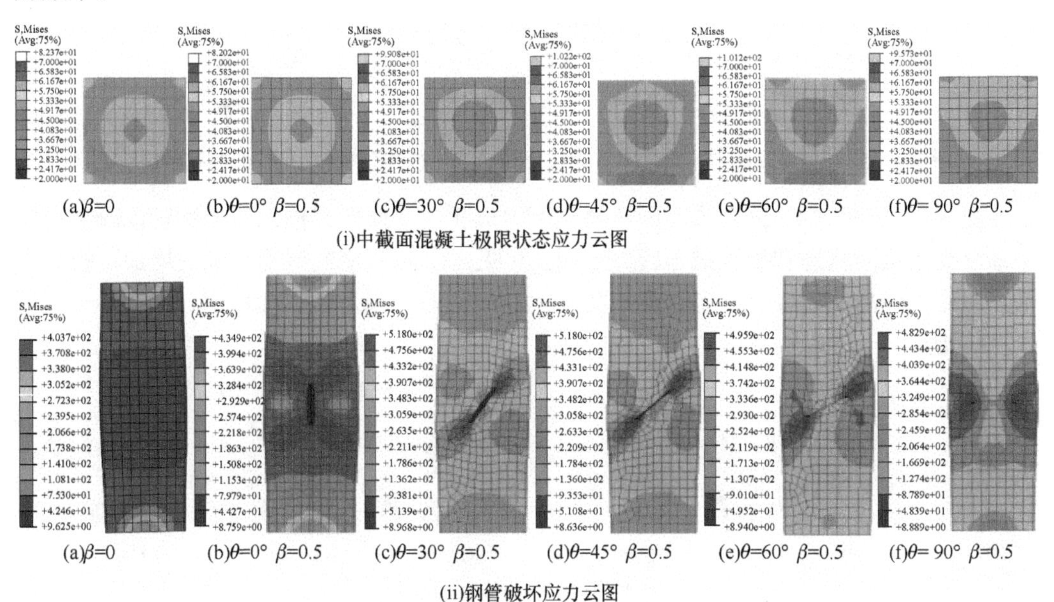

(a)β=0　(b)θ=0° β=0.5　(c)θ=30° β=0.5　(d)θ=45° β=0.5　(e)θ=60° β=0.5　(f)θ= 90° β=0.5

(i)中截面混凝土极限状态应力云图

(a)β=0　(b)θ=0° β=0.5　(c)θ=30° β=0.5　(d)θ=45° β=0.5　(e)θ=60° β=0.5　(f)θ= 90° β=0.5

(ii)钢管破坏应力云图

图 5-44　中部斜向开槽不同开槽方向下方钢管混凝土模型中部混凝土极限状态和钢管破坏应力云图

3. 六边形钢管混凝土

开槽六边形钢管混凝土短柱轴压典型足尺模型的参数：D=433mm，t=10mm，L=1500mm，f_{cu}=60MPa，f_y=345MPa；钢管表面的横向和纵向开槽，槽宽度 b_0=20mm，槽长度 l_0 分别为 25mm、50mm、125mm、200mm 和 250mm（槽长径比 η_1 分别为 0.06、0.12、0.29、0.46 和 0.58），同时建立正常模型作为对比。

图 5-45 为开槽长径比对六边形钢管混凝土短柱轴压模型中部横向开槽、角部横向开槽、中部纵向开槽和角部纵向开槽的六边形钢管混凝土短柱轴压模型荷载-纵向应变曲线的影响。四种模型的组合弹性模量、承载力和剩余承载力基本不变，开槽对六边形钢管混凝土影响很小。

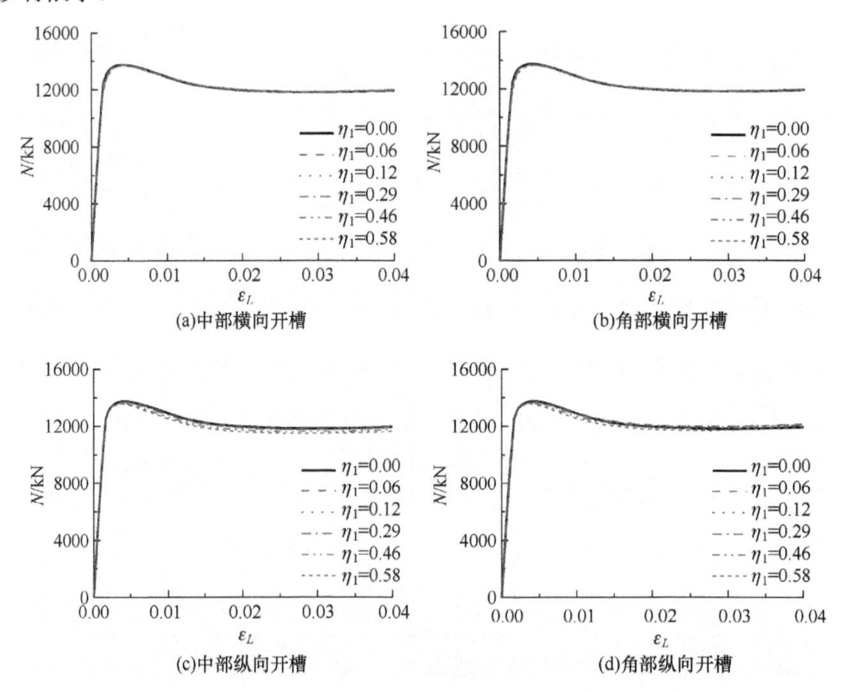

图 5-45　开槽长径比对六边形钢管混凝土短柱轴压模型荷载-纵向应变曲线的影响

图 5-46 和图 5-47 分别为不同长径比下中部和角部横向开槽六边形钢管混凝土模型中部混凝土极限状态和钢管破坏应力云图，可见：①随着横向开槽长度的增加，模型中部截面处钢管屈曲越明显，当开槽长度 $l_0 \geqslant$ 250mm 时，模型钢管槽口闭合；②随着开槽长度的增加，开槽处钢管应力集中越明显。

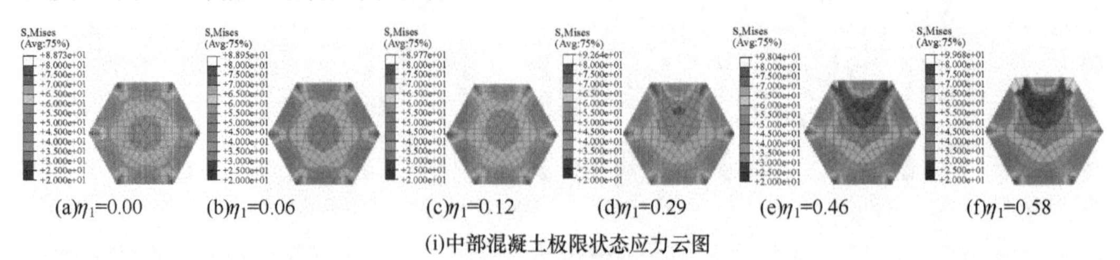

图 5-46　不同长径比下中部横向开槽六边形钢管混凝土模型中部混凝土极限状态和钢管破坏应力云图

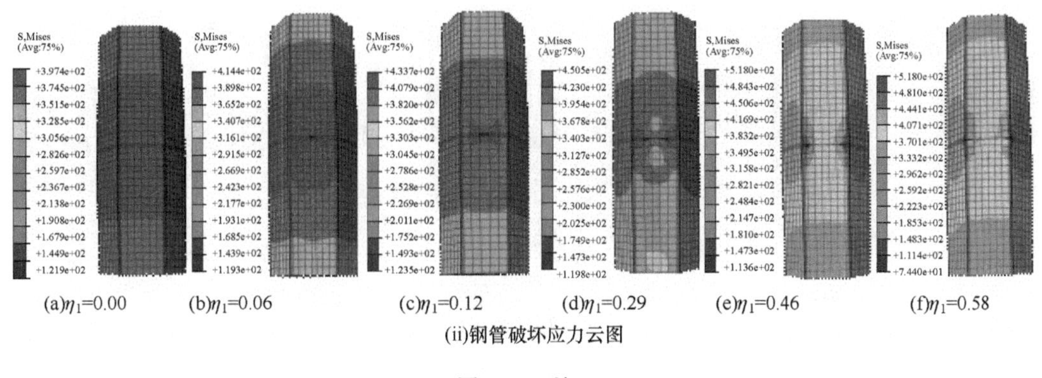

图 5-46（续）

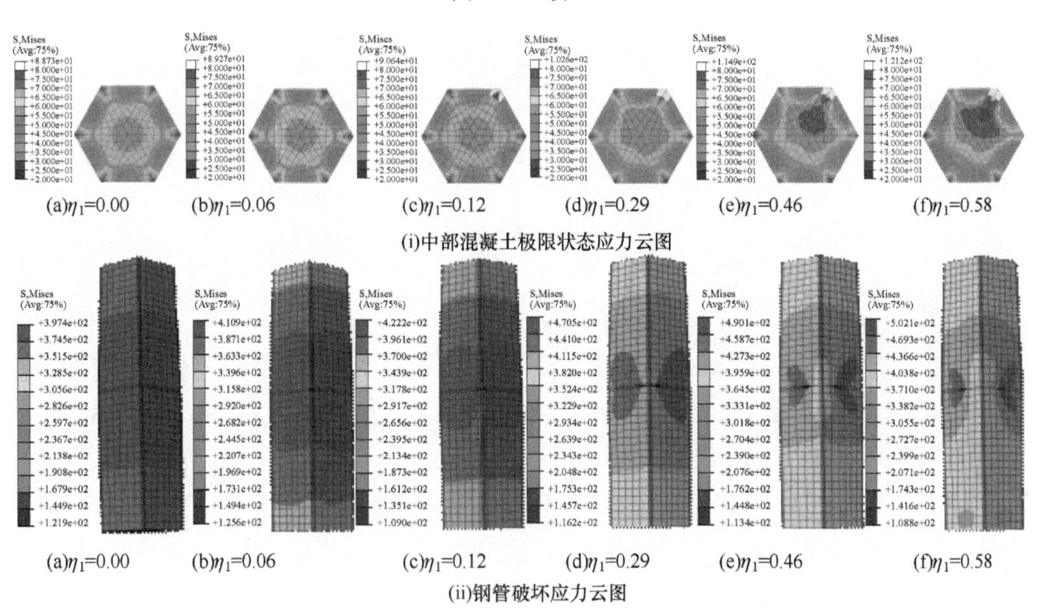

图 5-47　不同长径比下角部横向开槽六边形钢管混凝土模型中部混凝土极限状态和钢管破坏应力云图

图 5-48 和图 5-49 为不同长径比下中部和角部纵向开槽六边形钢管混凝土柱面中部算例模型破坏应力云图，可见：①随着纵向开槽长度的增加，模型中部钢管向外屈曲越明显；②随着开槽长度的增加，开槽处钢管应力集中越明显。

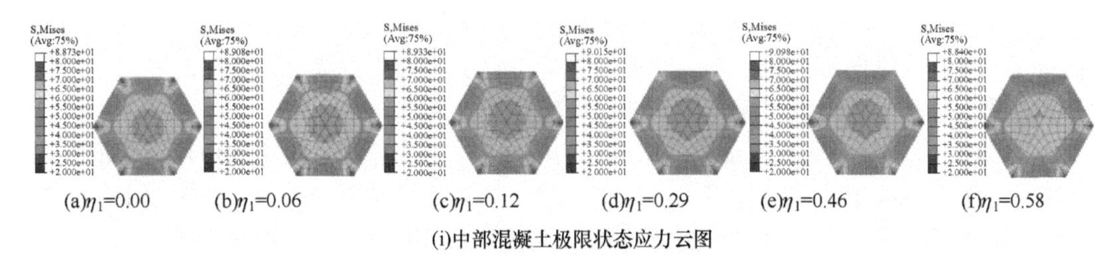

图 5-48　不同长径比下中部纵向开槽六边形钢管混凝土柱面中部算例模型破坏应力云图

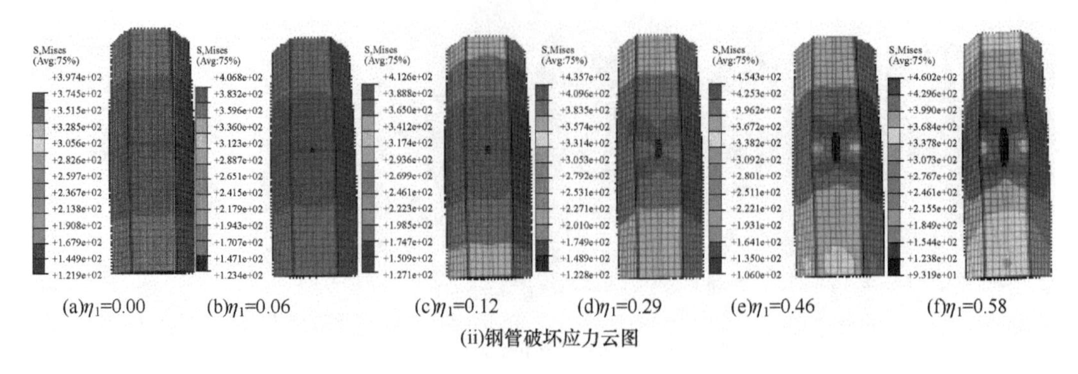

(a)η_1=0.00　(b)η_1=0.06　(c)η_1=0.12　(d)η_1=0.29　(e)η_1=0.46　(f)η_1=0.58

(ii)钢管破坏应力云图

图 5-48（续）

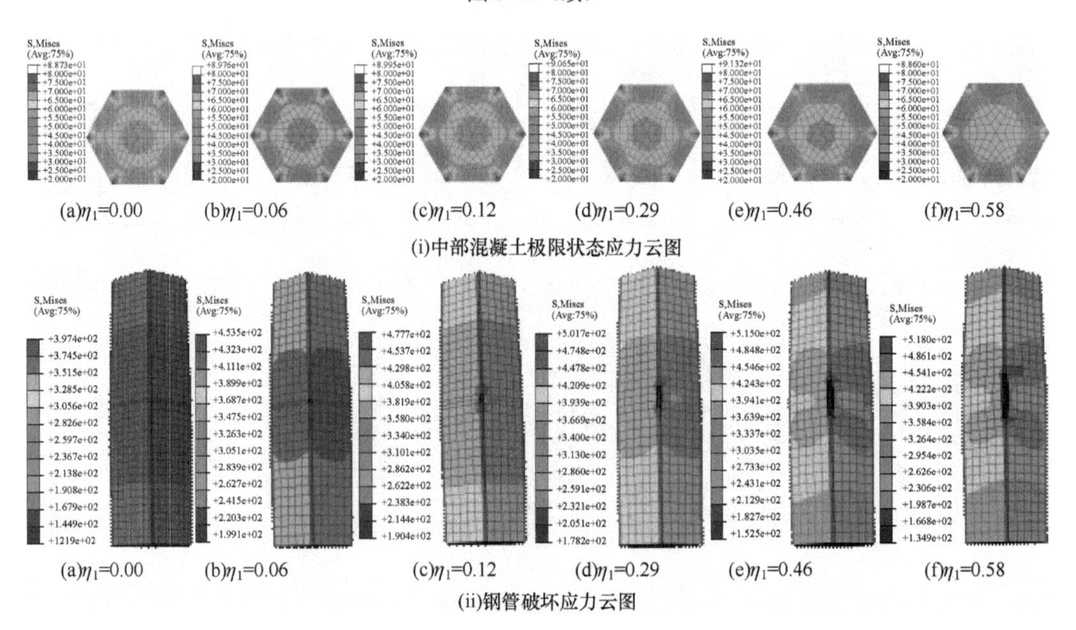

(a)η_1=0.00　(b)η_1=0.06　(c)η_1=0.12　(d)η_1=0.29　(e)η_1=0.46　(f)η_1=0.58

(i)中部混凝土极限状态应力云图

(a)η_1=0.00　(b)η_1=0.06　(c)η_1=0.12　(d)η_1=0.29　(e)η_1=0.46　(f)η_1=0.58

(ii)钢管破坏应力云图

图 5-49　不同长径比下角部纵向开槽六边形钢管混凝土模型柱面中部算例模型破坏应力云图

图 5-50 为不同开槽方式下开槽长度为 250mm 的六边形钢管混凝土短柱轴压模型槽边钢管应力-纵向应变曲线变化规律，其中钢管纵向以压应力为正，横向以拉应力为正。从图 5-50 中可以看出以下几点。

1）中部横向开槽模型槽长边中部钢管的横向应力变化规律类似单轴拉伸且大于屈服强度，而钢管纵向应力很小，表明槽长边处钢管主要约束混凝土；槽短边中部钢管处于双向受压状态，应力水平得到提高并出现应力集中现象。

2）角部横向开槽模型槽长边中部钢管的横向应力始终为 0，表明六边形钢管混凝土柱角部对核心混凝土的约束作用很小，槽长边中部钢管纵向为拉应力；槽短边中部钢管处于双向受压状态，应力水平得到提高并出现应力集中现象。

3）中部纵向开槽模型槽长边中部钢管的横向应力很小，槽长边中部钢管以纵向受压为主；槽短边中部钢管横向为拉应力并保持增长，纵向为压应力而后逐渐减小，表明后期钢管主要约束混凝土。

4）角部纵向开槽模型槽长边中部钢管的横向拉应力和纵向压应力，在加载初期迅速增长，经短暂减少后趋于稳定；槽短边中部钢管纵向、横向应力与正常模型相似，表明槽长边、短边中部钢管不仅纵向受压且约束混凝土。

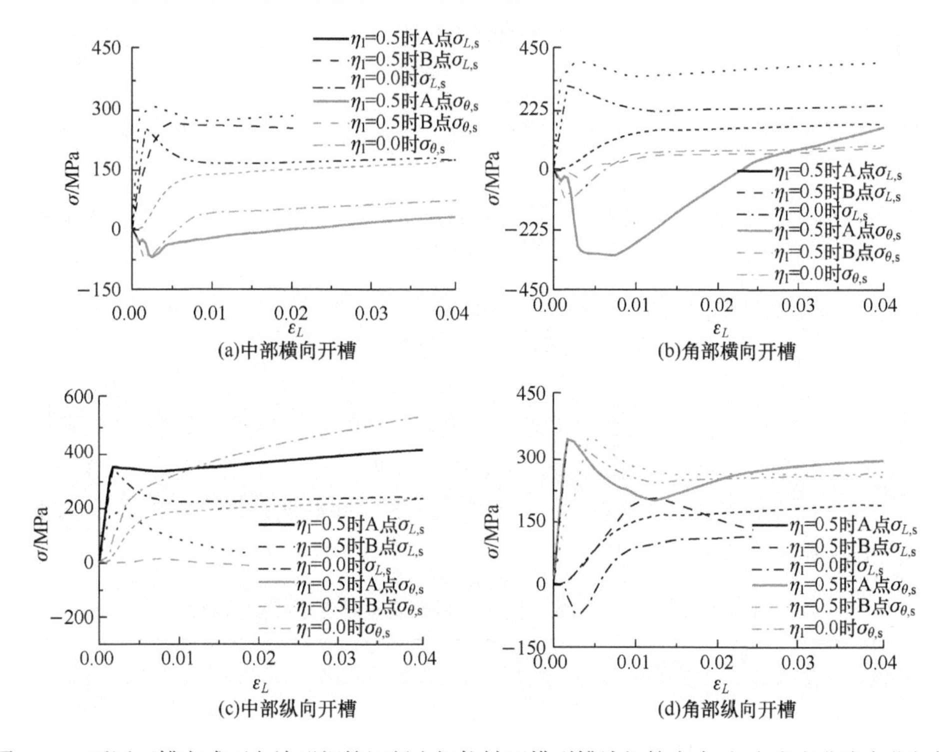

图 5-50　不同开槽方式下六边形钢管混凝土短柱轴压模型槽边钢管应力-纵向应变曲线变化规律

图 5-51 为不同开槽方式下六边形钢管混凝土短柱轴压模型中部截面混凝土平均应力-纵向应变曲线，可以看出：①中部和角部横向开槽模型混凝土平均纵向峰值应力随着开槽长径比的增大而增大，比正常模型增加约 5%；②中部纵向开槽模型中部截面混凝土平均纵向峰值应力随着开槽长径比的增大而减小，比正常模型降低约 5%；③不同开槽长径比下角部纵向开槽模型中部截面混凝土平均纵向峰值应力整体相差不大，差别不超过 5%。

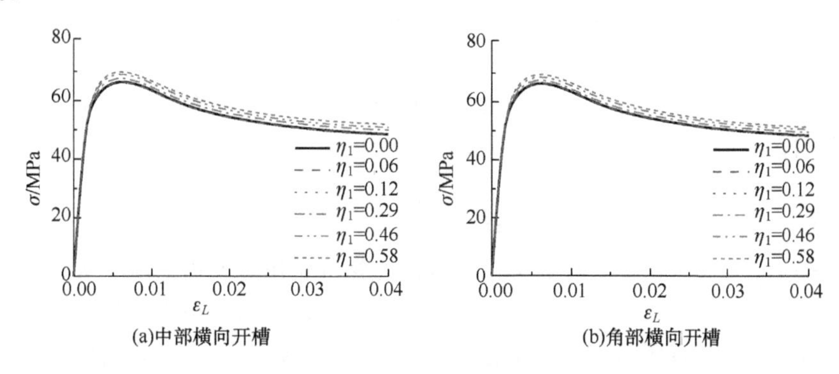

图 5-51　不同开槽方式下六边形钢管混凝土短柱轴压模型中截面混凝土平均应力-纵向应变曲线

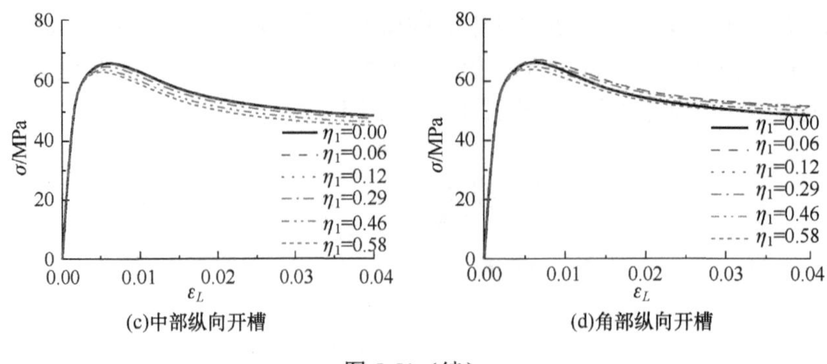

(c)中部纵向开槽　　(d)角部纵向开槽

图 5-51（续）

5.4　承载力实用计算公式

利用 ABAQUS 软件，考虑不同混凝土强度、含钢率和钢材屈服强度等参数对不同截面开槽钢管混凝土短柱轴压承载力的影响进行分析。对于钢材强度为 Q235～Q420、混凝土强度为 C30～C120 及含钢率为 0.04～0.20 的不同截面开槽钢管混凝土轴压短柱，每组参数的设置见表 5-8。

表 5-8　圆形、方形和六边形开槽钢管混凝土短柱参数设置

截面形式	D（B）×t×L*	l_0×b_0*	f_{cu}/MPa	f_y/MPa
圆形	500×5（10、14）×1500	0（150、300、450）× 0（20、100、250、400、500）	30、60、90	235
			60、90	345
			60、90、120	420
方形	500×5（10、14）×1500	0（100、250、400、500）×0（20）	30、60、90	235
			60、90	345
			60、90、120	420
六边形	433×5（10、14）×1500	0（100、250、400、500）×0（20）	30、60、90	235
			60、90	345
			60、90、120	420

* 此列数值单位均为 mm。

假定开槽钢管混凝土短柱轴压承载力计算公式采用与正常钢管混凝土轴压承载力一致的形式，即

$$N_u=f_cA_c+k_1f_sA_s \tag{5-1}$$

式中：k_1 为开槽钢管混凝土形状约束系数。

前述分析表明，纵向开槽对圆形钢管混凝土短柱轴压承载力影响很大，环向开窄槽不降低承载力，但若槽宽较大，随着槽宽径比的增大，轴压承载力也将降低，而横向开槽对方形钢管混凝土轴压承载力影响很大，图 5-52 和图 5-53 分别为斜向开槽与等效纵向开槽圆钢管模型、等效横向开槽方钢管模型的荷载-纵向应变曲线比较，可见斜向开槽

模型与其等效开槽模型的力学性能相当。

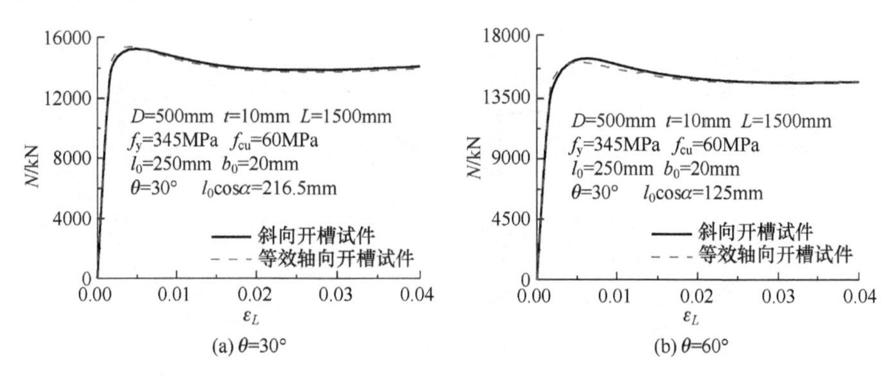

(a) θ=30°　(b) θ=60°

图 5-52　斜向开槽与等效纵向开槽圆钢管模型荷载-纵向应变曲线的比较

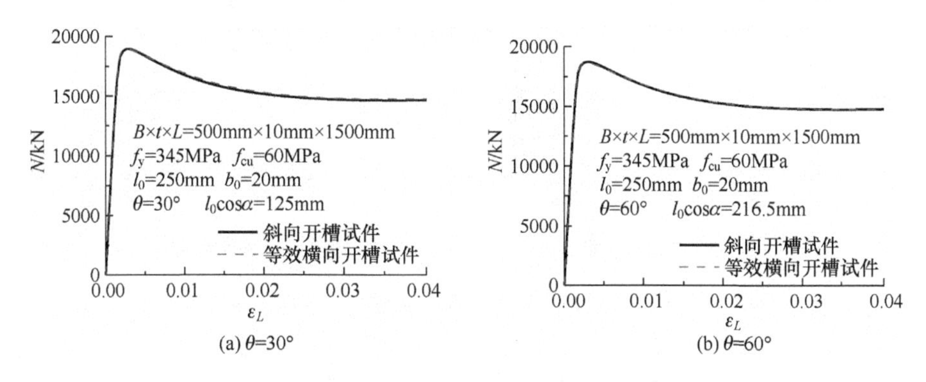

(a) θ=30°　(b) θ=60°

图 5-53　斜向开槽与等效横向开槽方钢管模型荷载-轴向应变曲线的比较

图 5-54 为不同开槽方式下开槽圆钢管混凝土形状约束系数 k_1 与槽长径比 η_l 和宽径比 η_w 的变化规律。图 5-55 为不同开槽方式下开槽方钢管混凝土形状约束系数 k_1 与槽长径比 η_l 的变化规律，可见中部和角部横向开槽对方钢管混凝土短柱轴压承载力的影响较大，而中部和角部纵向开槽的影响较小。图 5-56 为不同开槽方式下六边形钢管混凝土模型形状约束系数 k_1 与槽长径比 η_l 的关系。中部、角部横向以及中部和角部纵向开槽对六边形钢管混凝土短柱轴压承载力影响都较小。不同截面形式开槽钢管混凝土轴压承载力计算公式和形状约束系数表达式见表 5-9。

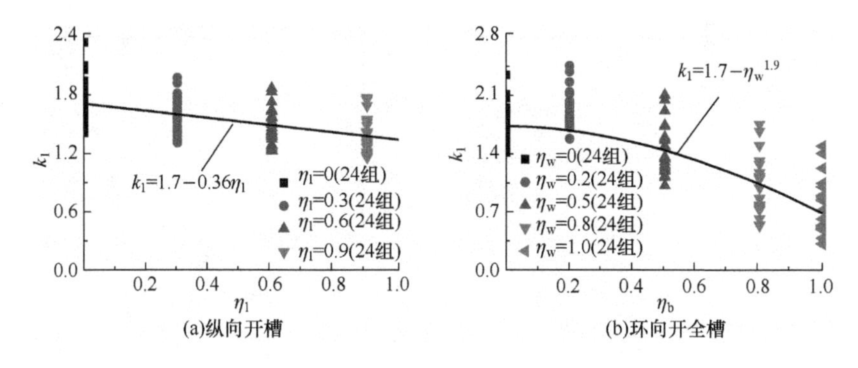

(a)纵向开槽　(b)环向开全槽

图 5-54　不同开槽方式下开槽圆形模型形状系数与槽长径比 η_l 和宽径比 η_b 的关系

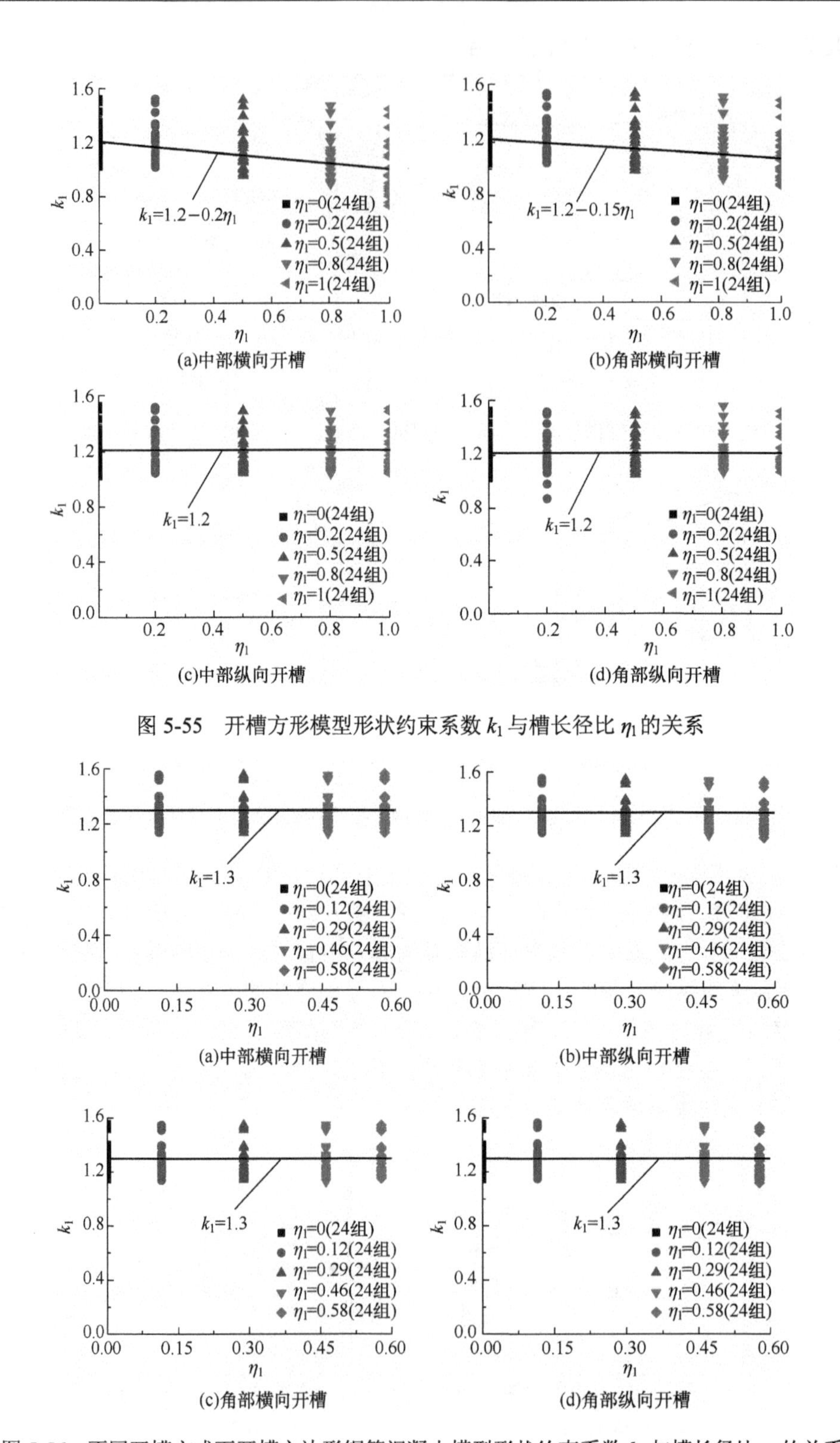

图 5-55　开槽方形模型形状约束系数 k_1 与槽长径比 η_1 的关系

图 5-56　不同开槽方式下开槽六边形钢管混凝土模型形状约束系数 k_1 与槽长径比 η_1 的关系

表 5-9　不同截面形式开槽钢管混凝土轴压承载力计算公式和形状约束系数表达式

截面形式	开槽形式	轴压承载力计算公式	k_1
圆形	纵向开槽	$N_u=f_cA_c+k_1f_yA_s$	$1.7-0.36\eta_l$
	斜向开槽		$1.7-0.36\eta_l\cos\theta$
	环向开槽		1.7
	环向全槽		$1.7-\eta_w^{1.9}$
方形	横向开槽		$1.2-0.2\eta_l$
	纵向开槽		1.2
	斜向开槽		$1.2-0.2\eta_l\sin\theta$
六边形	横向开槽		1.3
	纵向开槽		

表 5-10～表 5-13 列出了表 5-9 中圆形、方形和六边形开槽钢管混凝土短柱轴压承载力试验结果与计算结果的比较，其中试验值为 $N_{u,e}$，有限元值为 $N_{u,FE}$ 和公式值为 $N_{u,Eq}$ 之比的统计特征值。图 5-57 为各模型有限元值（$N_{u,FE}$）与公式值（$N_{u,Eq}$）之比的散点图，其中圆形算例均值为 1.012，离散系数为 0.067；方形算例均值为 1.017，离散系数为 0.036，六边形算例均值为 1.016，离散系数为 0.030。可见：本书提出的不同截面形式的承载力计算公式与试验结果吻合良好，精度较高且偏于安全。

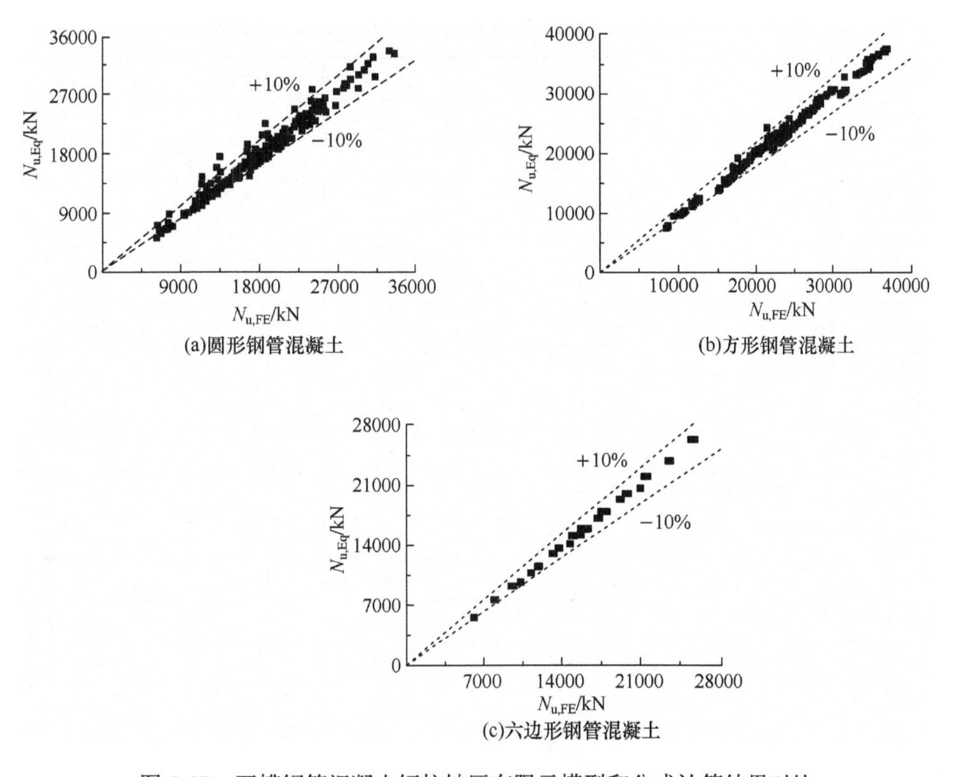

(a)圆形钢管混凝土　(b)方形钢管混凝土

(c)六边形钢管混凝土

图 5-57　开槽钢管混凝土短柱轴压有限元模型和公式计算结果对比

表 5-10　不同截面形式开槽钢管混凝土短柱轴压承载力试验结果与计算结果比较

截面形式	数量［文献］	D/mm	D/t	f_{cu}/MPa	f_y/MPa	η_1
圆形	14［本书］	165～219	45～60	42.6～77.2	350	0.14～0.24
	13［1］	111.6，113.6	31～59	47.8～56.7	256～261	0.13～0.75
方形	11［本书］	200	50	25.74	311	0～1
	2［6］	141	47	30	235	0.71，1
六边形	14［本书］	173	25	37.5	270	0～0.58

截面形式	η_w	θ/（°）	$N_{u,e}/N_{u,FE}$		$N_{u,e}/N_{u,Eq}$	
			均值	离散系数	均值	离散系数
圆形	0.05～0.91	0	1.000	0.031	1.008	0.081
		0～90	0.984	0.031	0.965	0.046
方形		0，90	1.007	0.009	0.966	0.037
		45	1.007	0.000	1.158	0.030
六边形		0，90	1.000	0.059	1.114	0.027

表 5-11　开槽圆钢管混凝土短柱轴压承载力计算值与试验值的比较

试件编号	文献	$D\times t\times L^*$	f_y/MPa	f_{cu}/MPa	$l_0\times b_0^*$
SZ5S4A1a	本书	219×4.78×650	350	50.5	
SZ5S4A1b		219×4.72×650	350	50.5	
SZ5S3A1		219×4.75×650	350	42.6	
SZ5S4A2		219×4.74×650	350	50.5	20×10
SZ5S3A2		219×4.73×650	350	42.6	20×10
SZ5S4E1		219×4.72×650	350	50.5	$10\times2\pi D$
SZ5S4E2		219×4.73×650	350	50.5	$50\times2\pi D$
SZ5S4E3		219×4.73×650	350	50.5	$100\times2\pi D$
SZ5S4E4		219×4.74×650	350	50.5	$200\times2\pi D$
SZ3S6A1		165×2.73×510	350	77.2	
SZ3S6A2		165×2.76×510	350	77.2	20×10
SZ3S4A1		165×2.72×510	350	57.0	
SZ3S4A2		165×2.74×510	350	57.0	20×10
SZ3C4A1		165×2.75×510	350	46.3	
CN-2	［4］	111.6×1.90×400	261.3	56.7	48×6
CN-3		111.6×1.90×400	261.3	56.7	36×6
ND-4		111.6×1.90×400	261.3	56.7	32×6

续表

试件编号	文献	$D \times t \times L^{*}$	f_y/MPa	f_{cu}/MPa	$l_0 \times b_0^{*}$
ND-5	[4]	111.6×1.90×400	261.3	56.7	36×6
LN-7		111.6×1.90×400	261.3	56.7	13×6
LN-8		113.6×3.64×400	259.6	56.7	15×6
LN-9		111.6×1.90×400	261.3	56.7	26×6
LN-10		113.6×3.64×400	259.6	56.7	21×6
LN-11		111.6×1.90×400	261.3	47.8	33×6
LN-12		111.6×1.90×400	261.3	47.8	42×6
LN-13		111.6×1.90×400	261.3	56.7	44×6
LN-14		113.6×3.64×400	261.3	56.7	84×6
LN-15		113.6×3.64×400	259.6	56.7	84×6

试件编号	η_l	η_b	$N_{u,e}$/kN	$N_{u,FE}$/kN	$N_{u,Eq}$/kN	$N_{u,e}/N_{u,FE}$	$N_{u,e}/N_{u,Eq}$
SZ5S4A1a			3400	3475	3252	0.978	1.045
SZ5S4A1b			3350	3399	3230	0.986	1.037
SZ5S3A1			3150	3104	3000	1.015	1.050
SZ5S4A2	0.09		3160	3295	3201	0.959	0.987
SZ5S3A2	0.09		3150	3095	2956	1.018	1.066
SZ5S4E1		0.05	3380	3548	3263	0.953	1.036
SZ5S4E2		0.23	3600	3522	3234	1.022	1.113
SZ5S4E3		0.46	2900	2968	3006	0.977	0.965
SZ5S4E4		0.91	1680	1720	2244	0.977	0.749
SZ3S6A1			2080	1978	2102	1.052	0.990
SZ3S6A2	0.12		2060	1958	2088	1.052	0.986
SZ3S4A1			1750	1750	1719	1.000	1.018
SZ3S4A2	0.12		1785	1737	1704	1.027	1.048
SZ3C4A1			1560	1590	1535	0.981	1.016
CN-2	0.43		702.5	679.5	670.5	1.034	1.048
CN-3	0.32		654.1	689.2	677.1	0.949	0.966
ND-4	0.29		647.8	653.1	693.9	0.992	0.934
ND-5	0.32		649.5	635.8	713.8	1.022	0.910
LN-7	0.12		672.2	702.4	700.2	0.957	0.960
LN-8	0.13		994.6	967.4	967.4	1.028	1.028
LN-9	0.23		659.8	668.4	703.4	0.987	0.938
LN-10	0.19		937	974.5	974.5	0.962	0.962
LN-11	0.30		622.9	645.4	631.8	0.965	0.986
LN-12	0.38		579.2	592.1	634.1	0.978	0.913
LN-13	0.39		634.9	678.9	707.9	0.935	0.897

续表

试件编号	η_l	η_b	$N_{u,e}$/kN	$N_{u,FE}$/kN	$N_{u,Eq}$/kN	$N_{u,e}/N_{u,FE}$	$N_{u,e}/N_{u,Eq}$
LN-14	0.74		579	569.4	562.1	1.017	1.030
LN-15	0.74		898.6	924.3	924.3	0.972	0.972
均值						0.992	0.987
离散系数						0.032	0.070

* 此列数值单位均为 mm。

表 5-12　开槽方钢管混凝土短柱轴压承载力计算结果与试验结果的比较

试件编号	文献	$D\times t\times L^*$	f_y/MPa	f_{cu}/MPa	$l_0\times b_0{}^*$
SCN-1	本书	200×4×600	311	25.74	100×10
SCN-2		200×4×600	311	25.74	200×10
SCN-3		200×4×600	311	25.74	100×10
SCN-4		201×4×600	311	25.74	200×10
SLN-5		201×4×600	311	25.74	30×10
SLN-6		200×4×600	311	25.74	60×10
SLN-7		200×4×600	311	25.74	120×10
SLN-8		200×4×600	311	25.74	30×10
SLN-9		201×4×600	311	25.74	60×10
SLN-10		201×4×600	311	25.74	120×10
SFT-11		200×4×600	311	25.74	
CFST-S-1	[6]	141×3×419	235	30.00	100×6
CFST-S-2		141×3×422	235	30.00	141×6

试件编号	η_l	$N_{u,e}$/kN	$N_{u,FE}$/kN	$N_{u,Eq}$/kN	$N_{u,e}/N_{u,FE}$	$N_{u,e}/N_{u,Eq}$
SCN-1	0.50	2049	2013	2022	1.018	1.014
SCN-2	1.00	1850	1852	1924	0.999	0.961
SCN-3	0.50	2040	2006	2022	1.017	1.009
SCN-4	1.00	1970	1927	1940	1.023	1.015
SLN-5	0.15	2075	2065	2135	1.005	0.972
SLN-6	0.30	2016	1997	2119	1.010	0.951
SLN-7	0.60	1942	1925	2119	1.009	0.916
SLN-8	0.15	2064	2071	2119	0.997	0.974
SLN-9	0.30	1980	1999	2135	0.991	0.927
SLN-10	0.60	1930	1938	2135	0.996	0.904
SFT-11	0.00	2060	2067	2119	1.018	0.986
CFST-S-1	0.71	966	959	813	1.007	1.188
CFST-S-2	1.00	899	893	797	1.007	1.128
均值					1.007	0.996
离散系数					0.009	0.078

* 此列数值单位均为 mm。

表 5-13　开槽六边形钢管混凝土短柱轴压承载力计算结果与试验结果的比较

试件编号	文献	$D\times t\times L^*$	f_y/MPa	f_{cu}/MPa	$l_0\times b_0^*$
HCFT1	本书	173×4×600	270	37.5	100×10
HCFT2		173×4×600	270	37.5	60×10
HCFT3		173×4×600	270	37.5	30×10
HCFT4		173×4×600	270	37.5	100×10
HCFT5		173×4×600	270	37.5	60×10
HCFT6		173×4×600	270	37.5	30×10
HCFT7		173×4×600	270	37.5	100×10
HCFT8		173×4×600	270	37.5	60×10
HCFT9		173×4×600	270	37.5	30×10
HCFT10		173×4×600	270	37.5	100×10
HCFT11		173×4×600	270	37.5	60×10
HCFT12		173×4×600	270	37.5	30×10
HCFT13		173×4×600	270	37.5	
HCFT14		173×4×600	270	37.5	
均值					
离散系数					

试件编号	η_l	$N_{u,e}$/kN	$N_{u,FE}$/kN	$N_{u,Eq}$/kN	$N_{u,e}/N_{u,FE}$	$N_{u,e}/N_{u,Eq}$
HCFT1	0.50	1483	1519	1372	0.976	1.081
HCFT2	1.00	1529	1510	1372	1.013	1.114
HCFT3	0.50	1557	1545	1372	1.007	1.135
HCFT4	1.00	1456	1506	1372	0.967	1.061
HCFT5	0.15	1502	1512	1372	0.993	1.095
HCFT6	0.30	1538	1511	1372	1.018	1.121
HCFT7	0.60	1530	1508	1372	1.015	1.115
HCFT8	0.15	1558	1547	1372	1.007	1.136
HCFT9	0.30	1574	1554	1372	1.013	1.151
HCFT10	0.60	1468	1498	1372	0.980	1.070
HCFT11	0	1516	1496	1372	1.013	1.105
HCFT12		1569	1554	1372	1.010	1.144
HCFT13		1554	1569	1372	0.990	1.133
HCFT14		1555	1569	1372	0.991	1.133
均值					1.000	1.114
离散系数					0.059	0.027

* 此列数值单位均为 mm。

本 章 小 结

1）开展了不同开槽方式下的圆形、方形、六边形钢管混凝土短柱轴压试验研究，并采用 ABAQUS 有限元软件进行三维实体有限元分析，计算结果与试验结果符合较好。

2）试验研究与约束原理分析结果表明，钢管纵向开槽降低了圆钢管对混凝土的约束作用，钢管环向开槽总体上增强了圆钢管对混凝土的约束作用；钢管横向开槽降低了方钢管混凝土轴压承载力，而纵向开槽几乎不降低承载力；圆钢管斜向开槽可等效为不同长径比的纵向开槽，方钢管斜向开槽可等效为不同长径比的横向开槽；钢管横向与纵向开槽几乎不降低六边形钢管混凝土的轴压承载力。

3）基于参数分析，建立了开槽圆形、方形和六边形钢管混凝土轴压承载力计算公式，公式计算结果得到本章 39 个短柱试验结果以及 15 个其他学者试验结果的验证，该公式形式简洁、物理意义明确，且偏于安全。

参 考 文 献

[1] 中华人民共和国住房和城乡建设部．钢结构设计标准：GB 50017—2017［S］．北京：中国建筑工业出版社，2017.

[2] 中华人民共和国住房和城乡建设部．混凝土物理力学性能试验方法标准：GB/T 50081—2019［S］．北京：中国建筑工业出版社，2019.

[3] 全国钢标准化技术委员会．金属材料　拉伸试验　第 1 部分：室温试验方法：GB/T 228.1—2010［S］．北京：中国标准出版社，2011.

[4] XU C，FU L，ZHAO H B，et al. Behaviors of axially loaded circular concrete-filled steel tube（CFT）stub columns with notch in steel tubes［J］. Thin-Walled Structures，2013，73：273-280.

[5] 郭兰慧，张素梅，刘界鹏．不同加载模式下方钢管混凝土力学性能试验研究与理论分析［J］．工程力学，2008，25（9）：143-148.

[6] GUO L H，HUANG，H J，JIA C，et al. Axial behavior of square CFST with local corrosion simulated by artificial notch［J］. Journal of Constructional Steel Research，2020，174：106314.

第 6 章　各类约束钢管混凝土轴压约束原理

6.1　概　　述

由于截面特性，方钢管混凝土柱抗弯刚度大但钢管对混凝土约束作用弱，钢管形状约束系数较小，人们有必要采取措施加强对混凝土的约束。此外，实际工程中超大尺寸圆钢管混凝土柱在施工过程中存在钢管壁厚过厚引起焊接困难的问题，导致截面含钢率受到限制。为了在不增加钢管壁厚的情况下提高钢管混凝土柱的整体含钢率，采取包括：①在钢管外部包裹数层碳纤维增强聚合物（carbon fibre reinforced polymer，CFRP）材料碳纤维布形成 CFRP 约束钢管混凝土柱；②在钢管中心布置型钢形成型钢-钢管混凝土柱；③在钢管内部再放置钢管形成复式钢管混凝土柱；④在钢管内部布置加劲肋、栓钉或各种形式拉筋形成拉筋钢管混凝土柱等。本章针对各类约束的钢管混凝土短柱轴压力学性能进行研究，主要工作有以下几个。

1）开展 94 个各类约束形式钢管混凝土短柱轴压试验研究，探讨外包碳纤维布、内置型钢、钢管、加劲肋、栓钉和各种形式拉筋等约束方式对圆、方钢管混凝土短柱轴压承载力、延性和破坏形式的影响规律。

2）应用 ABAQUS 有限元软件建立各类钢管混凝土短柱轴压有限元模型，对各约束钢管混凝土短柱轴压性能进行有限元分析，揭示各约束方式对钢管混凝土约束作用的影响规律，并指出最优约束方式。

3）根据极限平衡法和力叠加法，建立考虑碳纤维布以及置型钢和圆钢管等约束系数及外钢管形状约束系数影响的钢管混凝土轴压承载力计算公式。

6.2　试 验 研 究

6.2.1　试验概况

碳纤维布外约束以及型钢、圆钢管、栓钉、加劲肋和米字形拉筋、菱形拉筋、圆环拉筋、螺旋拉筋、双向对拉筋等各类内约束钢管混凝土短柱轴压试件截面示意图如图 6-1 所示，其中 t_{cf} 为碳纤维布厚度，A_{si}、A_s 分别代表内层和外层钢管面积，t_i、t 分别代表内层和外层钢管厚度，D_i 和 D（B）分别代表内层钢管直径和外层钢管直径或边长。

1．CFRP 外约束与型钢、圆钢管内约束

CFRP 外约束圆钢管混凝土短柱共设计和制作了 16 个轴压试件，其中普通圆钢管混凝土 4 个，CFRP 外约束钢管混凝土 12 个，名义尺寸为 $D \times t \times L$=300mm×4mm×900mm。CFRP 外约束圆钢管混凝土短柱轴压试件信息一览表见表 6-1。表 6-1 中，试件编号中数

字的含义：第一个数字代表混凝土强度，第二个数字代表 CFRP 层数；f_{cf} 为实测碳纤维布抗拉强度。

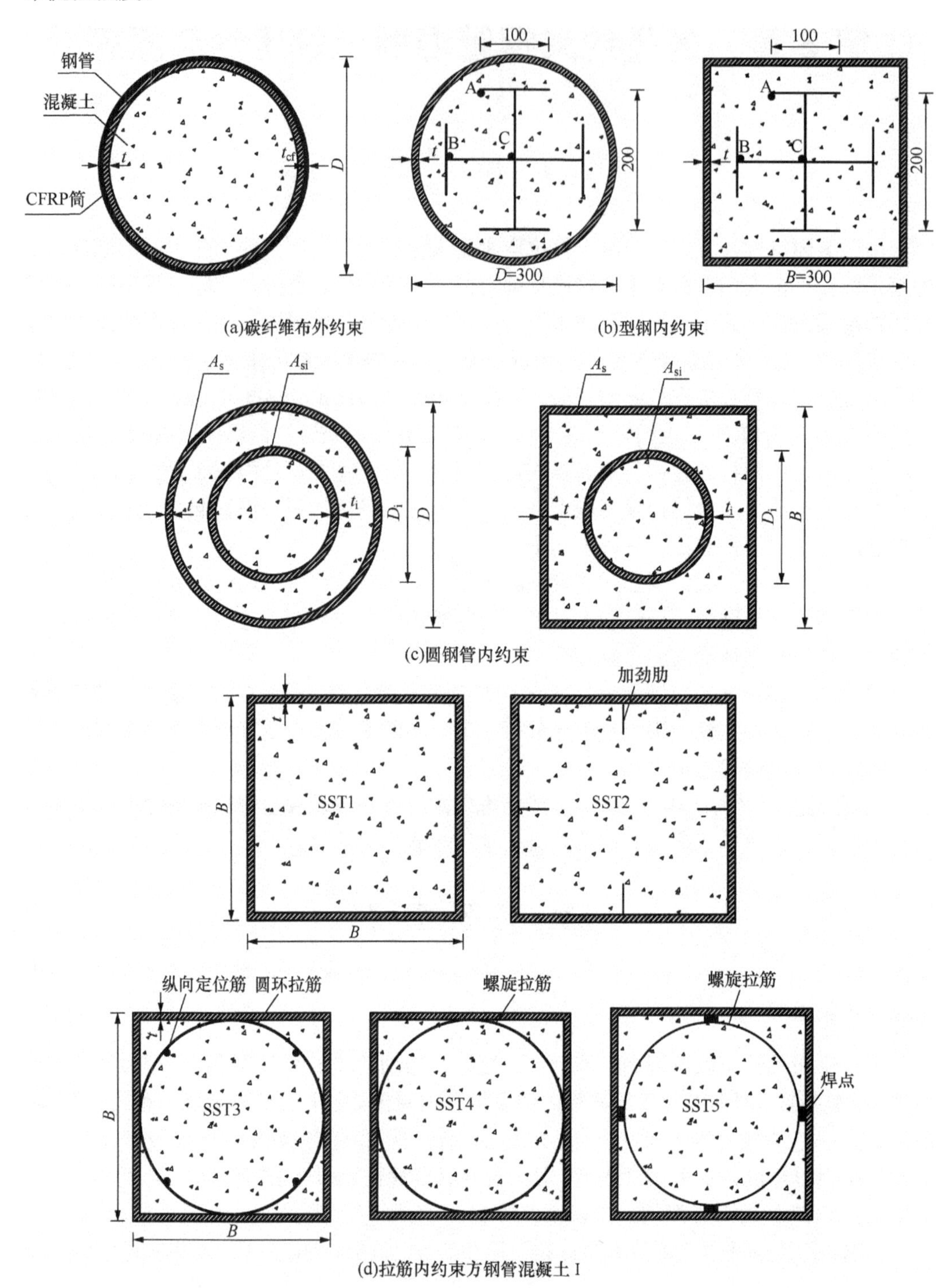

图 6-1　各类约束钢管混凝土短柱轴压试件截面示意图（单位：mm）

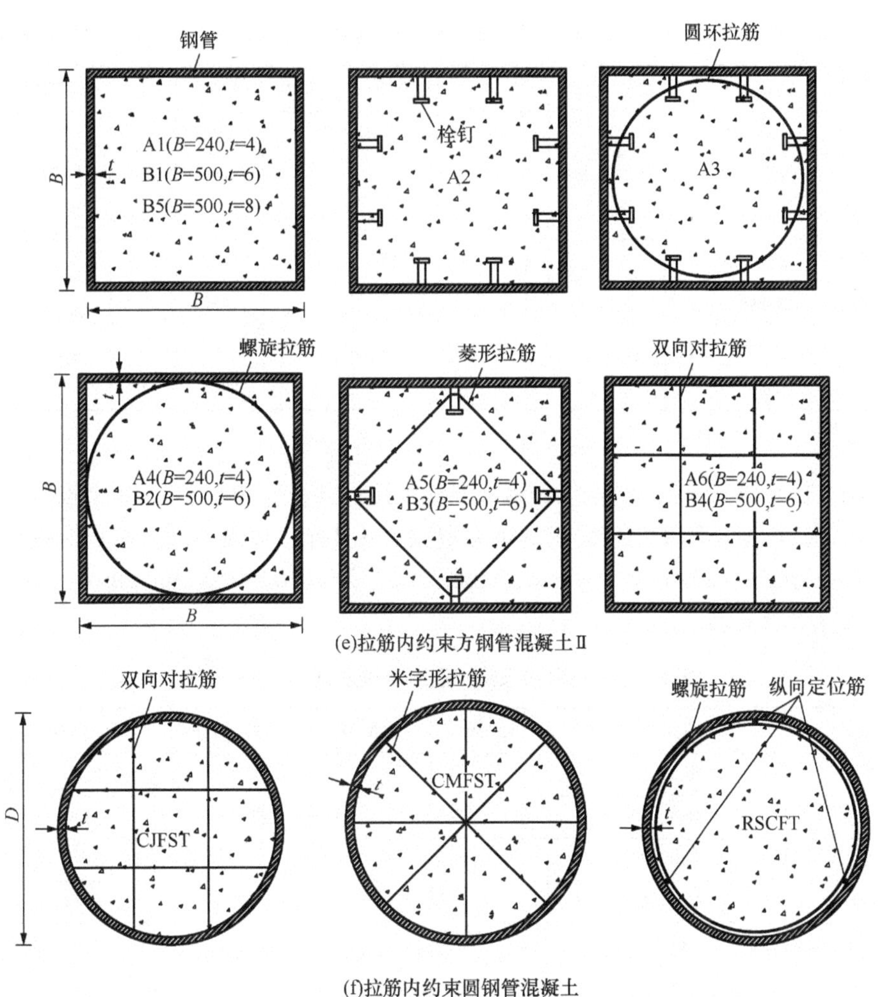

(e)拉筋内约束方钢管混凝土Ⅱ

(f)拉筋内约束圆钢管混凝土

图 6-1（续）

表 6-1　CFRP 外约束圆钢管混凝土短柱轴压试件信息一览表

试件编号	$D\times t^*$	层数	t_{cf}/mm	f_{cf}/MPa	f_y/MPa	f_{cu}/MPa	$N_{u,e}$/kN	μ_s	$N_{u,EP}$/kN	$N_{u,Eq}$/kN
C3ST0-A	298×3.70	0	0		311	39.3	3780	4.00	3885	3650
C3ST0-B	299×3.76						3534	4.90		
C3ST1-A	299×3.75	1	0.167	3481			4498	4.09	4477	4584
C3ST1-B	305×3.77						4504	4.53		
C3ST2-A	300×3.67	2	0.334				5540	4.56	5230	5574
C3ST2-B	299×3.70						5438	4.02		
C3ST3-A	299×3.86	3	0.501				6469	4.15	6050	6328
C5ST0-A	300×3.74	0	0			57.4	4729	5.13	5008	4678
C5ST0-B	300×3.87						5106	2.43		

续表

试件编号	$D\times t^*$	层数	t_{cf}/mm	f_{cf}/MPa	f_y/MPa	f_{cu}/MPa	$N_{u,e}$/kN	μ_s	$N_{u,EP}$/kN	$N_{u,Eq}$/kN
C5ST1-A	300×3.71	1	0.167	3481	311	57.4	5647	4.04	5600	5481
C5ST1-B	300×3.73						5859	2.43		
C5ST1-C	300×3.87						6067	3.48		
C5ST2-A	299×3.74	2	0.334				6877	2.25	6353	6611
C5ST2-B	300×3.68						6888	2.58		
C5ST3-A	299×3.70	3	0.501				7407	2.53	7174	7571
C5ST3-B	300×3.71						7309	1.68		

* 此列数值单位均为 mm。

型钢内约束钢管混凝土即型钢-钢管混凝土短柱共设计和制作了 14 个轴压试件，其中普通圆钢管混凝土和型钢内约束圆钢管混凝土各 4 个，以及普通方钢管混凝土 2 个和型钢内约束方钢管混凝土 4 个，各试件的名义尺寸为 D（B）$\times t\times L$=300mm×4mm×900mm，各试件信息见表 6-2。

表 6-2　型钢内约束钢管混凝土轴压试件信息一览表

试件编号	D（B）$\times t^*$	A_g/mm^2	f_{cu}/MPa	f_y 或 $f_{y,g}$/MPa	$N_{u,e}$/kN	μ_s
C1-A	300×3.70		35.5	311	3780	6.2
C1-B	300×3.76				3540	6.3
FCST1-A	300×3.74	3168	39.3		4877	16.6
FCST1-B	300×3.68				4784	15.4
C2-A	300×3.74		54.4		4896	4.1
C2-B	300×3.87				4976	3.9
FCST2-A	300×3.80	3168	57.4		5331	9.5
FCST2-B	300×3.94				5615	8.9
S1	300×3.75		35.5		4370	2.73
FSST1-A	300×3.70	3888	39.3		5440	4.51
FSST1-B	300×3.72				5551	4.00
S2	300×3.70		54.4		5570	2.40
FSST2-A	300×3.74	3888	57.4		6657	3.18
FSST2-B	300×3.72				6494	3.03

* 此列数值单位均为 mm。

圆钢管内约束钢管混凝土即复式钢管混凝土短柱共设计和制作了 15 个轴压试件，圆钢管内约束圆钢管混凝土即复式圆钢管混凝土（CCSST）8 个，圆钢管内约束方钢管混凝土即外方内圆复式钢管混凝土 7 个，试件外尺寸 D（B）=400mm，高度 L=1200mm，各试件的信息见表 6-3。

表 6-3　钢管内约束钢管混凝土短柱轴压试件信息一览表

试件编号	D（B）$\times t^*$	$D_i \times t_i^*$	f_y 或 f_{yi}/MPa	f_{cu}/MPa	$N_{u,e}$/kN	μ_s
CCSST1-A	398×3.71	200×3.65	311	39.3	7427	7.8
CCSST 1-B	399×3.67	198×3.64			7357	6.7
CCSST 2-A	400×3.75	300×3.73			8105	9.7
CCSST 2-B	399×3.80	298×3.66			8326	9.0
CCSST 3-A	397×3.37	199×3.69		57.4	9484	7.2
CCSST 3-B	400×3.67	199×3.74			9091	8.2
CCSST 4-A	396×3.76	299×3.78			10144	10.0
CCSST 4-B	400×3.70	299×3.00			10021	9.5
SCCFT1	400×2.75	200×2.79		44.3	7244	6.2
SCCFT2	400×3.65	200×2.88			7921	9.0
SCCFT3	400×2.88	300×2.73			7727	7.3
SCCFT4	400×3.67	300×2.85			8138	10.3
SCCFT5	400×2.73	300×3.69			8209	10.8
SCCFT6	400×3.75	300×3.83			8801	13.8
SCCFT7	400×3.68	300×2.88		53.4	9487	8.9

*　此列数值单位均为 mm。

试验的圆钢管是由 Q235 钢板加工成圆筒形，再对接一条焊缝成形，方钢管是由 Q235 钢板弯折成 L 形，对焊 2 个半截面成形；十字形型钢则是用相同厚度的钢板焊接加工成形；对接焊缝按照《钢结构设计标准》（GB 50017—2017）[1] 进行设计。

为方便观察试件受力破坏后的变形，在加工好的空钢管试件外表面喷上油漆，并绘制 50mm×50mm 网格。浇灌混凝土前，先将钢管下端 4mm 厚盖板焊好，并将钢管竖立。从试件顶部灌入混凝土，用振捣棒振捣密实，最后将混凝土表面与钢管截面抹平。同时制作边长为 150mm 的标准混凝土立方体试块，相同条件自然养护。混凝土终凝后，用打磨机将混凝土表面磨平，并用环氧树脂将混凝土截面填平并与钢管端部截面平齐。

钢管混凝土柱制作完成后，钢管外表面采用 DA-T 碳纤维加固浸渍胶粘贴碳纤维布，粘贴工艺如下：将钢管外壁打磨除锈；按要求将 DA-T 碳纤维浸渍胶的 A 级胶与 B 级胶按比例混合均匀后，将其均匀涂于钢管外壁；将碳纤维织物环向包裹，并用刮板反复碾压以释放空气使浸渍胶浸透织物；搭接长度为 150mm；最后将浸渍胶均匀涂于织物外表面待其干燥 1～2h，反复碾压。

2．拉筋内约束

方钢管混凝土短柱轴压试验分两批进行，第一批为 SST 系列试件，共设计和制作了 11 个轴压试件，各试件的名义尺寸为 $B \times t \times L$=250mm×4mm×750mm，试件具体参数信息见表 6-4，其中 d_t 为拉筋直径，s 为拉筋间距，ρ_{sv} 为体积配箍率。图 6-1（d）所示为 SST 系列试件截面示意图：SST1 系列试件为普通方钢管混凝土短柱，SST2 系列试件为加劲肋约束方钢管混凝土短柱，其加劲肋与方钢管同材质同厚度，加劲肋截面宽为 30mm；试件 SST3～SST5 为圆环箍或螺旋拉筋约束方钢管混凝土短柱，其中的圆环拉筋、螺旋拉筋以及纵向定位纵筋都采用ϕ8光圆钢筋。SST3试件中的等距焊接圆环拉筋用4根等距纵向定位筋等距焊接形成拉筋笼；SST4 试件中的内接触螺旋拉筋在试件两端的各 3 个螺环点焊固定，其余螺旋拉筋与钢管内壁自由接触；SST5试件中的螺旋拉筋全部与钢管内壁等距点焊固定。

表 6-4　拉筋约束方钢管混凝土轴压试件参数（1）

试件编号	$B\times t^*$	d_r/mm	s/mm	f_{cu}/MPa	f_y/MPa	$f_{y,r}$/MPa	ρ_s/%	ρ_{sv}/%	N_u/kN	μ_s	备注
SST1-A	249.6×3.70			40.4	324.3		6.2		3131	1.44	
SST1-B	251.0×3.75						6.3		2832	1.81	
SST1-C	251.1×3.73						6.2		2677	1.32	
SST2-A	251.1×3.75						7.1		2782	2.33	加劲肋
SST2-B	250.6×3.80						7.2		2880	1.66	
SST3-A	251.0×3.73	8	50			363.5	6.2	1.2	3547	1.61	圆环拉筋
SST3-B	250.1×3.73								3358	2.67	
SST4-A	249.0×3.68	8	40				6.2	1.6	3573	3.42	螺旋拉筋
SST4-B	249.4×3.75						6.3	1.6	3465	3.38	
SST5-A	249.5×3.73	8	50				6.2	1.2	3530	1.87	螺旋点焊
SST5-B	249.4×3.70								3440	2.22	

* 此列数值单位均为 mm。

第二批为A、B系列试件，A系列试验共设计17个试件，名义尺寸为$B\times t\times L$=240mm×4mm×720mm，B 系列试验共设计 11 个试件，名义尺寸为 $B\times t\times L$=500mm×6（8）mm×1550mm，试件参数见表6-5。图6-1（e）为A、B系列试件截面示意图，其中：A1、B1、B5试件为普通方钢管混凝土短柱；A2试件为钢管内部焊接栓钉的方钢管混凝土短柱；A3试件为钢管内部先焊接栓钉后再将环形拉筋焊接到栓钉柱头上的方钢管混凝土短柱；A4和B2试件为内部焊接螺旋拉筋的方钢管混凝土短柱；A5和B3试件为钢管内部先焊接栓钉后再将栓钉柱头上焊接菱形拉筋；A6和B4试件为钢管内侧焊接井字形拉筋。

表 6-5　拉筋约束方钢管混凝土轴压试件参数（2）

试件编号	$B\times t$	d_r/mm	s/mm	f_{cu}/MPa	f_y/MPa	$f_{y,r}$/MPa	ρ_s/%	ρ_{sv}/%	$N_{u,e}$/kN	$N_{u,FE}$/kN	μ_s
A1-a	240mm×4mm			35	257	235	7.10		2586	2454	2.15
A1-b									2731		2.17
A1-c									2300		2.11
A2-a									2673	2493	2.23
A2-b									2568		2.26
A2-c									2405		2.21
A3-a		6	90					0.337	2712	2663	2.56
A3-b									2510		2.58
A3-c									2666		2.53
A4-a								0.372	2697	2606	2.85
A4-b									2734		2.83
A4-c									2510		2.90
A5-a								0.303	2804	2705	2.57

续表

试件编号	$B\times t$	d_t/mm	s/mm	f_{cu}/MPa	f_y/MPa	$f_{y,r}$/MPa	ρ_s/%	ρ_{sv}/%	$N_{u,e}$/kN	$N_{u,FE}$/kN	μ_s
A5-b	240mm×4mm	6	90	35	257	235	7.10	0.303	3141	2705	2.20
A5-c									2524		2.06
A6-a								0.440	2771	2672	3.58
A6-b									3130		4.90
B1-a	500mm×6mm			62.8	300		5.11		16551	16146	2.04
B1-b									16590		2.02
B2-a		8	63			285		0.527	17660	17430	2.64
B2-b		10				312		0.824	18732	17665	2.63
B2-c		12				298		1.186	18837	17876	2.59
B3-a		8	56			285		0.527	17583	17197	2.45
B3-b		10				312		0.824	18720	17307	2.42
B3-c		12				298		1.186	18898	17426	2.40
B4-a		10	80			312		0.824	19134	17965	3.37
B4-b		12				298		1.186	19411	18428	3.34
B5	500mm×8mm			62.8	280		5.93		17940	17086	2.35

注：栓钉不计入体积配箍率。

圆钢管混凝土短柱共设计制作了 10 个轴压试件，名义尺寸为 $D\times t\times L$=500mm×4mm×1200mm，试件参数见表 6-6，其中 d_t 为拉筋或圆环拉筋直径，ρ_{sa} 为等效强度配箍率（$\rho_{sa}=\rho_{sv}f_{y,r}/f_y$），$f_{y,r}$ 为拉筋屈服强度。图 6-1（f）所示 CJFST 为内部焊接双向对拉筋，CMFST 为内部焊接米字形拉筋，RSCFT 为内部焊接圆环拉筋，圆环拉筋事先用 3 根ϕ6 纵向定位筋焊接定位。

表 6-6　拉筋内约束圆钢管混凝土轴压试件一览表

试件编号	$D\times t^*$	d_t/mm	s/mm	f_{cu}/MPa	f_y/MPa	$f_{y,r}$/MPa	ρ_s/%	ρ_{sa}%	$N_{u,e}$/kN	$N_{u,FE}$/kN	μ_s
CJFST-A	500×3.65	5.98	60	48.5	380	635	2.90	0.77	12964	12214	4.37
CJFST-B	500×3.65								12304		4.45
CMFST-A	500×3.77	6.03	63				2.99	0.80	12763	12328	4.40
CMFST-B	500×3.77								12288		3.78
RSCFT1-A	499×3.70	5.80	50				2.94	0.70	13098	12159	3.34
RSCFT1-B	500×3.67						2.91	0.70	11700	12103	2.09
RSCFT2-A	500×3.70	7.58	50				2.94	1.20	13230	12969	5.38
RSCFT2-B	500×3.70								13043		5.16
RSCFT3-A	500×3.70	8.82	50				2.94	1.64	13504	13641	7.16
RSCFT3-B	500×3.70								13434		7.05

* 此列数值单位均为 mm。

所有试件采用 Q235 钢板制作加工，圆钢管采用钢板弯成圆形进行焊接，STT 系列方钢管由钢板弯折成槽型，然后将两个半截面对焊成型，A、B 系列试件四边焊接成型，对接焊缝按照《钢结构设计标准》（GB 50017—2017）[1]进行设计。钢管成型后，圆钢管系列和 STT 方钢管系列在钢管下端焊接 4mm 厚盖板，A 系列试件在钢管下端焊接 10mm 厚盖板，B 类试件在钢管下端焊接 25mm 厚钢盖板。浇筑混凝土时从钢管上端处灌入混凝土并振捣密实，混凝土初凝前保证混凝土表面与钢管端部截面大致处于同一平面，同时制作边长为 150mm 的标准混凝土立方体试块，同等条件自然养护。混凝土终凝后，用打磨机将混凝土表面抹平，用环氧树脂将混凝土表面填平与钢管端部截面平齐，分别将上端 4mm（圆钢管和 STT 试件）、10mm（A 试件）和 25mm（B 试件）厚钢盖板盖上，确保两者加载初期共同受力。

6.2.2　试验方法

试验前，分别测试混凝土立方体试块和钢材拉伸试件的力学性能。混凝土立方体试块强度 f_{cu} 由相同条件养护的边长为 150mm 立方体试块参考《混凝土物理力学性能试验方法标准》（GB/T 50081—2019）[2]测得。将各厚度的钢板做成三个标准试件，参考《金属材料　拉伸试验　第 1 部分：室温试验方法》（GB/T 228.1—2010）[3]规定的试验方法对试件进行拉伸。混凝土及钢材的力学性能见表 6-1～表 6-6。

试验采用的碳纤维布是日本东丽商事（上海）有限公司提供的，型号为 UT70-30，厂家提供的抗拉强度标准值为 4077MPa，弹性模量 2.45×10^5MPa，拉断伸长率 1.71%，单位重量 300g/m^2，单层厚度 0.167mm。将试验所用的碳纤维布制作成五个标准试件，按照《定向纤维增强聚合物基复合材料拉伸性能试验方法》（GB/T 3354—2014）[4]规定的方法进行拉伸试验，测试抗拉强度平均实测值见表 6-1，实测值约为标准值的 85%。

在试件中部 $L/3$ 处沿纵向对称设置两个电子位移计以测定试件的纵向变形。为了准确测量试件的变形，在各类试件钢管外表面中截面处布置多对纵向及环向应变花。荷载-变形曲线和荷载-应变曲线由 DH3818 静态应变测量系统采集。试件加载示意图及测点布置如图 6-2 所示。各类约束钢管混凝土短柱轴压试件加载照片如图 6-3 所示。

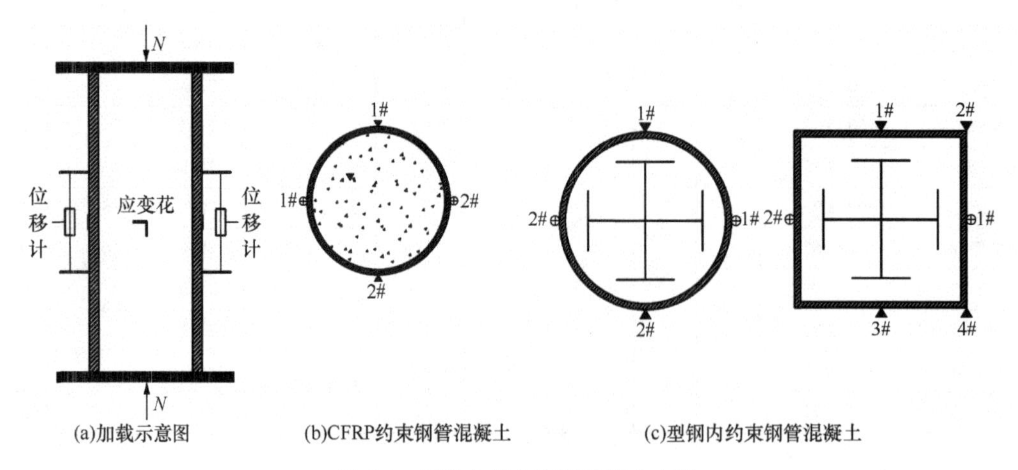

图 6-2　试件加载示意图及测点布置

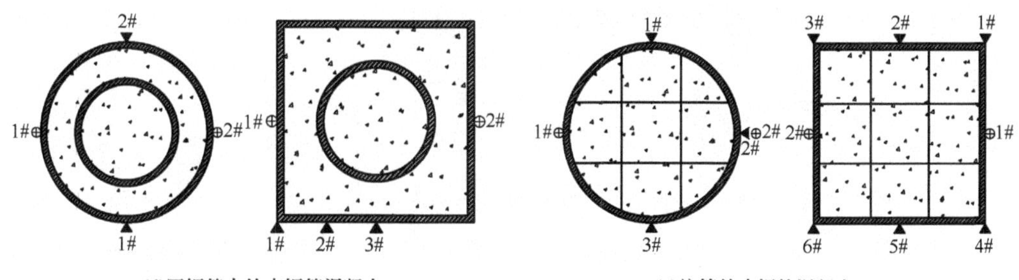

(d)圆钢管内约束钢管混凝土　　(e)拉筋约束钢管混凝土

⊕——位移计；▲——应变花。

图 6-2（续）

(a)CFRP外约束圆柱

(b)型钢、圆钢管与拉筋内约束圆柱

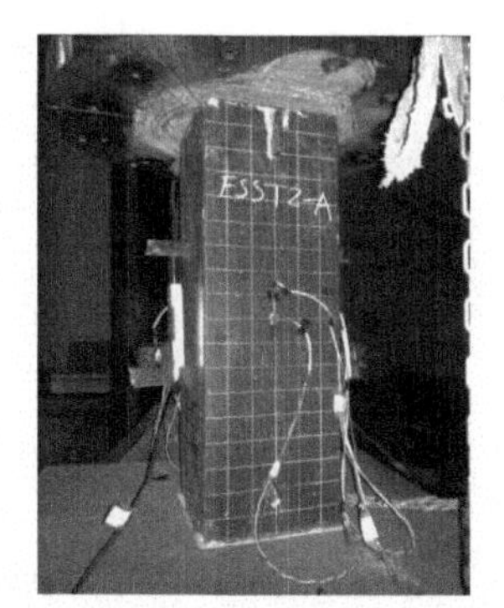

(c)型钢、圆钢管与拉筋内约束方柱

图 6-3　各类约束钢管混凝土短柱试件典型轴压加载照片

本次试验的加载制度为：在试件达到最大承载力前分级加载，试件在弹性阶段每级荷载相当于极限荷载的 1/10 左右，试件在弹塑性阶段每级荷载相当于极限荷载的 1/20 左右，每级荷载间隔时间 3～5min，近似于慢速连续加载，数据分级采集；当试件外荷载接近极限荷载时，慢速连续加载直至试件破坏，数据连续采集；每个试件试验持续时间约 2h。

6.2.3　试验现象

各试件轴压荷载-轴向应变曲线如图 6-4～图 6-9 所示，各类约束钢管混凝土短柱轴压试件受压全过程大致分为三个阶段弹性工作阶段、弹塑性工作阶段和整体破坏阶段。CFRP 外约束钢管混凝土短柱轴压试件为四个阶段，即在前者弹塑性工作阶段其以后增加 CFRP 断裂阶段。

弹性工作阶段：试件初始受压时，试件处于弹性阶段，荷载-应变（位移）曲线基本呈线性变化，各个试件的刚度较大且相差不多，试件的弹性位移很小。

弹塑性工作阶段：当外荷载达到试件极限荷载的 60%～70%时，试件开始进入弹塑性阶段，钢管表面开始出现不明显受压屈曲现象，实测的荷载-钢管纵向应变曲线和荷载-钢管环向应变曲线均呈现明显的非线性，随着荷载的增大，钢管屈曲越来越明显。由于端部效应的影响，屈曲一般先发生在试件的两端，而后试件中部开始屈曲且发展较快，当试件达到承载力时试件外钢管屈曲已较明显。

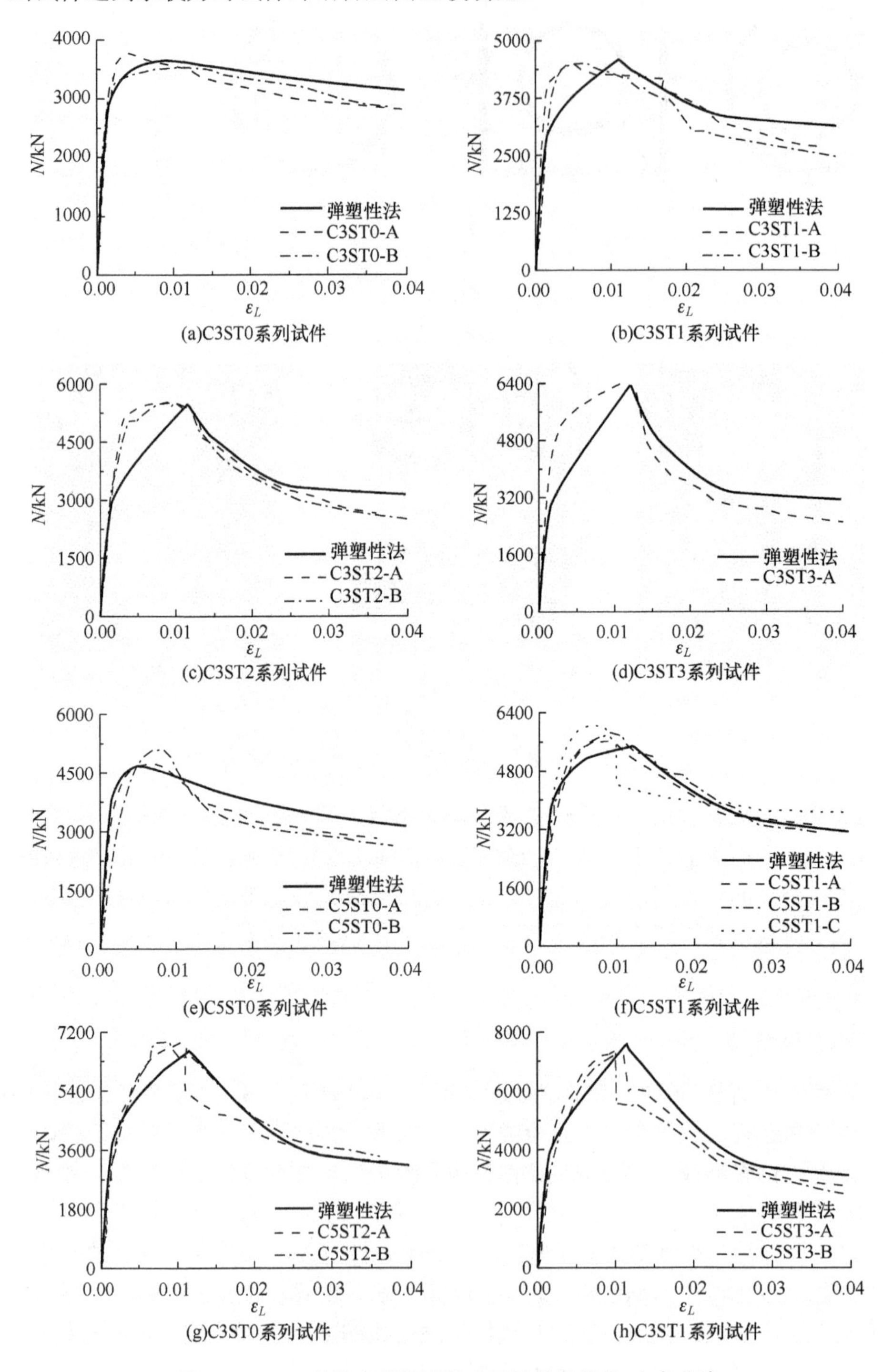

图 6-4　CFRP 外约束钢管混凝土短柱轴压荷载-应变曲线

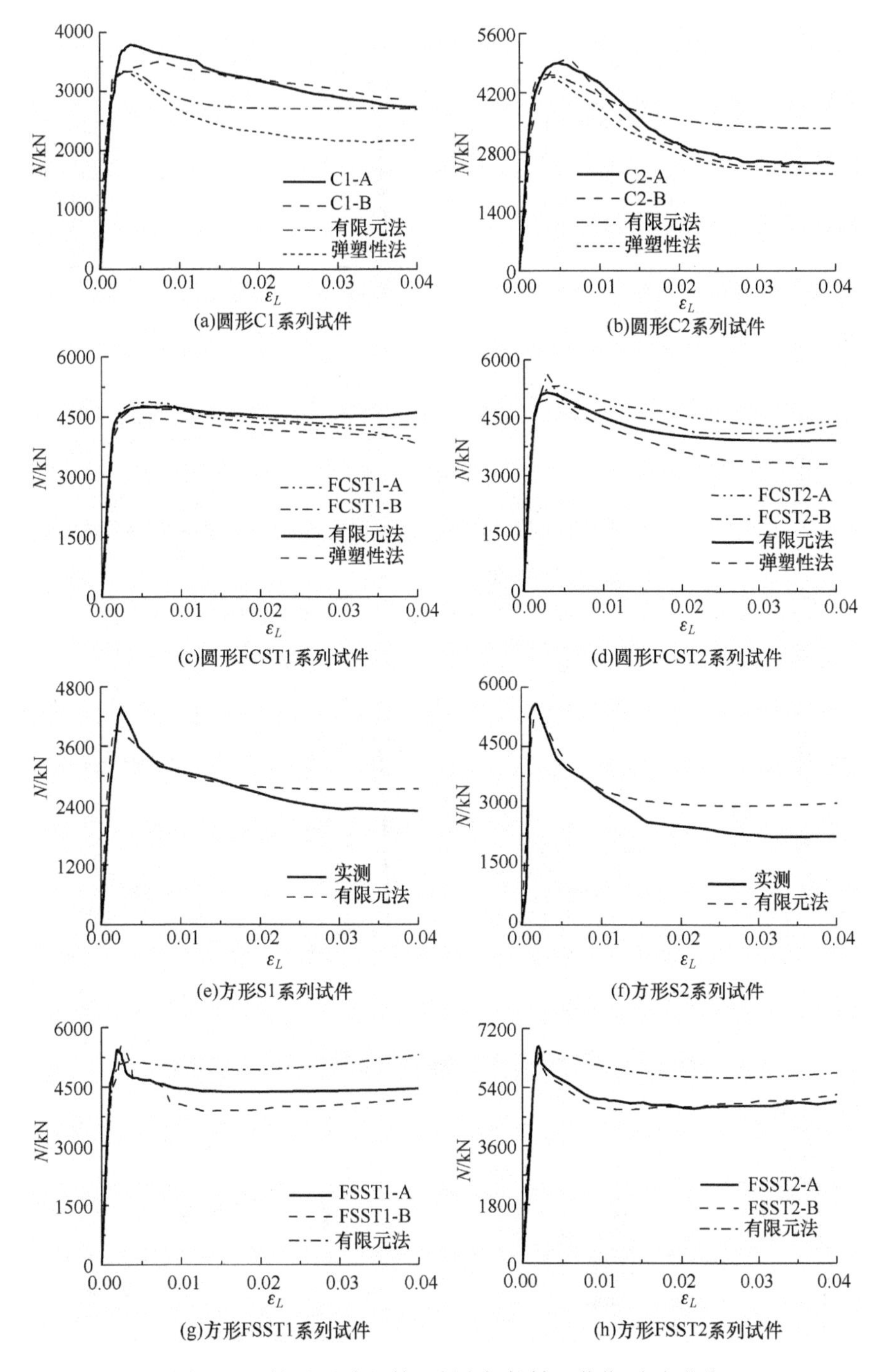

(a)圆形C1系列试件
(b)圆形C2系列试件
(c)圆形FCST1系列试件
(d)圆形FCST2系列试件
(e)方形S1系列试件
(f)方形S2系列试件
(g)方形FSST1系列试件
(h)方形FSST2系列试件

图 6-5 型钢内约束钢管混凝土短柱轴压荷载-应变曲线

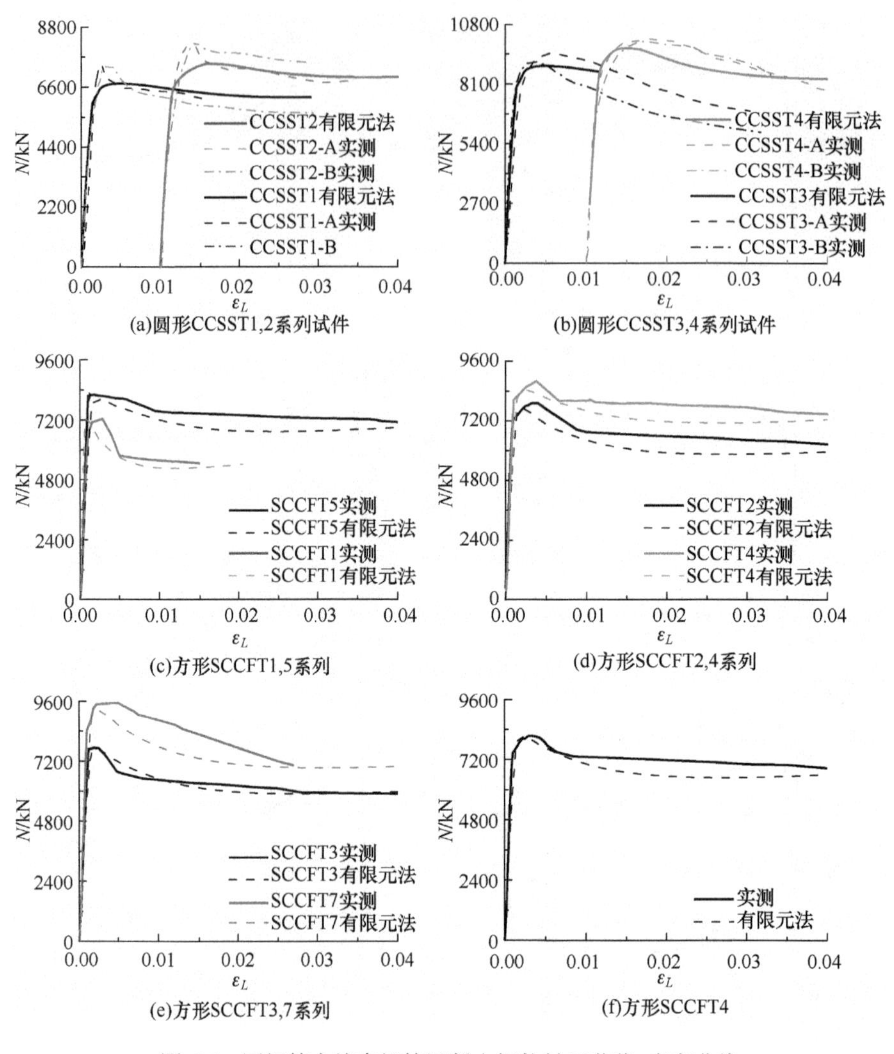

(a)圆形CCSST1,2系列试件　(b)圆形CCSST3,4系列试件

(c)方形SCCFT1,5系列　(d)方形SCCFT2,4系列

(e)方形SCCFT3,7系列　(f)方形SCCFT4

图 6-6　圆钢管内约束钢管混凝土短柱轴压荷载-应变曲线

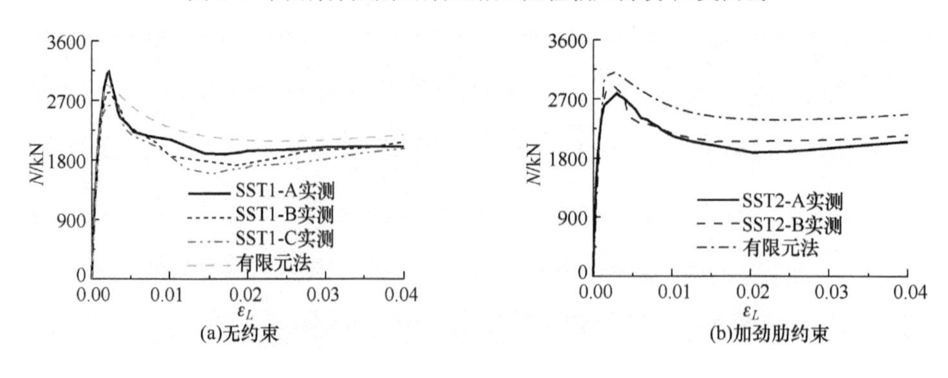

(a)无约束　(b)加劲肋约束

图 6-7　拉筋内约束方钢管混凝土短柱轴压荷载-应变曲线（Ⅰ）

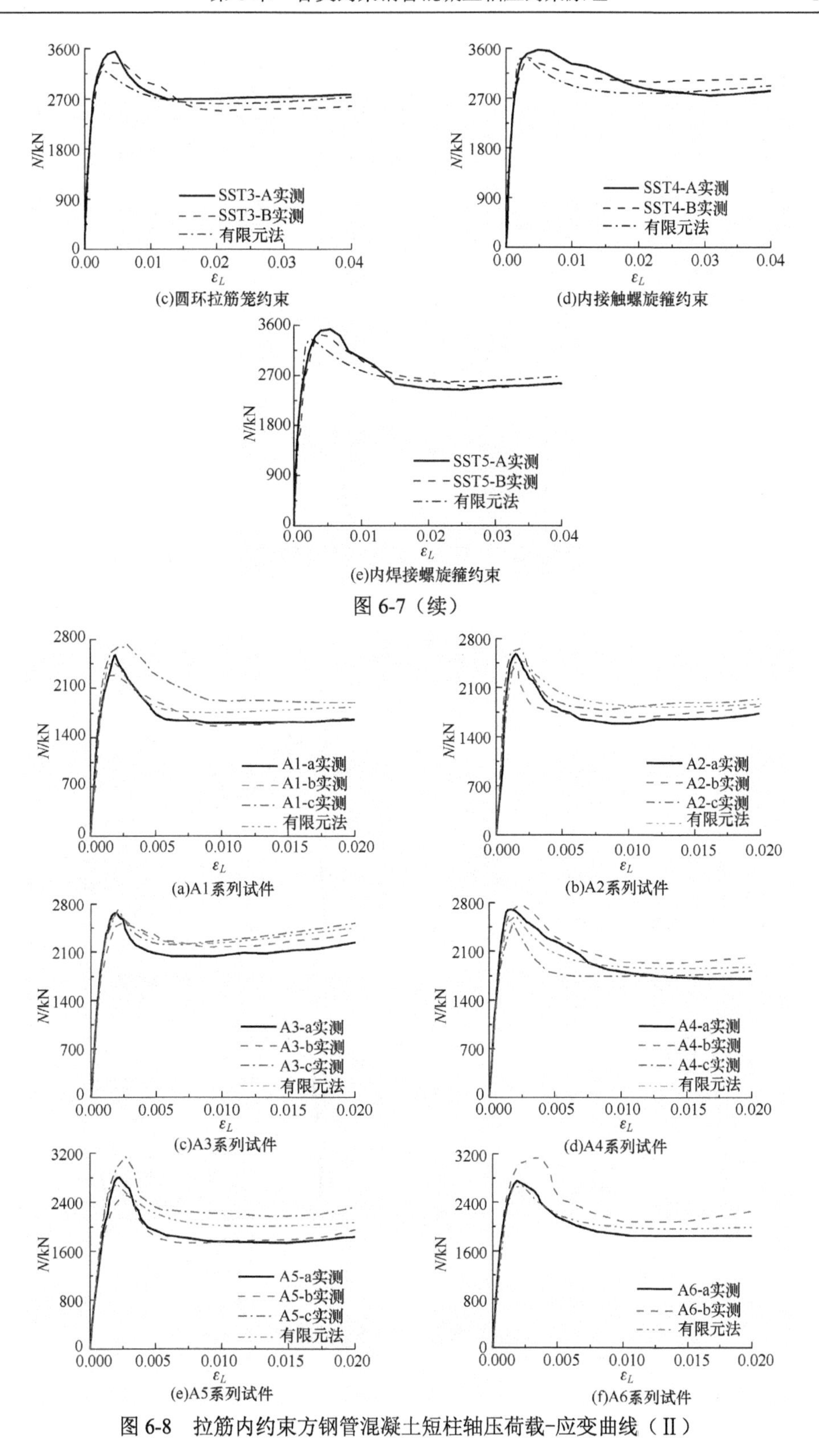

(c)圆环拉筋笼约束

(d)内接触螺旋箍约束

(e)内焊接螺旋箍约束

图 6-7（续）

(a)A1系列试件

(b)A2系列试件

(c)A3系列试件

(d)A4系列试件

(e)A5系列试件

(f)A6系列试件

图 6-8　拉筋内约束方钢管混凝土短柱轴压荷载-应变曲线（Ⅱ）

N/kN
ε_L
B1-a实测
B1-b实测
有限元法
B2-a实测
B2-a有限元法
B2-b实测
B2-b有限元法
B2-c实测
B2-c有限元法
B3-a实测
B3-a有限元法
B3-b实测
B3-b有限元法
B3-c实测
B3-c有限元法
B4-a实测
B4-a有限元法
B4-b实测
B4-b有限元法
B4-c实测
B4-c有限元法

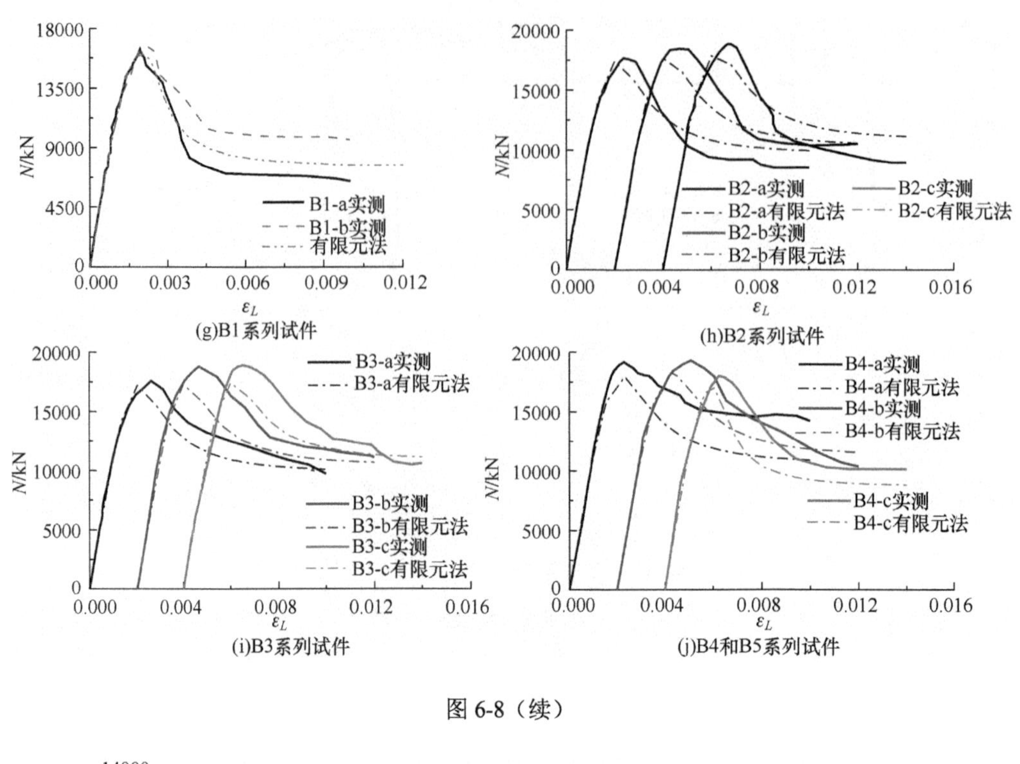

(g)B1系列试件　(h)B2系列试件

(i)B3系列试件　(j)B4和B5系列试件

图 6-8（续）

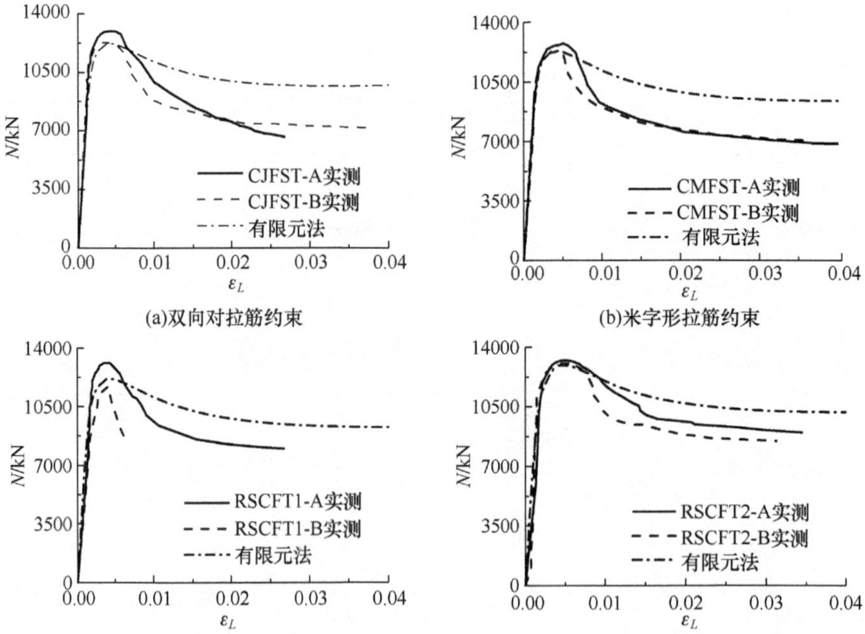

N/kN
ε_L
CJFST-A实测
CJFST-B实测
有限元法
CMFST-A实测
CMFST-B实测
有限元法
RSCFT1-A实测
RSCFT1-B实测
有限元法
RSCFT2-A实测
RSCFT2-B实测
有限元法

(a)双向对拉筋约束　(b)米字形拉筋约束

(c)圆形拉筋约束(1)　(d)圆形拉筋约束(2)

图 6-9　拉筋内约束圆钢管混凝土短柱轴压荷载-应变曲线

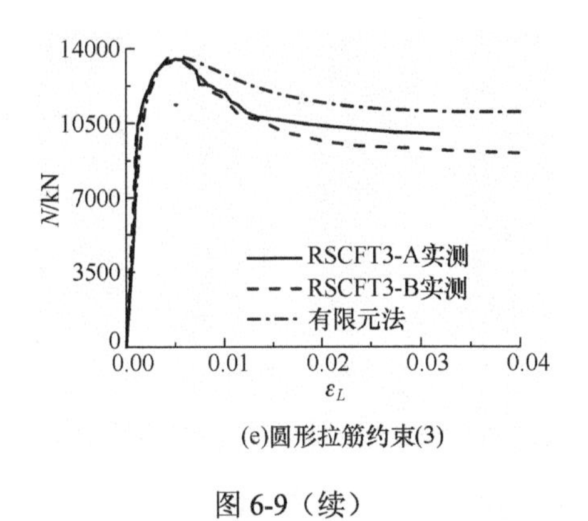

(e)圆形拉筋约束(3)

图 6-9（续）

CFRP 断裂阶段（CFRP 外约束钢管混凝土）：当外荷载达到试件极限荷载的 80%时，CFRP 开始断裂，可持续听到 CFRP 断裂的声响，当试件加载到极限荷载时，试件屈曲已较明显，且试件中部 CFRP 已大致均匀裂开。

整体破坏阶段：当试件达到极限荷载时，对于 CFRP 外约束钢管混凝土，CFRP 开始大量断裂并伴随巨大爆裂声，核心混凝土被压碎而失去部分承载力；对于型钢内约束钢管混凝土，核心混凝土被压碎而失去部分承载力，钢管进一步屈曲外鼓；对于圆钢管内约束钢管混凝土，外层混凝土被压碎而失去部分承载力，外钢管进一步屈曲鼓起，内层钢管中间稍稍鼓出，内层混凝土压裂；对于拉筋内约束钢管混凝土，随着轴向应变的增大，钢管内部拉筋开始逐渐发出拉断声，钢管的屈曲更加明显，试件出现剪切破坏，但与相同含钢率的同类钢管混凝土短柱相比，剪切破坏程度降低。极限荷载之后所有试件承载力急剧下降，试件位移快速增大。

图 6-10～图 6-16 分别为各类约束钢管混凝土短柱轴压试件典型破坏形态，可见：①CFRP 外约束钢管混凝土短柱轴压中，CFRP 减缓了钢管屈曲程度，且 CFRP 层数越多，钢管屈曲程度越小；②型钢内约束钢管混凝土短柱轴压呈剪切型破坏形态，型钢的加入缓解了普通钢管混凝土短柱轴压的剪切破坏程度；③圆钢管内约束钢管混凝土短柱轴压的破坏形态与普通钢管混凝土相似；④拉筋内约束钢管混凝土短柱轴压中，由于拉筋对混凝土的约束作用，推迟了钢管屈曲外鼓，且屈曲破坏程度小于普通钢管混凝土柱和焊接栓钉的钢管混凝土柱，方钢管混凝土柱最终破坏时钢板在拉筋间隔处均出现明显波浪状屈曲，表明拉筋约束可以减缓钢管的局部屈曲，低含钢率圆钢管混凝土柱在各类拉筋约束下出现整体腰鼓与剪切破坏共存的特征，双向对拉筋减缓方形和圆形钢管屈曲的效果最为显著。

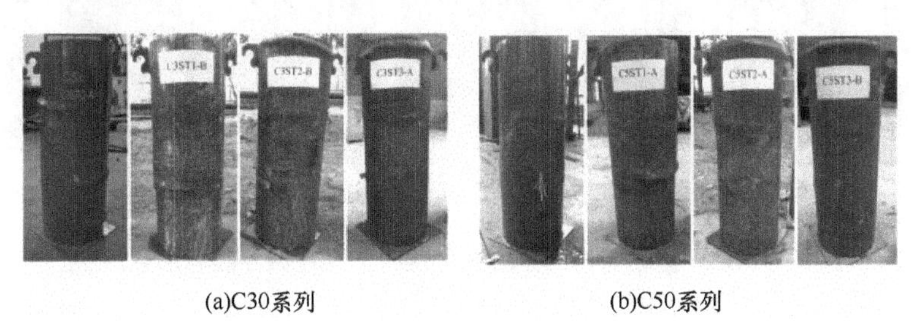

(a)C30系列　(b)C50系列

图 6-10　剥落碳纤维布后 CFRP 外约束钢管混凝土试件钢管典型破坏形态

(a)C1-A　(b)C1-B　(c)C2-A　(d)C2-B　(e)FCST1-A　(f)FCST1-B　(g)FCST2-A　(h)FCST2-B

图 6-11　型钢内约束圆钢管混凝土试件典型破坏形态

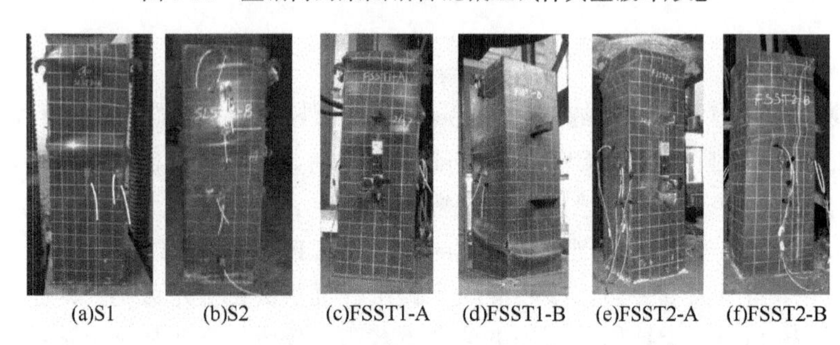

(a)S1　(b)S2　(c)FSST1-A　(d)FSST1-B　(e)FSST2-A　(f)FSST2-B

图 6-12　型钢内约束方钢管混凝土试件破坏形态

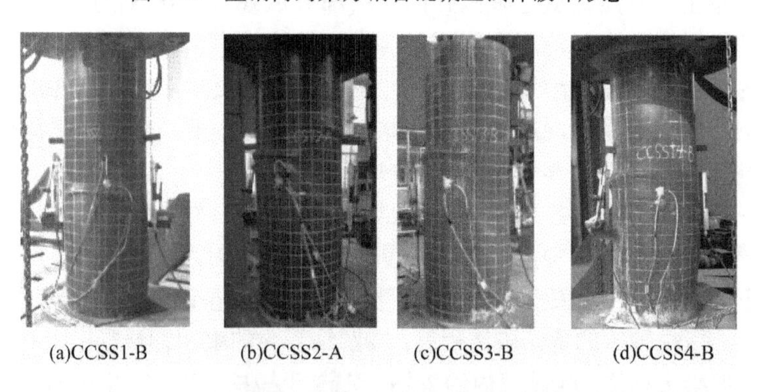

(a)CCSS1-B　(b)CCSS2-A　(c)CCSS3-B　(d)CCSS4-B

图 6-13　圆钢管内约束圆钢管混凝土试件破坏形态

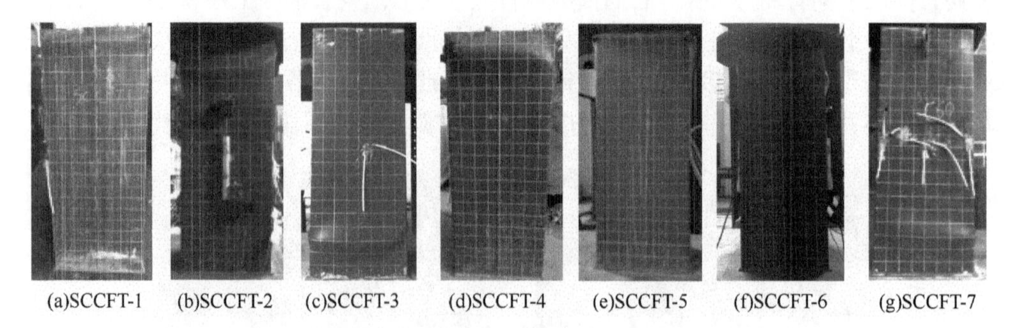

(a)SCCFT-1　(b)SCCFT-2　(c)SCCFT-3　(d)SCCFT-4　(e)SCCFT-5　(f)SCCFT-6　(g)SCCFT-7

图 6-14　圆钢管内约束方钢管混凝土短柱试件破坏形态

(h)柱顶混凝土压碎

(i)柱底混凝土压碎

(j)内圆钢管局部曲屈

(k)内圆钢管轻微鼓屈

图 6-14（续）

(a)SST1～SST5系列试件

(b)A1-a

(c)A2-a

(d)A4-a

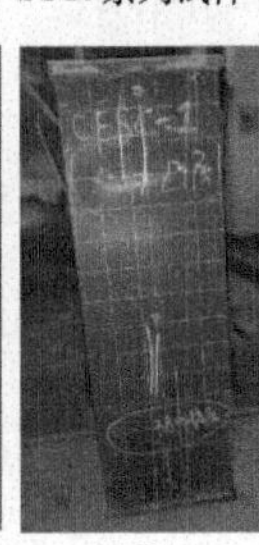
(e)B1-a

(f)B2-c

(g)B4-a

图 6-15　拉筋内约束方钢管混凝土短柱试件破坏形态

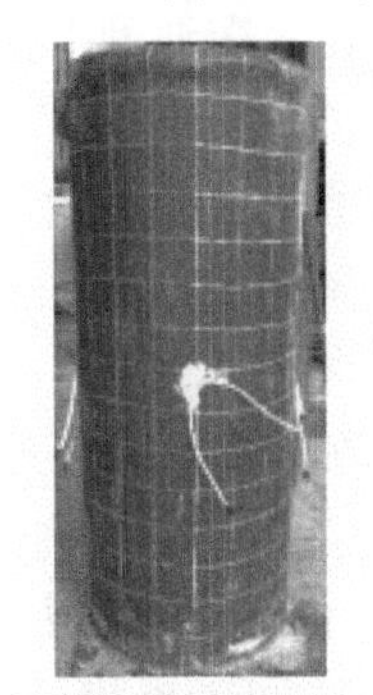
(a)CJFST-B顶部鼓屈

(b)RSCFT1-B剪切破坏

(c)RSCFT3-A中部鼓屈

图 6-16　拉筋内约束圆钢管混凝土短柱试件典型破坏形态

6.2.4 试验结果分析

1. *承载力*

图 6-17 为 CFRP 外约束钢管混凝土短柱试件轴压承载力比较。由图 6-17 可知以下结论。

1）C3ST1 系列试件与 C3ST0 系列试件相比，承载力平均提高 23.1%；C3ST2 系列试件与 C3ST0 系列试件相比，承载力平均提高 50.1%；C3ST3 系列试件与 C3ST0 系列试件相比，承载力平均提高 76.9%。

2）C5ST1 系列试件与 C5ST0 系列试件相比，承载力平均提高 19.1%；C5ST2 系列试件与 C5ST0 系列试件相比，承载力平均提高 34.0%；C5ST3 系列试件与 C5ST0 系列试件相比，承载力平均提高 49.6%。

3）承载力随 CFRP 层数的增加而增大，且混凝土强度越低，增加 CFRP 层数对承载力的增大效应越大。

4）比较不同混凝土等级的 CFRP 外约束钢管混凝土短柱轴压轴压承载力可见承载力随混凝土强度的提高而增大，且 CFRP 层数越少，提高混凝土强度对承载力贡献越大。

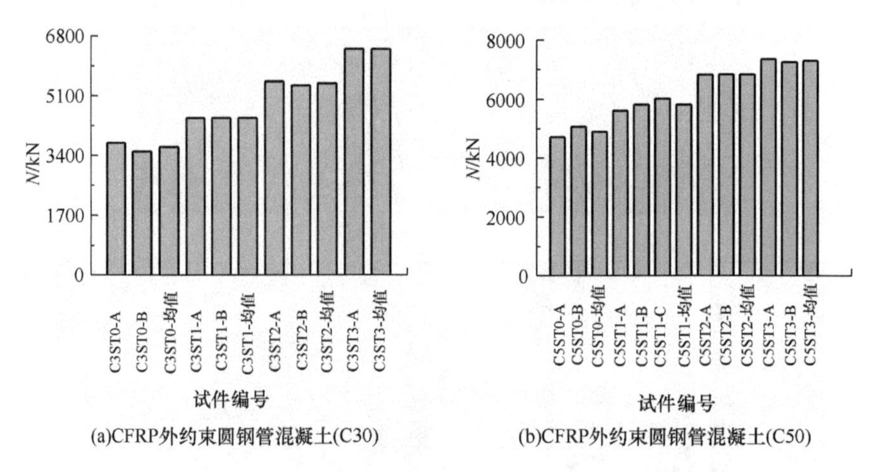

图 6-17　CFRP 外约束钢管混凝土短柱试件轴压承载力比较

图 6-18 为型钢内约束钢管混凝土短柱试件轴压承载力比较。由图 6-18 可知以下结论。

1）对于圆形截面，FCST1 系列试件与 C1 系列试件相比，在混凝土强度差别不大的情况下（FCST1 系列试件的混凝土强度比 C1 系列的提高 10.7%），试件的整体截面含钢率提高 85.2%，承载力提高 32.0%；FCST2 系列试件与 C2 系列试件相比，在混凝土强度差别不大的情况下（FCST2 系列试件的混凝土强度比 C2 系列的提高 5.5%），试件的截面含钢率提高 85.2%，承载力平均提高 10.9%。

2）对于方形截面，FSST1 系列试件与 S1 试件相比，在混凝土强度差别不大的情况下（FSST1 系列试件的混凝土强度比 S1 试件的提高 10.7%），FSST1 系列试件由于加入型钢后其截面含钢率提高 89.2%，承载力平均提高 25.8%；FSST2 系列试件与 S2 试件相比，在混凝土强度差别不大的情况下（FSST2 系列试件的混凝土强度比 S2 试件提高了 5.5%），FSST2 系列试件由于加入型钢后其截面含钢率提高 89.2%，而承载力平均提高 17.8%。

3）钢管混凝土短柱轴压试件轴压承载力随着型钢加入而增大，但提高幅度不大。

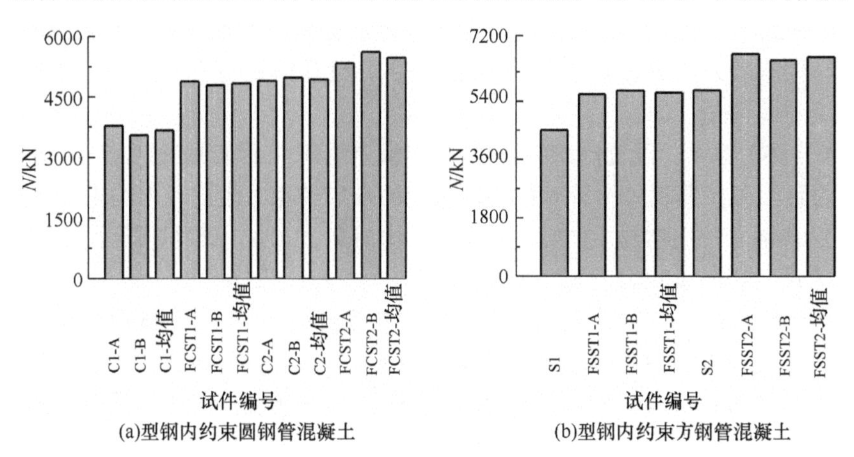

(a)型钢内约束圆钢管混凝土　(b)型钢内约束方钢管混凝土

图 6-18　型钢内约束钢管混凝土短柱试件轴压承载力比较

图 6-19 为圆钢管内约束钢管混凝土短柱试件轴压承载力比较，可知以下结论。

1）对于圆形截面，当其他参数不变时，随着内圆钢管直径增大，即内外直径比 D_i/D 提高 50%，CCSST2 系列试件与 CCSST1 系列试件相比，承载力提高 11.1%；CCSST4 系列试件与 CCSST3 系列试件相比，承载力提高百分 8.6%。

2）对于方形截面，当其他参数不变时，随着内圆钢管直径增大，SCCFT3 试件与 SCCFT1 试件相比，内圆钢管直径 D_i 提高 50.0%，承载力提高 6.7%；SCCFT4 试件与 SCCFT2 试件相比，内圆钢管直径 D_i 提高 50.0%，承载力提高 2.7%；SCCFT5 试件与 SCCFT3 试件相比，内圆钢管厚度 t_i 提高 31.3%，承载力提高 6.2%；SCCFT6 试件与 SCCFT4 试件相比，内圆钢管厚度 t_i 提高 29.4%，承载力提高 8.1%。

3）当其他参数不变时，随着内圆钢管直径和厚度的增大，圆钢管内约束钢管混凝土短柱轴压承载力略有提升。

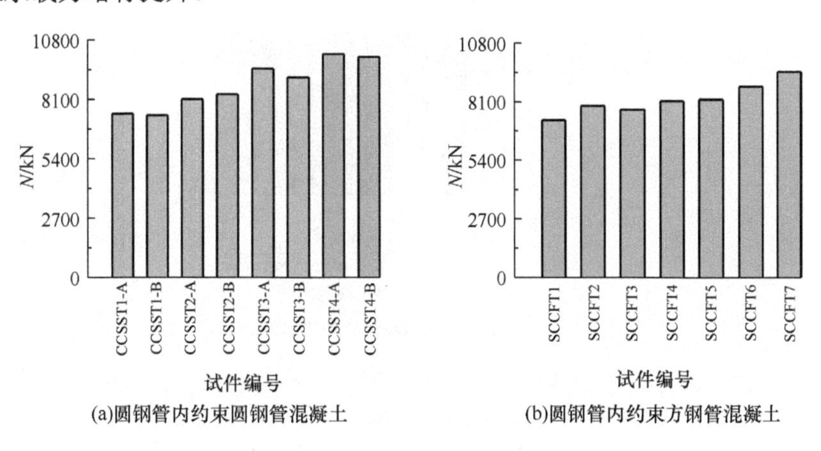

(a)圆钢管内约束圆钢管混凝土　(b)圆钢管内约束方钢管混凝土

图 6-19　圆钢管内约束钢管混凝土短柱试件轴压承载力比较

图 6-20 为拉筋内约束方钢管混凝土短柱试件轴压承载力比较，可知以下结论。

1）对于 SST 系列，设置加劲肋（SST2 系列）后，与无内约束（SST1 系列）相比，由于加劲肋的存在，造成施工过程中混凝土浇灌和振捣不密实，并未有效提高短柱承载力，甚至导致承载力低于普通方钢管混凝土柱的，设置加劲肋后含钢率平均增加 14.5%，承载力反而平均降低 1.7%。

2）对于 SST 系列，设置内切圆环拉筋（SST3 系列）、螺旋拉筋（SST4、SST5 系列）后，由于内置圆环拉筋和外钢管对核心混凝土的双重约束，相比无内约束（SST1 系列），设置拉筋后含钢量平均增加 13.7%，承载力平均提高 21.0%，破坏阶段承载力下降缓慢，剩余承载力达到相应承载力的 80.0%以上。

3）对于 A 系列，方钢管截面含钢率相同情况下，A2 与 A1 试件对比，增加栓钉之后的承载力几乎相同（平均提高了 0.4%），A3 与 A4 试件对比，增加栓钉之后的承载力反而降低了 8.6%，表明方钢管内壁焊接栓钉对方钢管混凝土短柱轴压承载力无明显效果。

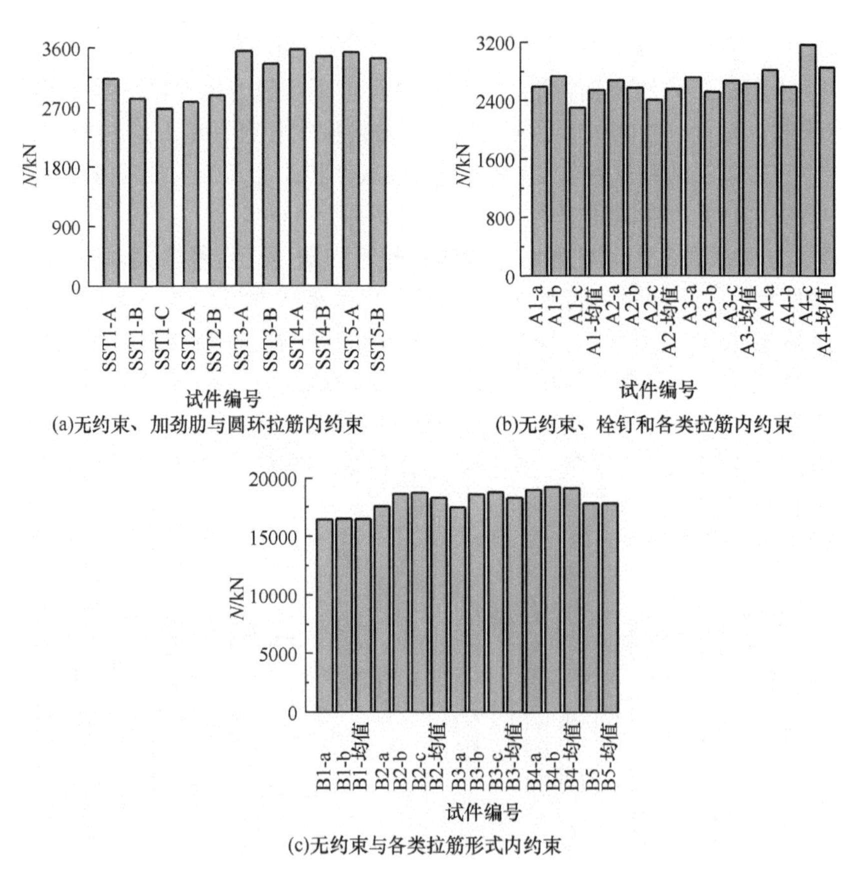

图 6-20　拉筋内约束方钢管混凝土短柱试件轴压承载力比较

4）对于 B 系列，方钢管含钢率相同的情况下，B2 的承载力比 B1 平均提高 11.1%，B3 的承载力比 B1 平均提高 11.0%，B4 的承载力比 B1 平均提高 16.3%，表明增加内约束拉筋后方钢管混凝土短柱轴压承载力有较大幅度提高；B2（螺旋形约束系列）和 B3

（菱形约束系列）的承载力接近，但均低于 B4（井字形约束系列）的承载力。

5）对于 B 系列，B5 增加了钢管壁厚度，承载力比 B1 的提高了 8.3%，表明增加钢管壁厚度可提高方钢管混凝土短柱轴压的承载力；在总体用钢量相同的情况下，B2-b 的承载力比 B5 的提高 4.4%，B3-b 承载力比 B5 承载力提高 4.3%，B4-b 承载力比 B5 提高 6.7%，表明在总体用钢量相同的情况下，方钢管内约束混凝土短柱轴压承载力均比普通方钢管混凝土的承载力有所提高，因此采用拉筋内约束方式可有效提高方钢管混凝土短柱的轴压承载力效率。

图 6-21 为拉筋内约束圆钢管混凝土短柱试件轴压承载力比较情况，可知以下结论。

1）对于拉筋约束圆钢管混凝土短柱轴压试件，在保证截面含钢率为 2.9%和拉筋体积配筋率为 0.45%左右的情况下，CJFST 系列、CMFST 系列和 RSCFT 系列短柱的轴压承载力相差不大，其中 CJFST 系列最大，CMFST 系列次之，RSCFT1 系列最小，CJFST 系列短柱轴压承载力较 CMFST 系列短柱平均提高 0.86%；较 RSCFT1 系列短柱提高 1.90%，CMFST 系列短柱较 RSCFT1 系列短柱平均提高 1.02%，表明圆钢管中焊接井字形拉筋对圆钢管混凝土的轴压承载力提高效果最好。

2）在内约束形式相同的情况下，RSCFT2 系列短柱轴压的等效含钢率较 RSCFT1 系列短柱轴压提高了 0.5%，而承载力提高了 5.95%；RSCFT3 系列短柱轴压的等效含钢率较 RSCFT2 系列短柱轴压提高了 0.44%，而承载力提高了 2.53%，表明增加拉筋的直径可以有效提高圆钢管混凝土短柱的轴压承载力。

由图 6-17～图 6-21 的各类约束钢管混凝土短柱试件轴压承载力比较表明：①CFRP 外约束对提高圆钢管混凝土短柱的轴压承载力效果显著；②型钢和圆钢管内约束对提高钢管混凝土短柱的轴压承载力不甚明显；③拉筋内约束对提高钢管混凝土短柱的轴压承载力效果显著，且井字形拉筋的约束效率最高。

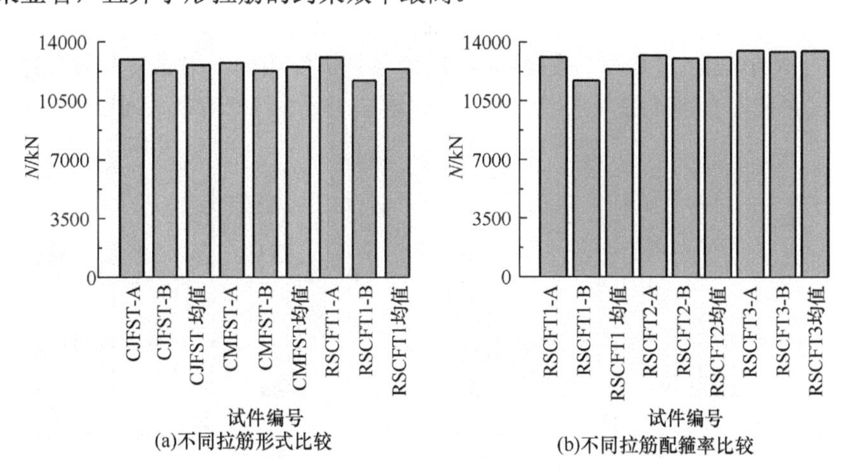

图 6-21　拉筋内约束圆钢管混凝土短柱轴压试件承载力比较

2. 延性系数

图 6-22 为 CFRP 外约束圆钢管混凝土短柱轴压试件延性系数 μ_s 比较，可知以下结论。

1）C3ST1 系列试件与 C3ST0 系列试件相比，μ_s 平均减小 3.15%；C3ST2 系列试件与 C3ST0 系列试件相比，μ_s 平均减小 3.55%；C3ST3 系列试件与 C3ST0 系列试件相比，μ_s 平均减小 6.63%。

2）C5ST1 系列试件与 C5ST0 系列试件相比，μ_s 平均减小 12.25%；C5ST2 系列试件与 C5ST0 系列试件相比，μ_s 平均减小 36.05%；C5ST3 系列试件与 C5ST0 系列试件相比，μ_s 平均减小 44.43%。

3）CFRP 外约束对圆钢管混凝土短柱轴压试件的延性不利，延性随 CFRP 层数的增加而降低，且混凝土强度降低，增加 CFRP 层数对延性的减小效应越小；延性随混凝土强度的增加而降低，且 CFRP 层数增多，混凝土强度提高对延性的减小效应越大。

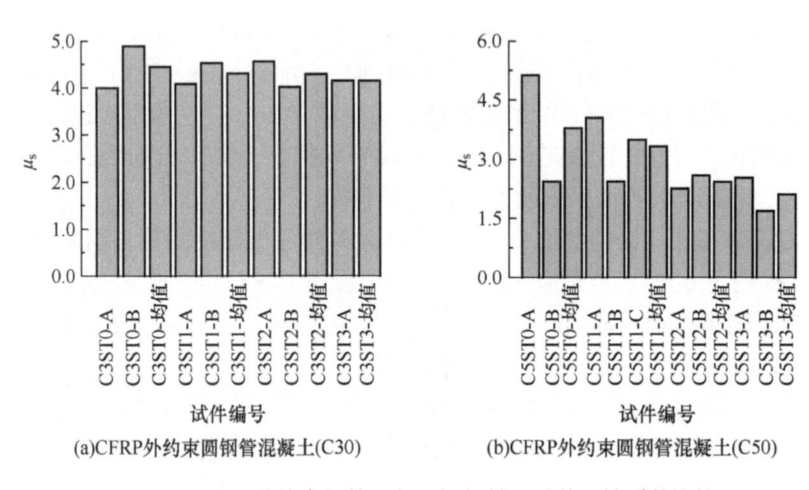

(a)CFRP外约束圆钢管混凝土(C30)　　(b)CFRP外约束圆钢管混凝土(C50)

图 6-22　CFRP 外约束钢管混凝土短柱轴压试件延性系数比较

图 6-23 为型钢内约束钢管混凝土短柱轴压试件延性系数 μ_s 的比较，可知以下结论。

1）对于圆形截面，FCST1 系列试件与 C1 系列试件相比，在混凝土强度差别不大的情况下，试件截面含钢率提高 85.2%，μ_s 平均增加 156%；FCST2 系列试件与 C2 系列试

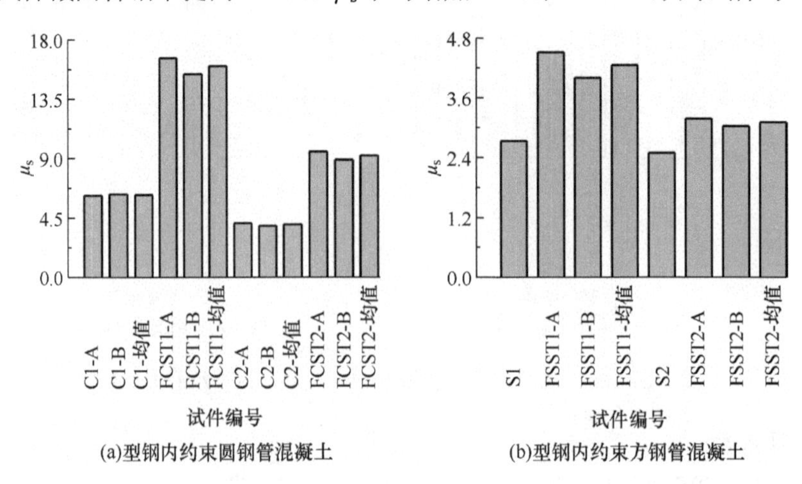

(a)型钢内约束圆钢管混凝土　　(b)型钢内约束方钢管混凝土

图 6-23　型钢内约束钢管混凝土短柱轴压试件延性系数比较

件相比，在混凝土强度差别不大的情况下，试件截面含钢率提高 85.2%，μ_s 平均增加 130%。

2）对于方形截面，FSST1 系列试件与 S1 试件相比，在混凝土强度差别不大的情况下，FSST1 系列试件截面含钢率提高 89.2%，μ_s 平均增加 55.9%；FSST2 系列试件与 S2 试件相比，在混凝土强度差别不大的情况下，FSST2 系列试件截面含钢率提高 89.2%，μ_s 平均增加 24.7%。

3）随着型钢的加入，试件延性增大且圆形截面延性系数 μ_s 增大效果显著。

图 6-24 为圆钢管内约束钢管混凝土短柱轴压试件延性系数 μ_s 的比较，可知以下结论。

1）对于圆形截面，在外钢管直径相同而内钢管直径增大而其他参数都不变的情况下，即内外直径比 D_i/D 提高 50%，CCSST2 系试件与 CCSST1 系列试件相比，延性平均提高 29.0%；CCSST4 系列试件与 CCSST3 系列试件相比，延性平均提高 26.6%。

2）对于方形截面，SCCFT4 试件与 SCCFT2 试件相比，内圆钢管直径 D_i 提高 50.0%，延性平均提高 14.4%；SCCFT5 试件与 SCCFT3 试件相比，内圆钢管厚度 t_i 提高 31.3%，延性提高 47.5%；SCCFT6 试件与 SCCFT4 试件相比，内圆钢管厚度 t_i 提高 29.4%，延性提高 34.0%；SCCFT3 试件与 SCCFT1 试件相比，内圆钢管直径 D_i 提高 50.0%，延性提高 18.1%。

上述分析显示随着内钢管直径和含钢率增大，圆钢管钢管内约束钢管混凝土短柱轴压延性系数 μ_s 增大。

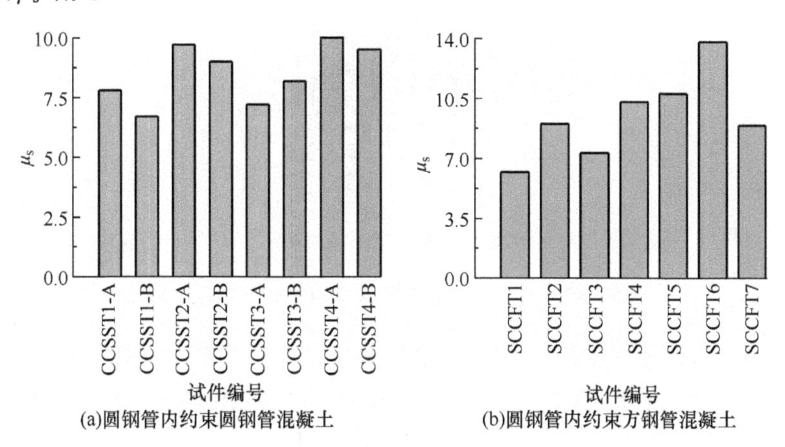

图 6-24　圆钢管内约束钢管混凝土短柱试件延性系数比较

图 6-25 为拉筋内约束方钢管混凝土短柱轴压试件延性系数 μ_s 的比较，可知以下结论。

1）对于 SST 系列，增加加劲肋（SST2 系列）后，试件的延性略有增大，圆环拉筋的延性比加劲肋和普通试件的延性要好，SST4 系列内接触螺旋拉筋比 SST3 和 SST5 试件多 3 圈拉筋，其延性要增大较多。

2）对于 A 系列，A2 与 A1 试件对比，增加栓钉之后的延性系数略有提高（平均提高了 3.7%），A4 与 A3 试件对比，增加栓钉之后的延性系数也略有提高，表明钢管内壁焊接栓钉对方钢管混凝土短柱的轴压延性无明显效果。

3）对于 B 系列，B1 的平均延性系数为 2.03，螺旋拉筋 B2 试件的平均延性系数为 2.62，菱形拉筋 B3 试件的平均延性系数为 2.42，双向对拉筋 B4 试件的平均延性系数为 3.36，表明增加内约束拉筋后方钢管内约束混凝土短柱的轴压延性系数均比方钢管混凝土短柱有较大幅度提高。

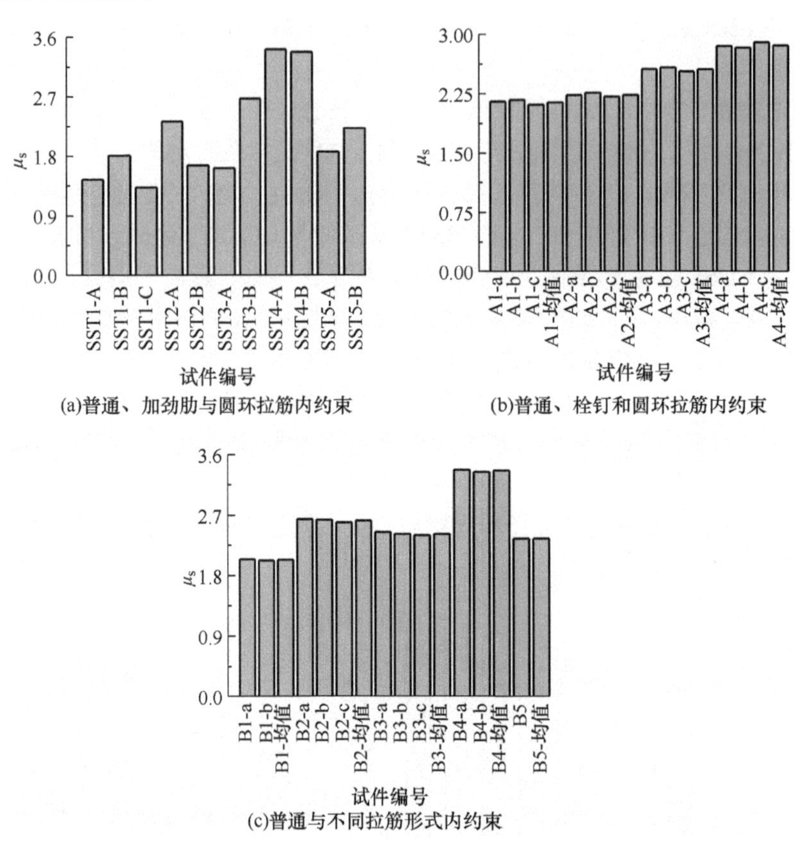

(a)普通、加劲肋与圆环拉筋内约束　　(b)普通、栓钉和圆环拉筋内约束

(c)普通与不同拉筋形式内约束

图 6-25　拉筋内约束方钢管混凝土短柱试件延性系数比较

图 6-26 为拉筋内约束圆钢管混凝土短柱轴压试件延性系数 μ_s 比较，可知以下结论。

1）当配拉筋率相同时，CMFST 系列、CJFST 系列和 RSCFT1 系列试件相比，CJFST 试件的延性系数比 CMFST 系列试件平均提高了 7.8%，比 RSCFT1 系列试件平均提高 62.4%，可见钢管内焊接井字形拉筋的约束效用最好。

2）当拉筋形式相同而配筋率不同时，与 RSCFT1 系列试件对比，RSCFT2 系列试件体积配筋率提高 76%，延性提高 94.1%；与 RSCFT2 系列试件对比，RSCFT3 系列试件体积配筋率提高 36%，延性提高 35%，表明增加配拉筋率可提高圆钢管拉筋内约束混凝土短柱的轴压延性，且两者的提高幅度之比接近。

由图 6-22～图 6-26 所示的各类约束钢管混凝土短柱试件轴压延性系数 μ_s 比较分析表明：①CFRP 外约束对圆钢管混凝土短柱的延性系数降低幅度较大；②型钢和圆钢管内约束对提高钢管混凝土短柱的延性系数效果较显著；③拉筋内约束对提高钢管混凝土短柱的延性系数效果显著，且井字形拉筋的约束效率最高。

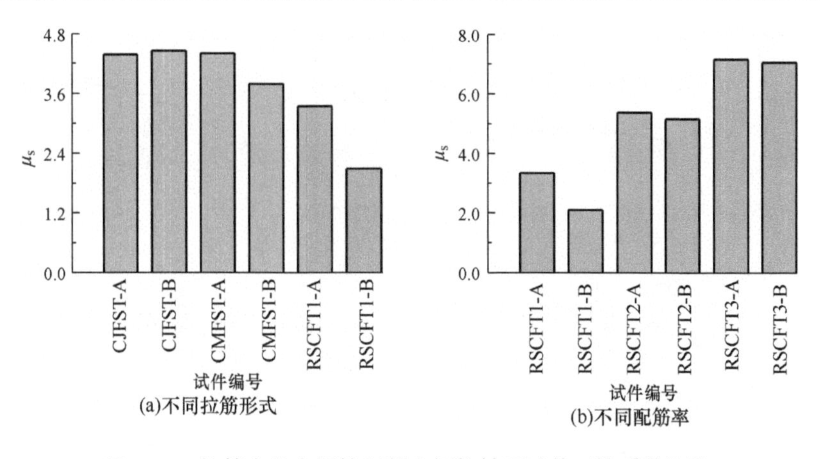

(a)不同拉筋形式　(b)不同配筋率

图 6-26　拉筋内约束钢管混凝土短柱轴压试件延性系数比较

3. 横向变形系数

图 6-27 为 CFRP 外约束圆钢管混凝土短柱轴压试件荷载-横向变形系数变化规律。加载初期，CFRP 外约束圆钢管混凝土的横向变形系数在 0.3 附近基本保持不变，小于普通钢管混凝土的横向变形系数，即 CFRP 减弱了钢管对核心混凝土的套箍约束作用；当荷载达到 0.8～0.9 倍极限荷载时，CFRP 大量断裂，钢管横向变形系数迅速增长，此时钢管恢复了对核心混凝土的套箍约束作用。

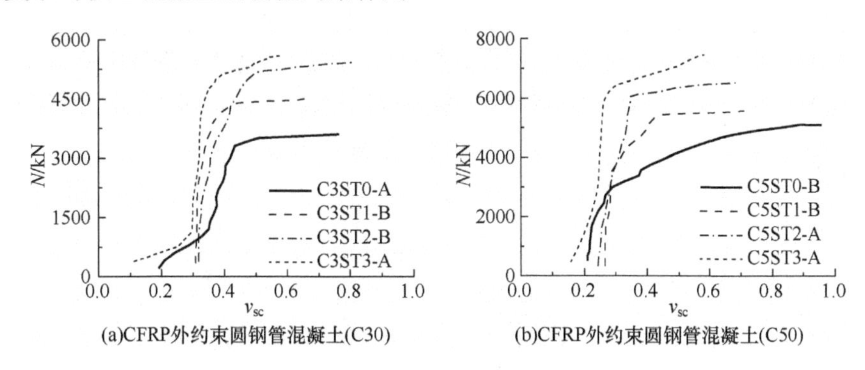

(a)CFRP外约束圆钢管混凝土(C30)　(b)CFRP外约束圆钢管混凝土(C50)

图 6-27　CFRP 外约束钢管混凝土短柱轴压试件荷载-横向变形系数变化规律

图 6-28 为型钢内约束钢管混凝土短柱轴压试件荷载-横向变形系数变化规律。

1）对于圆形截面，当试件进入弹塑性阶段后，C1、C2 系列试件的横向变形系数增长速度较 FCST1、FCST2 系列快，可知 C1（或 C2）系列试件的钢管对核心混凝土的约束作用较 FCST1（或 FCST2）系列试件强，表明型钢内约束减弱了钢管对核心混凝土的约束作用。

2）对于方形截面，当荷载达到极限荷载的 50%左右时，横向变形系数超过钢材的泊松比，钢管对混凝土的约束作用较明显；当荷载相同时，方钢管角部 2#测点的横向变形系数较中部 1#测点大，表明方钢管角部对核心混凝土的约束作用较大，而钢管中部对核心混凝土的约束作用较小；与方钢管混凝土短柱相比，型钢-方钢管混凝土短柱的钢管角部和钢管中部的横向变形系数差别不大，表明型钢加入后方钢管对核心混凝土的约束作用变化不明显。

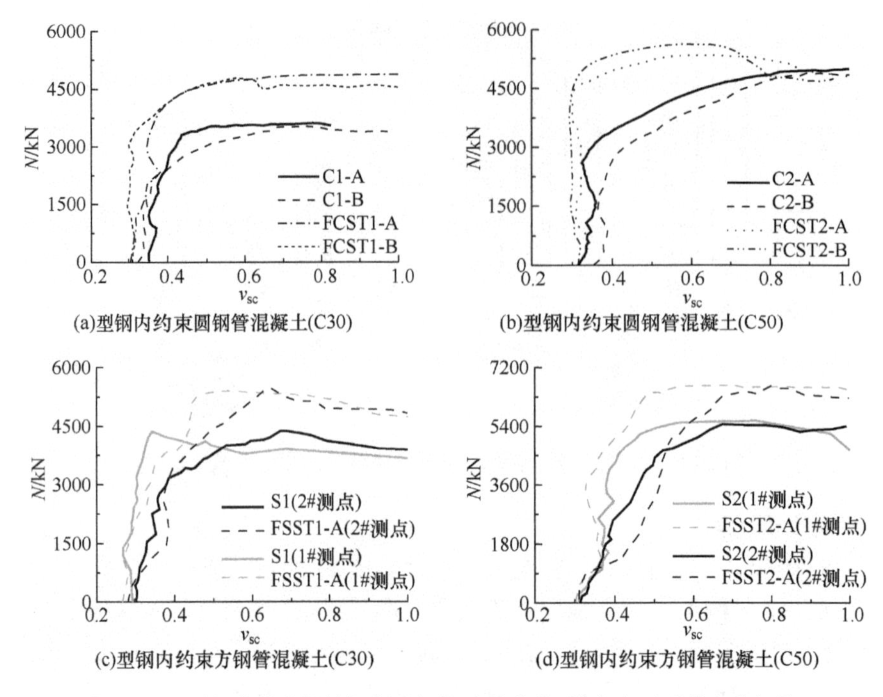

(a)型钢内约束圆钢管混凝土(C30)　(b)型钢内约束圆钢管混凝土(C50)

(c)型钢内约束方钢管混凝土(C30)　(d)型钢内约束方钢管混凝土(C50)

图 6-28　型钢内约束钢管混凝土短柱试件荷载-横向变形系数变化规律

图 6-29 为圆钢管内约束钢管混凝土短柱轴压试件荷载-横向变形系数变化规律。对于圆形截面，在弹性阶段内外直径比较大试件的横向变形系数变化较内外直径比较小试件的横向变形系数缓慢；对于方形截面，外钢管各点的横向变形系数在各个加载阶段区别都不大。

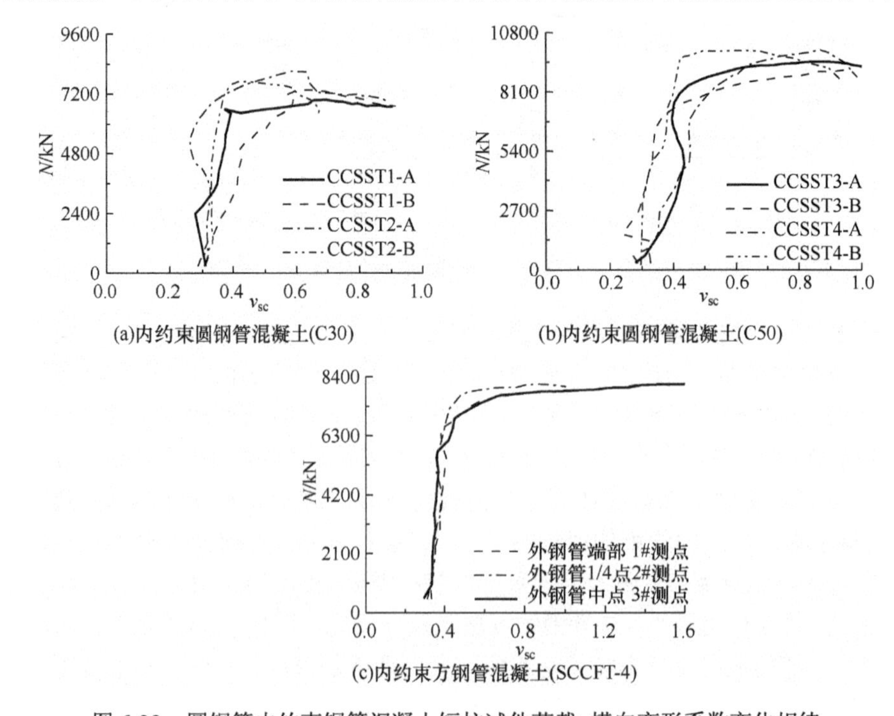

(a)内约束圆钢管混凝土(C30)　(b)内约束圆钢管混凝土(C50)

(c)内约束方钢管混凝土(SCCFT-4)

图 6-29　圆钢管内约束钢管混凝土短柱试件荷载-横向变形系数变化规律

图 6-30 为拉筋内约束钢管混凝土短柱试件荷载-横向变形系数变化规律。

1）对于拉筋约束方钢管混凝土，极限荷载时钢管表面各测点的横向变形系数超过 0.5 且大于普通方钢管混凝土的，表明拉筋增加了方钢管对混凝土的约束作用。

2）对于不同拉筋形式约束圆钢管混凝土，弹塑性阶段 CJFST 系列和 CMFST 系列短柱横向变形系数增长速度较快，而 RSCFT1 系列短柱增长较慢，表明 CMFST 系列和 CJFST 系列短柱中钢管对核心混凝土具有更强的套箍约束作用。

3）对于不同配拉筋率的圆环拉筋约束圆钢管混凝土，在加载初期，RSCFT3 系列短柱轴压的横向变形系数大于 RSCFT2 系列和 RSCFT1 系列短柱，可见高配拉筋率更加强钢管对核心混凝土的约束作用。

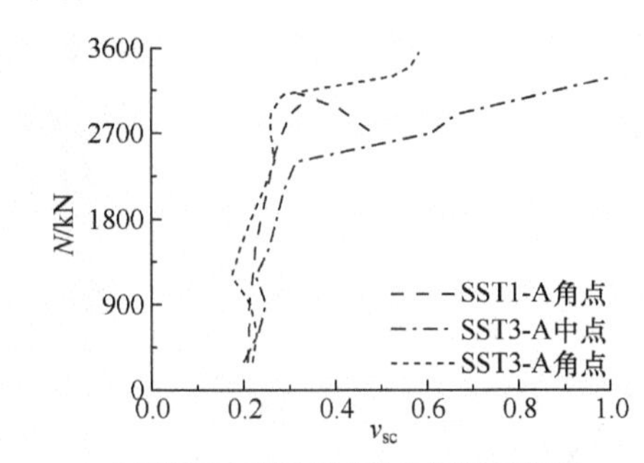

(a)普通和圆环拉筋内约束方钢管混凝土

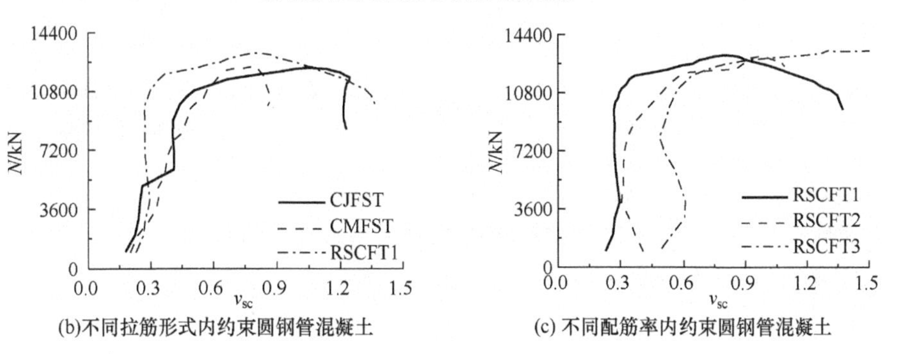

(b)不同拉筋形式内约束圆钢管混凝土　　(c) 不同配筋率内约束圆钢管混凝土

图 6-30　拉筋内约束钢管混凝土短柱试件荷载-横向变形系数变化规律比较

6.3　理论模型与约束原理

6.3.1　弹塑性法

1. CFRP 外约束圆钢管混凝土

CFRP 材性试验结果表明，CFRP 上升段为直线，断裂后一般无法测得下降段，为便于计算收敛，作者假设 CFRP 应力-应变关系曲线（图 6-31）遵循以下表达式：

$$y=\begin{cases}x & 0\leqslant x\leqslant 1\\ \dfrac{4}{9}x^2-\dfrac{20}{9}x+\dfrac{25}{9} & 1<x\leqslant 2.5\end{cases} \tag{6-1}$$

式中，$x=\varepsilon_{cf}/\varepsilon_{cf,0}$，$y=\sigma_{cf}/f_{cf}$，其中 $\varepsilon_{cf,0}$ 为 CFRP 的峰值应变，f_{cf} 为断裂强度由试验确定。

核心混凝土的轴对称三轴本构模型和强度准则以及钢材本构模型和强度准则见第 2 章。假设加载过程中钢管与混凝土之间共同受压，CFRP 仅环向受拉，三者工作性能良好，变形协调，界面连续。

（1）弹性阶段

图 6-32 为 CFRP 外约束钢管混凝土短柱同心圆柱体轴压计算模型。小变形条件下钢管和混凝土同时受压，构成弹性力学轴对称广义平面应变问题。引入 Airy 应力函数 $\Gamma=C_1\ln r+C_2r^2\ln r+Cr^2+C_3$，可求得弹性解的通式。

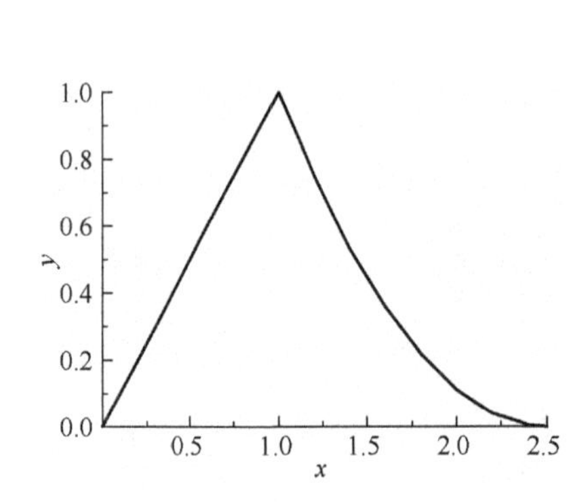

图 6-31　量纲一形式的 CFRP 拉伸应力-应变曲线

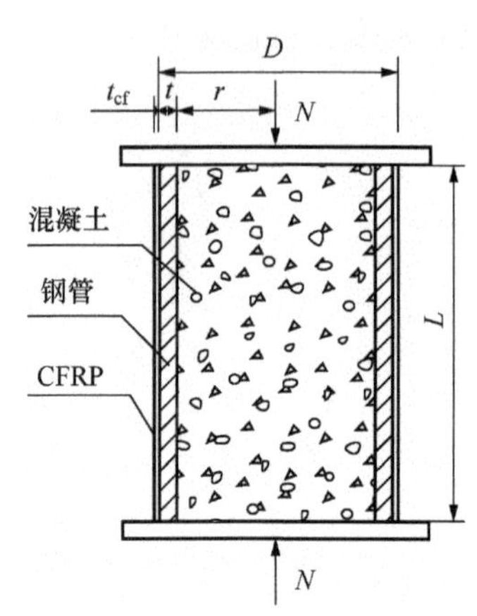

图 6-32　CFRP 外约束钢管混凝土短柱同心圆柱体轴压计算模型

1）混凝土区，$0<r\leqslant(D/2-t)$：同式（3-1）～式（3-5）。

2）钢管区，$(D/2-t)<r\leqslant D/2$：同式（3-6）～式（3-10）。

3）CFRP 区，$D/2<r\leqslant D/2+t_{cf}$：

应力分量为

$$\sigma_{cf}=E_{cf}\varepsilon_{cf} \tag{6-2}$$

应变分量为

$$\varepsilon_{cf}=-\frac{1+\nu_s}{E_s}\frac{4A}{D^2}+\frac{2B(1-\nu_s-2\nu_s^2)}{E_s}-\nu_s\varepsilon_L \tag{6-3}$$

式中：ε_{cf} 为 CFRP 的环向应变；t_{cf} 为 CFRP 厚度；A、B 为待定常数。

CFRP 约束钢管混凝土短柱轴压时内外力平衡见式（3-11）～式（3-13）。根据连续介质力学基本理论，对于 CFRP 外约束钢管混凝土组成的同心圆柱体受组合纵向压应力 σ_{sc} 作用所构成的静力学边值问题，边界条件及界面条件如下：

应力边界条件为

$$\sigma_{r|r=D/2}=-\frac{\rho_f}{2(1-\rho_f)}\sigma_{cf} \tag{6-4}$$

式中：ρ_f 为含 CFRP 率，$\rho_f=4t_{cf}/D$；应力、位移协调条件同式（3-15）和式（3-16）。

结合式（3-1）～式（3-10）、式（6-1）～式（6-4）及式（3-15）、式（3-16），对于CFRP 外约束钢管混凝土短柱轴压，可确定待定常数 C_1、C_2、C_3 如下：

$$\begin{cases} C_1 = \dfrac{D^2}{4}\{w(v_c - v_s) - m[n(1 - v_c - 2v_c^2) - (1 - v_s - 2v_s^2)]\}(1 - \rho_s)QE_s\varepsilon_L \\ C_2 = -\dfrac{1}{2}\{(v_c - v_s)a - m[n(1 - v_c - 2v_c^2) + (1 + v_s)]/(1 - \rho_s)\}(1 - \rho_s)QE_s\varepsilon_L \\ C_3 = \dfrac{1}{2}\{m(2 - 2v_s^2) - (v_c - v_s)[a(1 - \rho_s) - w]\}QE_s\varepsilon_L \end{cases} \tag{6-5}$$

式中

$$Q = \{n(1 - v_c - 2v_c^2)[w - a(1 - \rho_s)] + a(1 - v_s - 2v_s^2)(1 - \rho_s) + w(1 + v_s)\}^{-1}$$

$$a = 1 - \frac{n_1\rho_f(1 + v_s)}{2(1 - \rho_f)}$$

$$w = 1 + \frac{n_1\rho_f(1 - v_s - 2v_s^2)}{2(1 - \rho_f)}$$

$$m = \frac{n_1\rho_f v_s}{2(1 - \rho_f)}$$

$$n = E_s / E_c$$

$$n_1 = E_{cf} / E_s$$

于是：

1）混凝土区，0≤r≤（D/2–t）：

应力分量为为

$$\begin{cases} \sigma_{r,c} = \sigma_{\theta,c} = \{2m(1 - v_s^2) - (v_c - v_s)[a(1 - \rho_S) - w]\}QE_S\varepsilon_L \\ \sigma_{L,c} = \left(E_c + 2v_c\{2m(1 - v_s^2) - (v_c - v_s)[a(1 - \rho_S) - w]\}QE_S\right)\varepsilon_L \end{cases} \tag{6-6}$$

应变分量为

$$\varepsilon_{r,c} = \varepsilon_{\theta,c} = \left(\{2m(1 - v_s^2) - (v_c - v_s)[a(1 - \rho_S) - w]\}(1 - v_c - 2v_c^2)Qn - v_c\right)\varepsilon_L \tag{6-7}$$

2）钢管区，（D/2–t）＜r≤D/2：

应力分量

$$\begin{cases} \sigma_{r,s} = (D/2r)^2\{w(v_c - v_s) - m[n(1 - v_c - 2v_c^2) - (1 - v_s - 2v_s^2)]\}(1 - \rho_s)QE_s\varepsilon_L \\ \qquad - \{(v_c - v_s)a - m[n(1 - v_c - 2v_c^2) + 1 + v_s]/(1 - \rho_s)\}(1 - \rho_s)QE_s\varepsilon_L \\ \sigma_{\theta,s} = -(D/2r)^2\{w(v_c - v_s) - m[n(1 - v_c - 2v_c^2) - (1 - v_s - 2v_s^2)]\}(1 - \rho_s)QE_s\varepsilon_L \\ \qquad - \{(v_c - v_s)a - m(n(1 - v_c - 2v_c^2) + 1 + v_s)/(1 - \rho_s)\}(1 - \rho_s)QE_s\varepsilon_L \\ \sigma_{L,s} = E_s\varepsilon_L - 2v_s\{(v_c - v_s)a - m[n(1 - v_c - 2v_c^2) + 1 + v_s]/(1 - \rho_s)\}(1 - \rho_s)QE_s\varepsilon_L \end{cases} \tag{6-8}$$

应变分量为

$$
\begin{cases}
\varepsilon_{r,\mathrm{s}} = (D/2r)^2(1+\nu_\mathrm{s})\{w(\nu_\mathrm{c}-\nu_\mathrm{s}) - m[n(1-\nu_\mathrm{c}-2\nu_\mathrm{c}^2)-(1-\nu_\mathrm{s}-2\nu_\mathrm{s}^2)]\}(1-\rho_\mathrm{s})Q\varepsilon_L \\
\quad -(1-\nu_\mathrm{s}-2\nu_\mathrm{s}^2)\{(\nu_\mathrm{c}-\nu_\mathrm{s})a - m[n(1-\nu_\mathrm{c}-2\nu_\mathrm{c}^2)+1+\nu_\mathrm{s}]/(1-\rho)\}(1-\rho_\mathrm{s})Q\varepsilon_L - \nu_\mathrm{s}\varepsilon_L \\
\varepsilon_{\theta,\mathrm{s}} = -(D/2r)^2(1+\nu_\mathrm{s})\{w(\nu_\mathrm{c}-\nu_\mathrm{s}) - m[n(1-\nu_\mathrm{c}-2\nu_\mathrm{c}^2)-(1-\nu_\mathrm{s}-2\nu_\mathrm{s}^2)]\}(1-\rho_\mathrm{s})Q\varepsilon_L \\
\quad -(1-\nu_\mathrm{s}-2\nu_\mathrm{s}^2)\{(\nu_\mathrm{c}-\nu_\mathrm{s})a - m[n(1-\nu_\mathrm{c}-2\nu_\mathrm{c}^2)+1+\nu_\mathrm{s}]/(1-\rho_\mathrm{s})\}(1-\rho_\mathrm{s})Q\varepsilon_L - \nu_\mathrm{s}\varepsilon_L \\
\varepsilon_{\theta,\mathrm{cf}} = -(1+\nu_\mathrm{s})\{w(\nu_\mathrm{c}-\nu_\mathrm{s}) - m[n(1-\nu_\mathrm{c}-2\nu_\mathrm{c}^2)-(1-\nu_\mathrm{s}-2\nu_\mathrm{s}^2)]\}(1-\rho_\mathrm{s})Q\varepsilon_L \\
\quad -(1-\nu_\mathrm{s}-2\nu_\mathrm{s}^2)\{(\nu_\mathrm{c}-\nu_\mathrm{s})a - m[n(1-\nu_\mathrm{c}-2\nu_\mathrm{c}^2)+1+\nu_\mathrm{s}]/(1-\rho_\mathrm{s})\}(1-\rho)Q\varepsilon_L - \nu_\mathrm{s}\varepsilon_L
\end{cases}
\tag{6-9}
$$

整理得弹性阶段 CFRP 约束钢管混凝土短柱轴压组合应力-应变关系为

$$\sigma_{\mathrm{sc}}=E_{\mathrm{sc}}\varepsilon_L \tag{6-10}$$

式中：E_{sc} 为组合弹性模量，其表达式为

$$
\begin{aligned}
E_{\mathrm{sc}} &= (1-\rho_\mathrm{s})E_\mathrm{c} + \rho_\mathrm{s}E_\mathrm{s} + 2[(a+(w-a)/\rho_\mathrm{s})\nu_\mathrm{c} - a\nu_\mathrm{s}](\nu_\mathrm{c}-\nu_\mathrm{s})(1-\rho_\mathrm{s})\rho_\mathrm{s}QE_\mathrm{s} \\
&\quad + 2m\{2\nu_\mathrm{c}(1-\rho_\mathrm{s})(1-\nu_\mathrm{s}^2) + [n(1-\nu_\mathrm{c}-2\nu_\mathrm{c}^2)+1+\nu_\mathrm{s}]\nu_\mathrm{s}\rho_\mathrm{s}\}QE_\mathrm{s}
\end{aligned}
\tag{6-11}
$$

（2）弹塑性阶段

随着外荷载的增加，与核心混凝土接触的钢管内壁面（$r=D/2-t$）首先发生屈服并逐渐向外扩展，形成一个环状塑性区。与此同时，CFRP 逐渐达到其极限抗拉强度而断裂。由于钢管壁薄，钢管内外壁面几乎同时屈服，对钢管应力分析时不考虑其侧向压应力，运用 von Mises 屈服准则，则屈服后钢管的应力为

$$
\begin{cases}
\sigma_{\theta,\mathrm{s}} = -2\{(\nu_\mathrm{c}-\nu_\mathrm{s})a - m[n(1-\nu_\mathrm{c}-2\nu_\mathrm{c}^2)+1+\nu_\mathrm{s}]/(1-\rho_\mathrm{s})\}(1-\rho_\mathrm{s})Q_\mathrm{t}E_\mathrm{s}^\mathrm{t}\varepsilon_L \\
\sigma_{L,\mathrm{s}} = E_\mathrm{s}^\mathrm{t}\varepsilon_L - 2\nu_\mathrm{s}\{(\nu_\mathrm{c}-\nu_\mathrm{s})a - m[n(1-\nu_\mathrm{c}-2\nu_\mathrm{c}^2)+1+\nu_\mathrm{s}]/(1-\rho_\mathrm{s})\}(1-\rho_\mathrm{s})Q_\mathrm{t}E_\mathrm{s}^\mathrm{t}\varepsilon_L
\end{cases}
\tag{6-12}
$$

式中

$$Q_\mathrm{t} = \{n(1-\nu_\mathrm{c}-2\nu_\mathrm{c}^2)[w-a(1-\rho_\mathrm{s})] + [a(1-\nu_\mathrm{s}-2\nu_\mathrm{s}^2)(1-\rho_\mathrm{s}) + (1+\nu_\mathrm{s})w]\}^{-1}$$

$$E_\mathrm{c}^\mathrm{t} = E_\mathrm{t} - 2\nu_\mathrm{c}\{2m(1-\nu_\mathrm{s}^2) - (\nu_\mathrm{c}-\nu_\mathrm{s})[a(1-\rho_\mathrm{s})-w]QE_\mathrm{s}^\mathrm{t}\}$$

屈服后钢管（取钢管中面）的应变为

$$
\begin{cases}
\varepsilon_{r,\mathrm{s}} = (D/2r)^2(1+\nu_\mathrm{s})\{w(\nu_\mathrm{c}-\nu_\mathrm{s}) + m[n(1-\nu_\mathrm{c}-2\nu_\mathrm{c}^2)-(1-\nu_\mathrm{s}-2\nu_\mathrm{s}^2)]\}(1-\rho_\mathrm{s})Q_\mathrm{t}\varepsilon_L \\
\quad -(1-\nu_\mathrm{s})\{(\nu_\mathrm{c}-\nu_\mathrm{s})a + m[n(1-\nu_\mathrm{c}-2\nu_\mathrm{c}^2)+1+\nu_\mathrm{s}]/(1-\rho_\mathrm{s})\}(1-\rho_\mathrm{s})Q_\mathrm{t}\varepsilon_L - \nu_\mathrm{s}\varepsilon_L \\
\varepsilon_{\theta,\mathrm{s}} = -(D/2r)^2(1+\nu_\mathrm{s})\{w(\nu_\mathrm{c}-\nu_\mathrm{s}) + m[n(1-\nu_\mathrm{c}-2\nu_\mathrm{c}^2)-(1-\nu_\mathrm{s}-2\nu_\mathrm{s}^2)]\}(1-\rho_\mathrm{s})Q_\mathrm{t}\varepsilon_L \\
\quad -(1-\nu_\mathrm{s})\{(\nu_\mathrm{c}-\nu_\mathrm{s})a + m[n(1-\nu_\mathrm{c}-2\nu_\mathrm{c}^2)+1+\nu_\mathrm{s}]/(1-\rho_\mathrm{s})\}(1-\rho_\mathrm{s})Q_\mathrm{t}\varepsilon_L - \nu_\mathrm{s}\varepsilon_L
\end{cases}
\tag{6-13}
$$

屈服后钢管的表面应变仍按式（6-13）计算。

核心混凝土的各内力和应变的表达式与弹性阶段的表达式在形式上是一致的，仅将其中的物理量 E_c、E_s、Q 以 E_c^t、E_s^t、Q_t 来代替即可。整理得到弹塑性阶段 CFRP 约束钢管混凝土短柱轴压在弹塑性阶段的组合应力-应变关系表达式，即

$$\sigma_{\mathrm{sc}}=E_{\mathrm{sc}}^\mathrm{t}\varepsilon_L \tag{6-14}$$

$$E_{sc}^{t} = (1-\rho_s)E_c^t + \rho_s E_s^t + 2\{[a+(w-a)/\rho_s]v_c - av_s\}(v_c - v_s)(1-\rho_s)\rho_s Q_t E_s^t$$
$$+ 2m\{2v_c(1-\rho_s)(1-v_s^2) + [n(1-v_c-2v_c^2)+1+v_s]v_s\rho_s\}Q_t E_s^t \quad (6\text{-}15)$$

综上所述，CFRP 外约束钢管混凝土短柱轴压组合应力-应变全曲线方程可表达为

$$\sigma_{sc} = \begin{cases} E_{sc}\varepsilon_L & \varepsilon_L \leqslant \varepsilon_{L,p} \\ E_{sc}^{t}\varepsilon_L & \varepsilon_L > \varepsilon_{L,p} \end{cases} \quad (6\text{-}16)$$

2. 型钢内约束圆钢管混凝土

型钢内约束圆钢管混凝土短柱轴压受力模型与圆钢管混凝土相似，也可采用同心圆柱体共同受压的广义弹塑性平面应变问题建立模型，其中不同之处如下。

1）核心混凝土的面积中要扣除型钢所占用的部分。

2）忽略型钢对核心混凝土的约束作用，假设型钢仅纵向承压。

具体的圆钢管混凝土短柱轴压弹塑性法分析模型详见第 3 章。

6.3.2　有限元法

钢管混凝土短柱轴压有限元模型建立过程和材料本构关系的描述详见第 4 章 4.3 节，此外拉筋采用两结点线性桁架单元（T3D2），并采用“内置区域（Embed）”嵌入核心混凝土中。以 ABAQUS/ Standard 6.14 为计算工具，建立型钢、圆钢管和各类拉筋等内约束钢管混凝土短柱轴压有限元模型。有限元模型单元网格划分如图 6-33 所示。

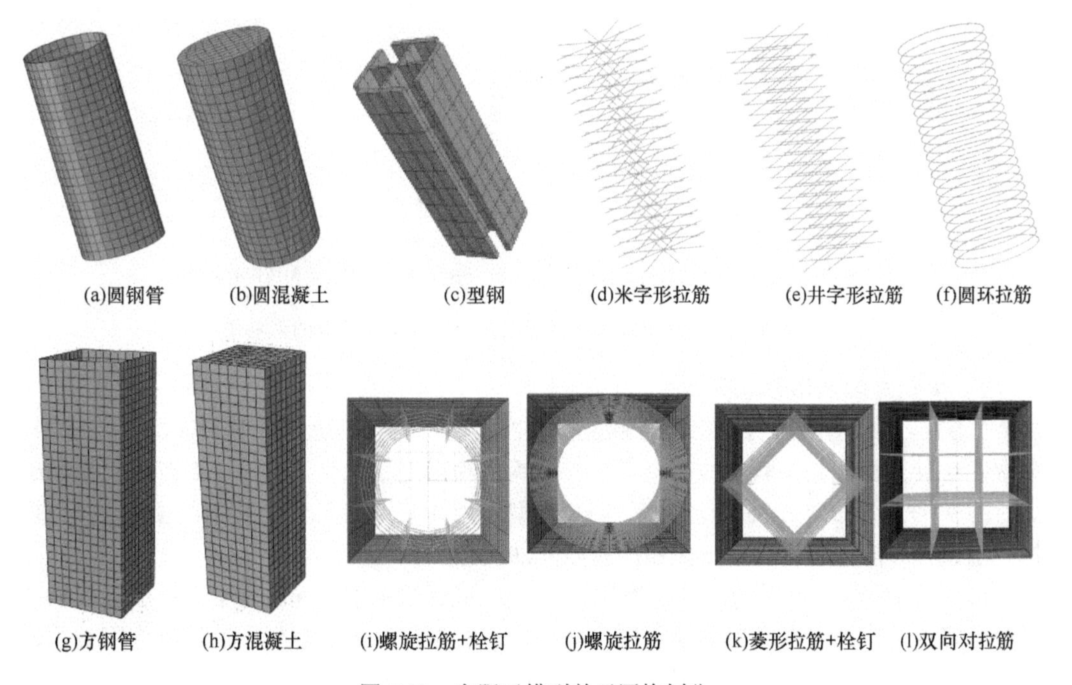

图 6-33　有限元模型单元网格划分

6.3.3 约束作用分析

1. CFRP 外约束圆钢管混凝土

弹塑性法得到的 CFRP 外约束钢管混凝土短柱轴压荷载-应变曲线比较如图 6-4 所示。弹塑性法理论曲线与实测曲线弹性阶段和塑性阶段吻合较好，而弹塑性阶段略有差距。CFRP 层数对典型 CFRP 外约束钢管混凝土（$D\times t\times L$=500mm×10mm×1500mm，C70，Q345）短柱轴压荷载-应变全曲线以及钢管纵向压/环向拉应力与混凝土纵/侧向压应力的影响可由图 6-34 可知。当其他条件不变时，随着碳纤维布层数增加，CFRP 外约束钢管混凝土短柱轴压承载力提高，而钢管对混凝土的约束作用减弱，延性降低。

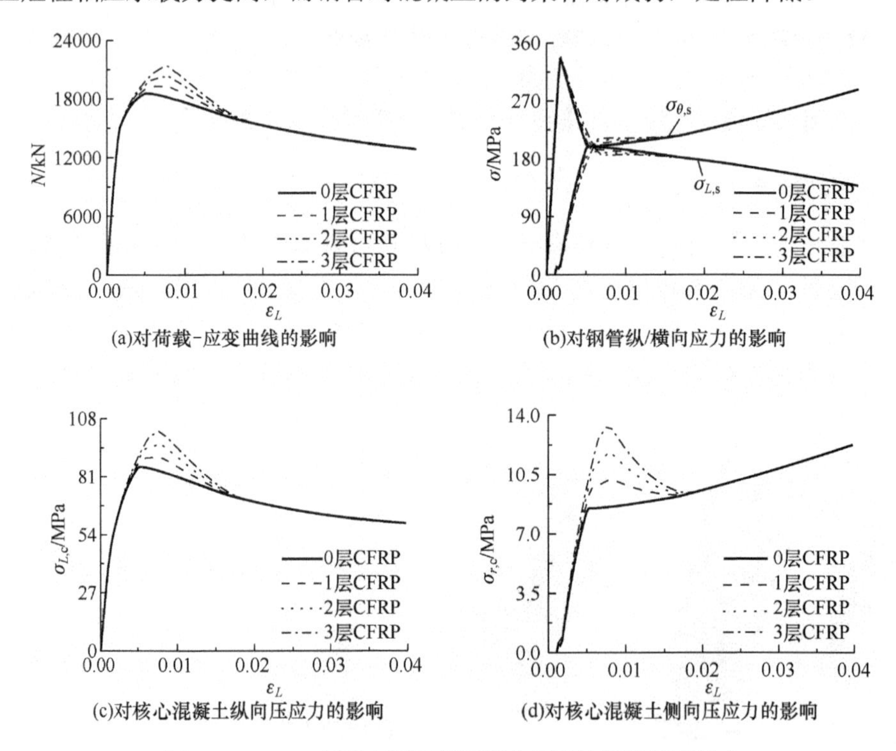

图 6-34 CFRP 层数对圆钢管混凝土短柱轴压性能的影响

2. 型钢内约束钢管混凝土

如图 6-5 所示型钢内约束钢管混凝土短柱轴压试件荷载-纵向应变比较，有限元法和弹塑性法计算曲线与试验曲线吻合良好。型钢内约束混凝土典型试件 1/2 有限元模型破坏时的变形云图如图 6-35 所示。图 6-36 为型钢内约束钢管混凝土和普通钢管混凝土短柱轴压试件各应力与纵向应变关系的有限元法比较。

1）对于圆形截面，与普通钢管混凝土相比，型钢约束钢管混凝土中钢管屈服后纵向压应力降低速率和横向拉应力增加速率减缓，表明钢管对核心混凝土的约束作用减弱，型钢屈服后纵向压应力略低于其屈服强度，如图 6-36（a）、（c）所示，其中 A 点、B 点和 C 点的位置如图 6-1（b）所示，表明内部型钢对核心混凝土的约束、核心混凝土纵向压应力有所增长，表内部型钢和外钢管对核心混凝土的共同约束作用增强。

2）对于方形截面，与普通钢管混凝土相比，型钢约束钢管混凝土中钢管屈服后纵向压应力降低速率、横向拉应力增加速率减缓，表明钢管对核心混凝土的约束作用减弱，型钢屈服后纵向压应力大于其屈服强度，如图 6-36（b）、（d）所示，其中 A 点、B 点和 C 点的位置示意如图 6-1（b）所示。核心混凝土纵向应力有所减弱，表明核心混凝土对内部型钢起约束作用，内部型钢和外钢管对核心混凝土的共同约束作用减弱。

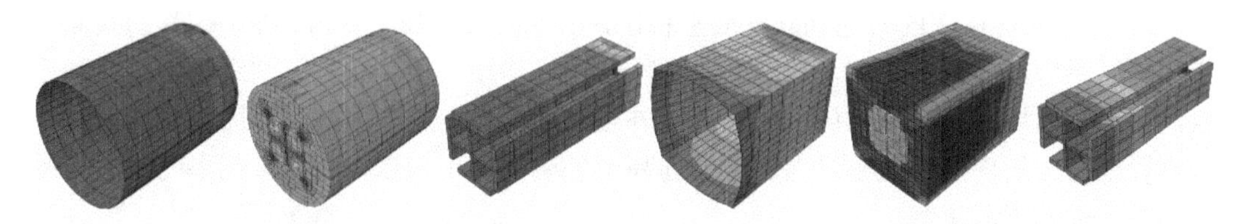

(a)型钢内约束圆钢管混凝土　　(b)型钢内约束圆钢管混凝土

图 6-35　型钢内约束钢管混凝土典型试件 1/2 有限元模型破坏时的变形云图

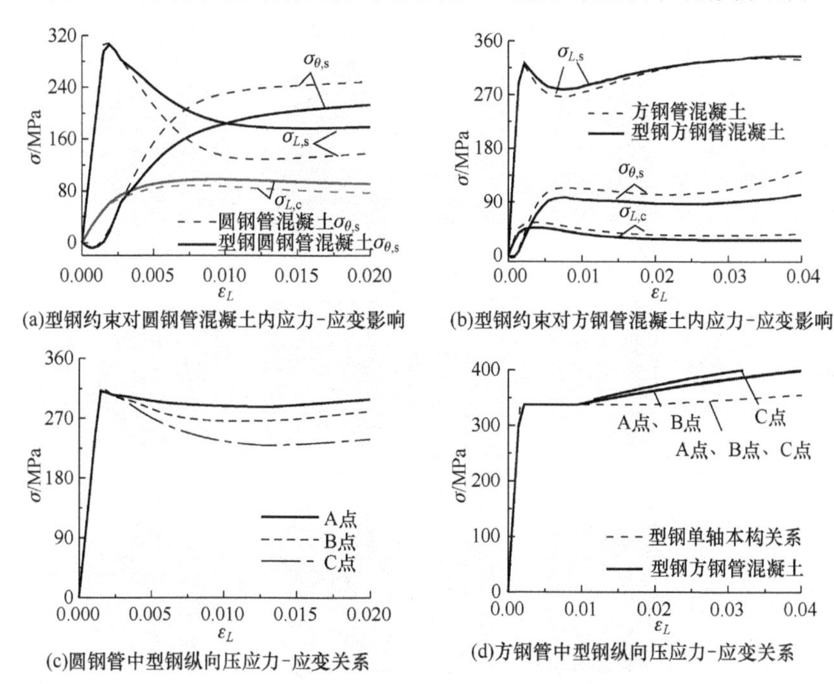

图 6-36　型钢内约束钢管混凝土与普通钢管混凝土短柱轴压试件各应力与纵向应变关系的有限元法比较

3. 圆钢管内约束钢管混凝土

有限元法计算得到的圆钢管内约束钢管混凝土短柱轴压试件荷载-纵向应变曲线比较如图 6-6 所示，有限元法和实测吻合良好。有限元法计算得到圆钢管内约束圆钢管（或方钢管混凝土）破坏时应力和变形云图如图 6-37 和图 6-38 所示，可知内层钢管相对于外层钢管具有更高的应力水平和更大的屈服区域，且内层混凝土纵向压应力远高于外层混凝土。

当其他参数都相同时，有限元法计算得到的相同含钢率下圆钢管内约束钢管混凝土短柱轴压和普通钢管混凝土短柱轴压各内应力-应变关系如图 6-39 所示。由图 6-39

可得以下结论。

1）与含钢率相同的普通钢管混凝土相比，圆钢管内约束圆钢管混凝土短柱轴压承载力略有降低，且内外直径比 D_i/D 越小，承载力降低越明显，而圆钢管内约束方钢管混凝土短柱轴压承载力和延性系数略有提高，且内外直径比 D_i/B 越大，承载力和延性提升越明显。

2）与相同含钢率的普通钢管混凝土相比，由于内层混凝土受内、外层钢管的共同约束，外层钢管混凝土为内层混凝土提供了额外约束作用，极限状态下圆钢管内约束圆钢管混凝土的内层混凝土纵向压应力增大而外层混凝土纵向压应力减小，而圆钢管内约束方钢管混凝土的内层混凝土纵向压应力远高于外层混凝土，以及相同含钢率的普通方钢管混凝土中的混凝土。

3）与含钢率相同的普通圆钢管混凝土相比，当钢管屈服后，圆钢管内约束圆钢管混凝土的内、外层钢管纵向压应力降低幅度、横向拉应力增加幅度都在减缓，相交点延后，且外层圆钢管更甚。

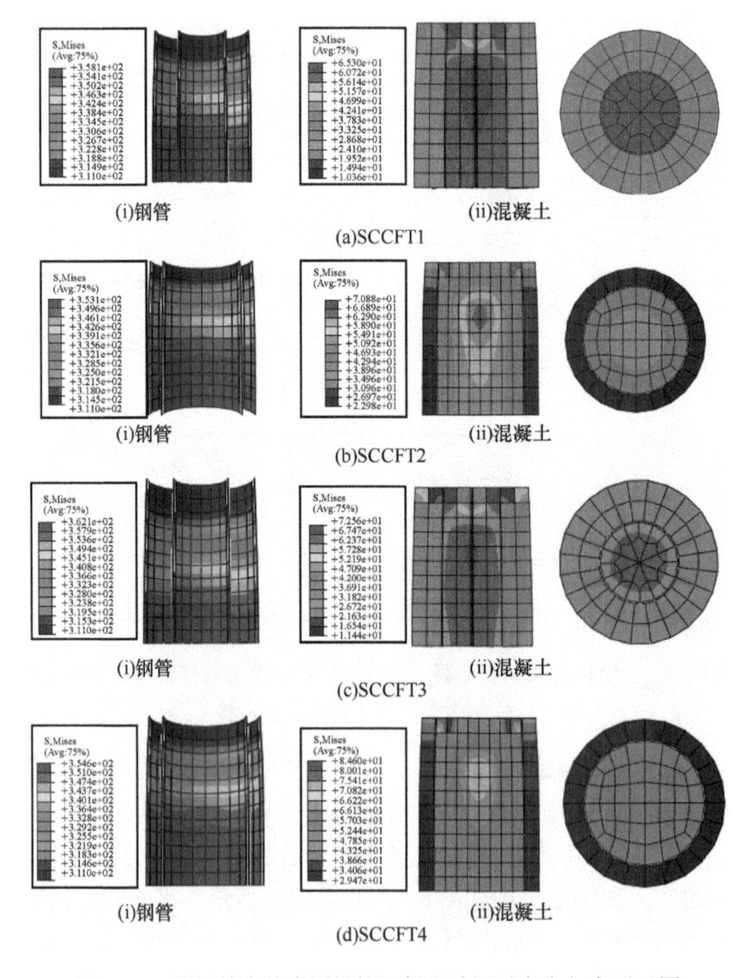

图 6-37　圆钢管内约束圆钢管混凝土破坏时应力与变形云图

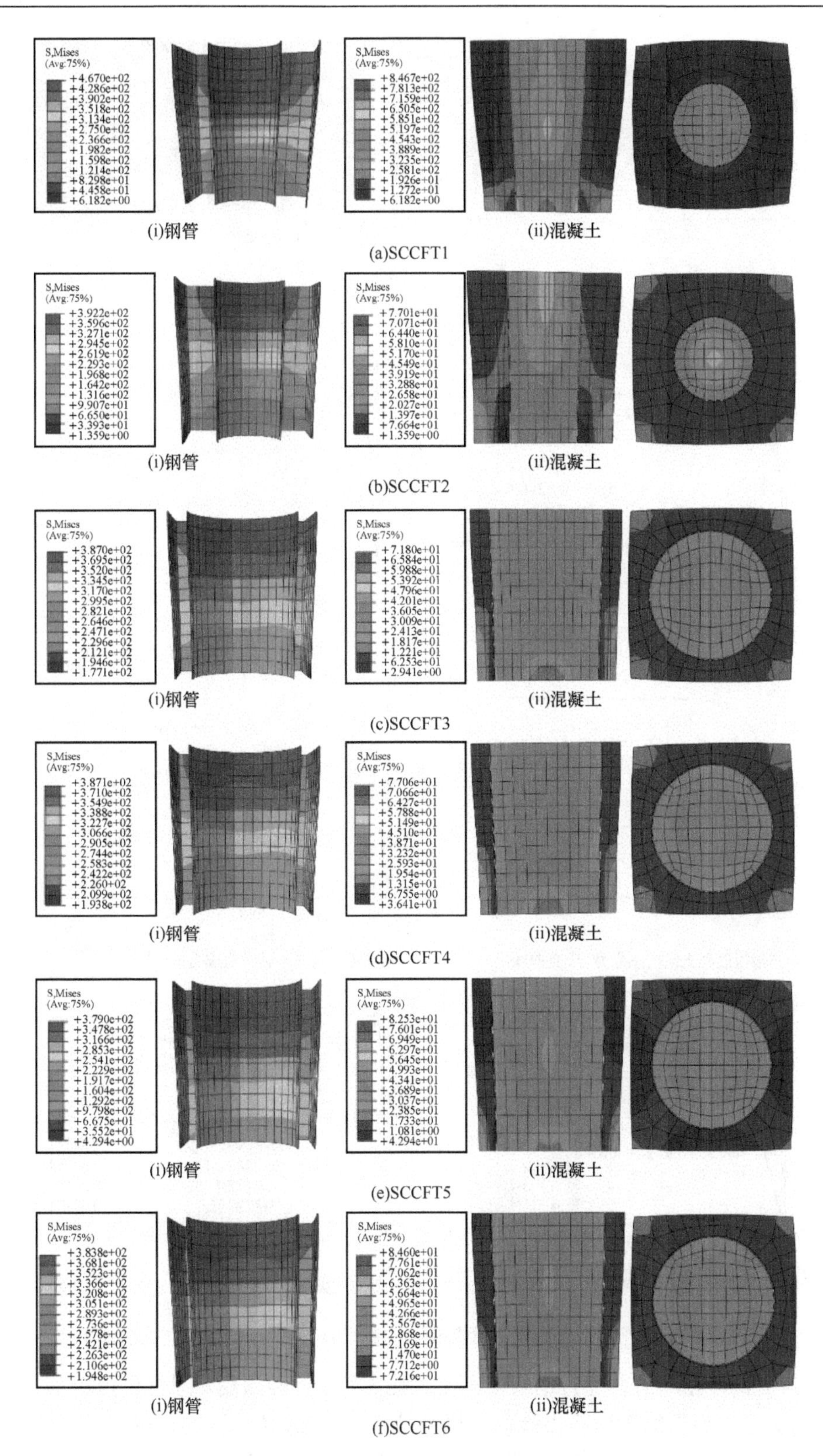

图 6-38　圆钢管内约束方钢管混凝土破坏时应力与变形云图

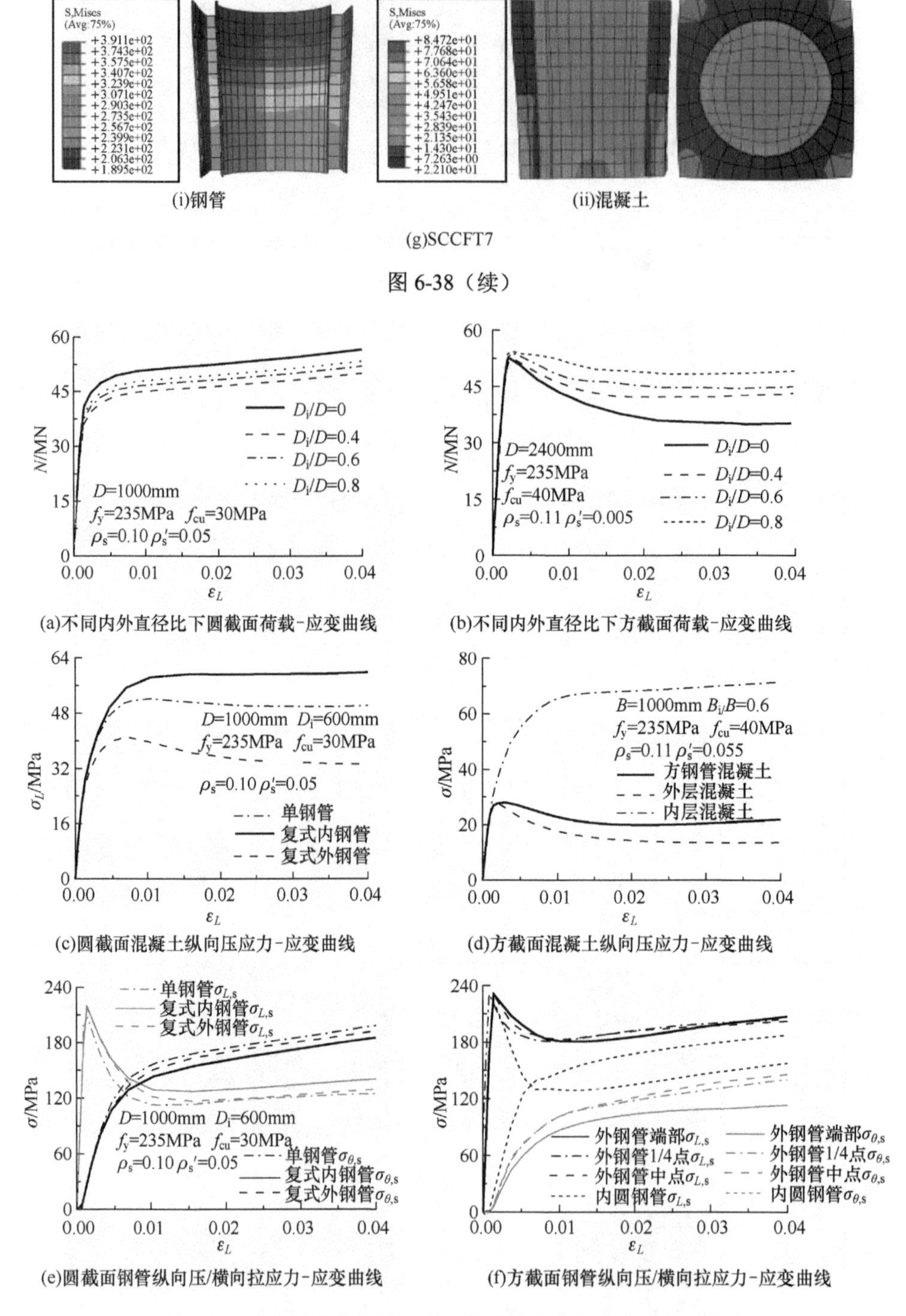

图 6-39　内钢管约束钢管混凝土柱各应力与纵向应变关系曲线

4）与含钢率相同的普通方钢管混凝土相比，当钢管屈服后，圆钢管内约束方钢管混凝土的内、外层钢管纵向压应力降低、横向拉应力增加；极限状态下外方钢管端部的纵向压应力最高，横向拉应力最小，外方钢管 1/4 点和中点纵向拉应力略小于外方钢管端部，横向拉应力大于外方钢管端部；内圆钢管屈服后纵向压应力下降明显，横向拉应力上升明显，内圆钢管以约束作用为主。

相同含钢率时钢管约束与单钢管有限元横向变形系数如图6-40所示。由图6-40可见：

1）两种短柱的钢管都对核心混凝土起约束套箍作用。

2）对于圆形截面，由于整体上普通圆钢管混凝土短柱的轴压承载力略大于圆钢管内约束圆钢管混凝土短柱的轴压承载力，与相同含钢率普通圆钢管混凝土短柱相比，圆钢管内约束圆钢管混凝土短柱整体上降低了钢管对混凝土的约束作用。

3）对于方形截面，圆钢管内约束方钢管混凝土短柱的内圆钢管对混凝土的约束作用比外方钢管的大，与相同含钢率普通方钢管混凝土短柱相比，圆钢管内约束方钢管混凝土短柱的内圆钢管增强了钢管对混凝土的约束作用。

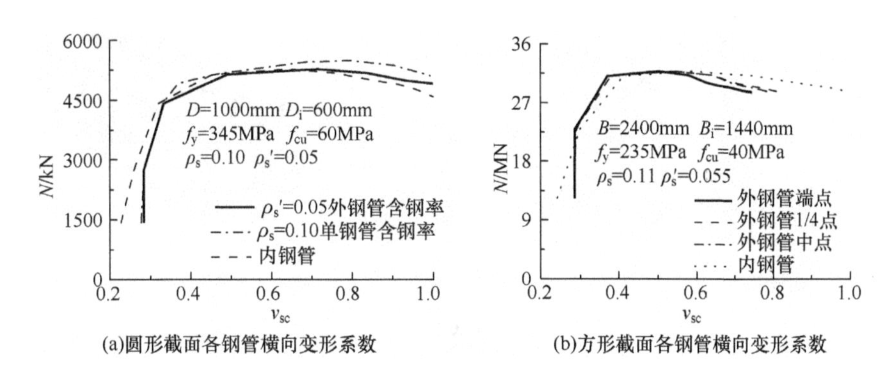

(a)圆形截面各钢管横向变形系数　(b)方形截面各钢管横向变形系数

图6-40　相同含钢率下内钢管内约束钢管混凝土与普通钢管混凝土横向变形系数的比较

4. 拉筋内约束钢管混凝土

有限元法得到的拉筋内约束钢管混凝土短柱轴压荷载-纵向应变曲线和试验结果的比较如图6-7和图6-9所示，两者吻合良好。有限元计算得到的B系列典型试件破坏时中部截面应力和试件整体变形云图如图6-41所示。钢管含钢率和不同拉筋内约束形式对试件的应力和变形云图都有影响，约束效果好的试件钢管表面屈曲幅度较小。

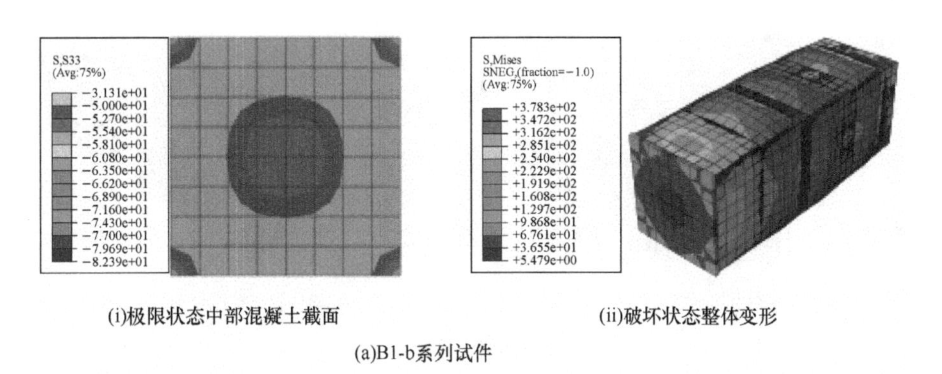

(i)极限状态中部混凝土截面　(ii)破坏状态整体变形

(a)B1-b系列试件

图6-41　B系列典型试件破坏时中部截面应力和试件整体变形云图

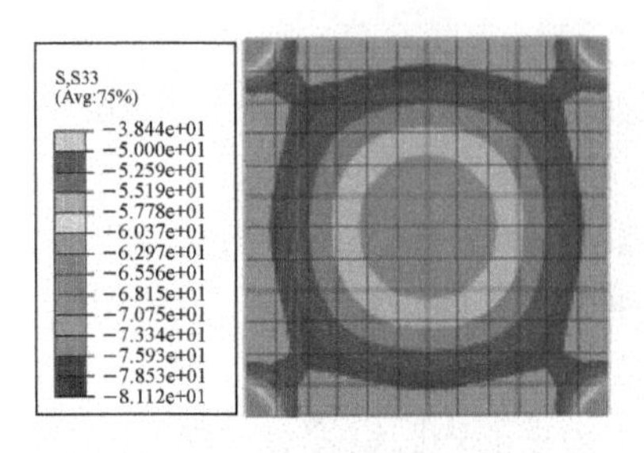

(i)极限状态中部混凝土截面

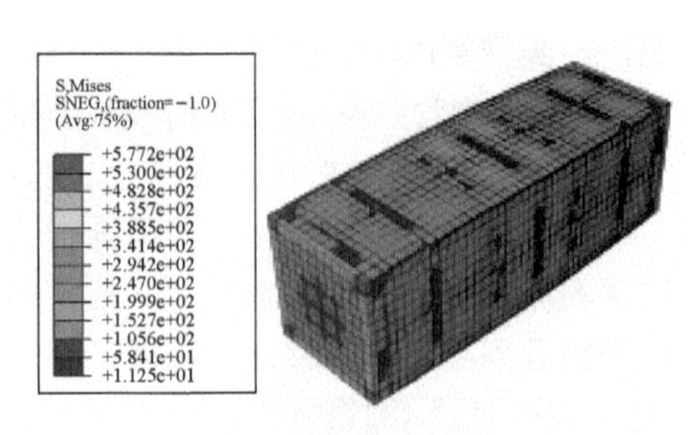

(ii)破坏状态整体变形

(b)B2-b试件

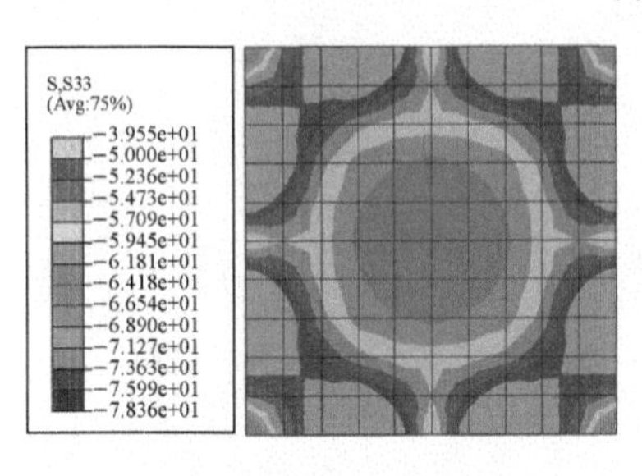

(i)极限状态中部混凝土截面

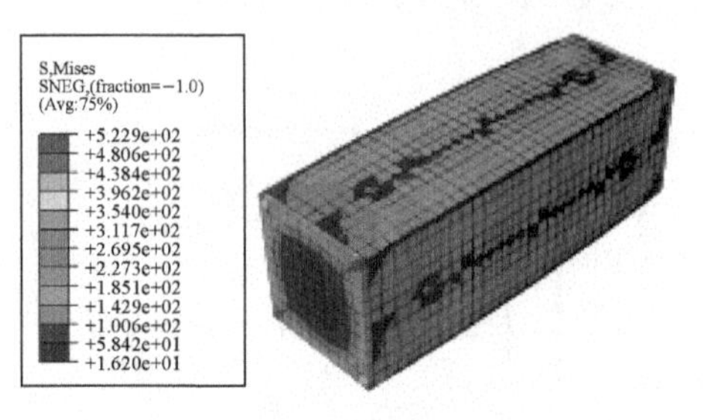

(ii)破坏状态整体变形

(c)B3-b试件

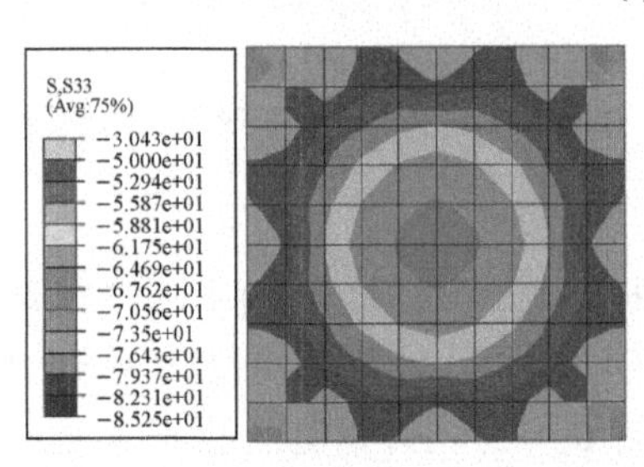

(i)极限状态中部混凝土截面

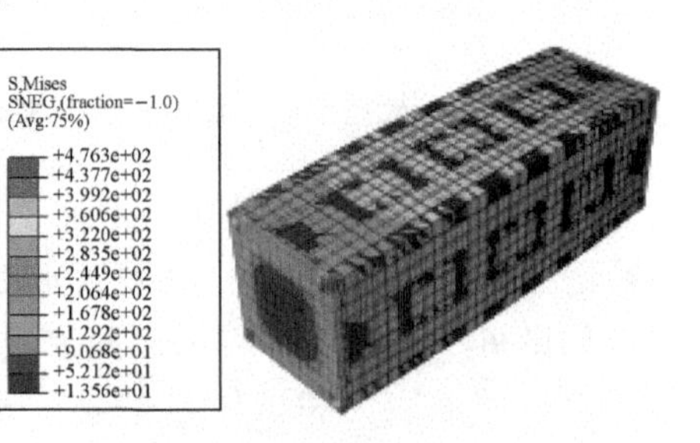

(ii)破坏状态整体变形

(d)B4-b试件

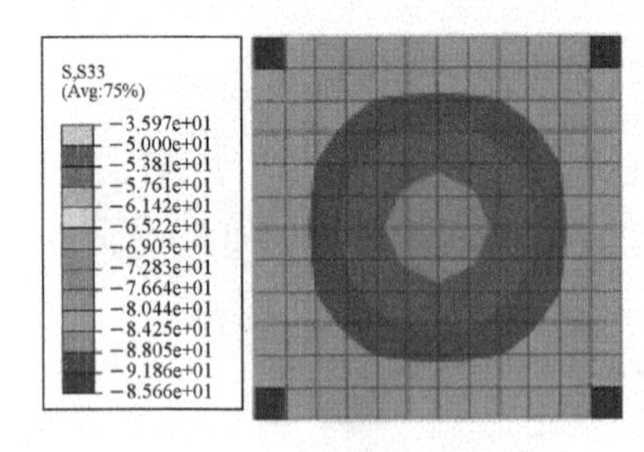

(i)极限状态中部混凝土截面

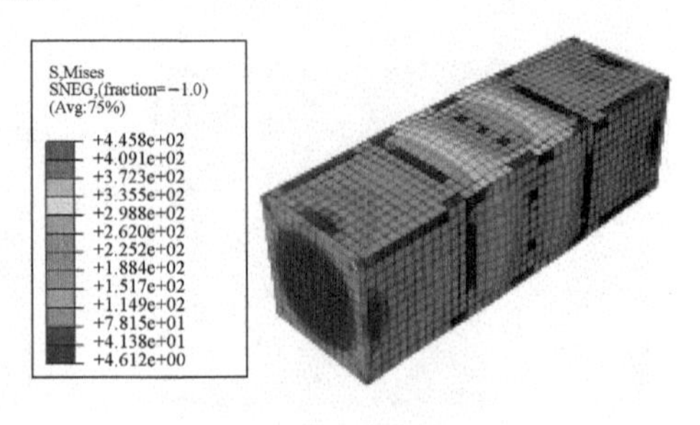

(ii)破坏状态整体变形

(e)B5试件

图 6-41（续）

图 6-42 为有限元法计算得到的 B2-b、B3-b 和 B4-b 三类拉筋内约束试件的中部钢管截面中点和端点处纵向压应力（$\sigma_{L,s}$）、横向拉应力（$\sigma_{\theta,s}$）和混凝土纵向压应力（$\sigma_{L,c}$）-纵向应变（ε_L）关系曲线的比较，可得以下结论。

1）三类试件的方钢管屈服后，钢管中部截面中点和角点的纵向压应力和横向应力先后相交，其中内焊接双向对拉筋约束形式的 B4-b 试件钢管纵向压应力和横向拉应力最早相交，其次是内焊接螺旋拉筋约束形式的 B2-b 试件，最后是内焊接栓钉菱形拉筋约束形式的 B3-b 试件，表明内焊接井字形拉筋约束试件中部截面中点处钢管对核心混凝土的约束作用最大，而内焊接螺旋拉筋约束形式试件次之，而内焊接栓钉菱形拉筋约束形式试件最小；

2）内焊接栓钉+菱形拉筋、内焊接螺旋拉筋及内焊接双向对拉筋等约束形式对核心混凝土约束依次增强，核心混凝土纵向峰值应力依次略微提高。

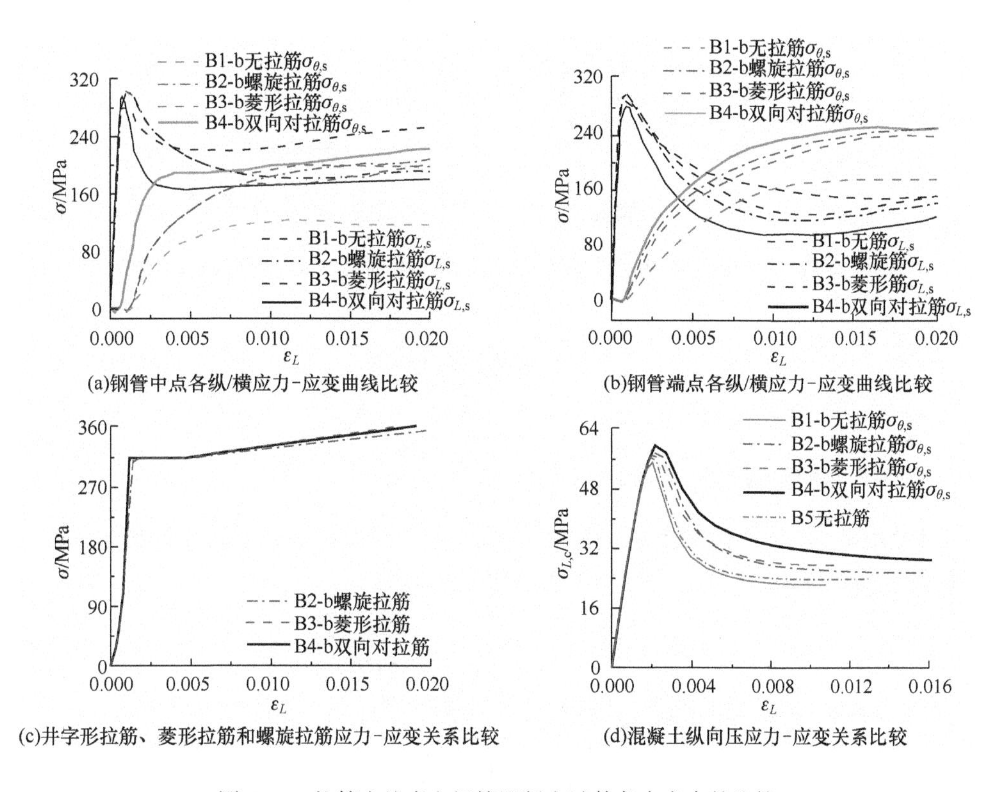

图 6-42 拉筋内约束方钢管混凝土试件各内应力的比较

有限元法计算得到的不同拉筋内约束圆钢管混凝土短柱轴压试件轴压时各内应力的比较如图 6-43 所示。由图 6-43 可见：三类试件的圆钢管屈服后，钢管中部截面的纵向压应力和横向拉应力皆相交，且早于普通钢管混凝土，内焊接圆形拉筋、米字形拉筋及双向对拉筋等约束形式试件的纵向压应力降低速率和横向拉应力增加速率依次增加，对核心混凝土约束依次增强，核心混凝土纵向峰值应力依次略微提高。

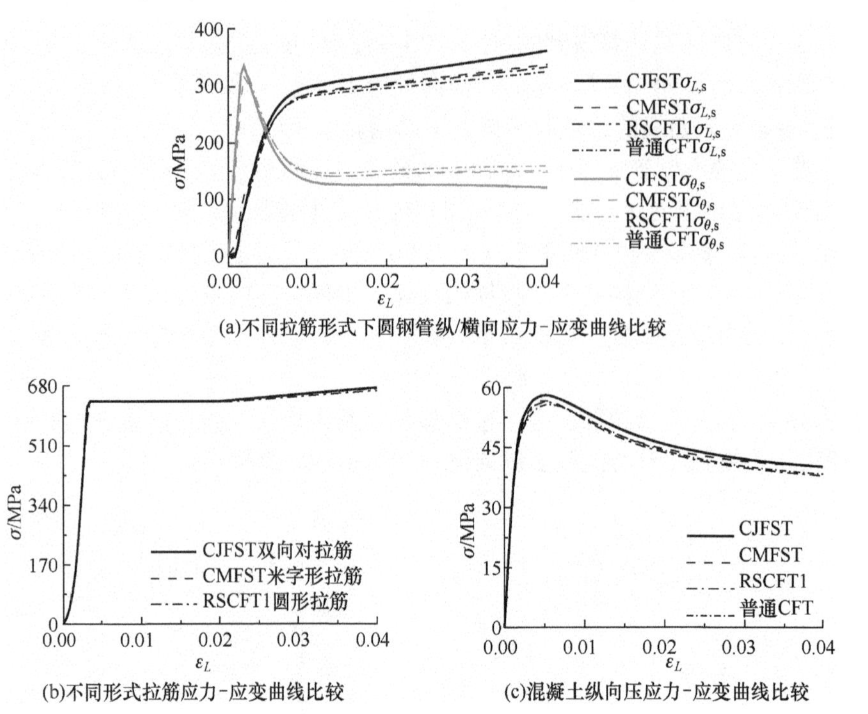

(a)不同拉筋形式下圆钢管纵/横向应力-应变曲线比较

(b)不同形式拉筋应力-应变曲线比较　　(c)混凝土纵向压应力-应变曲线比较

图 6-43　拉筋内约束圆钢管混凝土短柱轴压试件各内应力-应变关系的比较

6.4　承载力公式

6.4.1　CFRP 外约束圆钢管混凝土

极限状态下，核心混凝土所受的侧向压应力为钢管对核心混凝土的侧向压应力及 CFRP 通过钢管传递给核心混凝土侧向压应力之和，即

$$\sigma_{r,\mathrm{c}}=\frac{\rho_{\mathrm{s}}}{2(1-\rho_{\mathrm{s}})}\sigma_{\theta,\mathrm{s}}+\frac{\rho_{\mathrm{f}}}{2(1-\rho_{\mathrm{s}})}f_{\mathrm{cf}} \tag{6-17}$$

钢管由 von Mises 屈服准则，则钢管纵向压应力为

$$\sigma_{L,\mathrm{s}}=\sqrt{f_{\mathrm{y}}^{2}-3\left(\frac{\sigma_{\theta,\mathrm{s}}}{2}\right)^{2}}-\frac{\sigma_{\theta,\mathrm{s}}}{2} \tag{6-18}$$

将式（6-17）代入式（6-18），得到

$$\sigma_{L,\mathrm{s}}=\left[\sqrt{1-\frac{3}{\Phi_{\mathrm{s}}^{2}}\left(\frac{\sigma_{r,\mathrm{c}}}{f_{\mathrm{c}}}-\frac{\Phi_{\mathrm{cf}}}{2}\right)^{2}}-\frac{1}{\Phi_{\mathrm{s}}}\left(\frac{\sigma_{r,\mathrm{c}}}{f_{\mathrm{c}}}-\frac{\Phi_{\mathrm{cf}}}{2}\right)\right]f_{\mathrm{y}} \tag{6-19}$$

式中：Φ_{s} 为钢管与混凝土轴压力比，$\Phi_{\mathrm{s}}=A_{\mathrm{s}}f_{\mathrm{y}}/(A_{\mathrm{c}}f_{\mathrm{c}})$；$\Phi_{\mathrm{cf}}$ 为 CFRP 与混凝土轴压力比，$\Phi_{\mathrm{cf}}=A_{\mathrm{cf}}f_{\mathrm{cf}}/(A_{\mathrm{c}}f_{\mathrm{c}})$。

CFRP 外约束钢管混凝土轴压承载力表达式为

$$N_u = A_c f_c \left[1 + \sqrt{\Phi_s^2 - 3\left(\frac{\sigma_{r,c}}{f_c} - \frac{\Phi_{cf}}{2}\right)^2} + \frac{\Phi_{cf}}{2} + 2.4\frac{\sigma_{r,c}}{f_c}\right] \tag{6-20}$$

极限平衡时

$$\frac{dN_u}{d\sigma_{r,c}} = 0 \Rightarrow \frac{\sigma_{r,c}}{f_c} = 0.468\Phi_s + 0.5\Phi_{cf} \tag{6-21}$$

将式（6-21）代入式（6-20）则 CFRP 外约束钢管混凝土轴压承载力为

$$N_u = A_c f_c (1 + 1.71\Phi_s + 1.7\Phi_{cf}) \tag{6-22}$$

由式（6-22）可知，极限平衡理论未能考虑 CFRP 外约束减弱钢管对核心混凝土约束作用的影响，为此作者根据弹塑性法的计算结果，通过参数分析，考虑 CFRP 减弱钢管对核心混凝土约束作用，对式（6-22）改写和修正如下：

$$N_u = A_c f_c + k_1 A_s f_y + k_2 A_{cf} f_{cf} \tag{6-23}$$

式中：k_1 为 CFRP 外约束下圆钢管对混凝土的约束系数，$k_1 = 1.7\frac{A_s f_y + 0.47 A_{cf} f_{cf}}{A_s f_y + A_{cf} f_{cf}}$；$k_2$ 为 CFRP 外约束对圆形混凝土的约束系数，k_2=1.7。

6.4.2　型钢内约束钢管混凝土

1．型钢内约束圆钢管混凝土

与第 3 章中圆钢管混凝土轴压承载力公式的方法类似，型钢内约束圆钢管混凝土短柱的轴压承载力同样可采用极限平衡理论。

假设极限状态时，不计钢管壁侧向压应力，型钢纵向单独受力，且混凝土处于三向均匀受压状态，$\sigma_{L,g}$ 为核型钢的纵向压应力。由截面的静力平衡条件可得

$$N = f_{L,c} A_c + \sigma_{L,s} A_s + \sigma_{L,g} A_g \tag{6-24}$$

假设型钢纵向单轴受力，则

$$\sigma_{L,g} = f_{y,g} \tag{6-25}$$

核心混凝土侧向压应力（$\sigma_{r,c}$）与钢管横向拉应力（$\sigma_{\theta,s}$）关系为

$$\sigma_{r,c} = \frac{\rho_s'}{2(1-\rho_s')}\sigma_{\theta,s} \tag{6-26}$$

式中：ρ_s' 为钢管名义含钢率，$\rho_s' = A_s/A_{sc}$，$A_{sc} = A_s + A_c + A_g$。

由 von Mises 屈服准则，可得极限状态时钢管纵向压应力为

$$\frac{\sigma_{L,s}}{f_y} = \sqrt{1 - \frac{3}{\Phi_s'^2}\left(\frac{\sigma_{r,c}}{f_c}\right)^2} - \frac{1}{\Phi_s'}\frac{\sigma_{r,c}}{f_c} \tag{6-27}$$

式中：Φ_s' 为钢管与名义混凝土轴压力比，其表达式为

$$\Phi_s' = \frac{f_y A_s}{f_c (A_c + A_g)} \tag{6-28}$$

则型钢内约束圆钢管混凝土轴压承载力为

$$N_u = A_c f_c\left[1+\left(3.4-\frac{\Phi_s}{\Phi_s'}\right)\frac{\sigma_{r,c}}{f_c}+\sqrt{\Phi_s'^2-\frac{3\Phi_s^2}{\Phi_s'^2}\left(\frac{\sigma_{r,c}}{f_c}\right)^2}\right]+A_g f_{y,g} \tag{6-29}$$

式中：Φ_s为钢管与混凝土轴压力比，其表达式为

$$\Phi_s = \frac{f_y A_s}{f_c A_c} \tag{6-30}$$

极限平衡时

$$\frac{dN_u}{d\sigma_{r,c}} = 0 \Rightarrow \frac{\sigma_{r,c}}{f_c} = \frac{\Phi_s'(3.4-e)}{\sqrt{9e^2+3(3.4-e)^2}} \tag{6-31}$$

式中：$e=\Phi_s/\Phi_s'$。

将式（6-31）代入式（6-29），则型钢内约束圆钢管混凝土轴压承载力为

$$N_u = A_c f_c\left[1+\Phi_s'\sqrt{\frac{3e^2+(3.4-e)^2}{3}}\right]+A_g f_{y,g} \tag{6-32}$$

分析表明，当A_g/A_c在0～0.2之间变化时，式（6-32）可简化为

$$N_u=A_c f_c+k_1 A_s f_y+k_2 A_g f_{y,g} \tag{6-33}$$

式中：k_1为型钢内约束下圆钢管对混凝土的约束系数，k_1=1.7；k_2为型钢对圆形混凝土的约束系数，k_2=1.0。

2．型钢内约束方钢管混凝土

由有限元法分析结果可知，型钢对方钢管混凝土轴压性能的影响很小，根据第4章方钢管混凝土轴压承载力的表达式，假设极限状态时型钢处于单轴受压状态，由方钢管混凝土和型钢轴压承载力叠加同样可得式（6-33），此时型钢内约束下方钢管对混凝土的约束系数k_1=1.2，型钢对方形混凝土的约束系数k_2=1.0。

6.4.3　圆钢管内约束钢管混凝土

1．圆钢管内约束圆钢管混凝土

（1）基本假定

圆钢管内约束圆钢管混凝土即复式圆钢管混凝土短柱截面轴压内力模型如图6-44所示。为建立圆钢管内约束圆钢管混凝土短柱轴压承载力简化计算公式，做如下假定。

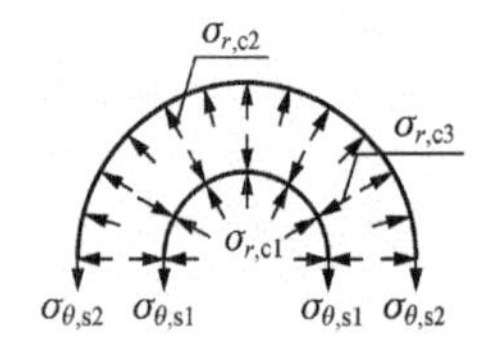

图6-44　复式圆钢管混凝土短柱截面轴压内力模型

1）极限状态下内、外层钢管都为理想的塑性材料，且钢管厚度较薄，仅承担纵向压应力和横向拉应力。

2）极限状态下内、外层混凝土都为理想的塑性材料。

3）极限状态下内、外层混凝土的侧向压应力均匀不变，即外层混凝土的侧向压应力$\sigma_{r,c2}=\sigma_{r,c3}$。

为了验证假定3）的合理性，比值通过有限元法提取复式圆钢管混凝土短柱中心截面不同单元混凝土侧向压应力，如图6-45所示。由图6-45可知：①内层混凝土各单元

的侧向压应力无论在加载初期还是在后期都基本保持不变；②外层混凝土各单元侧向压应力在加载初期有一定差别，但是在后期趋于相近，因此假定 $\sigma_{r,c2}=\sigma_{r,c3}$ 合理。

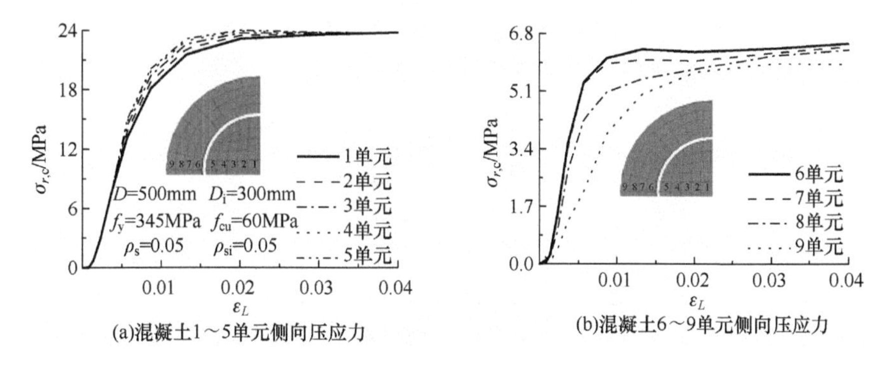

图 6-45　复式圆钢管混凝土短柱中心截面不同单元混凝土侧向压应力-应变曲线

（2）公式建立

内、外层混凝土纵向抗压强度（$f_{L,ci}$ 和 $f_{L,co}$）与侧向压应力（$\sigma_{r,c1}$ 和 $\sigma_{r,c2}$）的关系分别为

$$f_{L,ci}=f_{c,i}+3.4\sigma_{r,c1} \tag{6-34}$$

$$f_{L,co}=f_{c,o}+3.4\sigma_{r,c2} \tag{6-35}$$

式中：$f_{c,i}$ 和 $f_{c,o}$ 分别为内、外层混凝土的轴心抗压强度。

根据图 6-44，内层钢管的横向拉应力（$\sigma_{\theta,si}$）与内、外层混凝土侧向压应力的关系为

$$\sigma_{\theta,si}=\frac{2(1-\rho_{si})}{\rho_{si}}(\sigma_{r,c1}-\sigma_{r,c2}) \tag{6-36}$$

式中：$\rho_{si}=A_{si}/A_{sci}$，A_{si} 为内层钢管截面面积，$A_{si}=\pi[D_i^2-(D_i-2t_i)^2]/4$，$A_{sci}$ 为内层钢管混凝土截面面积，$A_{sci}=\pi D_i^2/4$。

外钢管横向拉应力（$\sigma_{\theta,s}$）与外层混凝土侧向压应力（$\sigma_{r,c2}$）的关系为

$$\sigma_{\theta,s}=\frac{2(1-\rho_s')}{\rho_s'}\sigma_{r,c2} \tag{6-37}$$

式中：$\rho_s'=A_s/A_{sc}$，A_s 为外层钢管截面面积，$A_s=\pi[D^2-(D-2t)^2]/4$，A_{sc} 为双圆复式钢管混凝土截面面积，$A_{sc}=\pi D^2/4$。

由 von Mises 屈服准则，结合式（6-36），得到极限状态时内层钢管的纵向压应力（$\sigma_{L,si}$）为

$$\sigma_{L,si}=\sqrt{f_{yi}^2-3\left[\frac{1-\rho_{si}}{\rho_{si}}(\sigma_{r,c1}-\sigma_{r,c2})\right]^2}-\frac{1-\rho_{si}}{\rho_{si}}(\sigma_{r,c1}-\sigma_{r,c2}) \tag{6-38a}$$

即

$$\frac{\sigma_{L,si}}{f_{yi}}=\sqrt{1-\frac{3}{\Phi_i^2}\left(\frac{\sigma_{r,c1}-\sigma_{r,c2}}{f_{c,i}}\right)^2}-\frac{1}{\Phi_i}\left(\frac{\sigma_{r,c1}-\sigma_{r,c2}}{f_{c,i}}\right) \tag{6-38b}$$

式中

$$\Phi_{\mathrm{i}}=\frac{\rho_{\mathrm{si}}}{1-\rho_{\mathrm{si}}}\frac{f_{\mathrm{yi}}}{f_{\mathrm{c,i}}}=\frac{D_{\mathrm{i}}^2-(D_{\mathrm{i}}-2t_{\mathrm{i}})^2}{(D_{\mathrm{i}}-2t_{\mathrm{i}})^2}\frac{f_{\mathrm{yi}}}{f_{\mathrm{c,i}}} \tag{6-39}$$

同理，可得极限状态时外钢管纵向压应力（$\sigma_{L,\mathrm{s}}$）为

$$\sigma_{L,\mathrm{s}}=\sqrt{f_{\mathrm{y}}^2-3\left(\frac{1-\rho_{\mathrm{s}}'}{\rho_{\mathrm{s}}'}\sigma_{r,\mathrm{c2}}\right)^2}-\frac{1-\rho_{\mathrm{s}}'}{\rho_{\mathrm{s}}'}\sigma_{r,\mathrm{c2}} \tag{6-40a}$$

即

$$\frac{\sigma_{L,\mathrm{s}}}{f_{\mathrm{y}}}=\sqrt{1-\frac{3}{\Phi_{\mathrm{s}}'^2}\left(\frac{\sigma_{r,\mathrm{c2}}}{f_{\mathrm{c,o}}}\right)^2}-\frac{1}{\Phi_{\mathrm{s}}'}\frac{\sigma_{r,\mathrm{c2}}}{f_{\mathrm{c,o}}} \tag{6-40b}$$

式中：Φ_{s}' 为外钢管与名义混凝土轴压力比，即

$$\Phi_{\mathrm{s}}'=\frac{A_{\mathrm{s}}f_{\mathrm{y}}}{A_{\mathrm{c}}'f_{\mathrm{c,o}}}=\frac{\rho_{\mathrm{s}}'}{1-\rho_{\mathrm{s}}'}\frac{f_{\mathrm{y}}}{f_{\mathrm{c,o}}}=\frac{D^2-(D-2t)^2}{(D-2t)^2}\frac{f_{\mathrm{y}}}{f_{\mathrm{c,o}}} \tag{6-41}$$

式中：A_{c}' 为除去外钢管以外的截面面积，$A_{\mathrm{c}}'=A_{\mathrm{sc}}-A_{\mathrm{s}}=\pi(D-2t)^2/4$。

内层钢管混凝土的纵向承载力 $N_{\mathrm{sc,i}}$ 可表示为

$$N_{\mathrm{sc,i}}=f_{L,\mathrm{ci}}A_{\mathrm{ci}}+\sigma_{L,\mathrm{si}}A_{\mathrm{si}} \tag{6-42}$$

式中：A_{ci} 为内层混凝土面积，$A_{\mathrm{ci}}=A_{\mathrm{sci}}-A_{\mathrm{si}}=\pi(D_{\mathrm{i}}-2t_{\mathrm{i}})^2/4$。

将式（6-34）、式（6-38b）代入式（6-42），则内层钢管混凝土轴压承载力表达式为

$$N_{\mathrm{sc,i}}=A_{\mathrm{ci}}f_{\mathrm{c,i}}\left[\left(1+3.4\frac{\sigma_{r,\mathrm{c1}}}{f_{\mathrm{c,i}}}\right)+\sqrt{\Phi_{\mathrm{i}}^2-3\left(\frac{\sigma_{r,\mathrm{c1}}-\sigma_{r,\mathrm{c2}}}{f_{\mathrm{c,i}}}\right)^2}-\frac{\sigma_{r,\mathrm{c1}}-\sigma_{r,\mathrm{c2}}}{f_{\mathrm{c,i}}}\right] \tag{6-43}$$

外层钢管混凝土的纵向承载力 $N_{\mathrm{sc,o}}$ 可表示为

$$N_{\mathrm{sc,o}}=f_{L,\mathrm{co}}A_{\mathrm{co}}+\sigma_{L,\mathrm{s}}A_{\mathrm{s}} \tag{6-44}$$

式中：A_{co} 为外层混凝土面积，$A_{\mathrm{co}}=A_{\mathrm{sc}}-A_{\mathrm{sci}}-A_{\mathrm{s}}=\pi[(D-2t)^2-D_{\mathrm{i}}^2]/4$。

将式（6-35）、式（6-40b）均代入式（6-44），则外层钢管混凝土轴压承载力表达式为

$$N_{\mathrm{sc,o}}=A_{\mathrm{co}}f_{\mathrm{c,o}}\left[\left(1+3.4\frac{\sigma_{r,\mathrm{c2}}}{f_{\mathrm{c,o}}}\right)+\sqrt{\Phi_{\mathrm{s}}'^2-3\left(\frac{\sigma_{r,\mathrm{c2}}}{f_{\mathrm{c,o}}}\right)^2}-\frac{\sigma_{r,\mathrm{c2}}}{f_{\mathrm{c,o}}}\right] \tag{6-45}$$

将式（6-43）、式（6-45）相加，则圆钢管内约束圆钢管混凝土轴压承载力 N_{u} 表达式为

$$\begin{aligned}N_{\mathrm{u}}=&A_{\mathrm{ci}}f_{\mathrm{c,i}}\left[\left(1+2.4\frac{\sigma_{r,\mathrm{c1}}}{f_{\mathrm{c,i}}}+\frac{\sigma_{r,\mathrm{c2}}}{f_{\mathrm{c,i}}}\right)+\sqrt{\Phi_{\mathrm{i}}^2-3\left(\frac{\sigma_{r,\mathrm{c1}}-\sigma_{r,\mathrm{c2}}}{f_{\mathrm{c,i}}}\right)^2}\right]\\&+A_{\mathrm{co}}f_{\mathrm{c,o}}\left[\left(1+2.4\frac{\sigma_{r,\mathrm{c2}}}{f_{\mathrm{c,o}}}\right)+\sqrt{\Phi_{\mathrm{s}}'^2-3\left(\frac{\sigma_{r,\mathrm{c2}}}{f_{\mathrm{c,o}}}\right)^2}\right]\end{aligned} \tag{6-46}$$

极限平衡时对 N_u 求 $\sigma_{r,c1}$ 的偏导，可得

$$\frac{\partial N_u}{\partial \sigma_{r,c1}} = 0 \Rightarrow \frac{\sigma_{r,c1} - \sigma_{r,c2}}{f_{c,i}} = 0.468\varPhi_i \tag{6-47a}$$

极限平衡时对 N_u 求 $\sigma_{r,c2}$ 的偏导，可得

$$\frac{\partial N_u}{\partial \sigma_{r,c2}} = 0 \Rightarrow \frac{\sigma_{r,c2}}{f_{c,o}} = 0.468\varPhi_s \tag{6-47b}$$

将式（6-47b）代入式（6-47a）得

$$\frac{\sigma_{r,c1}}{f_{c,i}} = 0.468\varPhi_1 + 0.468\varPhi_2 \tag{6-48}$$

且有

$$\left(\frac{\partial^2 N_u}{\partial \sigma_{r,c1} \partial \sigma_{r,c2}}\right)^2 - \frac{\partial^2 N_u}{\partial \sigma_{r,c1}^2}\frac{\partial^2 N_u}{\partial \sigma_{r,c2}^2} > 0$$

则轴压承载力 N_u 存在。

将式（6-46）、式（6-48）代入式（6-46），得到圆钢管内约束圆钢管混凝土轴压承载力表达式

$$N_u = A_{ci} f_{c,i} + A_{co} f_{c,o} + 1.7 A_{si} f_{yi} + \left[1.7 - 1.6 \frac{A_{si}}{A_{ci} + A_{si} + A_{co}}\right] A_s f_y \tag{6-49}$$

当内、外层混凝土强度相同时，式（6-49）简写为

$$N_u = A_c f_c + k_1 A_s f_y + k_2 A_{si} f_{yi} \tag{6-50}$$

式中：k_1 为外圆钢管对混凝土的约束系数；k_2 为内圆钢管对混凝土的约束系数，k_2=1.7，而 k_1 为

$$k_1 = 1.7 - 1.6 \times \frac{A_{si}}{A_{ci} + A_{co} + A_{si}} \tag{6-51}$$

由式（6-51）可见，圆钢管内约束圆钢管混凝土的轴压承载力将降低外圆钢管的约束系数。

2. 圆钢管内约束方钢管混凝土

圆钢管内约束圆钢管混凝土即外方内圆复式钢管混凝土，它和圆钢管内约束方钢管混凝土在受力上有相似之处，为此作者根据式（6-49）和式（6-50），并结合第 4 章 4.4.2 节普通方钢管混凝土轴压承载力研究成果，对圆钢管内约束方钢管混凝土轴压承载力表达式进行推广。

为探讨不同参数对外方内圆复式钢管混凝土轴压承载力的影响，建立尺寸 B=2400mm，L=3000mm，截面总含钢率分别为 ρ_s 分别为 0.07、0.11 和 0.15，外层钢管含钢率 ρ_s' 与 ρ_s 比值分别为 t_i/t=0.667、0.5 和 0.4，内外钢管直径比 D_i/B 分别为 0.4、0.6 和 0.8，混凝土抗压强度和钢材屈服强度分别为 f_{cu}=40MPa 与 f_s=235MPa 匹配、f_{cu}=70MPa 与 f_y=345MPa 匹配、f_{cu}=70MPa 与 f_y=420MPa 匹配，以及 f_{cu}=100MPa 与 f_y=420MPa 匹配的 108

组模型。

外方内圆复式钢管混凝土受力特征为：由于内层混凝土受到外方钢管混凝土与内圆钢管的双重约束，其纵向压应力远大于外层混凝土的；当内、外钢管都屈服后，此时内层混凝土还处于弹性状态而外层混凝土已达到极限状态。可见外方内圆复式钢管混凝土轴压承载力表达式可在式（6-49）和式（6-50）的基础上，将内圆钢管对混凝土的约束系数 k_2 进行折减，并忽略内圆钢管约束对外方钢管约束系数 k_1 的影响，即

$$N_u = A_{ci}f_{c,i} + A_{co}f_{c,o} + k_1A_sf_y + k_2A_{si}f_{yi} \tag{6-52}$$

圆钢管内约束方钢管混凝土加载过程中各部分受力情况如图 6-46 所示。

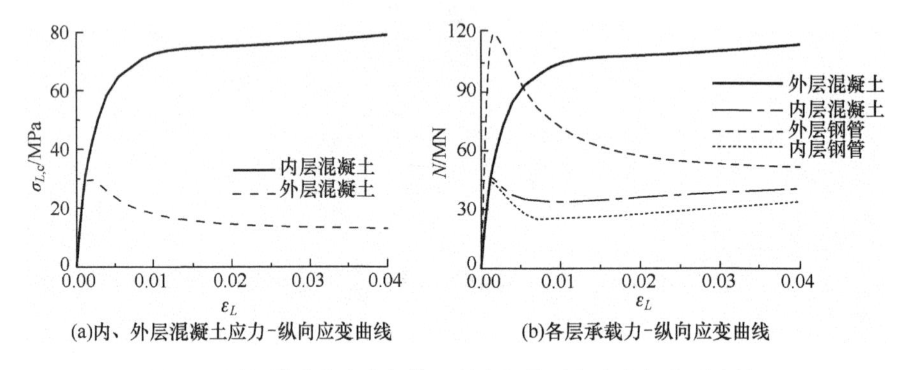

图 6-46 圆钢管内约束方钢管混凝土加载过程中各部分受力情况

（B=2400mm，D_i/B=0.6，ρ_s=0.07，ρ_s'=0.07，f_y=235MPa，f_{cu}=40MPa）

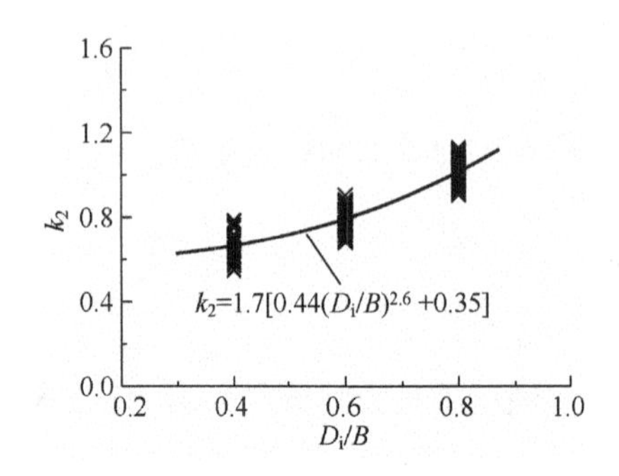

图 6-47 内圆钢管对混凝土的约束系数 k_2 与内外直径比的关系

图 6-47 为外方内圆复式钢管混凝土有限元模型的内圆钢管对混凝土的约束系数 k_2 与内外直径比 D_i/B 的关系。随着 D_i/B 的增大，k_2 也逐渐增大，拟合可得

$$k_2 = 1.7\left[0.44\left(\frac{D_i}{B}\right)^{2.6} + 0.35\right] \tag{6-53}$$

当内、外层混凝土强度相同时，式（6-52）简写为式（6-50），此时外方钢管对混凝土的约束系数 k_1=1.2。

6.4.4 公式比较

表 6-7 列出了 CFRP 外约束、型钢内约束和圆钢管内约束等不同约束形式下钢管混凝土轴压承载力计算公式。为验证计算公式的实用性和准确性，本书作者将收集到的各类约束钢管混凝土短柱轴压承载力试验数据与有限元法和公式计算结果进行比较，见表 6-8～表 6-13。本书提出的不同约束形式下钢管混凝土轴压承载力公式计算结果与试验结果吻合良好，精度较高且偏于安全。

表 6-7　不同约束形式下钢管混凝土轴压承载力计算公式

约束形式	截面形式	公式	外钢管约束系数 k_1	其他约束系数 k_2
CFRP	圆形	$N_u=f_c A_c+k_1 f_y A_s+k_2 A_{cf} f_{cf}$	$1.7\dfrac{A_s f_y+0.47A_{cf}f_{cf}}{A_s f_y+A_{cf}f_{cf}}$	1.7
型钢	圆形	$N_u=A_c f_c+k_1 A_s f_y+k_2 A_g f_{y,g}$	1.7	1
	方形		1.2	1
内圆钢管	圆形	$N_u=A_c f_c+k_1 A_s f_y+k_2 A_{si} f_{yi}$	$k_1=1.7-1.6\times\dfrac{A_{si}}{A_{ci}+A_{co}+A_{si}}$	1.7
	方形		1.2	1.7［$0.44(D_i/B)^{2.6}+0.35$］

表 6-8　各类约束钢管混凝土短柱轴压承载力计算值与实测值比较

约束形式	截面形式	试验数量	$N_{u,e}/N_{u,EP}$（或 $N_{u,FE}$）		$N_{u,e}/N_{u,Eq}$	
			均值	离散系数	均值	离散系数
CFRP	圆形	56	1.042	0.069	1.049	0.079
型钢	圆形	20	1.060	0.041	1.078	0.073
	方形	17	1.043	0.037	1.048	0.029
内圆钢管	圆形	33	1.010	0.043	1.016	0.071
	方形	45	1.013	0.065	1.017	0.046

表 6-9　CFRP 外约束钢管混凝土短柱轴压承载力计算值与实测值的比较

序号	文献	数量/个	D/mm	t/mm	L/mm	t_{cf}/mm	f_y/MPa	f_{cu}/MPa	f_{cf}/MPa	$N_{u,e}/N_{u,EP}$		$N_{u,e}/N_{u,Eq}$	
										均值	离散系数	均值	离散系数
1	作者	16	298～305	3.67～3.87	897～900	0～0.501	311	39.3，57.4	3481	1.018	0.044	1.024	0.050
2	[5]	5	152	2.95	450	0～5.6	356	54.6	897	1.046	0.059	1.066	0.062
3	[6]	10	140	1.89～2.87	450	0～0.68	357～657	25.3～36	4470	1.121	0.148	1.144	0.156
4	[7]	18	127～250	1.5～4.5	400～750	0～0.34	230～350	55～57.8	1260～4212	1.047	0.057	1.085	0.094
5	[8]	7	139.8	3.2～6.6	620	0.111～0.333	301～365	37.5	3500	0.980	0.035	0.924	0.035
合计		56	127～305	1.5～6.6	400～900	0～5.6	250～657	35.5～58.5	897～4470	1.042	0.069	1.049	0.079

表 6-10　型钢内约束圆钢管混凝土短柱轴压承载力计算值与实测值的比较

试件编号	文献	$D\times t\times L^*$	f_y/MPa	f_{cu}/MPa	A_g/mm^2	$f_{y,g}$/MPa	$N_{u,e}$/kN	$N_{u,FE}$/kN	$N_{u,Eq}$/kN	$N_{u,e}/N_{u,FE}$	$N_{u,e}/N_{u,Eq}$
C1-A	本书	300×3.70×900	311	35.5		311	3780	3339	3625	1.132	1.043
C1-B		300×3.76×900	311	35.5		311	3540	3339	3630	1.060	0.975
FCST1-A		300×3.74×900	311	39.3	3168	311	4877	4901	4707	0.995	1.036
FCST1-B		300×3.68×900	311	39.3	3168	311	4784	4901	4707	0.976	1.016

续表

试件编号	文献	$D \times t \times L^*$	f_y/MPa	f_{cu}/MPa	A_g/mm^2	$f_{y,g}$/MPa	$N_{u,e}$/kN	$N_{u,FE}$/kN	$N_{u,Eq}$/kN	$N_{u,e}/N_{u,FE}$	$N_{u,e}/N_{u,Eq}$
C2-A	本书	300×3.74×900	311	54.4		311	4896	4640	4977	1.055	0.984
C2-B		300×3.87×900	311	54.4		311	4976	4640	4851	1.072	1.026
FCST2-A		300×3.80×900	311	57.4	3168	311	5331	5211	5733	1.023	0.937
FCST2-B		300×3.94×900	311	57.4	3168	311	5615	5211	5733	1.077	0.986
HS-A1	[9]	166×2.7×576	318	68.9	2324	288	2700	2460	2333	1.098	1.157
HS-A2		166×2.7×576	318	68.9	2324	288	2650	2460	2333	1.077	1.136
HS-B1		168×3.7×586	318	68.9	2324	288	2835	2733	2584	1.037	1.097
HS-B2		168×3.7×586	318	68.9	2324	288	2862	2733	2584	1.047	1.107
HS-C1		216×3.0×760	269	68.9	2324	288	3640	3360	3329	1.083	1.093
HS-C2		216×3.0×760	269	68.9	2324	288	3550	3360	3329	1.057	1.066
HS-D1		216×3.0×760	269	68.9	3570	314	4130	3833	3678	1.077	1.123
HS-D2		216×3.0×760	269	68.9	3570	314	4330	3833	3678	1.130	1.177
HS-E1		168×3.7×586	318	68.9			2358	2169	2163	1.087	1.090
NS-A1		166×2.7×576	318	44.2	2324	288	2350	2144	1929	1.096	1.219
NS-A2		166×2.7×576	318	44.2	2324	288	2100	2144	1929	0.979	1.089
NS-B1		168×3.7×586	318	44.2	2324	288	2640	2435	2180	1.084	1.211

* 此列数值单位均为 mm。

表 6-11 型钢内约束方钢管混凝土短柱轴压承载力计算值与实测值的比较

试件编号	文献	$B \times t \times L^*$	f_y/MPa	A_s/mm^2	f_{cu}/MPa	A_c/mm^2	$f_{y,g}$/MPa	A_g/mm^2	$N_{u,e}$/kN	$N_{u,FE}$/kN	$N_{u,Eq}$/kN	$N_{u,e}/N_{u,FE}$	$N_{u,e}/N_{u,Eq}$
S1	本书	300×3.75×900	311	4736	35.5	85264	311		4370	3931	3985	1.111	1.096
FSST1-A		300×3.70×900	311	4736	39.3	81376	311	3888	5440	5132	5087	1.060	1.069
FSST1-B		300×3.72×900	311	4736	39.3	81376	311	3888	5551	5132	5087	1.082	1.091
S2		300×3.70×900	311	4736	54.4	85264	311		5570	5261	5443	1.058	1.023
FSST2-A		300×3.74×900	311	4736	57.4	81376	311	3888	6657	6518	6423	1.021	1.036
FSST2-B		300×3.72×900	311	4736	57.4	81376	311	3888	6494	6518	6423	0.996	1.011
S5L10V	[10]	195×5.5×600	288	4169	73.2	30990	338	2866	4035	3935	3909	1.025	1.032
S5L10		195×5.5×600	288	4169	73.2	30990	338	2866	4050	3935	3909	1.029	1.036
S5H10V		195×5.5×600	288	4169	103.8	30990	338	2866	4880	4556	4604	1.071	1.060
S5H10		195×5.5×600	288	4169	103.8	30990	338	2866	4880	4556	4604	1.071	1.060
S4L10		195×4.5×600	289	3429	73.2	31730	338	2866	3930	3975	3694	0.989	1.064
S4H10		195×4.5×600	289	3429	103.8	31730	338	2866	4750	4620	4404	1.028	1.078
S4L10I		195×4.5×600	289	3429	73.2	33163	338	1433	3410	3207	3279	1.063	1.040
S4H14		195×4.5×600	289	3429	103.8	30726	327	3870	4710	4730	4630	0.996	1.017
S5L10I		195×5.5×600	288	4169	73.2	32423	338	1433	3620	3445	3494	1.051	1.036
S5L10C		195×5.5×600	288	4169	73.2	30990	338	2866	3860	3935	3909	0.981	0.987
S5H10C		195×5.5×600	288	4169	103.8	30990	338	2866	4980	4556	4604	1.093	1.082

* 此列数值单位均为 mm。

表 6-12　圆钢管内约束圆钢管混凝土短柱轴压承载力计算值与实测值的比较

试件编号	文献	$D\times t^*$	$D_i\times t_i^*$	f_y（或f_{yi}）/MPa	f_{cu}/MPa	$N_{u,e}$/kN	$N_{u,FE}$/kN	$N_{u,Eq}$/kN	$N_{u,e}/N_{u,FE}$	$N_{u,e}/N_{u,Eq}$
CCSST1-A	本书	398×3.71	200×3.65	311	39.3	7427	7356	7104	1.010	1.045
CCSST1-B		399×3.67	198×3.64			7357	7331	7081	1.004	1.039
CCSST2-A		400×3.75	300×3.73			8105	7554	7759	1.073	1.045
CCSST2-B		399×3.80	298×3.66			8326	7512	7725	1.108	1.078
CCSST3-A		397×3.37	199×3.69		57.4	9484	8920	8951	1.063	1.060
CCSST3-B		400×3.67	199×3.74			9091	8945	9051	1.016	1.004
CCSST4-A		396×3.76	299×3.78			10144	9713	9526	1.044	1.065
CCSST4-B		400×3.70	299×3.00			10021	9657	9298	1.038	1.078
DC108-4C50	[11]	159×4.00	108×4.00	224 或 394	56.3	2200	2273	2443	0.968	0.902
DC108-4C60		159×4.00	108×4.00		63.0	2483	2527	2563	0.983	0.969
DC114-4C50		159×4.00	114×4.00	200 或 394	56.3	2605	2516	2407	1.035	1.082
DC114-2C50		159×4.00	114×2.00			2434	2448	2253	0.994	1.080
SG1	[12]	300×7.50	108×6.00	243	23.4	5179	4981	5006	1.040	1.035
SG2			152×5.00			5538	5543	5141	1.000	1.077
SG3			180×6.00			5923	5591	5478	1.060	1.081
SG4			180×13.00			7128	6913	6710	1.030	1.062
SG5			219×9.00			7565	6917	6403	1.090	1.181
C1-1	[13]	133×4.50	56×3.40	66	36.1	1942	1988	2022	0.970	0.960
C1-2						1911		2022	0.960	0.945
C2-1		132.5×3.00	56×3.00			1683	1650	1668	1.010	1.009
C2-2						1592		1668	0.960	0.954
C2-3		132.3×3.20	56.1×3.20	94		1831	1941	2044	0.940	0.896
C2-4		132×3.00				1875	1913	1998	0.980	0.939
C2-5		132.1×3.10	56×3.40	102		1870	2031	2132	0.920	0.877
C2-6		132×3.20	56.1×3.00			1925	2017	2120	0.950	0.908
C3-1		131.8×2.10	54.8×2.10	66		1434	1400	1385	1.020	1.035
C3-2		130.8×2.00	54.2×2.60			1425	1408	1388	1.010	1.027
C4-1		108×4.00	48×3.60			1432	1447	1452	0.990	0.986
C4-2		106.5×2.30	48×3.40			1106	1097	1137	1.000	0.973
C5-1		107.5×3.10	47.6×3.00			1256	1236	1257	1.010	0.999
C5-2		107.6×3.10	47.6×3.10			1182	1218	1265	0.970	0.935
C6-1		106.5×1.90	46.5×2.10			1022	983	974	1.040	1.049
C6-2		106.8×2.10	46.7×2.00			1163	1098	1007	1.060	1.155

* 此列数值单位均为 mm。

表 6-13　圆钢管内约束方钢管混凝土短柱轴压承载力计算值与实测值的比较

试件编号	文献	$B×t^*$	$D_i×t_i^*$	f_y（或 $f_{y,i}$）/MPa	$f_{cu,i}$（或 f_{cu}）/MPa	$N_{u,e}$/kN	$N_{u,FE}$/kN	$N_{u,Eq}$/kN	$N_{u,e}/N_{u,FE}$	$N_{u,e}/N_{u,Eq}$
SCCFT1	作者	400×2.75	200×2.79	311	44.3	7244	7140	6509	1.015	1.113
SCCFT2		400×3.65	200×2.88			7921	7632	7348	1.038	1.078
SCCFT3		400×2.88	300×2.73			7727	7550	6993	1.023	1.105
SCCFT4		400×3.67	300×2.85			8138	8001	8513	1.017	0.956
SCCFT5		400×2.73	300×3.69			8209	7701	8217	1.066	0.999
SCCFT6		400×3.75	300×3.83			8801	8280	8935	1.063	0.985
SCCFT7		400×3.68	300×2.88		53.4	9487	9241	9831	1.027	0.965
G1-2	[14]	120×2.60	58.5×1.40	352 或 407	26.42（f_{cu}）	980	1001	987	0.980	0.993
G1-3		120×2.60	74×0.90	680 或 407		1040	1056	986	0.990	1.055
G1-4		120×2.60	83×0.90	597 或 407		1080	1046	1117	1.019	0.967
I-CSCFT1	[15]	180×3.62	89×2.60	310	87.5 或 105.7	3643	3696	3297	0.988	1.105
I-CSCFT2		180×3.62	89×3.32			3583	3727	3302	0.965	1.085
I-CSCFT4		180×3.62	114×4.56			3820	3820	3705	1.008	1.031
I-CSCFT5		180×3.62	140×2.84			3940	3704	4074	1.065	0.967
I-CSCFT7		180×5.40	89×2.60			3865	4037	3892	0.960	0.993
I-CSCFT8		180×5.40	89×3.32			3947	4068	3752	0.974	1.052
I-CSCFT9		180×5.40	114×3.35			4045	4081	3725	0.997	1.086
I-CSCFT10		180×5.40	114×4.56			4121	4161	4068	0.998	1.013
I-CSCFT11		180×5.40	140×2.84			4251	4045	4041	1.052	1.052
I-CSCFT12		180×5.40	140×3.97			4258	4157	4118	1.026	1.034
II-CSCFT1		180×3.62	89×2.60		105.7 或 87.5	3355	3365	3362	1.000	0.998
II-CSCFT2		180×3.62	114×3.35			3686	3546	3963	1.046	0.930
II-CSCFT4		180×5.40	89×2.60			3814	3728	3884	1.026	0.982
II-CSCFT5		180×5.40	114×3.35			4043	3910	3719	1.040	1.087
II-CSCFT6		180×5.40	140×3.97			4428	4165	4213	1.065	1.051
II-CSCFT7		180×5.40	89×3.32			3855	3755	3178	0.980	1.027
III-CSCFT1		180×3.62	89×2.60		87.5 或 87.5	3198	3264	3388	1.010	0.997
III-CSCFT2		180×3.62	114×3.35			3415	3381	4163	1.160	0.853
III–CSCFT3		180×3.62	140×3.97			4120	3551	3984	1.109	0.910
III-CSCFT4		180×5.40	89×2.60			4021	3627	3984	1.109	0.910
III-CSCFT5		180×5.40	114×3.35			4165	3744	4119	1.112	0.908
III-CSCFT6		180×5.40	140×3.97			4436	3914	4413	1.133	0.887
III-CSCFT7		180×5.40	89×3.32			3900	3658	3978	1.066	0.919
SDS1-40a	[16]	200×2.01	136.5×1.94	230 或 492.1	42.1	2450	2371	1.033	2541	0.964
SDS1-40b		200×2.01	136.5×1.94			2383	2371	1.005	2541	0.938
SDS1-70a		200×2.01	136.5×1.94		69.8 或 42.1	2997	2754	1.088	2821	1.062
SDS1-70b		200×2.01	136.5×1.94			2806	2754	1.019	2821	0.995

续表

试件编号	文献	$B\times t^*$	$D_i\times t_i^*$	f_y（或 $f_{y,i}$）/MPa	$f_{cu,i}$（或 f_{cu}）/MPa	$N_{u,e}$/kN	$N_{u,FE}$/kN	$N_{u,Eq}$/kN	$N_{u,e}/N_{u,FE}$	$N_{u,e}/N_{u,Eq}$
SDS2-40a	[16]	200×2.01	114.6×3.93	230 或 377.1	42.1	2366	2454	0.964	2593	0.912
SDS2-40b		200×2.01	114.6×3.93			2463	2454	1.004	2593	0.950
SDS2-70a		200×2.01	114.6×3.93	230 或 377.1	69.8 或 42.1	2765	2667	1.037	2801	0.987
SDS2-70b		200×2.01	114.6×3.93			2884	2667	1.081	2801	1.030
SDS3-40a		200×2.01	140.1×3.78		42.1	2505	2450	1.022	2592	0.966
SDS3-40b		200×2.01	140.1×3.78			2479	2450	1.012	2592	0.956
SDS3-70a		200×2.01	140.1×3.78	30 或 322.4	69.8 或 42.1	3144	2831	1.111	2942	1.069
SDS3-70b		200×2.01	140.1×3.78			3100	2831	1.095	2942	1.054

* 此列数值单位均为 mm。

此外，由型钢内约束和圆钢管内约束方钢管混凝土轴压承载力公式（6-34）和圆钢管内约束方钢管混凝土轴压承载力公式（6-50）比较可知，当 $D_i/B<0.6$ 时，圆钢管的约束系数要小于型钢的约束系数，此时采用型钢内约束方式效果更佳。

本 章 小 结

1）试验研究结果表明：CFRP 外约束圆钢管混凝土短柱将提高轴压承载力，降低延性；型钢内约束钢管混凝土对提高轴压承载力并不显著；增大内外直径比对提高圆钢管内约束钢管混凝土轴压承载力和试件延性有一定作用；拉筋内约束钢管混凝土能有效提高轴压承载力和延性，其中双向对拉筋约束效率最高。

2）采用 ABAQUS 有限元法或弹塑性法对各约束形式钢管混凝土短柱轴压性能进行了试验验证和分析，结果表明：CFRP 外约束减弱了钢管对核心混凝土的约束套箍作用；型钢内约束导致钢管对核心混凝土的约束作用减弱；圆钢管内约束降低了外钢管对混凝土的约束作用；拉筋内约束方式中，菱形拉筋、螺旋拉筋及双向对拉筋等约束形式对核心混凝土约束依次增强。

3）基于弹塑性法和有限元模型参数分析，采用合理的简化，根据极限平衡法和极限状态力的叠加法，建立考虑碳纤维布以及内置型钢和圆钢管等约束系数及外钢管形状约束系数影响的钢管混凝土轴压承载力计算公式，公式计算结果与 94 个作者试验结果以及 126 个其他学者试验结果符合较好。该公式形式简洁，系数物理意义明确且精度较高。

参 考 文 献

[1] 中华人民共和国住房和城乡建设部．钢结构设计标准：GB 50017—2017［S］．北京：中国建筑工业出版社，2017.

[2] 中华人民共和国住房和城乡建设部．混凝土物理力学性能试验方法标准：GB/T 50081—2019［S］．北京：中国建筑工业出版社，2019.

[3] 全国钢标准化技术委员会．金属材料　拉伸试验　第 1 部分：室温试验方法：GB/T 228.1—2010［S］．北京：中国标准

出版社，2011.

[4] 全国纤维增强塑料标准化技术委员会，全国航空器标准化技术委员会（SAC/TC 435）. 定向纤维增强聚合物基复合材料拉伸性能试验方法：GB/T 3354—2014 [S]. 北京：中国标准出版社，2014.

[5] XIAO Y，HE W H，CHOI K K . Confined concrete-filled tubular columns [J]. Journal of Structural Engineering，2005，131（3）：488-497.

[6] WANG Z B，TAO Z，UY B，et al. Analysis of FRP-strengthened concrete-filled steel tubular columns under axial compression [C]//Proceedings of the First International Postgraduate Conference on Infrastructure and Environment. Hong Kong：The Hong Kong Polytechnic University，2009：485-492.

[7] TAO Z，HAN L H，ZHUANG J P. Axial loading behavior of CFRP strengthened concrete-filled steel tubular stub columns [J]. Advances in Structural Engineering，2007，10（1）：37-46.

[8] PARK J W，HONG Y K，HONG G S，et al. Design formulas of concrete filled circular steel tubes reinforced by carbon fiber reinforced plastic sheets [J]. Procedia Engineering，2011，14（3）：2916-2922.

[9] WANG Q X，ZHAO D Z，GUAN P . Experimental study on the strength and ductility of steel tubular columns filled with steel-reinforced concrete [J]. Engineering Structures，2004，26（7）：907-915.

[10] ZHU M C，LIU J X，WANG Q X，et al. Experimental research on square steel tubular columns filled with steel-reinforced self-consolidating high-strength concrete under axial load [J]. Engineering Structures，2010，32（8）：2278-2286.

[11] 张春梅，阴毅，周云. 双钢管高强混凝土柱轴压承载力的试验研究 [J]. 广州大学学报（自然科学版），2004，3（1）：61-65.

[12] 李国祥，程文瀼. 双层钢管混凝土短柱轴心轴压承载力的试验研究 [J]. 工程力学，2006（Ⅱ）：49-53.

[13] 谭克锋，蒲心诚. 复式钢管高强混凝土短柱轴压力学性能研究 [J]. 西南科技大学学报，2011，26（3）：9-13.

[14] 马淑芳. 复式钢管混凝土轴心受压柱试验研究 [C] //中国钢结构协会钢-混凝土组合结构分会. 中国钢协钢-混凝土组合结构分会第十一次年会论文集. 长沙，2007：55-58.

[15] 钱稼茹，张扬，纪晓东，等. 复合钢管高强混凝土短柱轴心受压性能试验与分析 [J]. 建筑结构学报，2011，32（12）：162-169.

[16] WANG Z B，TAO Z，YU Q . Axial compressive behaviour of concrete-filled double-tube stub columns with stiffeners [J]. Thin-Walled Structures，2017，120：91-104.

第 7 章　拉筋钢管混凝土轴压约束原理

7.1　概　　述

第 6 章分析表明，双向对拉筋内约束方形和圆形钢管混凝土的效率最高，该约束方式也可以应用于矩形、圆端形和椭圆形钢管混凝土。为研究双向对拉筋在矩形、圆端形和椭圆形钢管混凝土轴压约束规律，本章主要工作如下。

1）开展 46 个双向对拉筋内约束矩形、圆端形和椭圆形钢管混凝土短柱轴压试验研究，探讨拉筋、含钢率和混凝土强度的影响规律。

2）采用混凝土单轴受压应力-应变曲线和钢材弹塑性本构模型，结合混凝土三轴塑性-损伤模型参数取值，基于 ABAQUS 有限元软件建立各截面拉筋钢管混凝土短柱轴压有限元模型并进行试验验证与参数分析。

3）通过对混凝土约束和非约束区的合理简化，根据极限状态力的叠加原理，建立考虑拉筋对钢管形状约束系数提升的各截面拉筋钢管混凝土轴压承载力实用计算公式。

7.2　试 验 研 究

7.2.1　试验概况

拉筋普通钢管混凝土短柱轴压试件截面特征如图 7-1 所示，其中 B 为截面长边，D 为截面厚度，s 为拉筋沿钢管长度方向的间距，t 为外钢管厚度。试验共设计和制作了 16 个矩形（SST）、12 个圆端形（SCFRT）和 8 个椭圆形（OVRST）拉筋普通钢管混凝土，以及 2 个方形（RSFWST）、2 个矩形（RRFWST）、2 个圆端形（RREFWST）拉筋耐候钢管混凝土短柱轴压试件，以及 2 个方形（SFWST）、2 个矩形（RFWST）、2 个圆形（CFWST）、2 个圆端形（REFWST）普通耐候钢管混凝土短柱轴压试件作为对比，各试件参数见表 7-1 和表 7-2。

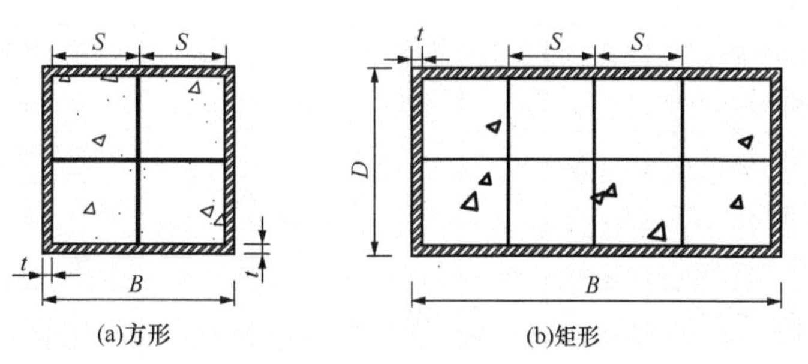

图 7-1　拉筋钢管混凝土短柱轴压试件截面特征

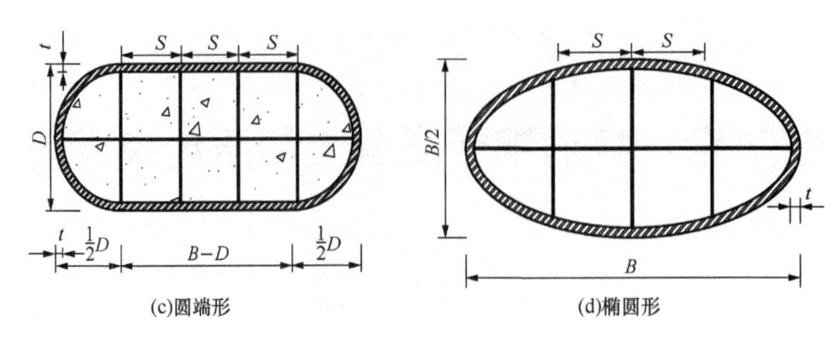

图 7-1（续）

表 7-1　拉筋普通钢管混凝土短柱轴压试件参数

试件编号	$B\times D\times t^{*}$	L/mm	B/D	f_{cu}/MPa	f_y/MPa	$f_{y,t}$/MPa	ρ_s	ρ_{sv}	$N_{u,e}$/kN	μ_s
SST1-A	200×200×3.78	600	1	35.5	311	435	0.074	0.006	2235	6.306
SST1-B	200×200×3.76						0.074	0.006	2129	6.249
SST2-A	300×202×3.79	700	1.5				0.062	0.006	3184	5.495
SST2-B	300×199×3.74						0.062	0.007	3182	5.482
SST3-A	402×198×3.76	800	2				0.056	0.007	4107	4.920
SST3-B	401×198×3.79						0.056	0.007	4024	4.720
SST4-A	599×198×3.76	1200	3	39.3			0.050	0.008	6281	3.724
SST4-B	601×199×3.73						0.049	0.008	6304	3.448
SST5-A	199×199×3.69	600	1	54.5			0.073	0.006	2826	5.330
SST5-B	200×200×3.70						0.073	0.006	2841	5.545
SST6-A	300×201×3.74	700	1.5				0.061	0.007	4115	4.537
SST6-B	301×206×3.73						0.060	0.006	4122	4.480
SST7-A	401×198×3.72	800	2	57.4			0.055	0.007	5317	4.128
SST7-B	401×197×3.77						0.056	0.007	5314	3.900
SST8-A	601×200×3.73	1200	3				0.049	0.008	8162	2.569
SST8-B	601×198×3.68						0.049	0.008	7948	2.592
SCFRT1-A	406×198×3.81	800	2	39.3			0.058	0.009	3518	6.530
SCFRT1-B	405×199×3.82						0.058	0.009	3773	6.450
SCFRT2-A	603×197×3.88	1200	3				0.052	0.006	5804	4.390
SCFRT2-B	602×198×3.78						0.051	0.006	5775	4.510
SCFRT3-A	802×198×3.75	1600	4				0.047	0.004	7512	3.850
SCFRT3-B	804×199×3.83						0.048	0.004	7724	3.930
SCFRT4-A	404×197×3.67	800	2	57.4			0.056	0.009	5165	4.170
SCFRT4-B	405×197×3.81						0.058	0.009	4931	4.080
SCFRT5-A	600×197×3.83	1200	3				0.052	0.006	7804	3.450

续表

试件编号	$B\times D\times t^*$	L/mm	B/D	f_{cu}/MPa	f_y/MPa	$f_{y,t}$/MPa	ρ_s	ρ_{sv}	$N_{u,e}$/kN	μ_s
SCFRT5-B	599×198×3.79	1200	3	57.4	311	435	0.051	0.006	7816	3.370
SCFRT6-A	801×198×3.83	1600	4				0.049	0.004	9923	2.730
SCFRT6-B	801×199×3.91						0.049	0.004	10143	2.680
OVRST5-A	401×199×3.78	800	2	35.5			0.064	0.008	3720	5.250
OVRST5-B	401×200×3.80						0.064	0.008	3610	6.950
OVRST6-A	400×200×3.72	800	2	54.4			0.063	0.008	4550	4.990
OVRST6-B	403×197×3.67						0.063	0.008	4500	6.340

* 此列数值单位均为 mm。

表 7-2　拉筋和普通耐候钢管混凝土短柱轴压试件一览表

试件编号	$B\times D\times t^*$	L/mm	B/D	f_{cu}/MPa	f_y/MPa	$f_{y,t}$/MPa	ρ_s	ρ_{sv}	$N_{u,e}$/kN	μ_s
SFWST-A	251×251×3.91	750	1	27.61	382		0.076		2530	5.85
SFWST-B	252×252×3.87	750	1	27.61			0.076		2700	4.63
RSFWST-A	248×248×3.89	750	1	27.61		465	0.076	0.005	2930	6.87
RSFWST-B	250×250×3.92	750	1	27.61			0.076	0.005	2850	5.55
RFWST-A	501×250×3.86	900	2	38.40			0.048		5910	2.46
RFWST-B	501×250×3.92						0.049		5609	2.67
RRFWST-A	500×248×3.89					465	0.049	0.007	6931	4.81
RRFWST-B	501×250×3.92						0.049	0.007	7327	4.31
CFWST-A	301×3.86×900		1	27.60			0.051		4270	8.69
CFWST-B	303×3.92×900						0.051		4360	9.28
REFWST-A	505×251×3.91		2	38.40			0.047		5927	3.02
REFWST-B	500×252×3.87						0.046		6218	3.24
RREFWST-A	502×249×3.98		2			465	0.048	0.007	6795	5.55
RREFWST-B	497×251×3.88						0.047	0.007	7068	5.40

* 此列数值单位均为 mm。

试件由 Q235 普通和耐候钢板分别弯折成各种相应形状，对焊两个半截面成型，对拉钢筋与钢管壁焊接连接。钢管加工制作过程中，尽量保证钢管尺寸、形状、质量满足试验设计要求，钢管两端截面保持平整，对接焊缝满足《钢结构设计标准》(GB 50017—2017)[1]的设计要求。

为方便观察试件受力破坏后的变形，在加工好的空钢管试件外表面喷上油漆，并用白色油漆笔画好 50mm×50mm 的网格。浇灌混凝土前，先将钢管底端盖板焊好，并将钢管竖立。从试件顶部灌入混凝土，用振捣棒振捣直到密实，最后将混凝土表面与钢管截面抹平，同时制作混凝土标准立方体试块，自然养护试件并定期浇水。混凝土养护一个月后，用打磨机将混凝土表面磨平。

7.2.2 试验方法

试验前，分别测试混凝土立方体试块和钢材拉伸试件的力学性能。混凝土立方体试块强度 f_{cu} 由相同条件养护的边长为 150mm 立方体试块参考《混凝土物理力学性能试验方法标准》（GB/T 50081—2019）[2] 进行测试，钢板和钢筋做成三个标准试件并参考《金属材料 拉伸试验 第 1 部分：室温试验方法》（GB/T 228.1—2010）[3] 规定的试验方法进行拉伸，混凝土和钢材材性结果见表 7-1 和表 7-2。

本章试验短柱试件在中南大学土木工程安全科学实验室 20000kN 轴压静力试验系统和 500 吨压力实验机上进行。为准确地测量试件的轴向位移和应变，在每个试件钢板高度 1/2 处布置四个应变花和两个电测位移计。各类短柱试件测试示意图和测试照片如图 7-2 和图 7-3 所示。荷载-应变曲线由 DH3818 静态应变测量系统采集，荷载-位移曲线由电子位移计和综合数据采集仪采集。

试件的加载方案：在试件所受荷载达到最大承载力前分级加载，试件在弹性阶段每级荷载相当于极限荷载的 1/10 左右，在试件弹塑性阶段每级荷载相当于极限荷载的 1/20 左右；每级荷载间隔时间 3～5min，近似于慢速连续加载，数据分级采集；试件所受荷载接近极限荷载时，慢速连续加载直至试件破坏，数据连续采集。

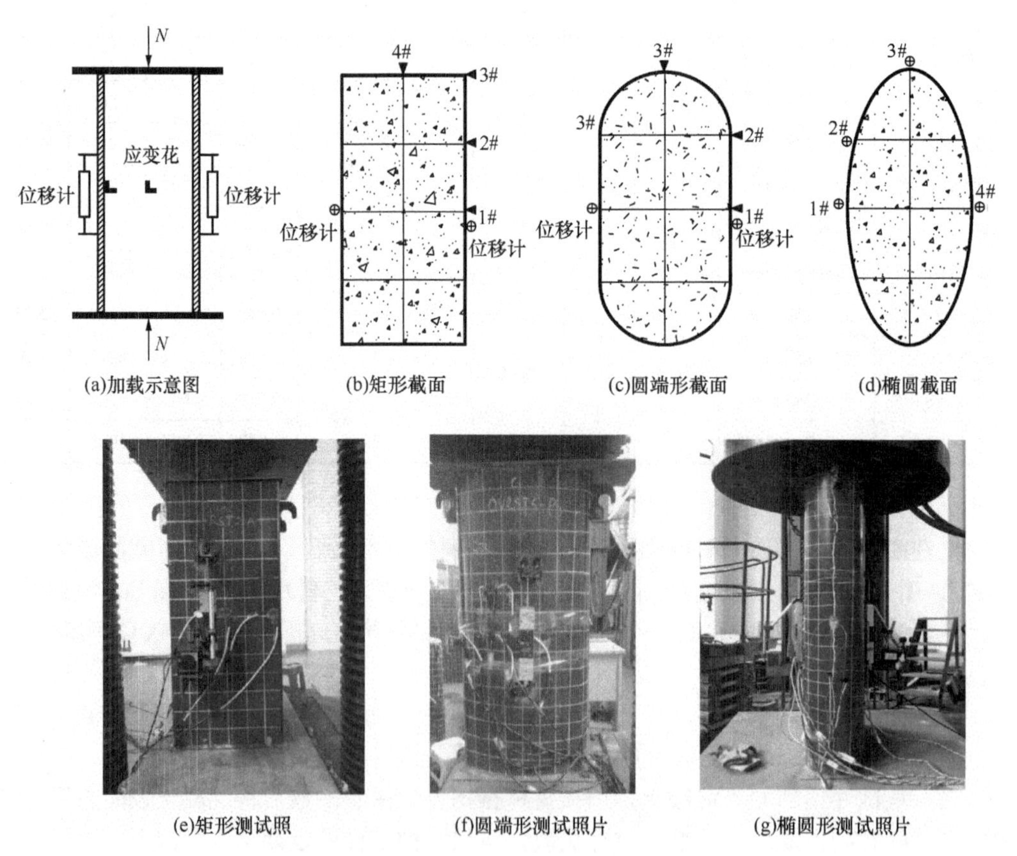

(a)加载示意图 (b)矩形截面 (c)圆端形截面 (d)椭圆截面

(e)矩形测试照 (f)圆端形测试照片 (g)椭圆形测试照片

图 7-2 拉筋矩形、圆端形和椭圆形普通钢管混凝土短柱轴压试验测试示意图和测试照片

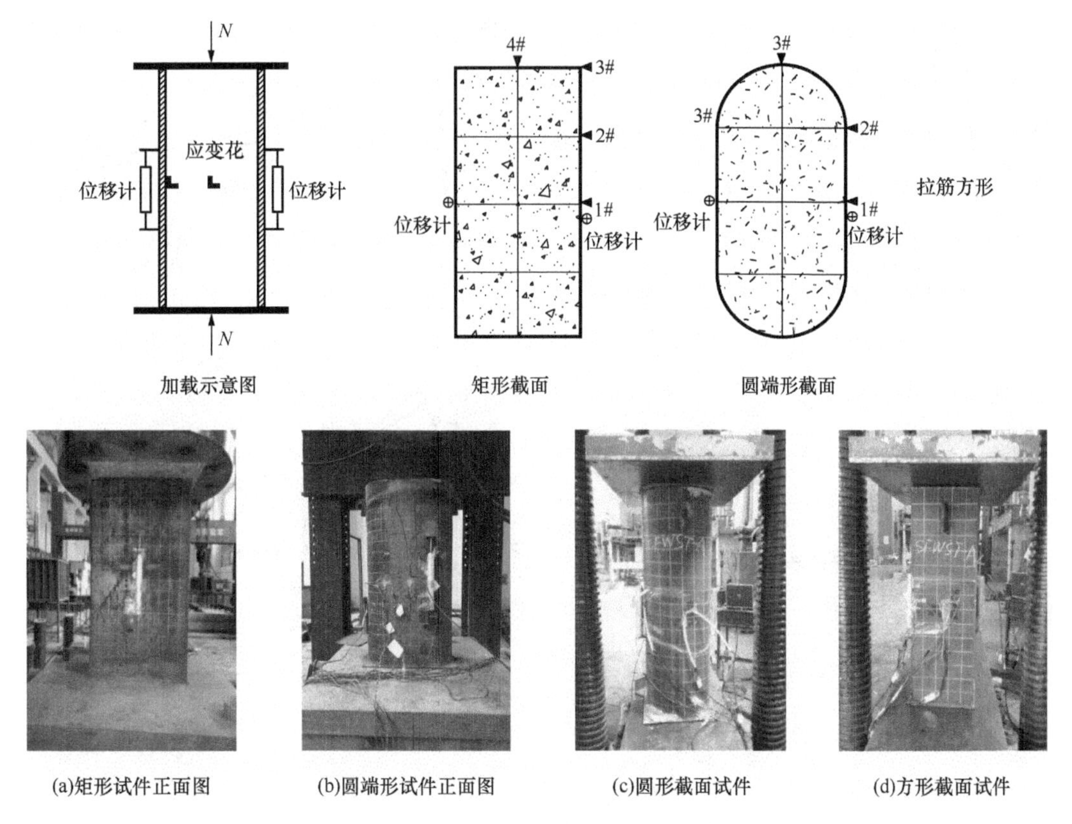

(a)矩形试件正面图　(b)圆端形试件正面图　(c)圆形截面试件　(d)方形截面试件

图 7-3　拉筋与普通耐候钢管混凝土短柱轴压试验装置图

7.2.3　试验现象

典型试件荷载-轴向应变曲线如图 7-4 和图 7-5 所示，钢管混凝土短柱轴压试件受压全过程大致可分为三个阶段。

1）弹性阶段：试件在加载初期基本上处于弹性工作阶段。

2）弹塑性阶段：当外加荷载增至极限荷载的 60%～70%时，试件开始进入弹塑性阶段，钢管表面有不明显受压屈曲现象。

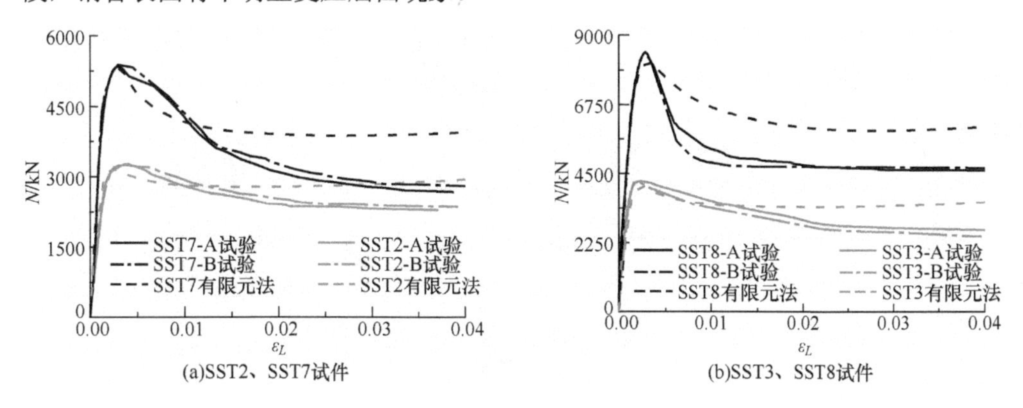

(a)SST2、SST7试件　(b)SST3、SST8试件

图 7-4　普通拉筋钢管混凝土短柱轴压荷载-轴向应变曲线试验与有限元比较

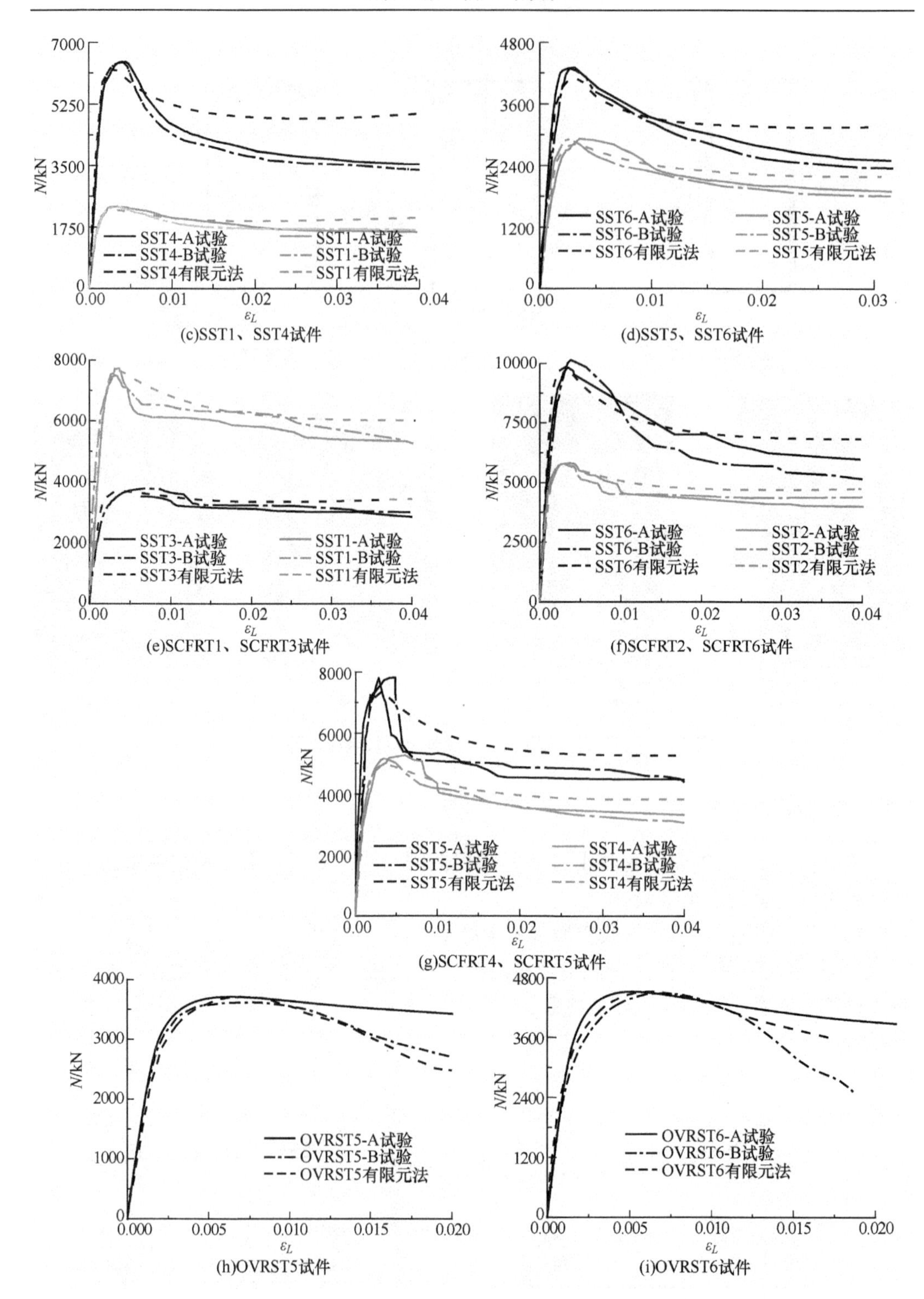
N/kN
ε_L
SST4-A试验
SST4-B试验
SST4有限元法
SST1-A试验
SST1-B试验
SST1有限元法
(c)SST1、SST4试件
SST6-A试验
SST6-B试验
SST6有限元法
SST5-A试验
SST5-B试验
SST5有限元法
(d)SST5、SST6试件
SST3-A试验
SST3-B试验
SST3有限元法
(e)SCFRT1、SCFRT3试件
SST2-A试验
SST2-B试验
SST2有限元法
(f)SCFRT2、SCFRT6试件
SST5-A试验
SST5-B试验
SST5有限元法
SST4-A试验
SST4-B试验
SST4有限元法
(g)SCFRT4、SCFRT5试件
OVRST5-A试验
OVRST5-B试验
OVRST5有限元法
(h)OVRST5试件
OVRST6-A试验
OVRST6-B试验
OVRST6有限元法
(i)OVRST6试件

图 7-4（续）

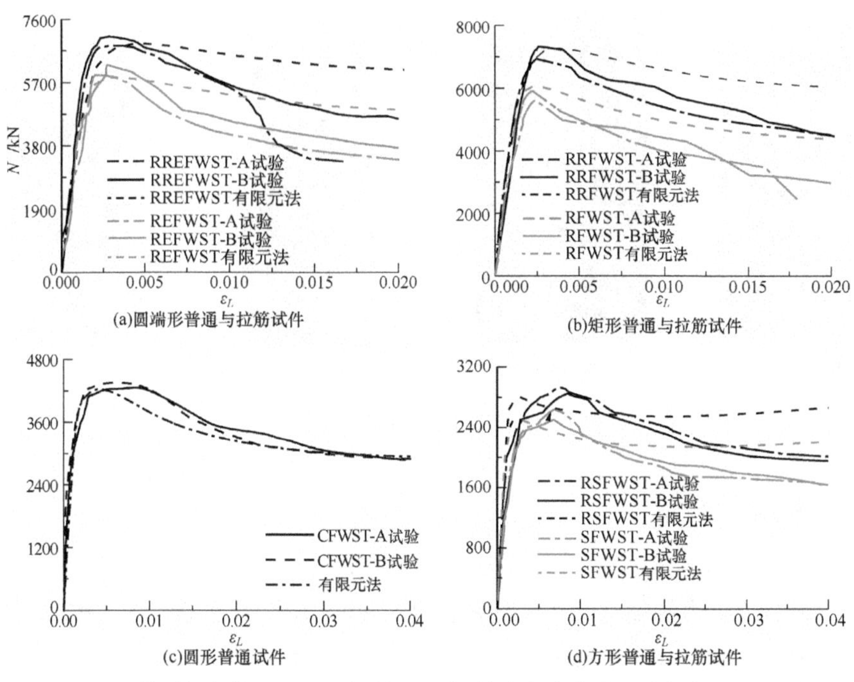

(a)圆端形普通与拉筋试件　(b)矩形普通与拉筋试件

(c)圆形普通试件　(d)方形普通与拉筋试件

图 7-5　拉筋耐候钢管混凝土短柱轴压荷载-轴向应变曲线试验与有限元法比较

3）破坏阶段：外荷载继续增加至极限荷载后，内部拉筋开始发出清脆的拉断声，试件变形迅速增加，中部及上部钢管发生明显鼓屈，外鼓的核心混凝土出现压碎现象，此后试件承载力下降，轴向位移继续增加。

典型拉筋钢管混凝土短柱轴压典型试件破坏形态如图 7-6 所示，与第 4 章普通钢管混凝土短柱轴压试验现象相比，拉筋钢管混凝土有效缓解钢管局部屈曲程度。

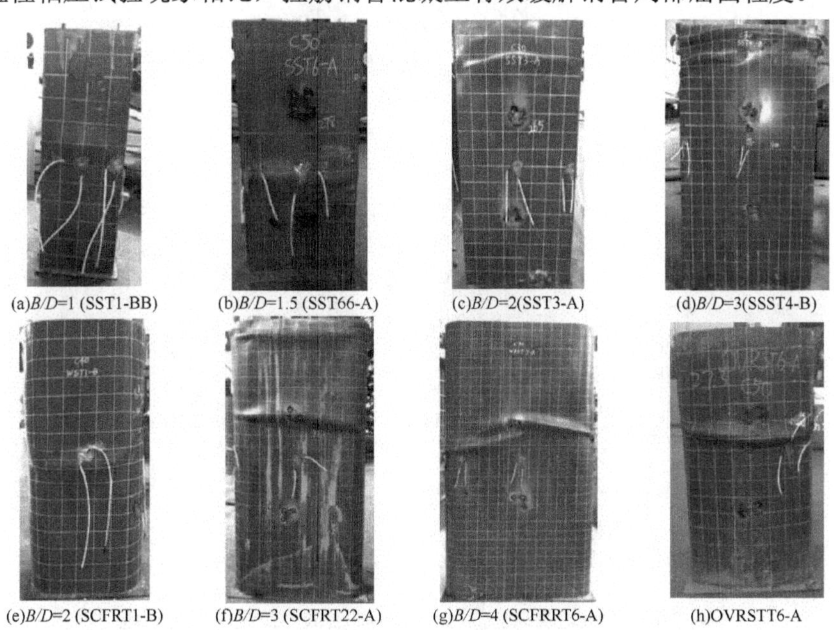

(a)B/D=1 (SST1-BB)　(b)B/D=1.5 (SST66-A)　(c)B/D=2(SST3-A)　(d)B/D=3(SSST4-B)

(e)B/D=2 (SCFRT1-B)　(f)B/D=3 (SCFRT22-A)　(g)B/D=4 (SCFRRT6-A)　(h)OVRSTT6-A

图 7-6　典型拉筋钢管混凝土短柱轴压试件试验破坏形态

(i)RRRFWST-B

(j)RREFWST-BB

(k)SFWST-B

(l)RSFWSST-B

图 7-6（续）

7.2.4　试验结果分析

1. 承载力

图 7-7 和图 7-8 为各轴压试件实测承载力比较。由图 7-7 和图 7-8 可得以下结论。

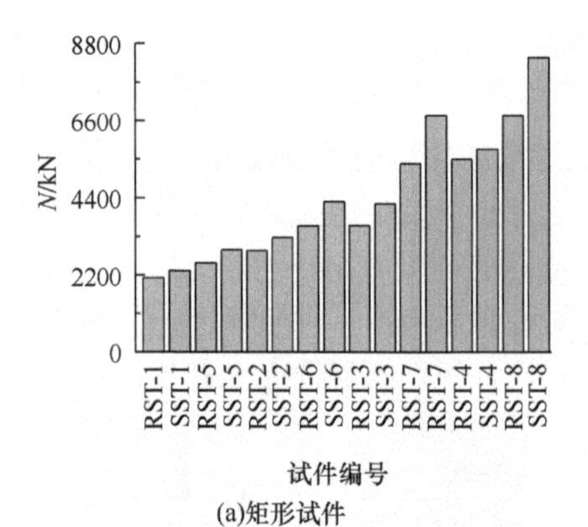

(a)矩形试件

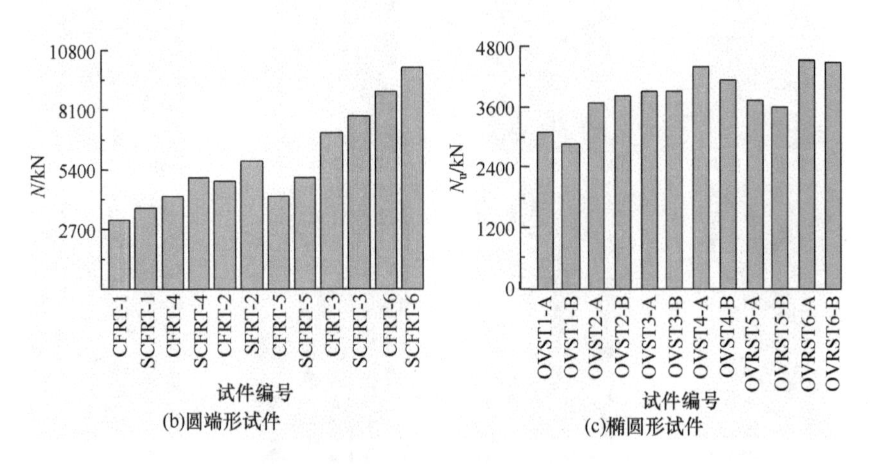

(b)圆端形试件　　(c)椭圆形试件

图 7-7　拉筋普通钢管混凝土短柱轴压试件实测承载力比较

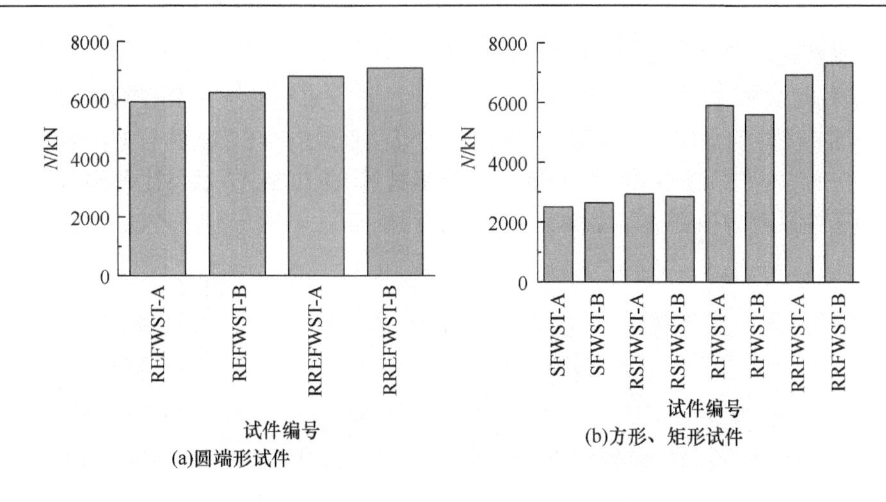

图 7-8　拉筋对耐候钢管混凝土短柱轴压试件实测承载力的比较

1）与第 4 章各截面普通钢管混凝土短柱轴压承载力的相比，拉筋提高了试件的承载力，如长厚比为 1 时的试件 SST1 与 RST1 相比，承载力均值提高了 9.9%；长厚比为 2 时的试件 SST3 与 RST3 相比，承载力均值提高了 17.2%；长厚比为 2 时的试件 SCFRT1 与 CFRT1 相比，承载力均值提高了 17.0%；长厚比为 3 时的试件 SCFRT2 与 CFRT2 相比，承载力均值提高了 18.5%；OVRST5 试件与 OVST1 试件相比，承载力均值提高了 23.0%。

2）承载力随着混凝土强度等级的提高而增大，且拉筋试件提高程度更大，如 RST5 与 RST1 相比，承载力均值提高了 20.2%；SST5 与 SST1 相比，承载力均值提高了 24.8%；SCFRT1 与 CFRT1 相比，承载力均值提高了 34.0%，SCFRT4 与 CFRT4 相比，承载力均值提高 38.0%。

3）试件承载力随长厚比增大而提高，且拉筋试件提高程度更大，如 RST2、RST3、RST4 与 RST1 相比，承载力分别提高了 36.5%、69.9%和 160.7%，而 SST2、SST3、SST4 相较于 SST1，承载力则提高至 39.2%、81.2%、175.7%。

4）相同截面形状下矩形拉筋截面 RRFWST 系列与 RFWST 系列相比，增加拉筋之后试件的承载力均值提高了 22.5%，方形拉筋截面 RSFWST 系列试件与 SFWST 系列试件相比，增加拉筋之后试件的承载力均值提高了 10.5%，圆端形拉筋截面 RREFWST 系列与 REFWST 系列相比，增加拉筋之后试件的承载力均值提高了 14.1%。

2. 延性系数

根据第 4 章式（4-1）延性系数的定义，可得各试件的延性系数见表 7-1 和表 7-2。图 7-9 和图 7-10 所示为各试件轴压延性系数的比较。由图 7-9 和图 7-10 可见：

1）拉筋大幅度提高了试件的延性系数，如 SST1、SST2、SST3 和 SST4 试件与 RST1、RST2、RST3 和 RST4 试件相比，延性系数分别提高了 93.4%、123.0%、137.0%和 89.0%；SCFRT1、SCFRT2 和 SCFRT3 试件与 CFRT1、CFRT2 和 CFRT3 试件相比，延性系数分别提高了 32.0%、64.0%和 56.4%；OVRST5、OVRST6 试件与 OVST1 和 OVST3 试件相

比，延性系数均值分别提高了 23.1%和 53.4%。

2）拉筋对大长厚比试件的延性系数提升更显著，如矩形拉筋 RRFWST 试件比矩形普通 RFWST 试件的平均延性提高了 78.0%，方形拉筋 RSFWST 试件与方形普通 SFWST 试件相比，平均延性系数提高了 18.5%；圆端形拉筋 RREFWST 试件比普通 REFWST 试件的平均延性系数均值提高了 74.8%。

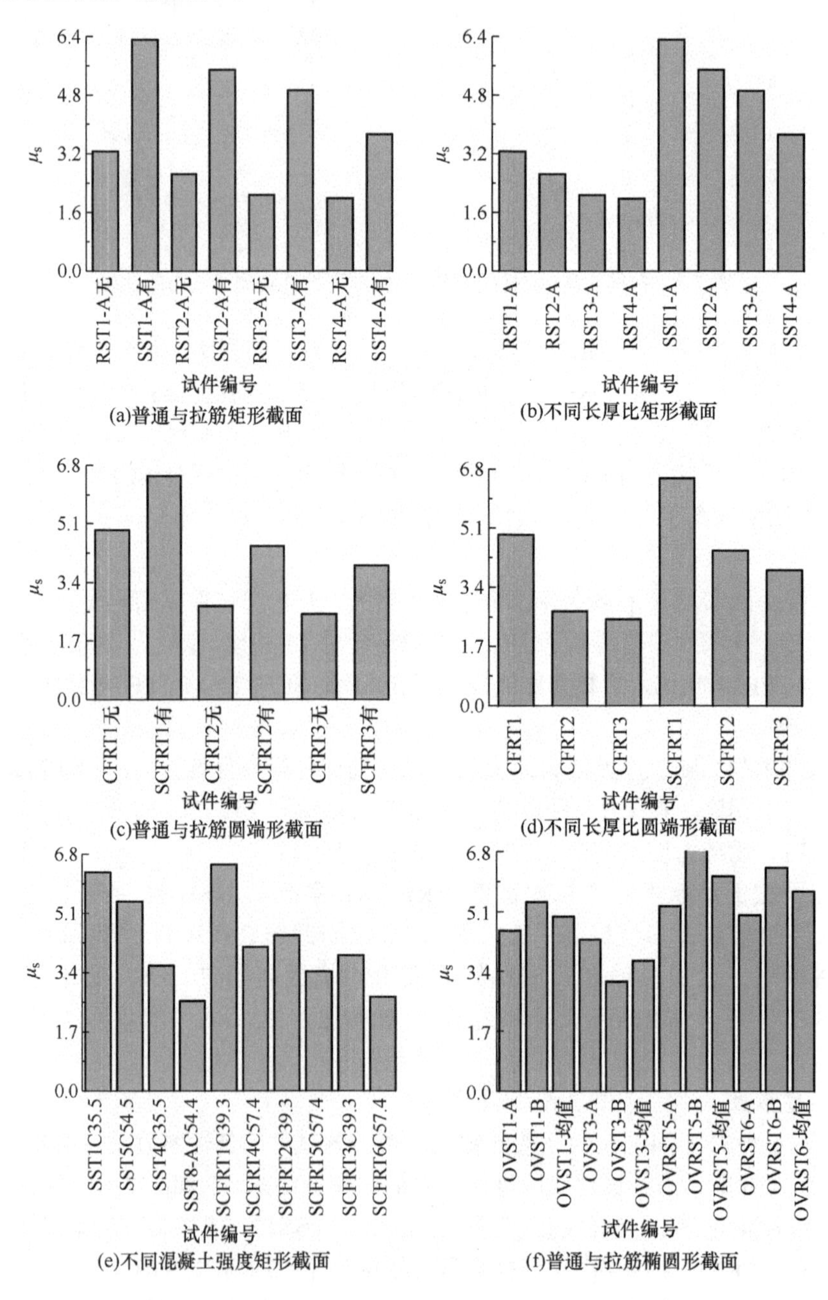

图 7-9　各截面钢管混凝土短柱试件轴压延性系数比较

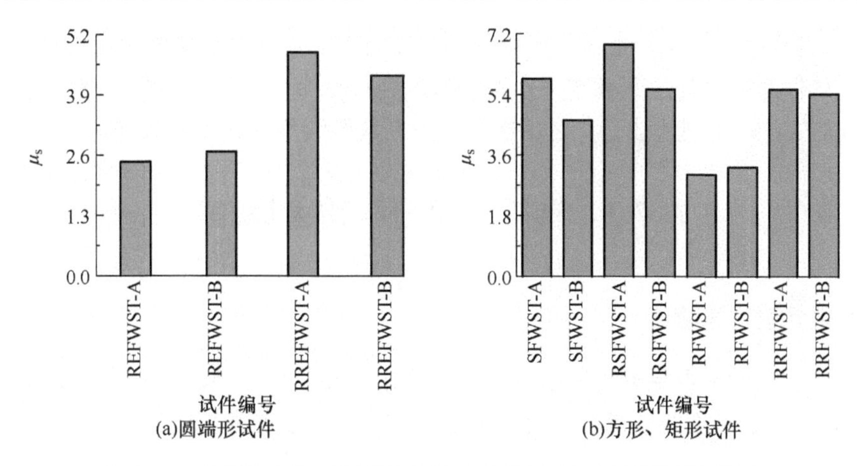

图 7-10　拉筋和普通耐候钢管混凝土短柱试件轴压延性系数比较

3. 横向变形系数

图 7-11 和图 7-12 为拉筋普通和拉筋耐候钢管混凝土短柱试件荷载-横向变形系数曲线。由图 7-4 和图 7-12 可知：

1）拉筋矩形钢管混凝土短柱试件的钢管各测点横向变形系数曲线差别不大，最大值都超过 0.5，甚至达到 0.9 以上，表明拉筋约束效果好。

2）拉筋椭圆形钢管混凝土（OVRST5-A）的钢管 C 点横向变形系数最大，A 点次之，B 点最小，表明拉筋增强了椭圆短边方向对混凝土的约束作用。

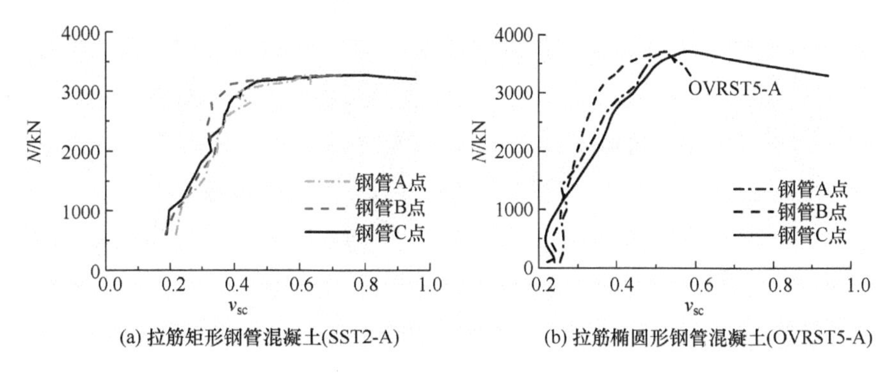

图 7-11　拉筋普通钢管混凝土短柱试件荷载-横向变形系数曲线

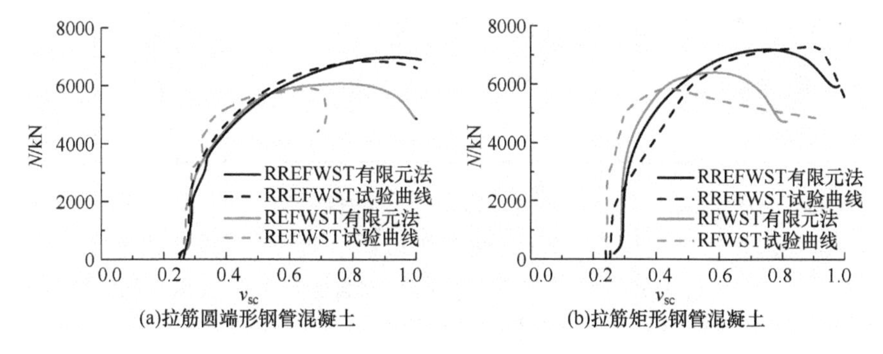

图 7-12　拉筋耐候钢管混凝土短柱试件荷载-横向变形系数曲线比较

3）随着荷载的增大，带拉筋短柱试件的横向变形系数增加速度比普通短柱试件快，普通短柱试件的横向变形系数在 0.6 左右时达到承载力，而带拉筋短柱试件的横向变形系数在 0.8 左右时达到承载力，之后横向变形系数继续增加直至试件破坏。

7.3 有限元模型与约束原理

7.3.1 有限元模型与验证

拉筋钢管混凝土短柱轴压三维有限元模型建立过程和材料本构关系描述详见第 4 章 4.3 节，此外拉筋采用两结点线性桁架单元（T3D2），并采用“内置区域（Embed）”嵌入核心混凝土中。网格划分采用结构化网格划分技术，见表 7-3。

表 7-3 不同截面形式钢管混凝土柱网格划分

截面形式	有限元模型	加载板单元	钢管单元	混凝土单元	拉筋单元
矩形	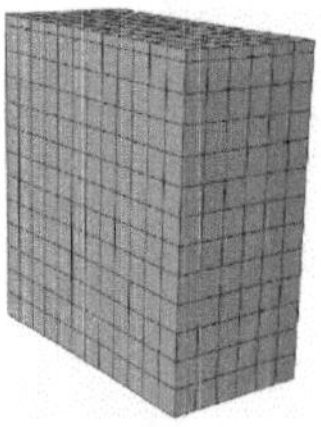	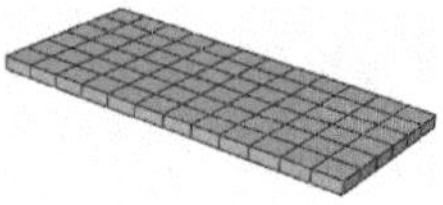	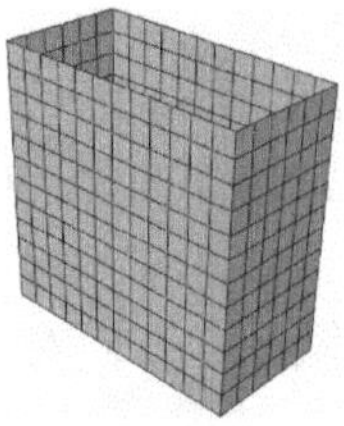		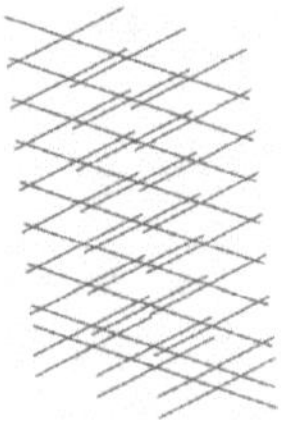
圆端形					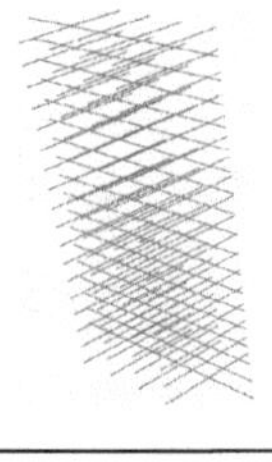
椭圆形	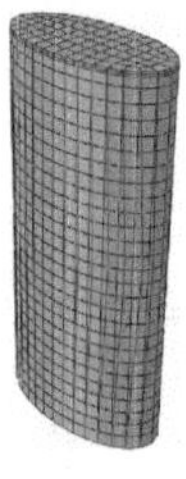		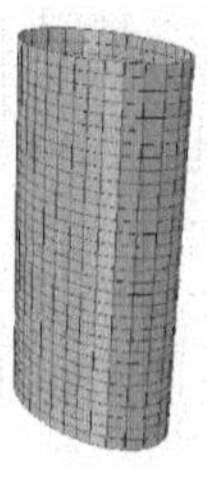	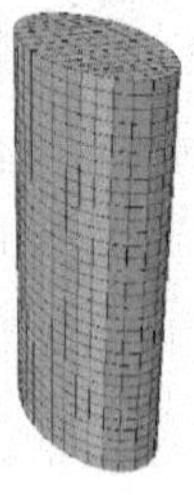	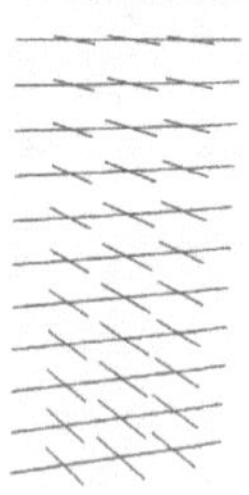

ABAQUS 有限元法计算得到的钢管混凝土短柱轴压荷载-轴向应变曲线与试验结果的比较如图 7-4 和图 7-5 所示，荷载-横向变形系数曲线与试验结果的比较如图 7-11 和图 7-12 所示。可见有限元计算曲线与试验曲线吻合较好。普通和拉筋钢管混凝土试件有限元模型破坏时的应力云图比较如图 7-13 所示。

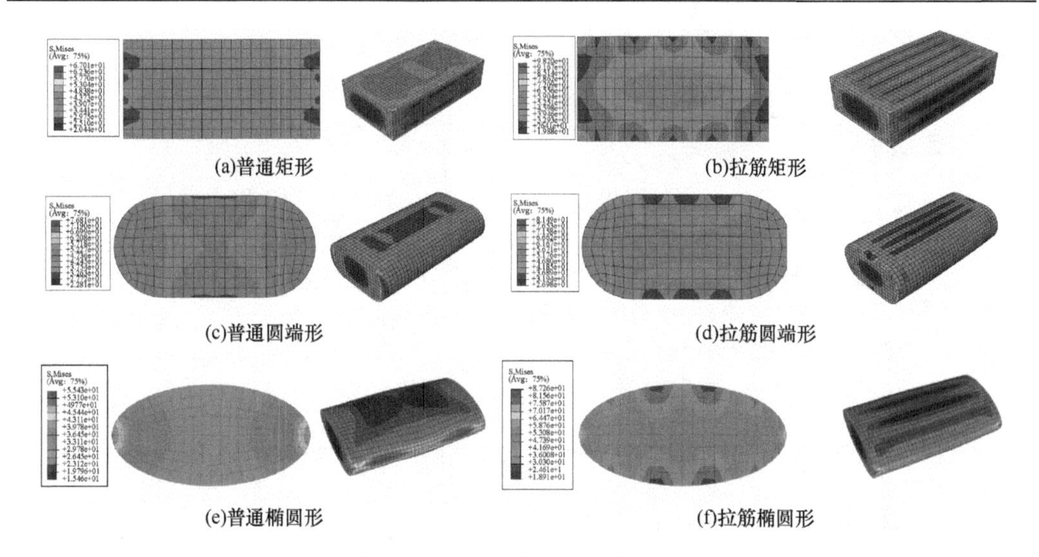

图 7-13　普通和拉筋钢管混凝土试件有限元模型破坏时的应力云图比较

7.3.2　约束作用分析

图 7-14～图 7-16 为 ABAQUS 有限元法计算得到的各类试件中截面钢管纵向压应力（$\sigma_{L,\mathrm{s}}$）、钢管向拉应力（$\sigma_{\theta,\mathrm{s}}$）和混凝土纵向压应力（$\sigma_{L,\mathrm{c}}$）与纵向应变（$\varepsilon_L$）关系曲线的比较，其中钢管各点的位置如图 7-1 所示。

1）以试件 SST3-A 和第 4 章中 RST3-A 为例，配置拉筋后，钢管 A 点和 C 点处 SST

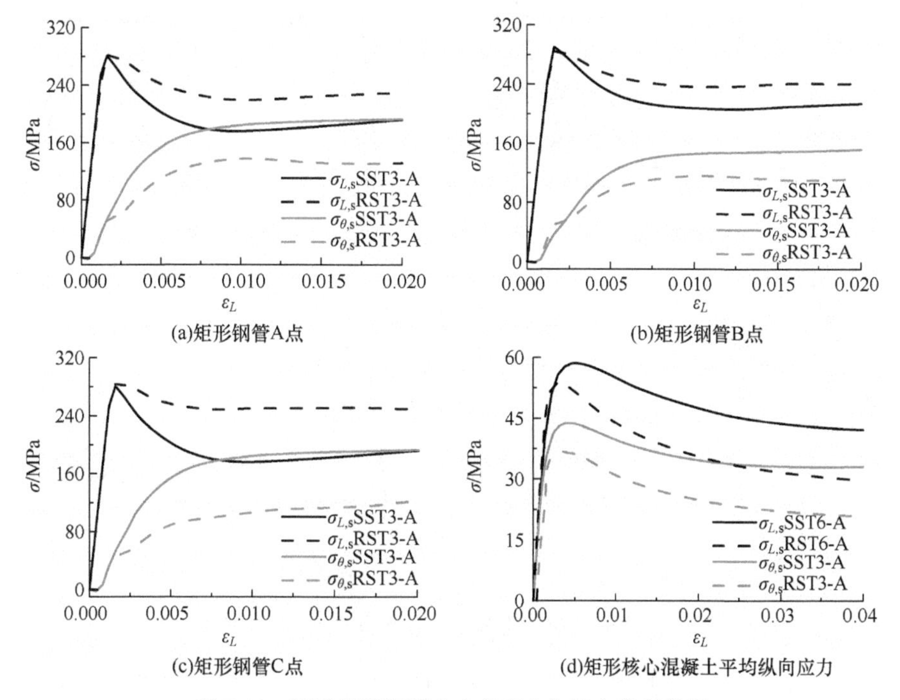

图 7-14　矩形钢管混凝土中各应力与纵向应变关系

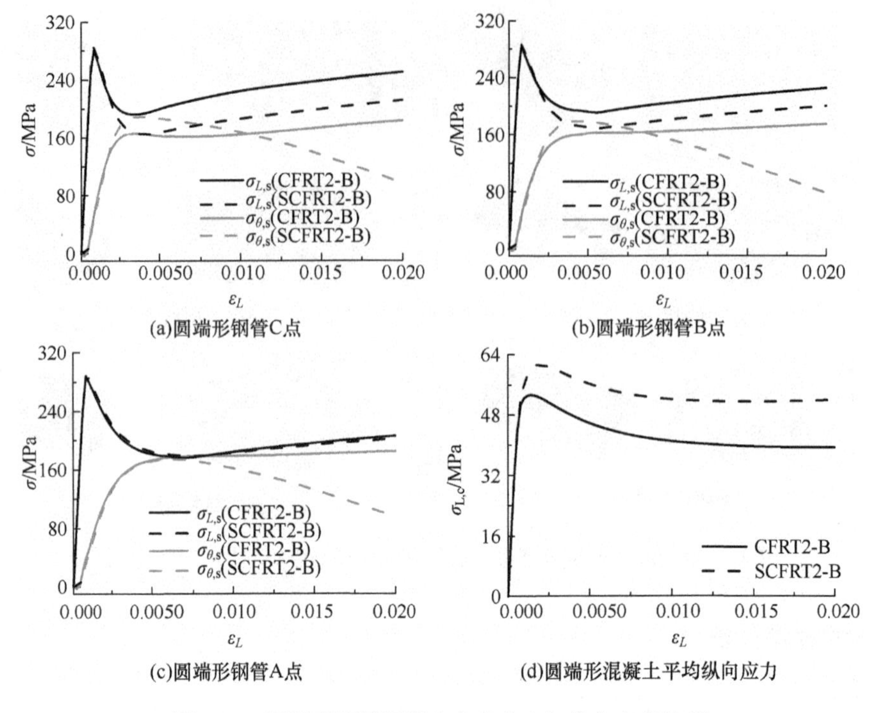

图 7-15　圆端形钢管混凝土中各应力与纵向应变关系

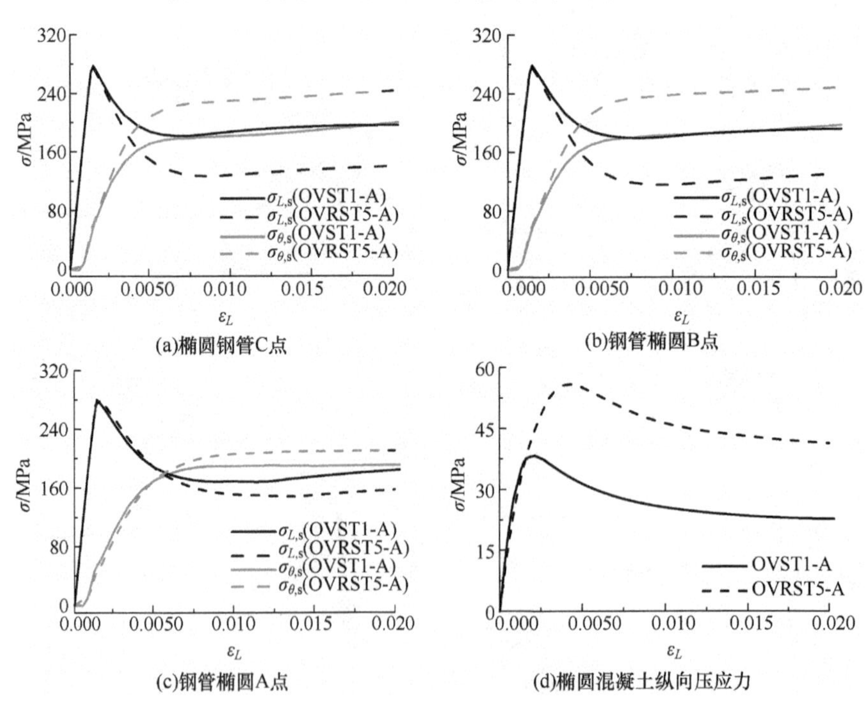

图 7-16　椭圆形钢管混凝土中各应力与纵向压应变关系

试件的纵向应力与环向应力都能够相交，表明拉筋对核心混凝土产生较强的约束，钢管 B 点处未配置拉筋，试件钢管表面应力-应变曲线相差不大。

2）以试件 SCFRT2-B 和第 4 章中 CFRT2-B 为例，CFRT-B 试件钢管表面的纵向应力和横向应力在钢管 B 点和 C 点都没有交点，而在钢管 A 点处纵向应力和横向应力有交点，表明两端半圆处钢管的约束效果要好于中间直边处；而对于 SCFRT-B 试件钢管表面的纵向压应力和横向拉应力在钢管 A 点、B 点和 C 点都有交点，表明拉筋增强了中间直边处钢管的约束效果。

3）从试件 OVRST5-A 和第 4 章中 OVST1-A 为例，与普通椭圆形钢管混凝土相比，拉筋椭圆形钢管混凝土试件（OVRST5-A）在钢管 A 和 B 两点处纵向应力降低速率和环向应力增加速率加快，速度均大于 C 点处钢管的应力，表明拉筋使得钢管对核心混凝土的约束作用增大，且短轴方向提升最明显，拉筋显著改善了椭圆短轴方向钢管对混凝土约束作用弱的缺陷。

4）由矩形、圆端形和椭圆形拉筋钢筋混凝土约束作用分析可知拉筋约束后的混凝土平均纵向应力有所提高，表明拉筋约束了核心混凝土。

7.4　承载力公式

7.4.1　模型简化

利用 ABAQUS 软件，考虑截面长厚比、混凝土强度、截面配筋率、等效配箍率和钢管屈服强度对拉筋钢管混凝土轴压承载力的影响。模型取 D 为 1000mm，$L=2B$，长厚比 B/D 为 1～4，其他参数设置如下：钢管强度为 Q235～Q420，混凝土强度为 C40～C100，含钢率为 0.024～0.080，等效配箍率为 0～0.015。钢管与混凝土强度的匹配设置如下：C40 与 Q235 和 Q345 匹配；C60 与 Q235 和 Q345 匹配；C80 与 Q345 和 Q420 匹配；C100 与 Q420 匹配。不同配拉筋率时拉筋加强钢管对混凝土约束的提升系数列表见表 7-4。当试件到达极限强度时，钢管纵向应力（$\sigma_{L,s1}$ 和 $\sigma_{L,s2}$）、横向应力（$\sigma_{\theta,s1}$ 和 $\sigma_{\theta,s2}$）与屈服强度（f_y）比值平均值见表 7-4。

表 7-4　不同配拉筋率时拉筋加强钢管对混凝土约束的提升系数列表

截面形式	ρ_{sa}/ρ_s	B/D	$\sigma_{L,s1}/f_y$	$\sigma_{\theta,s1}/f_y$	$\sigma_{L,s2}/f_y$	$\sigma_{\theta,s2}/f_y$	$\zeta_1 k_1$	k_1	ζ_1	$\bar{\zeta}_1$（平均）
矩形	0.08	1	0.81	0.308	0.81	0.308	1.29	1.2	1.08	1.07
		1.5	0.85	0.252	0.85	0.252	1.16	1.07	1.08	
		2	0.91	0.161	0.88	0.207	1.10	1.04	1.06	
		3	0.93	0.128	0.89	0.192	1.05	1.00	1.05	
	0.17	1	0.78	0.347	0.77	0.360	1.33	1.2	1.11	1.08
		1.5	0.86	0.237	0.82	0.294	1.16	1.07	1.08	
		2	0.90	0.161	0.85	0.252	1.11	1.04	1.07	
		3	0.92	0.144	0.88	0.207	1.05	1.00	1.05	
	0.25	1	0.68	0.468	0.67	0.468	1.41	1.2	1.18	1.11
		1.5	0.79	0.334	0.78	0.347	1.21	1.07	1.13	
		2	0.89	0.192	0.84	0.266	1.11	1.04	1.07	
		3	0.92	0.144	0.87	0.223	1.05	1.00	1.05	

续表

截面形式	ρ_{sa}/ρ_s	B/D	$\sigma_{L,s1}/f_y$	$\sigma_{\theta,s1}/f_y$	$\sigma_{L,s2}/f_y$	$\sigma_{\theta,s2}/f_y$	$\zeta_1 k_1$	k_1	ζ_1	$\bar{\zeta}_1$（平均）
圆端形	0.1	2	0.80	0.32	0.77	0.36	1.40	1.25	1.12	1.13
		3	0.80	0.32	0.78	0.37	1.32	1.14	1.16	
		4	0.82	0.30	0.78	0.36	1.22	1.09	1.12	
	0.2	2	0.74	0.40	0.70	0.44	1.48	1.25	1.18	1.14
		3	0.81	0.31	0.78	0.35	1.31	1.14	1.15	
		4	0.84	0.27	0.79	0.33	1.20	1.09	1.10	
	0.35	2	0.64	0.51	0.65	0.50	1.36	1.56	1.25	1.16
		3	0.83	0.28	0.81	0.31	1.25	1.14	1.14	
		4	0.86	0.24	0.83	0.28	1.19	1.09	1.09	
椭圆形	0.056	2	0.74	0.398			1.18	1.10	1.07	1.07
	0.11	2	0.72	0.422			1.19	1.10	1.08	1.08
	0.17	2	0.71	0.434			1.19	1.10	1.08	1.08

根据图 7-17～图 7-19 所示各钢管混凝土轴压截面应力云图区域划分。对应力分布情况进行简化，其中 A_{c1} 为无约束区域，A_{c3} 为钢管和拉筋共同约束区域，A_{c4} 为拉筋约束区域，A_{c5} 为钢管混凝土受圆端钢管和拉筋共同约束区域。各区域面积所占核心混凝土整体面积的比例平均值见表 7-5。

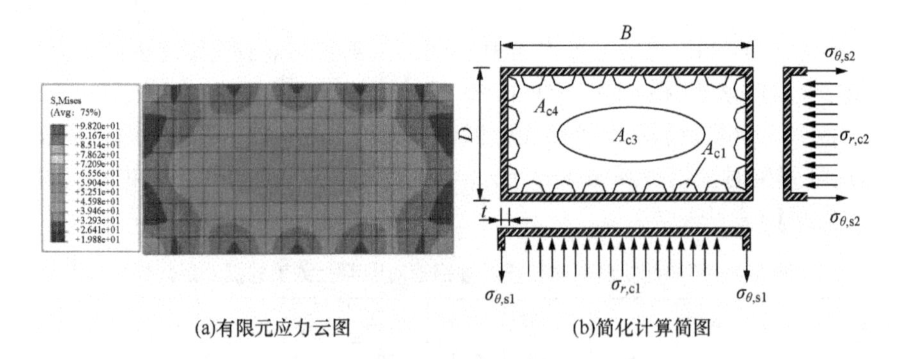

(a)有限元应力云图　　(b)简化计算简图

图 7-17　矩形钢管混凝土轴压截面应力云图及区域划分

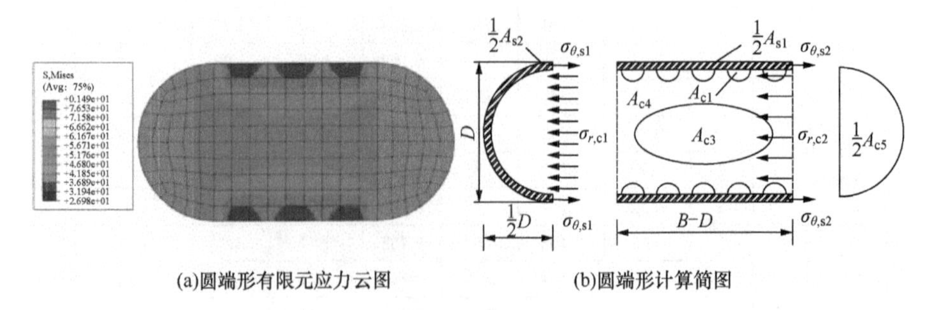

(a)圆端形有限元应力云图　　(b)圆端形计算简图

图 7-18　圆端形钢管混凝土轴压截面应力云图及区域划分

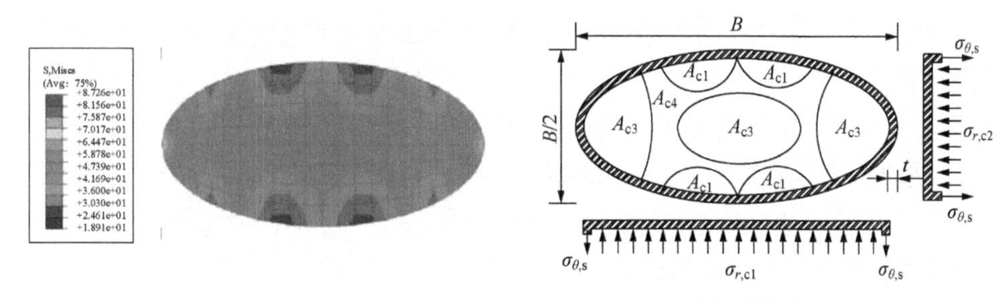

(a)椭圆形有限元应力云图　　　(b)椭圆形计算简图

图 7-19　椭圆形钢管混凝土轴压截面应力云图及区域划分

表 7-5　不同截面拉筋钢管混凝土各参数取值

截面形式	B/D	A_{c1}/A_c	A_{c3}/A_c	A_{c4}/A_c	A_{c5}/A_c	A_{s1}/A_s	A_{s2}/A_s	k_3
矩形	1	0.01	0.91	0.08		0.50	0.50	1.7
	1.5	0.01	0.73	0.16		0.40	0.60	1.7
	2	0.03	0.68	0.29		0.33	0.67	1.7
圆端形	3	0.05	0.6	0.35		0.25	0.75	1.7
	2	0.04	0.35	0.21	0.40	0.61	0.39	1.7
	3	0.05	0.30	0.35	0.30	0.44	0.56	1.7
	4	0.07	0.24	0.45	0.24	0.34	0.66	1.7
椭圆形	2	0.07	0.65	0.28				1.7

7.4.2　公式比较

拉筋等效面积（A_{sso}）为

$$A_{sso}=\frac{i(B-2t)+j(D-2t)}{4s}\pi d_t^2 \tag{7-1}$$

式中：i 为对拉钢筋沿 B 方向的钢筋数量；j 为沿 D 方向上钢筋的数量；s 为钢筋沿柱高度方向上的间距；d_t 为拉筋直径。

拉筋钢管混凝土短柱轴压时，核心混凝土受到钢管和拉筋双重约束作用，而拉筋约束所致混凝土径向应力 $\sigma_{r,cs}$ 与其屈服强度 $f_{y,t}$ 的关系如下：

$$\sigma_{r,cs}=\frac{f_{y,t}A_{sso}}{2A_c} \tag{7-2}$$

钢管混凝土的钢管约束区混凝土侧向压应力（$\sigma_{r,c}$）与钢管侧向压应力（$\sigma_{\theta,s}$）关系见第 4 章表 4-7，各约束区域的核心混凝土轴向强度表达式见表 7-6。

表 7-6　各区域核心混凝土轴向强度表达式

<table>
<tr><th>截面形式</th><th>$f_{L,c1}$</th><th>$f_{L,c3}$</th><th>$f_{L,c4}$</th><th>$f_{L,c5}$</th></tr>
<tr><td>矩形</td><td rowspan="3">f_c</td><td rowspan="3">$f_c+3.4(\sigma_{r,c}+\sigma_{r,cs})$</td><td rowspan="3">$f_c+3.4\sigma_{r,cs}$</td><td rowspan="2">—</td></tr>
<tr><td>椭圆形</td></tr>
<tr><td>圆端形</td><td>$f_c+3.4(\sigma_{r,c}+\sigma_{r,cs})$</td></tr>
</table>

由截面静力平衡条件和叠加原理，对于矩形和椭圆形钢管混凝土，由截面的静力平衡条件可得

$$N_u = f_{L,c1}A_{c1} + f_{L,c3}A_{c3} + f_{L,c4}A_{c4} + \sigma_{L,s1}A_{s1} + \sigma_{L,s2}A_{s2} \tag{7-3}$$

对于圆端形钢管混凝土，由截面的静力平衡条件可得

$$N_u = f_{L,c1}A_{c1} + f_{L,c3}A_{c3} + f_{L,c4}A_{c4} + f_{L,c5}A_{c5} + \sigma_{L,s1}A_{s1} + \sigma_{L,s2}A_{s2} \tag{7-4}$$

整理可得拉筋钢管混凝土轴压承载力为

$$N_u = f_c A_c + \zeta_1 k_1 f_s A_s + k_3 f_{y,t} A_{sso} \tag{7-5}$$

式中：ζ_1 为拉筋加强钢管对混凝土约束的提升系数；ζ_1、k_1 和 k_3 的计算取值列于表 7-4 和表 7-5，可见拉筋增强了钢管对混凝土的约束作用，k_3=1.7 表明拉筋对混凝土约束作用不随长厚比的变化而变化，而配箍率保持不变时，拉筋等效面积 A_{sso} 随着长厚比的增大而增大，因此长厚比越大的拉筋钢管混凝土轴压承载力提升程度越大。

不同配箍率与含钢率比值下钢管的约束系数见表 7-4，拉筋对钢管约束系数的提升系数 ζ_1 拟合得

$$\zeta_1=1+0.25(\rho_{sa}/\rho_s)^{0.4} \tag{7-6}$$

不同配箍率与含钢率比值下拉筋加强钢管对混凝土约束提升系数 ζ_1 的变化规律与拟合曲线的比较如图 7-20 所示，可见两者符合较好。

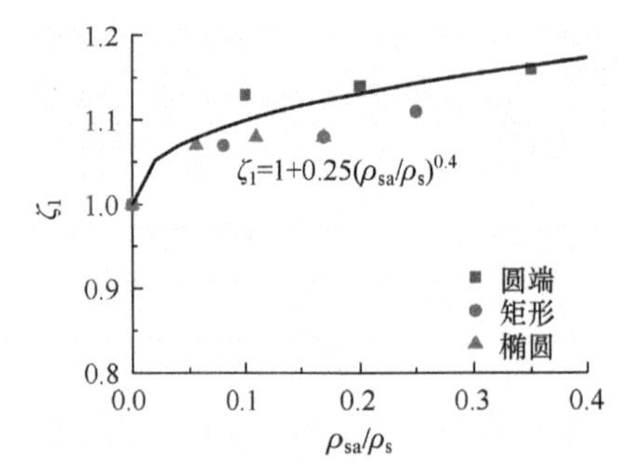

图 7-20　拉筋加强钢管对混凝土约束提升系数的变化规律

综合第 4 章研究成果，各截面拉筋钢管混凝土轴压承载力计算公式见表 7-7。表 7-8 列出了表 7-7 中各截面拉筋钢管混凝土短柱轴压承载力试验值（$N_{u,e}$）与计算值（$N_{u,Eq}$）比较，可见作者所提各截面拉筋钢管混凝土轴压承载力公式与试验结果吻合良好，精度较高且偏于安全。

表 7-7　各截面拉筋钢管混凝土轴压承载力计算公式

截面形式	公式	k_1	ζ_1	k_3
矩形	$N_u=f_cA_c+\zeta_1k_1f_yA_s+k_3f_{y,t}A_{sso}$	$1.04-0.06\ln(B/D-0.9)$	$\zeta_1=1+0.25(\rho_{sa}/\rho_s)^{0.4}$	1.7
圆端形		$0.8+0.9D/B$		
椭圆形		1.1		

表 7-8　各截面拉筋钢管混凝土短柱轴压试件承载力试验值与计算值比较

截面形式	试件编号	$N_{u,e}$/kN	$N_{u,FE}$/kN	$N_{u,Eq}$/kN	$N_{u,e}/N_{u,FE}$	$N_{u,e}/N_{u,Eq}$	$N_{u,FE}/N_{u,Eq}$
圆端形	CFWST-A	4270	4237	4205	1.008	1.015	1.008
	CFWST-B	4360	4322	4281	1.009	1.018	1.010
	REFWST-A	5927	5876	5677	1.009	1.044	1.035
	REFWST-B	6218	5818	5627	1.069	1.105	1.034
	SREFWST-A	6795	6941	6370	0.979	1.067	1.090
	SREFWST-B	7068	6872	6279	1.029	1.126	1.094

续表

截面形式	试件编号	$N_{u,e}$/kN	$N_{u,FE}$/kN	$N_{u,Eq}$/kN	$N_{u,e}/N_{u,FE}$	$N_{u,e}/N_{u,Eq}$	$N_{u,FE}/N_{u,Eq}$
圆端形	SCFRT1-A	3518	3981	4079	0.884	0.862	0.976
	SCFRT1-B	3773	4056	4086	0.930	0.923	0.993
	SCFRT2-A	5804	5977	5778	0.971	1.004	1.034
	SCFRT2-B	5775	5945	5735	0.971	1.007	1.037
	SCFRT3-A	7512	7748	7434	0.970	1.010	1.042
	SCFRT3-B	7724	7754	7515	0.996	1.028	1.032
	SCFRT4-A	5165	5297	5080	0.975	1.017	1.043
	SCFRT4-B	4931	5355	5145	0.921	0.958	1.041
	SCFRT5-A	7804	7786	7403	1.002	1.054	1.052
	SCFRT5-B	7816	7881	7399	0.992	1.056	1.065
	SCFRT6-A	9923	10117	9768	0.981	1.016	1.036
	SCFRT6-B	10143	10224	9848	0.992	1.030	1.038
矩形	SFWST-A	2530	2456	2443	1.030	1.036	1.005
	SFWST-B	2700	2511	2485	1.075	1.087	1.010
	RSFWST-A	2930	2837	2989	1.033	0.980	0.949
	RSFWST-B	2850	2806	3036	1.016	0.939	0.924
	RFWST-A	5910	6023	5639	0.981	1.048	1.068
	RFWST-B	5609	6057	5682	0.926	0.987	1.066
	SRFWST-A	6931	7135	6978	0.971	0.993	1.022
	SRFWST-B	7327	7282	7048	1.006	1.040	1.033
	SST1-A	2330	2235	2321	1.043	1.004	0.963
	SST1-B	2340	2129	2315	1.099	1.011	0.920
	SST2-A	3270	3184	3104	1.027	1.053	1.026
	SST2-B	3250	3182	3082	1.021	1.055	1.032
	SST3-A	4260	4170	3937	1.022	1.082	1.059
	SST3-B	4200	4024	3941	1.044	1.066	1.021
	SST4-A	6425	6281	5964	1.023	1.077	1.053
	SST4-B	6449	6304	6005	1.023	1.074	1.050
	SST5-A	2920	2826	3054	1.033	0.956	0.925
	SST5-B	2910	2841	2918	1.024	0.997	0.974
	SST6-A	4290	4115	4051	1.043	1.059	1.016
	SST6-B	4290	4122	4135	1.041	1.037	0.997
	SST7-A	5349	5317	5375	1.006	0.995	0.989
	SST7-B	5388	5314	5362	1.014	1.005	0.991
	SST8-A	8456	8162	7734	1.036	1.093	1.055
	SST8-B	8342	7948	7650	1.050	1.090	1.039

续表

截面形式	试件编号	$N_{u,e}$/kN	$N_{u,FE}$/kN	$N_{u,Eq}$/kN	$N_{u,e}/N_{u,FE}$	$N_{u,e}/N_{u,Eq}$	$N_{u,FE}/N_{u,Eq}$
方形（第 6 章）	A6-a	2771	2672	2719	1.037	1.019	0.982
	A6-b	3130	2672	2719	1.171	1.151	0.982
	B4-a	19134	17965	17725	1.065	1.079	1.014
	B4-b	19411	18428	18253	1.053	1.063	1.010
圆形（第 6 章）	CJFST-A	12964	12214	12124	1.061	1.069	1.007
	CJFST-B	12304	12214	12124	1.007	1.015	1.007
总和	均值				1.014	1.031	1.017
	离散系数				0.047	0.050	0.039

图 7-21 为本章各截面拉筋钢管混凝土短柱轴压承载力有限元计算值和表 4-7 中公式计算值进行对比，可见两者吻合较好，误差都在 10%以内。

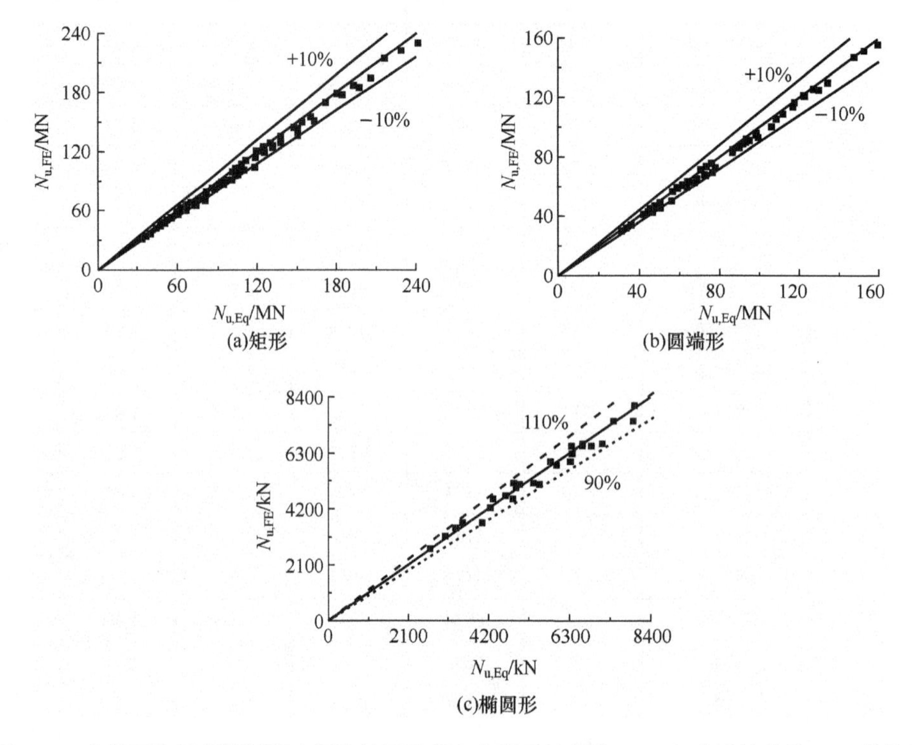

图 7-21　各截面拉筋钢管混凝土短柱轴压承载力有限元计算值 $N_{u,FE}$ 与公式计算值 $N_{u,Eq}$ 的比较

本章小结

1）矩形、圆端形和椭圆拉筋钢管混凝土短柱轴压性能试验结果表明：双向拉筋有效约束钢管的侧向变形，延缓钢管发生局部屈曲，增强对核心混凝土的约束，大幅度提高延性系数。

2）应用 ABAQUS 有限元软件对矩形、圆端形和椭圆形拉筋钢管混凝土短柱轴压性能进行有限元分析，计算结果与试验结果符合较好。

3）基于 ABAQUS 参数分析，采用合理的简化，根据极限状态力的叠加方法，建立了考虑拉筋对钢管形状约束系数提升的矩形、圆端形和椭圆形拉筋钢管混凝土轴压承载力计算公式，公式计算结果与本章 46 个以及第 6 章 6 个试验结果符合较好，该公式形式简洁，系数物理意义明确且精度较高。

参 考 文 献

[1] 中华人民共和国住房和城乡建设部．钢结构设计标准：GB 50017—2017［S］．北京：中国建筑工业出版社，2017．

[2] 中华人民共和国住房和城乡建设部．混凝土物理力学性能试验方法标准：GB/T 50081—2019［S］．北京：中国建筑工业出版社，2019．

[3] 全国钢标准化技术委员会．金属材料　拉伸试验　第 1 部分：室温试验方法：GB/T 228.1—2010［S］．北京：中国标准出版社，2010．

第 8 章　空心钢管混凝土轴压约束原理

8.1　概　　述

由于钢管混凝土柱中靠近截面形心处的核心混凝土所提供的抗弯刚度有限而增加了自重，空心钢管混凝（H-CFT）以及由外钢管和内钢管间填充混凝土组成的中空夹层钢管混凝土（CFDST）近年来得到了广泛的发展，目前已在跨谷高桥墩、海洋平台结构的支架柱与输变电杆塔中得到大量应用。空心率（空心面积与混凝土所围面积之比，用 ψ 表示）是影响空心钢管混凝土和中空夹层钢管混凝土受力性能的主要因素。

本章对空心圆钢管混凝土和拉筋中空夹层方钢管混凝土短柱的轴压性能进行研究，主要工作如下。

1）开展两类共 26 个短柱的轴压承载力试验研究，分别探讨空心率、混凝土强度、钢管厚度对空心圆钢管混凝土以及拉筋和空心率对中空夹层方钢管混凝土轴压性能的影响规律。

2）利用 ABAQUS 有限元软件建立三维实体有限元模型并进行试验验证，揭示空心圆钢管混凝土约束作用的变化规律及配箍率和空心率对中空夹层方钢管混凝土约束作用的影响规律。

3）根据极限平衡法和力叠加法，建立考虑钢管形状约束系数和拉筋对钢管约束作用提高系数的空心和中空夹层钢管混凝土轴压承载力计算公式。

8.2　试 验 研 究

8.2.1　试验概况

设计和制作 16 个空心圆钢管混凝土短柱轴压试件，试件截面形式如图 8-1（a）所示，主要参数为空心率、混凝土强度和钢管厚度，试件外尺寸 D=300mm，高度 L=900mm，短柱尺寸和物理参数见表 8-1，其中 D_i 为空心直径。

设计和制作了 10 个拉筋中空夹层方钢管混凝土短柱试件轴压试件，试件截面形式详图见图 8-1（b），主要参数包括截面空心率和配箍率，试件外尺寸 B=500mm，高度 L=1000mm，内钢管厚度 t_i=t，拉筋纵横向间距 s 都为 100mm，试验短柱尺寸和物理参数的具体取值见表 8-2，其中 δ_u 为承载力下降至 80%时钢管屈曲位置所测最大鼓曲数值。

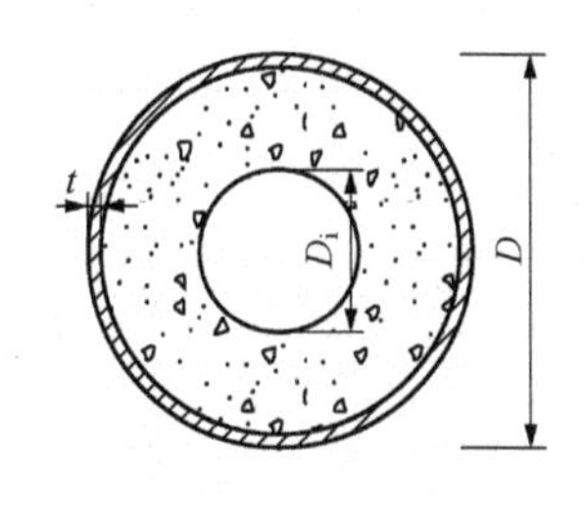

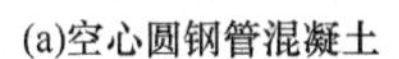
(a)空心圆钢管混凝土

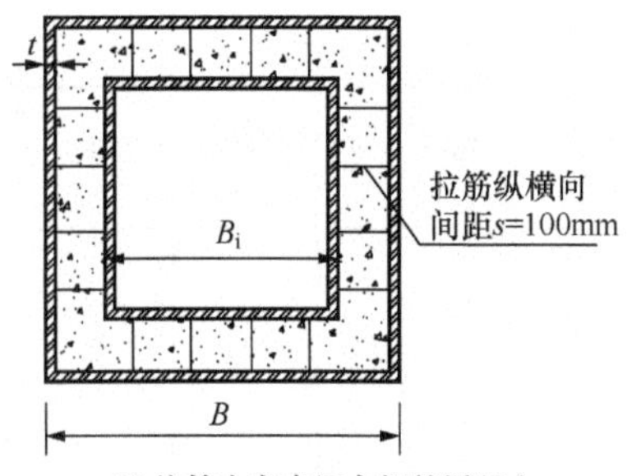

(b) 拉筋中空夹层方钢管混凝土

图 8-1　空心钢管混凝土短柱轴压试件截面形式

表 8-1　空心圆钢管混凝土短柱轴压试件尺寸和物理系数

试件编号	$D\times D_i\times t^*$	f_{cu}/MPa	f_y/MPa	ψ	ρ_s	$N_{u,e}$/kN	$N_{u,FE}$/kN	μ_s
HCFT1-A	302×49×3.76	37.7	308	0.030	0.052	3680	3528	6.586
HCFT1-B	296×52×3.65			0.034	0.051	3520	3380	7.275
HCFT2-A	300×52×3.72	52.4		0.034	0.052	4230	4317	6.706
HCFT2-B	302×51×3.81			0.032	0.052	4560	4410	5.937
HCFT3-A	294×113×3.62	37.7		0.163	0.051	3050	2991	5.911
HCFT3-B	298×112×3.71			0.157	0.052	3150	3110	5.536
HCFT4-A	301×110×3.78	52.4		0.149	0.052	4030	3937	4.997
HCFT4-B	298×111×3.73			0.154	0.052	3950	3833	5.23
HCFT5-A	301×202×3.64	37.7		0.498	0.05	2080	2121	4.087
HCFT5-B	303×202×3.75			0.492	0.051	2200	2155	4.062
HCFT6-A	297×201×3.69	52.4		0.508	0.052	2500	2610	2.703
HCFT6-B	300×204×3.72			0.513	0.052	2520	2646	2.991
HCFT7-A	299×199×5.82	37.7	311	0.523	0.083	2820	2779	4.977
HCFT7-B	302×201×5.84			0.522	0.082	2800	2816	4.671
HCFT8-A	298×203×5.78	52.4		0.529	0.082	3020	3150	3.548
HCFT8-B	301×202×5.86			0.532	0.083	3100	3273	3.242

* 此列数字单位均为 mm。

表 8-2　拉筋中空夹层方钢管混凝土短柱试件尺寸和物理参数

试件编号	$B\times B_i\times t^*$	d/mm	ψ	f_{cu}/MPa	f_y/MPa	$f_{y,t}$/MPa	ρ_{sv}/%	ρ_s/%	$N_{u,e}$/kN	$N_{u,FE}$/kN	鼓曲 δ_u/mm	
											外管	内管
SdsA1	500×400×3	0	0.65	40.0	353		0.00	4.32	6090	6267.0	4.2	4.8
SdsA 2		6				490	0.45	4.77	6507	6664.3	4.0	4.5
SdsA 3		8				458	0.80	5.12	6998	6984.0	3.5	3.5
SdsA4		10				532	1.24	5.54	7247	7399.0	2.8	3.0

续表

试件编号	$B\times B_i\times t^*$	d/mm	ψ	f_{cu}/MPa	f_y/MPa	$f_{y,t}$/MPa	ρ_{sv}/%	ρ_s/%	$N_{u,e}$/kN	$N_{u,FE}$/kN	鼓曲 δ_u/mm	
											外管	内管
SdsA5	500×350×3	0	0.50	40.0	353		0.00	4.08	6939	7279.0	4.5	4.3
SdsA6		6				490	0.47	4.55	7658	7737.0	4.2	3.5
SdsA7		8				458	0.84	4.72	8087	8108.0	4.0	3.1
SdsA8		10				532	1.32	5.40	8412	8450.0	3.0	2.8
SdsA9	500×300×3	6	0.37	46.7	256	511	0.30	6.30	8822	8666.0	2.9	2.6
SdsA10		8				542	0.50	6.50	9348	9087.0	2.2	2.0

* 此列数字单位均为 mm。

空心圆钢管混凝土短柱试件加工时，钢管 Q235 热轧钢板加工成型，短柱试件空心部分采用在钢管内部套上特定直径的 PVC 管，钢管底部焊上端板，在端板中心焊上一定厚度的圆铁板，便于 PVC 管安置。在钢管外侧喷一层红漆，并画上 50mm×50mm 的网格。浇筑混凝土前，在 PVC 管外部涂一层润滑油，浇筑混凝土时采用振动棒振捣密实，并将上部表面抹平。待混凝土浇筑半小时初凝后，轻轻拔出 PVC 管，后期在自然环境下养护一个月。

拉筋中空夹层方钢管混凝土短柱试件加工时，按照截面设计的形状，把钢板压制成试验要求长度的半方形凹槽管，然后通过对接焊接而成，拉筋试件通过穿孔焊接方法将对拉拉筋焊接到内外钢管壁上；为了保证钢管两端截面的平整焊接质量，先在空钢管一端将端板焊上，端板与空钢管的几何中心对中，浇筑时将钢管竖立，从顶部灌注混凝土并振捣密实，以保证钢管内部混凝土的密实性。

加工钢管时，同时加工相同厚度的钢材标准拉伸试件各三个，根据《金属材料　拉伸试验　第 1 部分：室温试验方法》(GB/T 228.1—2010)[1]中标准试验方法，对标准试件进行拉伸测试，实测屈服强度见表 8-1 和表 8-2。

浇筑混凝土时，同时制作 C30 和 C60 强度的 150mm 边长立方体标准试块各 16 个，并进行相同条件养护，根据《混凝土物理力学性能试验方法标准》(GB/T 50081—2019)[2]的相关规定，短柱试件试验前先测试混凝土立方体抗压强度，见表 8-1 和表 8-2。

8.2.2　试验方法

试验的应变采集通过在相应位置布置应变花，同时在试件两对边对称布置两个量程为 50mm，精度为 0.1mm 的电测位移计采集位移，应变花和位移计布置如图 8-2 所示。荷载-应变曲线由 DH3821 静态应变测量系统采集。

加载方案：先对中试件，并进行预压，确保受压面平整。正式试验时先采用分级加载方法直至试件接近极限荷载，即在弹性阶段每级荷载相当于 1/10 承载力，到弹塑性阶段每级荷载相当于承载力的 1/20。每一级大约 3～5min，分级采集数据；试件接近极限荷载后，慢速连续加载直至试件明显鼓曲破坏。空心钢管混凝土短柱轴压试件加载现场如图 8-3 所示。

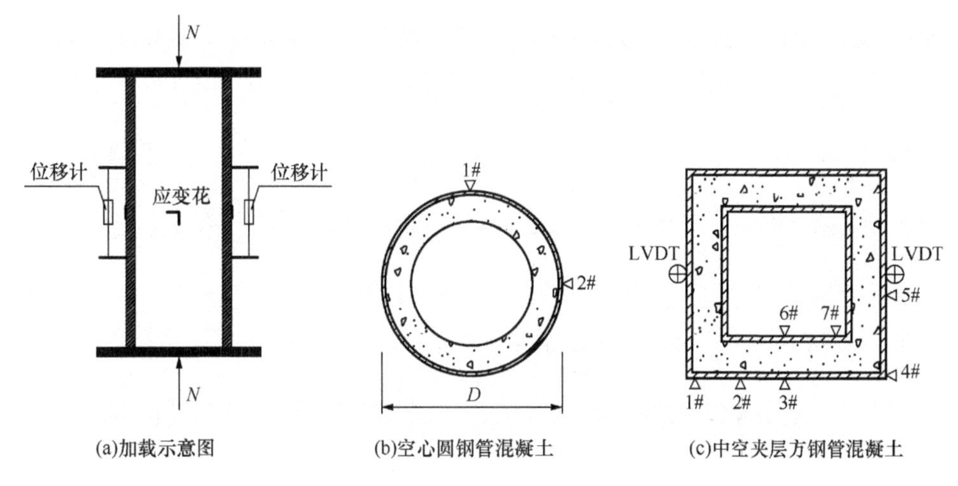

(a)加载示意图　(b)空心圆钢管混凝土　(c)中空夹层方钢管混凝土

图 8-2　应变花和位移计布置示意图

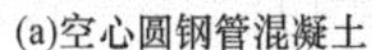

(a)空心圆钢管混凝土　(b)中空夹层方钢管混凝土

图 8-3　空心钢管混凝土短柱轴压试件加载现场

为获取试件受压时位移和应变的实时数据，在试件中部布置应变花，以测量钢管的横向和纵向应变，应变数据由 DH3818 应变采集仪读取；在试件对称两侧上下各三分之一处分别焊两个角钢，用于布置电阻式位移计。正式受压前，先把受压表面打磨平整，粘上盖板，并精确对中，保证试件处于轴心受压状态，以消除偏心的影响。

8.2.3　试验现象

空心圆钢管混凝土短柱轴压荷载-轴向应变（N-ε_L）曲线如图 8-4 所示，拉筋中空夹层方钢管混凝土短柱轴压荷载-轴向应变（N-ε_L）曲线如图 8-5 所示。

针对空心圆钢管混凝土设计的试验短柱的空心率主要有三种，空心直径 D_{i} 分别为 50mm（HCFT1 和 HCFT2 系列）、110mm（HCFT3 和 HCFT4 系列）和 200mm（HCFT5～HCFT8 系列），为方便描述，将三类空心直径的试件分别命名为 C-a、C-b、C-c 类。针对拉筋中空夹层方钢管混凝土短柱的空心率主要有三种，内钢管边长 B_{i} 分别为 400mm（SdsA1～SdsA4，ψ=0.65）、350mm（SdsA5～SdsA8，ψ=0.50）和 300mm

（SdsA9～SdsA10，ψ=0.37），为方便描述，将三类空心率不同的试件分别命名为 S-a、S-b、S-c 类。短柱试件在整个受压过程中的试验现象不尽相同，全过程大致分为三个阶段。

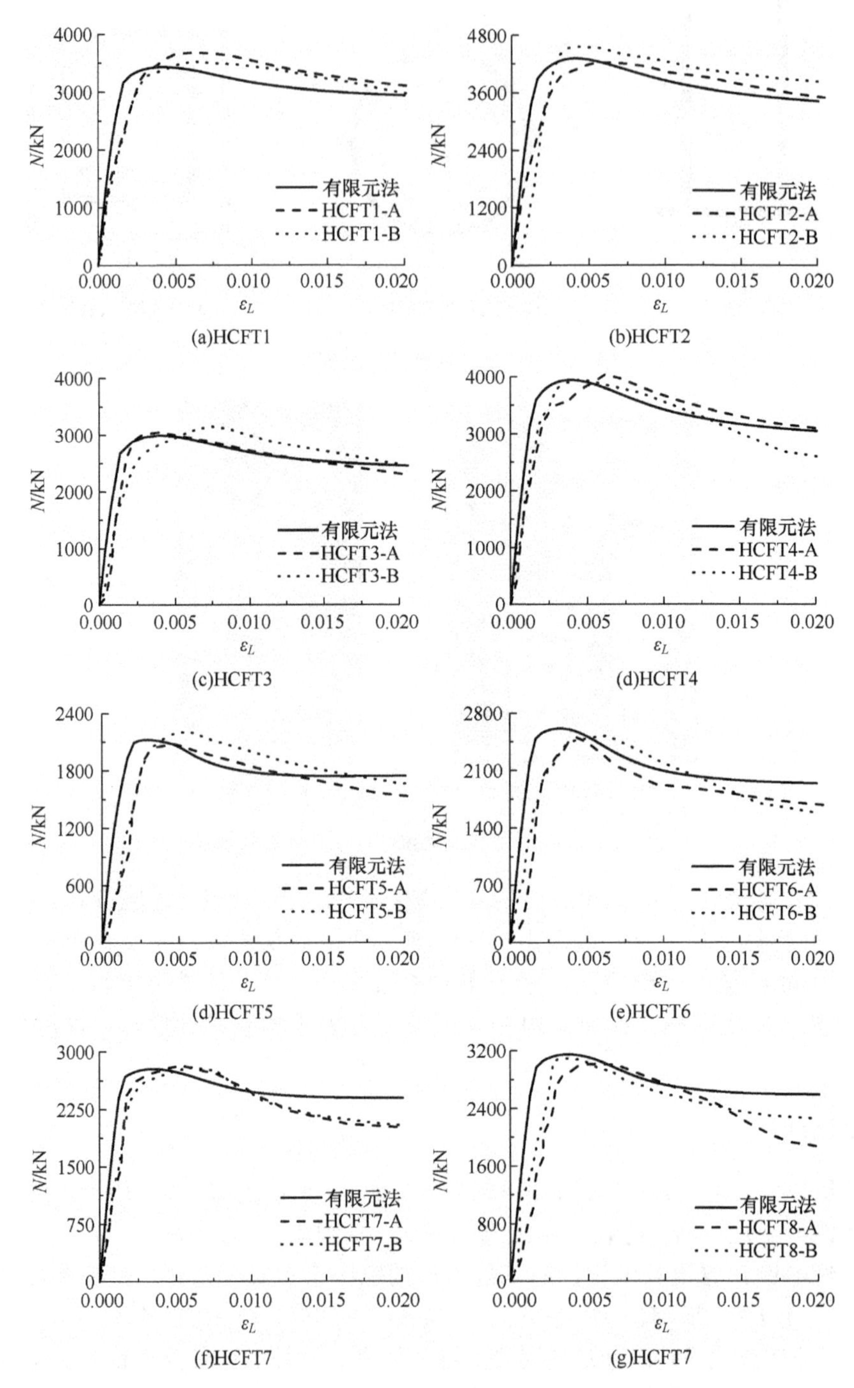

图 8-4　空心圆钢管混凝土短柱轴压荷载-应变实测曲线与有限元计算曲线比较

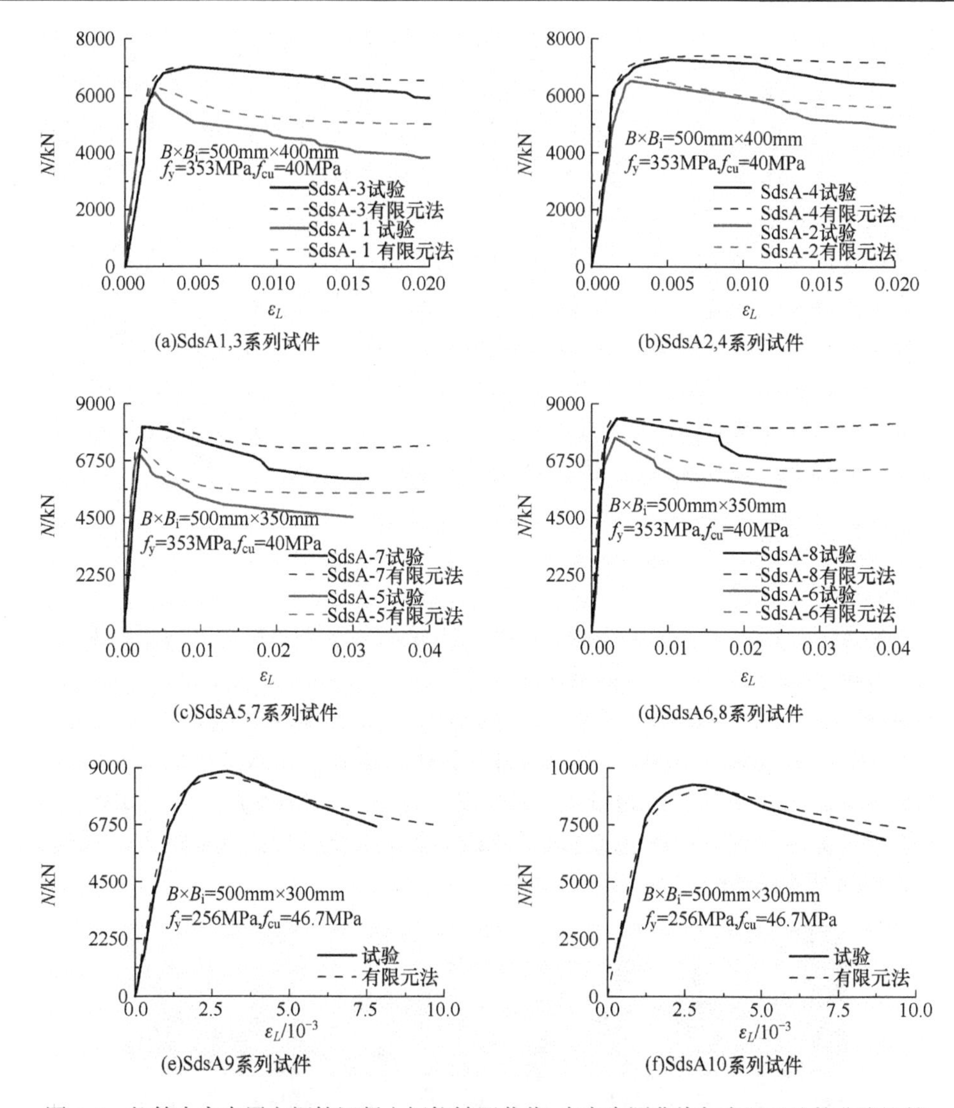

图 8-5　拉筋中空夹层方钢管混凝土短柱轴压荷载-应变实测曲线与有限元计算曲线比较

弹性工作阶段：六类试件均处于稳定的工作状态，表面并未明显变化，荷载-轴向应变曲线表现为直线上升，各个试件的刚度较大，弹性位移很小。

弹塑性工作阶段：当外荷载达到试件极限荷载的 60%～70%时，试件出现明显的塑性变形。对于 C-a、S-b、S-c 类试件，由于空心率较小，钢管对核心混凝土的约束作用较强，荷载-轴向应变曲线上升趋势变缓；对于 C-b 类试件，钢管对混凝土的约束作用减弱，混凝土内侧没有约束，能听见混凝土脱落的声音，荷载-轴向应变曲线上升趋势减缓幅度较 C-a 类更大；对于 C-c、S-a 类试件，由于空心率最大，钢管对混凝土的约束作用最弱，混凝土不断脱落，荷载-轴向应变曲线上升趋势急速变缓。

整体破坏阶段：当荷载受压荷载接近极限值时，C-a 类试件的钢管在接近试件中部附近出现屈曲，对应的荷载-轴向应变曲线开始下降，随着混凝土的破坏和钢管不断屈曲，试件承受荷载的能力逐渐减弱，最后达到一个平衡值；C-b 类试件的钢管在接近端部附近屈曲，荷载达到最大值后迅速下降；C-c 类试件的钢管在端部屈曲，荷载-应变曲线急速下降，同 C-a 类和 C-b 类相比，下降幅度最大；S-a 类试件的钢管在端部出现鼓曲，对应的荷载-应变曲线开始下降，随着混凝土的破坏和钢管不断屈曲，试件承受荷载的能力逐渐减弱，最后达到一个平衡值；S-b、S-c 类试件的钢管在接近端部附近屈曲，荷载-应变曲线到达极值后，在端部出现明显鼓曲，随后荷载-应变曲线开始下降。

图 8-6 和图 8-7 为试验结束后试件破坏形态，其中中空夹层方钢管混凝土短柱最大鼓曲数值见表 8-2，可见：①从外侧钢管角度钢管及最大鼓曲数值看，随着空心率的增大，混凝土对钢管壁的支撑能力减弱，试件破坏时钢管鼓曲更为明显，如图 8-6（a）和图 8-7 所示；②从核心混凝土角度看，随着空心率的增大，钢管对混凝土的约束作用减弱，混凝土的脱落程度加大，如图 8-6（b）所示；③从配置拉筋看，焊接拉筋内约束后，能明显减小中空夹层钢管混凝土短柱内外钢管的鼓曲，如图 8-7 所示。

8.2.4 试验结果分析

1. 承载力

图 8-8 为空心钢管混凝土短柱轴压承载力比较，其中图 8-8（a）为空心圆钢管混凝土短柱的轴压承载力比较，可知以下结论。

1）相同空心率下，HCFT6 试件（f_y=308MPa，f_{cu}=52.38MPa，ρ_s=0.052）与 HCFT5 试件（f_y=308MPa，f_{cu}=37.70MPa，ρ_s=0.051）相比，承载力提高 17.29%，HCFT8 试件（f_y=311MPa，f_{cu}=52.38MPa，ρ_s=0.083）与 HCFT7 试件（f_y=311MPa，f_{cu}=37.70MPa，ρ_s=0.082）相比，承载力提高 8.90%，表明试件轴压承载力随混凝土强度提高而增大，承载力的增长幅度随含钢率的提高而减小。

(a)钢管屈曲形态

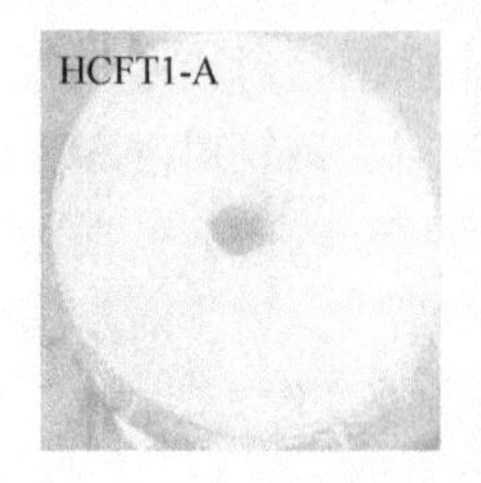

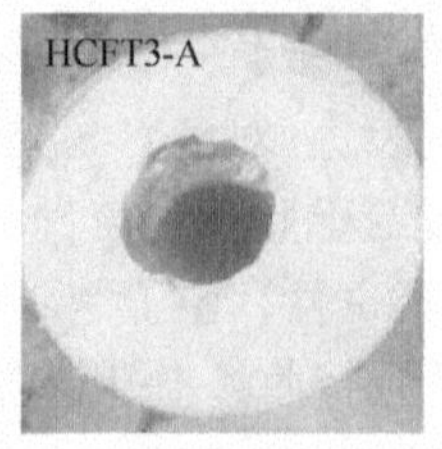

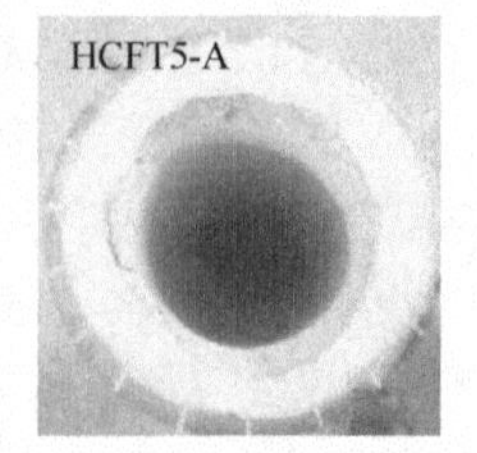

(b)混凝土破坏形态

图 8-6 空心圆钢管混凝土短柱轴压试件破坏形态

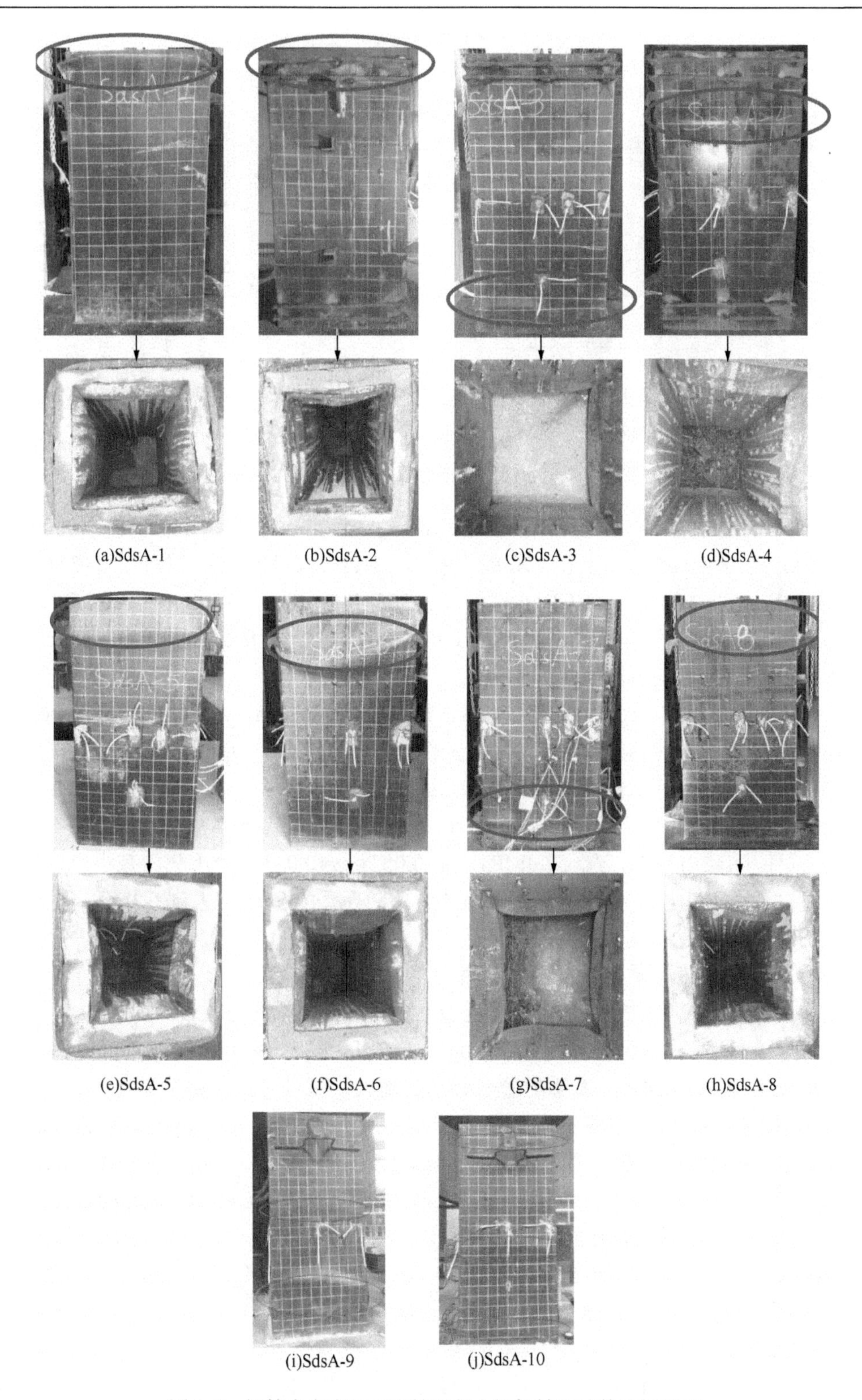

(a)SdsA-1　(b)SdsA-2　(c)SdsA-3　(d)SdsA-4

(e)SdsA-5　(f)SdsA-6　(g)SdsA-7　(h)SdsA-8

(i)SdsA-9　(j)SdsA-10

图 8-7　拉筋中空夹层方钢管混凝土短柱轴压试件破坏形态

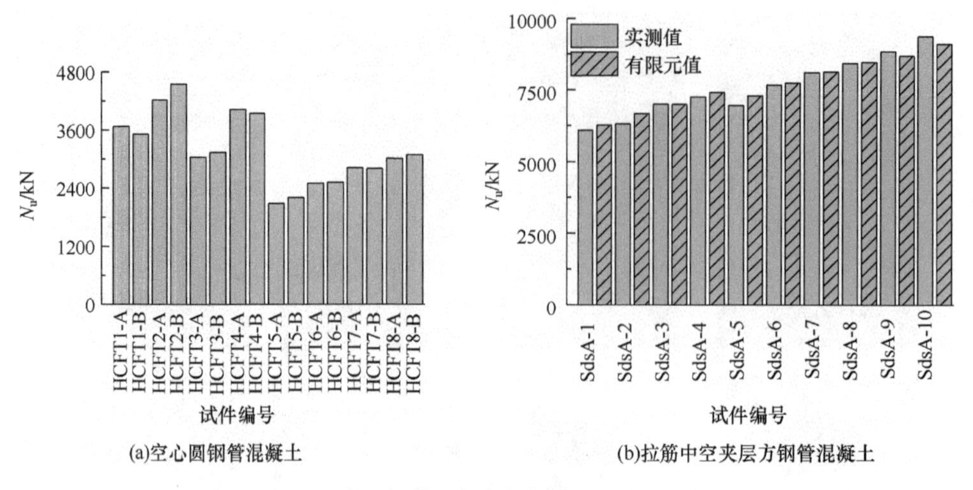

图 8-8　空心钢管混凝土短柱轴压承载力比较

2）HCFT7 试件（f_y=311MPa，f_{cu}=37.70MPa，ρ_s=0.082）与 HCFT5 试件（f_y=308MPa，f_{cu}=37.70MPa，ρ_s=0.051）相比，承载力提高 31.31%，HCFT8 试件（f_y=311MPa，f_{cu}=52.38MPa，ρ_s=0.083）与 HCFT6 试件（f_y=308MPa，f_{cu}=52.38MPa，ρ_s=0.052）相比，承载力提高 21.91%，表明试件轴压承载力随含钢率的增大而增大，承载力的增长幅度随混凝土强度的增大而减小。

3）HCFT5 试件（ψ=0.495）比 HCFT3 试件（f_y=308MPa，f_{cu}=37.7MPa，ρ_s=0.052，ψ=0.160）的承载力减小 30.97%，HCFT3 试件比 HCFT1 试件（f_y=308MPa，f_{cu}=37.7MPa，ρ_s=0.052，ψ=0.032）的承载力减小 13.89%；HCFT6 试件（ψ=0.510）比 HCFT4 试件（f_y=308MPa，f_{cu}=52.38MPa，ρ=0.052，ψ=0.152）的承载力减小 37.09%，HCFT4 试件比 HCFT2 试件（f_y=308MPa，f_{cu}=52.4MPa，ρ_s=0.052，ψ=0.033）的承载力减小 9.22%。这表明短柱试件承载力随空心率的增大而减小，当空心率由 0.03 增大到 0.15 时，短柱试件承载力的减小幅度随混凝土强度增大而减小，当空心率由 0.15 增大到 0.5 时，短柱试件承载力的减小幅度随混凝土强度增大而增大。

图 8-8（b）为拉筋中空夹层方钢管混凝土短柱试件的承载力比较。

1）相同含钢率下，SdsA5 试件（ρ_s=0.043，ψ=0.50）与 SdsA-1 试件（ρ_s=0.041，ψ=0.65）相比，承载力提高 13.94%，表明随着空心率的增大，试件轴压承载力减小。

2）相同空心率和含钢率下，随着配箍率的增大，SdsA-2、SdsA-3、SdsA-4 试件（ψ=0.65，ρ_{sv}=0.45%、0.80%、1.24%）与 SdsA-1 试件（ψ=0.65，ρ_{sv}=0）相比，承载力分别提高 3.6%、14.9%和 19.0%，SdsA-6、SdsA-7、SdsA-8 试件（ψ=0.50，ρ_{sv}=0.47%、0.84%、1.32%）与 SdsA-5 试件（ψ=0.50，ρ_{sv}=0）相比，承载力分别提高 10.4%、16.5%和 21.2%，SdsA-10 试件（ψ=0.37，ρ_{sv}=0.50%）与 SdsA-9（ψ=0.37，ρ_{sv}=0.30%）相比，承载力提高 5.9%，表明拉筋提升了短柱承载力，且随配箍率增大而增大。

2. 延性系数

图 8-9 为空心钢管混凝土短柱轴压承载力延性系数比较。其中图 8-9（a）为空心圆钢管混凝土短柱的实测延性系数比较，可得以下结论。

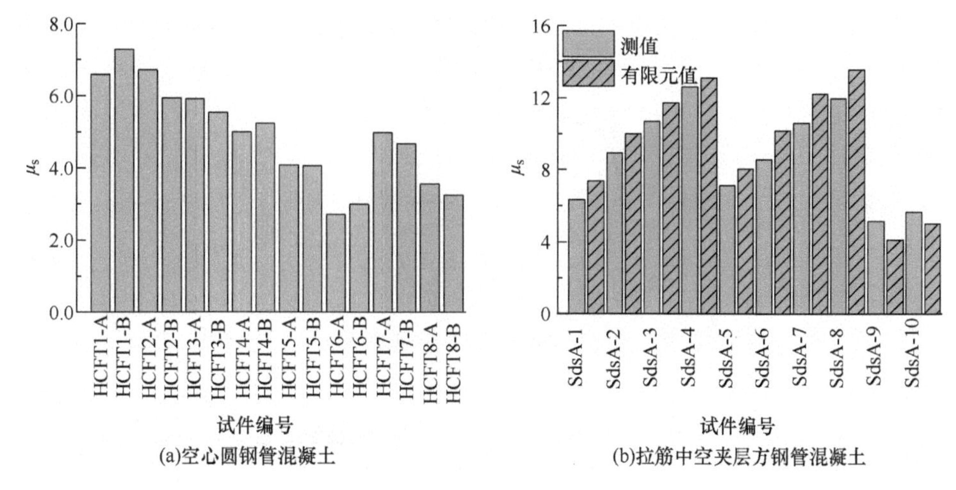

图 8-9　空心钢管混凝土短柱轴压承载力延性系数比较

1）比较 HCFT1（μ_s=6.931）和 HCFT2（μ_s=6.322）试件、HCFT3（μ_s=5.724）和 HCFT4（μ_s=5.114）试件、HCFT5（μ_s=4.075）和 HCFT6（μ_s=2.847）、HCFT7（μ_s=4.824）和 HCFT8（μ_s=3.395）试件的延性系数均值可知，试件延性系数随混凝土强度增大而减小。

2）比较 HCFT7（μ_s=4.824）和 HCFT5（μ_s=4.075）试件、HCFT8（μ_s=3.395）和 HCFT6（μ_s=2.847）试件的延性系数均值可知，试件延性系数随截面含钢率增大而增大。

3）比较 HCFT5（μ_s=4.075）、HCFT3（μ_s=5.724）试件和 HCFT1（μ_s=6.931）试件的延性系数均值可知，试件延性系数随空心率的增大而减小。

图 8-9（b）为拉筋中空夹层方钢管混凝土短柱的实测延性系数对比图，可得以下结论。

1）比较 SdsA-5（ψ=0.50）和 SdsA-1（ψ=0.65）试件的延性系数均值可知，试件延性系数随空心率增大而减小。

2）随着配箍率的增大，SdsA-2、SdsA-3、SdsA-4 与 SdsA-1 试件的延性系数均值相比分别提高了 23.5%、65.1%、97.7%，SdsA-6、SdsA-7、SdsA-8 与 SdsA-5 试件的延性系数均值相比分别提高了 6.4%、21.6%和 49.9%，SdsA-10 与 SdsA-9 试件的延性系数均值相比提高了 10.2%，可知试件延性系数随等效配箍率的增大而提高，且对大空心率的试件提升效果显著。

3. 横向变形系数

图 8-10 为空心钢管混凝土短柱轴压荷载-横向变形系数曲线的比较，可得以下结论。

1）荷载达到极限荷载的 60%前，横向变形系数基本没有变化，接近钢管泊松比；

2）随后逐渐增大，荷载处于同一水平时，HCFT1-A（ψ=0.028）的横向变形系数最大，HCFT3-B（ψ=0.149）次之，HCFT5-A（ψ=0.473）最小，表明随着空心率的增大，钢管对混凝土的约束作用减弱。

3）随着荷载的增大，拉筋试件的横向变形系数增加速度比普通试件快，普通试件的横向变形系数在 0.4 左右时达到承载力，而拉筋试件的横向变形系数在 0.7 左右时达到承载力，之后横向变形系数继续增加直至试件破坏。此外，普通试件内钢管的横向变形系数随着加载基本没有发生变化，因此普通试件的内钢管对混凝土基本无约束作用，只承担纵向荷载。

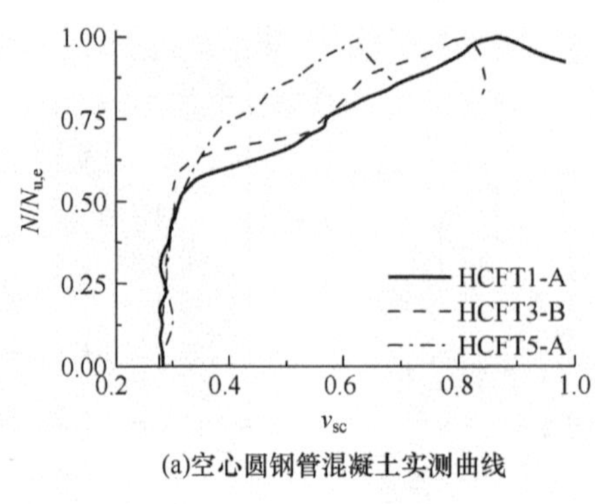

(a)空心圆钢管混凝土实测曲线

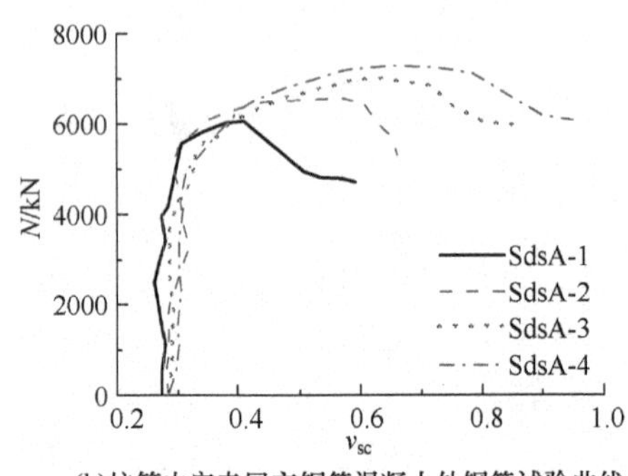

(b)拉筋中空夹层方钢管混凝土外钢管试验曲线

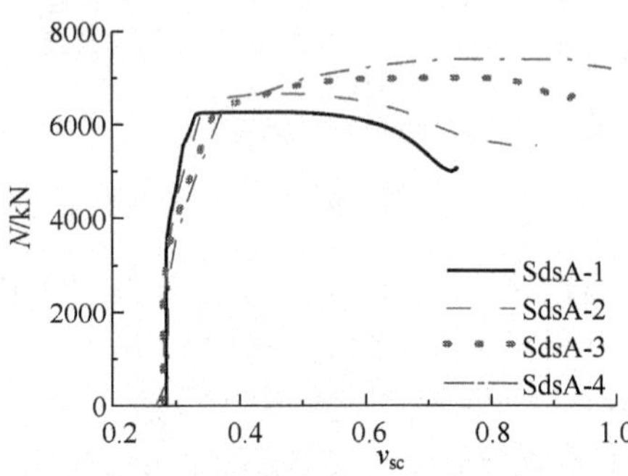

(c)拉筋中空夹层方钢管混凝土外钢管有限元法计算曲线

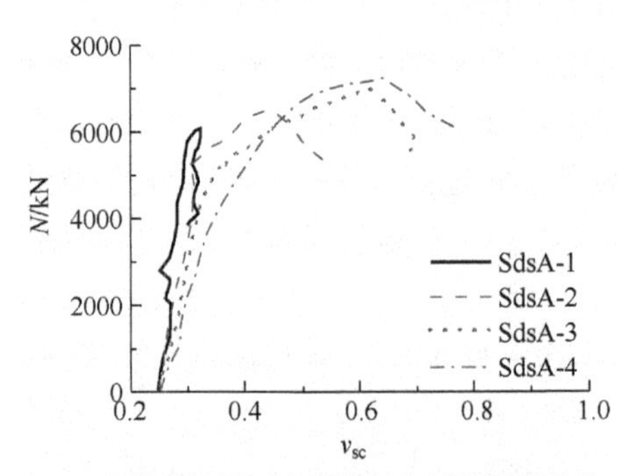

(d)拉筋中空夹层方钢管混凝土内钢管试验曲线

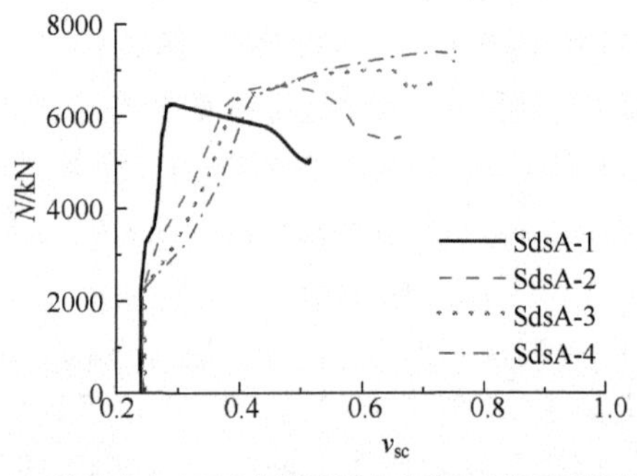

(e)拉筋中空夹层方钢管混凝土内钢管有限元法计算曲线

图 8-10　空心钢管混凝土短柱轴压荷载-钢管横向变形系数比较

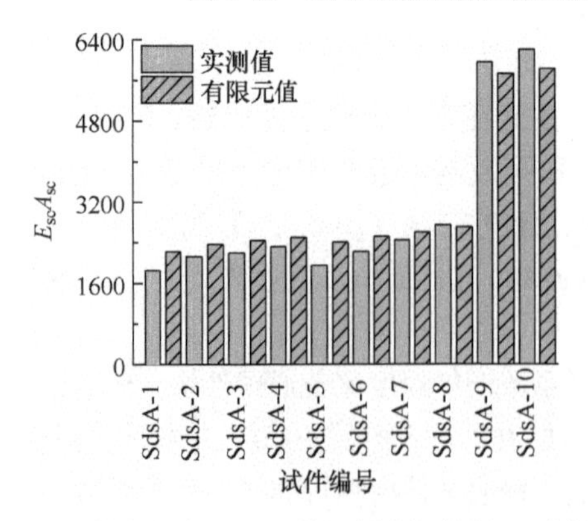

图 8-11　拉筋中空夹层方钢管混凝土短柱轴压刚度比较

4. 轴压刚度

图 8-11 为拉筋中空夹层方钢管混凝土短柱轴压刚度（$E_{sc}A_{sc}$）比较，可见：①比较 SdsA-5（ψ=0.50）和 SdsA-1（ψ=0.65）试件的刚度均值可知，试件刚度随空心率增大而减小；②随着配箍率的增大，SdsA-2、SdsA-3、SdsA-4 与 SdsA-1 试件的刚度均值相比分别提高 14.6%、18.2%和 25.0%，SdsA-6、SdsA-7、SdsA-8 与 SdsA-5 试件的刚度

均值相比分别提高 14.3%、26.1%和 41.3%，SdsA-10 与 SdsA-9 试件的刚度均值相比提高 6.2%。试件刚度随等效配箍率的增大而显著提高。

8.3　有限元模型与约束原理

8.3.1　有限元模型

以 ABAQUS/Standard6.4 为工具进行建模，混凝土、钢管与拉筋的本构关系同第 7 章，钢管和核心混凝土有限元单元类型采用 8 节点缩减积分的三维实体单元（C3D8R），钢筋采用两节点线性桁架单元（T3D2），网格划分技术采用结构化网格划分技术。ABAQUS 有限元模型中钢管与混凝土之间的相互作用类型为表面与表面之间的接触（surface-to-surface），钢管为主表面（master surface），核心混凝土为从表面（slave surface），采用有限滑移，接触作用属性包括切向行为和法向行为两部分组成。切向行为的摩擦公式为罚函数列式，摩擦系数取 0.5，法向行为的接触采用硬接触，允许接触后钢管和混凝土分离。对于拉筋采用“内置区域（Embed）”端板与核心混凝土和钢管的端面的约束形式都为绑定（Tie）。空心钢管混凝土短柱轴压有限元模型及网格划分如图 8-12 所示，有限元计算曲线与相应的试验曲线比较如图 8-4、图 8-5 和图 8-10 所示，承载力计算结果与试验结果比较见表 8-1、表 8-2 和图 8-8，延性和刚度计算结果与试验结果比较如图 8-9 和图 8-11 所示。有限元计算结果基本反映试验规律。

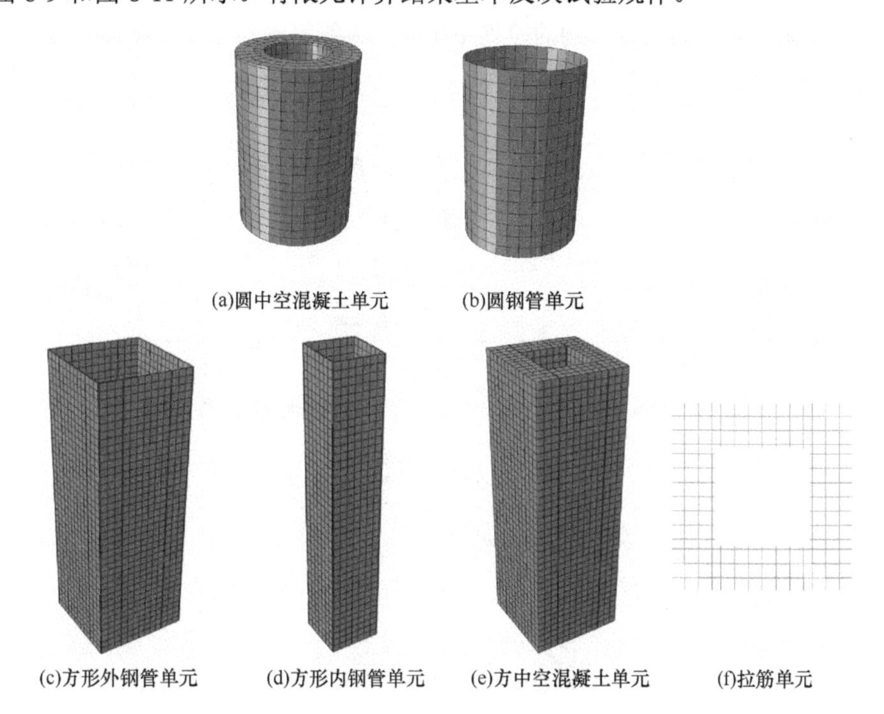

图 8-12　空心钢管混凝土有限元模型与网格划分

8.3.2　约束原理分析

1．空心圆钢管混凝土

为分析空心率 ψ 对各种内应力的影响，以 D=300mm，t=6.98mm，L=900mm，ψ=0、0.11、0.33、0.55、0.77，f_{cu}=60MPa，f_y=345MPa 的模型为例，为有限元法计算得到的不同空心率下钢管混凝土短柱轴压时的核心混凝土平均纵向应力、钢管纵向应力和钢管环向应力-纵向应变关系曲线之间的比较如图 8-13 所示。不同空心率下混凝土单元的截面应力和变形云图比较，如图 8-14 所示。

1）随着空心率的增大，核心混凝土平均纵向峰值应力提前并逐渐减小，且纵向应力降低速率加快，钢管屈服后纵向应力降低速率减缓，环向应力增加速率降低或应力降低，环向峰值应力提前并减小，表明钢管对混凝土的约束作用减弱，如图 8-13 所示。

2）实心时混凝土单元应力由外至内逐渐增大，而空心时应力则由内至外逐渐减小，如图 8-14 所示；且随着空心率增大，试件破坏截面和破坏模式均发生变化，如当 ψ=0.77 时，短柱试件甚至发生失稳破坏，如图 8-14（e）所示。

2．拉筋中空夹层方钢管混凝土

影响带拉筋方中空夹层钢管混凝土短柱轴压承载力的参数主要有空心率 ψ 和配箍率 ρ_{sv}。以 B=2000mm，L=6000mm，B_i=1000mm、1200mm、1400mm、1600mm，ψ=0.28、0.40、0.54、0.70，ρ_{sv}=0、0.01、0.015、0.02、0.025，f_y=345MPa，f_{yi}=345MPa，f_{cu}=60MPa，$f_{y,t}$=500MPa 建模为例，图 8-15 为不同配箍率的典型模型破坏时中部截面核心混凝土 Mises 应力云图。有限元计算得到的拉筋中空夹层方钢管混凝土中部截面处各典型内应力-应变关系曲线如图 8-16 所示。

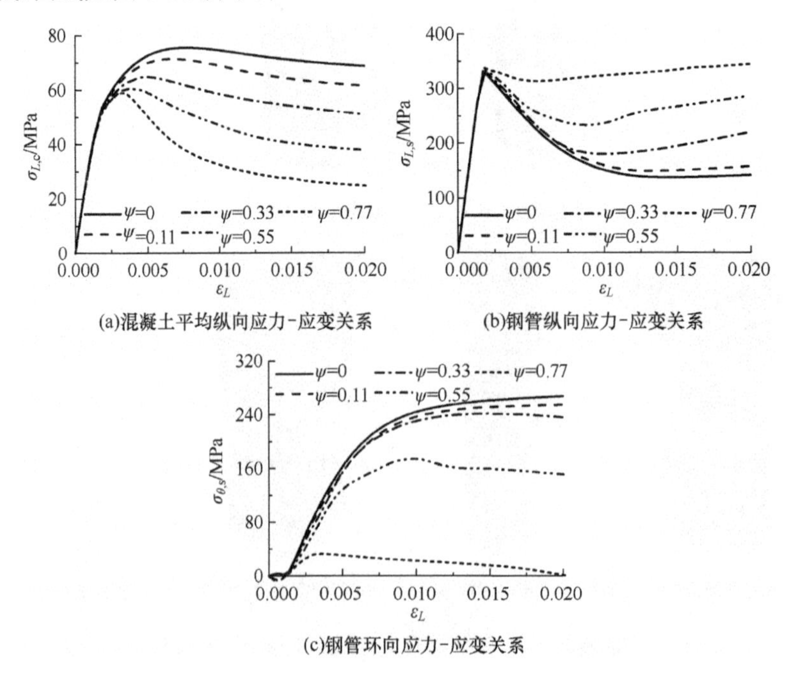

图 8-13　空心圆钢管混凝土中各内应力-纵向应变关系曲线

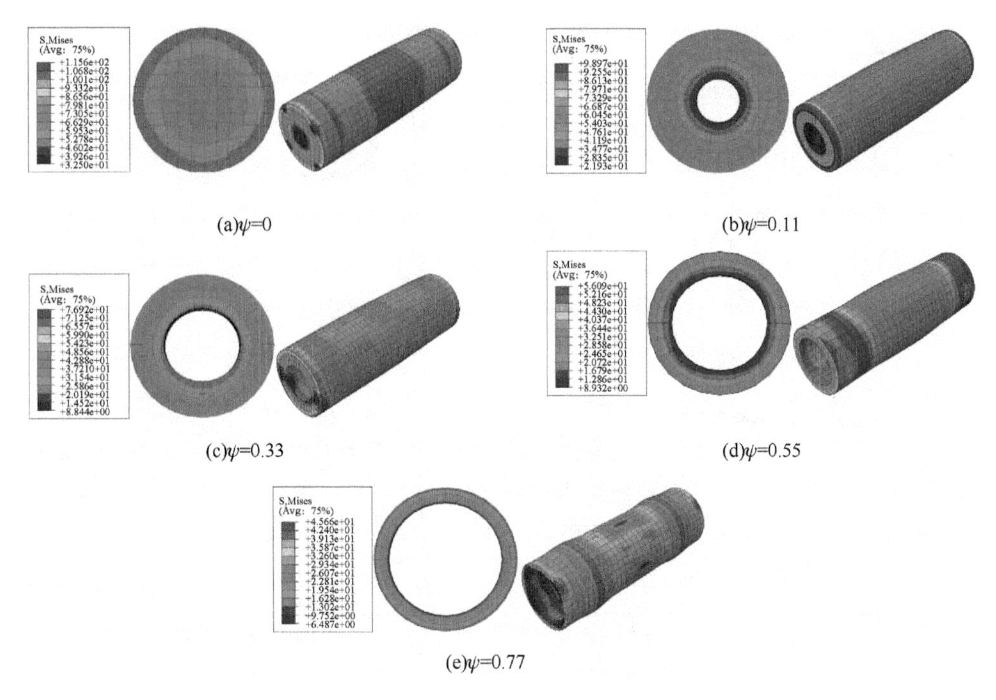

(a)ψ=0　(b)ψ=0.11

(c)ψ=0.33　(d)ψ=0.55

(e)ψ=0.77

图 8-14　不同空心率下空心圆钢管混凝土破坏时混凝土截面应力和变形云图

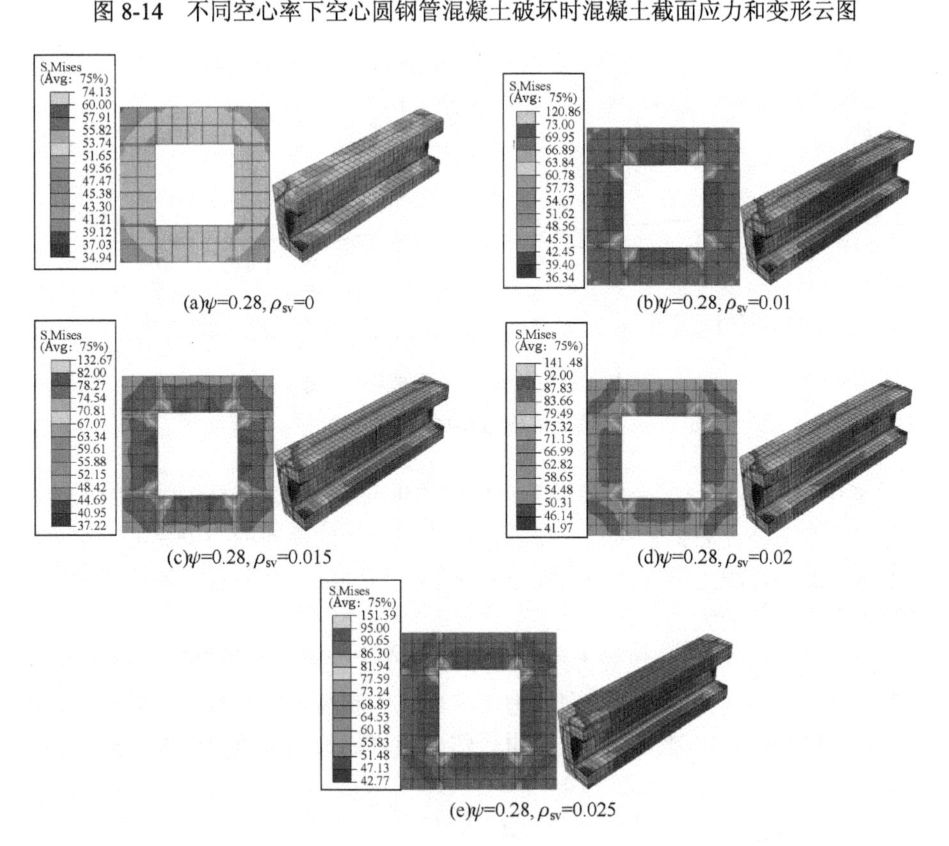

(a)ψ=0.28, ρ_{sv}=0　(b)ψ=0.28, ρ_{sv}=0.01

(c)ψ=0.28, ρ_{sv}=0.015　(d)ψ=0.28, ρ_{sv}=0.02

(e)ψ=0.28, ρ_{sv}=0.025

图 8-15　不同配箍率的模型破坏时中部截面核心混凝土 Mises 应力云图

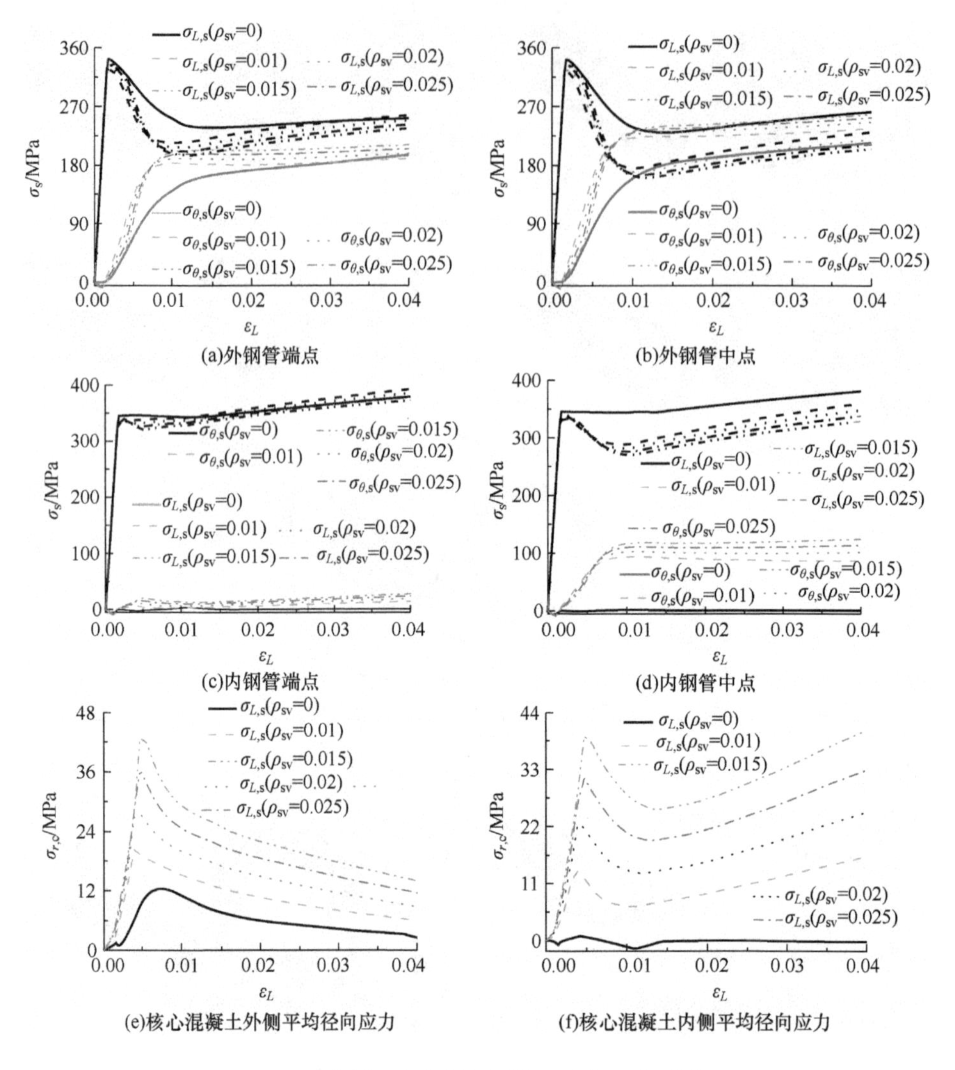

图 8-16　拉筋中空夹层方钢管混凝土中部截面处各典型内应力-应变关系曲线

1）普通中空夹层钢管混凝土柱混凝土角部的纵向应力较大，外钢管对混凝土的约束作用主要集中在角部；而钢管内置拉筋后，核心混凝土的纵向应力值更高，且分布更均匀，近乎全截面的混凝土纵向应力均超过其轴心抗压强度，且随着配箍率的增加，混凝土的纵向应力也随之增大。

2）普通方中空夹层钢管混凝土短柱（ρ_{sv}=0）在塑性阶段外钢管纵、横向应力-应变曲线并不相交，而内钢管只存在纵向应力，横向应力和径向应力数值接近于 0，表明在普通试件中，外钢管对混凝土的约束作用较弱，而内钢管主要承担竖向荷载，并不参与约束混凝土。

3）对于带拉筋方中空夹层钢管混凝土短柱（ρ_{sv}=0.01～0.025），在塑性阶段外钢管径向应力显著提高，端部处钢管纵向应力-应变曲线降低速率和横向应力-应变曲线增加速率加快，在中部变化则更明显，且钢管纵向、横向应力-应变曲线出现早期相交的现象，表明拉筋增大了外钢管对核心混凝土的约束作用；内层钢管的纵向应力-应变曲线变化规律与外层钢管相似，拉筋也显著改善了内层钢管对混凝土约束作用。

4）随着拉筋配箍率增大，内外钢管径向应力随之增大，在钢管端点和中点处，纵向应力-应变曲线达到峰值后的下降速度、钢管横向应力-应变曲线增长速度逐渐增大，相交（相互接近）顺序依次提前，混凝土纵向应力依次增大，因此拉筋配箍率越大，钢管约束作用增强，混凝土强度提高越明显。

图 8-17 为探讨拉筋对钢管混凝土轴压力学性能的影响规律，取所有算例的钢管平均纵向应力与屈服强度的比值、钢管平均横向应力与屈服强度的比值随配箍率的影响规律，可见：①拉筋不仅直接约束混凝土且加强钢管对混凝土的约束作用，在拉筋配箍率为 1.5%时，钢管平均横向应力与屈服强度的比值基本处于峰值，表现为此时钢管对混凝土的约束效率最高；②当空心率较小时（ψ=0.28），拉筋加强外钢管对混凝土的约束作用提高效果更明显；而对于空心率为 0.36 和 0.49 的算例，拉筋加强内钢管对混凝土的约束作用提升效果更明显。

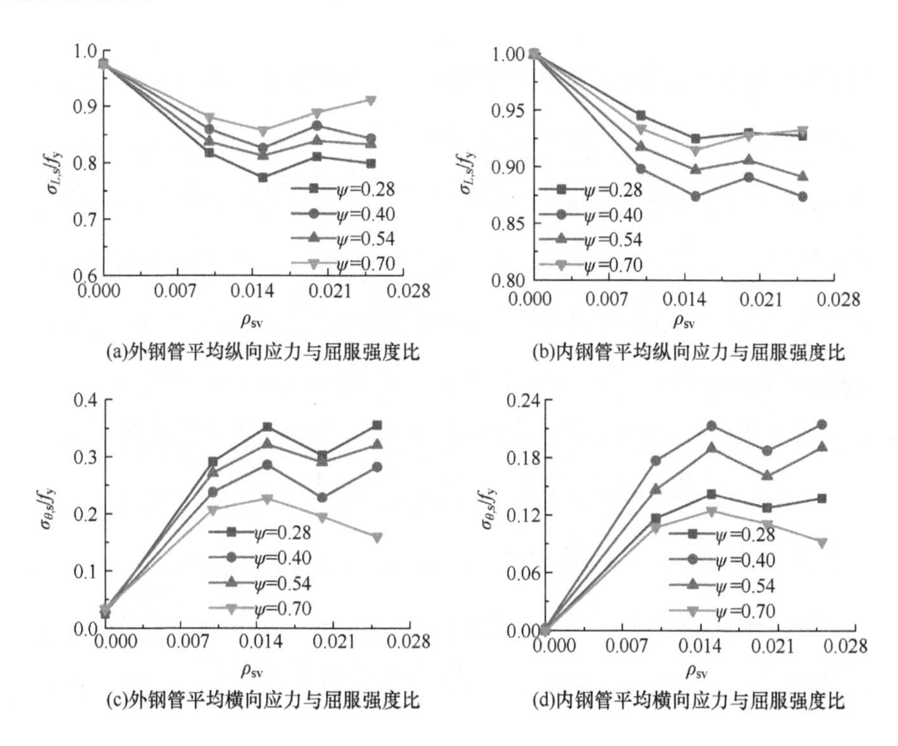

(a)外钢管平均纵向应力与屈服强度比　(b)内钢管平均纵向应力与屈服强度比

(c)外钢管平均横向应力与屈服强度比　(d)内钢管平均横向应力与屈服强度比

图 8-17　拉筋中空夹层方钢管混凝土钢管各应力比随配箍率的变化规律

8.4 承载力公式

8.4.1 空心圆钢管混凝土

空心圆钢管混凝土短柱的轴压承载力可由极限平衡理论导出。根据文献［3］、［4］弹塑性分析得到的混凝土与钢材各应力表达式，可得核心混凝土侧向压应力（$\sigma_{r,\mathrm{c}}$）与钢管横向拉应力（$\sigma_{\theta,\mathrm{s}}$）关系为

$$\sigma_{r,\mathrm{c}}=\frac{\rho(r^2-D_{\mathrm{i}}^2/4)}{2(1-\rho)r^2}\sigma_{\theta,\mathrm{s}} \tag{8-1}$$

式中：r 表示混凝土截面任意点的半径，$D_{\mathrm{i}}/2\leqslant r\leqslant D/2-t$。当 $r=D/2-t$ 时，有

$$\sigma_{\theta,\mathrm{s}}=\frac{2(1-\rho)}{\rho(1-\psi)}\sigma_{r,\mathrm{c}} \tag{8-2}$$

由 von Mises 屈服准则可得极限状态时，钢管纵向应力为

$$\sigma_{L,s}=\sqrt{f_{\mathrm{y}}^2-\frac{3}{4}\sigma_{\theta,\mathrm{s}}^2}-\frac{1}{2}\sigma_{\theta,\mathrm{s}} \tag{8-3}$$

由截面的静力平衡条件，得到钢管混凝土短柱轴压承载力为

$$N_{\mathrm{u}}=A_{\mathrm{c}}f_{\mathrm{c}}\left[1+\left(3.4-\frac{1}{1-\psi}\right)\frac{\sigma_{r,\mathrm{c}}}{f_{\mathrm{c}}}+\sqrt{\Phi_{\mathrm{s}}^2-\frac{3}{(1-\psi)^2}\left(\frac{\sigma_{r,\mathrm{c}}}{f_{\mathrm{c}}}\right)^2}\right] \tag{8-4}$$

极限平衡时

$$\frac{\mathrm{d}N_{\mathrm{u}}}{\mathrm{d}\sigma_{r,\mathrm{c}}}=0\Rightarrow\frac{\sigma_{r,\mathrm{c}}}{f_{\mathrm{c}}}=\frac{\Phi_{\mathrm{s}}(3.4-g)}{g\sqrt{9g^2+3(3.4-g)^2}} \tag{8-5}$$

式中：参数 $g=1/(1-\psi)$。

将式（8-5）代入式（8-4），则空心圆钢管混凝土短柱轴压最大承载力为

$$N_{\mathrm{u,max}}=A_{\mathrm{c}}f_{\mathrm{c}}\left[1+\Phi\sqrt{3.853\psi^2-5.44\psi+2.92}\right] \tag{8-6}$$

当 $0\leqslant\psi\leqslant0.7$ 时，式（8-6）可简化为

$$N_{\mathrm{u}}=A_{\mathrm{c}}f_{\mathrm{c}}+k_1A_{\mathrm{s}}f_{\mathrm{y}} \tag{8-7a}$$

式中：k_1 为空心时圆钢管对混凝土的约束系数（图 8-18），可简化表达为

$$k_1=1.7-1.7\psi+\psi^2 \tag{8-7b}$$

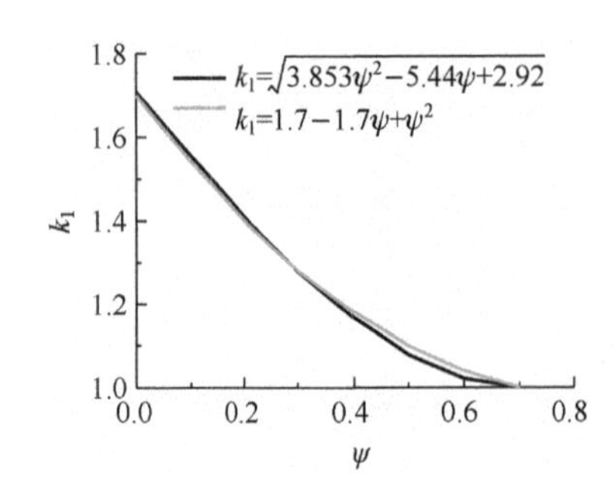

图 8-18 空心时圆钢管约束系数的比较

8.4.2 拉筋中空夹层方钢管混凝土

利用 ABAQUS 有限元软件，对强度为 C40～C100、钢材屈服强度为 Q235～Q420，空心率为 0.2～0.7、截面含钢率为 7.2%～24.3%的中空夹层

方钢管混凝土短柱的轴压承载力进行分析。为提高计算效率，分析中取 C40 混凝土与 Q235 钢管匹配；C60 混凝土与 Q235 和 Q345 钢管匹配；C80 混凝土与 Q345 和 Q420 钢管匹配；C100 混凝土与 Q345 和 Q420 钢管匹配，优化后的模型共 72 组。当模型到达承载力（极限强度）时，取 3 处位置（钢管中部截面角点、四分之一点和中点）的钢管纵向应力，该 3 点位置处的纵向应力与钢管屈服强度比随模型极限强度（$f_{sc}=N_u/A_{sc}$，$A_{sc}=A_c+A_s$ 为截面总面积）的关系如图 8-19 所示。

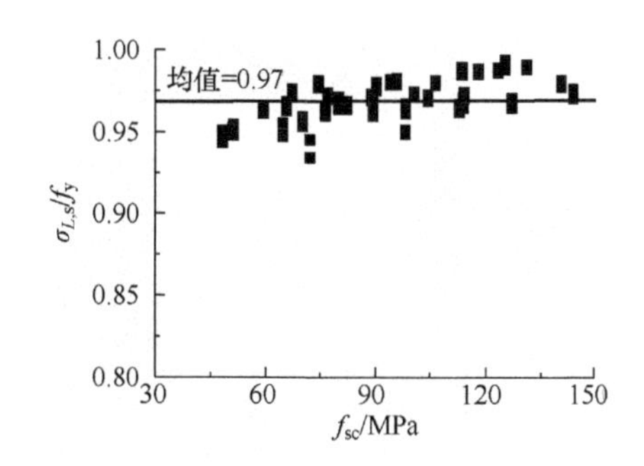

图 8-19 外钢管纵向应力与屈服强度比值的变化规律

由图 8-19 可知，当模型达到极限强度时，其外钢管纵向应力（受压）与其屈服强度比值的平均值为

$$\sigma_{L,s}=0.97f_y \tag{8-8}$$

由 von Mises 屈服准则，可得外钢管横向受拉应力（$\sigma_{\theta,s}$）

$$\sigma_{\theta,s}=0.09f_y \tag{8-9}$$

根据 ABAQUS 有限元法分析结果，不同空心率时方中空夹层方钢管混凝土短柱轴压有限元模型混凝土应力云图如图 8-20 所示。根据承载力极限状态时的核心混凝土应力云图可将其简化为图 8-21 所示的应力区域划分，$B-2t$ 为核心混凝土的外边长，B_i 为核心混凝土的内边长，即内钢管外边长，空心率 $\psi=B_i^2/(B-2t)^2$，则不同混凝土截面空心率下，非约束区核心混凝土面积与核心混凝土面积的关系式为

$$A_{c1}=\begin{cases}\dfrac{0.6\psi}{1-\psi}A_c & \psi\leqslant 0.44\\[2ex] \dfrac{2B_i(B-2t)-B_i^2}{(1-\psi)(B-2t)^2}A_c & \psi>0.44\end{cases} \tag{8-10}$$

式中：A_{c1} 为非约束区核心混凝土面积；A_c 为核心混凝土截面面积，$A_c=(1-\psi)(B-2t)^2$。

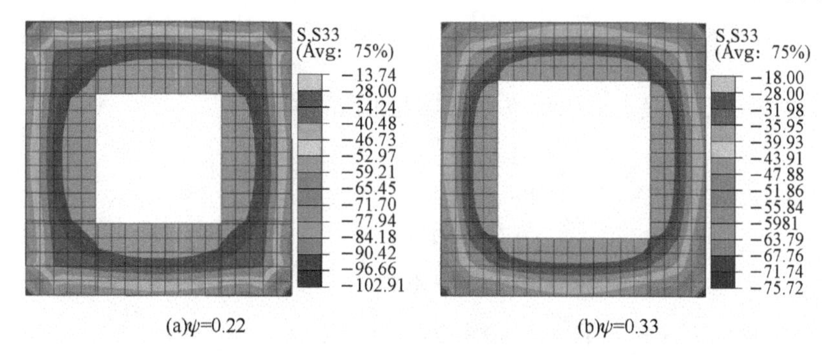

图 8-20 中空夹层方钢管混凝土短柱轴压有限元模型混凝土应力云图（C40—Q235）

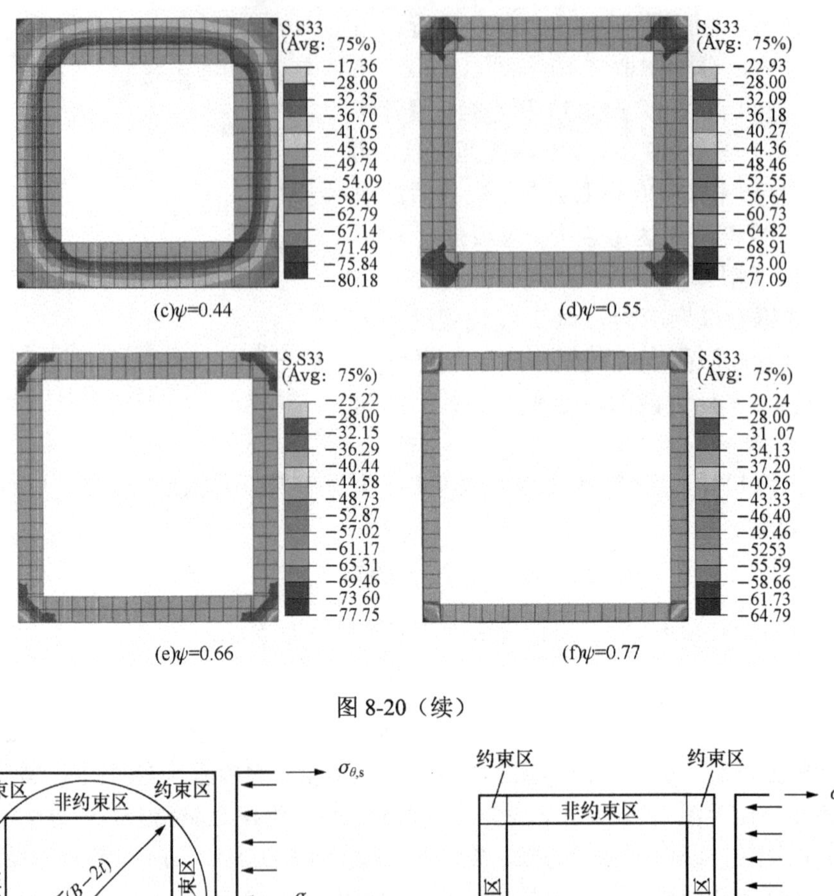

图 8-20（续）

图 8-21　中空夹层方钢管混凝土轴压时混凝土截面应力区域划分

钢管约束区核心混凝土面积与核心混凝土面积的关系为

$$
A_{c2}=\begin{cases}\dfrac{1-1.6\psi}{1-\psi}A_c & \psi\leqslant 0.44\\[2ex] \dfrac{(B-2t-B_i)^2}{(1-\psi)(B-2t)^2}A_c & \psi>0.44\end{cases}\tag{8-11}
$$

式中：A_{c2}为钢管约束区核心混凝土面积，$A_{c1}+A_{c2}=A_c$。

如图 8-21 所示，根据极限平衡理论，约束区核心混凝土横向应力与钢管横向应力关系为

$$\sigma_{r,\mathrm{c}}=\frac{2t\sigma_{\theta,\mathrm{s}}}{B-2t} \tag{8-12}$$

式中，$\sigma_{r,\mathrm{c}}$ 为约束区核心混凝土径向应力；$\sigma_{\theta,\mathrm{s}}$ 为外钢管横向应力。

按照图 8-21 简化得到的约束区与非约束区面积，根据叠加原理，中空夹层方钢管混凝土轴压承载力 N_u 为

$$N_\mathrm{u}=f_\mathrm{c}A_\mathrm{c1}+f_{L,\mathrm{c}}A_\mathrm{c2}+\sigma_{L,\mathrm{s}}A_\mathrm{s}+f_\mathrm{yi}A_\mathrm{si} \tag{8-13}$$

式中，A_si 为内钢管截面面积；外钢管截面面积 A_s 与核心混凝土面积的关系式为

$$A_\mathrm{s}=\frac{4t}{(1-\psi)(B-2t)}A_\mathrm{c} \tag{8-14}$$

将式（8-14）代入式（8-13），可得出中空夹层方钢管混凝土轴压承载力为

$$N_\mathrm{u}=\begin{cases} f_\mathrm{c}A_\mathrm{c}+(1.15-0.2\psi)f_\mathrm{y}A_\mathrm{s}+f_\mathrm{yi}A_\mathrm{si} & \psi\leqslant 0.44 \\ f_\mathrm{c}A_\mathrm{c}+(1.2+0.15\psi-0.3\sqrt{\psi})f_\mathrm{y}A_\mathrm{s}+f_\mathrm{yi}A_\mathrm{si} & \psi>0.44 \end{cases} \tag{8-15}$$

综上所述，可将中空夹层方钢管混凝土轴压承载力写为

$$N_\mathrm{u}=A_\mathrm{c}f_\mathrm{c}+k_1A_\mathrm{s}f_\mathrm{y}+k_2A_\mathrm{si}f_\mathrm{yi} \tag{8-16}$$

式中：k_1 为外方钢管对混凝土的约束系数；k_2 为内方钢管对混凝土的约束系数，k_2=1.0，根据式（8-15）、式（8-16），k_1 与混凝土截面空心率的关系如图 8-22 所示，可见在空心率 0.10～0.44 区间内，两者差值并不大，为简化起见将系数 k_1 统一取为

$$k_1=1.2+0.15\psi-0.3\sqrt{\psi} \tag{8-16a}$$

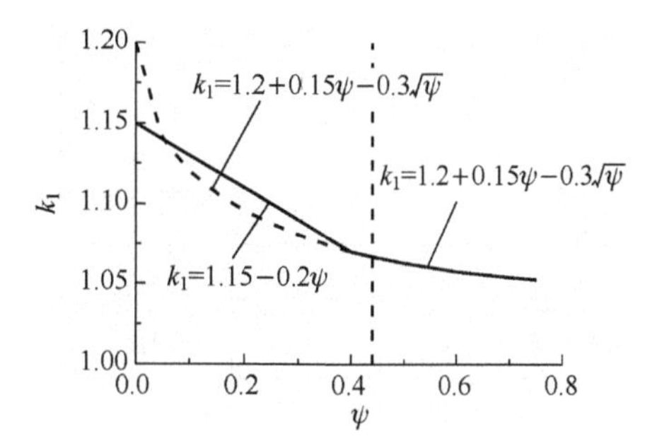

图 8-22　外方钢管约束系数与混凝土截面空心率的关系

对于拉筋中空夹层方钢管混凝土，极限状态下钢管中部平均纵向应力 $\sigma_{L,\mathrm{s}}$ 与钢管屈服应力 f_y 的比值如图 8-23 所示。表 8-3 列出了不同空心率时中空夹层方钢管混凝土截面各参数取值。同时根据 von Mises 屈服准则，给出相应的横向拉应力 $\sigma_{\theta,\mathrm{s}}$。

拉筋等效面积（A_sso）表达式为

$$A_\mathrm{sso}=\frac{(2i+j)(B-2t)-jB_\mathrm{i}}{8s}\pi d_\mathrm{t}^2 \tag{8-17}$$

式中：i 为所有拉钢筋中长筋的数量；j 为所有拉钢筋中短筋的数量；s 为拉筋沿柱高度方向上的间距。

核心混凝土受到钢管和拉筋双重约束作用，而拉筋约束所致混凝土径向应力 $\sigma_{r,\mathrm{cs}}$ 与其屈服强度 $f_\mathrm{y,t}$ 的关系为

$$\sigma_{r,\mathrm{cs}}=\frac{f_\mathrm{y,t}A_\mathrm{sso}}{2A_\mathrm{c}} \tag{8-18}$$

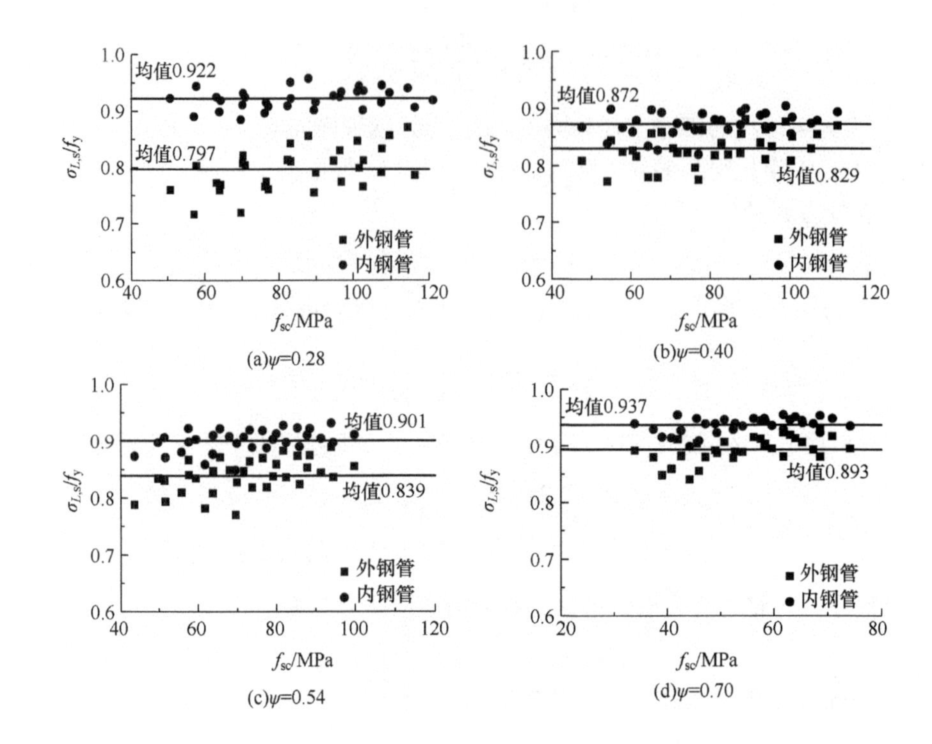

图 8-23　内、外钢管纵向应力与屈服强度的比值和极限强度关系

表 8-3　不同空心率时中空夹层方钢管混凝土截面各参数取值

ψ	$\sigma_{L,s}/f_y$	$\sigma_{\theta,s}/f_y$	$\sigma_{L,si}/f_y$	$\sigma_{\theta,si}/f_y$	k_1	$\zeta_1 k_1$	ζ_1	ζ_2	k_3
0.28	0.797	0.325	0.922	0.141	1.06	1.19	1.12	1.34	1.7
0.40	0.829	0.282	0.872	0.220	1.05	1.12	1.07	1.23	1.7
0.54	0.839	0.268	0.901	0.175	1.04	1.06	1.02	1.12	1.7
0.70	0.893	0.188	0.937	0.116	1.02	1.04	1.02	1.04	1.7

根据叠加原理，各区域核心混凝土纵向峰值应力为

$$\sigma_{L,c} = f_c + 3.4(\sigma_{r,c} + \sigma_{r,ci} + \sigma_{r,cs}) \tag{8-19}$$

由截面静力平衡条件，拉筋中空夹层方钢管混凝土轴压承载力为

$$N_u = f_{L,c}A_c + \sigma_{L,s}A_s + \sigma_{L,si}A_{si} \tag{8-20}$$

将式（8-17）～式（8-19）代入式（8-20），拉筋中空夹层方钢管混凝土短柱的轴压承载力可表达为

$$N_u = f_c A_c + \zeta_1 k_1 f_y A_s + \zeta_2 k_2 f_{yi} A_{si} + k_3 f_{y,t} A_{sso} \tag{8-21}$$

式中：ζ_1 为拉筋加强外钢管对混凝土约束的提升系数；ζ_2 为拉筋加强内钢管对混凝土约束的提升系数；k_3 为拉筋对混凝土的约束系数，k_3=1.7，其余各参数取值列见表 8-3。

根据第 7 章式（7-6）可知，拉筋加强钢管对混凝土约束的提升系数 ζ_1 与拉筋配箍率有关，当配箍率在 0.01～0.03 时，提升系数 ζ_1 变化幅度较小，约为 1.1。同时由图 8-17 可知，钢管应力随配箍率的变化较小而受空心率影响较大，可见影响提升系数 ζ 变化的因素中空心率 ψ 权重较大，为简化起见，作者在确定提升系数 ζ_1 和 ζ_2 时，以空心率 ψ 为主要参数而忽略配箍率的影响，拟合得

$$\zeta_1 = 1.18 - 0.32\psi + 0.13\psi^2 \tag{8-22}$$

$$\zeta_2 = 0.94\,\psi^{-0.28} \tag{8-23}$$

由式（8-22）和式（8-23）计算曲线与各数据点的比较（图 8-24）可见两者符合较好。

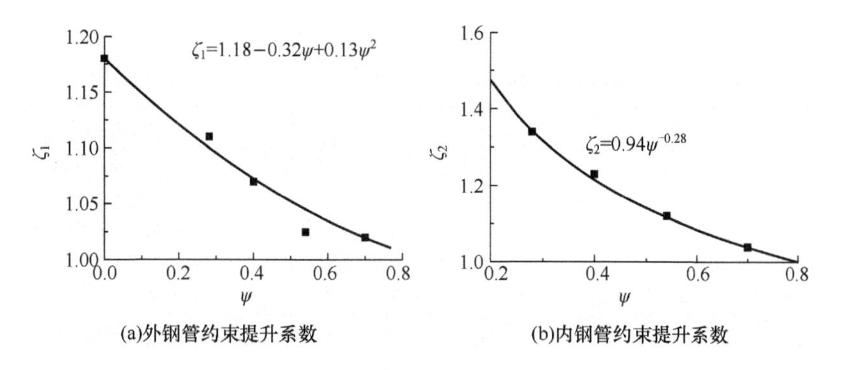

(a)外钢管约束提升系数　　(b)内钢管约束提升系数

图 8-24　拉筋作用下内外钢管约束提升系数与空心率的关系

8.4.3　公式比较

为验证空心圆钢管混凝土轴压承载力计算公式（8-7）和拉筋中空夹层方钢管混凝土轴压承载力计算公式（8-23）的准确性，作者将收集到的各类空心钢管混凝土轴压承载力试验值（$N_{u,e}$）与式（8-7）或式（8-23）计算值（$N_{u,Eq}$）进行比较，同时也比较了所有有限元模型计算值（$N_{u,FE}$）与相应公式计算值（$N_{u,Eq}$）的比较，结果如图 8-25 和图 8-26 及表 8-4 和表 8-5 所示。各计算公式与试验结果吻合良好，精度较高且偏于安全。

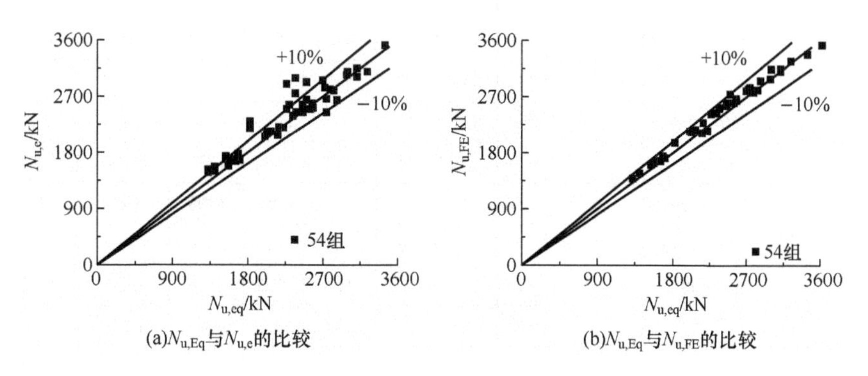

(a)$N_{u,Eq}$与$N_{u,e}$的比较　　(b)$N_{u,Eq}$与$N_{u,FE}$的比较

图 8-25　空心圆钢管混凝土短柱轴压承载力结果比较

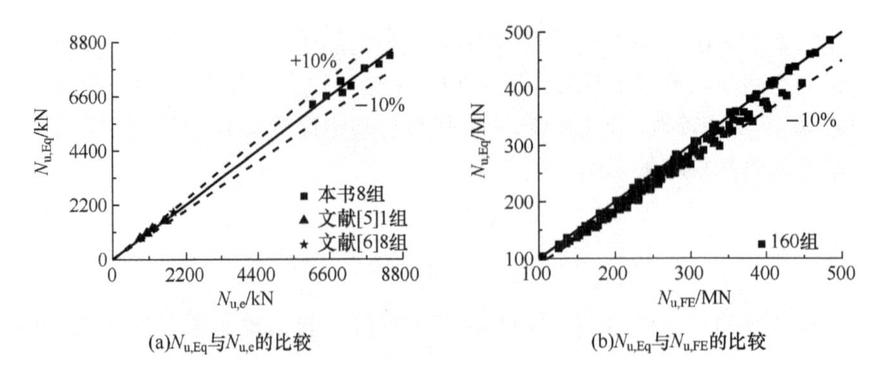

(a)$N_{u,Eq}$与$N_{u,e}$的比较　(b)$N_{u,Eq}$与$N_{u,FE}$的比较

图 8-26 （拉筋）中空夹层方钢管混凝土短柱轴压承载力结果比较

表 8-4　空心圆钢管混凝土短柱轴压承载力计算值与试验值的比较

序号	文献	数量	D/mm	D_i/mm	t/mm	ψ	f_y/MPa	f_{cu}/MPa	$N_{u,e}/N_{u,FE}$		$N_{u,e}/N_{u,Eq}$	
									均值	离散系数	均值	离散系数
1	本书	16	300	50～200	4.00	0.03～0.44	308～311	37.70～52.40	1.001	0.033	0.968	0.030
2	[7]	6	166	41～76	4.40	0.26～0.49	249	34.80	0.990	0.023	1.051	0.024
3	[8]	26	200～296	138～202	2.00～4.70	0.46～0.48	172～300	50.80～82.50	0.996	0.056	1.044	0.060
4	[9]	3	219～220	153～156	4.90～5.00	0.49	361	33.39	0.987	0.007	0.997	0.009
5	[10]	9	300	211～235	2.50～4.80	0.51～0.62	301～365	37.50	1.090	0.081	1.170	0.085
6	[11]	10	300～360	120～252	2.50～4.75	0.11～0.62	316～350	28.40～46.00	0.942	0.060	1.028	0.072

表 8-5　方中空夹层钢管混凝土短柱轴压承载力计算值与试验值的比较

试件编号	来源文献	$B\times B_i\times t\times t_i$*	d/mm	ψ	f_y/MPa	f_{cu}/MPa	$f_{y,t}$/MPa	$N_{u,e}$	$N_{u,FE}$	$N_{u,e}/N_{u,FE}$	$N_{u,Eq}$	$N_{u,e}/N_{u,Eq}$
SdsA1	本书	500×400×3×3	0	0.65	353	40		6090	6267	0.972	6271	0.971
SdsA2		500×400×3×3	6	0.65	353	40	490	6507	6664	0.976	6607	0.985
SdsA3		500×400×3×3	8	0.65	353	40	458	6998	6984	1.002	6744	1.038
SdsA4		500×400×3×3	10	0.65	353	40	532	7247	7399	0.979	7025	1.032
SdsA5		500×350×3×3	0	0.50	353	40		6939	7279	0.953	7201	0.964
SdsA6		500×350×3×3	6	0.50	353	40	490	7658	7737	0.990	7719	0.992
SdsA7		500×350×3×3	8	0.50	353	40	458	8087	8108	0.997	7891	1.025
SdsA8		500×350×3×3	10	0.50	353	40	532	8412	8450	0.996	8243	1.021
SdsA9		500×300×3×3	6	0.38	256	46.7	503	8822	8666	1.018	8602	1.025
SdsA10		500×300×3×3	8	0.38	256	46.7	542	9348	9087	1.028	9113	1.026
D-SS-a	[5]	160×53×3.62×2.71	0	0.35	374	50.5		1819	1778	1.023	1909	0.953
CS1S5A	[6]	99.7×50×5.97×5.97	0	0.32	485	58.7		1545	1601	0.965	1566	0.987

续表

试件编号	来源文献	$B\times B_i\times t\times t_i$*	d/mm	ψ	f_y/MPa	f_{cu}/MPa	$f_{y,t}$/MPa	$N_{u,e}$	$N_{u,FE}$	$N_{u,e}/N_{u,FE}$	$N_{u,Eq}$	$N_{u,e}/N_{u,Eq}$
CS1S5B	[6]	99.7×50×5.97×5.97	0	0.32	485	58.7		1614	1601	1.008	1566	1.030
CS2S5A		100.5×50×4.01×4.01	0	0.29	445	58.7		1194	1247	0.957	1253	0.953
CS2S5B		100.5×50×4.01×4.01	0	0.29	445	58.7		1210	1247	0.970	1253	0.966
CS3S5A		100.2×50×2.94×2.94	0	0.28	464	58.7		1027	1046	0.982	1066	0.963
CS3S5B		100.2×50×2.94×2.94	0	0.28	464	58.7		1060	1046	1.013	1066	0.994
CS4S5A		100.5×50×2.06×2.06	0	0.27	477	58.7		820	857	0.957	852	0.962
CS4S5B		100.5×50×2.06×2.06	0	0.27	477	58.7		839	857	0.979	852	0.985

* 本列数值单位为 mm。

本 章 小 结

1）试验研究结果表明：随着空心率的增大，混凝土和钢管之间的约束作用减弱，承载力和延性随之减小；配置拉筋后能有效提高中空夹层方钢管混凝土短柱的轴压承载力、刚度和延性。

2）采用 ABAQUS 有限元软件建立两种形式的空心钢管混凝土短柱轴压有限元模型并进行试验验证。分析结果表明：随着空心率的增大，钢管对核心混凝土的约束作用减弱，当空心率过大时，核心混凝土甚至发生失稳破坏；拉筋不仅直接约束混凝土，同时加强了钢管对混凝土的约束作用，且对内钢管的加强效果更为明显。

3）采用极限平衡理论和极限状态力的叠加法，提出了考虑空心率对外钢管形状约束系数影响、拉筋加强内外方钢管对混凝土约束作用提升系数以及拉筋约束系数的空心圆钢管混凝土与拉筋中空夹层方钢管混凝土短柱轴压承载力计算公式，公式计算结果与本章 26 个试验结果以及 63 个其他学者的试验结果符合较好且偏于安全。

参 考 文 献

[1] 全国钢标准化技术委员会．金属材料　拉伸试验　第 1 部分：室温试验方法：GB/T 228.1—2010［S］．北京：中国标准出版社，2011.

[2] 中华人民共和国住房和城乡建设部．混凝土物理力学性能试验方法标准：GB/T 50081—2019［S］．北京：中国建筑工业出版社，2019.

[3] 金伟良，袁伟斌，干钢．混凝土的等效本构关系［J］．工程力学，2005，22（2）：110-115.

[4] 卢方伟，周鼎，董永．离心钢管混凝土柱力学性能研究［J］．混凝土，2010（5）：43-45.

[5] 黄宏，查宝军，陈梦成，等．方中空夹层钢管混凝土轴压短柱力学性能对比试验研究［J］．铁道建筑，2015（10）：85-89.

[6] ZHAO X L，GRZEBIETA R．Strength and ductility of concrete-filled double skin（SHA inner and SHA outer）tubes［J］．Thin-Walled Structures，2002，40（2）：199-213

[7] 蔡绍怀，顾维平．钢管混凝土空心短柱的基本性能和强度计算［J］．建筑科学，1986（4）：23-31.

[8] 钟善桐. 钢管混凝土统一理论研究与应用［M］. 北京：清华大学出版社，2006.

[9] KURANOVAS A，KVEDARAS A K. Behaviour of hollow concrete-filled steel tubular composite elements［J］. Journal of Civil Engineering and Management，2007，13（2）：131-141.

[10] 胡清花，徐国林，王宏伟. 各种截面空心钢管混凝土轴心受压强度计算［J］. 哈尔滨工业大学学报，2005，37（增刊）：149-152.

[11] 王宏伟，徐国林，钟善桐. 空心率对空心钢管混凝土轴压短柱工作性能及承载力影响的研究［J］. 工程力学，2007，24（10）：112-118.

第 9 章　不同类型金属管混凝土轴压约束原理

9.1　概　　述

截止到目前，国内外学者对于冷弯钢[1-6]、不锈钢[7-8]和铝合金[9-10]等金属管混凝土短柱轴压已开展不少试验研究，但同样原因，学者们对上述冷弯钢、不锈钢和铝合金等三种金属管与混凝土之间的约束作用效果及差异原因仍缺乏深入探讨，为此本章主要工作有以下两个方面。

1）运用 ABAQUS 有限元软件分别建立不锈钢、冷弯钢和铝合金管混凝土短柱轴压的三维实体精细有限元模型并进行试验验证，通过参数分析探讨冷弯钢、不锈钢和铝合金管对混凝土约束效应的变化规律，分析不同类型金属对混凝土约束效应的差异。

2）对核心混凝土处于极限状态时的应力云图进行合理简化，建立基于静力平衡理论考虑形状约束系数的不锈钢、冷弯钢和铝合金管混凝土短柱轴压承载力实用计算公式。

9.2　有限元模型与约束原理

9.2.1　有限元模型与验证

采用第 2 章所述混凝土单轴受压应力-应变曲线式（2-29）结合式（2-7）、式（2-20）、式（2-30）、式（2-31）和式（2-42c），以及冷弯钢、不锈钢和铝合金弹塑性本构模型，详见式（2-59）、式（2-60）和式（2-61），混凝土三轴塑性-损伤模型参数取值见 4.3 节，有限元模型建立过程描述详见第 3、4 章。矩形冷弯钢管混凝土、方形和圆形不锈钢管混凝土，以及圆形铝合金管混凝土短柱截面类型如图 9-1 所示。各类金属管混凝土短柱轴压有限元模型网格划分采用结构化网格划分技术，矩形冷弯钢管混凝土需考虑弯角的影响。矩形冷弯钢管混凝土短柱网格划分见表 9-1。

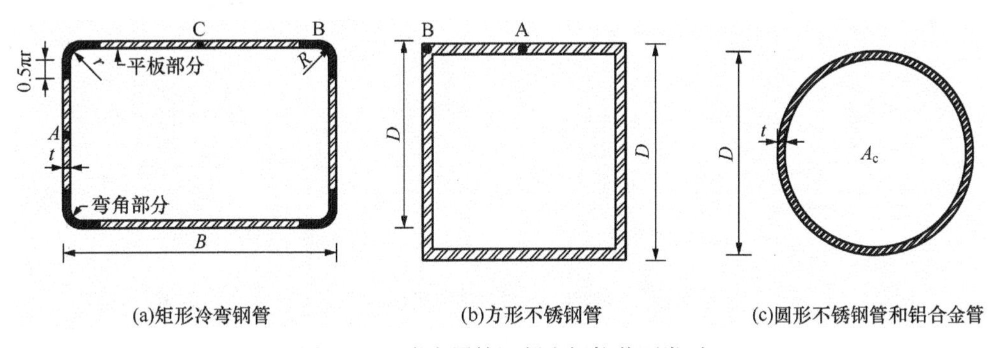

(a)矩形冷弯钢管　　(b)方形不锈钢管　　(c)圆形不锈钢管和铝合金管

图 9-1　三类金属管混凝土短柱截面类型

根据规范 EN-10088-4 [11]，矩形冷弯钢管截面尺寸 B 范围为 170～500mm，弯角部分的回转外半径 R：当 $t\leqslant$3mm 时，R=1.5t～2.5t；当 3mm<$t\leqslant$6mm，R=2.0t～3.0t；当 6mm<$t\leqslant$10mm，R=2.0t～3.0t。本章统一取回转外半径 R=2t，回转内半径 r=t。

表 9-1　矩形冷弯钢管混凝土短柱网格划分

整体有限元模型	加载板单元	金属管单元	混凝土单元

采用有限元建模方法分别对文献［1］～［10］提供的不同类型金属管混凝土短柱轴压性能进行比较分析，承载力有限元计算值和文献［1］～［10］试验值的比较统计值见表 9-2，可知计算值与试验值吻合良好。不同类型金属管混凝土短柱典型有限元模拟曲线与试验值曲线对比，如图 9-2～图 9-5 所示，两者总体上吻合良好，其中图 9-2（b）和图 9-5（c）试验的位移采用实验机端部位移值读取导致所测刚度偏小。

表 9-2　不同类型金属管混凝土短柱轴压承载力试验值与有限元计算值比较统计结果

金属类型	形状	试件数量/件	均值	离散系数
冷弯钢	矩形	23	0.970	0.070
不锈钢	方形	30	0.962	0.065
	圆形	18	0.999	0.071
铝合金	圆形	27	0.996	0.073

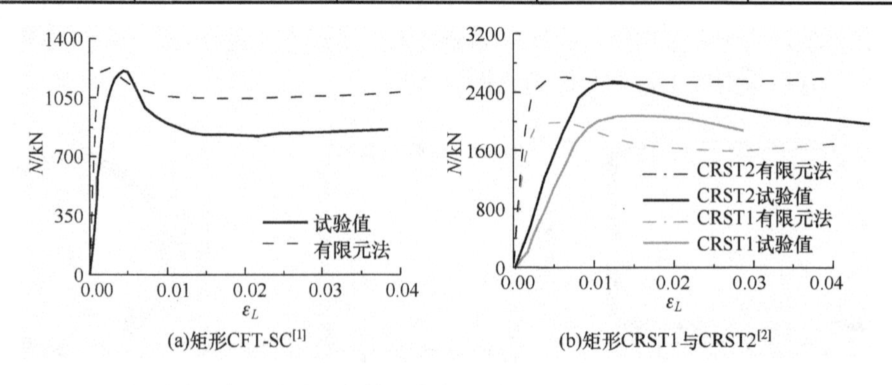

(a)矩形CFT-SC[1]　　(b)矩形CRST1与CRST2[2]

图 9-2　矩形冷弯钢管混凝土短柱轴压荷载-应变曲线有限元法计算值与试验值比较

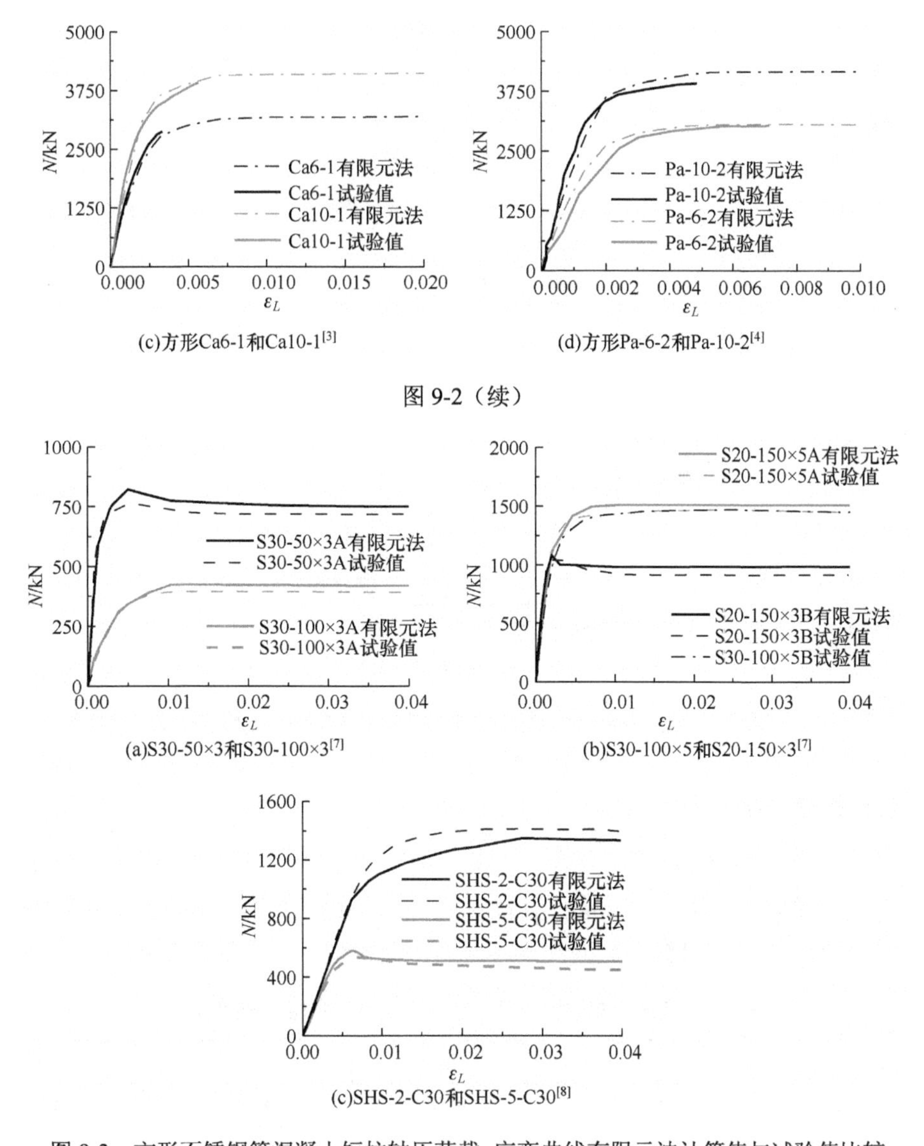

(c)方形Ca6-1和Ca10-1[3]

(d)方形Pa-6-2和Pa-10-2[4]

图 9-2（续）

(a)S30-50×3和S30-100×3[7]

(b)S30-100×5和S20-150×3[7]

(c)SHS-2-C30和SHS-5-C30[8]

图 9-3　方形不锈钢管混凝土短柱轴压荷载-应变曲线有限元法计算值与试验值比较

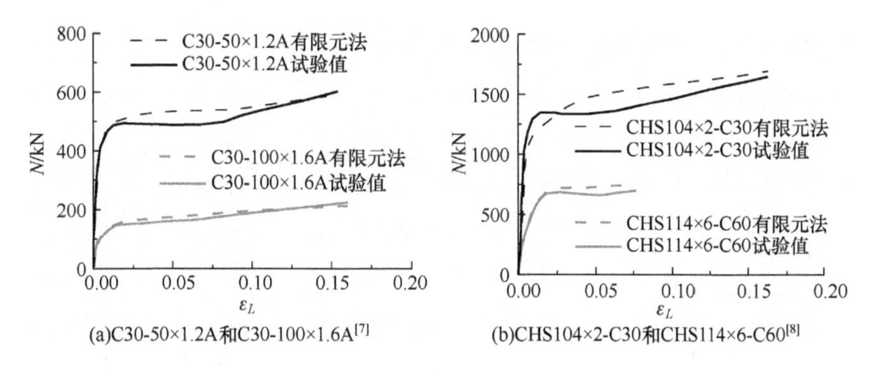

(a)C30-50×1.2A和C30-100×1.6A[7]

(b)CHS104×2-C30和CHS114×6-C60[8]

图 9-4　圆形不锈钢管混凝土短柱轴压荷载-应变曲线有限元法计算值与试验值比较

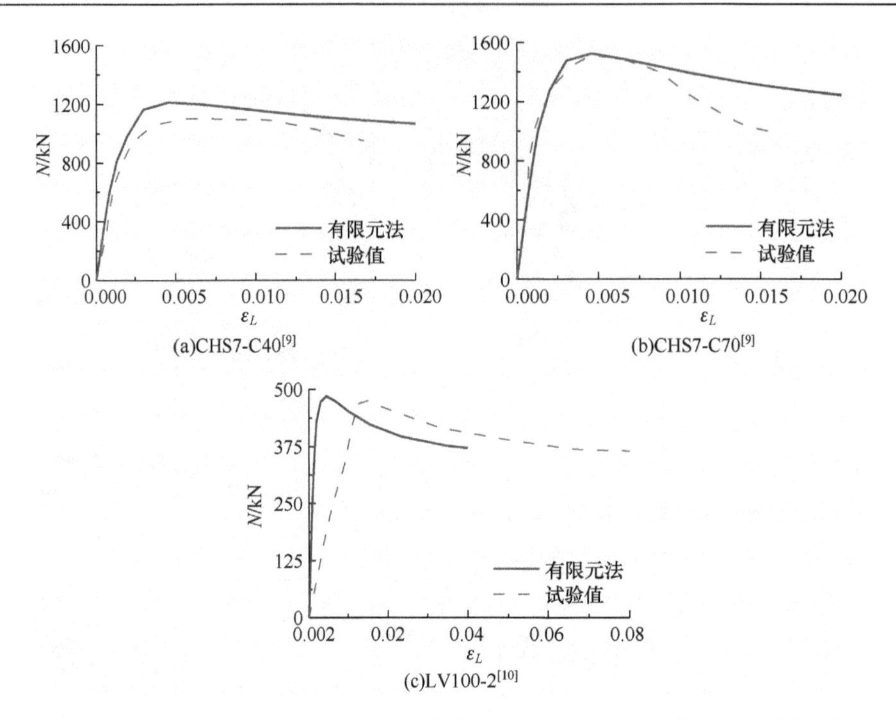

图 9-5　圆形铝合金管混凝土短柱轴压荷载-应变曲线有限元计算值与试验值比较

9.2.2　影响因素分析

1. 矩形冷弯钢管混凝土

在有限元模型中，取 D=500mm，B/D=1、1.5、2 和 3，含钢率 ρ_s=0.02、0.05 和 0.08，钢管壁厚取值范围为 2～15mm。共计 144 个有限元模型，各参数见表 9-3。

表 9-3　矩形冷弯钢管混凝土短柱轴压足尺有限元模型参数

截面形式	$B\times D$	L/mm	ρ_s	f_{cu}/MPa	f_y/MPa
矩形	500mm×500mm	1500	0.02，0.05，0.08	40，60	235
				60，80	345
				80，100	450
	750mm×500mm	2250		40，60	235
				60，80	345
				80，100	450
	1000mm×500mm	3000		40，60	235
				60，80	345
				80，100	450
	1500mm×500mm	4500		40，60	235
				60，80	345
				80，100	450

（1）冷弯尺寸效应

以方形冷弯钢管混凝土短柱（即 B/D=1）为例，钢管纵向应力（$\sigma_{L,s}$）、横向拉应力（$\sigma_{\theta,s}$）和混凝土纵向应力（$\sigma_{L,c}$）由有限元模型得到，构件中截面组合应力 $\sigma_{sc}=N/A_{sc}$（$A_{sc}=A_c+A_s$），钢管等效应力 σ_i 由 von Mises 屈服准则确定。图 9-6 截面尺寸为 300mm、400mm 和 500mm 下时组合应力（σ_{sc}）、混凝土纵向应力（σ_c）、钢管等效应力（σ_i）的应力-应变曲线，可见三条曲线重合，由图 9-6 可知，可见：①不同截面尺寸下冷弯钢管混凝土短柱不存在冷弯尺寸效应；②在模型组合应力值达到最大值（M1 点，即承载力）之前，冷弯钢管达到屈服强度（M3 点），而在模型承载力之后核心混凝土才出现极值（M2 点），因此在模型达到承载力之前，冷弯钢管不会屈曲。

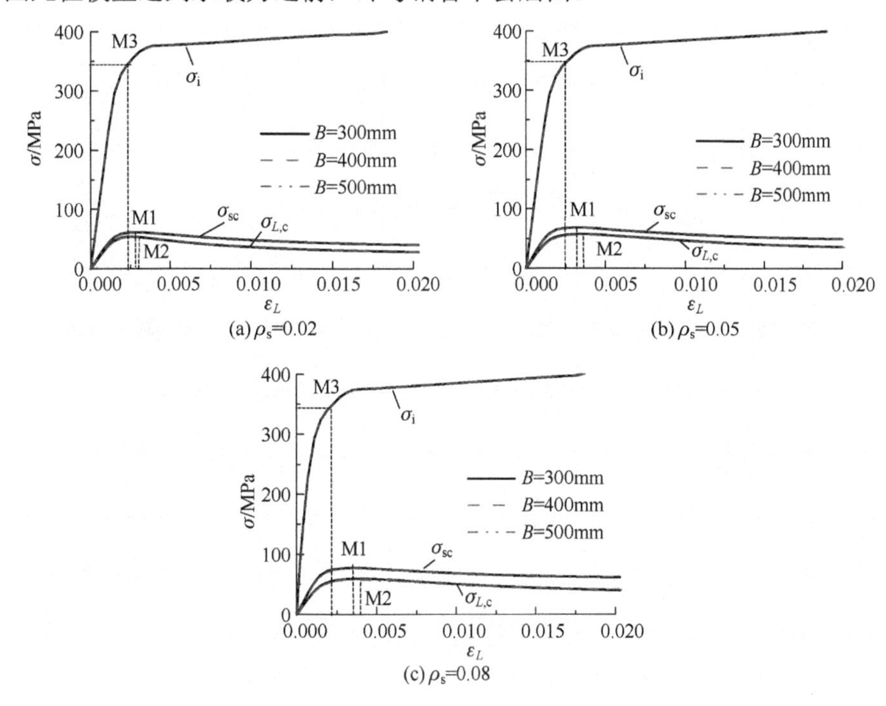

图 9-6　冷弯尺寸效应对矩形冷弯钢管混凝土应力-应变曲线的影响（$f_{0.2}$=345MPa，C60）

（2）长宽比

模型中 $f_{0.2}$=235MPa，C60，ρ_s=0.05，矩形冷弯钢管截面角点（B）、长边中点（C）和短边中点（A）的位置如图 9-1 所示，图 9-7 为长宽比时冷弯钢管混凝土短柱应力-应变曲线的影响。由图 9-7 可见：

1）图 9-7（a）～（d）长边中点 C 的纵向压应力与横向拉应力-应变曲线之间的距离大于短边中点 A 的距离，表明短边对核心混凝土的约束效率要大于长边的约束效率，随着截面长宽比增大，长边中点处冷弯钢管对核心混凝土的约束效率降低，角点和短边中点处的约束效率变化不大。

2）图 9-7（e）～（f）角点混凝土侧向压力大于短边中点，短边中点大于长边中点，表明角点的约束作用大于短边中点，短边中点的约束作用大于长边中点；随着截面长宽比增大，角点处混凝土侧向压应力降低，短边中点和长边中点相差不大，核心混凝土的纵向压应力降低，表明冷弯钢管对核心混凝土的约束作用随截面长宽比的增大而降低。

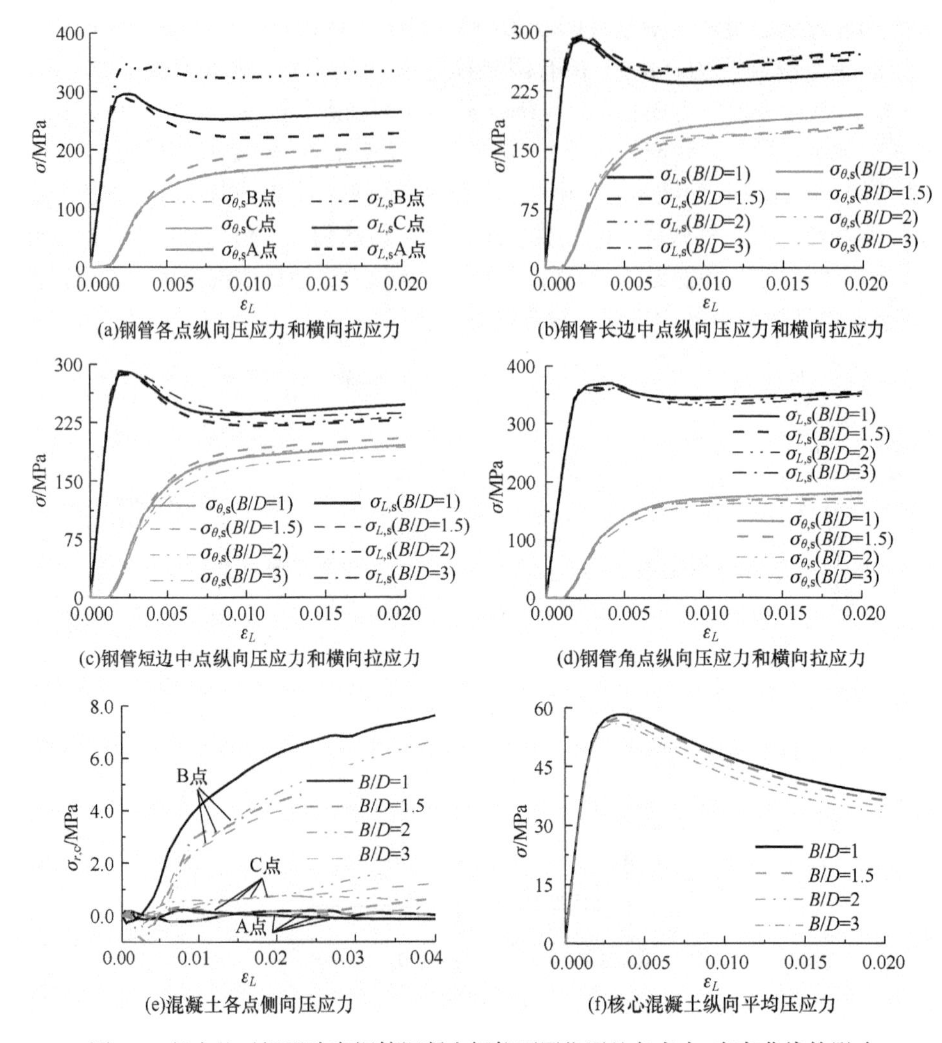

(a)钢管各点纵向压应力和横向拉应力

(b)钢管长边中点纵向压应力和横向拉应力

(c)钢管短边中点纵向压应力和横向拉应力

(d)钢管角点纵向压应力和横向拉应力

(e)混凝土各点侧向压应力

(f)核心混凝土纵向平均压应力

图 9-7　长宽比对矩形冷弯钢管混凝土短柱不同位置处各应力-应变曲线的影响

（3）混凝土强度等级

图 9-8 为混凝土强度冷弯钢管混凝土短柱轴压荷载-应变曲线的影响。随着混凝土强度增大，冷弯钢管混凝土短柱轴压的承载力提高幅度较大，在加载前期 C40 混凝土侧向压应力较大而加载后期 C80 混凝土侧向压应力较大，在加载后期冷弯钢管纵向压应力-应变曲线上纵向压应力降低幅度与横向拉应力-应变曲线上横向拉应力增加幅度都在增大，此时约束效率随混凝土强度的增大而增大。

（4）含钢率

图 9-9 为含钢率对方形冷弯钢管混凝土短柱各应力-应变曲线的影响。随着含钢率增大，冷弯钢管混凝土短柱轴压承载力提高幅度较小，混凝土侧向压应力增大，冷弯钢管对混凝土的约束作用增大；但冷弯钢管纵向压应力-应变曲线上纵向压应力降低幅度与横向拉应力-应变曲线上横向拉应力增加幅度减缓，表明约束效率降低。

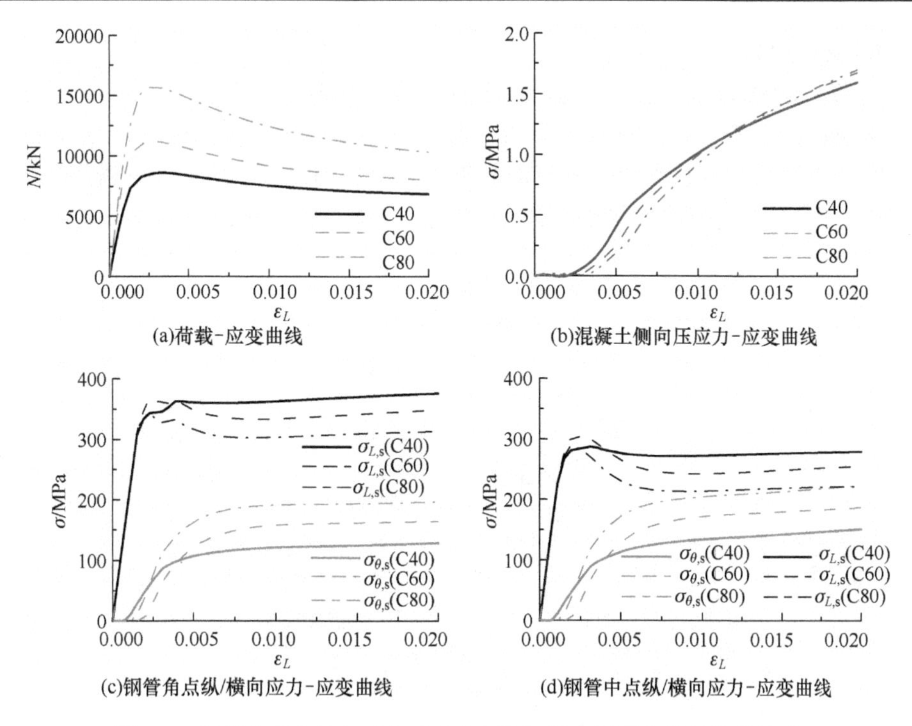

图 9-8　混凝土强度等级对方形冷弯钢管混凝土轴压力学性能的影响

（$B \times t \times L$=400mm×4mm×1200mm，$f_{0.2}$=345MPa）

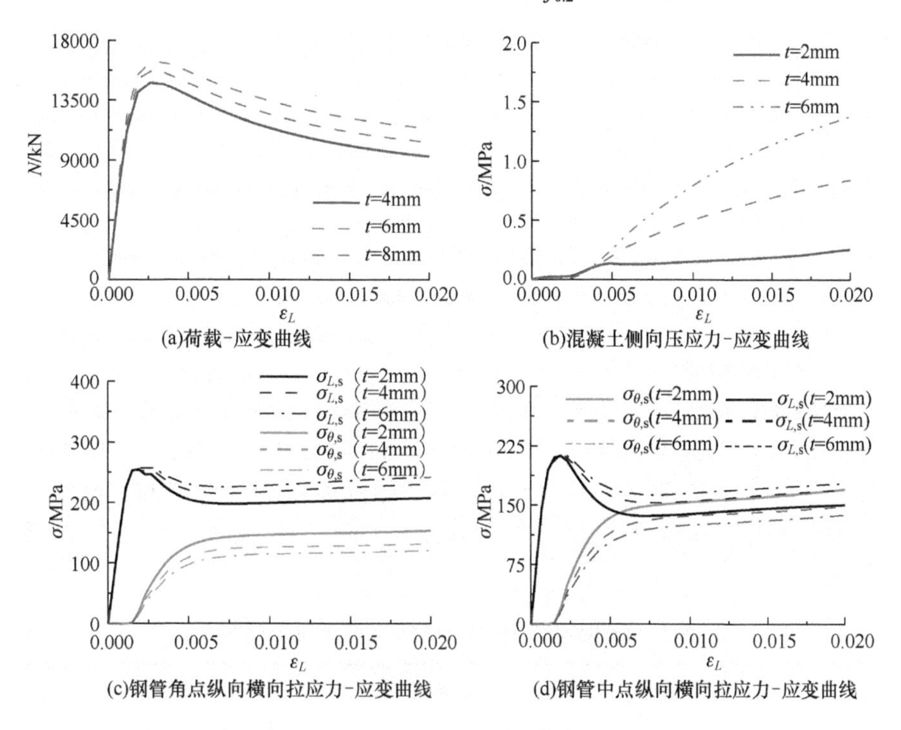

图 9-9　含钢率对方形冷弯钢管混凝土短柱轴压力学性能的影响

（B=400mm，L=1200mm，$f_{0.2}$=345MPa，f_{cu}=60MPa）

（5）钢材屈服强度

图 9-10 为钢材屈服强度对方形冷弯钢管混凝土短柱荷载和应力-应变曲线的影响。随着钢材屈服强度增大，方形冷弯钢管混凝土短柱轴压的承载力提高幅度较小，混凝土侧向压应力增大，表明冷弯钢管对混凝土的约束作用增大，但冷弯钢管纵向压应力-应变曲线上纵向压应力比值增大而横向拉应力-应变曲线上横向应力比值减小，表明约束效率降低。

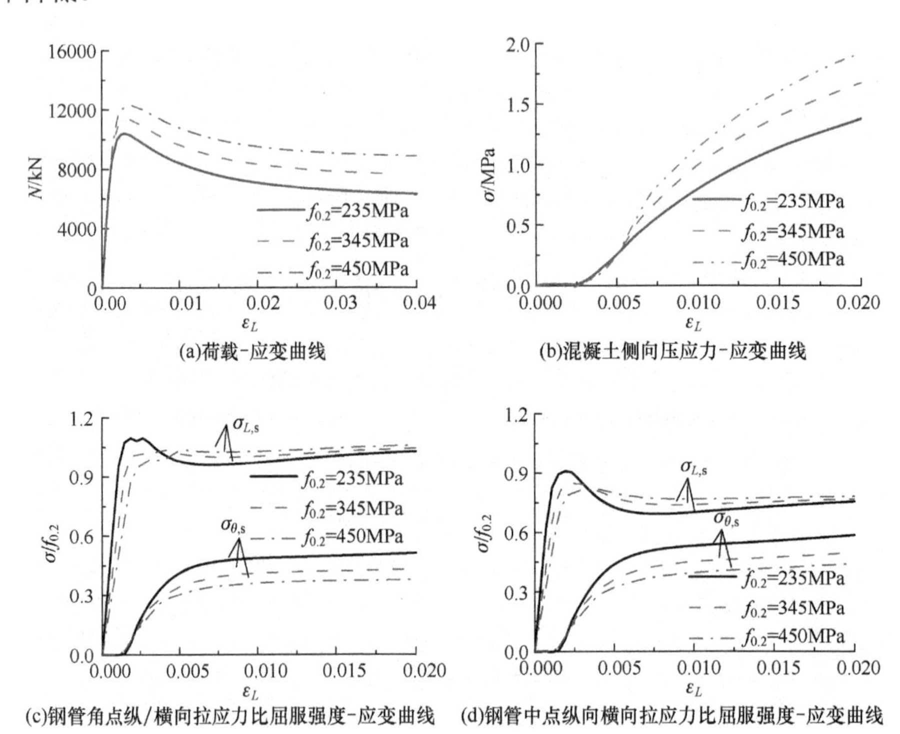

图 9-10　钢材屈服强度对方形冷弯钢管混凝土短柱轴压力学性能影响

（$B×t×L$=400mm×4mm×1200mm，C60）

2. 方、圆不锈钢管混凝土

根据 EN 10088-4[11]，选取奥氏体和双向型不锈钢，不锈钢的名义屈服强度 $f_{0.2}$ 分别取 230MPa（EN.1.4301）、350MPa（EN.1.4318）和 530MPa（EN.1.4162），其中 E_s=200GPa，ν_s=0.3，应变强化系数 ξ 的取值范围为 5～10；根据欧洲规范 2[12]，f_c' 分别取 30MPa、50MPa、70MPa 和 90MPa。不锈钢管混凝土短柱轴压足尺有限元模型参数见表 9-4，共计 216 个足尺有限元模型。

表 9-4　不锈钢管混凝土短柱轴压足尺有限元模型参数

不锈钢类型	形状	D/mm	t/mm	L/mm	$f_{0.2}$/MPa	f_c'/MPa	E_s/GPa	ξ
奥氏体	方形	600	4	1800	230	30、50	200	5～10
					350	50、70		

续表

不锈钢类型	形状	D/mm	t/mm	L/mm	$f_{0.2}$/MPa	f_c'/MPa	E_s/GPa	ξ
奥氏体	方形	600	8	1800	230	30、50	200	5～10
					350	50、70		
			12		230	30、50		
					350	50、70		
	圆形	500	7	1500	230	30、50		
					350	50、70		
			12		230	30、50		
					350	50、70		
			17		230	30、50		
					350	50、70		
双向型	方形	600	4	1800	530	70、90	200	5～10
			8		530	70、90		
			12		530	70、90		
	圆形	500	7	1500	530	70、90		
			12		530	70、90		
			17		530	70、90		

为探讨混凝土强度等级、不锈钢名义屈服强度、含钢率和应变强化指数对方形与圆形不锈钢管混凝土轴压承载力的影响的比较。图 9-11 给出了各种影响因素对不锈钢管混凝土短柱轴压荷载（N）-轴向应变（ε_L）曲线的比较。由图 7-11 可知混凝土强度、不锈钢名义屈服强度和含钢率都对短柱的轴压荷载-应变曲线有影响，而应变强化指数 ξ 对力学性能无影响。

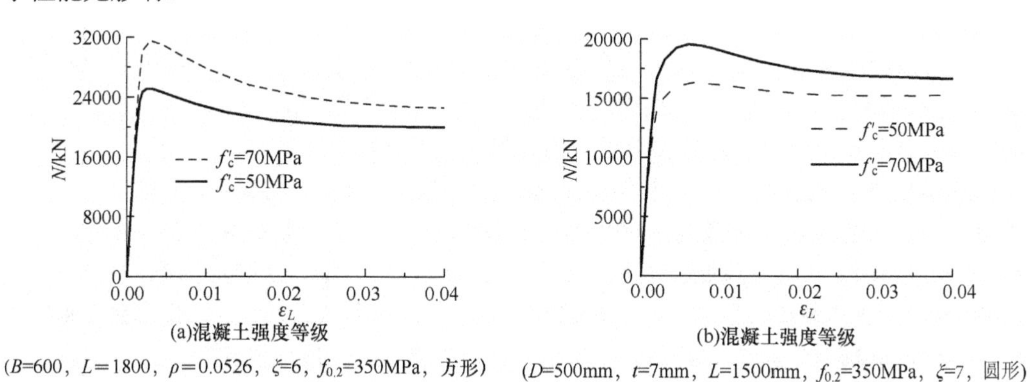

(a)混凝土强度等级

(B=600，L=1800，ρ=0.0526，ξ=6，$f_{0.2}$=350MPa，方形)

(b)混凝土强度等级

(D=500mm，t=7mm，L=1500mm，$f_{0.2}$=350MPa，ξ=7，圆形)

图 9-11　各种影响因素对不锈钢管混凝土短柱轴压荷载-轴向应变曲线的影响规律

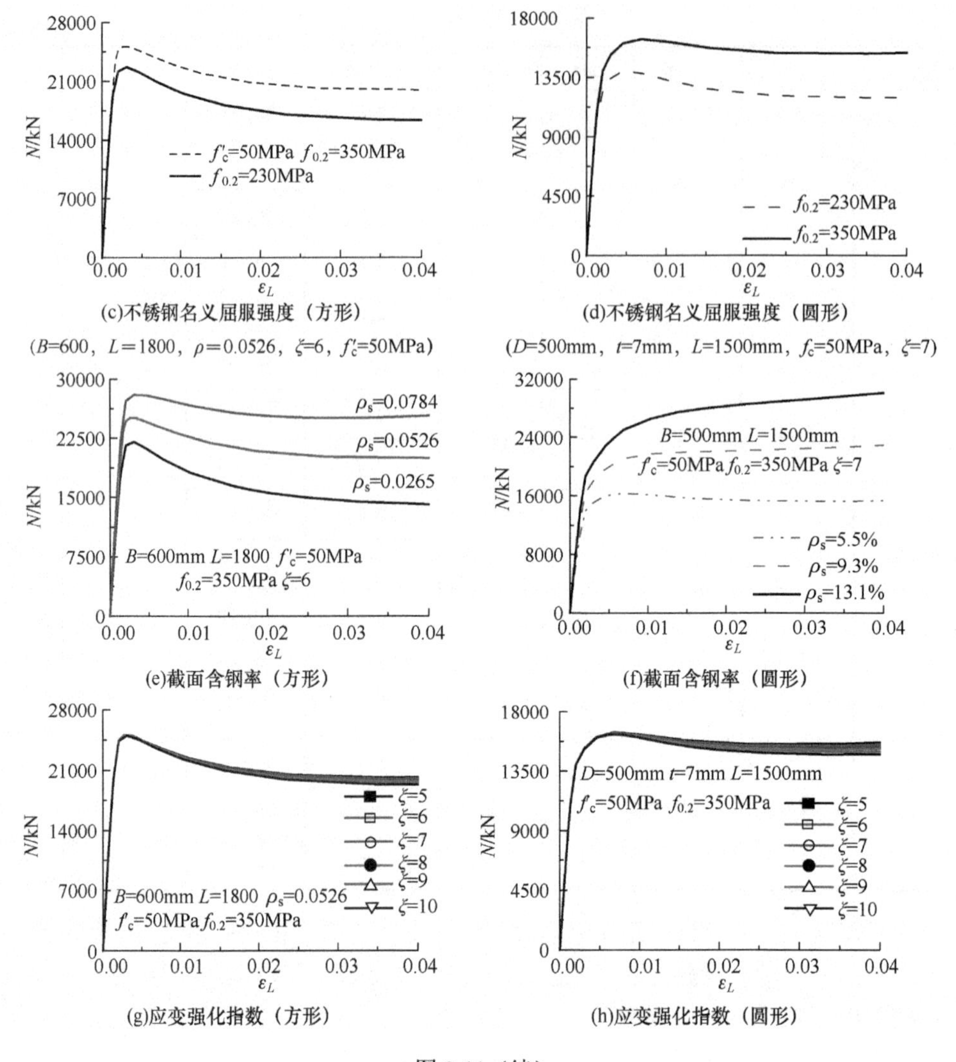

(c)不锈钢名义屈服强度（方形）
（B=600，L=1800，ρ=0.0526，ξ=6，f'_c=50MPa）

(d)不锈钢名义屈服强度（圆形）
（D=500mm，t=7mm，L=1500mm，f_c=50MPa，ξ=7）

(e)截面含钢率（方形）

(f)截面含钢率（圆形）

(g)应变强化指数（方形）

(h)应变强化指数（圆形）

图 9-11（续）

3．铝合金管混凝土

参考欧洲规范 9[13]，铝合金弹性模量 E_s=70GPa，泊松比 ν_s=0.3，应变强化参数 ξ 取值范围为 23～31，足尺有限元模型参数见表 9-5。同时建立 1 组金属弹性模量为 210GPa 的铝合金管混凝土模型，其余参数相同的有限元模型进行对比计算。

图 9-12 为不同参数对圆形铝合金管混凝土短柱轴压承载力的影响。由图 9-12 可见：①当混凝土强度从 40MPa 提高到 60MPa 和 80MPa 时，承载力分别提高了 35.4%和 73.1%，模型的刚度提高而延性降低；当铝合金屈服强度从 190MPa 分别提高到 240MPa 和 290MPa 时，其承载力分别提高了 3.6%和 8.5%；当含钢率从 3.96%分别提高到 7.84%和 11.64%时，承载力分别提高了 21%和 36%，且延性增大。②应变硬化指数 ξ 对承载力无明显影响。③当弹性模量从 70GPa 增加至 210GPa，承载力仅增大 2%，而模型的弹性刚度增大 13%。

表 9-5　圆形铝合金管混凝土短柱轴压足尺有限元模型参数

D/mm	L/mm	t/mm	ξ	f_{cu}/MPa	$f_{0.2}$/MPa
		5		40，60	190
		5		60，80	240
		5		80，100	290
		10		40，60	190
500	1500	10	23～31	60，80	240
		10		80，100	290
		15		40，60	190
		15		60，80	240
		15		80，100	290

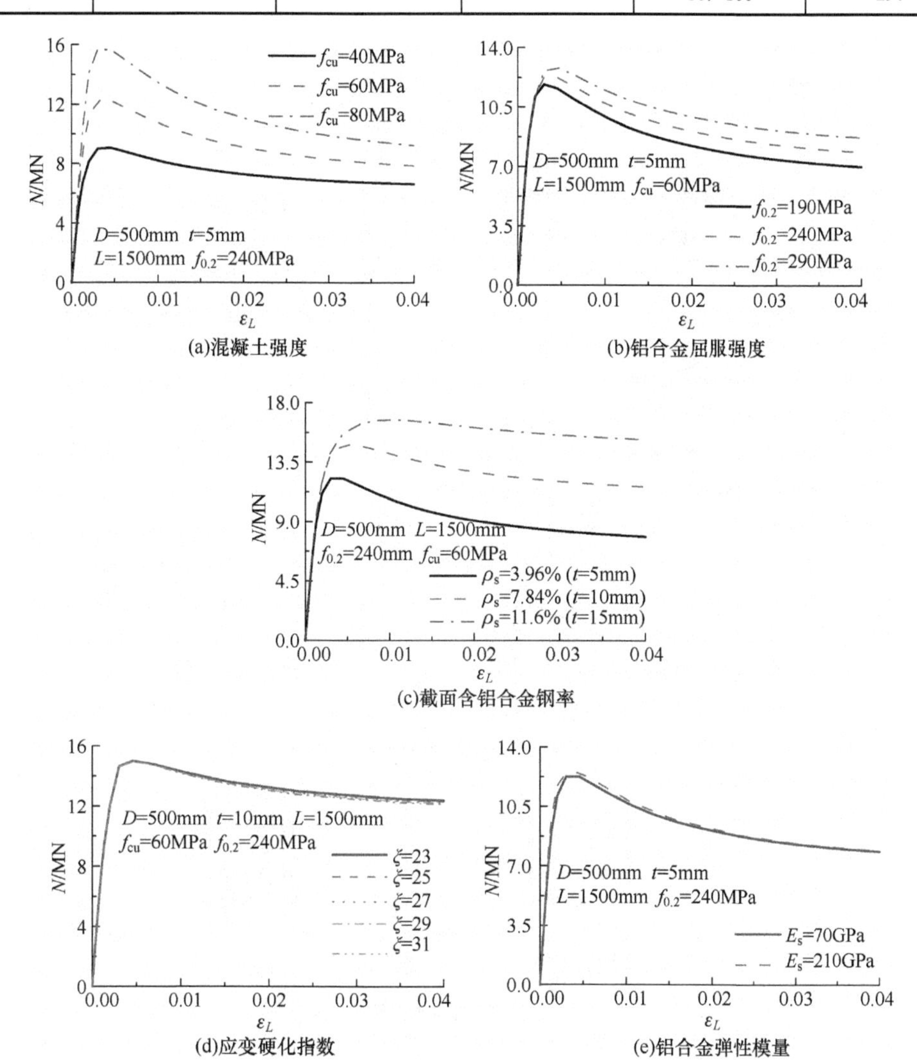

(a)混凝土强度　(b)铝合金屈服强度

(c)截面含铝合金钢率

(d)应变硬化指数　(e)铝合金弹性模量

图 9-12　不同参数对圆形铝合金管混凝土短柱轴压承载力的影响

9.2.3 约束作用分析

1. 冷弯钢管混凝土

以 B/D=1，D =500mm，t=4mm，$f_{0.2}$=235MPa 和 C60 匹配的模型为例，在考虑弯角情况下，对冷弯钢与普通钢、不锈钢管混凝土短柱中钢管与核心混凝土之间约束作用差异进行比较分析。典型钢管混凝土短柱中截面角点、中点纵向压应力和横向拉应力、核心混凝土侧向压应力、承载力及横向变形系数变化的规律，如图 9-13 所示。由图 9-13 可得以下结论。

1）冷弯钢弯角处屈服强度得到较大幅度提高，角点处冷弯钢纵向压应力大于相应的普通钢和不锈钢，平板处冷弯钢纵向压应力大于普通钢而小于不锈钢，角点与中点处冷弯钢的横向拉应力均大于普通钢而小于不锈钢；与普通钢相比，冷弯钢管纵向应力-

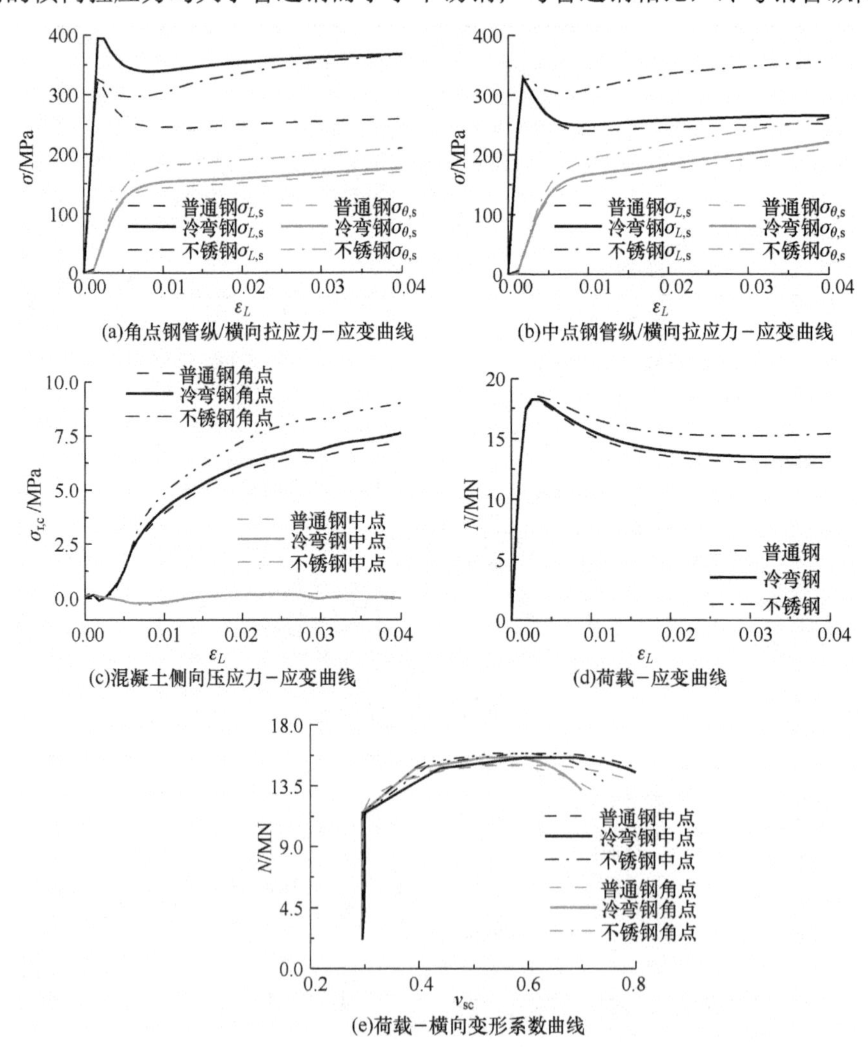

图 9-13　典型冷弯钢、不锈钢与普通方钢管混凝土轴压各性能比较

应变曲线纵向应力降低幅度较大以及横向拉应力-应变曲线横向拉应力增加幅度都较小，与不锈钢相比，冷弯钢管纵向压应力-应变曲线上纵向压应力降低幅度较大而横向拉应力-应变曲线上横向拉应力降低幅度较小，表明冷弯钢对核心混凝土的约束作用大于普通钢而小于不锈钢。

2）角点处冷弯钢对混凝土侧向压应力大于普通钢而小于不锈钢，中点处相差不大，冷弯钢的承载力和横向变形系数都大于普通钢而小于不锈钢，冷弯钢管混凝土的荷载-应变曲线与普通钢管混凝土更接近，表明冷弯钢对核心混凝土的约束作用以及对承载力的贡献值大于普通钢而小于不锈钢。

2. 不锈钢管混凝土

在钢管拐角为直角的情况下，对不锈钢管和普通钢管角点（A1 点）和中点（A3 点）的纵向压应力和横向拉应力以及核心混凝土的平均纵向压应力与应变的关系进行分析。图 9-14 为典型不锈钢管混凝土短柱和普通钢管混凝土短柱轴压模型有限元计算结果的比较。由图 9-14 可见：①随着轴向压力增加，方形与圆形不锈钢管和对应的普通钢管的纵向压应力逐渐下降，而环向应力逐渐上升，方形与圆形不锈钢管的交点都早于相应的普通钢管；②方形与圆形不锈钢管约束下核心混凝土受到的侧向压应力明显大于相应的普通钢管；③方形与圆形不锈钢管混凝土轴压承载力要高于相应的普通钢管混凝土；④方形与圆形不锈钢管的横向变形系数大于相应普通的钢管。由于不锈钢存在明显的应变强化规律，其对核心混凝土的约束作用强于普通钢管。

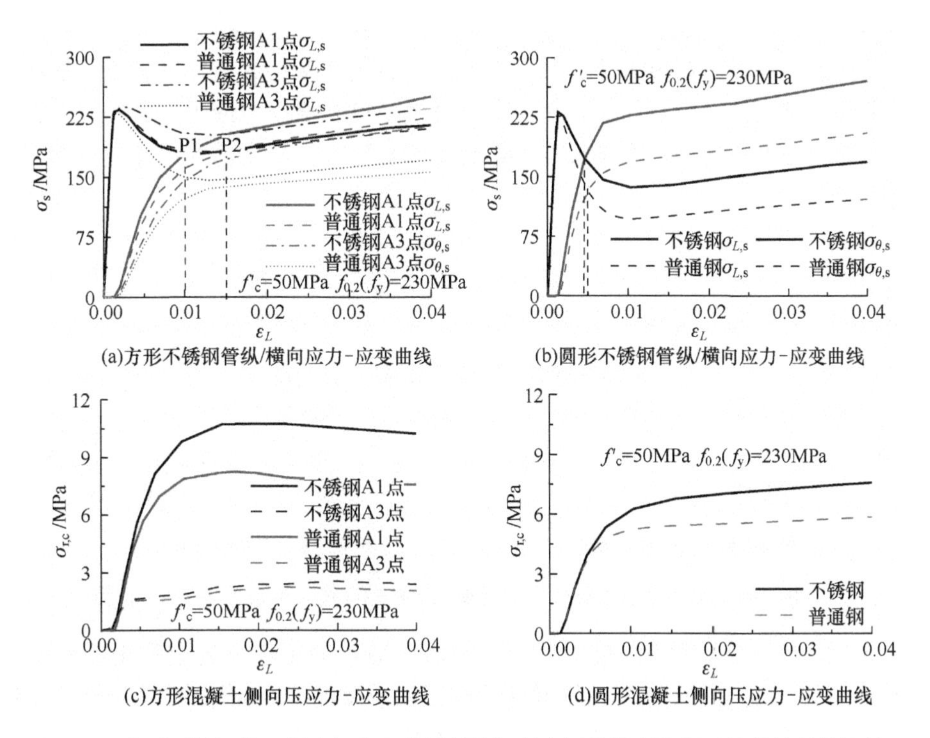

(a)方形不锈钢管纵/横向应力-应变曲线　(b)圆形不锈钢管纵/横向应力-应变曲线

(c)方形混凝土侧向压应力-应变曲线　(d)圆形混凝土侧向压应力-应变曲线

图 9-14　典型不锈钢管混凝土短柱和普通钢管混凝土短柱模型有限元计算结果的比较

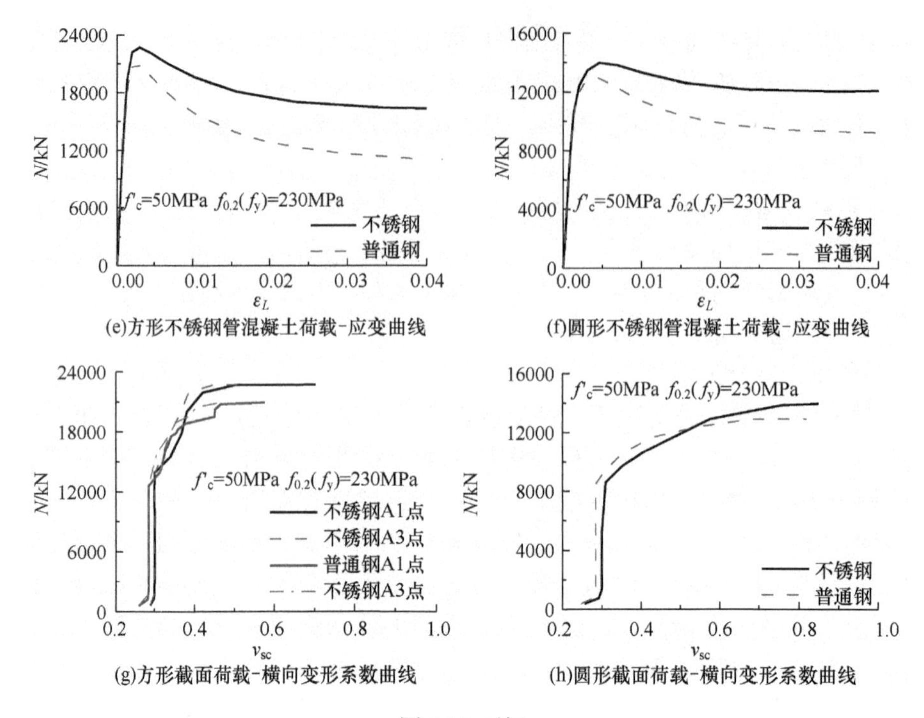

(e)方形不锈钢管混凝土荷载-应变曲线　(f)圆形不锈钢管混凝土荷载-应变曲线

(g)方形截面荷载-横向变形系数曲线　(h)圆形截面荷载-横向变形系数曲线

图 9-14（续）

3. 铝合金管混凝土

图 9-15 给出了混凝土强度对铝合金混凝土短柱轴压模型约束作用的影响规律，可知：在加载前期混凝土强度越小，其侧向压应力越大，到加载后期则相反；加载后期，随混凝土强度增大，铝合金管纵向压应力下降的幅度和横向拉应力上升的幅度都有所增大；随混凝土强度的提高，在加载前期铝合金管对核心混凝土的约束作用减弱而在加载后期增强。

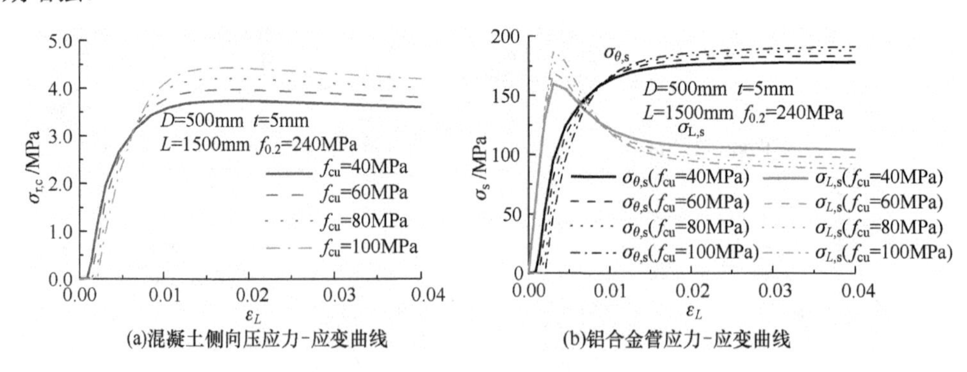

(a)混凝土侧向压应力-应变曲线　(b)铝合金管应力-应变曲线

图 9-15　混凝土强度对铝合金管混凝土短柱轴压模型约束作用的影响规律

图 9-16 为铝合金屈服强度对铝合金混凝土短柱轴压模型约束作用的影响规律。由图 9-16 可知：混凝土侧向压应力随铝合金屈服强度的提高而增大；铝合金管屈服后，其纵向压应力下降的幅度和速率无明显差别，但横向拉应力上升的速率加快；铝合金管对核心混凝土的约束作用随铝合金强度的提高而增强。

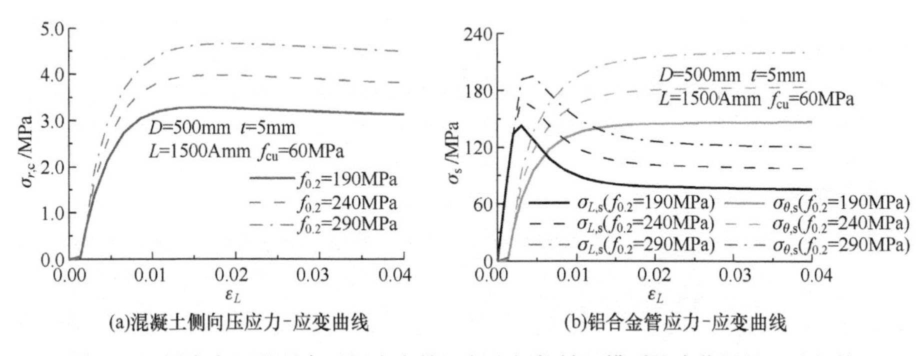

图 9-16　铝合金屈服强度对铝合金管混凝土短柱轴压模型约束作用的影响规律

图 9-17 为截面含钢率对铝合金管混凝土短柱轴压模型约束作用的影响规律。由图 9-17 可知：混凝土侧向压应力随含钢率的增大而增大；含钢率越大，铝合金纵向压应力与横向拉应力的交点出现得越晚；随着含钢率的增大，铝合金管对核心混凝土的约束作用随着截面含钢率的提高而减弱。

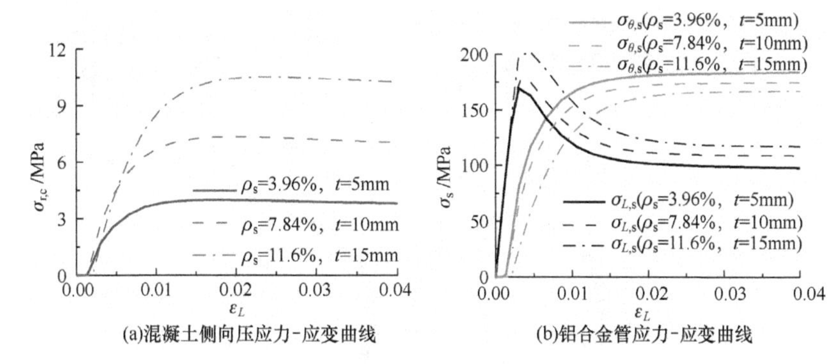

图 9-17　截面含钢率对铝合金管混凝土短柱轴压模型约束作用的影响规律

（D=50mm，L=1500mm，$f_{0.2}$=240MPa，f_{cu}=60MPa）

图 9-18 为金属弹性模量对金属管混凝土短柱轴压模型约束作用的影响规律。由图 9-18 可知：核心混凝土的横向拉应力随金属弹性模量的增大而增大；弹性模量较大时纵向压应力与横向拉应力的交点出现得较早，约束作用随金属弹性模量的增大而增大。由于铝合金的弹性模量为钢材的 1/3，铝合金管对核心混凝土的约束作用比钢管弱。

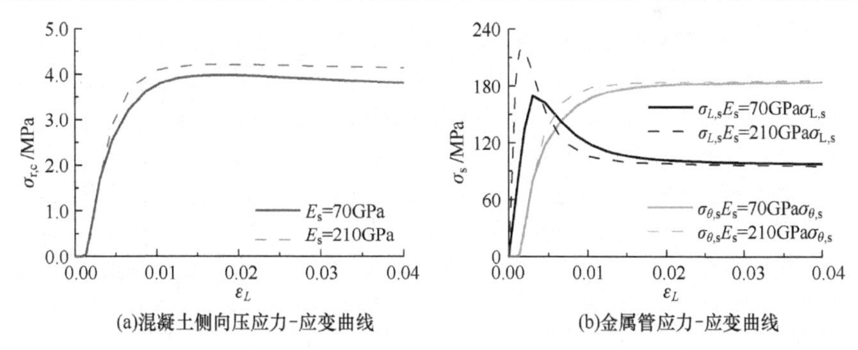

图 9-18　金属弹性模量对金属管混凝土短柱轴压模型约束作用的影响规律

（D=50mm，t=500mm，L=1500mm，$f_{0.2}$=240MPa）

9.3 承载力公式

9.3.1 模型简化

图 9-19 给出了不同截面形式金属管混凝土短柱轴压承载力计算简化模型，图 9-20～图 9-22 为不同截面形式金属管的纵向应力（$\sigma_{L,s}$）和横向拉应力（$\sigma_{\theta,s}$）与钢管屈服强度比值随模型极限强度的关系，其均值以及非加强区核心混凝土面积 A_{c1} 与加强区核心混凝土面积 A_{c2} 所占核心混凝土的比例均值见表 9-6。

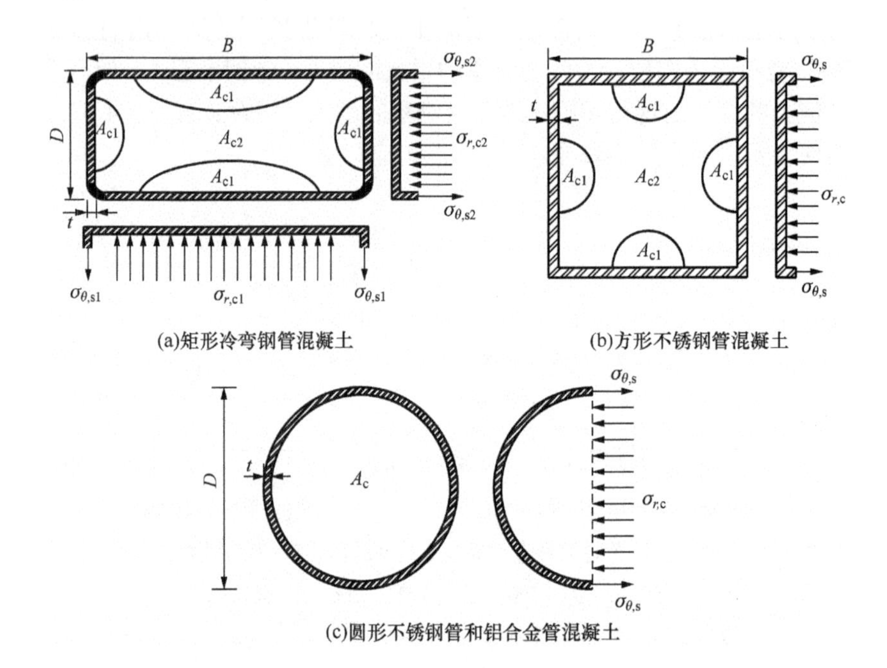

图 9-19　不同截面形式金属管混凝土短柱轴压承载力计算简化模型

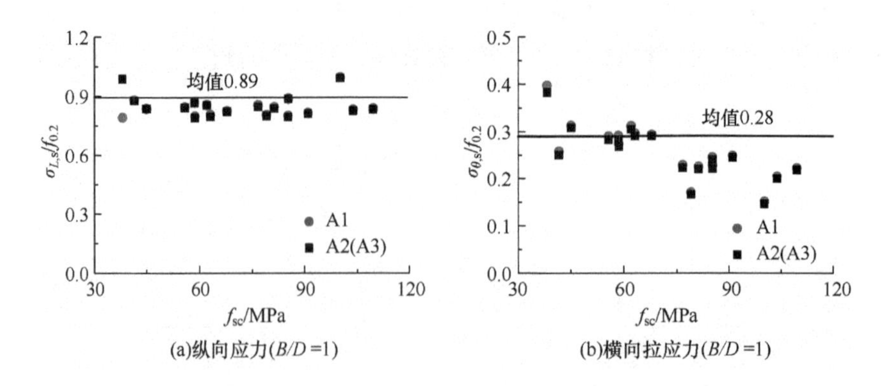

图 9-20　矩形冷弯钢管纵向应力和横向拉应力与屈服强度比值随算例极限强度的关系

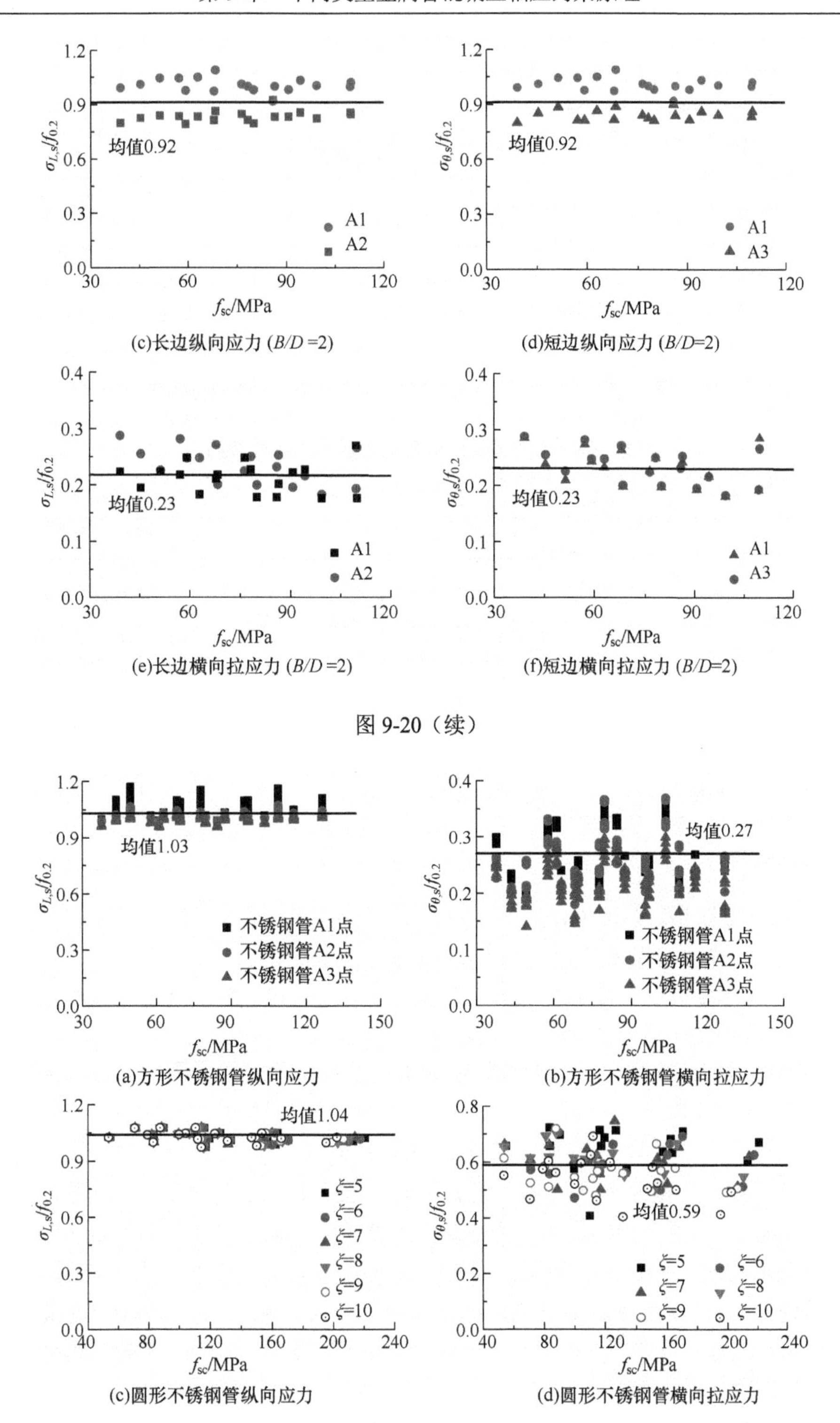

(c)长边纵向应力 (B/D =2)　　(d)短边纵向应力 (B/D=2)

(e)长边横向拉应力 (B/D =2)　　(f)短边横向拉应力 (B/D=2)

图 9-20（续）

(a)方形不锈钢管纵向应力　　(b)方形不锈钢管横向拉应力

(c)圆形不锈钢管纵向应力　　(d)圆形不锈钢管横向拉应力

图 9-21　方形与圆形不锈钢管纵向应力和横向拉应力与屈服强度比值随算例极限强度的关系

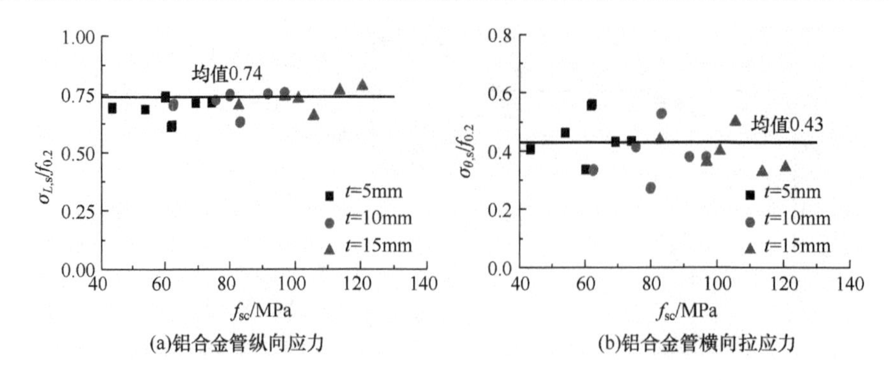

图 9-22　圆形铝合金管纵向应力和横向拉应力与屈服强度比值随算例极限强度的关系

表 9-6　不同截面形式金属管混凝土短柱参数

金属类型	截面形式	长宽比	$\sigma_{L,s1}/f_{0.2}$	$\sigma_{L,s2}/f_{0.2}$	$\sigma_{\theta,s1}/f_{0.2}$	$\sigma_{\theta,s2}/f_{0.2}$	A_{c1}/A_c	A_{c2}/A_c	k_1
冷弯钢	矩形	1	0.89		0.28		0.22	0.77	1.25
		1.5	0.91	0.92	0.25	0.26	0.47	0.53	1.14
		2	0.92	0.92	0.23	0.23	0.59	0.41	1.08
		3	0.92	0.93	0.2	0.21	0.73	0.27	1.02
不锈钢	方形	1	1.03		0.27		0.2	0.8	1.4
	圆形	1	1.04		0.59				2.0
铝合金	圆形	1	0.74		0.43				1.47

9.3.2　公式建立

对于矩形截面［图 9-19（a）］，$\sigma_{r,c}$表达式与表 4-7 中一致，对于圆形截面$\sigma_{r,c}$表达式与式（3-33）一致，加强区核心混凝土纵轴向抗压强度（$f_{L,c}$）与侧向压应力（$\sigma_{r,c}$）的关系见式（2-38）。对于矩形截面承载力平衡条件见式（4-4），对于圆形截面承载力平衡条件见式（3-41）。

最终的不锈钢、冷弯钢和铝合金管混凝土短柱轴压承载力实用计算公式采用以下形式，即

$$N_u = f_c A_c + k_1 f_{0.2} A_s \tag{9-1}$$

式中：各金属管不同截面形状约束系数k_1取值见表 9-6。对于方形截面，不锈钢管的约束系数为 1.4，冷弯钢管的约束系数为 1.25，而表 4-6 中普通钢管方形截面的约束系数为 1.2；对于圆形截面，不锈钢管的约束系数为 2.00，铝合金的约束系数为 1.47，而式（3-41）所示普通钢管为 1.71。可见不锈钢的形状约束系数最大，其次是冷弯钢和普通钢，而铝合金的约束系数最小。根据表 9-6 中不同长宽比下矩形冷弯钢管混凝土的钢管截面形状约束系数取值，拟合曲线可得

$$k_{1,RC}=1.25-0.22\ln(B/D) \tag{9-2}$$

式中：$k_{1,RC}$为矩形冷弯钢管形状约束系数，矩形冷弯钢管混凝土与普通钢管混凝土的截面形状约束系数随B/D的变化规律如图 9-23 所示，矩形冷弯钢的截面形状约束系数有所

增大。

9.3.3　结果比较

冷弯钢、不锈钢和铝合金管混凝土轴压承载力计算公式见表 9-7。各截面形式金属管混凝土短柱轴压承载力计算值与各文献试验值的比较见表 9-8 和图 9-24。各截面形式金属管混凝土轴压承载力试验值（$N_{u,e}$）与有限元计算值（$N_{u,FE}$）和式（9-1）计算值（$N_{u,Eq}$）的比较详见表9-9～表9-12。由表9-8和图9-24可知式（9-1）计算值与试验值吻合较好，精度较高。

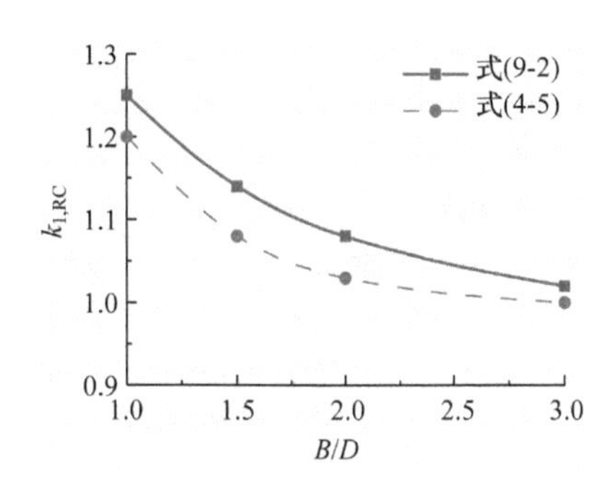

图 9-23　矩形冷弯钢管混凝土与普通钢管混凝土的截面形状约束系数随 B/D 的变化规律

表 9-7　不同金属管混凝土轴压承载力计算公式

金属种类	截面形状	公式表达	k_1
冷弯钢	矩形	$N_u=f_cA_c+k_1f_{0.2}A_s$	$k_{1,RC}$=1.25–0.22ln（B/D）
不锈钢	方形		1.40
	圆形		2.00
铝合金	圆形		1.47

表 9-8　不同类型金属管混凝土短柱轴压承载力公式计算值与试验值比较特征值

金属类型	截面形状	试件数量/件	均值	离散系数
冷弯钢	矩形	23	0.990	0.090
不锈钢	方形	30	0.977	0.079
	圆形	18	1.008	0.094
铝合金	圆形	27	1.040	0.049

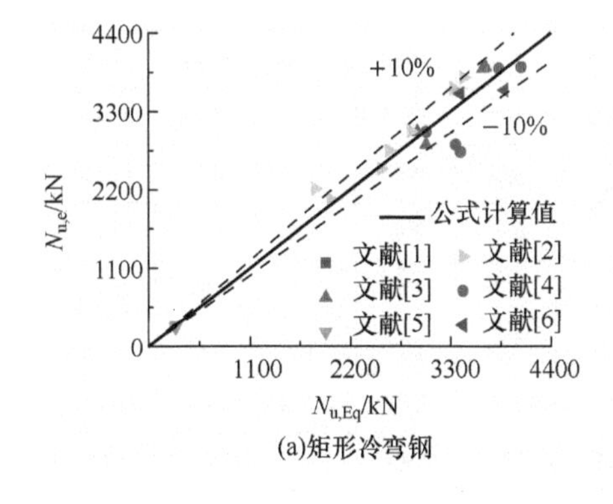

(a)矩形冷弯钢

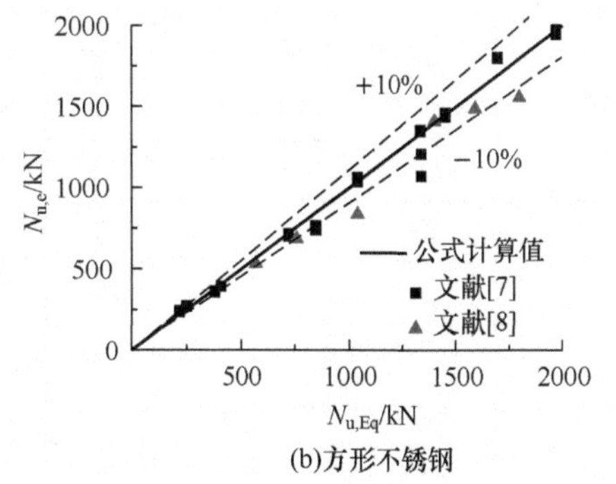

(b)方形不锈钢

图 9-24　不同类型金属管混凝土短柱轴压承载力公式计算值与试验值的比较

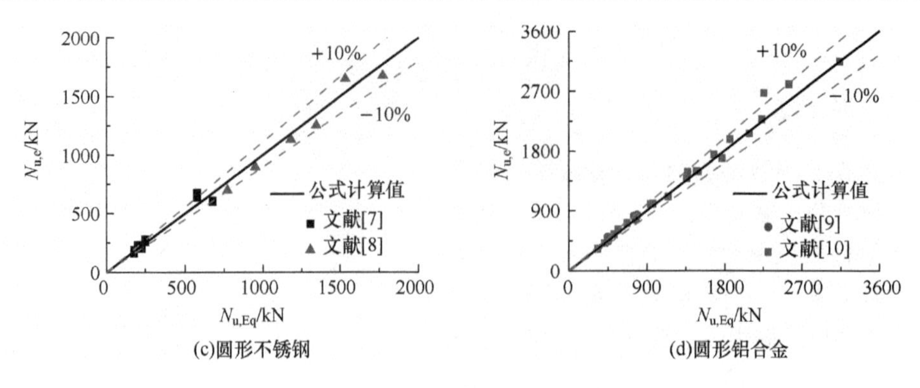

(c)圆形不锈钢　　(d)圆形铝合金

图 9-24（续）

表 9-9　矩形冷弯钢管混凝土短柱轴压承载力有限元计算值与试验值对比

试件编号	文献	$D\times B\times t^*$	L/mm	E_s/GPa	f_{cu}/MPa	$f_{0.2}$/MPa	$N_{u,e}$/kN	$N_{u,FE}$/kN	$N_{u,Eq}$/kN	$N_{u,e}/N_{u,FE}$	$N_{u,e}/N_{u,Eq}$
CFT-SC	[1]	100×150×3.2	450	209	53.6	380	1208	1224	1172	0.99	1.02
CRST1	[2]	200×150×3.4	600	206	39	446	2059	1988	1987	1.04	1.00
CRST2		200×150×5.1	600	202	39	450	2487	2622	2536	0.95	0.93
CRST3		200×150×5.6	600	200	39	410	2748	2849	2619	0.96	1.04
CRST4		200×150×4.9	600	206	39	409	2207	2253	1817	0.98	1.22
CRST5		200×200×6.1	600	192	26.3	406	3621	3525	3330	1.03	1.09
CRST6		200×200×5.8	600	200	26.3	440	3777	3739	3443	1.01	1.10
CRST7		200×200×4.8	600	202	26.3	407	3020	3655	2862	0.83	1.06
Ca6-1	[3]	200×200×6	600	206	20.0	393	3010	3130	2934	0.96	1.03
Ca6-2		200×200×6	600	206	20.0	393	2830	3130	3029	0.90	0.93
Ca10-1		200×200×10	600	206	20.0	331	3920	4060	3682	0.97	1.06
Ca10-2		200×200×10	600	206	20.0	331	3900	4060	3653	0.96	1.07
Pa-6-1	[4]	197×197×6.4	600	206	20.5	461	2730	3066	3407	0.89	0.80
Pa-6-2		198.5×198.5×6.1	600	206	20.5	406	3010	3066	3030	0.98	0.99
Pa-6-3		200.5×200.5×6.3	600	206	20.5	445	2830	3066	3355	0.92	0.84
Pa-10-1		201.0×201.0×10.3	600	206	20.5	424	3980	4150	4621	0.96	0.86
Pa-10-1		201.0×201.0×10.0	600	206	20.5	372	3920	4150	4075	0.94	0.96
Pa-10-1		199.5×199.5×10.1	600	206	20.5	348	3900	4150	3830	0.94	1.02
P1C	[5]	100×70×2.1	200	206	20	270	290	316	304	0.92	0.94
P2C		100×70×2	300	206	20	270	270	312	294	0.87	0.91
P3C		99×70×2	400	206	20	270	265	260	293	1.02	0.89
ZYB-9	[6]	300×200×5.73	1000	216	31	336	3550	3000	3407	1.18	1.03
ZYB-7		300×200×5.73	800	216	41	336	3600	3350	3891	1.07	0.92

* 此列数值单位均为 mm。

表 9-10　方形不锈钢管混凝土短柱轴压承载力有限元计算值与试验值对比

试件编号	文献	$B\times t\times L^*$	E_s/GPa	$f_{0.2}$/MPa	n	f_{cu}/MPa	$N_{u,exp}$/kN	$N_{u,FE}$/kN	N_u/kN	$N_{u,exp}/N_{u,FE}$	$N_{u,exp}/N_u$
S20-50×2A	[7]	51×1.81×150	205	353	10.4	26.9	234	235	218	0.996	1.075
S20-50×2B		51×1.81×150	205	353	10.4	26.9	243	235	218	1.034	1.116
S30-50×2A		51×1.81×150	205	353	10.4	43.6	268	251	249	1.068	1.075
S30-50×2B		51×1.81×150	205	353	10.4	43.6	274	251	249	1.092	1.099
S20-50×3A		51×2.85×150	208	440	8.2	26.9	358	408	376	0.877	0.951
S20-50×3B		51×2.85×150	208	440	8.2	26.9	364	408	376	0.892	0.967
S30-50×3A		51×2.85×150	208	440	8.2	43.6	394	423	405	0.931	0.972
S30-50×3B		51×2.85×150	208	440	8.2	43.6	393	423	405	0.929	0.970
S20-100×3A		100×2.85×300	196	358	8.3	26.9	705	761	720	0.926	0.979
S20-100×3B		100×2.85×300	196	358	8.3	26.9	716	761	720	0.941	0.994
S30-100×3A		100×2.85×300	196	358	8.3	43.6	765	821	846	0.931	0.904
S30-100×3B		100×2.85×300	196	358	8.3	43.6	742	821	846	0.903	0.877
S20-100×5A		101×5.05×300	202	435	7.0	26.9	1352	1454	1334	0.930	1.013
S20-100×5B		101×5.05×300	202	435	7.0	26.9	1348	1454	1334	0.927	1.010
S30-100×5A		101×5.05×300	202	435	7.0	43.6	1434	1511	1451	0.949	0.989
S30-100×5B		101×5.05×300	202	435	7.0	43.6	1461	1511	1451	0.967	1.007
S20-150×3A		152×2.85×450	193	268	6.8	26.9	1035	1079	1036	0.959	0.999
S20-150×3B		152×2.85×450	193	268	6.8	26.9	1062	1079	1036	0.984	1.025
S30-150×3A		152×2.85×450	193	268	6.8	43.6	1074	1305	1338	0.823	0.803
S30-150×3B		152×2.85×450	193	268	6.8	43.6	1209	1305	1338	0.926	0.904
S20-150×5A		150×4.80×450	192	340	5.6	26.9	1804	1815	1694	0.994	1.065
S20-150×5B		150×4.80×450	192	340	5.6	26.9	1798	1815	1694	0.991	1.062
S30-150×5A		150×4.80×450	192	340	5.6	43.6	1947	1814	1972	1.073	0.988
S30-150×5B		150×4.80×450	192	340	5.6	43.6	1976	1814	1972	1.089	1.002
SHS-2-C30	[8]	100×2.20×300	202	385	12.4	37	534	580	568	0.921	0.940
SHS-2-C60		100×2.00×300	202	385	12.4	66	687	735	758	0.935	0.906
SHS-2-C100		100×2.20×300	202	385	12.4	92	836	956	1037	0.874	0.806
SHS-5-C30		100×5.00×300	180	458	3.7	37	1410	1348	1400	1.046	1.007
SHS-5-C60		100×4.90×300	180	458	3.7	66	1488	1454	1591	1.023	0.936
SHS-5-C100		100×4.90×300	180	458	3.7	92	1559	1659	1797	0.940	0.868

* 此列数值单位均为 mm。

表 9-11　圆形不锈钢管混凝土短柱承载力有限元计算值与试验值对比

试件编号	文献	$D\times t\times L^*$	E_s/GPa	$f_{0.2}$/MPa	ξ	f_{cu}/MPa	$N_{u,e}$/kN	$N_{u,FE}$/kN	$N_{u,Eq}$/kN	$N_{uve}/N_{u,FE}$	$N_{u,e}/N_{u,Eq}$
C20-50×1.2A	[7]	50.8×1.2×150	195	291	7	25	192	186	179	1.032	1.075
C20-50×1.2B		50.8×1.2×150	195	291	7	25	164	186	179	0.882	0.918

续表

试件编号	文献	$D \times t \times L^*$	E_s/GPa	$f_{0.2}$/MPa	ξ	f_{cu}/MPa	$N_{u,e}$/kN	$N_{u,FE}$/kN	$N_{u,Eq}$/kN	$N_{uve}/N_{u,FE}$	$N_{u,e}/N_{u,Eq}$
C30-50×1.2A	[7]	50.8×1.2×150	195	291	7	37.5	225	214	203	1.051	1.110
C30-50×1.2B		50.8×1.2×150	195	291	7	37.5	237	214	203	1.107	1.169
C20-50×1.6A		50.8×1.6×150	195	298	7	25.0	203	228	226	0.890	0.897
C20-50×1.6B		50.8×1.6×150	195	298	7	25.0	222	228	226	0.974	0.981
C30-50×1.6A		50.8×1.6×150	195	298	7	37.5	260	261	250	0.996	1.041
C30-50×1.6B		50.8×1.6×150	195	298	7	37.5	280	261	250	1.073	1.121
C20-100×1.6A		101.6×1.6×300	195	320	7	25.0	637	600	575	1.062	1.107
C20-100×1.6B		101.6×1.6×300	195	320	7	25.0	675	600	575	1.125	1.174
C30-100×1.6A		101.6×1.6×300	195	320	7	37.5	602	590	675	1.020	0.892
C30-100×1.6B		101.6×1.6×300	195	320	7	37.5	609	590	675	1.032	0.902
CHS 104×2-C30	[8]	104×2.00×300	192	412	4.3	42.0	699	754	772	0.927	0.905
CHS 104×2-C60		104×2.00×300	192	412	4.3	67.0	901	920	952	0.979	0.946
CHS 104×2-C100		104×2.00×300	192	412	4.3	97.0	1133	1132	1180	1.001	0.960
CHS 114×6-C30		114.3×6.02×300	184	266	8.4	42.0	1254	1368	1344	0.917	0.933
CHS 114×6-C60		114.3×6.02×300	184	266	8.4	67.0	1648	1697	1533	0.971	1.075
CHS 114×6-C100		114.3×6.02×300	184	266	8.4	97.0	1674	1794	1771	0.933	0.945

* 此列数值单位均为 mm。

表 9-12　圆形铝合金管混凝土短柱承载力有限元计算值与试验值对比

试件编号	文献	$D \times t \times L^*$	E_0/GPa	$f_{0.2}$/MPa	ξ	f_{cu}/MPa	$N_{u,e}$/kN	$N_{u,FE}$/kN	$N_{u,e}/N_{u,FE}$	$N_{u,e}/N_{u,Eq}$
CHS4-C40	[9]	76.1×2.06×228	70	237.0	23.7	56.00	329.9	383.5	0.860	0.998
CHS4-C70		76.0×2.06×228	70	237.0	23.7	80.20	415.7	450.2	0.923	1.015
CHS4-C100		76.1×2.05×228	70	237.0	23.7	114.00	611.4	599.5	1.020	1.087
CHS5-C40		99.7×2.02×300	70	244.3	24.4	56.00	543.6	557.5	0.975	1.046
CHS5-C70		99.8×2.06×300	70	244.3	24.4	80.20	712	692.8	1.028	1.070
CHS5-C100		100×2.05×300	70	244.3	24.4	114.00	995.8	947.0	1.052	1.060
CHS6-C40		119.8×2.49×360	70	253.1	25.3	56.00	822.8	826.3	0.996	1.069
CHS6-C70		120×2.55×360	70	253.1	25.3	80.20	1010.3	1023.9	0.987	1.036
CHS6-C100		119.6×2.48×360	70	253.1	25.3	114.00	1388.7	1377.2	1.008	1.022
CHS7-C40		150.1×2.53×450	70	267.9	26.8	56.00	1111.1	1212.2	0.917	0.970
CHS7-C70		150.1×2.54×451	70	267.9	26.8	80.20	1496.4	1520.4	0.984	1.018
CHS7-C100		149.9×2.53×450	70	267.9	26.8	114.00	2057.8	2108.4	0.976	0.985
CHS8-C40		150.2×5.03×228	70	216.9	21.7	56.00	1481.9	1432.7	1.034	1.082
CHS8-C70		150.2×5.04×450	70	216.9	21.7	80.20	1740.6	1661.9	1.047	1.041
CHS8-C100		150.2×5.03×450	70	216.9	21.7	114.00	2666.1	2171.0	1.228	1.183
CHS9-C40		160.1×4.03×480	70	254.2	25.4	56.00	1494.1	1544.9	0.967	1.003

续表

试件编号	文献	$D\times t\times L^*$	E_0/GPa	$f_{0.2}$/MPa	ξ	f_{cu}/MPa	$N_{u,e}$/kN	$N_{u,FE}$/kN	$N_{u,e}/N_{u,FE}$	$N_{u,e}/N_{u,Eq}$
CHS9-C70	[9]	160.5×4.07×480	70	254.2	25.4	80.20	1974.4	1928.0	1.024	1.062
CHS9-C100		160.5×4.06×480	70	254.2	25.4	114.00	2797.3	2551.6	1.096	1.009
CHS10-C40		180.0×3.71×540	70	264.9	26.5	56.00	1690.2	1913.1	0.883	0.956
CHS10-C70		180.4×3.69×540	70	264.9	26.5	80.20	2274.2	2339.5	0.972	1.019
CHS10-C100		180.5×3.75×540	70	264.9	26.5	114.00	3139.2	3172.0	0.990	1.002
LV100-1	[10]	100×2×300	70	186.4	18.64	50.08	443.6	483.0	0.918	0.990
LV100-2		100×2×300	70	187.8	18.78	50.08	448.85	485.3	0.923	0.999
LV100-3		100×2×300	70	182	18.20	50.08	502.3	479.5	1.048	1.130
LV120-1		120×4×360	70	170.8	17.08	50.08	815.9	811.3	1.005	1.093
LV120-2		120×4×360	70	188.8	18.88	50.08	829.7	862.7	0.962	1.057
LV120-3		120×4×360	70	181.1	18.11	50.08	761.5	839.6	0.907	0.991

* 此列数值单位均为 mm。

本 章 小 结

1）采用 ABAQUS 有限元软件建立考虑金属管和核心混凝土约束作用的金属管混凝土短柱轴压三维实体单元精细化有限元模型，计算结果与试验结果吻合较好。

2）有限元参数分析结果表明，应变强化效应使得不锈钢与冷弯钢对核心混凝土的约束作用强于普通钢管的，弹性模量较低使得铝合金对核心混凝土的约束作用弱于普通钢管的。

3）根据核心混凝土处于极限状态时的应力云图并进行合理简化，基于静力平衡理论建立了考虑三类金属管截面形状约束系数的金属管混凝土轴压承载力计算公式，计算结果与 98 个其他学者试验结果符合较好。

参 考 文 献

[1] 陶忠，王志滨，韩林海. 矩形冷弯型钢钢管混凝土柱的力学性能研究［J］. 工程力学，2006，23（3）：147-155.

[2] 李迪. 高强冷弯钢管混凝土短柱轴压力学性能研究［D］. 荆州：长江大学，2017.

[3] 张达. 方形冷弯中厚壁钢管混凝土短柱承载力研究［D］. 武汉：华中科技大学，2012.

[4] ZHU A Z，ZHANG X W，ZHU H P，et al. Experimental study of concrete filled cold-formed steel tubular stub columns［J］. Journal of Constructional Steel Research，2017，134：17-27.

[5] FERHOUNE N. Experimental behaviour of cold-formed steel welded tube filled with concrete made of crushed crystallized slag subjected to eccentric load［J］. Thin-Walled Structures，2014，80：159-166.

[6] QU X，CHEN Z，SUN G. Axial behaviour of rectangular concrete-filled cold-formed steel tubular columns with different loading methods［J］. Steel and Composite Structures，2015，18（1）：71-90.

[7] UY B，TAO Z，HAN L H. Behaviour of short and slender concrete-filled stainless steel tubular columns［J］. Journal of

Constructional Steel Research，2011，67（3）：360-378.

[8] LAM D，GARDNER L. Structural design of stainless steel concrete filled columns [J]. Journal of Constructional Steel Research，2008，64（11）：1275-1282.

[9] ZHOU F，YOUNG B. Concrete-filled aluminum circular hollow section column tests [J]. Thin-Walled Structures，2009，47（11）：1272-1280.

[10] 宫永丽. 常用金属管混凝土柱力学性能的试验和理论研究 [D]. 哈尔滨：哈尔滨工业大学，2011.

[11] EN 10088-4. Stainless steels—part 4：Technical delivery conditions for sheet/plate and strip of corrosion resisting steels for general purposes [S]. CEN Brussels（Belgium）：European Committee for Standardization，2009.

[12] Eurocode 2：Design of Concrete Structures，part 1-1：General rules and rules for buildings：BS EN 1992-1-1 [S]. London：British Standards Institution，2004.

[13] Association Francaise de Normalisation. Eurocode 9：Design of aluminium structures [S]. Brussels：European Committee for Standardization，2007.

第 10 章　钢管不同类型混凝土轴压约束原理

10.1　概　　述

截至目前，国内外学者对钢管再生混凝土[1-20]和钢管轻骨料混凝土[21-23]短柱轴压性能已经完成了一定数量的试验研究，但对上述两种混凝土与钢管之间的约束作用仍缺乏深入的探讨，对钢管再生混凝土和轻骨料混凝土与钢管普通混凝土之间约束效果的差异及原因缺乏讨论，为此本章在国内外圆形和矩形钢管再生混凝土以及圆形轻骨料混凝土短柱轴压性能试验研究的基础上，主要工作如下。

1）运用 ABAQUS 有限元软件分别建立钢管再生混凝土和轻骨料混凝土短柱轴压三维实体精细有限元模型，在试验验证的基础上，探讨钢管对再生混凝土和轻骨料混凝土约束效应的变化规律，分析普通钢管对不同类型混凝土约束效应的差异。

2）对核心混凝土处于极限状态时的应力云图进行合理简化，基于静力平衡理论，建立考虑钢管形状约束系数的钢管再生混凝土和轻骨料混凝土短柱轴压承载力的实用计算公式。

10.2　有限元模型与约束原理

10.2.1　有限元模型与验证

考虑再生骨料取代率影响的再生混凝土单轴受压应力-应变曲线表达式见式（2-29）结合式（2-5）、式（2-7）、式（2-8）、式（2-20）、式（2-21）、式（2-32）、式（2-33）和式(2-42c)，轻骨料混凝土的单轴受压应力-应变曲线见式(2-29)结合式(2-9)、式(2-23)、式（2-34）、式（2-35）和式（2-42c），钢管的应力-应变关系模型采用式（2-54）～式（2-56），采用 ABAQUS 6.14 分别建立圆形和矩形钢管再生混凝土和钢管轻骨料混凝土短柱轴压三维精细实体有限元模型。钢管、核心再生混凝土、核心轻骨料混凝土、盖板均采用 8 节点缩减积分的三维实体单元（C3D8R），模型采用结构化网格划分技术进行网格划分，如图 10-1 所示。

现有再生混凝土多轴试验结果表明[24-29]，再生骨料取代率对其三轴强度包络面影响不大，可采用与普通混凝土一致的三轴强度参数，而轻骨料混凝土的三轴强度包的络面比混凝土的小[30-32]。由第 3 章 3.4.1 节圆钢管混凝土轴压有限元模型分析结果可知，影响钢管与混凝土约束作用的主要因素是膨胀角的取值。图 10-2 为傅中秋等[22]试验曲线加以剥离法分离出来的钢管和轻骨料混凝土各应力和横向变形系数-应变曲线与膨胀角取值 30°、35°和 40°时有限元计算曲线的比较，可见从整体上比较，对于轻骨料混凝土的膨胀角取值为 30°～35°是合理的，本书推荐取值为 30°。

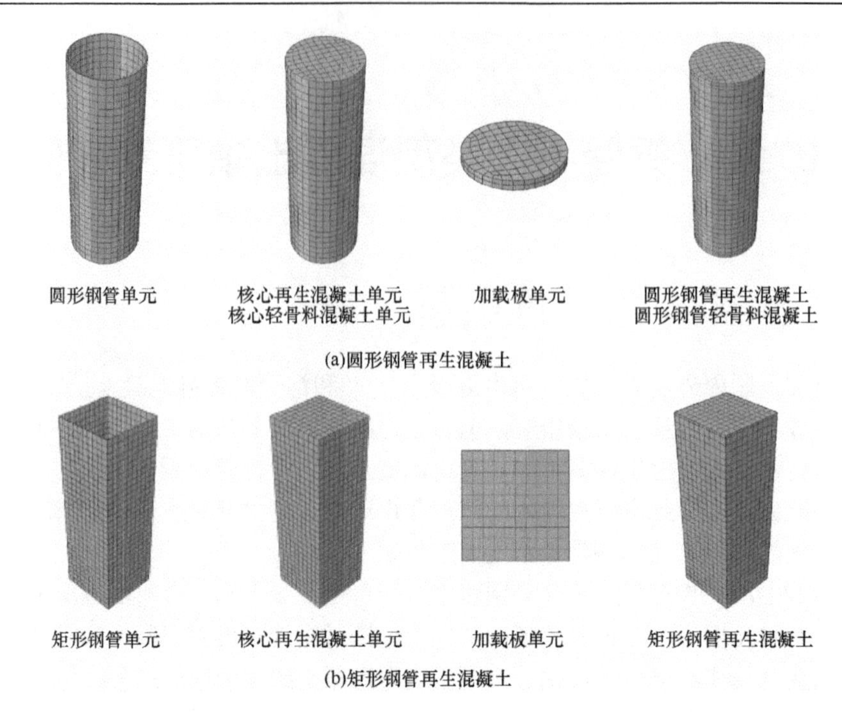

图 10-1　钢管不同类型混凝土短柱轴压有限元模型

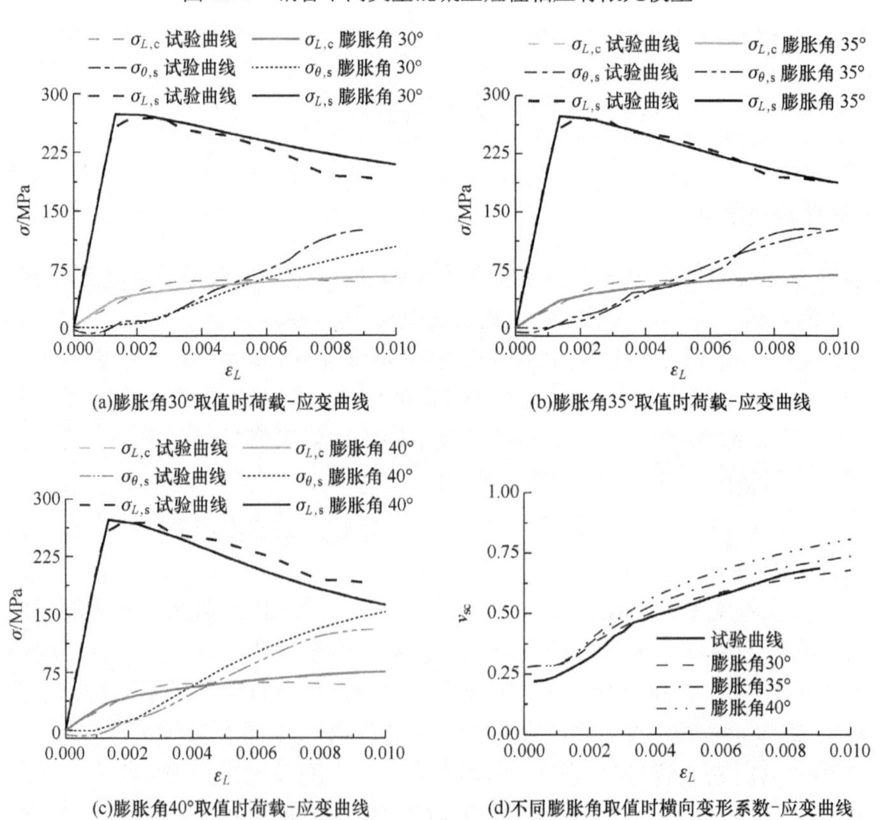

图 10-2　不同膨胀角下试件 SC10-a 的应力（横向变形系数）-应变曲线有限元值与傅中秋等[22]试验值比较

采用上述的有限元建模方法分别对文献［1］～［23］提供的钢管再生混凝土和钢管轻骨料混凝土短柱轴压荷载-应变曲线和承载力进行比较分析，承载力试验结果与有限元计算结果的比较特征值见表 10-1，可知有限元计算承载力与试验结果吻合良好。图 10-3～图 10-5 显示了钢管再生和轻骨料混凝土短柱典型有限元模拟曲线与试验结果曲线的比较，两者总体上吻合良好，其中图 10-3（b）所示的位移采用实验机端部位移值测试导致刚度偏低。

表 10-1　钢管各类混凝土短柱轴压承载力试验结果与有限元计算结果比较特征值

混凝土类型	截面形状	试件数量/件	均值	离散系数
再生混凝土	圆形	61	0.978	0.048
	矩形	64	0.975	0.093
轻骨料混凝土	圆形	49	0.996	0.034

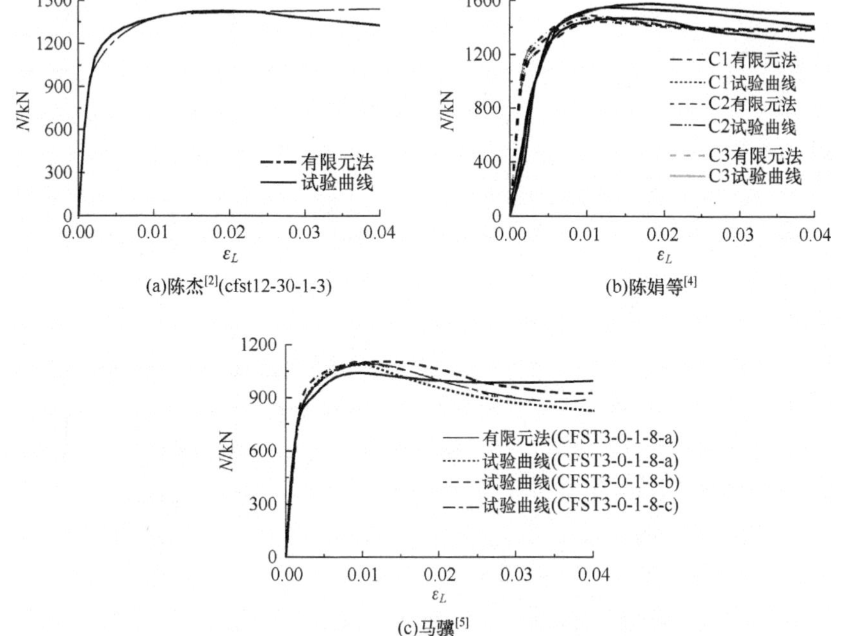

(a)陈杰[2](cfst12-30-1-3)　(b)陈娟等[4]

(c)马骥[5]

图 10-3　圆形钢管再生混凝土短柱轴压荷载-应变曲线有限元值与试验值比较

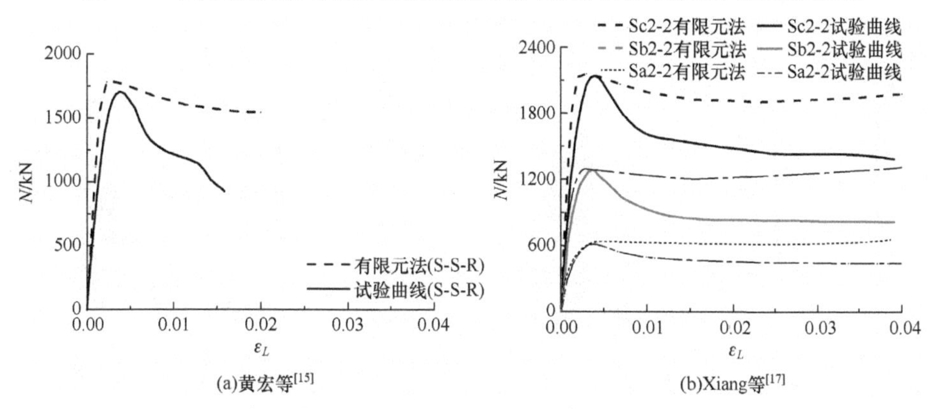

(a)黄宏等[15]　(b)Xiang等[17]

图 10-4　矩形钢管再生混凝土短柱轴压荷载-应变曲线有限元值与试验值比较

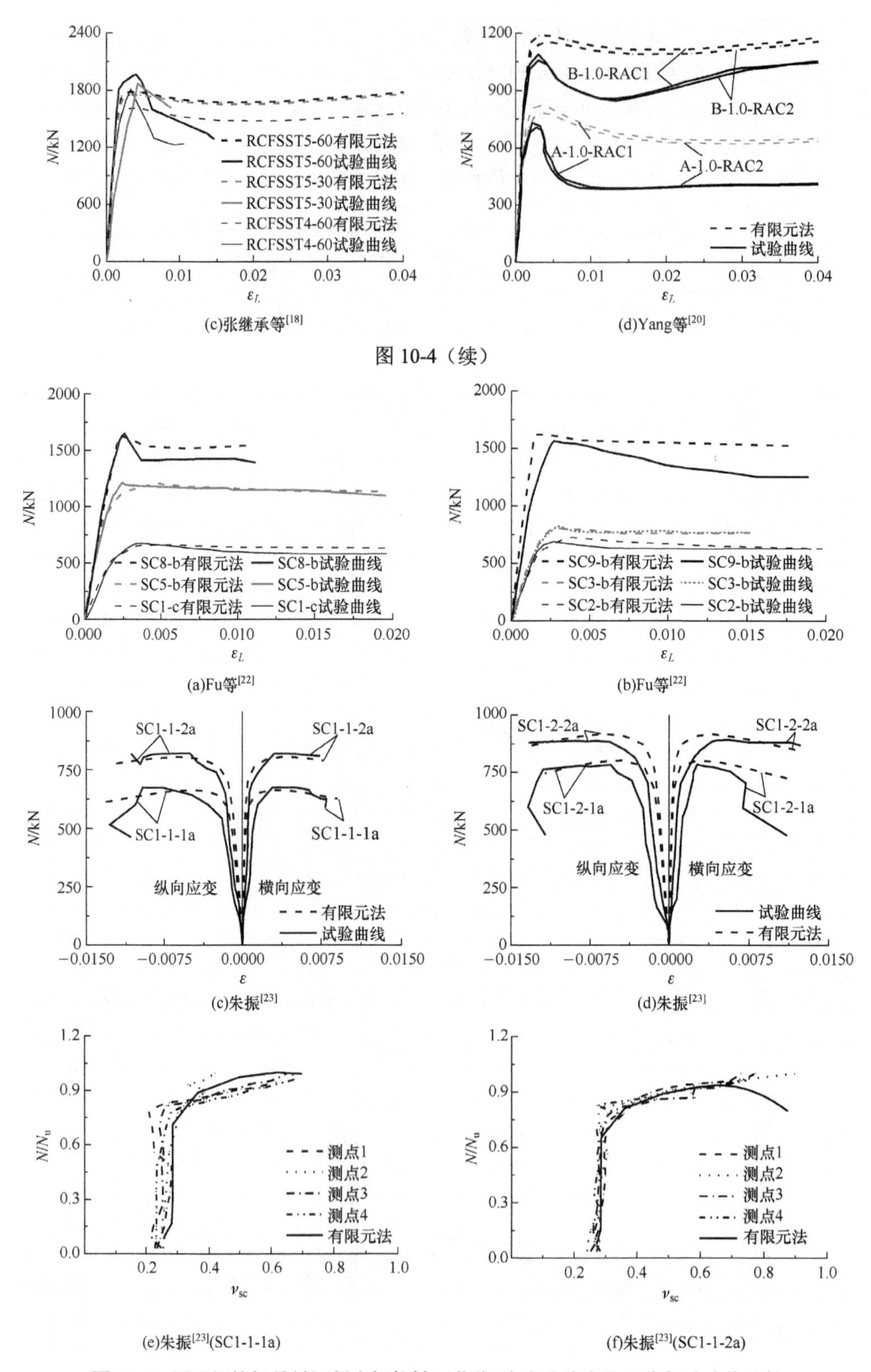

图 10-5 圆形钢管轻骨料混凝土短柱轴压荷载-应变曲线有限元值与试验值比较

10.2.2　影响因素分析

1. 圆形与矩形钢管再生混凝土

圆形钢管再生混凝土短柱轴压有限元模型取 D=500mm，L=1500mm，含钢率ρ_s=0.02、0.05 和 0.08，钢管壁厚取值范围为 3～10mm，共计 75 个模型，各模型参数见表 10-2。矩形钢管再生混凝土短柱轴压有限元模型算例取 D=500mm，B/D=1.0、1.5、2.0 和 3.0，含钢率ρ_s=0.02、0.05 和 0.08，钢管壁厚取值范围为 3～15mm，共计 300 个模型，模型参数见表 10-3。

表 10-2　圆形钢管再生混凝土短柱轴压足尺有限元模型参数

截面形式	D/mm	L/mm	ρ_s	η_r	$f_{cu,0}$/MPa	f_y/MPa
圆形	500	1500	0.02，0.05，0.08	0.00，0.25，0.50，0.75，1.00	30，50	235
					50，70	345
					70	420
					30，50	235
					50，70	345
					70	420
					30，50	235
					50，70	345
					70	420

表 10-3　矩形钢管再生混凝土短柱轴压足尺有限元模型参数

截面形式	B（D）/mm	L/mm	ρ_s	η_r	$f_{cu,0}$/MPa	f_y/MPa
矩形	500（500）	1500	0.02，0.05，0.08	1.00，0.25，0.50，0.75，1.00	30，50	235
					50，70	345
					70	420
	750（500）	2250			30，50	235
					50，70	345
					70	420
	1000（500）	3000			30，50	235
					50，70	345
					70	420
	1500（500）	4500			30，50	235
					50，70	345
					70	420

图 10-6 为不同参数对圆形和方形钢管再生混凝土短柱轴压承载力的影响。混凝土强度等级、钢材屈服强度和含钢率都对荷载-应变曲线与承载力有一定的影响，而再生骨料取代率影响较小。

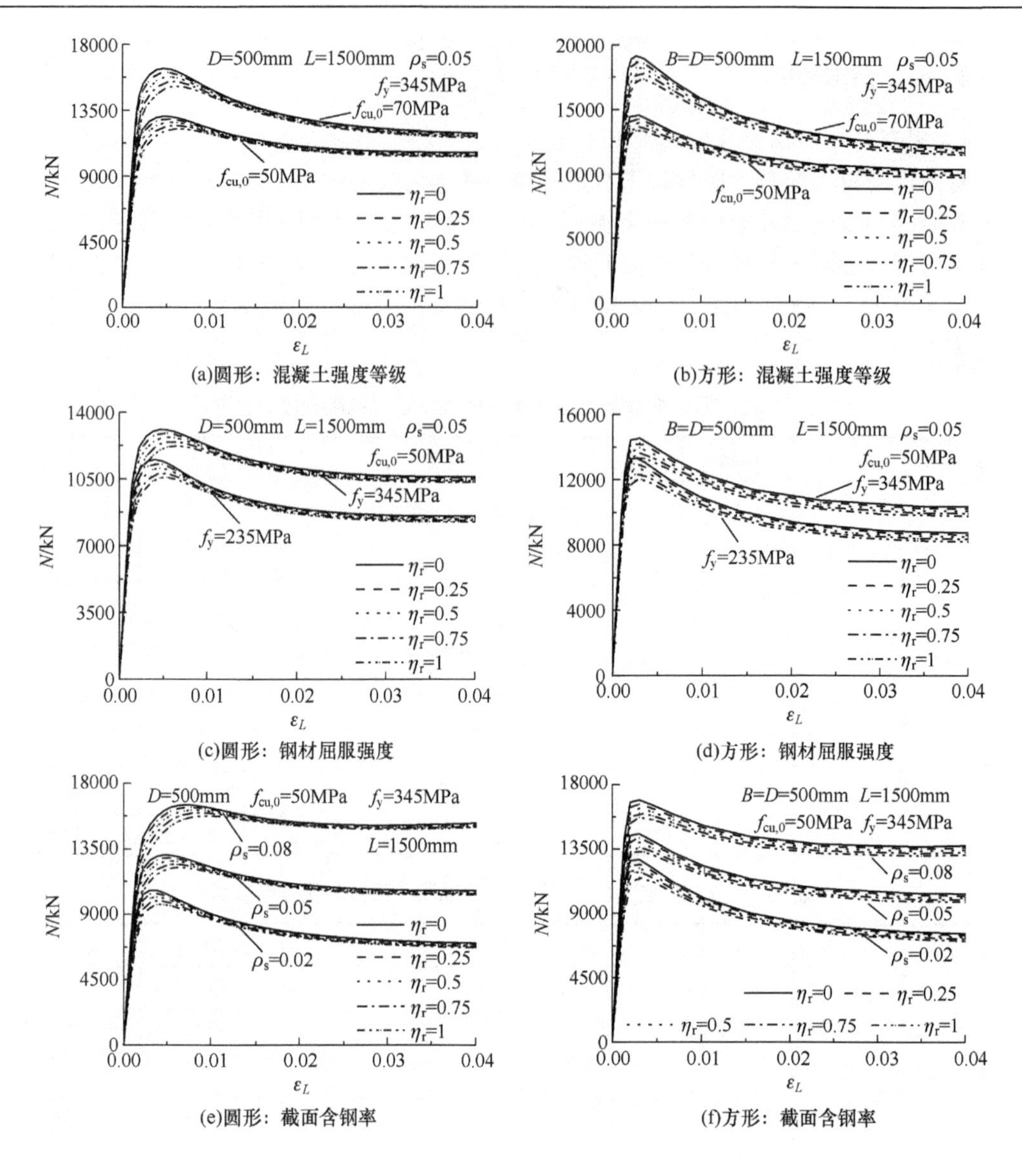

图 10-6 不同参数对圆形和方形钢管再生混凝土短柱轴压承载力的影响

2．钢管轻骨料混凝土

圆形钢管轻骨料混凝土短柱轴压有限元模型取 D=500 mm，L=1500 mm，含钢率取值范围为ρ_s=0.05～0.08，钢管壁厚 t 分别取 6mm、7mm、8mm、9mm 和 10 mm，共计 85 个模型，模型参数见表 10-4。

表 10-4 圆形钢管轻骨料混凝土短柱轴压足尺有限元模型参数

截面形式	D/mm	L/mm	E_s/GPa	t/mm	$f_{cu,0}$/MPa	f_y/MPa
圆形	500	1500	206	6，7，8，9，10	20，30，40，50	235
					30，40，50，60	345
					40，50，60，70	390

续表

截面形式	D/mm	L/mm	E_s/GPa	t/mm	$f_{cu,0}$/MPa	f_y/MPa
圆形	500	1500	206	6，7，8，9，10	50，60，70	420
					60，70	460

图 10-7 为不同参数对圆形钢管轻骨料混凝土短柱轴压承载力的影响，可见混凝土强度等级、钢材屈服强度和含钢率都对荷载-应变曲线与承载力有一定的影响。

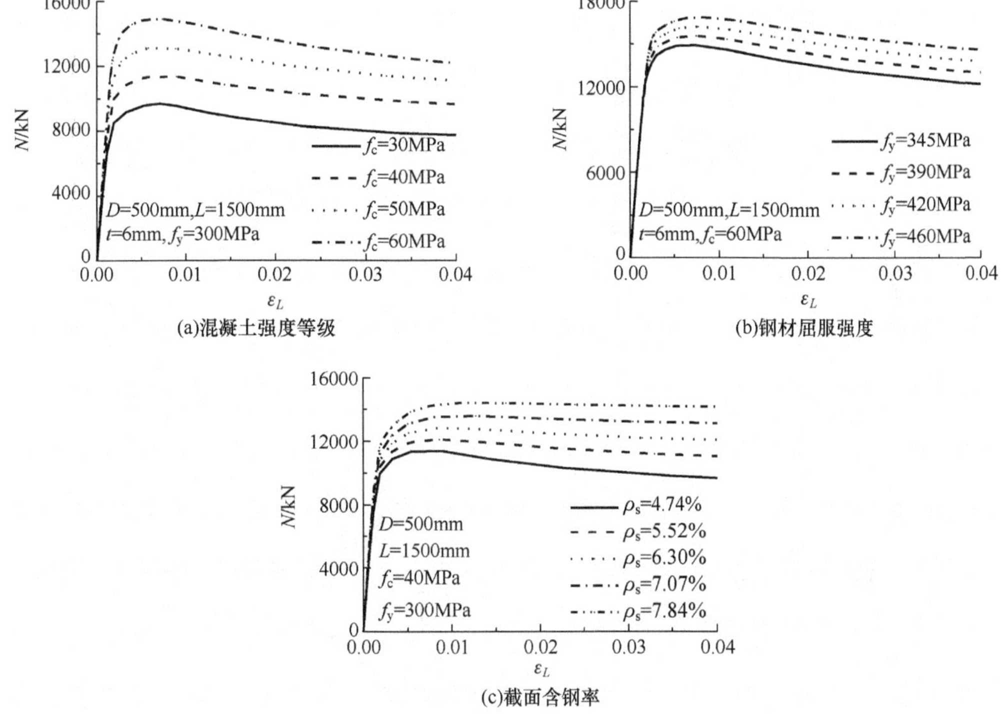

图 10-7　不同参数对圆钢管轻骨料混凝土短柱轴压承载力的影响

10.2.3　约束作用分析

1. 圆形与矩形钢管再生混凝土

钢管对核心再生混凝土的约束作用可以通过核心再生混凝土侧向压应力$\sigma_{r,c}$来评估，而矩形钢管混凝土可采用混凝土等效侧向压应力［$\sigma_{r,c}=2t\sigma_{\theta,s}/(B-2t)$］，钢管对核心再生混凝土的约束效率可通过侧向约束系数［$\eta_c=\sigma_{r,c}/(\rho_s f_y)$］和钢管纵向压应力-应变曲线与横向拉应力-应变曲线出现交点的时间来评估。

（1）再生混凝土强度

核心再生混凝土强度对短柱模型约束作用和约束效率的影响，如图 10-8 所示。由图 10-8 可知：在加载前期再生混凝土强度越高，核心再生混凝土侧向压应力$\sigma_{r,c}$和核心再生混凝土侧向压应力约束系数η_c越小，而在加载后期则相反；加载后期，随核心再生混凝土强度增大，钢管纵向压应力下降的幅度和横向拉应力上升的幅度都有所增大，钢

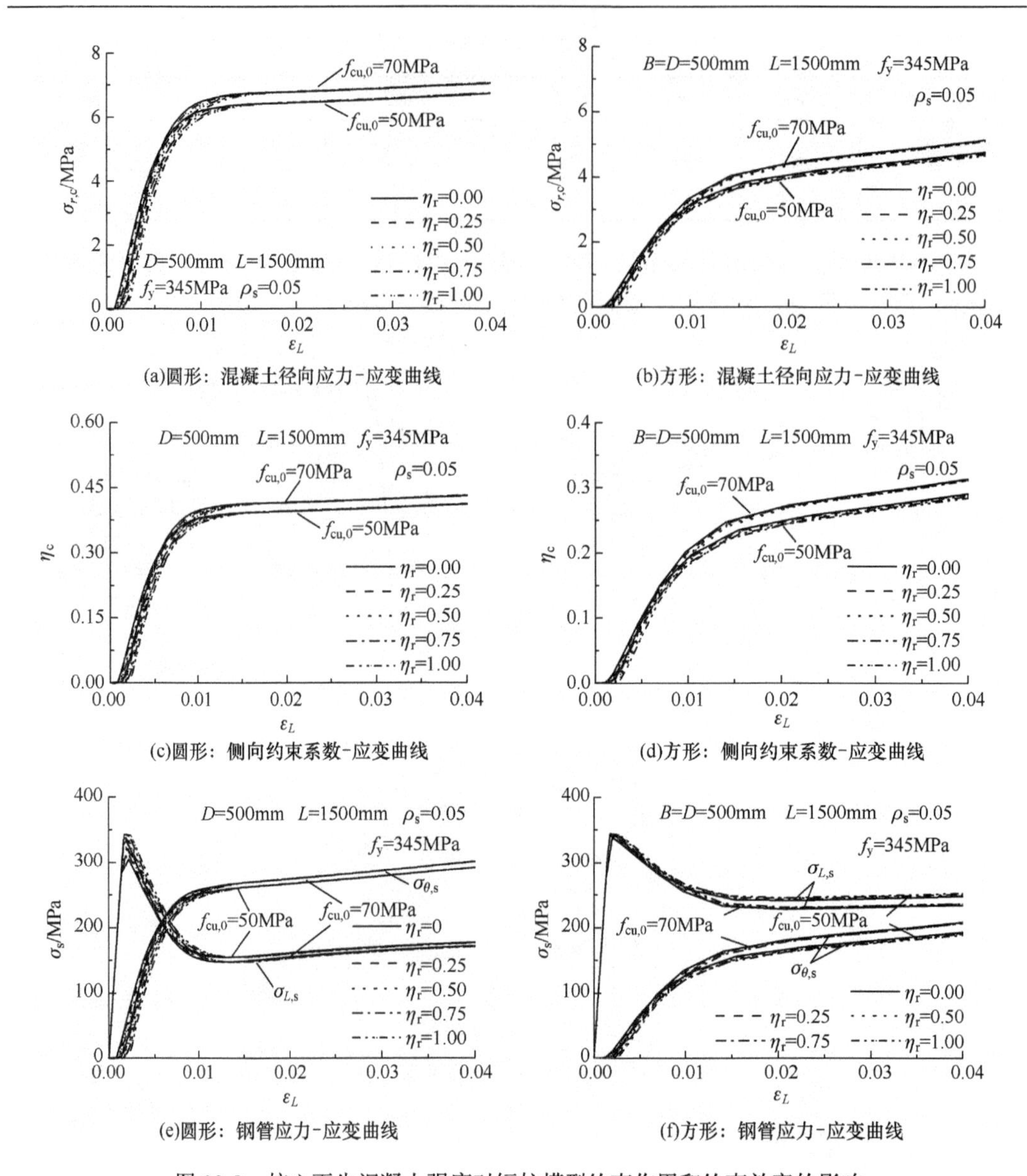

(a)圆形：混凝土径向应力-应变曲线　　(b)方形：混凝土径向应力-应变曲线

(c)圆形：侧向约束系数-应变曲线　　(d)方形：侧向约束系数-应变曲线

(e)圆形：钢管应力-应变曲线　　(f)方形：钢管应力-应变曲线

图 10-8　核心再生混凝土强度对短柱模型约束作用和约束效率的影响

管纵向压应力-应变曲线与横向拉应力-应变曲线越早相交。随混凝土强度的提高，钢管对核心再生混凝土的约束作用和约束效率随再生混凝土强度的提高而增强。

（2）钢材屈服强度

钢材屈服强度对短柱模型约束作用和约束效率的影响如图 10-9 所示。由图 10-9 可知：核心再生混凝土径向应力$\sigma_{r,c}$随钢材屈服强度的提高而增大，表明钢管对核心再生混凝土的约束作用随着钢材屈服强度的提高而增大；核心再生混凝土径向应力约束系数η_c随钢材屈服强度的提高而减小，钢管纵向压应力-应变曲线与横向拉应力-应变曲线相交时间随钢材屈服强度的提高而推迟，表明随着钢材屈服强度的提高，钢管对核心再生混凝土的约束效率减弱。

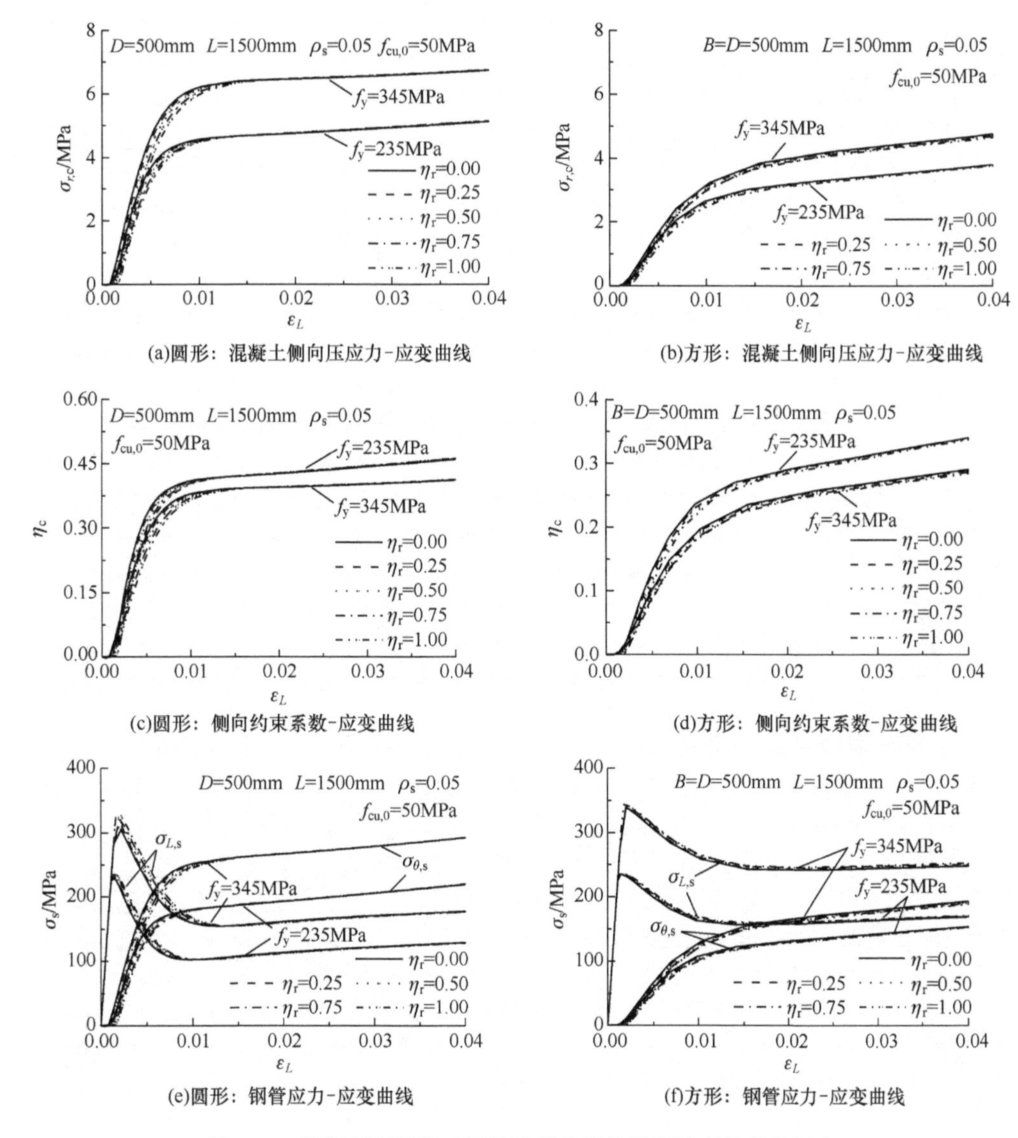

(a)圆形：混凝土侧向压应力-应变曲线　(b)方形：混凝土侧向压应力-应变曲线

(c)圆形：侧向约束系数-应变曲线　(d)方形：侧向约束系数-应变曲线

(e)圆形：钢管应力-应变曲线　(f)方形：钢管应力-应变曲线

图 10-9　钢管屈服强度对短柱模型约束作用和约束效率的影响

（3）含钢率

含钢率对短柱模型约束作用和约束效率的影响如图 10-10 所示，由图 10-10 可知：核心再生混凝土径向应力$\sigma_{r,c}$随含钢率的提高而增大，表明钢管对核心再生混凝土的约束作用随着含钢率的提高而增大；核心再生混凝土侧向压应力约束系数 η_c 随含钢率的提高而减小，钢管纵向压应力-应变曲线与横向拉应力-应变曲线相交时间随含钢率的提高而推迟，表明随着含钢率的提高，钢管对核心再生混凝土的约束效率减弱。

（4）再生骨料取代率

给出了再生骨料取代率对短柱模型约束作用和约束效率的影响，如图 10-8～图 10-10 所示。可知：随着再生骨料取代率的增大，核心再生混凝土侧向压应力$\sigma_{r,c}$和核心再生混凝土径向压应力约束系数 η_c 在加载早期偏小，但在加载后期不同再生骨料取代率下的$\sigma_{r,c}$

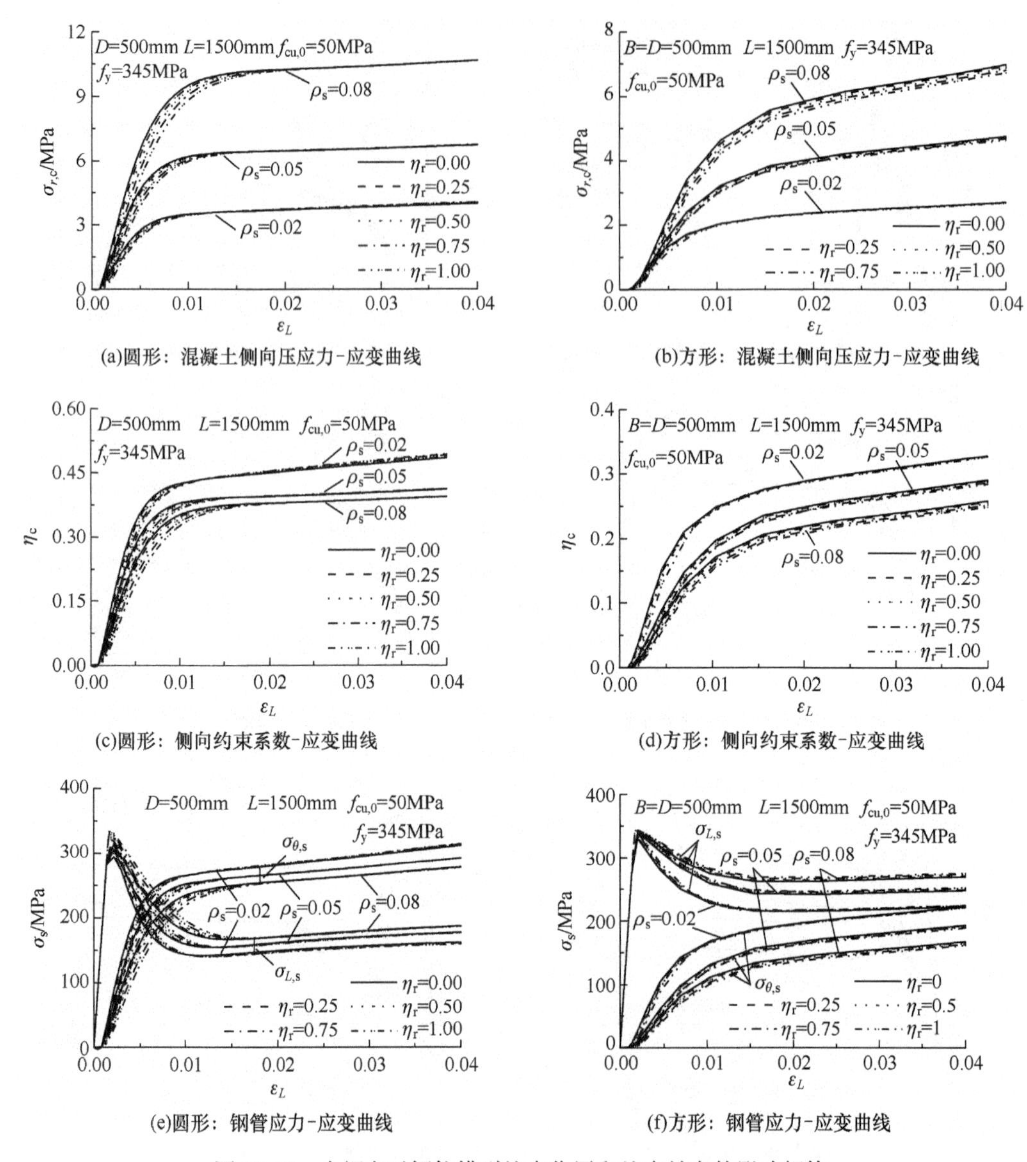

(a)圆形：混凝土侧向压应力-应变曲线　(b)方形：混凝土侧向压应力-应变曲线

(c)圆形：侧向约束系数-应变曲线　(d)方形：侧向约束系数-应变曲线

(e)圆形：钢管应力-应变曲线　(f)方形：钢管应力-应变曲线

图 10-10　含钢率对短柱模型约束作用和约束效率的影响规律

和 η_c 趋于一致；随着再生骨料取代率的增大，再生混凝土的弹性模量和轴心抗压强度有所降低，钢管纵向压应力-应变曲线与横向拉应力-应变曲线相交时间略微推迟，与其他参数（再生混凝土强度、钢材屈服强度和含钢率）相比，再生骨料取代率对钢管对核心再生混凝土的约束作用和约束效率影响较小。

（5）长宽比

长宽比对矩形截面短柱模型约束作用和约束效率的影响如图 10-11 所示，可知：随着长宽比的增加，核心再生混凝土的侧向压应力 $\sigma_{r,c}$ 变小，钢管纵向压应力-应变曲线与横向拉应力-应变曲线相交时间推迟，表明钢管对核心再生混凝土的约束作用和约束效率减小。

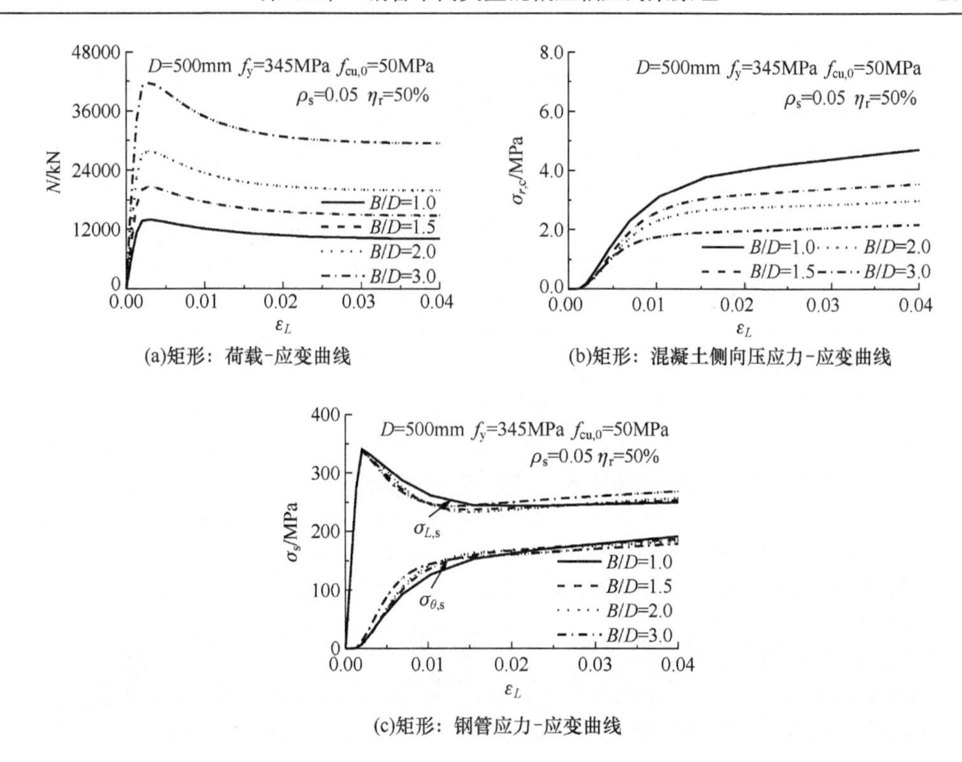

(a)矩形：荷载-应变曲线

(b)矩形：混凝土侧向压应力-应变曲线

(c)矩形：钢管应力-应变曲线

图 10-11　长宽比对矩形截面短柱算例约束作用和约束效率的影响规律

2. 圆钢管轻骨料混凝土

圆钢管轻骨料混凝土与钢管普通混凝土轴压性能比较如图 10-12 所示。由图 10-12 可知相同参数下圆钢管轻骨料混凝土短柱轴压承载力比圆钢管普通混凝土低约 5%；圆钢管普通混凝土的钢管纵向压应力与横向拉应力曲线存在交点，而圆钢管轻骨料混凝土没有交点；核心轻骨料混凝土的侧向压应力比核心混凝土低约 18%；承载力时圆钢管轻骨料混凝土的横向变形系数小于圆钢管普通混凝土，表明由于轻骨料混凝土弹性模量较低，使得钢管对轻骨料混凝土的约束作用弱于普通混凝土。

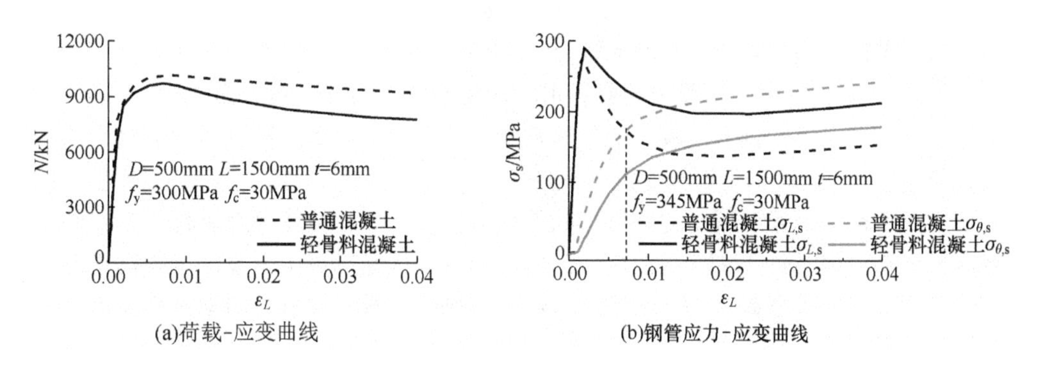

(a)荷载-应变曲线

(b)钢管应力-应变曲线

图 10-12　圆钢管轻骨料混凝土与钢管普通混凝土轴压性能比较

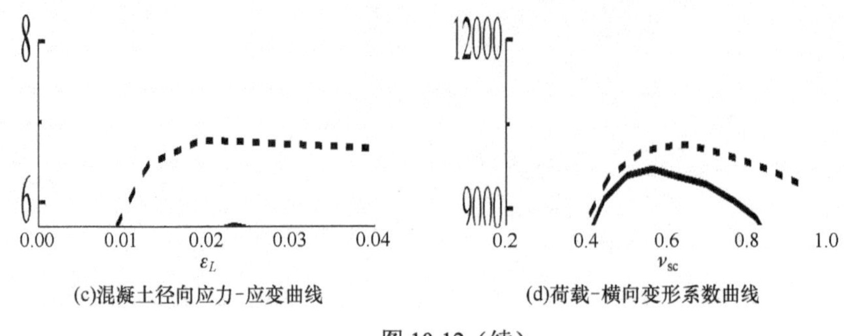

(c)混凝土径向应力-应变曲线 (d)荷载-横向变形系数曲线

图 10-12（续）

10.3 承载力公式

10.3.1 模型简化与公式

不同截面形式钢管不同类型混凝土短柱轴压承载力计算简化模型如图 10-13 所示，不同截面形式钢管的纵向应力和横向应力与钢管屈服强度比值的计算结果变化规律如图 10-14～图 10-16 和表 10-5 所示，其均值以及非加强核心混凝土面积 A_{c1} 与将其核心混凝土面积 A_{c2} 所占核心混凝土的比例均值见表 10-6。

图 10-13 所示的圆形截面加强区核心混凝土侧向压应力与钢管横向拉应力关系见式（3-33），矩形截面加强区核心混凝土侧向压应力与钢管横向拉应力关系见表 4-5。

加强区核心混凝土纵向抗压强度（$f_{L,c}$）与侧向压应力（$\sigma_{r,c}$）的关系见式（2-38）。对于圆形，由截面的静力平衡条件可得

$$N_u = f_{L,c}A_c + \sigma_{L,s}A_s \tag{10-1}$$

对于矩形钢管混凝土，由截面的静力平衡条件可得

$$N_u = f_{L,c}A_{c2} + f_c A_{c1} + \sigma_{L,s1}A_{s1} + \sigma_{L,s2}A_{s2} \tag{10-2}$$

于是圆形、矩形钢管再生混凝土和圆形轻骨料混凝土轴压承载力可表示为

$$N_u = f_c A_c + k_1 f_y A_s \tag{10-3}$$

式中：钢管不同截面形状约束系数 k_1 见表 10-8 和表 10-9。

表 10-5 中圆钢管再生混凝土的钢管形状约束系数 k_1=1.61，第 3 章 3.5.2 节显示有限元法结合叠加法所得圆钢管混凝土的钢管形状约束系数 k_1=1.62，可见再生混凝土的钢管形状约束系数略低，即钢管对再生混凝土的约束作用略微减弱。第 3 章 3.5.2 节显示根据极限平衡法所得圆钢管混凝土的钢管形状约束系数 k_1=1.7，最终考虑钢材的塑性硬化影响将钢管形状约束系数 k_1 统一取为 1.7，因此作者同样考虑这个因素，将圆钢管再生混凝土的钢管形状约束系数 k_1 统一取为 1.7，而圆钢管轻骨料混凝土的钢管截面形状约束系数暂不考虑修正。

不同长宽比下矩形钢管再生混凝土的截面形状约束系数见表 10-6。不同长宽比下矩形钢管再生混凝土短柱轴压约束系数与相对应的矩形钢管混凝土截面形状约束系数（见第 4 章 4.4.2 节）基本不变，因此矩形钢管再生混凝土的形状约束系数同式（4-5）。

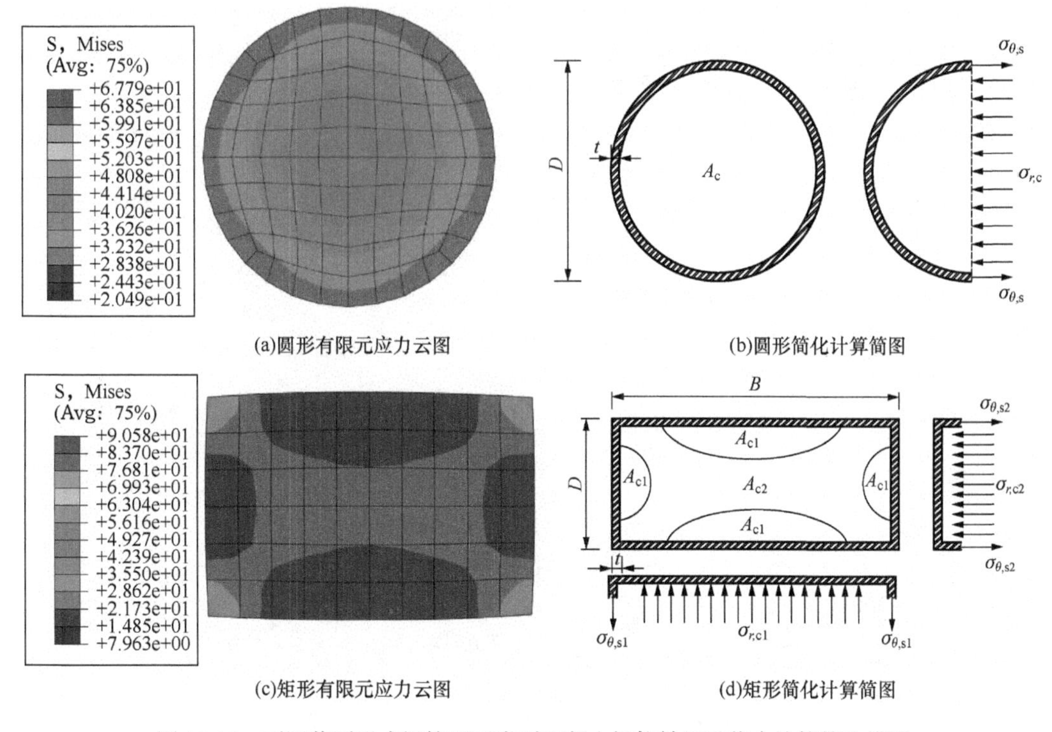

(a)圆形有限元应力云图　(b)圆形简化计算简图

(c)矩形有限元应力云图　(d)矩形简化计算简图

图 10-13　不同截面形式钢管不同类型混凝土短柱轴压承载力计算简化模型

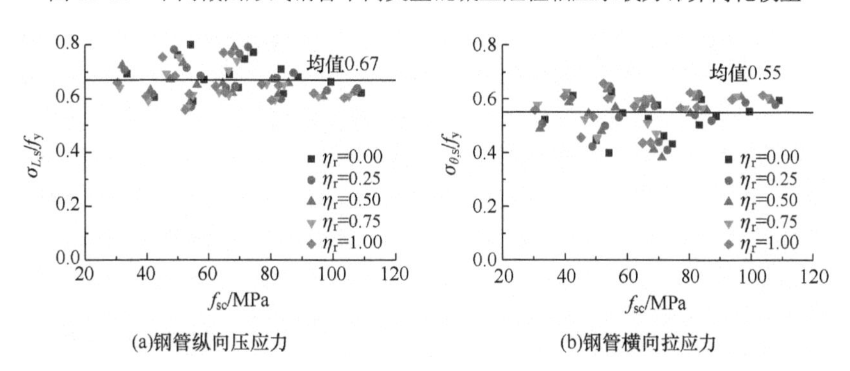

(a)钢管纵向压应力　(b)钢管横向拉应力

图 10-14　圆形钢管再生混凝土钢管应力与屈服强度比值随算例极限强度关系

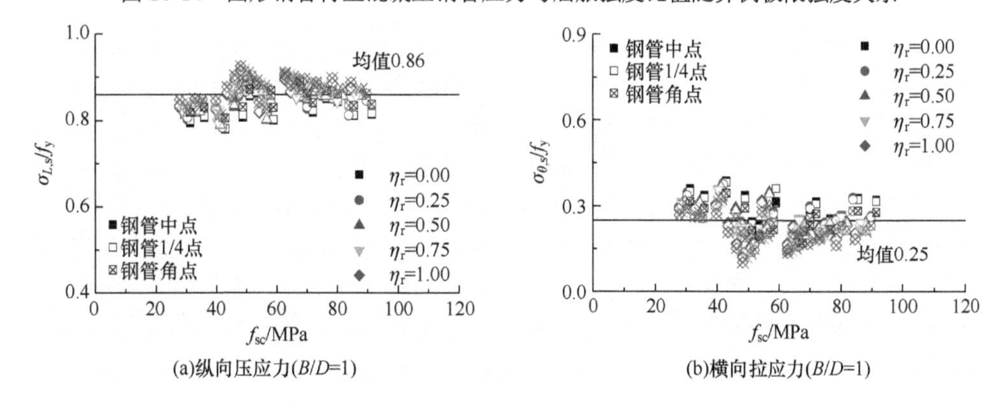

(a)纵向压应力(B/D=1)　(b)横向拉应力(B/D=1)

图 10-15　矩形钢管再生混凝土钢管应力与屈服强度比值随算例极限强度关系

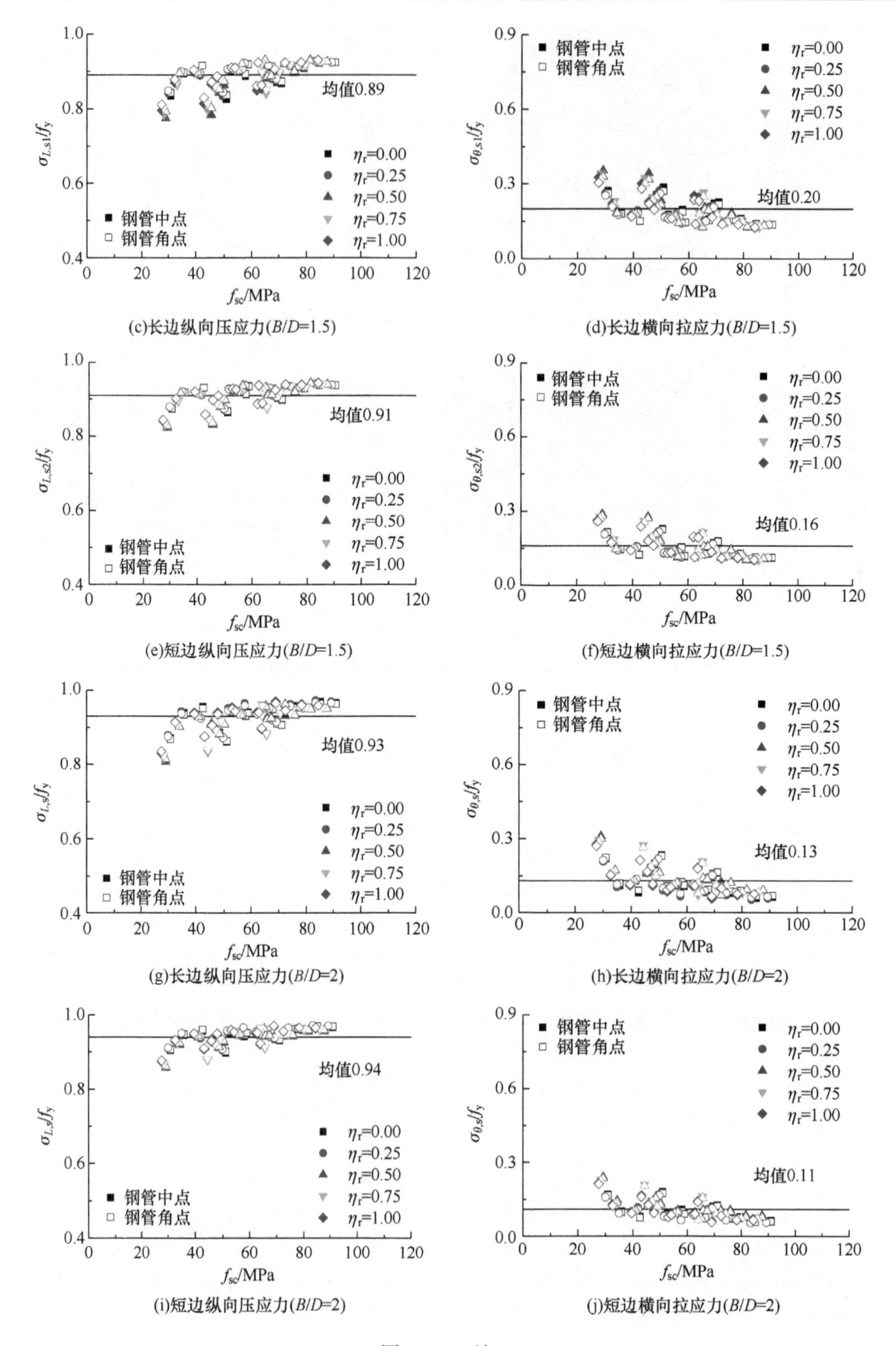

(c)长边纵向压应力(B/D=1.5)　(d)长边横向拉应力(B/D=1.5)

(e)短边纵向压应力(B/D=1.5)　(f)短边横向拉应力(B/D=1.5)

(g)长边纵向压应力(B/D=2)　(h)长边横向拉应力(B/D=2)

(i)短边纵向压应力(B/D=2)　(j)短边横向拉应力(B/D=2)

图 10-15（续）

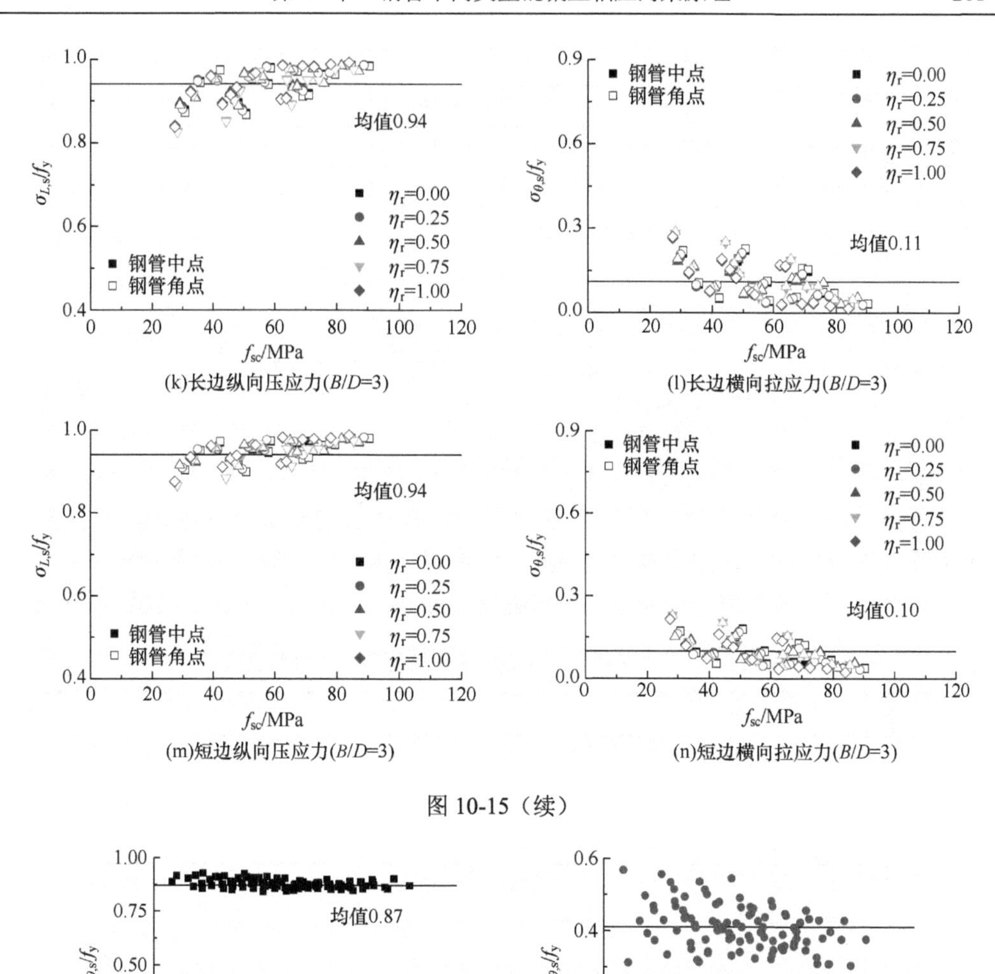

(k)长边纵向压应力(B/D=3)　(l)长边横向拉应力(B/D=3)

(m)短边纵向压应力(B/D=3)　(n)短边横向拉应力(B/D=3)

图 10-15（续）

(a)钢管纵向压应力　(b)钢管横向拉应力

图 10-16　圆形钢管轻骨料混凝土钢管应力与屈服强度比值随算例极限强度关系

表 10-5　圆钢管再生混凝土的钢管形状约束系数 k_1

混凝土类型	$\sigma_{L,s}/f_y$	$\sigma_{\theta,s}/f_y$	k_1
再生混凝土	0.67	0.55	1.61
轻骨料混凝土	0.87	0.41	1.57

表 10-6　不同 B/D 下矩形钢管再生混凝土的钢管截面形状约束系数 k_1

B/D	$\sigma_{L,s1}/f_y$	$\sigma_{L,s2}/f_y$	$\sigma_{\theta,s1}/f_y$	$\sigma_{\theta,s2}/f_y$	A_{c1}/A_c	A_{c2}/A_c	k_1
1	0.86	0.86	0.25	0.25	0.25	0.75	1.18
1.5	0.89	0.91	0.20	0.16	0.40	0.60	1.08

续表

B/D	$\sigma_{L,s1}/f_y$	$\sigma_{L,s2}/f_y$	$\sigma_{\theta,s1}/f_y$	$\sigma_{\theta,s2}/f_y$	A_{c1}/A_c	A_{c2}/A_c	k_1
2	0.93	0.94	0.13	0.11	0.55	0.45	1.02
3	0.94	0.94	0.11	0.10	0.65	0.35	1.00

10.3.2 结果比较

上述分析所得的钢管不同类型混凝土短柱轴压承载力计算公式（10-3）见表 10-7，图 10-17～图 10-19 为钢管不同类型混凝土短柱轴压承载力公式（10-3）计算值（$N_{u,Eq}$）与试验值（$N_{u,e}$），模型的有限元计算值（$N_{u,FE}$）承载力试验值与式（10-3）计算值的比较见表 10-8，模型的承载力有限元计算值与式（10-3）计算值比较见表 10-9，各文献承载力试验值与有限元计算值和式（10-3）计算值比较见表 10-10～表 10-12。公式计算结果与试验结果吻合较好，公式计算结果也与有限元算例计算结果吻合良好。由于圆形钢管再生混凝土短柱试验数据中有一组数据因截面尺寸大，轴压承载力较其他数据高很多，为更好地呈现对比的效果，采用轴压极限强度［$f_{sc}=N_{u,e}/(A_s+A_c)$］进行比较。

表 10-7　钢管不同类型混凝土短柱轴压承载力计算公式

混凝土种类	形状	公式表达	k_1
再生混凝土	圆形	$N_u=f_cA_c+k_1f_sA_s$	1.7
	矩形		k_1=1.04–0.06 ln(B/D–0.9)
轻骨料	圆形		1.57

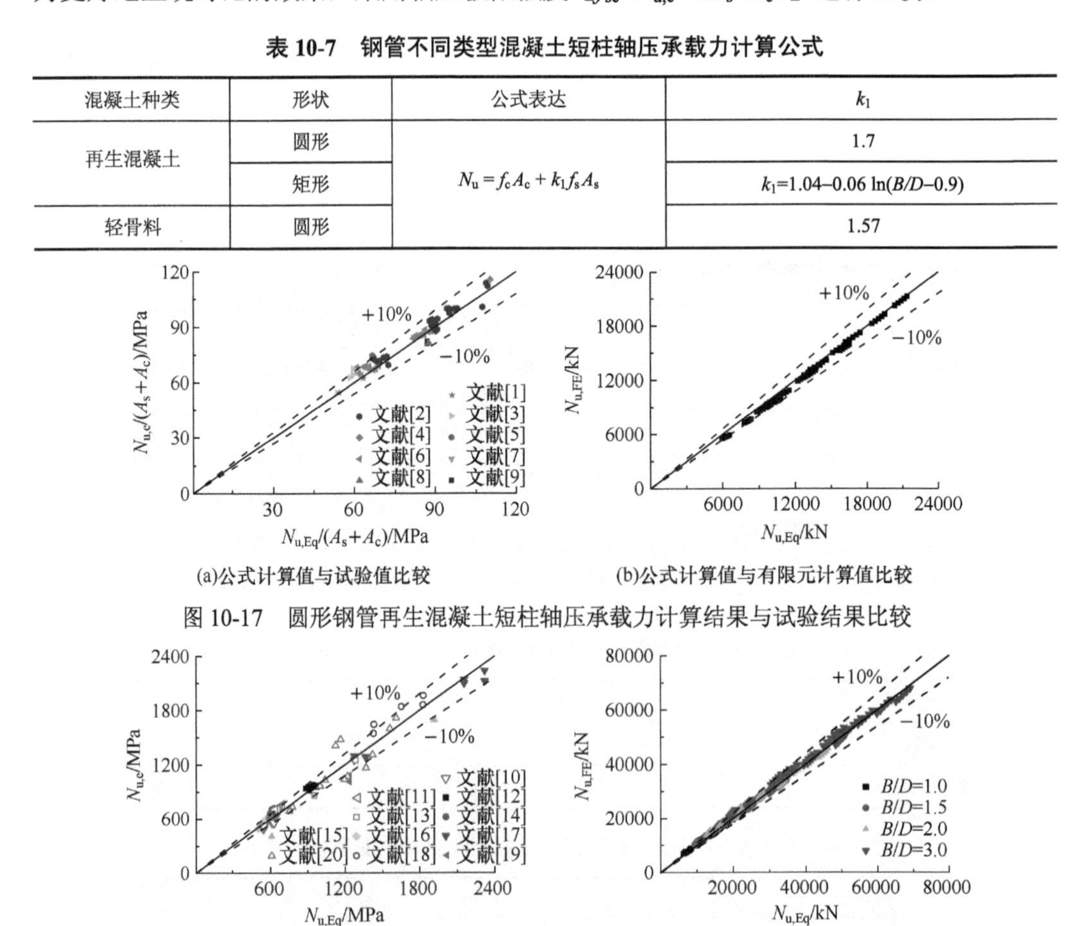

(a)公式计算值与试验值比较　　(b)公式计算值与有限元计算值比较

图 10-17　圆形钢管再生混凝土短柱轴压承载力计算结果与试验结果比较

(a)公式计算值与试验值比较　　(b)公式计算值与有限元计算值比较

图 10-18　矩形钢管再生混凝土短柱轴压承载力计算值与试验值比较

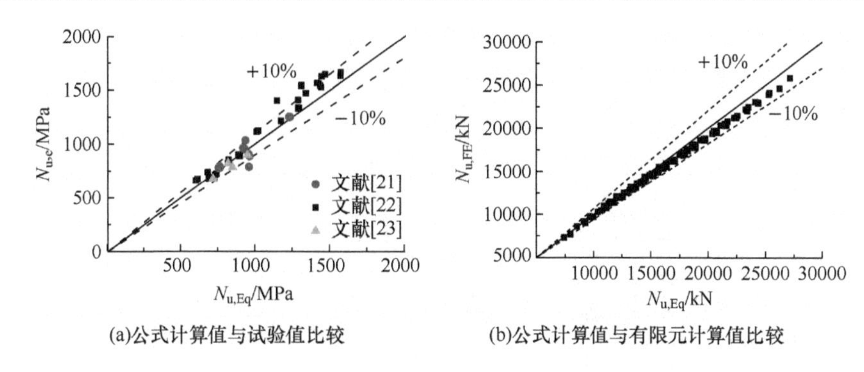

(a)公式计算值与试验值比较　(b)公式计算值与有限元计算值比较

图 10-19　圆形钢管轻骨料混凝土短柱轴压承载力计算值与试验值比较

表 10-8　钢管不同类型混凝土短柱轴压承载力试验值与公式计算值比较特征值

混凝土类型	形状	试件数量/件	均值	离散系数
再生混凝土	圆形	61	1.024	0.042
	矩形	64	1.005	0.089
轻骨料混凝土	圆形	49	1.039	0.069

表 10-9　钢管不同类型混凝土短柱轴压承载力有限元计算值与公式计算值比较特征值

混凝土类型	形状	试件数量/件	均值	离散系数
再生混凝土	圆形	75	1.039	0.027
	矩形	300	1.032	0.037
轻骨料混凝土	圆形	85	0.963	0.018

表 10-10　圆形钢管再生混凝土短柱轴压承载力有限元计算结果与已有试验结果比较

试件编号	文献	$D\times t\times L^{*}$	η_r	$f_{cu,r}$/MPa	f_y/MPa	$N_{u,e}$/kN	$N_{u,FE}$/kN	$N_{u,Eq}$/kN	$N_{u,e}/N_{u,FE}$	$N_{u,e}/N_{u,Eq}$
C2-1	[1]	114×1.84×396	0.50	43.9	300	637	688	648	0.925	0.982
C4-2		114×1.70×401	1.00	35.9	300	558	595	561	0.937	0.994
cfst8-30-0.5-1	[2]	140×2.71×420	0.50	44.4	309	1131	1153	1093	0.981	1.035
cfst8-30-0.5-2		140×2.79×420	0.50	44.4	309	1139	1186	1109	0.960	1.027
cfst8-30-0.5-3		140×2.83×420	0.50	44.4	309	1070	1181	1118	0.906	0.957
cfst8-30-1-1		140×2.80×420	1.00	41.1	309	1102	1136	1074	0.970	1.026
cfst8-30-1-2		140×2.73×420	1.00	41.1	309	1098	1122	1059	0.979	1.036
cfst8-30-1-3		140×2.64×420	1.00	41.1	309	1118	1092	1041	1.024	1.074
cfst8-50-1-1		140×2.72×420	1.00	65.0	309	1447	1524	1370	0.949	1.056
cfst8-50-1-2		140×2.69×420	1.00	65.0	309	1398	1528	1364	0.915	1.025
cfst8-50-1-3		140×2.81×420	1.00	65.0	309	1421	1546	1388	0.919	1.024
cfst12-30-0.5-1		140×3.85×420	0.50	44.4	335	1365	1478	1401	0.924	0.974
cfst12-30-0.5-2		140×3.86×420	0.50	44.4	335	1453	1481	1403	0.981	1.035
cfst12-30-0.5-3		140×3.81×420	0.50	44.4	335	1351	1466	1392	0.922	0.970

续表

试件编号	文献	$D\times t\times L^*$	η_r	$f_{cu,r}$/MPa	f_y/MPa	$N_{u,e}$/kN	$N_{u,FE}$/kN	$N_{u,Eq}$/kN	$N_{u,e}/N_{u,FE}$	$N_{u,e}/N_{u,Eq}$
cfst12-30-1-1	[2]	140×3.96×420	1.00	41.1	335	1414	1493	1390	0.947	1.018
cfst12-30-1-2		140×3.85×420	1.00	41.1	335	1437	1460	1365	0.984	1.053
cfst12-30-1-3		140×3.84×420	1.00	41.1	335	1433	1457	1363	0.984	1.052
cfst12-50-1-1		140×3.78×420	1.00	65.0	335	1550	1777	1652	0.872	0.938
cfst12-50-1-2		140×3.92×420	1.00	65.0	335	1725	1816	1682	0.950	1.026
cfst12-50-1-3		140×3.88×420	1.00	65.0	335	1749	1807	1673	0.968	1.045
cfst15-30-0.5-1		133×4.57×400	0.50	44.4	302	1385	1471	1352	0.941	1.024
cfst15-30-0.5-2		133×4.61×400	0.50	44.4	302	1377	1481	1359	0.930	1.013
cfst15-30-0.5-3		133×4.66×400	0.50	44.4	302	1387	1494	1369	0.929	1.013
cfst15-30-1-1		133×4.56×400	1.00	41.1	302	1386	1453	1318	0.954	1.051
cfst15-30-1-2		133×4.61×400	1.00	41.1	302	1387	1466	1328	0.946	1.045
cfst15-30-1-3		133×4.62×400	1.00	41.1	302	1357	1467	1330	0.925	1.021
C1-1	[3]	114×1.80×400	0.25	40.1	300	656	655	608	1.001	1.078
C2-1		114×1.80×400	0.50	40.1	300	688	647	610	1.063	1.128
C3-1		114×1.80×400	0.75	38.9	300	640	633	601	1.012	1.065
C4-1		114×1.70×400	1.00	35.0	300	557	587	553	0.948	1.007
C1	[4]	127×4.20×390	0.30	72.4	298	1553	1449	1477	1.072	1.051
C2		127×4.20×390	0.60	71.0	298	1568	1469	1466	1.067	1.070
C3		127×4.20×390	1.00	64.9	298	1463	1441	1406	1.015	1.040
CFST3-0-1-8-a	[5]	138×2.72×420	1.00	40.5	299	1104	1048	1010	1.054	1.093
CFST3-0-1-8-b		138×2.69×420	1.00	40.5	299	1115	1041	1004	1.071	1.111
CFST3-0-1-8-c		138×2.69×420	1.00	40.5	299	1095	1041	1004	1.052	1.091
CA-1	[6]	88×2.50×285	0.10	29.1	343	518	548	502	0.945	1.031
CA-2		88×2.50×285	0.20	28.2	343	510	546	498	0.934	1.024
CA-3		88×2.50×285	0.30	32.4	343	522	544	517	0.960	1.011
CA-4		88×2.50×285	0.40	33.8	343	522	542	523	0.962	0.997
CA-5		88×2.50×285	0.50	31.5	343	520	540	513	0.963	1.013
CA-6		88×2.50×285	0.60	30.3	343	517	537	508	0.963	1.018
CA-7		88×2.50×285	0.70	35.9	343	531	535	534	0.993	0.995
CA-8		88×2.50×285	0.80	37.0	343	533	532	539	1.002	0.989
CA-9		88×2.50×285	0.90	34.3	343	538	529	527	1.017	1.021
CA-10		88×2.50×285	1.00	38.4	343	541	526	546	1.029	0.990
CB-1		112×2.00×360	0.10	29.1	357	640	669	607	0.956	1.054
CB-2		112×2.00×360	0.20	28.2	357	670	667	600	1.005	1.117
CB-3		112×2.00×360	0.30	32.4	357	678	665	632	1.019	1.072
CB-4		112×2.00×360	0.40	33.8	357	677	663	644	1.021	1.051

续表

试件编号	文献	$D\times t\times L^{*}$	η_r	$f_{cu,r}$/MPa	f_y/MPa	$N_{u,e}$/kN	$N_{u,FE}$/kN	$N_{u,Eq}$/kN	$N_{u,e}/N_{u,FE}$	$N_{u,e}/N_{u,Eq}$
CB-5	[6]	112×2.00×360	0.50	31.5	357	674	660	626	1.021	1.076
CB-6		112×2.00×360	0.60	30.3	357	629	657	618	0.957	1.019
CB-7		112×2.00×360	0.70	35.9	357	660	655	661	1.008	0.999
CB-8		112×2.00×360	0.80	37.0	357	663	652	670	1.016	0.989
CB-9		112×2.00×360	0.90	34.3	357	660	650	650	1.016	1.016
CB-10		112×2.00×360	1.00	38.4	357	680	647	683	1.051	0.996
C1	[7]	508×8.76×1500	1.00	72.4	356	19662	18618	19695	1.056	0.998
C-S-R	[8]	165×3.54×480	0.50	50.0	368	1740	1910	1881	0.911	0.925
AC-6-1	[9]	219×3.50×600	0.50	69.2	313	3055	3225	3256	0.947	0.938
AC-6-2		219×3.50×600	0.50	69.2	313	3093	3225	3256	0.959	0.950
AC-6-3		219×3.50×600	0.50	69.2	313	3073	3225	3256	0.953	0.944

* 此列数值单位均为 mm。

表 10-11　矩形钢管再生混凝土短柱轴压轴压承载力有限元计算值与已有试验值比较

试件编号	文献	$B\times D\times t\times L^{*}$	η_r	$f_{cu,r}$/MPa	f_y/MPa	$N_{u,e}$/kN	$N_{u,FE}$/kN	$N_{u,Eq}$/kN	$N_{u,e}/N_{u,FE}$	$N_{u,e}/N_{u,Eq}$
S1-1	[10]	100×100×1.9×400	0.25	43.4	336	599	597	603	1.003	0.994
S1-2		100×100×1.91×402	0.25	43.4	336	586	598	604	0.979	0.970
S2-1		100×100×1.94×394	0.50	43.9	336	560	591	614	0.948	0.913
S2-2		100×100×1.96×397	0.50	43.9	336	581	593	617	0.980	0.942
S3-1		100×100×1.8×395	0.75	45.6	336	570	564	609	1.011	0.936
S3-2		100×100×1.92×399	0.75	45.6	336	558	577	626	0.966	0.891
S4-1		100×100×1.9×398	1.00	35.9	336	495	566	546	0.875	0.907
S4-2		100×100×1.9×400	1.00	35.9	336	528	566	546	0.933	0.967
S-RCC1-20	[11]	120×120×3×360	0.50	40.2	177	752	705	687	1.067	1.093
S-RCC2-20		120×120×3×360	1.00	38.0	177	732	674	666	1.087	1.100
S-RCF1-20		120×120×3×360	0.50	37.0	177	709	668	651	1.061	1.089
S-RCF2-20		120×120×3×360	1.00	35.1	177	706	641	633	1.101	1.115
SA-1	[12]	121×121×3.25×357	0.10	31.2	340	917	1057	914	0.867	1.003
SA-2		121×121×3.13×357	0.20	30.3	340	941	1028	884	0.916	1.065
SA-3		121×121×3.06×363	0.30	34.1	340	960	1011	914	0.950	1.051
SA-4		121×121×3.16×362	0.40	35.5	340	981	1026	946	0.956	1.037
SA-5		121×121×3.20×356	0.50	33.3	340	945	1030	929	0.917	1.017
SA-6		121×121×3.12×359	0.60	32.4	340	940	1012	904	0.929	1.039
SA-7		121×121×3.07×354	0.70	37.3	340	958	998	951	0.960	1.007
SA-8		121×121×3.15×359	0.80	38.3	340	956	1010	976	0.947	0.980

续表

试件编号	文献	$B\times D\times t\times L^*$	η_r	$f_{cu,r}$/MPa	f_y/MPa	$N_{u,e}$/kN	$N_{u,FE}$/kN	$N_{u,Eq}$/kN	$N_{u,e}/N_{u,FE}$	$N_{u,e}/N_{u,Eq}$
SA-9	[12]	121×121×3.13×355	0.90	35.9	340	972	1002	946	0.970	1.028
SA-10		121×121×3.08×359	1.00	39.6	340	972	989	978	0.983	0.994
S-RC-114	[13]	114×114×2.97×342	0.50	43.1	391	860	951	957	0.904	0.899
S-RC-140		140×140×2.97×420	0.50	43.1	391	1250	1295	1284	0.965	0.974
B-0	[14]	100×100×3.00×300	0.25	37.7	273	718	671	626	1.069	1.146
C-0		100×100×3.00×300	0.50	41.3	273	703	660	653	1.065	1.076
D-0		100×100×3.00×300	0.75	35.9	273	708	647	613	1.095	1.156
E-0		100×100×3.00×300	1.00	34.4	273	669	633	601	1.056	1.113
S-S-R	[15]	160×160×3.62×480	0.50	50.0	374	1693	1783	1920	0.950	0.882
SS25	[16]	100×100×1.9×400	0.25	38.8	336	600	597	566	1.004	1.060
SS50		100×100×1.9×400	0.50	38.4	336	560	586	563	0.956	0.994
SS75		100×100×1.8×400	0.75	37.8	336	569	562	545	1.011	1.042
SS100		100×100×1.7×400	1.00	34.7	336	495	537	507	0.922	0.976
Sa1-1	[17]	100×100×1.94×300	0.25	41.8	388	645	660	643	0.978	1.003
Sa1-2		100×100×1.94×300	0.25	41.8	388	660	660	643	1.001	1.026
Sa2-1		100×100×1.94×300	0.50	36.6	388	624	613	603	1.018	1.035
Sa2-2		100×100×1.94×300	0.50	36.6	388	614	613	603	1.002	1.018
Sb1-1		150×150×2.94×450	0.25	41.8	344	1279	1397	1364	0.916	0.937
Sb1-2		150×150×2.94×450	0.25	41.8	344	1287	1397	1364	0.921	0.943
Sb2-1		150×150×2.94×450	0.50	36.6	344	1250	1293	1274	0.967	0.981
Sb2-2		150×150×2.94×450	0.50	36.6	344	1293	1293	1274	1.000	1.015
Sc1-1		200×200×3.73×600	0.25	41.8	330	2123	2340	2320	0.907	0.915
Sc1-2		200×200×3.73×600	0.25	41.8	330	2238	2340	2320	0.956	0.965
Sc2-1		200×200×3.73×600	0.50	36.6	330	2098	2158	2157	0.972	0.972
Sc2-2		200×200×3.73×600	0.50	36.6	330	2140	2158	2157	0.992	0.992
RCFSST3-30	[18]	150×150×2.6×450	0.30	50.1	336	1644	1281	1429	1.283	1.150
RCFSST5-30		150×150×4.5×450	0.30	50.1	338	1962	1787	1831	1.098	1.071
RCFSST3-60		150×150×2.6×450	0.60	49.7	336	1545	1250	1426	1.236	1.084
RCFSST4-60		150×150×3.6×450	0.60	49.7	342	1841	1611	1651	1.143	1.115
RCFSST5-60		150×150×4.5×450	0.60	49.7	338	1860	1751	1828	1.062	1.017
RCFTST3.25C1	[19]	200×200×1×650	0.50	36.0	223	1083	1014	1237	1.068	0.876
RCFTST3.25C2		200×200×1×650	0.50	36.0	223	1013	1014	1237	0.999	0.819
A-1.0-RAC1	[20]	120×120×1.97×360	0.50	52.8	196	734	801	774	0.890	0.948
A-1.0-RAC2		120×120×1.97×360	1.00	50.3	196	687	764	748	0.879	0.918
B-1.0-RAC1		120×120×3.86×360	0.50	52.8	325	1071	1172	1220	0.901	0.878
B-1.0-RAC2		120×120×3.86×360	1.00	50.3	325	1039	1130	1196	0.900	0.868

续表

试件编号	文献	$B \times D \times t \times L^*$	η_r	$f_{cu,r}$/MPa	f_y/MPa	$N_{u,e}$/kN	$N_{u,FE}$/kN	$N_{u,Eq}$/kN	$N_{u,e}/N_{u,FE}$	$N_{u,e}/N_{u,Eq}$
A-1.5-RAC1	[20]	180×120×1.97×540	0.50	52.8	196	1030	1176	1042	0.876	0.989
A-1.5-RAC2		180×120×1.97×540	1.00	50.3	196	964	1115	1002	0.864	0.962
B-1.5-RAC1		180×120×3.86×540	0.50	52.8	325	1477	1580	1166	0.934	1.267
B-1.5-RAC2		180×120×3.86×540	1.00	50.3	325	1411	1506	1126	0.937	1.253
A-2.0-RAC1		240×120×1.97×720	0.50	52.8	196	1307	1539	1418	0.849	0.922
A-2.0-RAC2		240×120×1.97×720	1.00	50.3	196	1166	1457	1366	0.800	0.853
B-2.0-RAC1		240×120×3.86×720	0.50	52.8	325	1715	2056	1609	0.834	1.065
B-2.0-RAC2		240×120×3.86×720	1.00	50.3	325	1597	1959	1557	0.815	1.026

* 此列数值单位均为 mm。

表 10-12　圆形钢管轻骨料混凝土短柱轴压承载力有限元计算结果与已有试验结果比较

试件编号	文献	$D \times t \times L^*$	E_c/GPa	f_c/MPa	f_y/MPa	$N_{u,e}$/kN	$N_{u,FE}$/kN	$N_{u,Eq}$/kN	$N_{u,e}/N_{u,FE}$	$N_{u,e}/N_{u,Eq}$
SC1-A	[21]	163.9×2.47×495	18.50	16.70	299.0	962	936	919	1.028	1.046
SC1-B		164.0×2.53×495	18.50	16.70	299.0	1033	1022	934	1.011	1.106
SC1-C		164.4×2.49×495	18.50	16.70	299.0	954	939	928	1.016	1.028
SC2-A		113.4×3.57×342	24.80	39.30	315.0	789	799	958	0.987	0.824
SC2-B		113.3×3.60×342	24.80	39.30	315.0	886	890	961	0.996	0.922
SC2-C		113.0×3.58×342	24.80	39.30	315.0	907	920	954	0.986	0.951
SC3-A		113.5×3.60×342	18.50	16.70	315.0	782	791	763	0.989	1.025
SC3-B		113.1×3.56×342	18.50	16.70	315.0	779	789	753	0.987	1.034
SC3-C		113.3×3.60×342	18.50	16.70	315.0	794	805	761	0.986	1.043
SC4-A		164.5×3.90×495	18.50	16.70	295.2	1251	1262	1234	0.991	1.014
SC4-B		164.3×3.88×495	18.50	16.70	295.2	1254	1265	1228	0.991	1.021
SC4-C		164.6×3.87×495	18.50	16.70	295.2	1248	1258	1228	0.992	1.016
SC1-a	[22]	111.2×2.04×342	23.84	29.21	305.6	659	651	599	1.013	1.100
SC1-c		111.5×2.11×342	23.84	29.21	305.6	675	661	612	1.021	1.103
SC2-a		111.4×2.06×342	24.83	37.66	305.6	738	752	680	0.982	1.086
SC2-b		111.4×2.19×342	24.83	37.66	305.6	689	729	699	0.945	0.985
SC2-c		111.3×2.12×342	24.83	37.66	305.6	678	708	688	0.957	0.985
SC3-a		113.5×3.79×342	23.84	29.21	274.7	852	821	821	1.038	1.038
SC3-b		113.4×3.78×342	23.84	29.21	274.7	822	804	818	1.023	1.004
SC4-a		113.3×3.79×342	24.83	37.66	274.7	884	909	893	0.972	0.990
SC4-b		113.4×3.81×342	24.83	37.66	274.7	889	920	897	0.966	0.991
SC4-c		113.3×3.75×342	24.83	37.66	274.7	899	942	888	0.954	1.013
SC5-b		164.5×2.64×495	23.84	29.21	281.7	1214	1192	1175	1.018	1.033

续表

试件编号	文献	$D\times t\times L^*$	E_c/GPa	f_c/MPa	f_y/MPa	$N_{u,e}$/kN	$N_{u,FE}$/kN	$N_{u,Eq}$/kN	$N_{u,e}/N_{u,FE}$	$N_{u,e}/N_{u,Eq}$
SC5-c	[22]	164.4×2.51×495	23.84	29.21	281.7	1403	1315	1147	1.067	1.222
SC6-a		164.3×2.63×495	24.83	37.66	281.7	1475	1503	1339	0.981	1.101
SC6-c		164.8×2.45×495	24.83	37.66	281.7	1540	1486	1309	1.036	1.176
SC7-a		165.5×2.99×495	23.84	29.21	293.9	1410	1360	1288	1.037	1.094
SC7-b		165.2×3.01×495	23.84	29.21	293.9	1340	1421	1289	0.943	1.040
SC7-c		165.2×3.11×495	23.84	29.21	293.9	1547	1466	1311	1.055	1.181
SC8-b		164.5×3.11×495	24.83	37.66	293.9	1647	1626	1469	1.013	1.121
SC8-c		165.0×2.96×495	24.83	37.66	293.9	1629	1689	1444	0.964	1.129
SC9-a		165.2×3.98×495	23.84	29.21	275.8	1530	1499	1440	1.021	1.063
SC9-b		164.8×3.88×495	23.84	29.21	275.8	1566	1603	1415	0.977	1.106
SC9-c		165.0×3.96×495	23.84	29.21	275.8	1545	1489	1434	1.038	1.078
SC10-a		164.7×3.86×495	24.83	37.66	275.8	1667	1699	1573	0.981	1.059
SC10-b		164.5×3.86×495	24.83	37.66	275.8	1634	1685	1571	0.970	1.041
SC11-a		163.9×2.47×495	19.50	22.90	281.7	1113	1090	1008	1.021	1.104
SC11-b		163.9×2.53×495	19.50	22.90	281.7	1123	1101	1021	1.020	1.100
SC11-c		164.4×2.49×495	19.50	22.90	281.7	1122	1055	1017	1.064	1.103
SC12-a		113.3×3.59×342	19.50	22.90	274.7	721	790	736	0.913	0.979
SC12-b		113.5×3.60×342	19.50	22.90	274.7	723	762	739	0.949	0.978
SC12-c		113.1×3.56×342	19.50	22.90	274.7	715	766	730	0.933	0.979
SC13-a		164.5×3.90×495	19.50	22.90	275.8	1335	1329	1294	1.005	1.032
SC13-b		164.3×3.88×495	19.50	22.90	275.8	1329	1347	1287	0.986	1.032
SC13-c		164.6×3.87×495	19.50	22.90	275.8	1331	1357	1289	0.981	1.033
SC1-1-1a	[23]	165.0×1.32×578	19.60	22.90	226.7	675	665	716	1.015	0.943
SC1-1-2a		165.0×2.05×578	19.60	22.90	214.1	820	806	818	1.017	1.002
SC1-2-1a		165.0×1.32×577	23.40	29.30	226.7	785	801	848	0.980	0.925
SC1-2-2a		165.0×2.05×577	23.40	29.30	214.1	895	918	949	0.975	0.943

* 此列数值单位均为 mm。

本章小结

1）基于合理的再生混凝土、轻骨料混凝土和普通钢材本构关系，采用 ABAQUS 有限元软件建立考虑钢管和各类混凝土约束作用的钢管各类混凝土短柱轴压三维实体有限元模型，计算结果与试验结果吻合较好。

2）有限元分析结果表明，由于再生混凝土的弹性模量略有降低，钢管对核心再生混凝土的约束作用有所减弱。轻骨料混凝土的弹性模量低，导致钢管对轻骨料混凝土的约束作用弱于普通混凝土。

3）根据核心混凝土处于极限状态时的应力云图并进行合理简化，基于静力平衡理论建立了圆形和矩形钢管再生混凝土，以及圆形钢管轻骨料混凝土轴压承载力公式计算值，计算值与 174 个相应的试验值符合较好。

参 考 文 献

[1] 何东，王清远，邱慈长，等. 钢管再生混凝土轴心受压的荷载-变形理论研究和试验分析 [J]. 四川大学学报（工程科学版），2010，42（增刊）：55-59.

[2] 陈杰. 钢管再生混凝土短柱轴压力学性能研究 [D]. 哈尔滨：哈尔滨工业大学，2011.

[3] 董江峰，侯敏，王清远，等. 再生混凝土及轴压短柱力学性能研究 [C] //第三届全国再生混凝土学术交流会，青岛，2012：189-195.

[4] 陈娟，曾磊. 钢管再生混凝土短柱轴压力学性能试验 [J]. 兰州理工大学学报，2013，39（3）：112-116.

[5] 马骥. 圆钢管再生混凝土柱静力性能研究 [D]. 哈尔滨：哈尔滨工业大学，2013.

[6] CHEN Z P，XU J J，XUE J Y，et al. Performance and calculations of recycled aggregate concrete-filled steel tubular（RACFST）short columns under axial compression [J]. International Journal of Steel Structures，2014，14：31-42.

[7] NIU H C，CAO W L. Full-scale testing of high-strength RACFST columns subjected to axial compression [J]. Magazine of Concrete Research，2015，67（5/6）：257-270.

[8] 黄宏，郭晓宇，陈梦成. 圆钢管再生混凝土轴压短柱对比试验研究 [J]. 建筑结构，2016，46（4）：34-39.

[9] 何振军，田亮亮，张晓洁，等. 钢管再生混凝土柱轴压及其核心混凝土多轴力学性能研究 [J]. 建筑结构，2018，48（S2）：560-566.

[10] SHI X S，WANG Q Y，ZHAO X L. Collins F Strength and ductility of recycled aggregate concrete filled composite tubular stub columns [J] // FRAGOMENI S，VENKATESAH S. Incorporating Sustainable Practice in Mechanics of Structures and Materials，Boca Raton：CRC Press，2011：83-89.

[11] YANG Y F，HOU R. Experimental behaviour of RACFST stub columns after exposed to high temperatures [J]. Thin-Walled Structures，2012，59：1-10.

[12] 柯晓军，陈宗平，薛建阳，等. 方钢管再生混凝土短柱轴压承载性能试验研究 [J]. 工程力学，2013，30（8）：35-41.

[13] 陈梦成，刘京剑，黄宏. 方钢管再生混凝土轴压短柱研究 [J]. 广西大学学报（自然科学版），2014（4）：693-700.

[14] 陈晓旋，杜喜凯，潘奇，等. 方钢管再生混凝土压弯短柱受力性能试验研究 [J]. 河北农业大学学报，2014，37（6）：124-129.

[15] 黄宏，孙微，陈梦成，等. 方钢管再生混凝土轴压短柱力学性能试验研究 [J]. 建筑结构学报，2015，36（S1）：215-221.

[16] DONG J F，WANG Q Y，GUAN Z W. Material and structural response of steel tube confined recycled earthquake waste concrete subjected to axial compression [J]. Magazine of Concrete Research，2016，68（6）：271-282.

[17] XIANG X Y，CAI C S，ZHAO R D，et al. Numerical analysis of recycled aggregate concrete-filled steel tube stub columns [J]. Advances in Structural Engineering，2016，19（5）：717-729.

[18] 张继承，申兴月，王静峰，等. 方钢管再生混凝土短柱的轴压力学性能试验 [J]. 广西大学学报（自然科学版），2016，41（4）：1008-1015.

[19] WU K，CHEN F，ZHANG H，et al. Experimental study on the behavior of recycled concrete-filled thin-wall steel tube columns under axial compression [J]. Arabian Journal for Science and Engineering，2018，43：5225-5242.

[20] YANG Y F，HOU C，LIU M. Tests and numerical simulation of rectangular RACFST stub columns under concentric

compression [J]. Structures, 2020, 27: 396-410.

[21] 杨明. 钢管约束下核心轻集料混凝土基本力学性能研究 [D]. 南京：河海大学，2006.

[22] FU Z Q, JI B H, ZHOU Y, et al. An experimental behavior of lightweight aggregate concrete filled steel tubular stub under axial compression [M] //MOYO P, OOI P, ZHAI E D, et al. Design, Construction, Rehabilitation, and Maintemance of Bridges. New York: Curran Associates, Inc., 2011: 24-32.

[23] 朱振. 薄壁圆钢管轻骨料混凝土柱受压性能研究 [D]. 南宁：广西大学，2019.

[24] WANG Y M, DENG Z H, XIAO J Z, et al. Mechanical properties of recycled aggregate concrete under multiaxial compression [J]. Advances in Structural Engineering, 2020, 23 (12): 2529-2538.

[25] CHEN Y L, CHEN Z P, XU J J, et al. Performance evaluation of recycled aggregate concrete under multiaxial compression [J]. Construction and Building Materials, 2019, 229: 116935.

[26] FOLINO P, XARGAY H. Recycled aggregate concrete - Mechanical behavior under uniaxial and triaxial compression [J]. Construction and Building Materials, 2014, 56: 21-31.

[27] YANG H F, DENG Z H, HUANG Y. Analysis of stress-strain curve on recycled aggregate concrete under uniaxial and conventional triaxial compression [J]. Advances Materials Research, 2011, 168-170: 900-905.

[28] 陈宗平，陈宇良，应武挡. 再生混凝土三向受压试验及强度准则 [J]. 建筑材料学报，2016，19（1）：149-155.

[29] 杨海峰，孟少平，邓志恒. 高强再生混凝土常规三轴受压本构曲线试验 [J]. 江苏大学学报（自然科学版），2011，32（5）：597-601.

[30] 宋玉普，赵国藩，彭放，等. 三轴受压状态下轻骨料混凝土的强度特性 [J]. 水利学报，1993（6）：10-16.

[31] SONG Y P, WANG L C. A four-parameter multi-axial strength criterion for lightweight aggregate (LWA) concrete [C] // 6th ISOPE Pacific/Asia Offshore Mechanics Symposium, Russi, 2004: 141-146.

[32] WANG W Z, CHEN Y J, CHEN F Y. An egg shaped failure criterion for lightweight aggregate concrete [J]. Advanced Materials Research, 2011, 250-253: 2085-2088.

第 11 章　钢管混凝土局压约束原理

11.1　概　　述

局部受压是钢管混凝土柱中常见的一种受力形式，工程中圆钢管混凝土和方钢管混凝土使用范围较广泛，为此作者首先对圆形和方形钢管混凝土短柱的局压性能进行研究，主要工作如下：

1）开展 20 组圆形和方形钢管混凝土短柱局压性能试验研究，探讨局压面积比、混凝土强度以及钢管截面形式对局压承载力的影响。

2）采用 ABAQUS 有限元软件建立圆形和方形钢管混凝土短柱局压壳-实体三维有限元模型并进行验证。

3）采用上述有限元模型探讨局压面积比、含钢率、钢材屈服强度以及混凝土强度等级对钢管混凝土短柱局压承载力的影响，建立圆形和方形钢管混凝土短柱局压承载力实用计算公式。

11.2　试 验 研 究

11.2.1　试验概况

本试验共设计了 20 个试件，圆钢管混凝土局压短柱试件 12 个，名义尺寸为 $D\times t\times L$=300mm×4mm×900mm，方钢管混凝土局压短柱试件 8 个，名义尺寸为 $B\times t\times L$=300mm×4mm×900mm，试件参数见表 11-1。表 11-1 中 d 为圆钢管混凝土局压加载板直径，b 为方钢管混凝土局压加载板边长，η_b 为局压面积比，$\eta_b=A_b/A_{sc}$，A_b 为局压面面积。试验钢管是由湖南华菱涟源钢铁有限公司生产的 Q235 钢材加工而成，对接焊缝按照《钢结构设计标准》（GB 50017—2017）[1] 进行设计。

表 11-1　钢管混凝土短柱局压试件参数

序号	试件编号	B（D）$\times t\times L^*$	加载方式	b（d）/mm	f_y/MPa	f_{cu}/MPa	η_b	$N_{b,e}$/kN	$N_{b,FE}$/kN	$N_{b,Eq}$/kN
1	CLST1-A	300×3.72×900	圆形局压	100	311	35.5	0.11	1880	1630	1908
2	CLST1-B	300×3.76×900	圆形局压	100	311	35.5	0.11	1900	1638	1922
3	CLST2-A	300×3.70×900	圆形局压	200	311	35.5	0.44	3310	2758	2856
4	CLST2-B	300×3.68×900	圆形局压	200	311	35.5	0.44	3200	2750	2848
5	C1-A	300×3.70×900	全截面受压	300	311	35.5	1.00	3780	3757	3625
6	C1-B	300×3.71×900	全截面受压	300	311	35.5	1.00	3540	3763	3630

续表

序号	试件编号	B（D）×t×L*	加载方式	b（d）/mm	f_y/MPa	f_{cu}/MPa	η_b	$N_{b,e}$/kN	$N_{b,FE}$/kN	$N_{b,Eq}$/kN
7	CLST3-A	300×3.69×900	圆形局压	100	311	54.4	0.11	2090	2189	2255
8	CLST3-B	300×3.76×900	圆形局压	100	311	54.4	0.11	2090	2205	2281
9	CLST4-A	300×3.70×900	圆形局压	200	311	54.4	0.44	3810	3656	3620
10	CLST4-B	300×3.77×900	圆形局压	200	311	54.4	0.44	3950	3683	3651
11	C2-A	300×3.74×900	全截面受压	300	311	54.4	1.00	4896	5146	4977
12	C2-B	300×3.87×900	全截面受压	300	311	54.4	1.00	4976	5025	4851
13	SLST1-A	300×3.68×900	方形局压	100	311	35.5	0.11	1140	882	994
14	SLST1-B	300×3.68×900	方形局压	100	311	35.5	0.11	950	882	994
15	SLST2	300×3.70×900	方形局压	200	311	35.5	0.44	2420	2324	2400
16	S1	300×3.75×900	全截面受压	300	311	35.5	1.00	4370	4060	3985
17	SLST3-A	300×3.72×900	方形局压	100	311	54.4	0.11	1340	1312	1467
18	SLST3-B	300×3.72×900	方形局压	100	311	54.4	0.11	1280	1312	1467
19	SLST4	300×3.72×900	方形局压	200	311	54.4	0.44	3100	3265	3359
20	S2	300×3.70×900	全截面受压	300	311	54.4	1.00	5570	5555	5443

* 此列数值单位均为 mm。

为方便观察试件受力破坏后的变形，在加工好的空钢管试件外表面喷上红色油漆，并画好 50mm×50mm 网格。浇灌混凝土前，先将钢管一端盖板焊好，并将钢管竖立。从试件顶部灌入混凝土，用振捣棒振捣直到密实，最后将混凝土表面与钢管截面抹平，同时制作混凝土标准立方体试块和棱柱体试块，自然养护试件并定期浇水。混凝土养护一个月后，用打磨机将混凝土表面磨平。混凝土采用 C30 商品混凝土和 C50 商品混凝土，混凝土配合比见表 11-2。

表 11-2　混凝土配合比

混凝土等级/MPa	水泥/（kg/m^3）	砂子/（kg/m^3）	水/（kg/m^3）	碎石/（kg/m^3）
C30	429	536	185	1250
C50	478	610	172	1186

11.2.2　试验方法

试验前，先按标准试验方法测试钢材的材料性能、混凝土立方体试块的力学性能。将 4mm 厚钢板做成三个标准试件，按照《金属材料　拉伸试验　第 1 部分：室温、试验方法》(GB/T 228.1—2010) [2] 规定的方法在拉伸试验机上进行拉伸试验，实测钢材屈服强度 f_y=311MPa，极限强度 f_u=460MPa，弹性模量 E_s=207GPa，泊松比 ν =0.293。C30 和 C50 混凝土立方体试块强度 f_{cu} 由相同条件下养护的 150mm 立方体试块按照《混凝土力学性能试验方法标准》(GB/T 50081—2019) [3] 测得，实测钢管混凝土局压试验时混凝土立方体抗压强度分别为 35.5MPa 和 54.4MPa。

短柱试件局压试验在中南大学高速铁路建筑技术国家工程实验室 5000kN 三轴试验机和 2000 吨压力机上进行，试验荷载通过置于试件顶端正中的局压钢垫板施加于试件，局压盖板为 40mm 厚。用两个位移计直接对称地支顶在试验机的上下传力板上，局压垫板相对于试件的位移由数据采集系统采集，试件上作用的压力值由压力机指示盘读出。为考察钢管与混凝土之间黏结同时准确地观测钢管的变形，在每两个相同试件，一个在相对钢板中截面处布置四个应变花，另一个在钢板从上至下截面处布置五个应变花。短柱试件局压试验加载、应变花和位移计布置如图 11-1 所示，短柱试件局压装置如图 11-2 所示。

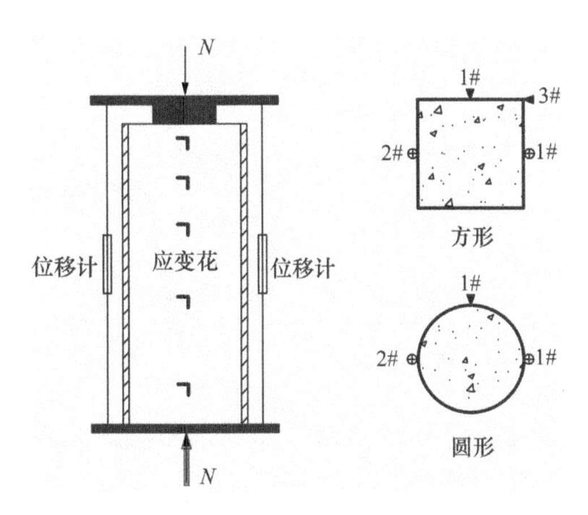

图 11-1　短柱试件局压试验加载、应变花和位移计布置图

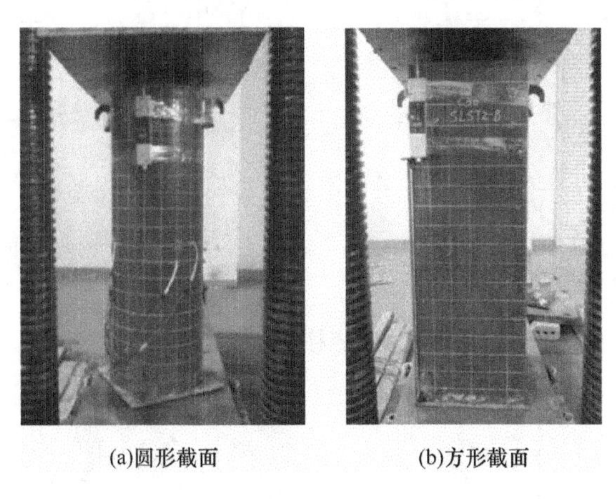

(a)圆形截面　　(b)方形截面

图 11-2　短柱试件局压装置

本次试验的加载制度：在试件达到最大承载力前分级加载，试件在弹性阶段每级荷载相当于极限荷载的 1/10 左右，试件在弹塑性阶段每级荷载相当于极限荷载的 1/20 左右，每级荷载间隔时间 3～5min，近似于慢速连续加载，数据分级采集，试件接近极限荷载时，慢速连续加载直至试件破坏，数据连续采集。每个试件试验持续时间约 2h。

11.2.3　试验现象

钢管混凝土短柱局压试验在加载初期基本处于弹性工作阶段，在荷载达到极限荷载的 60%～70%以前，荷载-位移曲线基本呈线性变化，试件表面没有明显变化。随着荷载的增加，当荷载增至极限荷载的 60%～70%时，试件开始进入弹塑性阶段，其轴向刚度不断减小。钢管混凝土短柱局压实测荷载-位移曲线如图 11-3 所示。不同荷载水平下试件表面的钢管纵向、环向应变随高度的变化规律如图 11-4 所示。此时试件表面开始出现鼓曲，局部受压使得钢管膨胀现象从上到下依次递减。随着外荷载的继续增加，当试件达到极限荷载后，端部混凝土也明显压碎开裂，钢管变形尤其是试件上端迅速增加，试件破坏如图 11-5 所示。

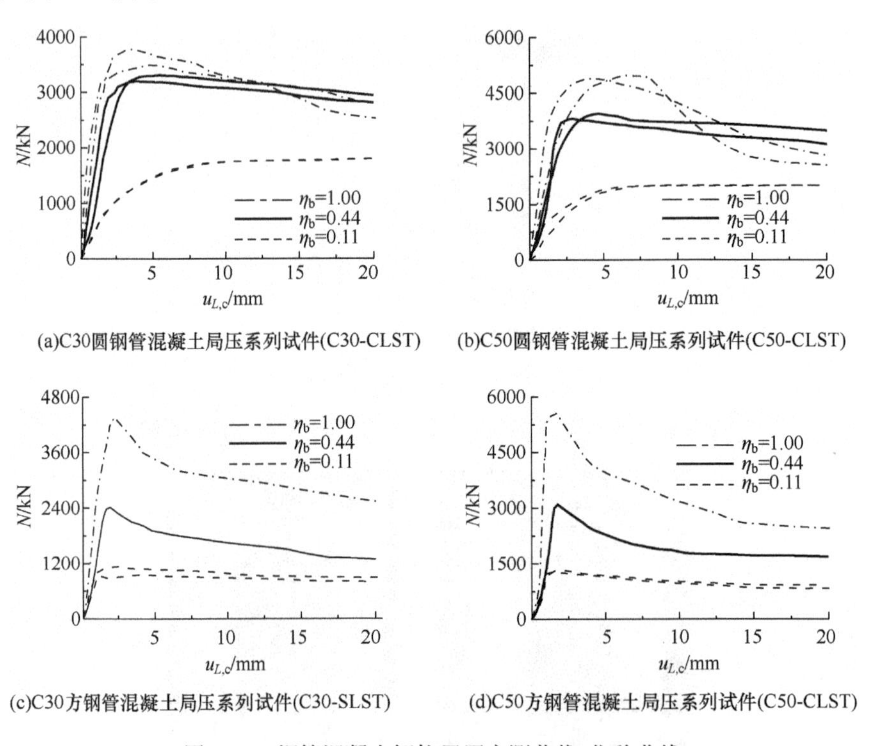

(a)C30圆钢管混凝土局压系列试件(C30-CLST)　(b)C50圆钢管混凝土局压系列试件(C50-CLST)

(c)C30方钢管混凝土局压系列试件(C30-SLST)　(d)C50方钢管混凝土局压系列试件(C50-CLST)

图 11-3　钢管混凝土短柱局压实测荷载-位移曲线

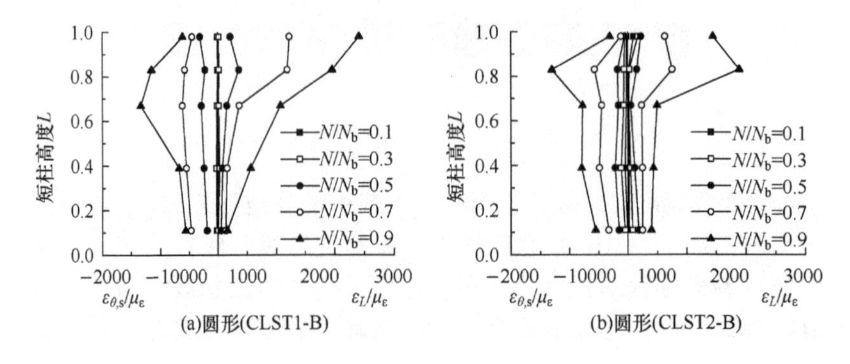

(a)圆形(CLST1-B)　(b)圆形(CLST2-B)

图 11-4　不同荷载水平下钢管混凝土局压试件纵向、横向应变随高度的变化规律

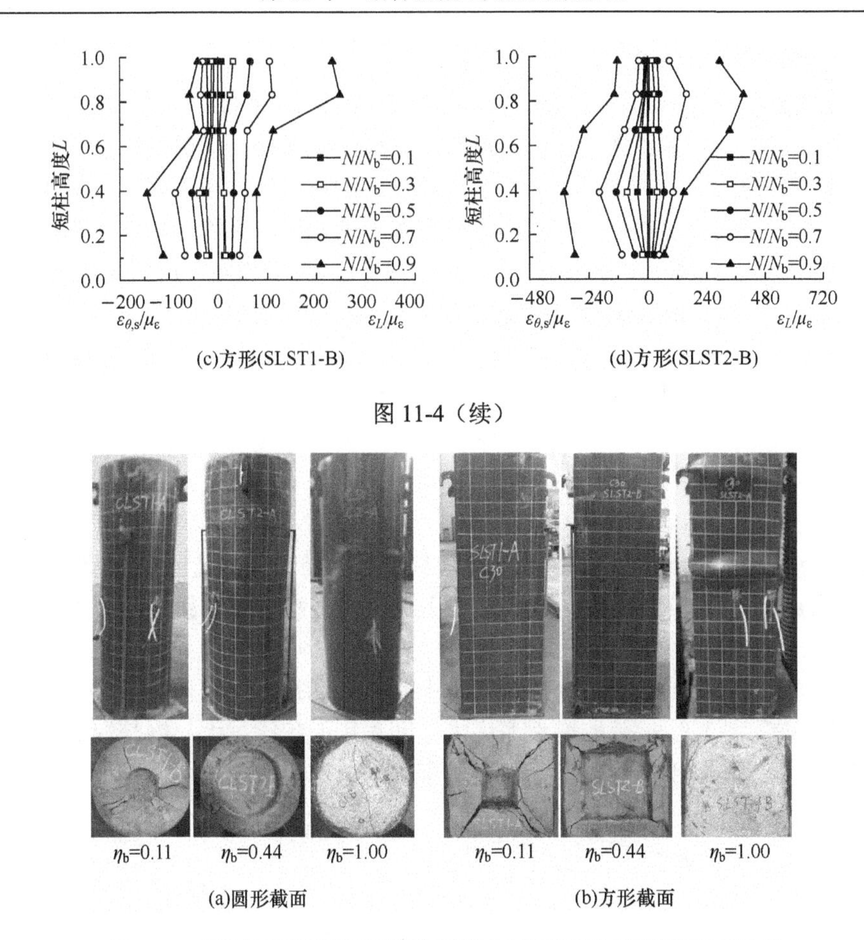

(c)方形(SLST1-B)　　(d)方形(SLST2-B)

图 11-4（续）

(a)圆形截面　　(b)方形截面

图 11-5　不同局压面积比下钢管混凝土局压短柱试件破坏形态比较

除局压面积比 η_b 为 0.11 时的圆钢管混凝土试件之外，其余试件破坏后承载力出现较明显下降，圆钢管混凝土下降趋势较方钢管混凝土缓慢，如图 11-3 所示，最后因试件变形过大而终止试验。可见局压面积比对构件的破坏形态影响显著，钢管混凝土试件在局部压力作用下向外鼓起，局压面积比 η_b 越小，混凝土受到钢管的约束作用越明显，钢管的鼓起范围和程度越大。

11.2.4　试验结果分析

由图 11-3 的钢管混凝土局压试件的荷载（N）-位移（$u_{L,c}$）曲线比较可知，局压面积比 η_b 对承载力和刚度有着很大的影响，承载力和刚度随着局压面积比 η_b 的增大而递减，同时局压面积比 η_b 越大，试件承载力越小，其下降趋势越缓。

图 11-4 为不同加荷阶段（N/N_b 分别为 0.1、0.3、0.5、0.7 和 0.9，N_b 为钢管混凝土短柱局压承载力）钢管纵向、横向应变沿高度的分布情况。可以看出，在荷载的初始阶段，纵向、横向应变增加较慢，当荷载达到极限荷载 70%以上，应变迅速增加，试件中上部环向应变最大，与试验所观察到的鼓曲情况相吻合。由图 11-4（a）、（b）和（c）、（d）比较可知，相同局压面积比下圆钢管混凝土的横向和纵向应变均大于方钢管混凝土，

表明其具有更好的约束作用。

为了比较圆形、方形钢管混凝土柱局压约束的效果，图 11-6 为本章 20 个钢管混凝土局压试件的局压与轴压承载力比值（N_b/N_u）随局压面积比 η_b 的变化规律（试件相同的取平均比值），可见：①N_b/N_u 随 η_b 增长而降低，同时相同局压面积比下圆钢管混凝土的 N_b/N_u 要高于方钢管混凝土，即圆形钢管混凝土的局压约束作用比方形强，该现象与图 11-4 所示的钢管混凝土局压应变比较规律类似；②对于相同局压面积比 η_b 下的不同强度等级混凝土，C30 的圆钢管混凝土比 C50 的 N_b/N_u 比值更高，而方钢管混凝土无明显差别。

为了比较圆、方形钢管混凝土柱短柱局压延性，引入钢管混凝土短柱局压位移延性系数 μ_b 为

$$\mu_b = \frac{u_{85\%}}{u_b} \tag{11-1}$$

式中：$u_{0.85}$ 为试件荷载-纵向位移曲线下降段荷载降为荷载最大值的 85%点对应的位移；$u_b=u_{0.75}/0.75$，$u_{0.75}$ 为试件荷载-纵向位移曲线上升段当荷载达到荷载最大值的 75%点对应的位移。

图 11-7 为本章 20 个局压试件的位移延性系数 μ_b 和局压面积比 η_b 的对比图（试件相同的取平均比值），可见 μ 随 η_b 增大而增大，即局压面积比越大，钢管混凝土局压短柱延性越好，圆钢管混凝土短柱局压延性要优于方钢管混凝土。

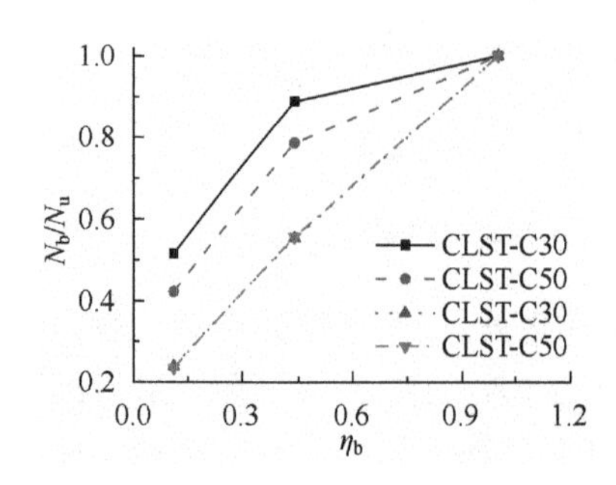

图 11-6　局压与轴压承载力比值与局压面积比的规律

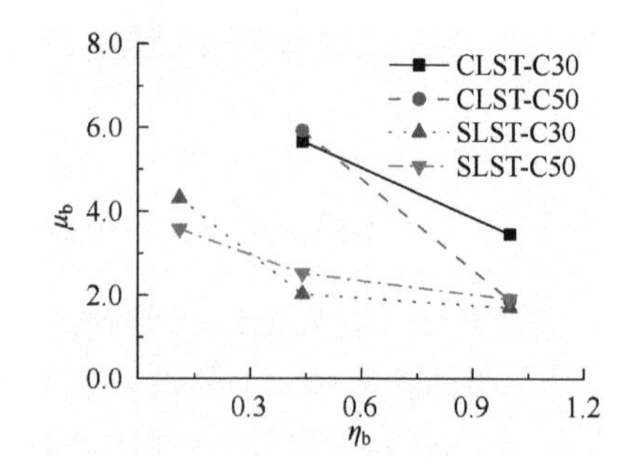

图 11-7　位移延性系数与局压面积比的规律

11.3　有限元模型与约束原理

11.3.1　有限元模型与验证

以 ABAQUS/Standard6.4 [4] 为工具进行建模，钢管采用壳单元（S4R），混凝土、端部垫板以及局压加载板都采用三维实体单元（C3D8R），模型所有单元网格划分形式为 Structured，如图 11-8 所示。模型中钢管与混凝土的界面采用库伦摩擦型接触，切线方向采用罚函数，摩擦系数取 0.5，法线方向选择硬接触模拟，相互作用为表面-表面接触，

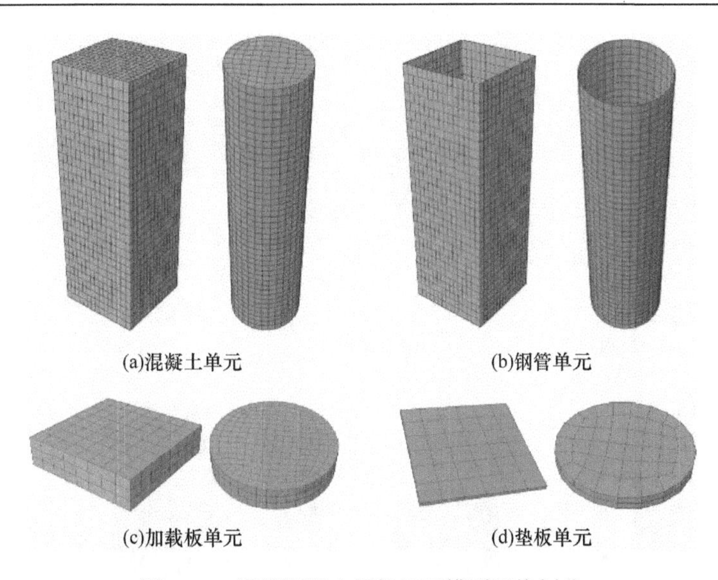

图 11-8　钢管混凝土短柱局压模型网格划分

滑移方式为有限滑移。

钢管和混凝土的本构关系表达式及相应的参数取值与第 4 章相同。混凝土与端部垫板、混凝土与局压加载板的约束形式为绑定，圆、方钢管与端部垫板的约束形式采用壳-实体耦合。模型中一端垫板固定，另一端在局压加载板上加载。为得到荷载-变形曲线的下降段，采用位移加载，并通过增量法直接求解。

11.3.2　约束作用分析

采用上述有限元模型计算得到不同局压面积比下的圆、方形钢管混凝土短柱典型破坏形态如图 11-9 所示，典型的荷载-位移曲线有限元计算结果与试验结果的比较如图 11-10 所示，本章所述圆、方钢管混凝土短柱局压承载力试验结果及文献［5］、［6］的试验结果与有限元分析结果的比较见表 11-3，其中圆钢管混凝土短柱 53 组，方钢管混凝土短柱 36 组，可见有限元计算结果与试验结果整体吻合较好。

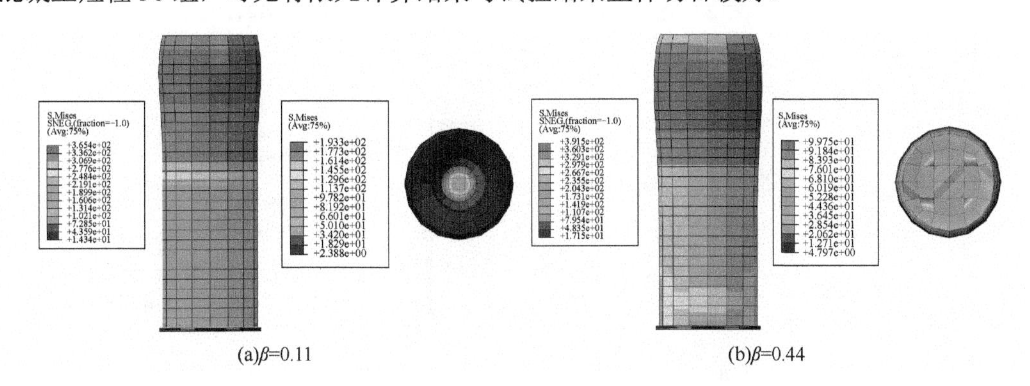

图 11-9　钢管混凝土局压试件有限元所得破坏形态与应力云图

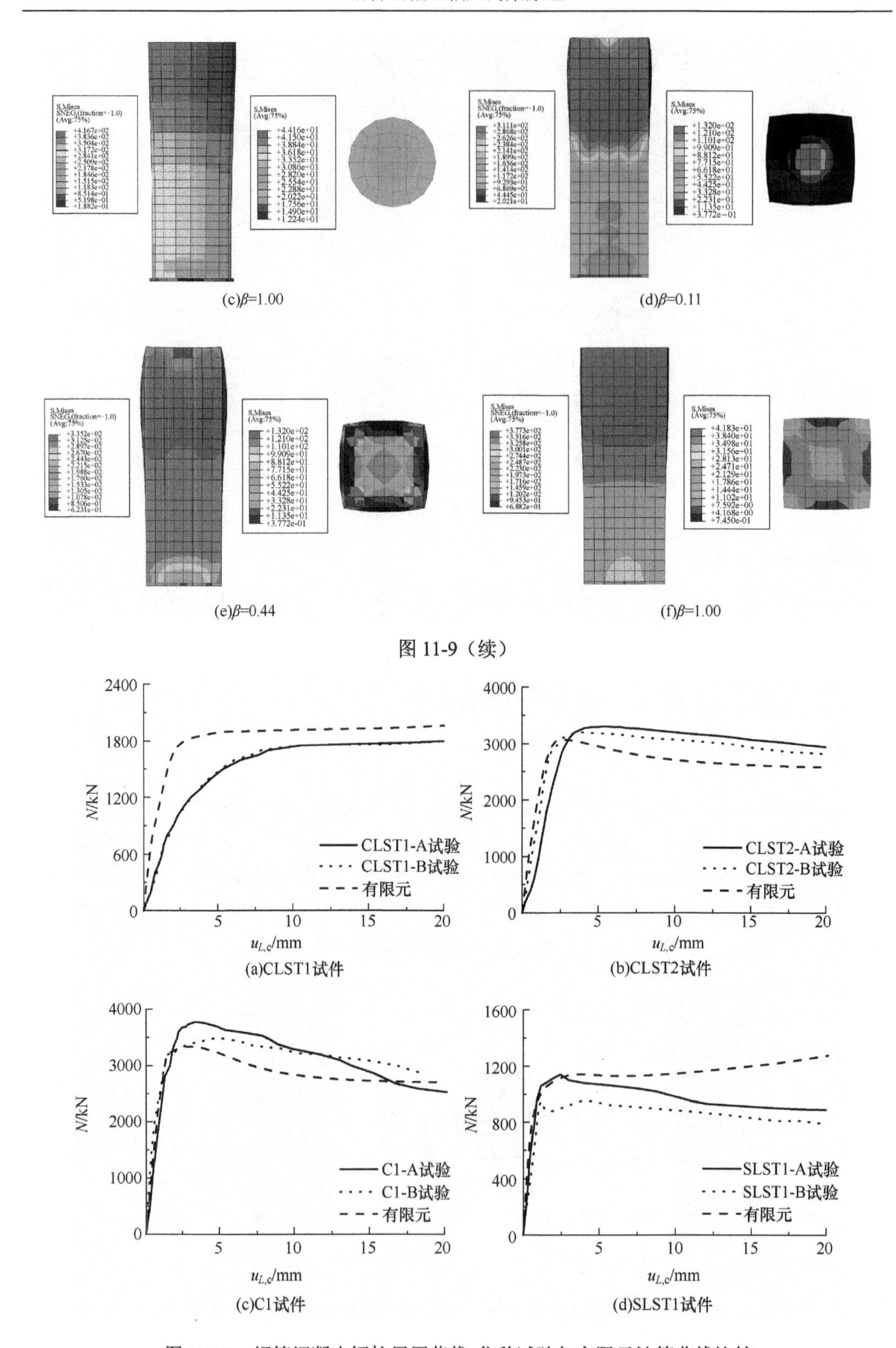

(c)β=1.00　(d)β=0.11

(e)β=0.44　(f)β=1.00

图 11-9（续）

(a)CLST1试件　(b)CLST2试件

(c)C1试件　(d)SLST1试件

图 11-10　钢管混凝土短柱局压荷载-位移试验与有限元计算曲线比较

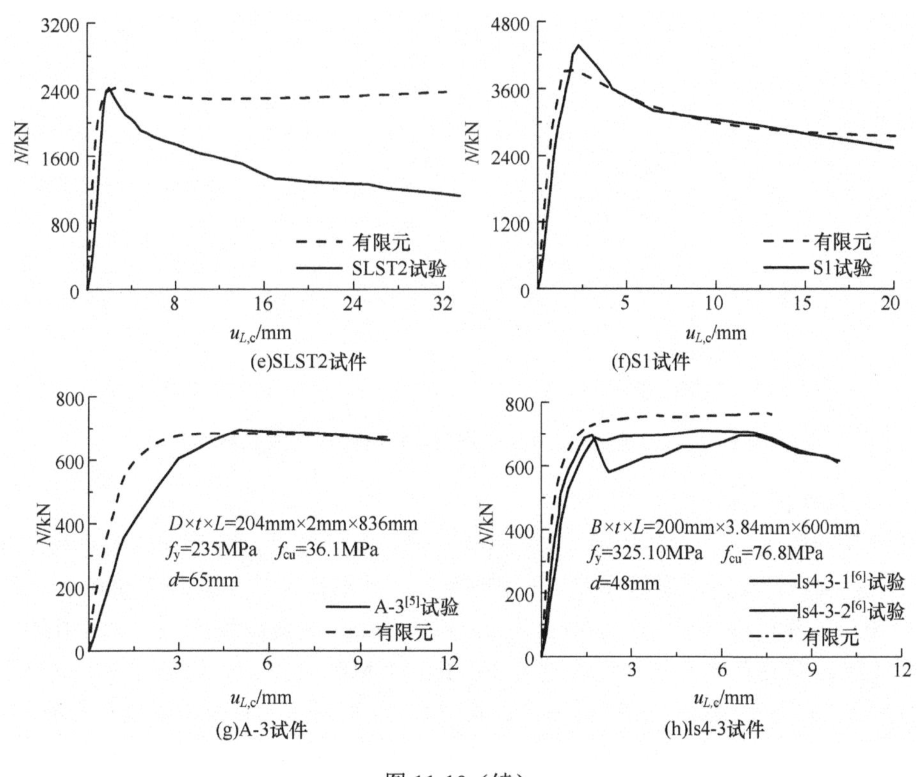

图 11-10（续）

11.4　承载力公式

11.4.1　参数分析

1．加载板的影响

为研究加载板形状对钢管混凝土短柱局压性能的影响，作者选取了圆形、方形和矩形三种加载板形式作为分析对象，矩形加载板的长宽比为 2∶1。加载板形状对 N-$u_{L,c}$ 曲线的影响如图 11-11 所示，可见：①当 η_b=0.11 时，对于圆形钢管混凝土，圆形加载板较方形加载板的承载能力高 1%，矩形加载板较方形加载板高 7%，对方形钢管混凝土，圆形与方形加载板下的承载力一致，而矩形加载板较方形加载板高 3%；②当 η_b=0.44 时，对圆形钢管混凝土，圆形加载板下的承载力较方形高 8%，方形加载板较矩形加载板高 13%，对方形钢管混凝土，圆形加载板下的承载能力较方形高 6%，方形加载板下的承载力较矩形高 10%。

因此当 η_b=0.11 时，加载板形状对钢管混凝土局压承载力影响较小，当 η_b=0.44 时，矩形加载板下的钢管混凝土局压承载力最小，圆形和方形加载板对试件承载力影响较小，笔者在后续参数分析中采用相同形状的加载板放置在同样形状的钢管混凝土短柱上进行局压模拟。

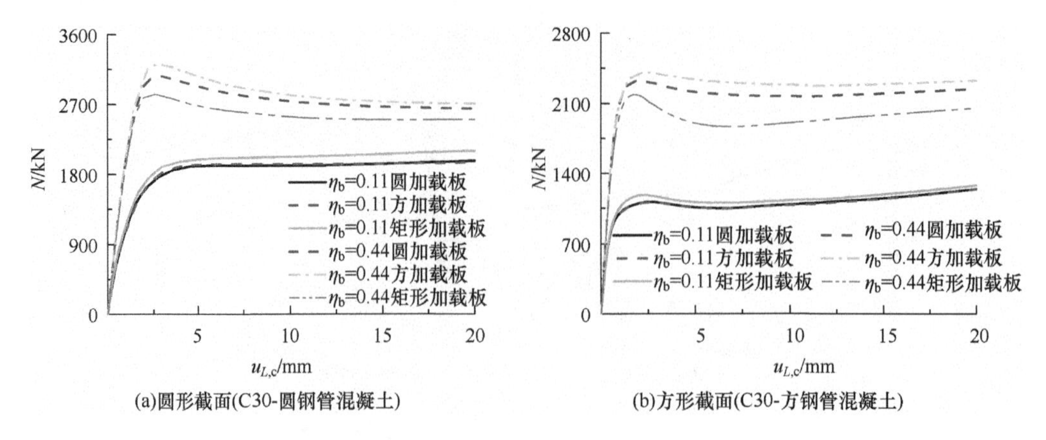

(a)圆形截面(C30-圆钢管混凝土)　　(b)方形截面(C30-方钢管混凝土)

图 11-11　加载板形状对钢管混凝土局压荷载-位移曲线的影响

2．其他参数的影响

虑局压面积比 η_b、含钢率 ρ_s、钢材强度 f_y 和混凝土强度 f_{cu} 等影响因素对圆、方钢管混凝土短柱局压性能进行参数分析，模型情况为：直径 D 或边长 B 均为 500mm，钢管长 L 为 1500mm，钢管壁厚 t 分别为 7mm、12mm 和 17mm；局压面积比 η_b 分别为 0.09、0.36、0.64 和 1.00，混凝土抗压强度 f_{cu} 分别为 30MPa、40MPa、50MPa 和 60MPa，钢材屈服强度 f_s 分别为 235MPa、335MPa 和 420MPa，其中 Q235 钢材匹配 C30 混凝土和 C40 混凝土，Q335 钢材匹配 C40 混凝土和 C50 混凝土，Q420 钢材匹配 C50 混凝土和 C60 混凝土，圆、方钢管混凝土短柱局压模型各 84 组，典型荷载（N）-位移（$u_{L,c}$）曲线如图 11-12 所示。

1）局压面积比。图 11-12（a）、（b）为不同局压面积比下圆、方钢管混凝土短柱局压荷载（N）-位移（$u_{L,c}$）曲线的比较，可知局压面积比对钢管混凝土短柱局压承载力影响很大，局压面积比越小，承载力越小。

2）含钢率。图 11-12（c）、（d）为圆、方钢管混凝土局压短柱在不同含钢率情况下的荷载-位移曲线比较，可知当含钢率较大时，构件弹性阶段的刚度和承载力更大，当含钢率达到一定阶段时，构件的荷载-位移曲线没有下降段。

3）钢材屈服强度。图 11-12（e）、（f）所示为圆、方钢管混凝土局压短柱在不同钢材屈服强度下的荷载-位移曲线比较，可知钢材屈服强度越大，构件承载力越大，但构件弹性阶段的刚度没有增大。

4）混凝土强度。图 11-12（g）、（h）所示为圆、方钢管混凝土局压短柱在不同混凝土强度等级下荷载-位移曲线的比较，可知混凝土强度等级越高，构件承载力和构件刚度越大。

11.4.2　公式建立

由第 3 和第 4 章可知，圆、方形钢管混凝土短柱轴压承载力 N_u 可表达为

$$N_u = f_c A_c + k_1 f_y A_s \tag{11-2}$$

假设局压面积 A_b 下圆、方形钢管混凝土短柱局压承载力计算公式为

$$N_b = k_b (f_c A_b + \eta_b k_1 f_y A_s) = k_b f_c A_b + \eta_b k_b k_1 f_y A_s \tag{11-3}$$

式中：k_b 为核心混凝土局压应力提高系数；$\eta_b k_b$ 为局压时钢管应力折减系数。

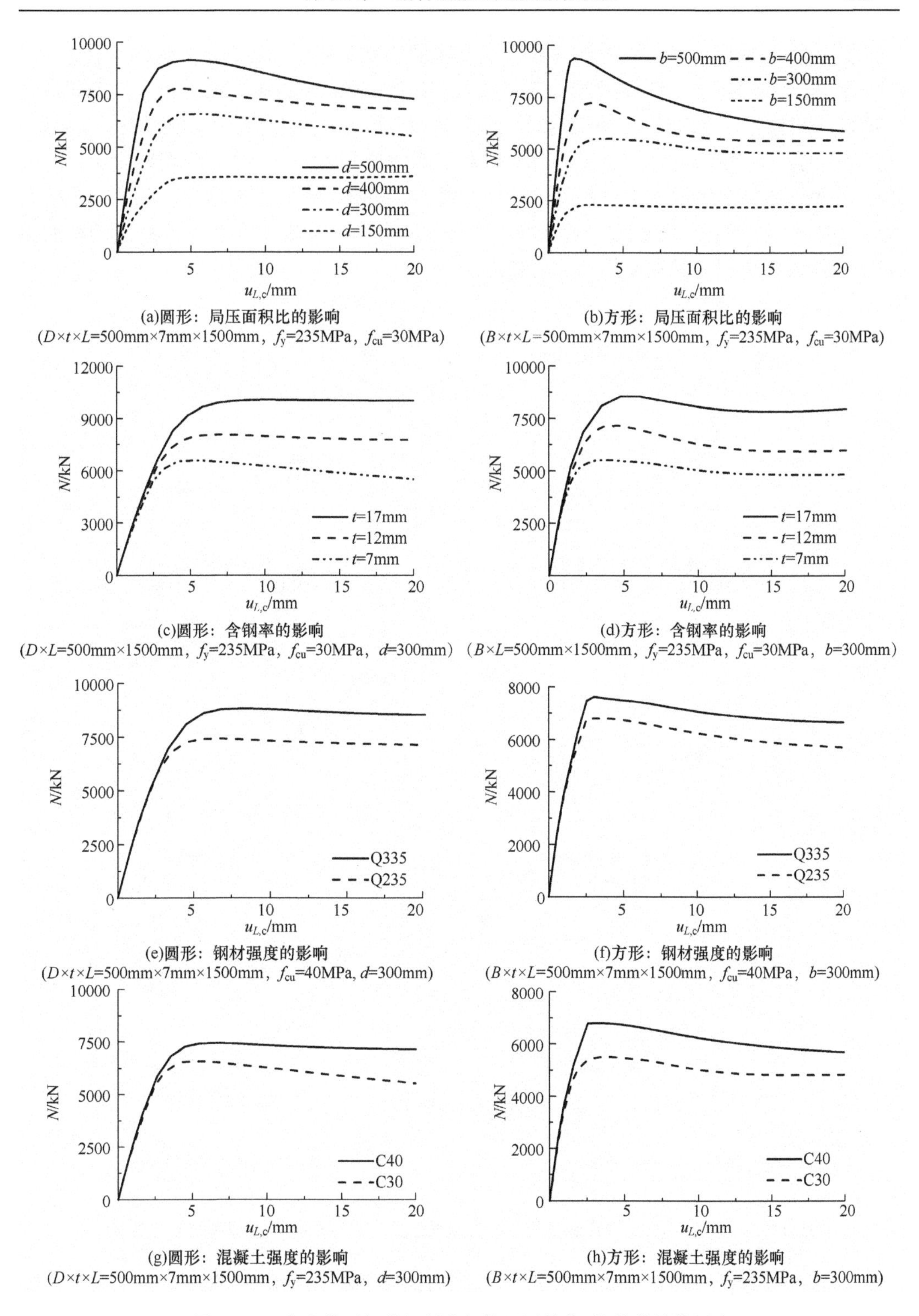

(a)圆形：局压面积比的影响
($D×t×L$=500mm×7mm×1500mm，f_y=235MPa，f_{cu}=30MPa)

(b)方形：局压面积比的影响
($B×t×L$=500mm×7mm×1500mm，f_y=235MPa，f_{cu}=30MPa)

(c)圆形：含钢率的影响
($D×L$=500mm×1500mm，f_y=235MPa，f_{cu}=30MPa，d=300mm)

(d)方形：含钢率的影响
($B×L$=500mm×1500mm，f_y=235MPa，f_{cu}=30MPa，b=300mm)

(e)圆形：钢材强度的影响
($D×t×L$=500mm×7mm×1500mm，f_{cu}=40MPa，d=300mm)

(f)方形：钢材强度的影响
($B×t×L$=500mm×7mm×1500mm，f_{cu}=40MPa，b=300mm)

(g)圆形：混凝土强度的影响
($D×t×L$=500mm×7mm×1500mm，f_y=235MPa，d=300mm)

(h)方形：混凝土强度的影响
($B×t×L$=500mm×7mm×1500mm，f_y=235MPa，b=300mm)

图 11-12　各参数对钢管混凝土短柱局压荷载-位移曲线的影响

影响核心混凝土局压应力提高系数 k_b 的主要因素有局压面积比 η_b、含钢率 ρ_s、钢材屈服强度 f_y 和混凝土强度等级 f_{cu}。图 11-13 为各个参数对核心混凝土局压应力提高系数的影响，可知局压面积比 η_b 是影响局压应力提高系数 k_b 主要参数，局压面积比 η_b 越大，局压应力提高系数 k_b 越大，而其他三个参数的影响差异较大；对于圆钢管混凝土，局压应力提高系数随含钢率和钢材强度的增加而增加，随混凝土强度的增加而减少，即随力比 Φ_s 的增加而增加；对于方钢管混凝土，局压应力提高系数 k_b 随混凝土强度的增加而增加，随含钢率和钢材强度的增加而减少。

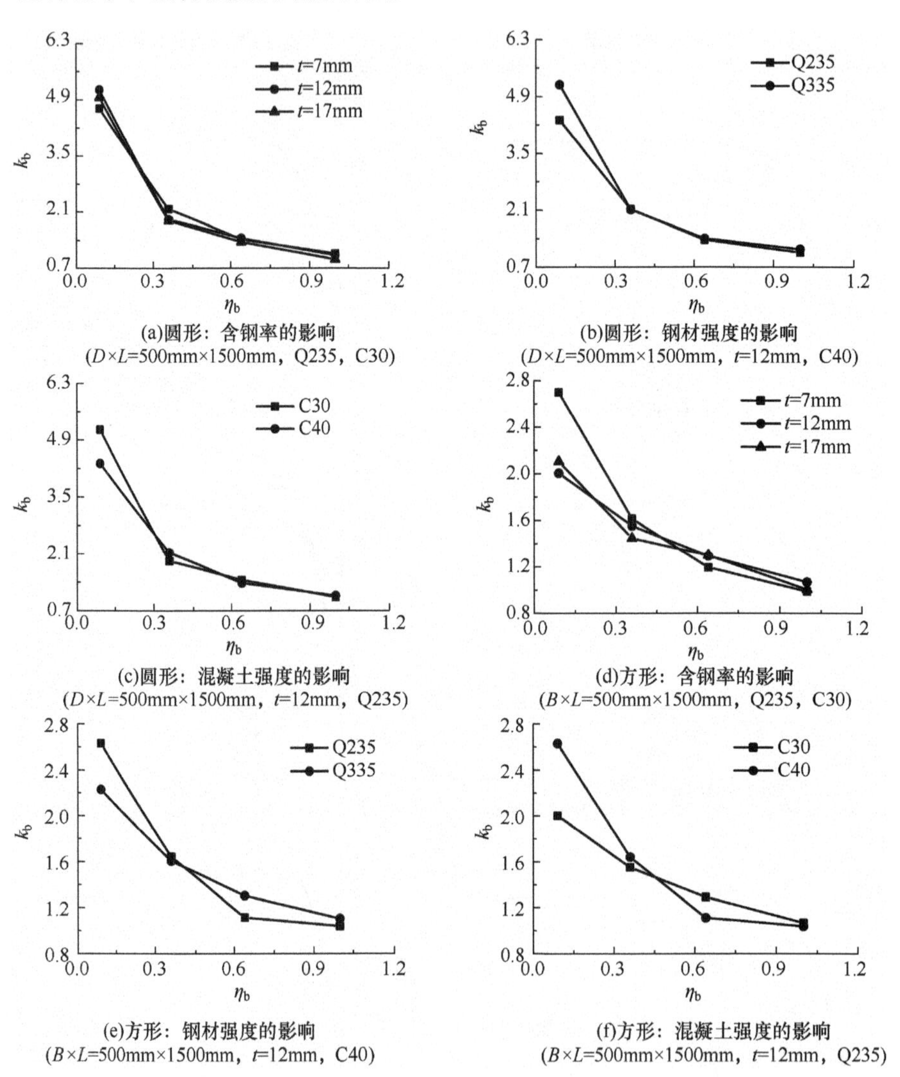

(a)圆形：含钢率的影响 (D×L=500mm×1500mm，Q235，C30)

(b)圆形：钢材强度的影响 (D×L=500mm×1500mm，t=12mm，C40)

(c)圆形：混凝土强度的影响 (D×L=500mm×1500mm，t=12mm，Q235)

(d)方形：含钢率的影响 (B×L=500mm×1500mm，Q235，C30)

(e)方形：钢材强度的影响 (B×L=500mm×1500mm，t=12mm，C40)

(f)方形：混凝土强度的影响 (B×L=500mm×1500mm，t=12mm，Q235)

图 11-13　局压面积比和其他参数对钢管混凝土短柱局压承载力提高系数 k_b 的影响

通过参数分析可知 k_b 与局压面积比 η_b 和力比 Φ_s 成一定的函数关系，对于局压下圆钢管混凝土，通过拟合得

$$k_b = \eta_b^{0.05\Phi_s - 0.65} \tag{11-4a}$$

对于局压下方钢管混凝土，通过拟合得

$$k_b = \eta_b^{0.05\Phi_s - 0.4} \tag{11-4b}$$

11.4.3　结果比较

将上述分析所得的圆形和方形钢管混凝土短柱局压承载力计算公式列成表格，见表 11-3。84 组参数分析中有限元计算结果 $N_{b,FE}$ 与表 11-4 中的钢管混凝土短柱局压承载力公式计算值 $N_{b,Eq}$ 的比较如图 11-14 所示，两者吻合较好，差值大多在 10%以内。

表 11-4 为圆、方钢管混凝土短柱局压承载力试验结果与有限元和式（11-3）计算结果的比较，图 11-15 为式（11-3）计算值与试验值的比较情况，可见有限元计算结果精度较高，离散性较小，式（11-3）计算精度和离散性略低。

表 11-3　钢管混凝土局压承载力计算公式

截面形式	公式	k_1	k_b	η_b
圆形	$N_b = k_b f_c A_b + \eta_b k_b k_1 f_y A_s$	1.7	$\eta_b^{0.05\Phi_s - 0.65}$	A_b/A_{sc}
方形		1.2	$\eta_b^{0.05\Phi_s - 0.4}$	

表 11-4　钢管混凝土短柱局压承载力试验结果与计算结果的比较

截面形式	参考文献	样本数	$N_{b,e}/N_{b,FE}$		$N_{b,e}/N_{b,Eq}$	
			均值	离散系数	均值	离散系数
圆形	本书	12	1.014	0.042	1.049	0.093
	[5]	27	0.968	0.241	1.071	0.187
	[6]	8	0.962	0.092	0.924	0.121
	合计	47	0.973	0.133	1.038	0.165
方形	本书	8	1.013	0.074	0.986	0.081
	[6]	28	0.970	0.132	0.962	0.178
	合计	36	0.975	0.115	0.967	0.160

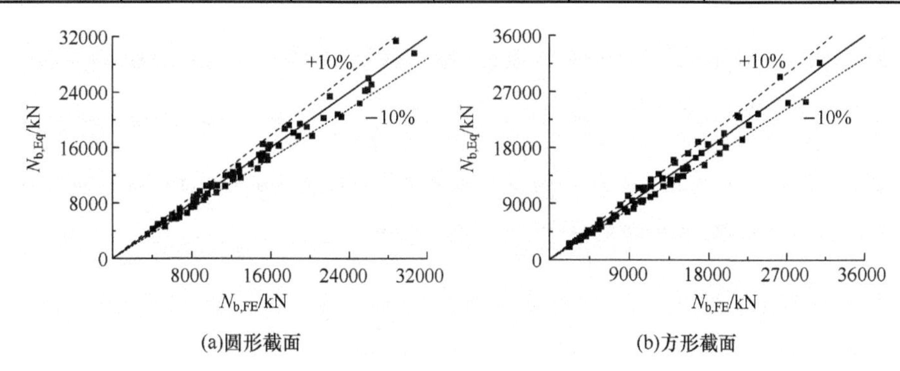

图 11-14　钢管混凝土算例局压承载力有限元与计算结果的比较

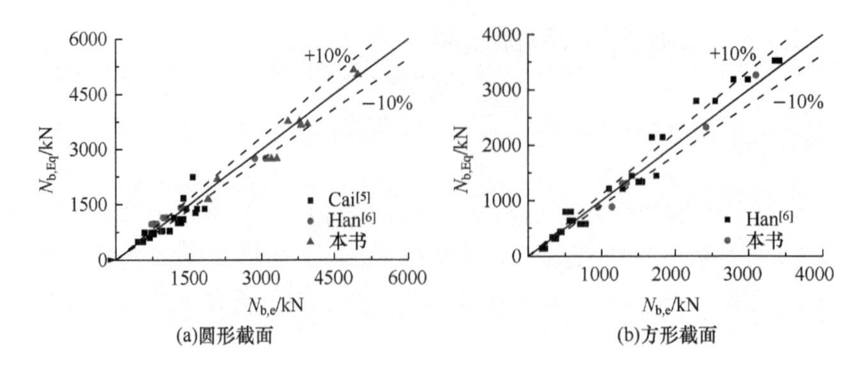

图 11-15 钢管混凝土局压承载力试验结果与计算结果的比较

本 章 小 结

1）本章进行了 20 组圆形和方形钢管混凝土短柱局压试验研究，探讨了局压面积比、混凝土强度以及钢管截面形式对局压承载力的影响。

2）运用有限元软件 ABAQUS 建立圆形和方形钢管混凝土短柱局压计算模型，计算值与试验值吻合良好且精度较高。

3）参数分析表明局压面积比是影响钢管混凝土短柱局压承载力的主要因素，通过参数分析提出了圆形和方形钢管混凝土短柱局压承载力实用计算公式，计算值与本章 20 个以及其他学者 63 个试验值吻合较好。

参 考 文 献

[1] 中华人民共和国住房和城乡建设部．钢结构设计标准：GB 50017—2017［S］．北京：中国建筑工业出版社，2017.

[2] 全国钢标准化技术委员会．金属材料　拉伸试验　第 1 部分：室温试验方法：GB/T 228.1—2010［S］．北京：中国标准出版社，2011.

[3] 中华人民共和国住房和城乡建设部．混凝土物理力学性能试验方法标准：GB/T 50081—2019［S］．北京：中国建筑工业出版社，2019.

[4] HIBBITT K S．Abaqus Version 6．4：Theory manual，users' manual，verification manual and example problems manual［M］．Hibbitt：Karlson，Sorenson Inc.，2003.

[5] 蔡绍怀．现代钢管混凝土结构［M］．修订版．北京：人民交通出版社，2007.

[6] HAN L H，LIU W，YANG Y F．Behavior of thin walled steel tube confined concrete stub columns subjected to axially local compression［J］．Thin-Walled Structures．2008，46（2）：155-164.

第 12 章　钢管混凝土轴压承载力可靠度分析

12.1　概　　述

可靠度理论从 20 世纪 40 年代发展起来，其主要的用途是评估各种结构和系统在加工以及使用阶段完成预备功能的能力，当前结构设计理论采用基于矩法的可靠度理论，一次二阶矩理论（first order second moment，FOSM）使用变量的前两阶矩，即均值和方差，计算简便且表达式简洁，而一次四阶矩法采用功能函数的前四阶矩进行可靠度分析，精度比一次二阶矩法高。此外，蒙特卡罗模拟（Monte Carlo simulation，MCS）是一种基于数理统计原理和计算机技术的方法，可适用于各种线性和非线性的功能函数，且不限制随机变量的分布类型，避免了复杂的数学计算和迭代过程，被认为相对精确。

前面章节提出了不同截面钢管形状约束系数的各截面钢管混凝土轴压承载力公式，该公式的可靠度需要评估，为此本书作者主要工作如下：①收集国内外学者进行的各种截面普通和拉筋钢管混凝土短柱轴压承载力试验数据，获取基本随机变量的统计参数并建立构件的功能函数；②运用新点估计法计算功能函数的前四阶中心矩；③利用蒙特卡罗法和简化四阶矩法计算各种截面普通和拉筋钢管混凝土轴压承载力公式的可靠度指标。

12.2　基本随机变量的统计参数

功能函数的基本随机变量包括抗力、恒荷载和活荷载。抗力的分布由多个基本随机变量影响，包括混凝土轴心抗压强度 f_c，截面尺寸 D 和 B，钢管厚度 t，拉筋直径 d_t 和间距 s，钢材屈服强度 f_y，拉筋屈服强度 $f_{y,t}$，计算模式不定性系数 k_p。抗力的分布近似服从对数正态分布[1]。

12.2.1　轴压承载力公式

1. 钢管混凝土

根据第 4 章分析结果，如图 12-1 所示的各截面钢管混凝土轴压承载力公式为

$$N_u = f_c A_c + k_1 f_y A_s \tag{12-1}$$

式中：不同截面钢管形状约束系数 k_1 取值见表 12-1，钢管面积 A_s 和核心混凝土面积 A_c 的表达式见表 12-2。

表 12-1　钢管形状约束系数 k_1

截面形式	k_1	截面形式	k_1	截面形式	k_1	截面形式	k_1
圆形	1.7	矩形	$1.04-0.06\ln(B/D-0.93)$	八边形	1.5	圆端形	$0.8+0.9D/B$
方形	1.2	六边形	1.3	椭圆形	1.1		

表 12-2　不同截面钢管混凝土柱 A_c 和 A_s 的计算公式

截面形式	圆形	矩形（方形）	六边形	八边形	椭圆形	圆端形
A_c	$\pi(D-2t)^2/4$	$(D-2t)(B-2t)$	$1.5\sqrt{3}(D/\sqrt{3}-t)^2$	$2[D/(1+\sqrt{2})-t]^2\tan 67.5°$	$\pi(D/2-t)(B/2-t)$	$\pi(D/2-t)^2+(B-D)(D-2t)$
A_s	$\pi D^2/4-A_c$	$B\times D-A_c$	$6(D/\sqrt{3}-t)^t$	$8[D/(1+\sqrt{2})-t]^t$	$\pi DB/4-A_c$	$\pi Dt+2(B-D)t$

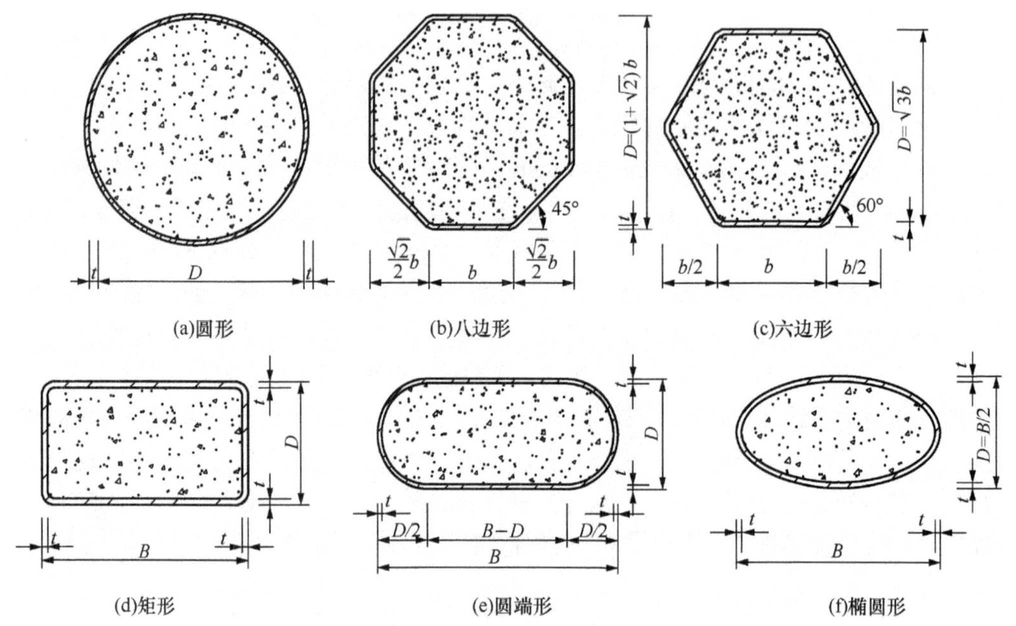

图 12-1　各种截面普通钢管混凝土

荷载效应 S[2] 表达式如下

$$S=\gamma_G S_{Gk}+\gamma_Q S_{Qk}=1.3S_{Gk}+1.5S_{Qk} \tag{12-2}$$

式中：S_{Gk} 为恒荷载效应标准值；S_{Qk} 为活荷载效应标准值，仅考虑办公室楼面活荷载和住宅楼面活荷载；γ_G 为恒荷载分项系数；γ_Q 为活荷载分项系数。

由式（12-1）和式（12-2）可得钢管混凝土轴压极限状态 Z 的方程为

$$Z=k_p(f_c A_c+k_1 f_y A_s)-S_G-S_Q \tag{12-3}$$

式中：k_p 为钢管混凝土轴压抗力计算模式不定性的随机变量。

2. 拉筋钢管混凝土

根据第 7 章分析结果，如图 12-2 所示的各截面拉筋钢管混凝土轴压承载力公式为

$$N_u=f_c A_c+\zeta_1 k_1 f_y A_s+k_3 f_{y,r} A_{sso} \tag{12-4}$$

式中：ζ_1 为拉筋对钢管约束作用提高系数，其计算公式见式（7-6）；k_3 为拉筋约束系数，取 1.7。

由式（12-2）和式（12-4）可得钢管混凝土短柱轴压极限状态 Z 的方程

$$Z=k_p(f_c A_c+\xi_1 k_1 f_y A_s+k_2 f_{y,t} A_{sso})-S_G-S_Q \tag{12-5}$$

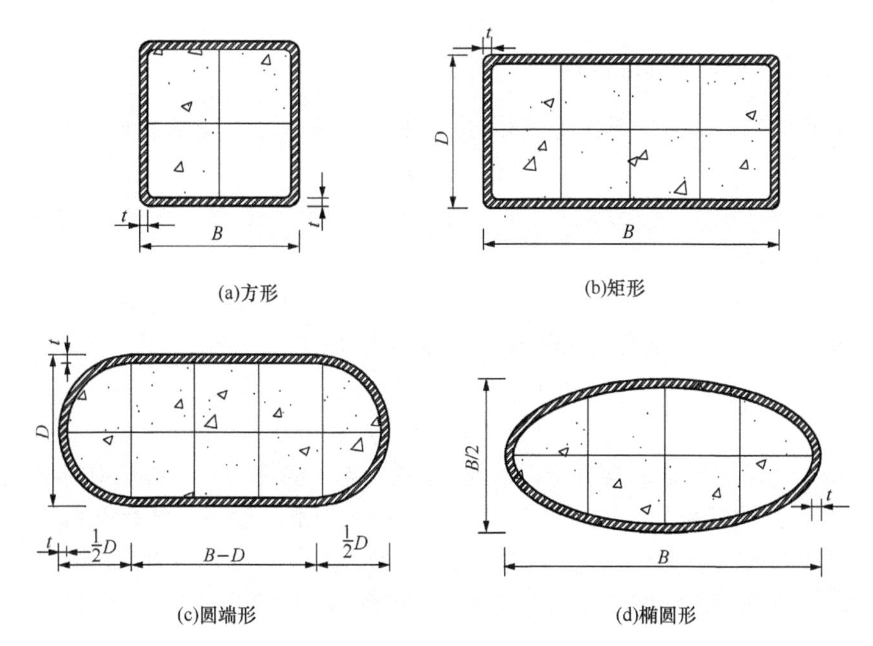

图 12-2　各截面拉筋钢管混凝土

12.2.2　荷载统计参数

最常见的荷载效应组合有两种，即 $S_G+S_{L办}$、$S_G+S_{L住}$，式中下标 G、L 办、L 住分别代表永久荷载、办公室活荷载和住宅建筑的楼盖活荷载。恒载和活载组合时的统计参数见表 12-3。

表 12-3　荷载组合时的荷载统计参数[3]

荷载类型	μ	δ	分布类型
恒载	1.060	0.070	正态分布
办公室活载	0.698	0.288	极值 I 型分布
住宅活载	0.859	0.233	极值 I 型分布

12.2.3　几何尺寸统计参数

普通钢管混凝土的几何参数有钢管厚度 t、截面直径或厚度 D 以及截面长边边长 B，此外拉筋钢管混凝土的几何参数还包括拉筋直径 d_t 和拉筋间距 s，各几何尺寸统计参数见表 12-4。

表 12-4　几何尺寸统计参数[3-4]

统计变量	μ	δ	分布类型
t	1.00	0.05	正态分布
D	1.00	0.05	
B	1.00	0.05	
d_t	1.00	0.02	
s	1.00	0.07	

12.2.4 计算模式不定性统计参数

反映构件计算抗力与实际抗力差异的计算模式不定性随机变量 k_p 表达式为

$$k_p = N_{u,e}/N_{u,Eq} \tag{12-6}$$

式中：$N_{u,e}$ 为构件轴压承载力实测值；$N_{u,Eq}$ 为按式（12-1）和式（12-4）计算的构件抗力值。

1. 钢管混凝土

根据《混凝土结构设计规范（2015 年版）》（GB 50010—2010）[2] 规定，立方体抗压强度标准值 $f_{cu,k}$ 与轴心抗压强度标准值 f_{ck} 的关系如下：

$$f_{cu,k} = f_{cu} - 1.645 f_{cu}\delta_c \tag{12-7a}$$

$$f_{ck} = 0.88\alpha_{c1}\alpha_{c2} f_{cu,k} \tag{12-7b}$$

式中：对于不超过 C50 级的混凝土，取 α_{c1}=0.76，对 C80 取 α_{c1}=0.82，中间按线性规律变化，大于 C80 的混凝土，按 C50 到 C80 的线性规律继续插值；对 C40 以下混凝土取 α_{c2}=1.0，对 C80 取 α_{c2}=0.87，中间按线性规律变化，大于 C80 的混凝土，按 C40 到 C80 的线性规律继续插值；混凝土强度的变异系数 δ_c 按表 12-5 确定。

表 12-5 混凝土强度的变异系数 [2]

强度等级	δ_c/%	强度等级	δ_c/%	强度等级	δ_c/%	强度等级	δ_c/%
C15	23.3	C30	17.2	C45	15.6	C70	12.1
C20	20.6	C35	16.4	C50	14.9	C80	10.1
C25	18.9	C40	15.6	C60	14.1	C90	9.1

注：大于 C90 级的混凝土，δ_c 按 C90 取值。

本书作者收集了国内外 460 个圆形、340 个矩形、16 个六边形、30 个八边形、71 个椭圆形和 29 个圆端形截面钢管混凝土短柱轴压承载力试验数据[5-52]，其中包括本书提到的 37 个圆形、20 个矩形、8 个六边形、8 个八边形、8 个椭圆形和 26 个圆端形截面钢管混凝土试验数据。所有 946 个数据的钢管外截面尺寸与厚度比值为 20～220，构件长厚比 L/B（或 L/D）≤7，立方体抗压强度 f_{cu} 取值为 25～120MPa，钢管的屈服强度 f_y 为 180～650MPa。

将各随机变量的取值代入式（12-1），得到 N_u，再利用式（12-6）求得 k_p，各截面钢管混凝土的计算模式不定性系数 k_p 统计结果见表 12-6，并对每个 k_p 的概率分布进行 Jarque-Bera 检验，显著性水平为 5%，结果表明 k_p 服从正态分布。

表 12-6 普通钢管混凝土轴压公式计算模式不定性统计参数

统计变量	μ	δ	分布类型	统计变量	μ	δ	分布类型
圆形	1.197	0.169	正态分布	椭圆形	1.271	0.092	正态分布
矩形	1.261	0.153		圆端形	1.267	0.100	
六边形	1.369	0.093		所有截面	1.234	0.157	
八边形	1.297	0.139					

2. 拉筋钢管混凝土

拉筋钢管混凝土短柱轴压承载力的试验数据主要来源于本书，截面形式主要包括圆形和方形（第 6 章 6 个井字形拉筋），以及矩形、椭圆形和圆端形截面（第 7 章 32 个普通钢和 6 个耐候钢双向对拉筋），共 44 个试验数据。

拉筋屈服强度 $f_{y,t}$ 取值在 235～500MPa，箍筋间距 s 在 100～200mm，拉筋直径 d_t 在 6～12mm。将各随机变量的取值代入式（12-4），得到 N_u，再利用式（12-6）求得 k_p，各个截面钢管混凝土的计算模式不定性系数的 k_p 统计参数见表 12-7，并对每个 k_p 的概率分布进行 Jarque-Bera 检验，显著性水平为 5%，结果表明 k_p 服从正态分布。

表 12-7　拉筋钢管混凝土轴压公式计算模式不定性统计参数

统计变量	μ	δ	分布类型	统计变量	μ	δ	分布类型
圆形	1.299	0.037	正态分布	圆端形	1.272	0.076	正态分布
矩形	1.331	0.057		所有截面	1.308	0.065	
椭圆形	1.375	0.016					

12.2.5　材料性能统计参数

由于规范中只给出了 C60 以下混凝土材料性能的变异系数，故作者利用文献［53］给出的演绎法推算混凝土材料性能的均值系数和方差。钢材材料性能的均值系数和方差见文献［53］，钢材和混凝土性能的统计参数见表 12-8。

表 12-8　材料性能指标的统计参数 [1-2, 53-55]

材料类型	类别	f_{yk}/MPa		f_{yd}/MPa		f_{ck}/MPa	f_{cd}/MPa	$f_{y,tk}$/MPa	$f_{y,td}$/MPa	μ	δ	分布类型
		$t\leqslant16$mm	$t>16$mm	$t\leqslant16$mm	$t>16$mm							
钢管	Q235	235	225	215	205					1.08	0.08	正态分布
	Q345	345	335	305	295					1.09	0.07	
混凝土	C30					20.1	14.3			1.374	0.172	
	C40					26.8	19.1			1.342	0.156	
	C50					32.4	23.1			1.337	0.149	
	C60					38.5	27.5			1.332	0.141	
	C70					44.5	31.8			1.292	0.121	
	C80					50.2	35.9			1.262	0.101	
	C90					55.7	39.8			1.232	0.091	
拉筋	HRB335							335	300	1.15	0.0743	
	HRB400							400	360	1.02	0.0713	
	HRB500							500	435	1.095	0.033	

注：f_{yk} 为钢管强度标准值；$f_{y,tk}$ 为拉筋强度标准值；f_{yd} 为钢管强度设计值；f_{cd} 为混凝土轴心抗压强度设计值；$f_{y,td}$ 为拉筋强度设计值。

12.3　可靠度计算

12.3.1　可靠度方法

1. 简化四阶矩法

（1）基于降维模型的新点估计法

Zhao[56]提出新点估计法来计算功能函数的前 k 阶矩，其核心思想是通过逆正态变换（Rosenblatt 变换）[57]将原始随机变量转换到标准正态空间，再利用标准正态变量的估计点和权重估计函数的前四阶矩。非正态随机变量的估计点可表示为

$$X=F_X^{-1}(\Phi_N(U))=T^{-1}(U) \quad x_j=T^{-1}(u_j) \tag{12-8}$$

式中：$\Phi_N(U)$为标准正态变量的分布函数；$F_X(X)$为原变量的分布函数；x_j 为一般随机变量；u_j 为标准正态变量。

标准正态变量的估计点 u_i 和权重 P_i 为

$$u_i=\sqrt{2}y_i \quad P_i=w_i/\sqrt{\pi} \tag{12-9}$$

式中：y_i 和 w_i 是加权函数为 $\exp(-y^2)$的 Hermite 积分的横坐标和权重[58]，于是可求得 7 点估计的 u_i 和 P_i[56]，取值见表 12-9。

表 12-9　标准正态变量的估计点和权重

估计点	权重	估计点	权重
$u_0=0$	$P_0=0.457$	$u_{2+}=-u_{2-}=2.367$	$P_{2+}=-P_{2-}=3.076\times10^{-2}$
$u_{1+}=-u_{1-}=1.154$	$P_{1+}=-P_{1-}=0.240$	$u_{3+}=-u_{3-}=3.750$	$P_{3+}=-P_{3-}=5.483\times10^{-4}$

对于含有 n 个随机变量的功能函数 $G(X)$，Zhao 等[56]提出了基于 n 点估计的一维减维模型，即

$$Z=G(X)=\sum_{i=1}^{n}(G_i-G_\mu)+G_\mu \quad G_i=G[\mu_1,\mu_2,\cdots,\mu_{i-1},T^{-1}(\mu_i),\mu_{i+1},\cdots,\mu_n] \tag{12-10}$$

式中：$\mu_1,\mu_2,\cdots,\mu_n$ 是随机变量的均值；G_i 仅为变量 u_i 的函数；G_μ 是变量均取均值时的函数值。功能函数 $G(X)$的前四阶矩为均值 μ_G、方差 σ_G^2、三阶中心矩 $\alpha_{3G}\sigma_G^3$ 和四阶中心矩 $\alpha_{4G}\sigma_G^4$，各计算公式见文献［56］。

一维减维模型将功能函数化为 n 个单变量函数而简化了计算过程，但当功能函数有较强的非线性时，用一维减维模型求功能函数的前 k 阶矩时精度不高，则采用二维减维模型代替原功能函数。对随机变量进行逆正态变换，且利用文献［59］给出的公式对功能函数 $G(X)$进行二维减维，则功能函数可写为

$$G(X)=h_2-(n-2)h_1+\frac{(n-1)(n-2)}{2}h_0 \quad h_0=G_\mu \quad h_1=\sum_{i=1}^{n}G_i(\mu_1,\cdots,T^{-1}(u_i),\cdots,\mu_n)$$

$$h_2=\sum_{i<j}G_{ij}(\mu_1,\cdots,T^{-1}(u_i),\cdots,T^{-1}(u_j),\cdots,\mu_n) \tag{12-11}$$

式中：G_{ij} 为含有 u_i 和 u_j 的双变量函数；G_i 仅为变量 u_i 的函数；G_μ 是变量均取均值时的函数值；h_1 为 n 个单变量函数之和；h_2 为 n（n–1）/2 个双变量函数之和；功能函数的前 k 阶矩 μ_G、σ_G^2、$\alpha_{kG}\sigma_G^{\mathrm{k}}$ 的计算见文献［59］。

（2）基于立方正态分布的简化四阶矩法

由可靠度指标定义，可得到基于二阶矩法的可靠度指标 β_{SM} 和基于四阶矩法的可靠度指标 β_{FM} 的关系[60]

$$\beta_{\mathrm{FM}}=-\Phi^{-1}(p_{f\,\mathrm{FM}})\quad p_{f\,\mathrm{FM}}=\int_{-\infty}^{-\beta_{\mathrm{SM}}}f(z_{\mathrm{s}})\mathrm{d}z_{\mathrm{s}}\quad \beta_{\mathrm{SM}}=\frac{\mu_G}{\sigma_G}\quad z_{\mathrm{s}}=\frac{Z-\mu_Z}{\sigma_Z} \tag{12-12}$$

式中：z_{s} 为标准化后的随机变量。

Zhao 等[61]提出简化四阶矩计算公式，其基本原理是将随机变量 Z 标准化后的变量 z_{s} 近似表示为标准正态变量 u 的三次多项式，即

$$z_{\mathrm{s}}=S(u)=-q_1+c_1u+q_1u^2+c_2u^3 \tag{12-13}$$

式中：系数 q_1、c_1 和 c_2 详见文献［61］。

对式（12-13）进行 z-u 转换，可得

$$u=-pH+1/H-q_1/(3c_2) \tag{12-14}$$

式中：系数 p 和 H 见文献［61］。以上关系可以简写为 $u=S^{-1}$（z_{s}）。

由式（12-12）和式（12-14）可得，基于四阶矩法和二阶矩法的可靠度指标[62]的关系为

$$\beta_{\mathrm{FM}}=-S^{-1}(-\beta_{\mathrm{SM}})=pH-1/H+q_1/(3c_2) \tag{12-15}$$

传统一次二阶矩法的可靠度指标计算公式为

$$\beta=(\mu_R-\mu_S)/\sqrt{\sigma_R^2+\sigma_S^2} \tag{12-16}$$

2．MCS 法

目前 MCS 法可靠度计算的随机变量一般为正态分布、对数正态分布和极值 I 型分布。已知随机变量的均值 μ、变异系数 δ，三种变量随机数的取样如下。

（1）正态变量

$$X_i=\mathrm{normrnd}(\mu,\delta,N,1) \tag{12-17}$$

（2）对数正态变量

$$\mu_1=\log\left(\frac{\mu}{\sqrt{1+\delta^2}}\right)\quad \delta_1=\sqrt{\log(1+\delta^2)}\quad X_i=\log\mathrm{nrnd}(\mu_1,\delta_1,N,1) \tag{12-18}$$

（3）极值 I 型分布

$$\alpha=\frac{\sqrt{6}\mu\delta}{\pi}=\mu\delta\quad m=-\mathrm{psi}(1)\alpha-\mu=0.5772\alpha-\mu\quad X_i=-\mathrm{evrnd}(\alpha,m,N,1) \tag{12-19}$$

MCS 法是基于大量抽样的统计方法，抽样次数 $M\geqslant100/p_f$[63]。记功能函数 $Z<0$ 的次数 n_f，则结构的失效概率为 $p_f=n_f/M$。MCS 法的可靠度指标计算公式为

$$\beta_{\mathrm{MC}}=-\Phi^{-1}(p_f) \tag{12-20}$$

MCS 法的误差 ε_{r}[63]分析公式为

$$\varepsilon_{\mathrm{r}} = 2\Big/\sqrt{Mp_f} \tag{12-21}$$

12.3.2 可靠度计算步骤

根据 12.3.1 节的简化四阶矩法和 MCS 法，可以求得钢管混凝土轴压承载力公式的可靠度指标 β。

1. 简化四阶矩法

1）确定影响可靠度的随机变量为截面尺寸（D，B）、钢管厚度（t）、拉筋直径（d_{t}）和间距（s）、荷载效应（S_{Gk}，S_{Qk}）、计算模式不定性（k_{p}）、混凝土强度（f_{c}）、钢管强度（f_{y}）和拉筋强度（$f_{\mathrm{y,t}}$），利用 MATLAB 对基本随机变量进行抽样，获得抗力 N_{u} 统计参数。

2）建立功能函数 $Z=G(X)$，对功能函数进行降维处理，利用随机变量 N_{u}、S_{Gk}、S_{Qk} 的统计参数以及新点估计法计算 $G(X)$的前四阶矩。

3）用简化四阶矩法求得可靠度指标 β_{FM}。

2. MCS 法

1）确定影响可靠度指标的随机变量，获得各随机变量的分布类型和统计参数。

2）把选定的材料强度设计值和截面尺寸代入式（12-1）和式（12-4），求出构件的抗力 N_{u}。

3）根据公式 $N_{\mathrm{u}} \geqslant S=\gamma_{\mathrm{G}}S_{\mathrm{Gk}}+\gamma_{\mathrm{Q}}S_{\mathrm{Qk}}$ 和荷载效应比 $\rho_{\mathrm{L}}=S_{\mathrm{Qk}}/S_{\mathrm{Gk}}$，算出荷载效应标准值 $S_{\mathrm{Gk}}=N_{\mathrm{u}}/(\gamma_{\mathrm{G}}+\rho\gamma_{\mathrm{Q}})$和活载效应标准值 $S_{\mathrm{Qk}}=\rho S_{\mathrm{Gk}}$。

4）利用 MATLAB 编程，进行随机抽样 M 次（$M \geqslant 100/p_f$），产生一系列相互独立的随机数列阵，代入极限状态方程式（12-3）和式（12-5）。

5）统计 $Z<0$ 的次数 n_f，根据式（12-20）计算出可靠度指标 β_{MC}，与 β_{FM} 进行对比并进行误差估计。

12.3.3 结果分析

1. 截面形状和含钢率的影响

分别运用 MCS 和基于一维与二维降维模型的简化四阶矩法计算可靠度指标，设置变化参数为截面形状和含钢率。对于普通钢管混凝土，荷载组合为 $S_{\mathrm{G}}+S_{\mathrm{L住}}$，取荷载比 ρ_{L} 为 1.0，混凝土类别为 C40，钢材类别为 Q235。对于拉筋钢管混凝土，荷载组合为 $S_{\mathrm{G}}+S_{\mathrm{L住}}$，取荷载比 ρ_{L} 为 1.0，混凝土类别为 C40，钢材类别为 Q235，配拉筋率为 1%，箍筋强度为 400MPa。

图 12-3 为不同截面形状的可靠度指标变化规律。由于八边形、六边形、椭圆形和圆端形截面钢管混凝土短柱轴压承载力试验数据少，其 δ_{kp} 较小，故抗力 N_{u} 的 δ_{R} 较小，由式（12-16）可知，可靠度指标 β 较大，而圆形和矩形截面的 δ_{kp} 较大，故可靠度指标 β 较小。

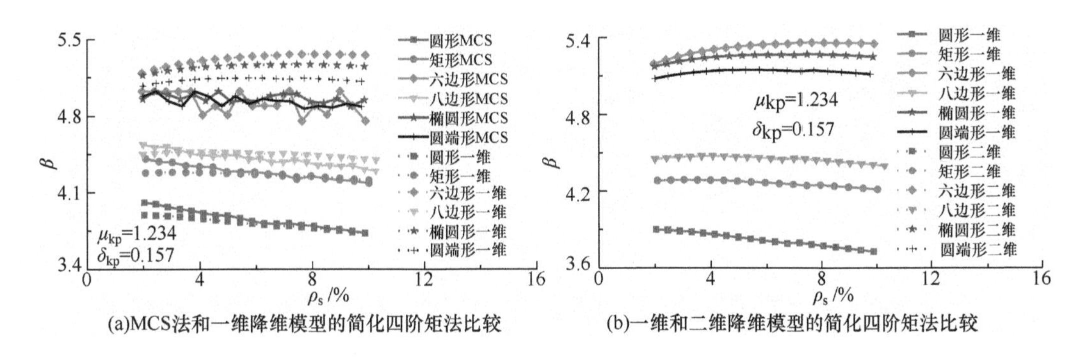

(a)MCS法和一维降维模型的简化四阶矩法比较　(b)一维和二维降维模型的简化四阶矩法比较

图 12-3　截面形状和含钢率变化对普通钢管混凝土轴压承载力可靠度指标的影响

图 12-4 和图 12-5 分别为圆形截面和全部截面统计的计算模式不定性系数下，截面形状和含钢率变化对普通钢管混凝土轴压承载力公式可靠度指标的影响。图 12-6 为全部截面计算模式不定性系数下，截面形状和含钢率变化对拉筋钢管混凝土轴压承载力公式可靠度指标的影响规律。由图 12-4～图 12-6 可知：①普通和拉筋钢管混凝土轴压承载力公式可靠度指标都能满足目标可靠度指标 3.2[64] 的要求，由于圆形截面统计的 δ_{kp} 较大而全部截面统计的 δ_{kp} 较小，导致全部截面统计计算模式不定性系数下普通钢管混凝土轴压承载力公式可靠度指标偏大，但可靠度指标差别不超过 5%，因此作者采用全部截面统计的计算模式不定性系数分析其他参数的影响；②由于圆形、六边形和八边形截面的钢管形状约束系数 k_1 较大，使得功能函数的方差较大，导致可靠度指标较小；③随着含钢率 ρ_s 增大，力比 $\Phi_s=f_yA_s/(f_cA_c)$ 均值增大而钢管对混凝土的约束效率降低，变异系数不变，导致抗力随机变量的变异系数略增大，使得可靠度指标 β 略减小；④由于拉筋钢管混凝土轴压试验数据较少，全部截面统计的 δ_{kp} 较小，当采用 MCS 法计算时不能得出有效的结果，故拉筋钢管混凝土轴压承载力公式仅采用简化四阶矩法计算可靠度，拉筋钢管混凝土轴压承载力公式可靠度指标大于普通钢管混凝土，差别超过 10%。

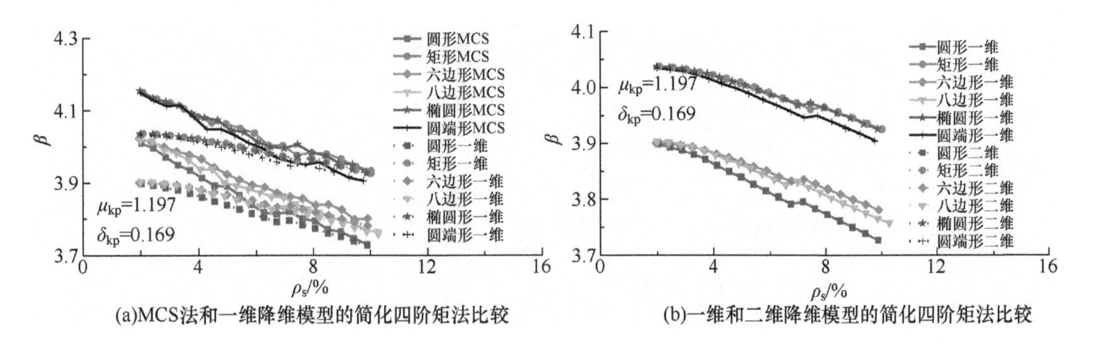

(a)MCS法和一维降维模型的简化四阶矩法比较　(b)一维和二维降维模型的简化四阶矩法比较

图 12-4　截面形状和含钢率变化对普通钢管混凝土轴压承载力可靠度指标的影响

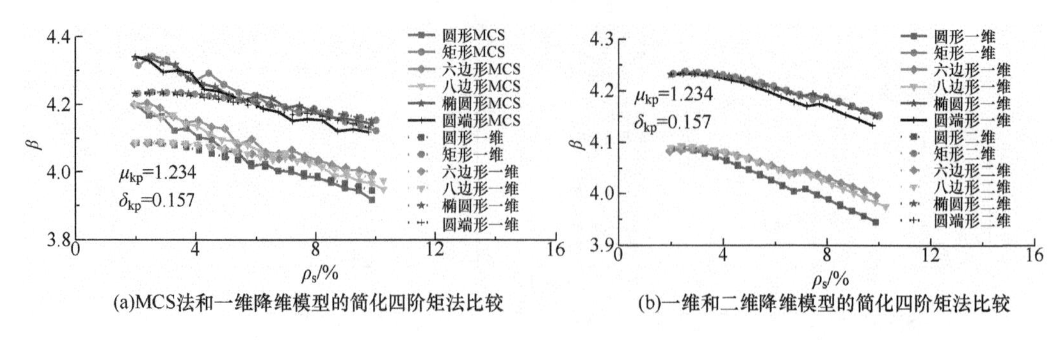

图 12-5 截面形状和含钢率变化对普通钢管混凝土轴压承载力可靠度指标的影响

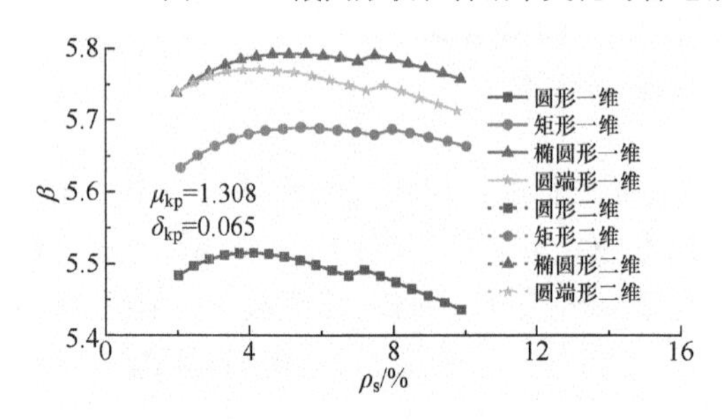

图 12-6 截面形状和含钢率变化对拉筋钢管混凝土轴压承载力可靠度指标的影响

2. 混凝土和钢管强度等级的影响

普通钢管混凝土的荷载组合为$S_G+S_{L住}$，取荷载比ρ_L为1.0，含钢率ρ_s为0.04，钢材类别为Q235；拉筋钢管混凝土的荷载组合为$S_G+S_{L住}$，取荷载比ρ_L为1.0，含钢率ρ_s为0.04，钢材类别为Q235，配拉筋率为0.01，拉筋强度为400MPa。图12-7和图12-8为混凝土类别变化对可靠度指标的影响规律，随着混凝土等级的增加，随机变量f_c的变异系数减小，导致抗力随机变量的变异系数减小，使得可靠度指标β变大。

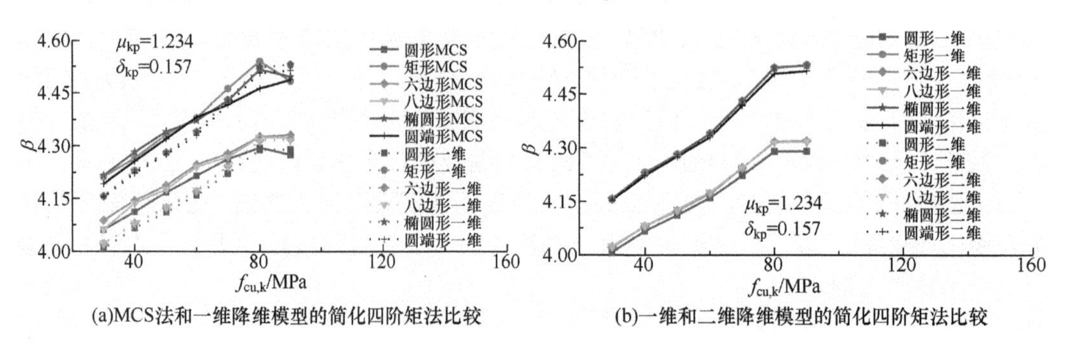

图 12-7 混凝土类别对普通钢管混凝土轴压承载力可靠度指标的影响

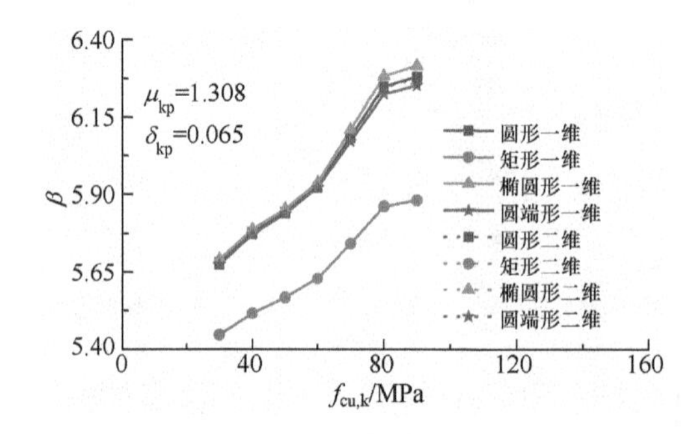

图 12-8 混凝土类别对拉筋钢管混凝土轴压承载力可靠度指标的影响

普通钢管混凝土的荷载组合为 $S_G+S_{L住}$，取荷载比 ρ_L 为 1.0，含钢率 ρ_s 为 0.04，混凝土类别为 C40；拉筋钢管混凝土的荷载组合为 $S_G+S_{L住}$，取荷载比 ρ_L 为 1.0，含钢率 ρ_s 为 0.04，混凝土类别为 C40，配拉筋率为 0.01，拉筋强度为 400MPa。图 12-9 和图 12-10 所示为钢材类别变化对可靠度指标的影响规律，可见随着钢材等级的增加，随机变量 f_y 的变异系数略微减小，使得可靠度指标 β 略微增大。

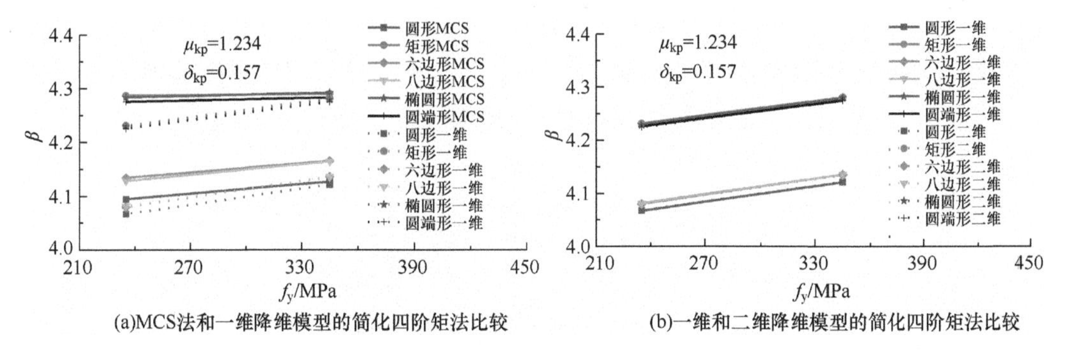

(a)MCS法和一维降维模型的简化四阶矩法比较　　(b)一维和二维降维模型的简化四阶矩法比较

图 12-9　钢材类别对普通钢管混凝土轴压承载力可靠度指标的影响

3. 荷载比和荷载组合的影响

普通钢管混凝土的荷载组合为 $S_G+S_{L住}$，取含钢率 ρ_s 为 0.04，混凝土类别为 C40，钢材类别为 Q235；拉筋钢管混凝土的荷载组合为 $S_G+S_{L住}$，取含钢率 ρ_s 为 0.04，混凝土类别为 C40，钢材类别为 Q235，配拉筋率为 0.01，拉筋强度为 400MPa。图 12-11 和图 12-12 所示为荷载比变化对可靠度指标的影响规律。当仅有荷载比为变量且 ρ_L 约为 1.0 时，利用条件极值求得 $S_{Gk}+S_{Qk}$ 值较小，故失效概率较小，可靠度指标较大，而两者方法的计算结果略有差别：①采用 MCS 法时，当 ρ_L 为 2.0 时，可靠度指标最小，而 $0.5\leqslant\rho_L\leqslant1.0$ 时，可靠度指标较大且极差不超过 0.03；②采用简化四阶矩法时，当 $\rho_L=0.25$ 时，可靠度指标最小，而取 $0.5\leqslant\rho_L\leqslant2.0$ 时，可靠度指标的极差约为 0.05，当 ρ_L 取 1.0 时，可靠度指标最大；③对于拉筋钢管混凝土，荷载比 ρ_L 不大于 1.0 时，其承载力公式可靠度指标较大。

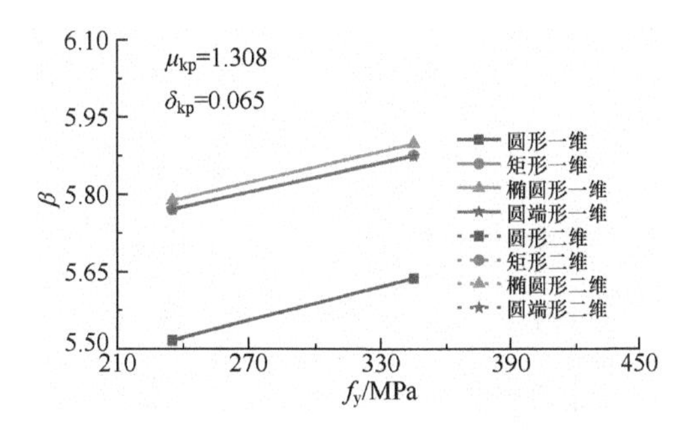

图 12-10　钢材类别对拉筋钢管混凝土轴压承载力可靠度指标的影响

普通钢管混凝土的荷载比 ρ_L 为 1.0，含钢率 ρ_s 为 0.04，混凝土类别为 C40，钢材类别为 Q235；拉筋钢管混凝土的荷载比 ρ_L 为 1.0，含钢率 ρ_s 为 0.04，混凝土类别为 C40，钢材类别为 Q235，配拉筋率为 0.01，拉筋强度为 400MPa。图 12-13 和图 12-14 所示为活载类别变化对可靠度指标的影响规律。由于办公室活载的均值系数小于住宅楼面活载的均值系数，而两者的方差相差很小，故荷载组合为恒载和办公室活载时，荷载效应较小，可靠度指标较大。

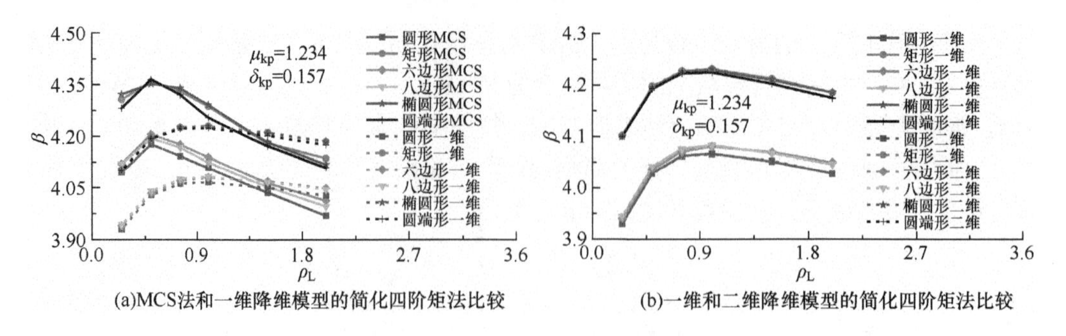

(a)MCS法和一维降维模型的简化四阶矩法比较　　(b)一维和二维降维模型的简化四阶矩法比较

图 12-11　荷载比对普通钢管混凝土轴压承载力可靠度指标的影响

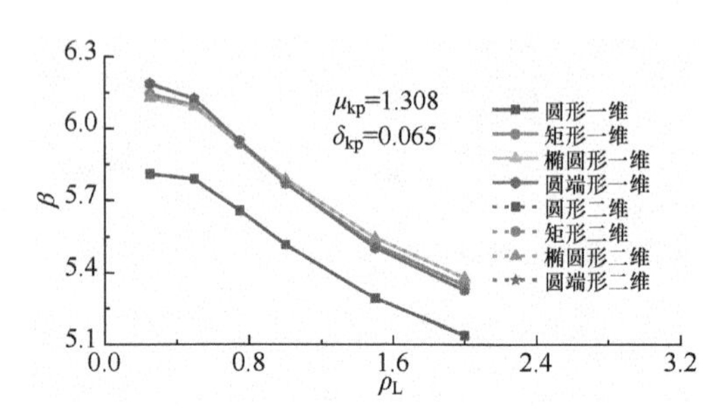

图 12-12　荷载比对拉筋钢管混凝土轴压承载力可靠度指标的影响

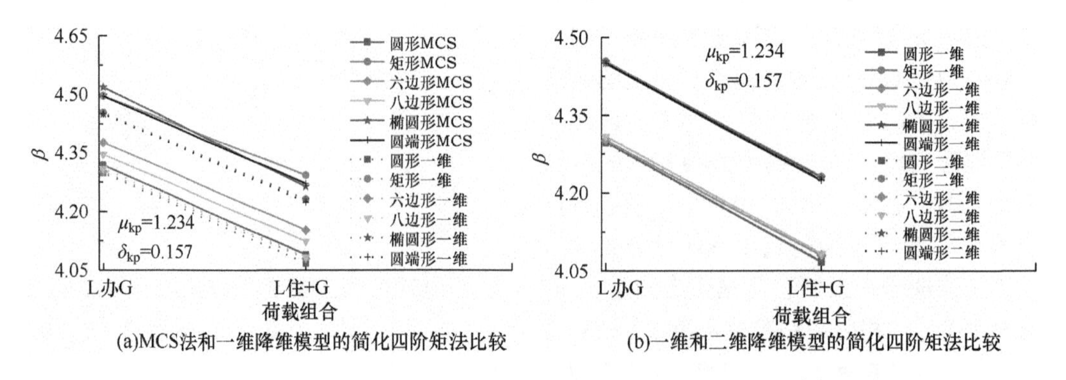

(a)MCS法和一维降维模型的简化四阶矩法比较　　(b)一维和二维降维模型的简化四阶矩法比较

图 12-13　活载类别对普通钢管混凝土轴压承载力可靠度指标的影响

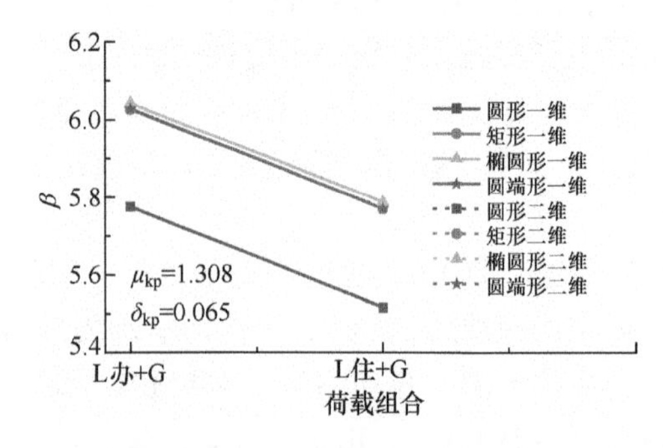

图 12-14　活载类别对拉筋钢管混凝土轴压承载力可靠度指标的影响

4. 拉筋强度和配拉筋率的影响

拉筋钢管混凝土的荷载组合 $S_G+S_{L住}$，取荷载比 ρ_L 为 1.0，含钢率 ρ_s 为 0.04，混凝土类别为 C40，钢材类别为 Q235，拉筋强度为 400MPa。图 12-15 为活载类别变化对可靠度指标的影响，可见随着配拉筋率的增大，可靠度指标略减小；但从整体看配拉筋率变化对可靠度指标影响很小。

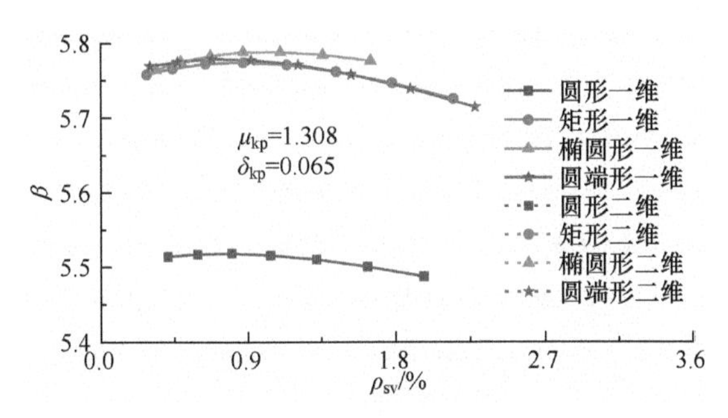

图 12-15 配拉筋率对拉筋钢管混凝土轴压承载力可靠度指标的影响

对于拉筋钢管混凝土的荷载组合 $S_G+S_{L住}$，取荷载比 ρ_L 为 1.0，含钢率 ρ_s 为 0.04，混凝土类别为 C40，钢材类别为 Q235，配拉筋率为 0.01。图 12-16 为活载类别变化对可靠度指标的影响，可见当拉筋强度为 400MPa 时，其均值系数最小，而方差较大，故其可靠度指标最小；但从整体看拉筋强度变化对可靠度指标影响很小。

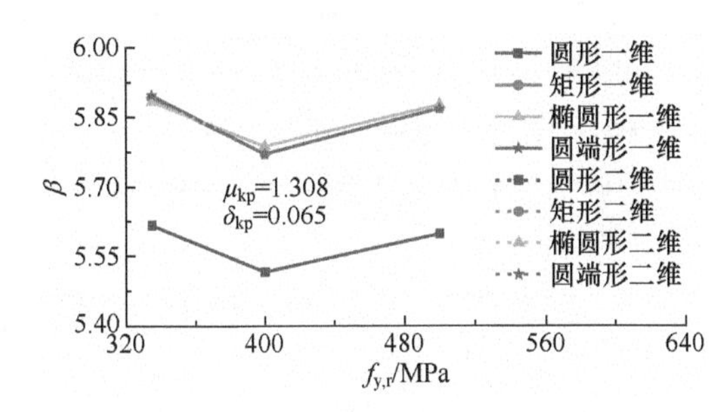

图 12-16 拉筋强度对拉筋钢管混凝土轴压承载力可靠度指标的影响

本 章 小 结

1）本章运用 MCS 和简化四阶矩法计算普通钢管混凝土和拉筋钢管混凝土轴压承载力公式可靠度指标，两者结果接近，最大相差不超过 10%。

2）普通钢管混凝土和拉筋钢管混凝土轴压承载力公式均满足目标可靠度指标 3.2 的要求，普通钢管混凝土轴压承载力公式的可靠度大于 3.7，拉筋钢管混凝土轴压承载力公式的可靠度大于 4.8，可靠度有所提高。

参 考 文 献

[1] 邵卓民. 建筑结构荷载和抗力的统计特征 [J]. 建筑结构，1981，6（1）：1-7.

[2] 中华人民共和国住房和城乡建设部. 混凝土结构设计规范（2015 年版）：GB 50010—2010 [S]. 北京：中国建筑工业

出版社，2015.

[3] 余志武，贺飒飒. 钢管混凝土短柱极限承载力可靠度分析 [J]. 工程力学，2006，23（11）：139-144.

[4] 王微. 高强混凝土构件的可靠度及其灵敏度分析与耐久性设计 [D]. 哈尔滨：哈尔滨工业大学，2008.

[5] ABED F，ALHAMAYDEH M，ABDALLA S. Experimental and numerical investigations of the compressive behavior of concrete filled steel tubes（CFSTs）[J]. Journal of Constructional Steel Research，2013，80：429-439.

[6] CAI Y C，QUACH W M，YOUNG B. Experimental and numerical investigation of concrete-filled hot-finished and cold-formed steel elliptical tubular stub columns [J]. Thin-Walled Structures，2019，145：106437.1-106437.20.

[7] DU Y S，CHEN Z H，XIONG M X. Experimental behavior and design method of rectangular concrete-filled tubular columns using Q460 high-strength steel [J]. Construction and Building Materials，2016，125：856-872.

[8] DU Y S，CHEN Z H，YU Y J. Behavior of rectangular concrete-filled high-strength steel tubular columns with different aspect ratio [J]. Thin-Walled Structures，2016，109：304-318.

[9] EVIRGEN B，TUNCAN A，TASKIN K. Structural behavior of concrete filled steel tubular sections（CFT/CFSt）under axial compression [J]. Thin-Walled Structures，2014，80：46-56.

[10] GIAKOUMELIS G，LAM D. Axial capacity of circular concrete-filled tube columns [J]. Journal of Constructional Steel Research，2004，60（7）：1049-1068.

[11] HAN L H，YAO G H，ZHAO X L . Tests and calculations for hollow structural steel（HSS）stub columns filled with self-consolidating concrete（SCC）[J] Journal of Constructional Steel Research，2005，61（9）：1241-1269.

[12] JAMALUDDIN N，LAM D，DAI X H，et al. An experimental study on elliptical concrete filled columns under axial compression [J]. Journal of Constructional Steel Research，2013，87：6-16.

[13] LIU D L. Tests on high-strength rectangular concrete-filled steel hollow section stub columns [J]. Journal of Constructional Steel Research，2005，61（7）：902-911.

[14] LIU D L，GHO W M. Axial load behaviour of high-strength rectangular concrete-filled steel tubular stub columns [J]. Thin-Walled Structures，2005，43（8）：1131-1142.

[15] LIU D L，GHO W M，YUAN J. Ultimate capacity of high-strength rectangular concrete-filled steel hollow section stub columns [J]. Journal of Constructional Steel Research，2003，59（12）：1499-1515.

[16] YANG H，LIU F Q，CHAN T M，et al. Behaviours of concrete-filled cold-formed elliptical hollow section beam-columns with varying aspect ratios [J]. Thin-Walled Structures，2017，120：9-28.

[17] O'SHEA M D，BRIDGE R Q . Design of circular thin-walled concrete filled steel tubes [J]. Journal of Structural Engineering，2000，126（11）：1295-1303.

[18] PIQUER A，HERNÁNDEZ-FIGUEIRIDO D，IBAÑEZ C. Concrete-filled round-ended steel tubular stub columns under concentric and eccentric loads [C] // Proceedings of the 12th International Conference on Advances in Steel-Concrete Composite Structures（ASCCS 2018），València，2018：275-279.

[19] SAKINO K，NAKAHARA H，MORINO S，et al. Behavior of centrally loaded concrete-filled steel-tube short columns [J]. Journal of Structural Engineering，2004，130（2）：180-188.

[20] SCHNEIDER S P. Axially loaded concrete-filled steel tubes [J]. Journal of Structural Engineering，1998，124（10）：1125-1138.

[21] TAO Z，HAN L H，WANG Z B. Experimental behaviour of stiffened concrete-filled thin-walled hollow steel structural（HSS）stub columns [J]. Journal of Constructional Steel Research，2005，61（7）：962-983.

[22] WANG Y Y，CHEN P，LIU C Y，et al. Size effect of circular concrete-filled steel tubular short columns subjected to axial compression [J]. Thin-Walled Structures，2017，120：397-407.

[23] YANG H，LAM D，GARDNER L. Testing and analysis of concrete-filled elliptical hollow sections [J]. Engineering Structures，2008，30（12）：3771-3781.

[24] YU M，ZHA X X，YE J Q，et al. A unified formulation for circle and polygon concrete-filled steel tube columns under axial compression [J]. Engineering Structures，2013，49：1-10.

[25] YU Q，TAO Z，WU Y X. Experimental behaviour of high performance concrete-filled steel tubular columns [J]. Thin-Walled Structures，2008，46（4）：362-370.

[26] YU Z W，DING F X，CAI C S. Experimental behavior of circular concrete-filled steel tube stub columns [J]. Journal of Constructional Steel Research，2007，63（2）：165-174.

[27] ZHANG S M，GUO L H，YE Z L，et al. Behavior of steel tube and confined high strength concrete for concrete-filled RHS tubes [J]. Advances in Structural Engineering，2005，8（2）：101-116.

[28] ZHAO X L，PACKER J A. Tests and design of concrete-filled elliptical hollow section stub columns [J]. Thin-Walled Structures，2009，47（6/7）：617-628.

[29] ZHU J Y，CHAN T M. Experimental investigation on octagonal concrete filled steel stub columns under uniaxial compression [J]. Journal of Constructional Steel Research，2018，147：457-467.

[30] 龚明波. 自密实钢管混凝土短柱轴压承载能力研究 [D]. 吉林：吉林大学，2017.

[31] 顾维平，蔡绍怀，冯文林. 钢管高强混凝土的性能与极限强度 [J]. 建筑科学，1991 （1）：23-27.

[32] 顾维平，蔡绍怀，冯文林. 钢管高强混凝土偏压柱性能与承载能力的研究 [J]. 建筑科学，1993（3）：8-12.

[33] 郭晓松. 椭圆形钢管混凝土短柱轴压及偏压力学性能研究 [D]. 哈尔滨：哈尔滨工业大学，2015.

[34] GOODE C D，韩林海. 钢管混凝土组合柱的研究进展 [J]. 工业建筑，1996，26（3）：23-27.

[35] 韩林海. 钢管高强混凝土轴压力学性能的理论分析与试验研究 [J]. 工业建筑，1997，27（11）：39-44.

[36] 韩林海，陶忠. 方钢管混凝土轴压力学性能的理论分析与试验研究 [J]. 土木工程学报，2001，34（2）：17-25.

[37] 韩林海，杨有福. 矩形钢管混凝土轴心受压构件强度承载力的试验研究 [J]. 土木工程学报，2001，34（4）：22-31.

[38] 贺锋，周绪红，唐昌辉. 钢管高强混凝土轴压短柱承载力性能的试验研究 [J]. 工程力学，2000，17（4）：61-66.

[39] 黎玉婷. 不同截面空实心钢管混凝土轴压和复杂静力下统一理论的研究 [D]. 哈尔滨：哈尔滨工业大学，2010.

[40] 李斌，闻洋. 钢管混凝土轴压长柱承载力的试验研究 [J]. 地震工程与工程振动，2003，23（5）：130-133.

[41] 李云飞. 钢管混凝土轴心受压构件受力性能的试验研究 [D]. 西安：西安建筑科技大学，2003.

[42] 刘习超，查晓雄. 椭圆形钢管混凝土构件性能的研究 I：轴压短柱和长柱 [J]. 建筑钢结构进展，2011，13（1）：8-14.

[43] 吕西林，余勇，陈以一，等. 轴心受压方钢管混凝土短柱的性能研究：I 试验 [J]. 建筑结构，1999（10）：41-43.

[44] 谭克锋. 钢管超高强混凝土的强度及本构关系预测 [J]. 四川大学学报（工程科学版），2003，35（4）：10-13.

[45] 谭克锋，蒲心诚，蔡绍怀. 钢管超高强混凝土的性能与极限承载能力的研究 [J]. 建筑结构学报，1999，20（1）：10-14.

[46] 王力尚，钱稼茹. 钢管高强混凝土柱轴向受压承载力试验研究 [J]. 建筑结构，2003，33（7）：46-49.

[47] 王志滨，陈靖，谢恩普，等. 圆端形钢管混凝土柱轴压性能研究 [J]. 建筑结构学报，2014，35（7）：123-130.

[48] 尧国皇，韩林海. 钢管自密实高性能混凝土压弯构件力学性能研究 [J]. 建筑结构学报，2004，25（4）：34-42.

[49] 张素梅，郭兰慧，叶再利，等. 方钢管高强混凝土轴压短柱的试验研究 [J]. 哈尔滨工业大学学报，2004，36（12）：1610-1614.

[50] 张素梅，王玉银. 圆钢管高强混凝土轴压短柱的破坏模式 [J]. 土木工程学报，2004，37（9）：1-10.

[51] 张素梅，周明．方钢管约束下混凝土的抗压强度 [J]．工程科技（II辑），1999：5.

[52] 张耀春，王秋萍，毛小勇，等．薄壁钢管混凝土短柱轴压力学性能试验研究 [J]．建筑结构，2005，35（1）：22-27.

[53] 刘红梁．混合交错桁架结构性能与可靠性研究 [D]．哈尔滨：哈尔滨工业大学，2005.

[54] 马宏旺．钢筋混凝土柱“强剪弱弯”设计可靠度分析 [J]．水利学报，2002（4）：88-92.

[55] 何敏．HRB500钢筋混凝土并筋梁极限状态可靠度研究 [D]．南昌：南昌航空大学，2017.

[56] ZHAO Y G，ONO T．New point estimates for probability moments [J]．Journal of Engineering Mechanics，2000，126（4）：433-436.

[57] HOHENBICHLER M，RACKWITZ R．Non-normal dependent vectors in structural safety [J]．Journal of the Engineering Mechanics Division，1981，107（6）：1127-1138.

[58] SALZER H，ZUCKER R，CAPUANO R．Table of the zeros and weight factors of the first twenty hermite polynomials [J]．Journal of Research of the National Bureau of Standards，1952，48（2）：111-116.

[59] FAN W L，WEI J H，ANG H S，et al.．Adaptive estimation of statistical moments of the responses of random systems [J]．Probabilistic Engineering Mechanics，2016，43（1）：50-67.

[60] ZHAO Y G，ONO T．Moment methods for structural reliability [J]．Structural Safety，2001，23（1）：47-75.

[61] ZHAO Y G，LU Z H．Fourth-moment standardization for structural reliability assessment [J]．Journal of Structural Engineering，2007，133（7）：916-924.

[62] 饶守丰．可靠度分析的高阶矩法及其应用 [D]．重庆：重庆大学，2016.

[63] 赵国藩，金伟良，贡金鑫．结构可靠度理论 [M]：北京：中国建筑工业出版社，2000.

[64] 中华人民共和国住房和城乡建设部．建筑结构可靠性设计统一标准：GB 50068—2018 [S]．北京：中国建筑工业出版社，2018.

附录一　混凝土本构关系

附 1.1　普通混凝土

普通混凝土单轴应力-应变关系全曲线表达式为

$$y=\begin{cases}\dfrac{A_i x+(B_i-1)x^2}{1+(A_i-2)x+B_i x^2} & x\leqslant 1\\[2ex] \dfrac{x}{\alpha_i(x-1)^2+x} & x>1\end{cases}\tag{附 1-1}$$

式中：当 i=1 时，$y=\sigma/f_c$，$x=\varepsilon/\varepsilon_c$，$f_c=0.4f_{cu}^{7/6}$，$E_c=9500f_{cu}^{1/3}$，$\varepsilon_c=291f_{cu}^{7/15}\times10^{-6}$；上升段参数 $A_1=6.9f_{cu}^{-11/30}$，$B_1=1.67(A_1-1)^2$；配箍率 ρ_{sv} 或含钢率 $\rho_s\geqslant2\%$，下降段参数 $\alpha_1=0.15$，当 ρ_{sv} 或 $\rho_s=0$ 时，$\alpha_1=4\times10^{-3}f_{cu}^{1.5}$，当 $0<\rho_{sv}$ 或 $\rho_s<2\%$时，α_1 线性内插；当 i=2 时，$y=\sigma/f_t$，$x=\varepsilon/\varepsilon_t$，$f_t=0.24f_{cu}^{2/3}$，$\varepsilon_t=33f_{cu}^{1/3}\times10^6$；$A_2=1.3$，$B_2=0.15$，$\alpha_2=0.8$。

附 1.2　再生混凝土

再生混凝土单轴应力-应变关系全曲线表达式为

$$y=\begin{cases}\dfrac{A_{i,r} x+(B_{i,r}-1)x^2}{1+(A_{i,r}-2)x+B_{i,r} x^2} & x\leqslant 1\\[2ex] \dfrac{x}{\alpha_{i,r}(x-1)^2+x} & x>1\end{cases}\tag{附 1-2}$$

式中：当 i=1 时，$y=\sigma/f_{c,r}$，$x=\varepsilon/\varepsilon_{c,r}$，$f_{cu,r}=(1-0.1\eta_r)f_{cu}$，$f_c=0.4f_{cu}^{7/6}$，$f_{c,r}=(1-0.1\eta_r)f_c$，$E_c=9500f_{cu}^{1/3}$，$E_{c,r}=(1-0.3\eta_r)E_c$，$\varepsilon_c=291f_{cu}^{7/15}\times10^{-6}$，$\varepsilon_{c,r}=(1+0.2\eta_r)\varepsilon_c$，上升段参数 $B_{1,r}=1.67(A_{1,r}-1)^2$；配箍率 ρ_{sv} 或含钢率 $\rho_s\geqslant2\%$，下降段参数 $\alpha_{1,r}=0.15$，当 ρ_{sv} 或 $\rho_s=0$ 时，$\alpha_{1,r}=4\times10^{-3}f_{cu}^{1.5}$，当 $0<\rho_{sv}$ 或 $\rho_s<2\%$时，$\alpha_{1,r}$ 线性内插；当 i=2 时，$y=\sigma/f_{t,r}$，$x=\varepsilon/\varepsilon_{t,r}$，$f_t=0.24f_{cu}^{2/3}$，$f_{t,r}=(1-0.1\eta_r)f_t$，$\varepsilon_t=33f_{cu}^{1/3}\times10^6(1+0.1\eta_r)$，$B_{2,r}=1.67(A_{2,r}-1)^2$，$\alpha_2=0.8$；受压上升段参数 $A_{1,r}$ 和受拉上升段参数 $A_{2,r}$ 表达如下：

$$A_{1,r}=6.9f_{cu}^{-11/30}\frac{(1-0.3\eta_r)(1+0.2\eta_r)}{(1-0.1\eta_r)}\qquad A_{2,r}=1.3\frac{(1-0.3\eta_r)\times(1+0.1\eta_r)}{(1-0.1\eta_r)}$$

附 1.3　轻骨料混凝土

轻骨料混凝土单轴应力-应变关系全曲线表达式为

$$y=\begin{cases}\dfrac{A_i x+(B_i-1)x^2}{1+(A_i-2)x+B_i x^2} & x\leqslant 1\\ \dfrac{x}{\alpha_i(x-1)^2+x} & x>1\end{cases} \tag{附 1-3}$$

式中：当 i=1 时，$y=\sigma/f_c$，$x=\varepsilon/\varepsilon_c$，$f_c=0.88f_{cu}$，$E_c=2.02\rho_c f_{cu}^{0.5}$，$\varepsilon_c=730 f_{cu}^{1/3}\times10^{-6}$；上升段参数 $A_1=1.68\times10^{-3}\rho_c f_{cu}^{-1/6}$，$B_1=1.67(A_1-1)^2$；配箍率 ρ_{sv} 或含钢率 $\rho_s\geqslant2\%$，下降段参数 $\alpha_1=0.15$，当 ρ_{sv} 或 $\rho_s=0$ 时，$\alpha_1=4\times10^{-3} f_{cu}^{1.5}$，当 $0<\rho_{sv}$ 或 $\rho_s<2\%$时，α_1 线性内插；当 i=2 时，$y=\sigma/f_t$，$x=\varepsilon/\varepsilon_t$，$f_t=f_{cu}/15$，$\varepsilon_t=50 f_{cu}^{1/3}\times10^6$；$A_2=1.5\times10^{-3}\rho_c f_{cu}^{-1/6}$，$B_2=1.67(A_2-1)^2$，$\alpha_2=0.8$。

附 1.4　混凝土三轴参数取值

附表 1-1　ABAQUS 有限元软件中混凝土三轴相关参数取值

混凝土类型	膨胀角/（°）	流动偏角/（°）	f_{cc}/f_c	K	黏性系数
普通	40	0.1	1.225	2/3	0.0005
再生	40	0.1	1.225	2/3	0.0005
轻骨料	30	0.1	1.225	2/3	0.0005

附录二 钢管混凝土受压承载力公式

附 2.1 不同截面类型钢管混凝土轴压承载力公式

附表 2-1 不同截面形式钢管混凝土轴压承载力计算公式

截面形式	公式	k_1	备注
圆端形	$N_u = f_c A_c + k_1 f_y A_s$	0.8+0.9D/B	圆形时 k_1=1.7
八边形		1.5	
六边形		1.3	
矩形		1.04–0.06 ln(B/D–0.9)	方形时 k_1=1.2
椭圆形		1.1	仅限 B/D=2

附表 2-2 不同截面形式拉筋钢管混凝土轴压承载力计算公式

截面形式	公式	k_1	ζ_1	k_3
圆端形	$N_u = f_c A_c + \zeta_1 k_1 f_y A_s + k_3 f_{y,t} A_{sso}$	0.8+0.9D/B	$\zeta_1=1+0.25(\rho_{sa}/\rho_s)^{0.4}$	1.7
矩形		1.04 – 0.06 ln(B/D – 0.93)		
椭圆形		1.1		

附 2.2 不同类型钢管混凝土轴压承载力的形状约束系数

附表 2-3 不同类型钢管混凝土轴压承载力的形状约束系数

钢材类型	普通混凝土		再生混凝土		轻骨料混凝土	
	圆形	方形	圆形	方形	圆形	方形
普通钢管	1.7	1.2	1.7	1.2	1.57	—
冷弯钢管	—	1.25	—	—	—	—
不锈钢管	2.0	1.4	—	—	—	—
铝合金管	1.47	—	—	—	—	—